ADVANCED PHYSICAL OPTICS

高等物理光学

汪凯戈

高等教育出版社·北京

内容简介

本书系统地讲述了光与物质相互作用的半经典理论、统计理论和全量子理论，共分为三卷，内容涵盖激光物理、晶体光学、非线性光学、统计光学和量子光学等；并将部分科研最新进展经总结后加入本书，例如，非相干光场的空间干涉、双光子干涉、电磁感生透明、光量子信息的存储和量子成像等。

本书适合普通高等学校物理类专业本科生及研究生学习高等物理光学课程使用，也可供从事光学研究的科技和工程人员及社会读者阅读。

图书在版编目（CIP）数据

高等物理光学 / 汪凯戈著. -- 北京：高等教育出版社，2021.1

ISBN 978-7-04-051638-8

Ⅰ.①高… Ⅱ.①汪… Ⅲ.①物理光学－高等学校－教材 Ⅳ.①O436

中国版本图书馆 CIP 数据核字（2019）第 055955 号

GAODENG WULI GUANGXUE

策划编辑 忻 蓓　责任编辑 忻 蓓　特约编辑 张竹琪　封面设计 张 楠
版式设计 张 杰　插图绘制 于 博　责任校对 陈 杨　责任印制 刘思涵

出版发行 高等教育出版社
社 址 北京市西城区德外大街 4 号
邮政编码 100120
印 刷 北京汇林印务有限公司
开 本 787mm × 1092mm 1/16
印 张 32.25
字 数 790 千字
购书热线 010-58581118
咨询电话 400-810-0598
网 址 http://www.hep.edu.cn
http://www.hep.com.cn
网上订购 http://www.hepmall.com.cn
http://www.hepmall.com
http://www.hepmall.cn
版 次 2021 年 1 月第 1 版
印 次 2021 年 1 月第 1 次印刷
定 价 63.00 元

物 料 号 51638-00

谨以本书献给我的父亲和母亲

作　者　序

本教材使用书名“高等物理光学”，一是为了区别于物理专业本科基础课“普通物理光学”，二是本教材主要讨论光与物质相互作用的物理过程，没有涉及光学精密测量和成像、傅里叶光学和信息光学等侧重于光学应用和光学工程方面的内容.本教材适用的对象为物理专业和光学专业的研究生和高年级本科生，在完成了大学本科课程普通物理光学、统计物理学、电动力学和量子力学的基础上，系统地学习光与物质相互作用的半经典理论、统计理论和全量子理论.全书内容涵盖激光物理、晶体光学、非线性光学、统计光学和量子光学等基础知识，是从事光学、激光物理、非平衡统计、非线性光学、量子光学和量子信息等物理学科及其相关学科开展科学研究所需要的入门知识.研究生完成本课程的学习后，可以较顺利地阅读这些领域的科研文献和专著并进入课题研究.

作者于 1984 年起在自编讲义的基础上在北京师范大学给物理系、天文系、低能物理所和测试中心等院系的硕士、博士研究生和高年级本科生讲授本教材的有关内容，经过三十多年教学实践历程，不断对课程内容和讲义进行提炼、补充和完善.另一方面，作者从 1980 年起从事激光物理学、非线性光学和量子光学领域的科学研究，与之有关的新的科研进展经总结后加入教材.这些章节有 Maxwell-Bloch 方程，非相干光场的空间干涉，双光子干涉，电磁感生透明和光量子信息的存储，光学线性放大器的量子理论，光学系统中的量子非破坏测量和量子成像等.

本书中一些公式的推导过程被省略，这些推导作为练习题出现在要求学生所做的课外练习之中.完成这些练习题对于掌握好本课程是十分必要的环节.

最后我要感谢我的所有研究生在我多年授课和撰写教材过程中提供的各种帮助，也要感谢杨国建教授和王海波教授接承了本课程，并提出了宝贵意见.

谨以本书献给我的父亲汪兆麟（1905—1960）和母亲马和钧（1909—1959）.

汪凯戈

作者电子邮箱：WANGKG@ BNU.EDU.CN

目　　录

卷Ⅰ　光与物质相互作用的半经典理论

卷 I

光与物质相互作用的半经典理论

第一章　经典电磁场

本章主要介绍电磁场和它与物质相互作用的经典描述方法.尽管后来发展了光的量子理论,但经典电磁理论仍是描述光过程的基础.因为电磁场量子理论的建立,并不意味着全盘否定和推翻经典电磁理论.如同光的二象性,两种理论相互补充才能全面描述光现象.我们将会看到在某些问题中,两种理论有相同的结果;在某些问题中,量子理论对经典理论的结果作一些修正.只有在一些十分特殊的情况下,两种理论会有完全不同的结论,或者经典描述已没有物理意义(这种情况下的电磁场称为非经典光场).在前两种情况,经典理论的直观性往往提供了清晰的物理图像.

1.1　麦克斯韦方程

光是一种电磁波,它遵从宏观麦克斯韦方程(Maxwell equation),在国际单位制(SI)中的表达式是

$$\nabla\cdot \boldsymbol{E} = \rho/\varepsilon_0, \tag{1.1.1a}$$

$$\nabla\cdot \boldsymbol{B} = 0, \tag{1.1.1b}$$

$$\nabla\times \boldsymbol{E} = -(\partial/\partial t)\boldsymbol{B}, \tag{1.1.1c}$$

$$\nabla\times \boldsymbol{B} = \mu_0\varepsilon_0(\partial/\partial t)\boldsymbol{E} + \mu_0\boldsymbol{j}. \tag{1.1.1d}$$

$\boldsymbol{E}$ 是电场强度(electric field strength),$\boldsymbol{B}$ 是磁感应强度(magnetic induction),ε_0 和 μ_0 分别为真空介电常量(permittivity)和真空磁导率(magnetic permeability),ρ 和 $\boldsymbol{j}$ 分别为电荷密度(charge density)和电流密度(current density).所谓宏观麦克斯韦方程,是指产生场的源 ρ 和 $\boldsymbol{j}$ 为宏观平均值.

当 $\rho=\boldsymbol{j}=0$ 时,方程组(1.1.1)式成为真空中的麦克斯韦方程.当有介质时,ρ 和 $\boldsymbol{j}$ 可进一步分为

$$\rho = \rho_0 + \rho_{\mathrm{P}}, \tag{1.1.2a}$$

$$\boldsymbol{j} = \boldsymbol{j}_0 + \boldsymbol{j}_{\mathrm{P}} + \boldsymbol{j}_{\mathrm{m}} = \boldsymbol{j}_0 + \boldsymbol{j}', \tag{1.1.2b}$$

ρ_0 是自由电荷(free charge)密度,ρ_{P} 是极化电荷(polarization charge)密度,$\boldsymbol{j}_0$ 是自由或传导电流(conduction current)密度,$\boldsymbol{j}'$ 是诱导电流(induction current)密度,它由极化电流(polarization current)密度$\boldsymbol{j}_{\mathrm{P}}$和磁化电流(magnetization current)密度或分子电流(molecular current)密度$\boldsymbol{j}_{\mathrm{m}}$两部分组成.在光学问题中自由电荷和自由电流对辐射不起作用,可以不考虑,即

$$\rho_0 = 0,\ \boldsymbol{j}_0 = 0. \tag{1.1.3}$$

对于多数情况,考虑非磁性介质

$$\boldsymbol{j}_{\mathrm{m}} = 0, \tag{1.1.4}$$

因而有

$$\rho = \rho_{\mathrm{P}} = -\nabla\cdot\boldsymbol{P}, \tag{1.1.5a}$$

$$\boldsymbol{j} = \boldsymbol{j}_{\mathrm{P}} = (\partial/\partial t)\boldsymbol{P}, \tag{1.1.5b}$$

$\boldsymbol{P}$是极化强度(polarization strength)矢量,即单位体积内的电偶极矩(electric dipole moment)之总和:

$$\boldsymbol{P} = \frac{1}{\Delta V}\sum_{\Delta V} q_i \boldsymbol{r}_i. \tag{1.1.6}$$

极化的空间变化产生极化电荷,时间变化产生极化电流.将(1.1.5)式代入(1.1.1)式,介质中的麦克斯韦方程可表示成

$$\nabla\cdot\boldsymbol{E} = -(1/\varepsilon_0)\nabla\cdot\boldsymbol{P}, \tag{1.1.7a}$$

$$\nabla\cdot\boldsymbol{B} = 0, \tag{1.1.7b}$$

$$\nabla\times\boldsymbol{E} = -(\partial/\partial t)\boldsymbol{B}, \tag{1.1.7c}$$

$$\nabla\times\boldsymbol{B} = \mu_0\varepsilon_0(\partial/\partial t)\boldsymbol{E} + \mu_0(\partial/\partial t)\boldsymbol{P}. \tag{1.1.7d}$$

由(1.1.7c)式和(1.1.7d)式可消去$\boldsymbol{B}$,得到

$$\nabla\times(\nabla\times\boldsymbol{E}) = -\mu_0\varepsilon_0\frac{\partial^2\boldsymbol{E}}{\partial t^2} - \mu_0\frac{\partial^2\boldsymbol{P}}{\partial t^2}. \tag{1.1.8}$$

在光学问题中,通常介质的尺寸远大于电磁波的波长,如果考虑均匀各向同性(isotropy)介质,则可采用横波近似[注]:

$$\nabla\cdot\boldsymbol{E} \approx 0. \tag{1.1.9}$$

利用公式

$$\nabla\times(\nabla\times\boldsymbol{E}) = \nabla(\nabla\cdot\boldsymbol{E}) - \nabla^2\boldsymbol{E}, \tag{1.1.10}$$

介质中的波动方程为

[注]在第6章中我们考虑各向异性介质,横波近似不再成立.

$$\nabla^2 \boldsymbol{E} - \frac{1}{c^2}\frac{\partial^2 \boldsymbol{E}}{\partial t^2} = \mu_0 \frac{\partial^2 \boldsymbol{P}}{\partial t^2}, \tag{1.1.11}$$

$c = 1/\sqrt{\varepsilon_0\mu_0}$ 为真空中的光速.

1.2 介质极化的特性参数

介质中的波动方程(1.1.11)式表明极化强度 $\boldsymbol{P}$ 是电磁场的源.另一方面,电场的存在又会产生和影响介质的极化,实际上这是一种相互作用过程.只有确定电场和极化的依赖关系后,才能求解波动方程.而这一依赖关系不可能由电磁理论本身导出,它取决于物质的微观结构.为了使理论具有一定的普遍性,通常可用唯象的关系式来描述物质方程,而物质的具体属性反映在物质参数之中.

在电磁学中,通常假定电场和极化成比例,即

$$\boldsymbol{P}(t) = \varepsilon_0 \chi \boldsymbol{E}(t), \tag{1.2.1}$$

χ 为介质的电极化率(electric susceptibility).简单的线性关系只有在弱场和低频条件下成立.对于激光问题,这两个条件都不能满足.在光频范围内,$\boldsymbol{P}$ 和 $\boldsymbol{E}$ 不是简单的瞬时对应关系,两者之间存在着弛豫效应.t 时刻的极化与 t 时刻之前的所有场强有关,而同 t 之后的场无关,

$$\boldsymbol{P}(\boldsymbol{r},t) = \varepsilon_0 \int_{-\infty}^{t} \chi(\boldsymbol{r},t-\tau)\boldsymbol{E}(\boldsymbol{r},\tau)\,\mathrm{d}\tau,$$

其中极化率$\chi(\boldsymbol{r},\Delta t)$描述在 τ 时刻的场 $\boldsymbol{E}(\boldsymbol{r},\tau)$ 对以后的时刻 $t=\tau+\Delta t$($\Delta t=t-\tau\geqslant 0$)极化的贡献为$\chi(\boldsymbol{r},\Delta t)\boldsymbol{E}(\boldsymbol{r},\tau)$.由因果关系,$\tau$ 时刻的场不会影响以前时刻的极化,可将函数$\chi(\boldsymbol{r},\Delta t)$开拓为当 $\Delta t<0$ 时,

$$\chi(\boldsymbol{r},\Delta t) = 0, \quad (\Delta t < 0). \tag{1.2.2}$$

利用上述因果性(causality)条件(1.2.2)式,故有

$$\boldsymbol{P}(\boldsymbol{r},t) = \varepsilon_0 \int_{-\infty}^{\infty} \chi(\boldsymbol{r},t-\tau)\boldsymbol{E}(\boldsymbol{r},\tau)\,\mathrm{d}\tau. \tag{1.2.3}$$

对(1.2.3)式两边作傅里叶变换,并利用卷积定理得到[注]

$$\boldsymbol{P}(\boldsymbol{r},\omega) = \varepsilon_0 \chi(\boldsymbol{r},\omega)\boldsymbol{E}(\boldsymbol{r},\omega), \tag{1.2.4}$$

其中

$$\boldsymbol{P}(\boldsymbol{r},\omega) = \int_{-\infty}^{\infty} \boldsymbol{P}(\boldsymbol{r},t)\mathrm{e}^{\mathrm{i}\omega t}\mathrm{d}t, \tag{1.2.5a}$$

$$\boldsymbol{E}(\boldsymbol{r},\omega) = \int_{-\infty}^{\infty} \boldsymbol{E}(\boldsymbol{r},t)\mathrm{e}^{\mathrm{i}\omega t}\mathrm{d}t, \tag{1.2.5b}$$

[注]《数学手册》,北京:高等教育出版社,1979,p.567.

$$\chi(\boldsymbol{r},\omega)=\int_{-\infty}^{\infty}\chi(\boldsymbol{r},t)\mathrm{e}^{\mathrm{i}\omega t}\mathrm{d}t=\int_{0}^{\infty}\chi(\boldsymbol{r},t)\mathrm{e}^{\mathrm{i}\omega t}\mathrm{d}t, \tag{1.2.5c}$$

(1.2.5c)式中第二个等号是由于因果性条件(1.2.2)式.实际上(1.2.4)式可独立地成为特定频率分量的极化率的定义.在定义(1.2.3)式中,电场和极化均为实数,因而定义了实数极化率$\chi(\boldsymbol{r},t)$.经过傅里叶变换后,在频率域定义了复极化率$\chi(\boldsymbol{r},\omega)$.比较(1.2.4)式和(1.2.3)式可看出,使用特定频率成分的复极化率$\chi(\boldsymbol{r},\omega)$更方便,下面将它简写为$\chi$.

对于均匀介质,χ将不依赖于空间坐标$\boldsymbol{r}$.如果介质是各向同性的,χ是一复数标量.在一般情况下,例如晶体,χ应是张量.在弱场下,χ不依赖于电场$\boldsymbol{E}$,属线性极化.在强场下,χ与场强有关:

$$\chi(E)=\chi^{(1)}+\chi^{(2)}E+\chi^{(3)}E^2+\cdots, \tag{1.2.6}$$

$\chi^{(1)}$为线性极化率,$\chi^{(2)}$和$\chi^{(3)}$分别为二阶和三阶极化率.非线性极化关系将会产生许多复杂的非线性效应,例如二阶极化会引起二次谐波(second harmonic wave)和光参量放大(optical parametric amplification)等效应,三阶极化会引起四波混频(four wave mixing)等效应,这些是非线性光学的主要课题.

复折射率定义为

$$\tilde{\eta}=\sqrt{1+\chi}=\eta+\mathrm{i}\kappa, \tag{1.2.7}$$

η是折射率(refractive index),κ是消光系数(extinction coefficient).如将复极化率写成

$$\chi=\chi'+\mathrm{i}\chi'', \tag{1.2.8}$$

则有

$$\eta^2-\kappa^2=1+\chi', \tag{1.2.9a}$$

$$2\eta\kappa=\chi''. \tag{1.2.9b}$$

介质中的介电常量ε和相对介电常量ε_{r}定义为

$$\varepsilon\equiv\varepsilon_{\mathrm{r}}\varepsilon_0\equiv\varepsilon_0(1+\chi), \tag{1.2.10}$$

$$\varepsilon_{\mathrm{r}}=1+\chi=\tilde{\eta}^2. \tag{1.2.11}$$

介质方程确定后,原则上就可求解波动方程.对波动方程(1.1.11)式进行傅里叶变换,并利用(1.2.4)式,得到亥姆霍兹方程(Helmholtz equation)

$$\nabla^2\boldsymbol{E}(\boldsymbol{r},\omega)+k^2\boldsymbol{E}(\boldsymbol{r},\omega)=0, \tag{1.2.12}$$

其中

$$k=\sqrt{\omega^2\varepsilon\mu_0}=(\omega/c)\tilde{\eta}. \tag{1.2.13}$$

亥姆霍兹方程的特解为

$$\boldsymbol{E}(\boldsymbol{r},\omega)=\boldsymbol{E}_0(\omega)\mathrm{e}^{\mathrm{i}\boldsymbol{k}\cdot\boldsymbol{r}},\qquad(|\boldsymbol{k}|=k). \tag{1.2.14}$$

这表明原波动方程有平面波(plane wave)形式解:

$$\boldsymbol{E}(\boldsymbol{r},t)=\boldsymbol{E}_0(\omega)\mathrm{e}^{\mathrm{i}(\boldsymbol{k}\cdot\boldsymbol{r}-\omega t)}. \tag{1.2.15}$$

如设传播方向为 z 轴方向,上式中的指数因子为

$$\mathrm{e}^{\mathrm{i}(kz-\omega t)}=\mathrm{e}^{\mathrm{i}[(\omega/c)(\eta+\mathrm{i}\kappa)z-\omega t]}=\mathrm{e}^{-(\omega/c)\kappa z}\mathrm{e}^{\mathrm{i}\omega[(\eta/c)z-t]}=\mathrm{e}^{-(\alpha/2)z}\mathrm{e}^{\mathrm{i}\omega(z/v-t)}, \tag{1.2.16}$$

其中吸收系数(absorption coefficient)

$$\alpha=2\omega\kappa/c, \tag{1.2.17}$$

介质中波的相速(phase velocity)

$$v=c/\eta. \tag{1.2.18}$$

消光系数反映了电磁波在介质中的吸收($\kappa>0$)或放大($\kappa<0$),实折射率反映了电磁波在介质中传播的相速率.对于极化率的虚部和实部也可有与之对应的理解.

练　习

1. 试推导波动方程的傅里叶变换形式(1.2.12)式.

1.3　极化率的频率关系

由于极化强度是电场的响应函数,极化率具有一些不依赖于物质具体属性的普遍特性.在极化和电场的实数表示(1.2.1)式中,$\chi(t)$是实函数,但经傅里叶变换(1.2.5c)式后,一般成为复函数.容易证明,实函数的傅里叶变换满足交越关系(crossing relation)

$$\chi(\omega)=\chi^*(-\omega), \tag{1.3.1}$$

或

$$\chi'(-\omega)=\chi'(\omega), \tag{1.3.2a}$$

$$\chi''(-\omega)=-\chi''(\omega), \tag{1.3.2b}$$

极化率的实部是偶函数,而虚部是奇函数.

根据复变函数论,在上半复平面(或下半复平面)上无极点的复解析函数的实部和虚部由希尔伯特变换(Hilbert transformation)相联系.这一数学性质反映在极化问题中,是克拉默斯-克勒尼希(Kramers-Krönig)关系,下面简称为 K-K 关系(Krönig,1926; Kramers,1927).为得到 K-K 关系,要求两条基本假定:

(ⅰ)$\chi(\omega')$ 是复变量 ω' 的复解析函数,它只能在下半复平面存在若干极点.

在定义(1.2.5c)式中将实变量 ω 换成 $\omega'=\omega+\mathrm{i}s$, 即可定义一个复变量 ω' 的复函数

$$\chi(\omega')=\int_{-\infty}^{\infty}\chi(t)\mathrm{e}^{\mathrm{i}\omega' t}\mathrm{d}t=\int_{0}^{\infty}\chi(t)\mathrm{e}^{\mathrm{i}\omega t}\mathrm{e}^{-st}\mathrm{d}t. \tag{1.3.3}$$

在上式中我们已用到$\chi(t)$作为响应函数的特征[即因果律(1.2.2)式].从物理的角度,可以认为$\chi(t)$是一个好行为函数.当 $s>0$ 时,上式被积函数随 t 指数衰变,这保证了积分是正常和解析的,因而$\chi(\omega')$在上半复平面完全解析.可以严格证明,这对于由(1.2.3)式和(1.2.4)式定义的无源线性响应系统是成立的(Toll,1956).

(ⅱ)当 $|\omega'|\to\infty$时,$|\chi(\omega')|\to 0$.实际上在极高频时,介质的极化不复存在.

现考虑柯西(Cauchy)积分主值

$$I=\mathscr{P}\int_{-\infty}^{\infty}\frac{\chi(\omega')\mathrm{d}\omega'}{\omega'-\omega}\equiv\lim_{\delta\to 0}\left[\int_{-\infty}^{\omega-\delta}\frac{\chi(\omega')\mathrm{d}\omega'}{\omega'-\omega}+\int_{\omega+\delta}^{\infty}\frac{\chi(\omega')\mathrm{d}\omega'}{\omega'-\omega}\right], \tag{1.3.4}$$

上式积分中 ω' 在实轴上取值.它等价于积分

$$I=I_A-I_B-I_C=\left(\oint_A-\int_B-\int_C\right)\frac{\chi(\omega')\mathrm{d}\omega'}{\omega'-\omega}, \tag{1.3.5}$$

其中 A 是如图 1.3-1 所示的一个环路,B 是大圆的半周线,C 是小圆的半周线,并令大圆的半径 $R\to\infty$, 小圆的半径 $\varepsilon\to 0$.由于 A 内无极点,由柯西定理,积分$I_A=0$.对于积分 I_B有

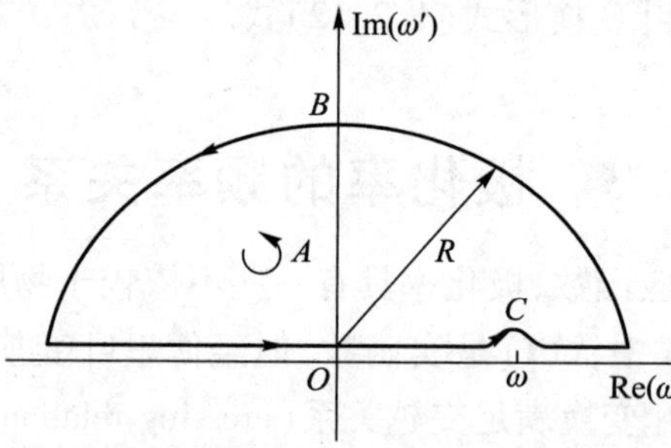

图 1.3-1　在复平面上三段路径积分,其中 A 为半圆闭合路径积分,B 为大的半圆周线、C 为小的半圆周线路径积分

$$\left|I_B\right|\leqslant\max\left|\chi(\omega')\right|\cdot\int_B\frac{\mathrm{d}\omega'}{\left|\omega'-\omega\right|}\to 0, \tag{1.3.6}$$

其中 $\max\left|\chi(\omega')\right|$ 为大圆半周线上的极大值,根据第二个假定,它在 $R\to\infty$时趋于零.而第二部分积分在此极限下为有限值 π,因此 $I_B=0$. 对于积分 I_C,令 $\omega'-\omega=\varepsilon\mathrm{e}^{\mathrm{i}\phi}$, 在 $\varepsilon\to 0$ 极限下

$$I_C=\chi(\omega)\int_C\frac{\mathrm{d}\omega'}{\omega'-\omega}=\chi(\omega)\int_{\pi}^{0}\frac{\mathrm{i}\varepsilon\cdot\mathrm{e}^{\mathrm{i}\phi}\mathrm{d}\phi}{\varepsilon\cdot\mathrm{e}^{\mathrm{i}\phi}}=-\mathrm{i}\pi\chi(\omega). \tag{1.3.7}$$

最后有

$$\mathrm{i}\pi\chi(\omega)=\mathscr{P}\int_{-\infty}^{\infty}\frac{\chi(\omega')\mathrm{d}\omega'}{\omega'-\omega}. \tag{1.3.8}$$

两边分别取实部和虚部相等,得到 K-K 关系

$$\chi''(\omega)=-\frac{1}{\pi}\mathscr{P}\int_{-\infty}^{\infty}\frac{\chi'(\omega')\mathrm{d}\omega'}{\omega'-\omega}, \tag{1.3.9a}$$

$$\chi'(\omega)=\frac{1}{\pi}\mathscr{P}\int_{-\infty}^{\infty}\frac{\chi''(\omega')\mathrm{d}\omega'}{\omega'-\omega}. \tag{1.3.9b}$$

由交越关系(1.3.2)式,可将 K-K 关系写成

$$\chi''(\omega)=-\frac{2\omega}{\pi}\mathscr{P}\int_{0}^{\infty}\frac{\chi'(\omega')\mathrm{d}\omega'}{\omega'^2-\omega^2}, \tag{1.3.10a}$$

$$\chi'(\omega)=\frac{2}{\pi}\mathscr{P}\int_{0}^{\infty}\frac{\omega'\chi''(\omega')\mathrm{d}\omega'}{\omega'^2-\omega^2}. \tag{1.3.10b}$$

由于复折射率是极化率的函数如(1.2.7)式,复函数 $\eta(\omega)-1+\mathrm{i}\kappa(\omega)$ 同样满足上述两条基本假定,因此有折射率和消光系数的 K-K 关系:

$$\kappa(\omega)=-\frac{2\omega}{\pi}\mathscr{P}\int_{0}^{\infty}\frac{\eta(\omega')\mathrm{d}\omega'}{\omega'^2-\omega^2}, \tag{1.3.11a}$$

$$\eta(\omega)-1=\frac{2}{\pi}\mathscr{P}\int_{0}^{\infty}\frac{\omega'\kappa(\omega')\mathrm{d}\omega'}{\omega'^2-\omega^2}. \tag{1.3.11b}$$

(1.3.11b)式左边为形式 $\eta(\omega)-1$ 是为了满足假定(ii)(见练习 2).在推导(1.3.11a)式中,可利用

$$\mathscr{P}\int_{0}^{\infty}\frac{\mathrm{d}\omega'}{\omega'^2-\omega^2}=0 \qquad (\omega\neq 0). \tag{1.3.12}$$

K-K 关系表明了极化率的实部和虚部之间,或折射率和消光系数之间的依赖关系.容易看出,利用(1.3.12)式,当 $\chi'(\omega)$ [或 $\eta(\omega)$]不依赖 ω 时,对于 $\omega\neq 0$ 有 $\chi''(\omega)=0$ [$\kappa(\omega)=0$].据此可以解释在下一节描述极化率的图 1.4-1 中,当 $\chi'(\omega)$ [或 $\eta(\omega)$]变化平缓时,不发生吸收.另外,K-K 关系还预示了对于任何理论结果和实验测量,$\chi'(\omega)$ [或 $\eta(\omega)-1$]发生符号改变的频率对应于 $\chi''(\omega)$ [或 $\kappa(\omega)$]的极大值(参阅图 1.4-1),这些性质完全不依赖物质的具体属性.K-K关系是光的色散关系,它源于极化率的响应特征,本质上是物理因果律的反映.

练　习

1.证明交越关系(1.3.1)式,利用它推导正频积分形式的 K-K 关系(1.3.10)式.

2.试证明当 $|\chi(\omega)|\to 0$ 时,$\eta(\omega)-1\to 0$.

3.试证明(1.3.12)式.

1.4　线性衰变谐振子,极化率的经典理论

1. 线性衰变谐振子

在考虑光和物质的相互作用的经典理论中,组成物质的基本单元(原子和分子)的物理模型可看作线性衰变简谐振子(harmonic oscillator),衰变是由原子的辐射阻尼引起的.为了使问题简化,我们仅考虑一维情况.设 x 是电子偏离平衡位置的位移,由于光波波长远大于原子尺度,电子运动在空间均匀的电磁场中.设入射场为频率 ω 的单色波:

$$E(t) = E_0 \cos \omega t, \tag{1.4.1}$$

振子的牛顿运动方程为

$$\ddot{x} + \gamma \dot{x} + \omega_0^2 x = -\frac{e}{m} E(t), \tag{1.4.2}$$

$e>0$ 为电子电荷,[注] m 为电子质量,ω_0 为振子的固有频率,γ 为振子的阻尼系数(damping coefficient).由于驱动场为频率 ω 的单色波,我们寻求形式为 $x(t) = A(t)\cos[\omega t + \phi(t)]$ 的解.为了方便极化率的计算,采用复数表示:

$$E(t) = \frac{1}{2}(E_0 \mathrm{e}^{-\mathrm{i}\omega t} + \mathrm{c.c.}), \tag{1.4.3a}$$

$$x(t) = \frac{1}{2}[X(t)\mathrm{e}^{-\mathrm{i}\omega t} + \mathrm{c.c.}], \tag{1.4.3b}$$

其中 $X(t) = A(t)\mathrm{e}^{-\mathrm{i}\phi(t)}$.将(1.4.3)式代入(1.4.2)式,并将正负频振荡部分分开后得到

$$\ddot{X} + (\gamma - \mathrm{i}2\omega)\dot{X} + (\omega_0^2 - \omega^2 - \mathrm{i}\omega\gamma)X = -(e/m)E_0. \tag{1.4.4}$$

原子衰变的存在,使得上述微分方程在经过足够长的时间后(弛豫时间为 $1/\gamma$),达到稳态解

$$X_{\mathrm{S}} = -\frac{eE_0}{m(\omega_0^2 - \omega^2 - \mathrm{i}\omega\gamma)}. \tag{1.4.5}$$

在稳态时,谐振子的位移 $x(t)$ 随外场频率振荡.复振幅 X_{S} 与外场之间相移是由振子的衰变引起的.当共振时 $\omega = \omega_0$,相移为 $\pi/2$.

2. 极化率

由线性衰变谐振子组成的物质,可以计算它的线性极化率.设在体积 V 内有 N 个固有频率为 ω_0 的振子,稳态时极化强度为

[注] 在本书中,e 表示电子电荷量绝对值.

$$P=-\frac{Ne}{V}x=-\frac{Ne}{2V}(X_{\mathrm{S}}\mathrm{e}^{-\mathrm{i}\omega t}+\mathrm{c.c.})=P^{(+)}+P^{(-)},\tag{1.4.6}$$

其中 $P^{(+)}=-(Ne/2V)X_{\mathrm{S}}\mathrm{e}^{-\mathrm{i}\omega t}$ 为正频极化强度.根据定义(1.2.4)式和稳态解(1.4.5)式,线性极化率为

$$\chi(\omega)=\frac{Ne^2}{\varepsilon_0 mV}\cdot\frac{1}{\omega_0^2-\omega^2-\mathrm{i}\omega\gamma}=\frac{s\omega_0^2}{\omega_0^2-\omega^2-\mathrm{i}\omega\gamma},\tag{1.4.7}$$

其中无量纲因子

$$s=\frac{Ne^2}{\varepsilon_0 mV\omega_0^2}.\tag{1.4.8}$$

极化率的实部和虚部分别为

$$\chi'=\eta^2-\kappa^2-1=\frac{s\omega_0^2(\omega_0^2-\omega^2)}{(\omega_0^2-\omega^2)^2+\omega^2\gamma^2},\tag{1.4.9a}$$

$$\chi''=2\eta\kappa=\frac{s\omega_0^2\omega\gamma}{(\omega_0^2-\omega^2)^2+\omega^2\gamma^2}.\tag{1.4.9b}$$

根据上式画出的极化率的实部虚部、折射率和消光系数随频率的关系如图 1.4-1 所示.

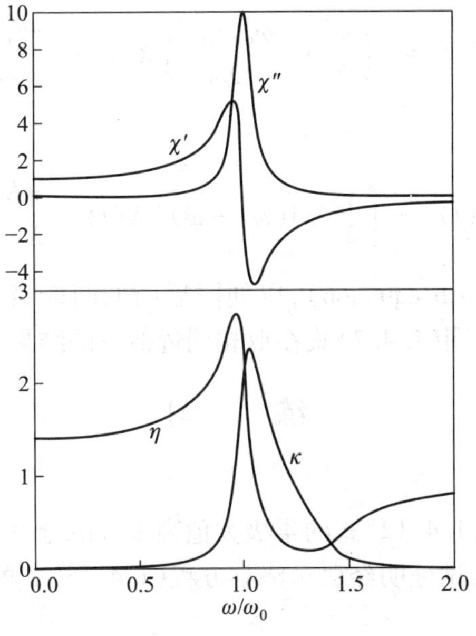

图 1.4-1 极化率的实部虚部、折射率和消光系数随频率的关系,图中参数为 $\gamma/\omega_0=0.1$ 和 $s=1$

由图 1.4-1 可看出,在近共振处 $\omega\approx\omega_0$,曲线出现剧烈变化.一般原子的弛豫率(relaxation rate) γ 为 $10^8\sim10^9\ \mathrm{s}^{-1}$,远小于光频.因此可以使用条件

$$\omega \approx \omega_0 \gg \gamma. \tag{1.4.10}$$

(1.4.9b)式可近似为

$$\chi'' \approx \frac{s\omega_0\gamma}{4(\omega_0-\omega)^2+\gamma^2} = \frac{\pi}{2}s\omega_0 F_{\mathrm{L}}(\omega), \tag{1.4.11}$$

$F_{\mathrm{L}}(\omega)$为洛伦兹线型(Lorentzian lineshape)函数

$$F_{\mathrm{L}}(\omega) \equiv \frac{\gamma/2\pi}{(\omega_0-\omega)^2+(\gamma/2)^2}, \tag{1.4.12}$$

它满足归一化条件

$$\int_{-\infty}^{\infty} F_{\mathrm{L}}(\omega)\,\mathrm{d}\omega = 1, \tag{1.4.13}$$

γ 为洛伦兹线型函数的半极大值高度处的全宽.

3. 经典布洛赫方程

在光频范围内,我们可采用所谓缓变包络近似(slowing envelop approximation).它是指当条件(1.4.10)式满足时,$X(t)$的变化为弛豫率 γ 的量级,与光频 ω 相比较是缓变包络函数.因而有 $|\ddot{X}|$ 和 $|\gamma\dot{X}|$ 远小于 $|\omega\dot{X}|$,(1.4.4)式可近似为

$$\dot{X}(t) = -\left(\frac{\gamma}{2}+\mathrm{i}\frac{\omega_0^2-\omega^2}{2\omega}\right)X(t) - \frac{\mathrm{i}eE_0}{2m\omega}. \tag{1.4.14}$$

在近共振时 $\omega \approx \omega_0$,上式为

$$\dot{X}(t) = -\left[\frac{\gamma}{2}+\mathrm{i}(\omega_0-\omega)\right]X(t) - \frac{\mathrm{i}eE_0}{2m\omega}. \tag{1.4.15}$$

它可看做经典布洛赫方程(Bloch equation),以便同后面的两能级原子的布洛赫方程相比较.由(1.4.15)式计算的极化率,应同(1.4.7)式在取相同近似下的结果相同.

练　习

1. 试证明(1.4.4)式.

2. 试求洛伦兹线型函数(1.4.12)式的半极大值高度处的全宽.

3. 利用条件(1.4.10)式,试证明经典布洛赫方程(1.4.15)式的稳态解同谐振子方程的稳态解(1.4.5)式相一致.

1.5　非线性偶极振子

在强的外场作用下,振子的位移增大,它将成为一个非线性偶极振子(dipole oscillator).振子

的回复力可以展开为

$$f=-kx+k^{(2)}x^2+k^{(3)}x^3+\cdots. \tag{1.5.1}$$

振子在外场下的运动方程为

$$\ddot{x}+\gamma\dot{x}+\omega_0^2x+ax^2+bx^3+\cdots=-(e/m)E(t). \tag{1.5.2}$$

一般只考虑二阶和三阶非线性效应，二阶效应存在时，它远大于三阶效应.在某些情况下，如独立的原子或中心对称型晶体，二阶效应为零，这时三阶效应成为最低阶非线性效应.非线性振子方程很难精确求解，通常的办法是用微扰法求各阶近似解.设

$$x(t)=x^{(1)}(t)+x^{(2)}(t)+x^{(3)}(t)+\cdots, \tag{1.5.3}$$

其中 $x^{(1)}(t)$ 为线性振子的解，它不难被求出.通过已知的 $x^{(1)}(t)$，再用非线性振子方程求二阶微扰项的贡献，依此类推.下面以二阶非线性效应为例，即在(1.5.2)式中只包括有二次非线性项 ax^2. 线性项应满足

$$\ddot{x}^{(1)}+\gamma\dot{x}^{(1)}+\omega_0^2x^{(1)}=-(e/m)E(t)=-(e/m)E_0\cos\omega t, \tag{1.5.4}$$

它的稳态解已在上一节中求出.

将 $x(t)=x^{(1)}(t)+x^{(2)}(t)$ 代入只含有二阶非线性项的(1.5.2)式，并利用(1.5.4)式得到

$$\ddot{x}^{(2)}+\gamma\dot{x}^{(2)}+\omega_0^2x^{(2)}=-a\left[x^{(1)}\right]^2, \tag{1.5.5}$$

在非线性项中，只保留了最大的项$[x^{(1)}]^2$. 这样已知解线性项的平方成为二阶项的场源，采用上一节的稳态解(1.4.5)式，

$$\begin{aligned}\left[x^{(1)}\right]^2&=\left[\frac{1}{2}\left(X_\mathrm{S}\mathrm{e}^{-\mathrm{i}\omega t}+X_\mathrm{S}^*\mathrm{e}^{\mathrm{i}\omega t}\right)\right]^2=\frac{1}{4}\left(2\left|X_\mathrm{S}\right|^2+X_\mathrm{S}^2\mathrm{e}^{-\mathrm{i}2\omega t}+X_\mathrm{S}^{*\,2}\mathrm{e}^{\mathrm{i}2\omega t}\right)\\&=\frac{e^2E_0^2}{2m^2}\frac{1}{(\omega_0^2-\omega^2)^2+\omega^2\gamma^2}+\frac{e^2E_0^2}{4m^2}\left[\frac{\mathrm{e}^{-\mathrm{i}2\omega t}}{(\omega_0^2-\omega^2-\mathrm{i}\omega\gamma)^2}+\mathrm{c.c.}\right].\end{aligned} \tag{1.5.6}$$

该场源中包含了直流分量和倍频分量，在晶体中发生的克尔(Kerr)电光效应起源于此直流分量，而倍频分量导致二次谐波产生.

为了求(1.5.5)式的解，令

$$x^{(2)}(t)=x_\mathrm{dc}^{(2)}+x_{2\omega}^{(2)}(t)=x_\mathrm{dc}^{(2)}+\frac{1}{2}\left[X_{2\omega}^{(2)}(t)\mathrm{e}^{-\mathrm{i}2\omega t}+\mathrm{c.c.}\right], \tag{1.5.7}$$

代入(1.5.5)式，并利用(1.5.6)式得到

$$x_\mathrm{dc}^{(2)}=-\frac{ae^2E_0^2}{2m^2\omega_0^2}\frac{1}{(\omega_0^2-\omega^2)^2+\omega^2\gamma^2}, \tag{1.5.8}$$

$$\ddot{X}_{2\omega}^{(2)}+(\gamma-\mathrm{i}4\omega)\dot{X}_{2\omega}^{(2)}+(\omega_0^2-4\omega^2-\mathrm{i}2\gamma\omega)X_{2\omega}^{(2)}=-\frac{ae^2E_0^2}{2m^2}\frac{1}{(\omega_0^2-\omega^2-\mathrm{i}\omega\gamma)^2}. \tag{1.5.9}$$

(1.5.9)式的静态解为

$$X_{2\omega}^{(2)} = -\frac{ae^2E_0^2}{2m^2}\frac{1}{(\omega_0^2-4\omega^2-\mathrm{i}2\omega\gamma)(\omega_0^2-\omega^2-\mathrm{i}\omega\gamma)^2}. \tag{1.5.10}$$

因此当用频率为 ω 的光驱动二阶非线性振子时，得到频率 2ω 的振荡项.原子振子可辐射频率为 2ω 的光，这就是光在非线性介质中的二次谐波产生现象.同线性项的解(1.4.5)式相比较，二阶微扰项正比于场强的二次项.由于在分母部分增加与频率有关的因子，它的贡献十分微弱，只有在强场下才可能表现出来.

当外场包含两个不同的频率时，很容易求出一阶微扰项中也包含这两个频率，它的二次项

$$\begin{aligned}[x^{(1)}]^2 &= \frac{1}{4}(X_1^{(1)}\mathrm{e}^{-\mathrm{i}\omega_1 t}+X_2^{(1)}\mathrm{e}^{-\mathrm{i}\omega_2 t}+\mathrm{c.c.})^2 = \frac{1}{4}\Big(\left|X_1^{(1)}\right|^2+\left|X_2^{(1)}\right|^2+X_1^{(1)\,2}\mathrm{e}^{-\mathrm{i}2\omega_1 t}\\ &\quad +X_2^{(1)\,2}\mathrm{e}^{-\mathrm{i}2\omega_2 t}+2X_1^{(1)}X_2^{(1)}\mathrm{e}^{-\mathrm{i}(\omega_1+\omega_2)t}+2X_1^{(1)}X_2^{(1)*}\mathrm{e}^{-\mathrm{i}(\omega_1-\omega_2)t}+\mathrm{c.c.}\Big).\end{aligned} \tag{1.5.11}$$

同(1.5.6)式比较，除了直流和倍频分量外，还有和频 $\omega_1+\omega_2$ 分量和差频 $\omega_1-\omega_2$ 分量.因此在二阶微扰项 $x^{(2)}$ 中也应包含所有这些分量成分.

对于独立的原子系统(例如气体)或中心对称型晶体，因不存在二阶非线性效应，可考虑三阶非线性效应.用上面类似的过程表明，三阶非线性偶极振子可以描述自饱和，互饱和以及四波混频过程等三阶非线性效应.尽管非线性偶极振子模型可以描述一些基本的非线性光学现象，但它毕竟不是原子模型的准确和完整的描述.在后面的章节中将详细介绍原子的量子模型和它与电磁场的相互作用过程.

练　　习

1. 利用(1.5.5)式—(1.5.7)式推导(1.5.8)式和(1.5.9)式.

参 考 文 献

Kramers H. A. (1927). Atti Congr. Intern. Fis. **2**, p. 545.

Krönig R. L. (1926). J. Opt. Soc. Am. **12**, p. 547. "On the Theory of Dispersion of X-Rays"

Toll J. S. (1956). Phys. Rev. **104**, p. 1760. "Causality and the Dispersion Relation: Logical Foundations"

第二章　光辐射的早期量子理论

量子理论的建立始于20世纪初光的量子现象的发现.1900年普朗克(Planck)在解释黑体辐射规律时第一次提出能量量子的概念.1905年爱因斯坦(Einstein)用光的“微粒”模型成功地解释了光电效应.后来在1923年,康普顿(A.H.Compton)再次用光的粒子性解释了X射线被物质散射的康普顿效应.1926年路易斯(G.N.Lewis)引入一个较简明的名词“光子”(photon)来代替光量子(light quantum)的说法.1927年狄拉克(Dirac)等人建立了电磁场量子化的完整理论.

长期以来,在考虑光和物质(不包括基本粒子)相互作用问题中,在经典电磁理论基础上,再借助于早期量子理论中光的能量量子概念,就能成功地处理上述许多问题.直到1960年激光出现以后,新的单色性相干性好的强光源的运用,产生了一大批新的实验现象,涉及电磁场的量子特征.早期简单的光量子概念已不能解释这些新现象,因此促使量子光学这一新学科的建立和发展.本章将回顾与本书内容密切相关的早期量子论部分.

2.1　电磁场的场模密度

在光辐射与物质相互作用问题中,用电场的时空分布$\boldsymbol{E}(\boldsymbol{r},t)$描述辐射场经常是不方便的.通常是考虑电磁波的波矢和频率,因为它同实验测量直接联系.光量子的概念是建立在电磁场模式基础上,电磁场模式是在特定的几何环境下形成的一组特征空间分布.一个光子应属于某个电磁模式,具有该模式电磁波的频率和波矢.光子不可能如同描述经典粒子一样指出某时某刻在何处,忽略这一基本特征,将会产生许多“佯谬”.

一种常用的模系是无穷空间的平面波展开:

$$\boldsymbol{E}(\boldsymbol{r},t)=\int\boldsymbol{E}(\boldsymbol{k})\mathrm{e}^{\mathrm{i}(\boldsymbol{k}\cdot\boldsymbol{r}-\omega_k t)}\mathrm{d}^3\boldsymbol{k}, \tag{2.1.1}$$

其中$\boldsymbol{E}(\boldsymbol{k})$是具有波矢$\boldsymbol{k}$频率$\omega_k$的平面波的电场复振幅,满足$\omega_k=|\boldsymbol{k}|c$,$c$是真空中的光速.$|\boldsymbol{E}(\boldsymbol{k})|^2$是该平面波的光强度.上述平面波模系展开中$\boldsymbol{k}$是连续变化的,称为连续模系.在数学处理中有时它并不方便.

另一种模系是有限空间的分离模系,例如激光谐振腔可产生分离的驻波模(standing wave mode)或行波模(traveling wave mode).分离模系容易在数学上求出场模密度,即在单位体积单位波矢(或单位频率)内的场模个数.场模密度就是辐射场系统的状态密度,它是考虑系统统计性质时必须首先要知道的.

考虑一边长为 L 的立方体真空腔,腔壁由理想导体组成,电磁波的穿透深度为零,因此电磁波无损耗地在腔内永驻.真空中波动方程的分量形式为

$$\nabla^2 E_l(x,y,z,t)=\frac{1}{c^2}\frac{\partial^2}{\partial t^2}E_l(x,y,z,t),\qquad (l=x,y,z). \tag{2.1.2}$$

由分离变量法可以求出上式的一般解

$$E_l(x,y,z,t)=E_{l0}(t)\begin{pmatrix}\sin k_x x\\ \cos k_x x\end{pmatrix}\begin{pmatrix}\sin k_y y\\ \cos k_y y\end{pmatrix}\begin{pmatrix}\sin k_z z\\ \cos k_z z\end{pmatrix},\qquad (l=x,y,z), \tag{2.1.3}$$

它一共有八个无关解.由于立方腔的边界完全电导,并且在边界处的电场 $\boldsymbol{E}$ 的切向分量连续,因此在边界处电场的切向分量为零(腔外电场为零),边界条件为

$$\begin{aligned} x&=0,L \qquad E_y=E_z=0,\\ y&=0,L \qquad E_x=E_z=0,\\ z&=0,L \qquad E_x=E_y=0. \end{aligned} \tag{2.1.4}$$

在此边界条件下,波矢分量 k_x,k_y,k_z 只能取一些分离值

$$k_l=\pi n_l/L\qquad (l=x,y,z;\quad n_l=0,1,2,\cdots). \tag{2.1.5}$$

另一方面,每个分量的八个无关解中只能有两个满足对应的边界条件.考虑到真空中的电场要满足

$$\nabla\cdot\boldsymbol{E}=0, \tag{2.1.6}$$

对应于一组波矢(k_x,k_y,k_z),或相应的模式指数(n_x,n_y,n_z),只能有一组解:

$$\begin{cases} E_x(x,y,z,t)=E_{x0}(t)\cos(k_x x)\sin(k_y y)\sin(k_z z)\\ E_y(x,y,z,t)=E_{y0}(t)\sin(k_x x)\cos(k_y y)\sin(k_z z)\\ E_z(x,y,z,t)=E_{z0}(t)\sin(k_x x)\sin(k_y y)\cos(k_z z). \end{cases} \tag{2.1.7}$$

n_x,n_y,n_z三个指数中只能有一个可以取零,否则得到零解.将解(2.1.7)式代入(2.1.6)式得到横波条件

$$\boldsymbol{k}\cdot\boldsymbol{E}_0(t)=0, \tag{2.1.8}$$

其中波矢 $\boldsymbol{k}=(k_x,k_y,k_z)$,[注] $\boldsymbol{E}_0=(E_{x0},E_{y0},E_{z0})$表示电场振幅矢量.对于给定的 $\boldsymbol{k}$,与之垂直的 $\boldsymbol{E}_0$ 有两个自由度,代表两个独立的偏振(polarization)方向,因此每一组模式指数(n_x,n_y,n_z)对应两个具有不同偏振方向的腔模.

[注] 由于是驻波解,波矢方向是形成驻波的其中一个行波的传播方向.

现在转入 $\boldsymbol{k}$ 空间，它由 k_x, k_y, k_z 组成三维正交坐标轴.每一组模式指数 (n_x, n_y, n_z) 对应 $\boldsymbol{k}$ 空间一个格点位置，它应代表两个不同偏振方向的独立模式.这些格点构成立方晶格，晶格常量为 π/L，每个格点占据体积 $(\pi/L)^3$. 设 $k=|\boldsymbol{k}|$，由于三个波矢分量均为正，波矢在第一卦限 $k \to k+\mathrm{d}k$ 的球壳体积为 $(1/8)4\pi k^2\mathrm{d}k$.当所考虑的光波长远小于谐振腔的尺寸时，[注]球壳体积远大于格点占据的体积，球壳中的模式数目为

$$2\times\frac{1}{8}\times\frac{4\pi k^2\mathrm{d}k}{(\pi/L)^3}=\frac{k^2\mathrm{d}k}{\pi^2}L^3, \tag{2.1.9}$$

前面的因子 2 来自于每个格点表示两个不同偏振方向的模式.因此单位体积的模式数为

$$\rho_k\mathrm{d}k=(k^2/\pi^2)\mathrm{d}k, \tag{2.1.10}$$

其中模式密度(mode density)ρ_k表示在单位体积内、在 k 附近单位波矢内的模式数.模式密度还可以用频率表示，由于 $k=\omega/c$，单位体积内在 $\omega \to \omega + \mathrm{d}\omega$ 内的模式数为

$$\rho_\omega\mathrm{d}\omega=\frac{\omega^2}{\pi^2c^3}\mathrm{d}\omega. \tag{2.1.11}$$

如果每个模式有一个光子，相应的能量谱密度为

$$\hbar\omega\rho_\omega\mathrm{d}\omega=\frac{\hbar\omega^3}{\pi^2c^3}\mathrm{d}\omega. \tag{2.1.12}$$

模式密度公式(2.1.10)式和(2.1.11)式是抛物线关系，频率越高模式密度越大.在可见光范围，设 $\omega \sim 10^{15}\ \mathrm{s}^{-1}$，自发辐射线宽 $\mathrm{d}\omega \sim 10^{8}\ \mathrm{s}^{-1}$，单位立方米体积内的模式数为 10^{11}.模式密度公式虽然是在特殊的立方腔条件下推导的，但具有普遍意义.它不仅与腔的尺寸无关，而且还应与腔的形状无关.从数学上看，任意电场 $\boldsymbol{E}(\boldsymbol{r},t)$ 是在一组完备的本征模上展开，而基于不同空间形式的完备本征模之间可以相互等价地转换.

模式密度公式常运用于将对分离模的求和形式转为对连续模的积分形式，其理由是当立方腔足够大时，趋于无穷大自由空间的情况，电磁场可展开为连续模的积分形式.利用(2.1.10)式和(2.1.11)式，作转换

$$\sum_k \to \int\rho_k\mathrm{d}k, \qquad \sum_\omega \to \int\rho_\omega\mathrm{d}\omega. \tag{2.1.13}$$

由于晶格体积为 $(2\pi/L)^3$，在三维 $\boldsymbol{k}$ 空间的转换为

$$\sum_{\boldsymbol{k}} \to \left(\frac{L}{2\pi}\right)^3\int\mathrm{d}^3\boldsymbol{k}. \tag{2.1.14}$$

这些方法完全可以同统计物理学中考虑连续系统中用的方法相类比.

[注] 当谐振腔的尺寸与光波长可比拟时，称为微腔，模式密度需重新讨论.

练　习

1. 证明(2.1.7)式是唯一满足边界条件(2.1.4)式和(2.1.6)式的解[设(2.1.8)式成立].

2.2　普朗克定律

19 世纪末,在用经典电磁理论对黑体辐射(blackbody radiation)规律进行理论解释时,得到与实验不能相一致的结果.为此,普朗克提出了一个不寻常的大胆假设.他认为处于热平衡(thermal equilibrium)状态的黑体壁由振子组成,这些振子有分离的能级,而不是如经典振子那样能量连续变化.黑体壁振子只吸收电磁辐射的分离的量子或能量包.另一方面与之进行能量交换的每个电磁场模也只能接受黑体振子的分离的能量值.在普朗克的原始思想中,还没有直接认识到电磁场自身的量子行为.

由经典统计理论,在热平衡时频率为 ω 的振子的能量分布满足玻耳兹曼分布(Boltzmann distribution)

$$P(\mathscr{E}) = N\mathrm{e}^{-\mathscr{E}(\omega)/(k_{\mathrm{B}}T)}, \tag{2.2.1}$$

其中 k_{B} 是玻耳兹曼常量(Boltzmann constant),T 是温度,N 是归一化常量.普朗克假定,振子的能量不连续:

$$\mathscr{E}(\omega) = n\hbar\omega, \tag{2.2.2}$$

因此能量分布为

$$P_n = \left(\sum_n \mathrm{e}^{-n\hbar\omega/(k_{\mathrm{B}}T)}\right)^{-1}\mathrm{e}^{-n\hbar\omega/(k_{\mathrm{B}}T)} = (1-\mathrm{e}^{-\hbar\omega/(k_{\mathrm{B}}T)})\mathrm{e}^{-n\hbar\omega/(k_{\mathrm{B}}T)}. \tag{2.2.3}$$

由此可求出每个频率为 ω 的模的平均能量

$$\langle \mathscr{E}(\omega) \rangle = \sum n\hbar\omega P_n = \hbar\omega\langle n \rangle = \frac{\hbar\omega}{\mathrm{e}^{\hbar\omega/(k_{\mathrm{B}}T)}-1}, \tag{2.2.4}$$

其中平均量子数

$$\langle n \rangle = (\mathrm{e}^{\hbar\omega/(k_{\mathrm{B}}T)}-1)^{-1}. \tag{2.2.5}$$

从现代的观点,频率为 ω 的振子对应于该频率的电磁场模式,(2.2.1)—(2.2.5)式可以理解为平衡态下辐射场的量子统计性质.

辐射场的总能量

$$\mathscr{E} = \int_V W\mathrm{d}V = \frac{1}{2}\int_V(\varepsilon E^2 + \mu H^2)\mathrm{d}V, \tag{2.2.6}$$

其中 W 为能量密度,即单位体积中的能量.现定义依赖于频率的能谱密度 $w(\omega)$ 为

$$W = \int w(\omega)\mathrm{d}\omega, \tag{2.2.7}$$

$w(\omega)$表示在单位体积内在 ω 附近单位频率内的辐射场能.例如(2.1.12)式就是一种特定的$w(\omega)$,表示每一个模式中有一个光子时的能谱密度,但它不是平衡态的能谱密度.在温度为 T 的热平衡状态下,每个频率为 ω 的模式中的平均光子数为$\langle n \rangle$,平均能量为$\langle n \rangle \hbar\omega$.再用到上节的模式密度(2.1.11)式,因此在 $\omega \to \omega + \mathrm{d}\omega$ 中的平均能谱密度 $\overline{w}_T(\omega)$ 可表为

$$\overline{w}_T(\omega)\mathrm{d}\omega = \langle n \rangle \hbar\omega\rho_\omega \mathrm{d}\omega = \frac{\langle n \rangle \hbar\omega^3 \mathrm{d}\omega}{\pi^2 c^3} = \frac{\hbar\omega^3}{\pi^2 c^3}\frac{\mathrm{d}\omega}{\mathrm{e}^{\hbar\omega/(k_B T)} - 1}. \tag{2.2.8}$$

这就是著名的普朗克黑体辐射公式,它同实验符合的很好.运用(2.2.7)式到平均能谱密度得到斯特藩-玻耳兹曼公式(Stefan-Boltzman equation):

$$W_T = \int_0^\infty \overline{w}_T(\omega)\mathrm{d}\omega = \frac{k_B^4 T^4}{\pi^2 c^3 \hbar^3}\int_0^\infty \frac{x^3 \mathrm{d}x}{\mathrm{e}^x - 1} = \frac{\pi^2 k_B^4 T^4}{15 c^3 \hbar^3}. \tag{2.2.9}$$

此辐射公式是1879年斯特藩由实验获得,1884年玻耳兹曼用经典统计理论推得.

练　　习

1. 根据经典统计玻耳兹曼分布和普朗克的振子能量不连续假定,求出热平衡时振子能量的几率分布形式(2.2.3)式,以及平均能量(2.2.4)式和平均量子数(2.2.5)式.

2. 试理解辐射场的总能量、能量密度、能谱密度和平均能量密度的关系.

2.3 爱因斯坦的唯象辐射理论

1917年爱因斯坦建立了一种十分简单的辐射场与原子相互作用的理论模型,这种模型不涉及辐射场与原子相互作用的机制,因此是一种唯象方法.它不仅能成功地解释原子的吸收和散射等许多现象,而且对后来激光理论的建立起了重要作用.

1. 爱因斯坦 *A*,*B* 系数

设有 N 个相同的原子处于一个光腔中,如果与辐射场发生相互作用只涉及原子的某两个能级,原子可以简化为只有两个能级组成的两能级原子模型.令上能级2和下能级1的能量分别为 E_2 和 E_1,其能量差

$$\hbar\omega_A = E_2 - E_1, \tag{2.3.1}$$

ω_A为原子跃迁频率.设腔内辐射场的平均能谱密度为$\overline{w}(\omega)$,爱因斯坦将原子与辐射场相互作用归纳为三个过程(图2.3-1),分别用三个系数描述.

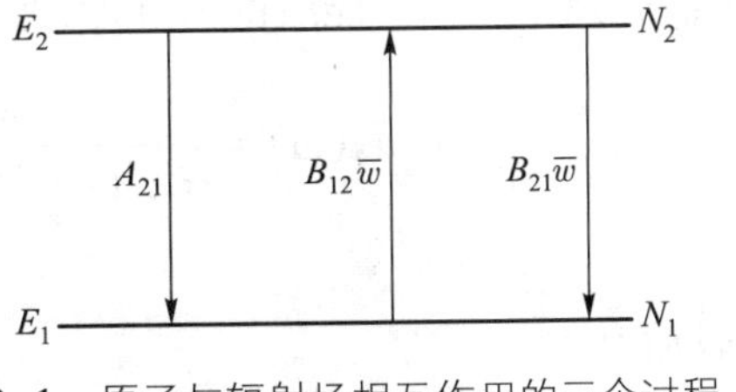

图 2.3-1　原子与辐射场相互作用的三个过程

(i)自发辐射(spontaneous radiation)

不管腔内是否存在辐射场,处于上能级2的原子自发地发射一个光子而转变为下能级1的原

子.发生这种跃迁的速率(即单位时间内的跃迁概率)为 A_{21},称为爱因斯坦 A 系数.以后将会看到,引起原子发生自发辐射的原因是由于电磁场的真空涨落.

(ii)受激吸收(stimulated absorption)

处于下能级的原子吸收辐射场 $\overline{w}(\omega)$ 的一个光子转变为上能级 2 的原子,跃迁速率为 $B_{12}\overline{w}(\omega)$.

(iii)受激辐射(stimulated radiation)

处于上能级 2 的原子在辐射场 $\overline{w}(\omega)$ 的诱导作用下,辐射一个光子转变为下能级 1 的原子,跃迁速率为 $B_{21}\overline{w}(\omega)$.$B_{12}$和 B_{21}称为爱因斯坦 B 系数.

2. 速率方程

对于两能级原子模型,上能级布居(population)N_2 和下能级布居 N_1 满足

$$N = N_1 + N_2. \tag{2.3.2}$$

在腔内原子与辐射场相互作用的三种过程影响原子的布居(图 2.3-1).由此可以写出原子布居的运动方程,称为布居速率方程(rate equation):

$$(\mathrm{d}/\mathrm{d}t)N_1 = -(\mathrm{d}/\mathrm{d}t)N_2 = N_2A_{21} - N_1B_{12}\overline{w}(\omega) + N_2B_{21}\overline{w}(\omega). \tag{2.3.3}$$

当布居达到稳定时

$$(\mathrm{d}/\mathrm{d}t)N_1 = -(\mathrm{d}/\mathrm{d}t)N_2 = 0, \tag{2.3.4}$$

由(2.3.3)式可得到稳定时平均能谱密度与布居比的关系

$$\overline{w}(\omega) = \frac{A_{21}}{(N_1/N_2)B_{12} - B_{21}}. \tag{2.3.5}$$

3. *A*,*B* 系数之间的关系

设辐射场和物质处在热平衡态,它也是稳态.(2.3.5)式左边应取热平衡辐射场的平均能谱密度(2.2.8)式.另一方面,热平衡下原子布居遵守玻耳兹曼分布.考虑到原子能级可能存在的多重态结构,热平衡时两能级原子的布居比

$$\left(\frac{N_1}{N_2}\right)_T = \frac{g_1\mathrm{e}^{-E_1/(k_BT)}}{g_2\mathrm{e}^{-E_2/(k_BT)}} = \frac{g_1}{g_2}\mathrm{e}^{\hbar\omega_A/(k_BT)}, \tag{2.3.6}$$

g_1 和 g_2 分别为这两个能级的简并度.为了使(2.3.5)式与(2.2.8)式相等,应考虑 $\omega=\omega_A$.因此有

$$\overline{w}_T(\omega) = \frac{\hbar\omega^3}{\pi^2c^3(\mathrm{e}^{\hbar\omega/(k_BT)} - 1)} = \frac{A_{21}}{B_{21}\left[\dfrac{g_1B_{12}}{g_2B_{21}}\mathrm{e}^{\hbar\omega/(k_BT)} - 1\right]}, \tag{2.3.7}$$

相比较后有

$$(g_1/g_2)B_{12} = B_{21}, \tag{2.3.8}$$

$$\frac{\hbar\omega^3}{\pi^2c^3}B_{21}=A_{21}. \tag{2.3.9}$$

上两式给出了 A、B 系数之间的联系，当两个能级的简并相等时，$B_{12}=B_{21}$.

在热平衡时，自发辐射与受激辐射跃迁速率之比为

$$\frac{A_{21}}{B_{21}\overline{w}_T(\omega)}=\mathrm{e}^{\hbar\omega/(k_BT)}-1. \tag{2.3.10}$$

在室温下和在光频范围，$\hbar\omega \gg k_BT$，因此自发辐射率远大于热受激辐射（或吸收）率. 并且由(2.3.6)式，下能级原子布居远大于上能级布居. 在非热平衡时，要使自发辐射与受激辐射有相同的速率，需要很强的光场，通常需要脉冲激光的强度才能达到.

4. 非简并情况下速率方程的解

在非简并情况下 $g_1=g_2=1$（或上下能级简并度相等时），$B_{12}=B_{21}=B$，记 $A_{21}=A$，速率方程为

$$(\mathrm{d}/\mathrm{d}t)N_1=N_2A+(N_2-N_1)B\overline{w}=-N_1(A+2B\overline{w})+N(A+B\overline{w}). \tag{2.3.11}$$

容易解得

$$N_1(t)=\left[N_1(0)-\frac{N(A+B\overline{w})}{A+2B\overline{w}}\right]\mathrm{e}^{-(A+2B\overline{w})t}+\frac{N(A+B\overline{w})}{A+2B\overline{w}}. \tag{2.3.12}$$

前一项是弛豫过程，后一项是稳态解. 设在 $t=0$ 时，原子全部处在基态 $N_1(0)=N$，上能级激发比为

$$\frac{N_2}{N}=\frac{B\overline{w}/A}{1+2B\overline{w}/A}\left[1-\mathrm{e}^{-(A+2B\overline{w})t}\right]. \tag{2.3.13}$$

上能级激发比随时间的变化如图 2.3-2 所示.

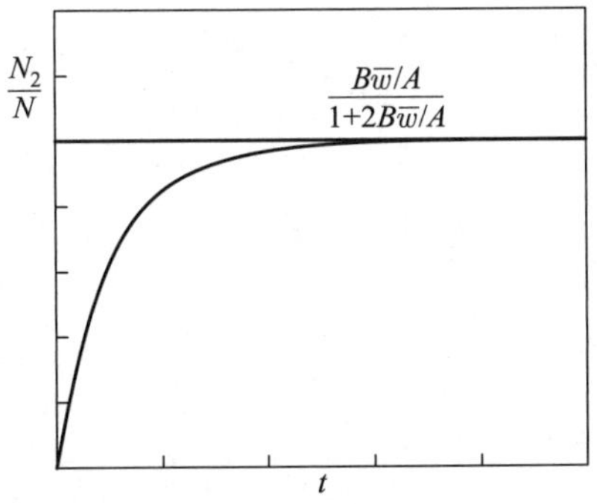

图 2.3-2　上能级激发比随时间的变化

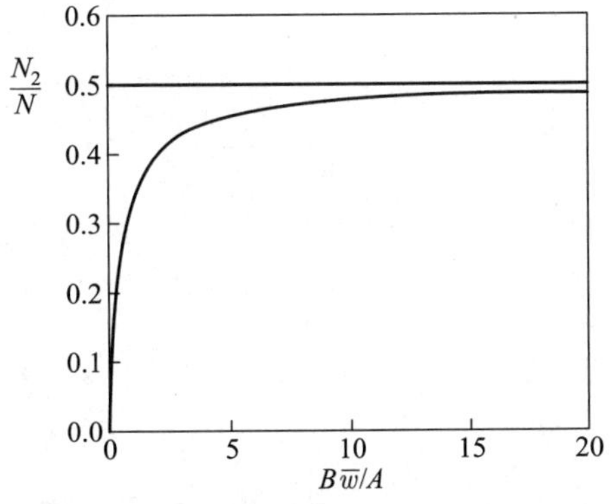

图 2.3-3　上能级激发比随光强的变化

当 $t\to\infty$时，稳态关系为

$$\frac{N_2}{N}=\frac{B\overline{w}/A}{1+2B\overline{w}/A}. \tag{2.3.14}$$

在弱场下 $B\overline{w} \ll A$,

$$\frac{N_2}{N} \approx \frac{B}{A}\overline{w} \ll 1, \tag{2.3.15}$$

激发原子很少,且与光强成线性关系.在强光下,激发与光强为非线性关系.当 $B\overline{w} \gg A$ 时,$N_2/N \to 1/2$,激发将完全饱和.由(2.3.14)式可以看出,对两能级原子无论用多强的光照射原子,不可能实现布居反转(图 2.3-3).

5. 自发辐射寿命

如果将处于激发态的原子注入到真空腔内,速率方程及其解为

$$(\mathrm{d}/\mathrm{d}t)N_2 = -N_2 A, \tag{2.3.16}$$

$$N_2(t) = N_2(0)\mathrm{e}^{-At} = N_2(0)\mathrm{e}^{-t/\tau_{\mathrm{R}}}, \tag{2.3.17}$$

$\tau_{\mathrm{R}} = 1/A$ 称为激发态原子的自发辐射寿命.

第三章　光场同原子系统相互作用的半经典理论

在光场与原子系统相互作用中，对原子系统用量子力学的方法处理，而对光场仍用经典电磁理论，称为半经典理论.这对不涉及光场自身量子噪声和其他量子现象的大多数光学问题是十分有效的.有时在半经典理论中也引入光子和电磁场真空涨落等量子概念，以弥补半经典理论的不足.

3.1　两能级原子与单色光场的相互作用

1. 两能级原子

一般原子有许多能级，如果我们所考虑的过程只涉及原子某两个能量为 $\hbar\omega_1$ 和 $\hbar\omega_2$ 的能级，例如频率为 ω 的光子的能量等于或接近于这两个能级之差，即 $\hbar\omega \approx \hbar(\omega_2 - \omega_1) = \hbar\omega_A$，原子跃迁只涉及这两个能级，我们可将该原子看做只有两个能级——称为“两能级原子”(two-level atom)近似，如图 3.1-1，设原子的哈密顿量为 H_0，两个能级的本征态为 $|\phi_1\rangle$ 和 $|\phi_2\rangle$：

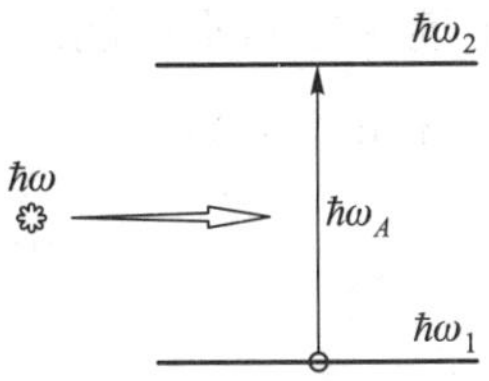

图 3.1-1　两能级原子示意图

$$H_0|\phi_i\rangle = \hbar\omega_i|\phi_i\rangle \quad (i = 1,2), \tag{3.1.1}$$

它们满足正交条件 $\langle\phi_i|\phi_j\rangle = \delta_{ij}$.

2. 相互作用哈密顿量

在我们所讨论的光频范围内，光的波长远大于原子的玻尔半径 a_0：

$$ka_0 \ll 1, \tag{3.1.2}$$

因此在原子尺度范围内可以忽略光场的空间变化.照射原子的单色光场可以写为

$$\boldsymbol{E}(t) = \boldsymbol{E}_0\cos\omega t. \tag{3.1.3}$$

设原子有 z 个电子，每个电子处于 $\boldsymbol{r}_j$ 位置，原子的总电偶极矩为

$$\boldsymbol{p} = -e\sum_{j=1}^{z}\boldsymbol{r}_j = -e\boldsymbol{D}, \tag{3.1.4}$$

其中 $e>0$ 为电子电荷量,电子的总矢径为

$$\boldsymbol{D} = \sum_{j=1}^{z}\boldsymbol{r}_j. \tag{3.1.5}$$

在原子和光场的相互作用中,电偶极相互作用是最基本最重要的形式.当条件(3.1.2)式较好地满足,在原子尺度范围内电场近似为常量,可采用“电偶极近似”(electric dipole approximation).电偶极子在外场中的相互作用能即为相互作用哈密顿量[注1]

$$H' = -\boldsymbol{p}\cdot\boldsymbol{E}(t) = e\boldsymbol{D}\cdot\boldsymbol{E}_0\cos\omega t. \tag{3.1.6}$$

H'有奇宇称(parity),即当 $\boldsymbol{r}_j \to -\boldsymbol{r}_j$ 时,$H' \to -H'$.无极性原子是指在无外场时原子电偶极矩为零(参见 3.3 节),其本征态 $|\phi_1\rangle$ 和 $|\phi_2\rangle$ 的空间波函数也具有确定的宇称(奇或偶),因而 H'的对角元有

$$H'_{jj} = \langle \phi_j | H' | \phi_j \rangle = 0 \qquad (j = 1,2). \tag{3.1.7}$$

假如 $|\phi_1\rangle$ 与 $|\phi_2\rangle$ 有相同的宇称,则非对角元也为零:

$$H'_{21} = \langle \phi_2 | H' | \phi_1 \rangle = H'^{*}_{12} = 0,$$

这两个能级之间不可能发生单光子电偶极跃迁.[注2]反之,$|\phi_1\rangle$ 与 $|\phi_2\rangle$ 具有相反的宇称时,非对角元才可能不为零:

$$H'_{12} = \langle \phi_1 | e\boldsymbol{D}\cdot\boldsymbol{E}_0\cos\omega t | \phi_2 \rangle = \wp_{12}E_0\cos\omega t, \tag{3.1.8}$$

其中

$$\wp_{12} = \langle \phi_1 | e\boldsymbol{D}\cdot\boldsymbol{E}_0/E_0 | \phi_2 \rangle, \tag{3.1.9}$$

[注3]

并有

$$\wp_{21} = \wp^{*}_{12}, \qquad H'_{21} = H'^{*}_{12}. \tag{3.1.10}$$

3. 含时微扰论

原子的辐射问题通常采用含时的微扰论处理.体系的波函数遵从薛定谔方程:

$$\mathrm{i}\hbar(\partial/\partial t)|\psi(t)\rangle = H(t)|\psi(t)\rangle, \tag{3.1.11}$$

[注1] 在第Ⅲ卷 4.2 节的全量子理论中,将给出场同原子相互作用哈密顿量的详尽描述,也可参考文献(Lamb,1952).

[注2] 原子吸收或辐射一个光子发生能级跃迁称为单光子跃迁.

[注3] 符号 $\wp$ 发音为“squiggle”.

$$H(t)=H_0+H'(t). \tag{3.1.12}$$

$|\psi(t)\rangle$ 可用 H_0 的本征态展开：

$$|\psi(t)\rangle=c_1(t)|\phi_1\rangle+c_2(t)|\phi_2\rangle. \tag{3.1.13}$$

将上式代入薛定谔方程得到

$$\mathrm{i}\hbar\dot{c}_1=c_1\hbar\omega_1+c_1H'_{11}+c_2H'_{12}, \tag{3.1.14a}$$

$$\mathrm{i}\hbar\dot{c}_2=c_2\hbar\omega_2+c_2H'_{22}+c_1H'_{21}. \tag{3.1.14b}$$

由(3.1.7)式、(3.1.8)式和(3.1.10)式得

$$\mathrm{i}\hbar\dot{c}_1=c_1\hbar\omega_1+c_2\wp_{12}E_0\cos\omega t, \tag{3.1.15a}$$

$$\mathrm{i}\hbar\dot{c}_2=c_2\hbar\omega_2+c_1\wp_{12}^*E_0\cos\omega t. \tag{3.1.15b}$$

4. 旋波近似

我们作一变换以消去迅速振荡部分，令

$$c_j(t)=C_j(t)\mathrm{e}^{-\mathrm{i}\omega_jt}\qquad(j=1,2), \tag{3.1.16}$$

代入(3.1.15)式得到

$$\mathrm{i}\hbar\dot{C}_1=C_2\wp_{12}E_0\cos\omega t\cdot\mathrm{e}^{-\mathrm{i}(\omega_2-\omega_1)t},$$
$$\mathrm{i}\hbar\dot{C}_2=C_1\wp_{12}^*E_0\cos\omega t\cdot\mathrm{e}^{\mathrm{i}(\omega_2-\omega_1)t}.$$

令原子跃迁频率

$$\omega_A=\omega_2-\omega_1, \tag{3.1.17}$$

得到缓变振幅 C_j 的运动方程：

$$\mathrm{i}\hbar\dot{C}_1=\frac{1}{2}C_2\wp_{12}E_0[\mathrm{e}^{-\mathrm{i}(\omega_A+\omega)t}+\mathrm{e}^{-\mathrm{i}(\omega_A-\omega)t}], \tag{3.1.18a}$$

$$\mathrm{i}\hbar\dot{C}_2=\frac{1}{2}C_1\wp_{12}^*E_0[\mathrm{e}^{\mathrm{i}(\omega_A+\omega)t}+\mathrm{e}^{\mathrm{i}(\omega_A-\omega)t}]. \tag{3.1.18b}$$

对于光频，在近共振时满足

$$\omega+\omega_A\gg|\omega-\omega_A|, \tag{3.1.19}$$

因此可在方程中忽略 $\mathrm{e}^{\pm\mathrm{i}(\omega_A+\omega)t}$ 项，这种近似称为旋波近似(rotating wave approximation).这是一个十分好的近似，在量子光学中被广泛使用.在旋波近似下方程化为

$$\dot{C}_1=-\frac{\mathrm{i}}{2}\frac{\wp_{12}E_0}{\hbar}C_2\mathrm{e}^{-\mathrm{i}(\omega_A-\omega)t}, \tag{3.1.20a}$$

$$\dot{C}_2=-\frac{\mathrm{i}}{2}\frac{\wp_{12}^{*}E_0}{\hbar}C_1\mathrm{e}^{\mathrm{i}(\omega_A-\omega)t}. \tag{3.1.20b}$$

5. 受激吸收概率

设在 $t=0$ 时,原子处于下能级 $|\phi_1\rangle$ 态,

$$C_1(0)=1,\quad C_2(0)=0, \tag{3.1.21}$$

将此零级波函数代入(3.1.20)式可得到一级微扰解

$$\dot{C}_2^{(1)}(t)=-\frac{\mathrm{i}}{2}\frac{\wp_{12}^{*}E_0}{\hbar}C_1(0)\mathrm{e}^{\mathrm{i}(\omega_A-\omega)t}, \tag{3.1.22}$$

积分后

$$\begin{aligned}C_2^{(1)}(t)&=-\frac{\mathrm{i}}{2}\frac{\wp_{12}^{*}E_0}{\hbar}\int_0^t\mathrm{e}^{\mathrm{i}(\omega_A-\omega)t'}\mathrm{d}t'\\&=-\frac{\mathrm{i}}{2}\frac{\wp_{12}^{*}E_0}{\hbar}\frac{\mathrm{e}^{\mathrm{i}(\omega_A-\omega)t}-1}{\mathrm{i}(\omega_A-\omega)}\\&=-\frac{\mathrm{i}}{2}\frac{\wp_{12}^{*}E_0}{\hbar}\mathrm{e}^{\frac{\mathrm{i}(\omega_A-\omega)t}{2}}\cdot\frac{\sin\left[\frac{1}{2}(\omega_A-\omega)t\right]}{\frac{1}{2}(\omega_A-\omega)}.\end{aligned} \tag{3.1.23}$$

受激吸收概率

$$\left|C_2^{(1)}(t)\right|^2=\frac{E_0^2}{4\hbar^2}\left|\wp_{12}\right|^2\frac{\sin^2\left[\frac{1}{2}(\omega_A-\omega)t\right]}{\left[\frac{1}{2}(\omega_A-\omega)\right]^2}, \tag{3.1.24}$$

它表示在 t 时刻基态原子吸收一个光子跃迁到激发态的概率.完全谐振时 $\omega=\omega_A$,利用 $\lim\limits_{x\to0}\frac{\sin x}{x}=1$,可得到

$$\left|C_2^{(1)}(t)\right|^2_{\omega=\omega_A}=\frac{E_0^2}{4\hbar^2}\left|\wp_{12}\right|^2t^2. \tag{3.1.25}$$

同样,若假定在 $t=0$ 时原子处于 $|\phi_2\rangle$ 态,即可求出受激辐射的概率.它与(3.1.24)式有相同的形式,这是微观可逆性的一个例子.

如图 3.1-2 所示,共振时跃迁概率随时间平方单调增长(图中虚线所示).在有失谐时,$\left|C_2^{(1)}\right|^2$ 随时间 t 的关系呈周期性变化,其振荡频率为失谐量 $\omega-\omega_A$,这一现象称为拉比振荡(Rabi oscillation)(参见本章 3.4 节).跃迁概率大小同外场对原子系统的失谐量有关,当失谐减小时有较大的跃迁概率振幅.受激吸收概率对失谐 $\omega-\omega_A$的关系如图 3.1-3 所示.在不同时刻时,

其中心峰高度正比于 t^2,中心峰的宽度近似反比于 t, 因此当 $t\to\infty$时,吸收概率谱趋于 δ 函数.当然跃迁概率不可能大于一,实际上一级微扰近似成立的条件是要求 $|C_2^{(1)}(t)|^2 \ll 1$.在本章第 4 节将看到,精确解表明跃迁概率的振荡频率除同失谐有关外,还同外场功率有关,即使在完全共振时跃迁概率也会存在周期振荡.

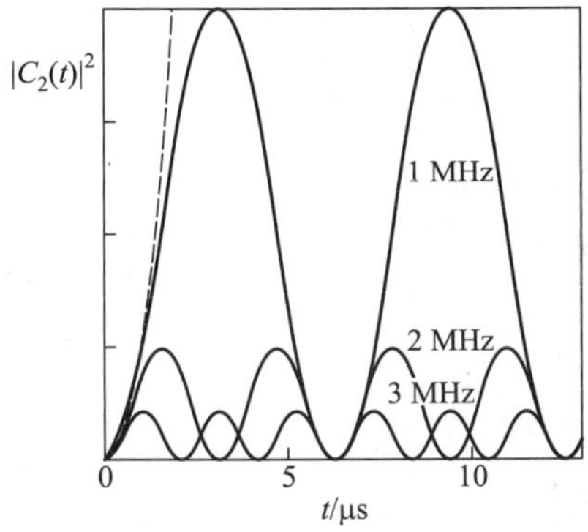

图 3.1-2 在不同失谐 $\omega-\omega_A=0,1,2,3$ MHz 时,受激吸收概率(任意单位)随时间的变化

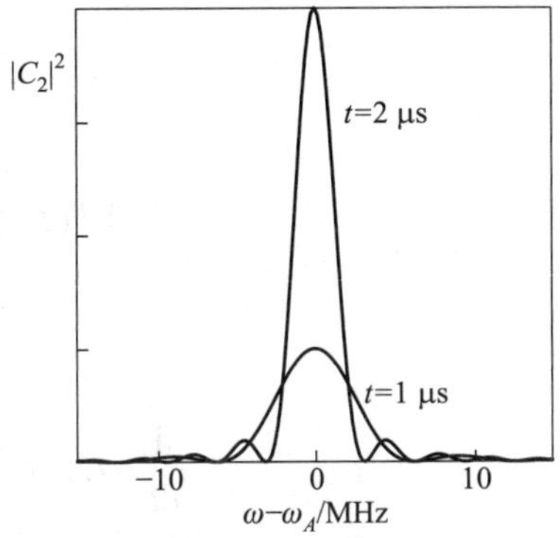

图 3.1-3 在不同时刻 $t=1$ 和 2 μs 时,受激吸收概率(任意单位)随失谐的变化

6. 有频率展宽时的跃迁率

实际的光场不可能是完全单色的,总有一定的频率展宽 $\Delta\omega$.设中心频率为 ω、频宽为 $\mathrm{d}\omega$ 的近平面电磁波的能量密度表示为

$$W(\omega)=\frac{1}{2}\varepsilon_0 E_0^2(\omega)=\overline{w}(\omega)\mathrm{d}\omega,^{[注]} \tag{3.1.26}$$

其中 $\overline{w}(\omega)$ 是能谱密度.为了用两能级原子模型计算爱因斯坦 A、B 系数,我们将(3.1.24)式中的 E_0^2 根据上式用能谱密度 $\overline{w}(\omega)$ 表示,再对频率展宽积分

$$\left|C_2^{(1)}(t)\right|^2=\frac{1}{2}\frac{\left|\wp_{12}\right|^2}{\varepsilon_0\hbar^2}\int_{\Delta\omega}\overline{w}(\omega)\frac{\sin^2\left[\frac{1}{2}(\omega-\omega_A)t\right]}{\left[\frac{1}{2}(\omega-\omega_A)\right]^2}\mathrm{d}\omega. \tag{3.1.27}$$

注意到 $\sin^2\left[\frac{1}{2}(\omega-\omega_A)t\right]\Big/\left[\frac{1}{2}(\omega-\omega_A)\right]^2$ 只有在 $\omega\to\omega_A$ 处才有较大的值,犹如 δ 函数(图 3.1-3),因此

$$\left|C_2^{(1)}(t)\right|^2=\frac{1}{2}\frac{|\wp_{12}|^2\overline{w}(\omega_A)}{\varepsilon_0\hbar^2}\int_{-\infty}^{\infty}\frac{\sin^2\left[\frac{1}{2}(\omega-\omega_A)t\right]}{\left[\frac{1}{2}(\omega-\omega_A)\right]^2}\mathrm{d}\omega. \tag{3.1.28}$$

[注]本式中的 1/2 因子是由于对一个周期求平均所致.

上式中的积分可以计算出来(《数学手册》,1979):

$$I=\int_{-\infty}^{\infty}\frac{t^2\sin^2\left[\frac{1}{2}(\omega-\omega_A)t\right]}{\left[\frac{1}{2}(\omega-\omega_A)t\right]^2}\mathrm{d}\omega=2t\int_{-\infty}^{\infty}\frac{\sin^2x}{x^2}\mathrm{d}x=2t\pi. \tag{3.1.29}$$

故有

$$|C_2^{(1)}(t)|^2=\frac{\pi|\wp_{12}|^2\overline{w}(\omega_A)}{\varepsilon_0\hbar^2}t, \tag{3.1.30}$$

跃迁速率为

$$\frac{\mathrm{d}}{\mathrm{d}t}|C_2^{(1)}(t)|^2=\frac{\pi|\wp_{12}|^2\overline{w}(\omega_A)}{\varepsilon_0\hbar^2}. \tag{3.1.31}$$

7. 爱因斯坦系数的计算

由(3.1.31)式可以计算爱因斯坦 A、B 系数.假定所有原子初态处在基态,受激吸收跃迁速率

$$(\mathrm{d}/\mathrm{d}t)|C_2^{(1)}(t)|^2=B\overline{w}, \tag{3.1.32}$$

所以有

$$B=\frac{\pi|\wp_{12}|^2}{\varepsilon_0\hbar^2}, \tag{3.1.33}$$

$$A=\frac{\hbar\omega^3}{\pi^2c^3}B=\frac{\omega^3|\wp_{12}|^2}{\varepsilon_0\pi\hbar c^3}. \tag{3.1.34}$$

以上计算只是对单个原子做的,对于介质(例如气体)的计算还须加上统计考虑.

8. 哈密顿量的矩阵表示

在两能级原子模型的矩阵表示中,完备性要求

$$|\phi_1\rangle\langle\phi_1|+|\phi_2\rangle\langle\phi_2|=1. \tag{3.1.35}$$

原子哈密顿量可表示为

$$\begin{aligned}H_0&=(|\phi_1\rangle\langle\phi_1|+|\phi_2\rangle\langle\phi_2|)H_0(|\phi_1\rangle\langle\phi_1|+|\phi_2\rangle\langle\phi_2|)\\&=\langle\phi_1|H_0|\phi_1\rangle|\phi_1\rangle\langle\phi_1|+\langle\phi_2|H_0|\phi_2\rangle|\phi_2\rangle\langle\phi_2|\\&=\hbar\omega_1|\phi_1\rangle\langle\phi_1|+\hbar\omega_2|\phi_2\rangle\langle\phi_2|,\end{aligned} \tag{3.1.36}$$

它是对角矩阵.

$$
\begin{aligned}
H' &= \left(\left|\phi_1\right\rangle\left\langle\phi_1\right| + \left|\phi_2\right\rangle\left\langle\phi_2\right|\right) H' \left(\left|\phi_1\right\rangle\left\langle\phi_1\right| + \left|\phi_2\right\rangle\left\langle\phi_2\right|\right) \\
&= \left\langle\phi_1\right|H'\left|\phi_2\right\rangle\left|\phi_1\right\rangle\left\langle\phi_2\right| + \left\langle\phi_2\right|H'\left|\phi_1\right\rangle\left|\phi_2\right\rangle\left\langle\phi_1\right| \\
&= \wp_{12}E_0\cos\omega t\left|\phi_1\right\rangle\left\langle\phi_2\right| + \wp_{21}E_0\cos\omega t\left|\phi_2\right\rangle\left\langle\phi_1\right|.
\end{aligned}
\tag{3.1.37}
$$

令 $\cos\omega t = \dfrac{1}{2}[\exp(\mathrm{i}\omega t) + \exp(-\mathrm{i}\omega t)]$，并考虑旋波近似(3.1.18)式，上式近似为

$$
H' = \frac{1}{2}\wp_{12}E_0\exp(\mathrm{i}\omega t)\left|\phi_1\right\rangle\left\langle\phi_2\right| + \frac{1}{2}\wp_{21}E_0\exp(-\mathrm{i}\omega t)\left|\phi_2\right\rangle\left\langle\phi_1\right|, \tag{3.1.38}
$$

其中两项互为厄米共轭.

练　习

1. 在本节的模型中，设在 $t=0$ 时，$C_1(0)=0$，$C_2(0)=1$，试计算受激辐射概率.

2. 在本节的模型中，设在 $t=0$ 时，$C_1(0)=1$，$C_2(0)=0$，不采用旋波近似，试计算 $C_2^{(1)}(t)$，比较它同旋波近似区别有多大.

3.2　衰变现象

上一节的模型中没有考虑原子的衰变现象，实际上处于激发态的原子不可能是稳定的，它要发生衰变.原子的衰变是由于自发辐射和原子间的碰撞等原因引起的.自发辐射现象是激发态原子同真空场的相互作用，半经典理论无法解释原子的自发辐射衰变行为，通常可以在方程中引入衰变项来唯象地描述.

1. 考虑衰变的运动方程

我们仍采用上一节所描述的模型，在缓变振幅方程(3.1.20)式中对两个能级分别引入衰变项后，运动方程为

$$
\dot{C}_1 = -\frac{1}{2}\gamma_1 C_1 - \frac{1}{2}\mathrm{i}\frac{\wp_{12}E_0}{\hbar}C_2\mathrm{e}^{-\mathrm{i}(\omega_A-\omega)t}, \tag{3.2.1a}
$$

$$
\dot{C}_2 = -\frac{1}{2}\gamma_2 C_2 - \frac{1}{2}\mathrm{i}\frac{\wp_{12}^{*}E_0}{\hbar}C_1\mathrm{e}^{\mathrm{i}(\omega_A-\omega)t}. \tag{3.2.1b}
$$

如果 $\left|\phi_1\right\rangle$ 是基态，则可令 $\gamma_1 = 0$.

在无外场时 $E_0=0$，(3.2.1b)式的解为

$$
C_2(t) = C_2(0)\mathrm{e}^{-\gamma_2 t/2}, \tag{3.2.2}
$$

$$|C_2(t)|^2 = |C_2(0)|^2 e^{-\gamma_2 t}, \tag{3.2.3}$$

布居(population)为

$$N_2(t) = N_2(0) e^{-\gamma_2 t}. \tag{3.2.4}$$

令

$$\tau_2 = 1/\gamma_2, \tag{3.2.5}$$

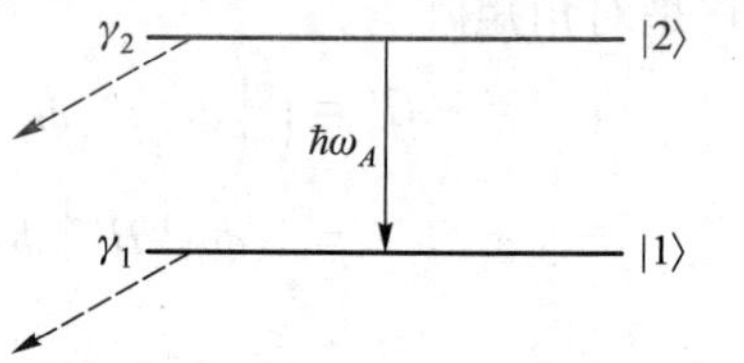

图 3.2-1 有衰变的两能级原子

τ_2 称为原子在 $|\phi_2\rangle$ 态的寿命.如果衰变主要是由于自发辐射引起的(图 3.2-1),该寿命又称自发辐射寿命

$$\tau_2 = \tau_R = 1/\gamma_2 = 1/A_{21}. \tag{3.2.6}$$

2. 考虑衰变时的吸收概率

我们仍用一级微扰论来解(3.2.1)式.先作变量代换,令

$$C_2(t) = C_2'(t) e^{-\gamma_2 t/2}, \tag{3.2.7}$$

(3.2.1b)式可化为

$$\dot{C}_2'(t) = -\frac{i}{2}\frac{\wp_{12}^* E_0}{\hbar} C_1(t) e^{i(\omega_A-\omega)t} e^{\gamma_2 t/2}.$$

将零级波函数 $C_1^{(0)}(t) = 1$ 代入上式,解得

$$C_2'^{(1)}(t) = -\frac{i}{2}\frac{\wp_{12}^* E_0}{\hbar}\cdot\frac{e^{i(\omega_A-\omega-i\gamma_2/2)t}-1}{i(\omega_A-\omega-i\gamma_2/2)},$$

故

$$C_2^{(1)}(t) = e^{-\gamma_2 t/2} C_2'(t) = -\frac{i}{2}\frac{\wp_{12}^* E_0}{\hbar}\cdot\frac{e^{i(\omega_A-\omega)t}-e^{-\gamma_2 t/2}}{i(\omega_A-\omega-i\gamma_2/2)}. \tag{3.2.8}$$

受激吸收跃迁概率

$$|C_2^{(1)}|^2 = \frac{|\wp_{12}|^2 E_0^2}{4\hbar^2}\cdot\frac{1-2e^{-\gamma_2 t/2}\cos[(\omega-\omega_A)t]+e^{-\gamma_2 t}}{(\omega_A-\omega)^2+\gamma_2^2/4}. \tag{3.2.9}$$

在不同失谐时,吸收概率的时间关系如图 3.2-2 所示.与上一节的区别是,跃迁概率经过弛豫振荡后,稳定在不同的水平上.弛豫振荡的频率仍是失谐量 $\omega-\omega_A$,弛豫到稳定值的快慢由能级 2 的衰变常量 γ_2 决定.当 $t\to\infty$ 达到稳定后,受激吸收概率的频率关系为洛伦兹型:

$$|C_2^{(1)}|^2 = \frac{|\wp_{12}|^2 E_0^2}{4\hbar^2}\cdot\frac{1}{(\omega_A-\omega)^2+\gamma_2^2/4}, \tag{3.2.10}$$

其形状已由图 1.4-1 给出.因此在考虑激发态的衰变后,吸收概率的谱由上一节的 δ 函数形状

变为谱线宽度为 γ_2 的洛伦兹型.当 γ_2 来自于原子能级的自发辐射时,受激吸收谱的展宽机制为自发辐射展宽.

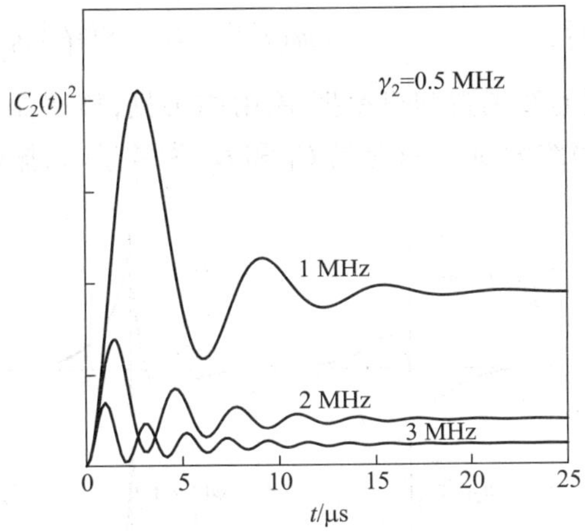

图 3.2-2　在不同失谐 $\omega-\omega_A=1,2,3$ MHz 时,跃迁概率(任意单位)随时间的变化

3.3　极化率的半经典理论

在本节中我们用两能级原子模型代替 1.4 节中的经典谐振子来考虑介质的极化率问题.

1. 量子电偶极振子

在经典模型中,一个无极性原子在没有加外场之前,其电子的平均位置与原子核重合,原子无偶极矩.在加外场之后,电子的平均位置偏离原子核,形成电偶极矩.如果是加周期性外场,电偶极矩也将作周期性变化而形成电偶极振子.原子的电偶极矩已由(3.1.4)式和(3.1.5)式定义.在原子的量子模型中,某量子态的电偶极矩的观察值应为期望值

$$\langle \boldsymbol{p}(t) \rangle = \langle \psi(t) \mid -e\boldsymbol{D} \mid \psi(t) \rangle. \tag{3.3.1}$$

设在初始时刻无外场,原子处于本征态 $|\phi_1\rangle$,它具有奇或偶宇称,因而有

$$\langle \boldsymbol{p} \rangle = \langle \phi_1 \mid -e\boldsymbol{D} \mid \phi_1 \rangle = 0, \tag{3.3.2}$$

原子无偶极矩(即无极原子).当加外场作用于原子后,原子变为 $|\psi(t)\rangle$ 态.两能级原子的一般态为

$$\begin{aligned}|\psi(t)\rangle &= c_1(t)|\phi_1\rangle + c_2(t)|\phi_2\rangle = C_1(t)\mathrm{e}^{-\mathrm{i}\omega_1 t}|\phi_1\rangle + C_2(t)\mathrm{e}^{-\mathrm{i}\omega_2 t}|\phi_2\rangle \\ &= \mathrm{e}^{-\mathrm{i}\omega_1 t}\left[C_1(t)|\phi_1\rangle + C_2(t)\mathrm{e}^{-\mathrm{i}\omega_A t}|\phi_2\rangle\right],\end{aligned} \tag{3.3.3}$$

其中 ω_A 是(3.1.17)式定义的原子跃迁频率.

为了形象地给出一个量子偶极振子的图像,我们以氢原子为例.设 $|\phi_1\rangle$ 为 $|100\rangle$ 态,$|\phi_2\rangle$ 为 $|210\rangle$ 态.因为 $C_1(t)$ 和 $C_2(t)$ 与频率 ω_A 相比为缓变函数,可令它们为常量,而且为简单

起见,不妨令它们相等.由(3.3.3)式,

当 $t_1 = 2n\pi/\omega_A$ 时，　　$|\psi(t_1)\rangle \sim e^{-i\omega_1 t_1}(|\phi_1\rangle + |\phi_2\rangle)$,

当 $t_2 = (2n+1)\pi/\omega_A$ 时，　　$|\psi(t_2)\rangle \sim e^{-i\omega_1 t_2}(|\phi_1\rangle - |\phi_2\rangle)$.

图 3.3-1 画出了这两个时刻的波函数和概率振幅.由图可见,概率振幅在作振荡,因而电子的平均位置也在作振荡,振荡频率约为 ω_A.(只有当 C_1 和 C_2 为常量时,振荡频率精确为 ω_A.)

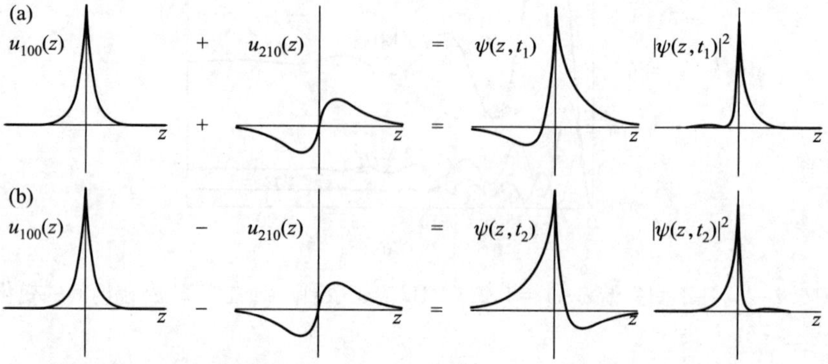

图 3.3-1　量子电偶极子波函数示意图,(a)和(b)分别表示两个本征态波函数的和与差

2. 电偶极矩

我们计算电偶极矩在 z 方向分量的期望值,对于一般态(3.3.3)式

$$\begin{aligned}\langle p_z\rangle &= \langle \psi(t)| -e\boldsymbol{D}\cdot\hat{\boldsymbol{z}}|\psi(t)\rangle \\ &= -e\left(C_1^*(t)\langle\phi_1| + C_2^*(t)e^{i\omega_A t}\langle\phi_2|\right)\boldsymbol{D}\cdot\hat{\boldsymbol{z}}\left(C_1(t)|\phi_1\rangle + C_2(t)e^{-i\omega_A t}|\phi_2\rangle\right) \\ &= -e[C_1^*(t)C_2(t)e^{-i\omega_A t}Z_{12} + C_1(t)C_2^*(t)e^{i\omega_A t}Z_{21}],\end{aligned}$$

(3.3.4a)

其中

$$Z_{12} = \langle\phi_1|\boldsymbol{D}\cdot\hat{\boldsymbol{z}}|\phi_2\rangle = Z_{21}^*, \tag{3.3.4b}$$

同时还用到对角元 $Z_{11} = Z_{22} = 0$, 因为 $\boldsymbol{D}\cdot\hat{\boldsymbol{z}}$ 具有奇宇称.

为了得到极化率对整个频率范围的变化关系,不能采用旋波近似.由(3.1.18)式,再加上衰变项,得到 $C_2(t)$ 的运动方程为

$$\dot{C}_2(t) = -\frac{1}{2}\gamma_2 C_2(t) - \frac{i}{2}\frac{\wp_{12}^* E_0}{\hbar}C_1(t)\left[e^{i(\omega_A-\omega)t} + e^{i(\omega_A+\omega)t}\right]. \tag{3.3.5}$$

令

$$C_2(t) = C_2' e^{-\gamma_2 t/2}, \tag{3.3.6}$$

得到

$$\dot{C}'_2=-\frac{\mathrm{i}}{2}\frac{\wp_{12}^*E_0}{\hbar}C_1(t)\left[\mathrm{e}^{\mathrm{i}(\omega_A-\omega-\mathrm{i}\gamma_2/2)t}+\mathrm{e}^{\mathrm{i}(\omega_A+\omega-\mathrm{i}\gamma_2/2)t}\right]. \tag{3.3.7}$$

设原子初态处于基态,一级微扰解为

$$\begin{aligned}C_2'^{(1)}(t)&=-\frac{\mathrm{i}}{2}\frac{\wp_{12}^*E_0}{\hbar}\int_0^t\left[\mathrm{e}^{\mathrm{i}(\omega_A-\omega-\mathrm{i}\gamma_2/2)t'}+\mathrm{e}^{\mathrm{i}(\omega_A+\omega-\mathrm{i}\gamma_2/2)t'}\right]\mathrm{d}t'\\&=-\frac{1}{2}\frac{\wp_{12}^*E_0}{\hbar}\left[\frac{\mathrm{e}^{\mathrm{i}(\omega_A-\omega-\mathrm{i}\gamma_2/2)t}-1}{\omega_A-\omega-\mathrm{i}\gamma_2/2}+\frac{\mathrm{e}^{\mathrm{i}(\omega_A+\omega-\mathrm{i}\gamma_2/2)t}-1}{\omega_A+\omega-\mathrm{i}\gamma_2/2}\right]\end{aligned} \tag{3.3.8}$$

原子能级的衰变时间 $1/\gamma_2$ 是十分短的,一般为 $10^{-10}\sim10^{-8}$ s.因此经过这段弛豫时间后,得到 $C_2^{(1)}(t)$ 的稳定解为

$$C_2^{(1)}(t)=-\frac{1}{2}\frac{\wp_{12}^*E_0}{\hbar}\left[\frac{\mathrm{e}^{\mathrm{i}(\omega_A-\omega)t}}{\omega_A-\omega-\mathrm{i}\gamma_2/2}+\frac{\mathrm{e}^{\mathrm{i}(\omega_A+\omega)t}}{\omega_A+\omega-\mathrm{i}\gamma_2/2}\right]. \tag{3.3.9}$$

在一级微扰中 $C_1^{(1)}(t)=0$(参见下一节),

$$C_1(t)=C_1^{(0)}(t)+C_1^{(1)}(t)=1. \tag{3.3.10}$$

将上述一级微扰解代入(3.3.4)式,注意到(3.3.4)式的两项互为复共轭,得到

$$\langle p_z\rangle=\frac{e\,\wp_{12}^*E_0}{2\hbar}Z_{12}\left(\frac{\mathrm{e}^{-\mathrm{i}\omega t}}{\omega_A-\omega-\mathrm{i}\gamma_2/2}+\frac{\mathrm{e}^{\mathrm{i}\omega t}}{\omega_A+\omega-\mathrm{i}\gamma_2/2}\right)+\text{c.c.}. \tag{3.3.11}$$

设电场的偏振方向为 z 轴方向 $\boldsymbol{E}_0=E_0\hat{z}$, 由(3.1.9)式和(3.3.4b)式,

$$\wp_{12}=\langle\phi_1|e\boldsymbol{D}\cdot\hat{z}|\phi_2\rangle=eZ_{12}, \tag{3.3.12}$$

在(3.3.11)式中利用上式,并将正频与负频部分合并得到

$$\begin{aligned}\langle p_z\rangle=\frac{|\wp_{12}|^2}{2\hbar}&\left[E_0\mathrm{e}^{-\mathrm{i}\omega t}\left(\frac{1}{\omega_A-\omega-\mathrm{i}\gamma_2/2}+\frac{1}{\omega_A+\omega+\mathrm{i}\gamma_2/2}\right)\right.\\&\left.+E_0\mathrm{e}^{\mathrm{i}\omega t}\left(\frac{1}{\omega_A-\omega+\mathrm{i}\gamma_2/2}+\frac{1}{\omega_A+\omega-\mathrm{i}\gamma_2/2}\right)\right].\end{aligned} \tag{3.3.13}$$

3. 极化率

原子介质的极化强度矢量的 z 分量为

$$P_z=N\langle p_z\rangle/V, \tag{3.3.14}$$

其中 N/V 为原子密度.注意到极化率是按频率分量定义的[见(1.2.4)式],将(3.3.13)式中的正负频分开,得到对应电场正频部分 $\frac{1}{2}E_0\mathrm{e}^{-\mathrm{i}\omega t}$ 的极化率

$$\chi(\omega)=\frac{N}{V}\frac{|\wp_{12}|^2}{\varepsilon_0\hbar}\left(\frac{1}{\omega_A-\omega-\mathrm{i}\gamma_2/2}+\frac{1}{\omega_A+\omega+\mathrm{i}\gamma_2/2}\right),\tag{3.3.15a}$$

负频部分 $\frac{1}{2}E_0\mathrm{e}^{\mathrm{i}\omega t}$ 的极化率

$$\chi(\omega)=\frac{N}{V}\frac{|\wp_{12}|^2}{\varepsilon_0\hbar}\left(\frac{1}{\omega_A-\omega+\mathrm{i}\gamma_2/2}+\frac{1}{\omega_A+\omega-\mathrm{i}\gamma_2/2}\right).\tag{3.3.15b}$$

这两个式子正好可以写成同一形式：

$$\begin{aligned}\chi(\omega)&=\frac{N}{V}\frac{|\wp_{12}|^2}{\varepsilon_0\hbar}\frac{2\omega_A}{\omega_A^2-(\omega+\mathrm{i}\gamma_2/2)^2}\\&=\frac{N}{V}\frac{|\wp_{12}|^2}{\varepsilon_0\hbar}\frac{2\omega_A}{\omega_A^2-\omega^2+\gamma_2^2/4-\mathrm{i}\omega\gamma_2},\end{aligned}\tag{3.3.16}$$

前面的系数 $N|\wp_{12}|^2/(V\varepsilon_0\hbar)$ 具有频率的量纲.它与 1.4 节中的经典结果(1.4.7)式比较,形式十分相似,不过谐振中心频率有些移动.对于光频满足

$$\omega^2\gg\gamma_2^2/4,\tag{3.3.17}$$

这种差别完全可以忽略.实际上,从上面描述的模型来看,量子电偶极振子同经典谐振子确实很相似,这是其结果一致的物理原因.

3.4　大信号时精确的拉比(Rabi)解,拉比振荡

在大信号情况下,E_0 值较大,一级微扰解可能不是一个好的近似.在一般情况下,我们可使用多极微扰方法.以初态波函数作为零级波函数,代入方程去解一级微扰波函数,再将解得的一级微扰波函数代入方程去解二级微扰波函数,以此类推.例如对于两能级原子,零阶波函数取

$$C_1^{(0)}(t)=C_1(0)=1,\quad C_2^{(0)}(t)=C_2(0)=0.\tag{3.4.1}$$

递推过程为

$$\begin{aligned}&C_1^{(0)}(t)=1\to C_2^{(1)}(t)\sim E_0\to C_1^{(2)}(t)\sim E_0^2\to C_2^{(3)}(t)\sim E_0^3\to\cdots,\\&C_2^{(0)}(t)=0\to C_1^{(1)}(t)=0\to C_2^{(2)}(t)=0\to C_1^{(3)}(t)=0\to\cdots,\end{aligned}$$

解可写为

$$C_1(t)=C_1^{(0)}(t)+C_1^{(2)}(t)+C_1^{(4)}(t)+\cdots,\tag{3.4.2a}$$

$$C_2(t)=C_2^{(1)}(t)+C_2^{(3)}(t)+C_2^{(5)}(t)+\cdots,\tag{3.4.2b}$$

上标既表明 n 级微扰波函数,又表示所含 E_0 的幂次.

对于单色场作用下的两能级原子的模型,如果采用了旋波近似,可以得到大信号时的精确解.考虑方程(3.1.20)式,将(3.1.20a)式求导后用(3.1.20b)式代入即可消去 C_2 变量而得到一个二阶微分方程:

$$\ddot{C}_1+\mathrm{i}(\omega_A-\omega)\dot{C}_1+\frac{|\wp_{12}|^2E_0^2}{4\hbar^2}C_1=0, \tag{3.4.3}$$

此方程的两个特征根为 $\mathrm{i}\mu_{\pm}$,

$$\mu_{\pm}=-\frac{1}{2}(\omega_A-\omega)\pm\frac{1}{2}\Omega, \tag{3.4.4}$$

Ω 称为拉比拍频(Rabi flopping frequency)或拉比频率

$$\Omega=\sqrt{(\omega_A-\omega)^2+|\wp_{12}|^2E_0^2/\hbar^2}. \tag{3.4.5a}$$

共振时的拉比拍频为

$$\Omega_0=|\wp_{12}E_0|/\hbar, \tag{3.4.5b}$$

也可以直接称 Ω_0 为拉比拍频,而称 Ω 为广义拉比拍频.(3.4.5b)式反映了拉比频率与外场强度成比例,因此一些书和文献中直接用拉比频率符号表示外场强度.

(3.4.3)式的通解为

$$C_1(t)=A\mathrm{e}^{\mathrm{i}\mu_+t}+B\mathrm{e}^{\mathrm{i}\mu_-t}. \tag{3.4.6}$$

再由(3.1.20a)式,

$$\begin{aligned}C_2(t)&=\dot{C}_1(t)\left(-\frac{\mathrm{i}\,\wp_{12}E_0}{2\hbar}\right)^{-1}\mathrm{e}^{\mathrm{i}(\omega_A-\omega)t}\\&=-\left(\frac{\wp_{12}E_0}{2\hbar}\right)^{-1}\mathrm{e}^{\mathrm{i}(\omega_A-\omega)t}(A\mu_+\mathrm{e}^{\mathrm{i}\mu_+t}+B\mu_-\mathrm{e}^{\mathrm{i}\mu_-t}).\end{aligned} \tag{3.4.7}$$

用初始条件 $C_1(0)=1$ 和 $C_2(0)=0$ 代入(3.4.6)式和(3.4.7)式得

$$A+B=1, \tag{3.4.8a}$$

$$A\mu_++B\mu_-=0, \tag{3.4.8b}$$

可解得

$$A=-\mu_-/\Omega,\qquad B=\mu_+/\Omega. \tag{3.4.9}$$

将(3.4.9)式代入(3.4.7)式得到

$$
\begin{aligned}
C_2(t) &= -\left(\frac{\wp_{12}E_0}{2\hbar}\right)^{-1}\mathrm{e}^{\mathrm{i}(\omega_A-\omega)t}\left(-\frac{\mu_-\mu_+}{\Omega}\mathrm{e}^{\mathrm{i}\mu_+t}+\frac{\mu_-\mu_+}{\Omega}\mathrm{e}^{\mathrm{i}\mu_-t}\right)\\
&= -\left(\frac{\wp_{12}E_0}{2\hbar}\right)^{-1}\left(-\frac{\mu_-\mu_+}{\Omega}\right)\mathrm{e}^{\mathrm{i}(\omega_A-\omega)t/2}(\mathrm{e}^{\mathrm{i}\Omega t/2}-\mathrm{e}^{-\mathrm{i}\Omega t/2})\\
&= -\frac{\wp_{12}^{*}E_0}{\hbar\Omega}\mathrm{e}^{\mathrm{i}(\omega_A-\omega)t/2}\sin\left(\frac{1}{2}\Omega t\right).
\end{aligned}
\tag{3.4.10}
$$

受激吸收概率

$$
|C_2(t)|^2=(\Omega_0/\Omega)^2\sin^2\frac{1}{2}\Omega t. \tag{3.4.11}
$$

显然$\left|C_2\right|^2\leqslant 1$,这是大信号精确解的必然结果.上式与3.1节中的一级微扰解(3.1.24)式比较,形式相同,区别仅在于以广义拉比拍频Ω代替了原式中的失谐量$\omega_A-\omega$.在小信号极限下,两者相一致.当考虑受激吸收概率随时间变化时,以Ω作为参数代替失谐$\omega_A-\omega$,演化规律同图3.1-1.但现在即使在完全共振时,Ω也不会取零.因此精确解表明,在外场的作用下,原子的跃迁概率总会发生周期性变化,称为拉比振荡,这是场和原子相互作用中最基本的现象.跃迁概率的周期振荡不仅来自于原子频率与光频之差(即失谐),而且同外场强度有关.即使在完全共振时,振荡依然存在,这时拉比拍频Ω_0纯粹由外场强度引起.

图3.4-1是根据(3.4.11)式画出的在不同时刻跃迁概率与归一化失谐频率的关系曲线.虽然曲线的形状同一阶微扰解的频谱(图3.1-3)很相似,但随时间的增长,频谱不会趋于δ函数.根据(3.4.11)式,包络曲线趋于一个固定的洛伦兹型

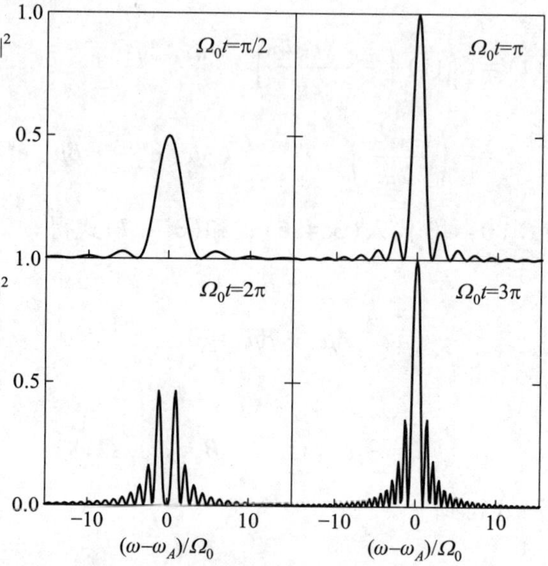

图3.4-1　在几个不同时刻跃迁概率的频谱

$$\left(\frac{\Omega_0}{\Omega}\right)^2=\frac{\Omega_0^2}{(\omega-\omega_A)^2+\Omega_0^2},\tag{3.4.12}$$

Ω_0 为洛伦兹型的半宽.精确解表明了一种“功率展宽”效应,因为频谱的线宽是随外场功率的增强而增宽.到目前为止,我们介绍了两种展宽机理——3.2 节的自发衰变展宽和这里的功率展宽.

在完全谐振时,

$$|C_2(t)|^2=\sin^2\left(\frac{1}{2}\Omega_0 t\right).\tag{3.4.13}$$

当时间满足

$$\Omega_0 t=\pi \text{ 即 } t=\frac{\pi}{\Omega_0}=\frac{\pi\hbar}{|\wp_{12}E_0|}\tag{3.4.14}$$

时,$\left|C_2(t)\right|^2=1$,这一现象已反映在图 3.4-1 中.如果加一个脉冲式外场其脉宽恰好等于 $\pi\hbar/\left|\wp_{12}E_0\right|$ 时,跃迁到上态的概率为 1,这样的脉冲称为 π 脉冲.

3.5 密度算符

1. 纯态和混合态

在量子光学中,系统的运动方程经常使用密度算符(density operator)或密度矩阵的形式来表示.因为实际的光场大都是混合态(mixed state),而混合态是无法用态矢描述的.

如果系统的状态可以用一个确定的态矢 $|\psi\rangle$ 来描述,这种状态称为纯态(pure state).纯态密度算符可表示为

$$\rho=|\psi\rangle\langle\psi|.\tag{3.5.1}$$

任意算符的期望值可写为

$$\begin{aligned}\langle A\rangle&=\langle\psi|A|\psi\rangle=\langle\psi|\sum_n|\phi_n\rangle\langle\phi_n|A|\psi\rangle\\&=\sum_n\langle\phi_n|A|\psi\rangle\langle\psi|\phi_n\rangle=\sum_n\langle\phi_n|A\rho|\phi_n\rangle\equiv\mathrm{Tr}(A\rho),\end{aligned}\tag{3.5.2}$$

其中插入了本征矢 $|\phi_n\rangle$ 的完备性(completeness)关系

$$\sum_n|\phi_n\rangle\langle\phi_n|=1.\tag{3.5.3}$$

Tr( )为对括号里的矩阵的求迹运算,即矩阵对角元之和.

有时由于统计的原因或量子系统本身的原因[注]，系统的状态不能单纯地用态矢来描述，而是知道处于态 $\left|\psi_1\right\rangle$，$\left|\psi_2\right\rangle$，…（设这些态已经归一化）的概率分别为 $p_1, p_2, \cdots$，这种状态称为混合态，其密度算符为

$$\rho = \sum_i p_i \left|\psi_i\right\rangle\left\langle\psi_i\right|, \tag{3.5.4a}$$

其中

$$\sum_i p_i = 1. \tag{3.5.4b}$$

在密度算符的定义中，对态 $\left|\psi_i\right\rangle\left\langle\psi_i\right|$ 的叠加是非相干叠加，它不同于波矢的相干叠加 $\sum c_i\left|\psi_i\right\rangle$.算符在混合态的期望值有两种含义，一是纯量子力学的对每个态矢 $\left|\psi_i\right\rangle$ 求期望值，二是按这些态的概率求统计平均：

$$\begin{aligned}\overline{\left\langle A\right\rangle} &\equiv \sum_i p_i \left\langle\psi_i\right|A\left|\psi_i\right\rangle = \sum_i p_i \mathrm{Tr}(A\left|\psi_i\right\rangle\left\langle\psi_i\right|) \\ &= \mathrm{Tr}(A\sum_i p_i\left|\psi_i\right\rangle\left\langle\psi_i\right|) = \mathrm{Tr}(A\rho).\end{aligned} \tag{3.5.5}$$

（3.5.5）式与（3.5.2）式的形式相同，两者可不加区别，$\left\langle A\right\rangle$ 上面的横线可以省略不写.总之，采用密度算符，既可表示纯态，又可表示混合态，是比较方便的.

密度算符与态矢一样，可以采用不同的绘景表示.如果选定一组完备基矢，即可用密度矩阵来表示密度算符，矩阵元为 $\rho_{nm} = \left\langle\phi_n\right|\rho\left|\phi_m\right\rangle$.

2. 密度算符的基本性质

ⅰ）力学量的平均值

$$\left\langle A\right\rangle = \mathrm{Tr}(A\rho) = \mathrm{Tr}(\rho A), \tag{3.5.6}$$

上式用到矩阵求迹的循环不变性 $\mathrm{Tr}(ABC) = \mathrm{Tr}(BCA) = \mathrm{Tr}(CAB)$.

ⅱ）厄米性（hermiticity）

$$\rho^{\dagger} = \rho, \tag{3.5.7}$$

由定义容易看出.

ⅲ）归一性（normalization）

$$\mathrm{Tr}(\rho) = \sum_n \rho_{nn} = 1. \tag{3.5.8}$$

［证］

$$\mathrm{Tr}(\rho) = \sum_i p_i \mathrm{Tr}(\left|\psi_i\right\rangle\left\langle\psi_i\right|) = \sum_i p_i \sum_n \left\langle\phi_n\middle|\psi_i\right\rangle\left\langle\psi_i\middle|\phi_n\right\rangle$$

[注] 例如由若干子系统组成的联合量子系统，尽管联合系统的状态为纯态，子系统的状态可能为混合态.

$$=\sum_i p_i \sum_n \langle \psi_i | \phi_n \rangle \langle \phi_n | \psi_i \rangle = \sum_i p_i \langle \psi_i | \psi_i \rangle = \sum_i p_i = 1.$$

ⅳ)密度算符的对角元为不大于 1 的非负实数：

$$0 \leqslant \rho_{nn} \leqslant 1. \tag{3.5.9}$$

[证]　$$\rho_{nn} = \langle \phi_n | \rho | \phi_n \rangle = \sum_i p_i \langle \phi_n | \psi_i \rangle \langle \psi_i | \phi_n \rangle = \sum_i p_i \left| \langle \phi_n | \psi_i \rangle \right|^2 \geqslant 0,$$

再结合(3.5.8)式,可判断不等式(3.5.9)成立.

ⅴ)纯态密度算符判别法

任意密度算符满足

$$\mathrm{Tr}(\rho^2) \leqslant 1, \tag{3.5.10}$$

而纯态密度算符的充要条件为

$$\mathrm{Tr}(\rho^2) = 1. \tag{3.5.11}$$

[证]ρ 为厄米算符(Hermitian operator),设有一个幺正算符(unitary operator)S 使其对角化：

$$\rho' = S\rho S^{-1} = \sum_n \rho'_{nn} | \phi_n \rangle \langle \phi_n |,$$

经幺正变换(unitary transformation)后,密度算符的对角元$\rho'_{nn} = \langle \phi_n | \rho' | \phi_n \rangle = \langle \phi_n | S\rho S^{-1} | \phi_n \rangle$仍为非负实数.上式取平方

$$\rho'^2 = \sum_n (\rho'_{nn})^2 | \phi_n \rangle \langle \phi_n | .$$

另一方面幺正变换不改变算符的迹

$$\begin{aligned} \mathrm{Tr}(\rho^2) &= \mathrm{Tr}(S^{-1}S\rho^2) = \mathrm{Tr}(S\rho^2 S^{-1}) = \mathrm{Tr}(S\rho S^{-1} S\rho S^{-1}) = \mathrm{Tr}(\rho'^2) \\ &= \sum_n (\rho'_{nn})^2 \leqslant \Big(\sum_n \rho'_{nn}\Big)^2 = 1, \end{aligned} \tag{3.5.12}$$

上式中用到ρ'_{nn}为非负实数.取等号的充要条件为所有矩阵元ρ'_{nn}中只有一个不为零,否则总存在正的交叉项 $2\rho'_{nn}\rho'_{mm}$ 使等号不成立.这时$\rho = S^{-1}\rho' S = S^{\dagger} | \phi_n \rangle \langle \phi_n | S$,它为纯态.

ⅵ)在密度算符的表示式(3.5.4a)中,如果所有的 $| \psi_i \rangle$ 态之间满足正交归一性$\langle \psi_i | \psi_j \rangle = \delta_{ij}$,则这些 $| \psi_i \rangle$ 态是该密度算符的本征态,对应的本征值为 p_i,即$\rho | \psi_i \rangle = p_i | \psi_i \rangle$.

[证]　$$\rho | \psi_i \rangle = \sum_j p_j | \psi_j \rangle \langle \psi_j | \psi_i \rangle = \sum_j p_j | \psi_j \rangle \delta_{ij} = p_i | \psi_i \rangle .$$

ⅶ)设密度算符定义为$\rho = \sum_i b_i | \phi_i \rangle \langle \phi_i |$,由于其厄米性必定存在一组本征矢$\rho | \psi_j \rangle = p_j | \psi_j \rangle$,满足正交完备性 $\sum_j | \psi_j \rangle \langle \psi_j | = 1$,因此该密度算符可以表示为$\rho = \sum_j p_j | \psi_j \rangle \langle \psi_j |$.

[证]　$\rho | \psi_j \rangle = \sum_i b_i | \phi_i \rangle \langle \phi_i | \psi_j \rangle = p_j | \psi_j \rangle$,　两边乘以 $\langle \psi_j |$ 并对 j 求和则有

$$\sum_j p_j \left|\psi_j\right\rangle\left\langle\psi_j\right| = \sum_j \sum_i b_i \left|\phi_i\right\rangle\left\langle\phi_i\middle|\psi_j\right\rangle\left\langle\psi_j\right| = \sum_i b_i \left|\phi_i\right\rangle\left\langle\phi_i\right| = \rho .$$

3. 密度算符的运动方程

在薛定谔绘景中，密度算符的运动方程可由薛定谔方程得到

$$\begin{aligned} i\hbar\frac{\partial\rho_S}{\partial t} &= \sum_j p_j i\hbar\left[\left(\frac{\partial}{\partial t}\left|\psi_j\right\rangle_S\right)\ {}_S\left\langle\psi_j\right| + \left|\psi_j\right\rangle_S \frac{\partial}{\partial t}\ {}_S\left\langle\psi_j\right|\right] \\ &= \sum_j p_j\left[H_S\left|\psi_j\right\rangle_S\ {}_S\left\langle\psi_j\right| - \left|\psi_j\right\rangle_S\ {}_S\left\langle\psi_j\right|H_S\right] = \left[H_S,\rho_S\right]. \end{aligned} \tag{3.5.13}$$

在相互作用绘景中，同样的方法可证

$$i\hbar(\partial/\partial t)\rho_I = [V_I,\rho_I], \tag{3.5.14a}$$

其中 V_I 为相互作用哈密顿量.由两个绘景中的态矢变换关系

$$\left|\psi\right\rangle_S = U\left|\psi\right\rangle_I, \tag{3.5.14b}$$

可得

$$\rho_S = U\rho_I U^{-1}, \tag{3.5.15}$$

其中 $U = e^{-iH_0(t-t_0)/\hbar}$，$H_0$ 是自由哈密顿量.

4. 密度矩阵的运动方程

密度算符的运动方程需要在某表象中表示为密度矩阵元的运动方程来求解.由(3.5.13)式(省略下标 S)，取某一矩阵元

$$\begin{aligned} \dot{\rho}_{ij} &= -\frac{i}{\hbar}\left\langle i\middle|H\rho-\rho H\middle|j\right\rangle = -\frac{i}{\hbar}\sum_k\left(\left\langle i\middle|H\middle|k\right\rangle\left\langle k\middle|\rho\middle|j\right\rangle - \left\langle i\middle|\rho\middle|k\right\rangle\left\langle k\middle|H\middle|j\right\rangle\right) \\ &= -\frac{i}{\hbar}\sum_k\left(H_{ik}\rho_{kj}-\rho_{ik}H_{kj}\right). \end{aligned} \tag{3.5.16}$$

以外场中的两能级原子为例(不考虑衰变)，哈密顿量为 $H = H_0 + H' = H_0 + e\boldsymbol{D}\cdot\boldsymbol{E}_0\cos\omega t$，由 3.1 节可知

$$H_{11} = \left\langle 1\middle|H_0\middle|1\right\rangle = \hbar\omega_1, \qquad H_{22} = \left\langle 2\middle|H_0\middle|2\right\rangle = \hbar\omega_2,$$

$$H_{12} = \left\langle 1\middle|H'\middle|2\right\rangle = H'_{12} = \wp_{12}E_0\cos\omega t, \quad H_{21} = H'_{21} = \wp^*_{12}E_0\cos\omega t.$$

将这些计算的矩阵元代入(3.5.16)式，得到外场中的两能级原子的密度矩阵的运动方程为

$$\dot{\rho}_{22} = -(i/\hbar)\,\wp_{21}E_0\cos\omega t\,\rho_{12} + \text{c.c.}, \tag{3.5.17a}$$

$$\dot{\rho}_{21} = -i\omega_A\rho_{21} + (i/\hbar)\,\wp_{21}E_0\cos\omega t(\rho_{22}-\rho_{11}), \tag{3.5.17b}$$

$$\rho_{11}+\rho_{22}=1, \tag{3.5.17c}$$

$$\rho_{12}=\rho_{21}^{*}, \tag{3.5.17d}$$

其中 ω_A 是(3.1.17)式定义的原子跃迁频率.

5. 考虑衰变时密度矩阵的运动方程

在有衰变时,密度算符运动方程(3.5.13)式需要修正.我们在波函数概率振幅运动方程中引入衰变,再推导密度矩阵的运动方程.设两能级原子波函数为

$$|\psi(t)\rangle = c_1(t)|1\rangle + c_2(t)|2\rangle, \tag{3.5.18}$$

相应的密度矩阵元

$$\rho_{11}=\langle 1|\rho|1\rangle=\langle 1|\psi\rangle\langle\psi|1\rangle=c_1c_1^{*}, \tag{3.5.19a}$$

$$\rho_{22}=c_2c_2^{*}, \tag{3.5.19b}$$

$$\rho_{12}=c_1c_2^{*},\quad \rho_{21}=c_2c_1^{*}. \tag{3.5.19c}$$

在(3.1.15)式的基础上引入衰变项

$$\dot{c}_1=-(\mathrm{i}\omega_1+\gamma_1/2)c_1-(\mathrm{i}/\hbar)\wp_{12}E_0c_2\cos\omega t, \tag{3.5.20a}$$

$$\dot{c}_2=-(\mathrm{i}\omega_2+\gamma_2/2)c_2-(\mathrm{i}/\hbar)\wp_{12}^{*}E_0c_1\cos\omega t. \tag{3.5.20b}$$

对(3.5.19)式求导,再用(3.5.20)式代入得到密度矩阵的运动方程为

$$\dot{\rho}_{11}=-\gamma_1\rho_{11}+[(\mathrm{i}/\hbar)\wp_{21}E_0\rho_{12}\cos\omega t+\text{c.c.}], \tag{3.5.21a}$$

$$\dot{\rho}_{22}=-\gamma_2\rho_{22}-[(\mathrm{i}/\hbar)\wp_{21}E_0\rho_{12}\cos\omega t+\text{c.c.}], \tag{3.5.21b}$$

$$\dot{\rho}_{21}=-(\mathrm{i}\omega_A+\gamma)\rho_{21}+(\mathrm{i}/\hbar)\wp_{21}E_0\cos\omega t(\rho_{22}-\rho_{11}), \tag{3.5.21c}$$

$$\rho_{12}=\rho_{21}^{*}, \tag{3.5.21d}$$

其中

$$\gamma=\frac{1}{2}(\gamma_1+\gamma_2). \tag{3.5.22}$$

注意这时 $\rho_{11}+\rho_{22}\neq 1$,因为当两个能级都有衰变时,它们不能构成完备系,必然有其他更低的能级存在.

如果考虑气体原子中的碰撞等因素,非对角元方程中的衰变常量 γ 还应作修正:

$$\gamma=\frac{1}{2}(\gamma_1+\gamma_2)+\gamma_{\text{ph}}. \tag{3.5.23}$$

假如不考虑上述修正,考虑衰变的两能级原子密度矩阵运动方程(3.5.21)式也可写成算符的

形式:

$$\frac{\mathrm{d}\rho}{\mathrm{d}t}=-\frac{1}{2}(\Gamma\rho+\rho\Gamma)-\frac{\mathrm{i}}{\hbar}[H,\rho], \tag{3.5.24}$$

其中衰变算符 Γ 的矩阵元为

$$\Gamma_{ij}=\gamma_i\delta_{ij}. \tag{3.5.25}$$

练　习

1. 由(3.5.20)式推导(3.5.21)式.

2. 验证由(3.5.24)式和(3.5.25)式表示的衰变符合(3.5.21)式和(3.5.22)式.

3.6　两能级原子密度矩阵的矢量模型

在光场作用下的两能级原子密度矩阵的运动方程,可以同磁场作用下的磁偶极子的方程相类比,即等价于在核磁共振中自旋为1/2的系统的运动方程——布洛赫方程(Bloch equation).两者的差别是,两能级原子通常需要三个衰变常量 γ_1、γ_2 和 γ 来描述,而在核磁共振系统中只有两个衰变常量.如果忽略这个差别,完全可以藉助于核磁共振中的矢量模型来描述两能级原子系统.

我们以上一节含衰变的两能级原子密度矩阵运动方程(3.5.21)式为出发点来建立矢量模型.由(3.5.21c)式可知,ρ_{21} 是包含了频率成分 $\mathrm{e}^{-\mathrm{i}\omega_A t}$ 的迅变量.若以光频 ω 为参考频率,则 $\rho_{21}\mathrm{e}^{\mathrm{i}\omega t}$ 是缓变量.根据(3.5.21c)式

$$\begin{aligned}\frac{\mathrm{d}}{\mathrm{d}t}(\rho_{21}\mathrm{e}^{\mathrm{i}\omega t})&=\dot{\rho}_{21}\mathrm{e}^{\mathrm{i}\omega t}+\mathrm{i}\omega\rho_{21}\mathrm{e}^{\mathrm{i}\omega t}\\&=-[\mathrm{i}(\omega_A-\omega)+\gamma]\rho_{21}\mathrm{e}^{\mathrm{i}\omega t}+\frac{\mathrm{i}}{2\hbar}\wp_{21}E_0(\rho_{22}-\rho_{11}),\end{aligned} \tag{3.6.1}$$

上式已经采用了旋波近似,忽略了电场中 $\mathrm{e}^{\mathrm{i}\omega t}$ 部分.现定义一个矢量 $\boldsymbol{R}=(R_1,R_2,R_3)$,它的分量均是实数,

$$\begin{aligned}R_1&=\rho_{21}\mathrm{e}^{\mathrm{i}\omega t}+\mathrm{c.c.},\\R_2&=\mathrm{i}\rho_{21}\mathrm{e}^{\mathrm{i}\omega t}+\mathrm{c.c.},\\R_3&=\rho_{22}-\rho_{11}.\end{aligned} \tag{3.6.2a}$$

R_1 和 R_2 分别描述 $\rho_{21}\mathrm{e}^{\mathrm{i}\omega t}$ 实部和虚部

$$R_1-\mathrm{i}R_2=2\rho_{21}\mathrm{e}^{\mathrm{i}\omega t}. \tag{3.6.2b}$$

将(3.6.1)式的实部和虚部分开可得到 R_1 和 R_2 的运动方程

$$\dot{R}_1=-\gamma_\perp R_1-(\omega_A-\omega)R_2-\mathrm{Im}(\wp_{21}E_0/\hbar)R_3, \tag{3.6.3a}$$

$$\dot{R}_2 = -\gamma_\perp R_2 + (\omega_A - \omega)R_1 - \mathrm{Re}(\wp_{21}E_0/\hbar)R_3. \tag{3.6.3b}$$

我们用 $\gamma_\perp$ 代替(3.6.1)式中的 γ,描述非对角元 ρ_{21} 的衰变,称为横向弛豫率(transverse relaxation rate).为了用(3.5.21)式得到布居差 R_3 的运动方程,必须假定 $\wp_{21}E_0$ 是实数(这可以通过改变 E_0 的相位来实现),以及假定两能级的衰变相等

$$\gamma_1 = \gamma_2 \equiv \gamma_\parallel, \tag{3.6.4}$$

$\gamma_\parallel$ 称为纵向弛豫率(longitudinal relaxation rate).考虑旋波近似后,R_3 的方程为

$$\dot{R}_3 = -\gamma_\parallel R_3 + (\wp_{21}E_0/\hbar)R_2. \tag{3.6.5}$$

在进一步的简化中,假定 $\gamma_\perp = \gamma_\parallel = \gamma$,并注意到 $\wp_{21}E_0$ 是实数,(3.6.3)式和(3.6.5)式可以用矢量方程表示:

$$\dot{\boldsymbol{R}} = -\gamma\boldsymbol{R} + \boldsymbol{R}\times\boldsymbol{\Omega}, \tag{3.6.6}$$

其中等效力 $\boldsymbol{\Omega}$ 定义为

$$\boldsymbol{\Omega} = (-\Omega_0, 0, \omega - \omega_A), \tag{3.6.7a}$$

它的模量正好是拉比拍频

$$\Omega = |\boldsymbol{\Omega}| = \sqrt{\Omega_0^2 + (\omega - \omega_A)^2}. \tag{3.6.7b}$$

矢量运动方程(3.6.6)式表示,$\boldsymbol{R}$ 的运动由两部分组成:$-\gamma\boldsymbol{R}$ 使 $\boldsymbol{R}$ 衰变,其长度逐渐减小.作用力 $\boldsymbol{\Omega}$ 加给 $\boldsymbol{R}$ 一个力矩,使 $\boldsymbol{R}$ 绕 $\boldsymbol{\Omega}$ 以圆频率 Ω 旋转,这可以从由(3.6.6)式忽略衰变后的关系式 $\mathrm{d}R/(R\sin\theta)=\Omega\mathrm{d}t$ 看出,如图 3.6-1 所示.

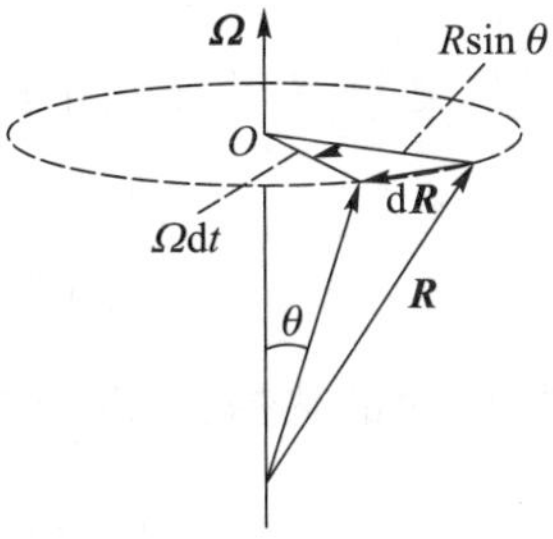

图 3.6-1 布洛赫方程的矢量模型

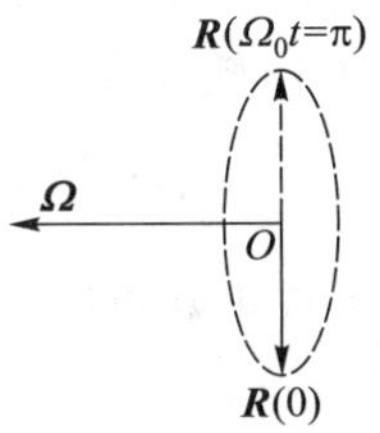

图 3.6-2 共振时且原子初态在下态的矢量模型

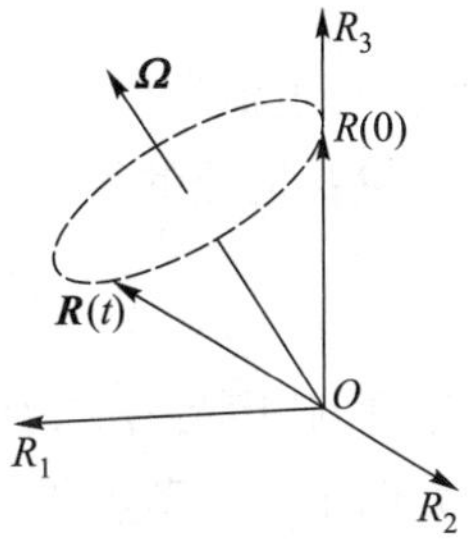

图 3.6-3 失谐时且原子初态在上态的矢量模型

矢量模型直观地描述了两能级原子的运动,下面举两个具体例子.

例一:场与原子共振,且原子初始处在下态.这时 $\boldsymbol{\Omega} = (-\Omega_0, 0, 0)$,$\boldsymbol{R}(0) = (0, 0, -1)$.$\boldsymbol{R}(t)$ 在垂直于 $\boldsymbol{\Omega}$ 的平面上,以共振拉比拍频 Ω_0 绕 $\boldsymbol{\Omega}$ 旋转.当 $\Omega_0 t = \pi$ 时,原子回到上态 $\boldsymbol{R} = (0, 0, 1)$.这同 3.4 节的结论一致,不过在这里是直观地表示出来的,如图 3.6-2 所示.

例二:失谐情况,且原子初始处在上态.这时 $\boldsymbol{R}(0)$ 不垂直于 $\boldsymbol{\Omega}$,在 $\boldsymbol{R}$ 绕 $\boldsymbol{\Omega}$ 的旋转中,原子不可能完全回到下态,如图 3.6-3 所示.

练　习

1. 利用旋波近似推导(3.6.3)式和(3.6.5)式.

2. 将布洛赫矢量方程(3.6.6)式写成分量形式,并同(3.6.3)式和(3.6.5)式比较.

3.7　激光器的半经典理论——兰姆理论

本节和下一节介绍的激光理论是由兰姆(Lamb)等人完成的.(Sargent,1974)

1. 有衰变的波动方程

激光腔的结构通常是开放式的(其原因在下一章第一节介绍),由于衍射损耗,光场能量从侧面泄漏.另一方面,为了引出激光束,组成激光器的镜面中至少有一个能透射激光,存在透射损耗.在激光理论中,为了描述这些腔损耗,采用直接在麦克斯韦方程中引入损耗项,从而避免了考虑边界条件引入损耗的较复杂的方法.

在 1.1 节中曾经给出了介质中的麦克斯韦方程(1.1.7)式,它不包括传导电流项,因为在光学问题中传导电流不参与相互作用.在描述激光系统时,我们却要形式上保留"传导电流"项来描述损耗,因此麦克斯韦方程为

$$\nabla\cdot \boldsymbol{E} = -(1/\varepsilon_0)\,\nabla\cdot \boldsymbol{P}, \tag{3.7.1a}$$

$$\nabla\cdot \boldsymbol{B} = 0, \tag{3.7.1b}$$

$$\nabla\times \boldsymbol{E} = -(\partial/\partial t)\boldsymbol{B}, \tag{3.7.1c}$$

$$\nabla\times \boldsymbol{B} = \mu_0\varepsilon_0(\partial/\partial t)\boldsymbol{E} + \mu_0(\partial/\partial t)\boldsymbol{P} + \mu_0\boldsymbol{j}. \tag{3.7.1d}$$

现在"传导电流" $\boldsymbol{j}$ 并不表示工作介质中真正的传导电流,而是引入来描述激光场在腔中的损耗——主要是腔的衍射损耗和镜面的透射损耗.介质方程设为

$$\boldsymbol{j} = \sigma\boldsymbol{E}, \tag{3.7.2}$$

σ 是等价的"电导率",其"欧姆定律"的形式正好可以和导电介质中传导电流的热损耗相类比.

类似于 1.1 节的推导,波动方程为

$$\nabla^2\boldsymbol{E} - \nabla(\nabla\cdot\boldsymbol{E}) = \mu_0\varepsilon_0\frac{\partial^2\boldsymbol{E}}{\partial t^2} + \mu_0\frac{\partial^2\boldsymbol{P}}{\partial t^2} + \mu_0\sigma\frac{\partial\boldsymbol{E}}{\partial t}. \tag{3.7.3}$$

为了使问题简化,作下列假设和说明:

(ⅰ)采用横波近似,$\nabla\cdot\boldsymbol{E} = 0$.

(ⅱ)平面波近似,令激光腔的轴向为 z 方向,设场强沿 x 和 y 方向的空间变化与光波长相比较是缓变函数,因而有 $\nabla^2\boldsymbol{E} \approx (\partial^2/\partial z^2)\boldsymbol{E}$.

(ⅲ)激光腔设计有布鲁斯特角窗(Brewster angle window),可保证线偏振光振荡条件.设 $\boldsymbol{E}$ 沿 x 方向偏振,可用标量表示,记为 E.

在上述假设下,波动方程简化为

$$\frac{\partial^2 E}{\partial z^2}-\mu_0\sigma\frac{\partial E}{\partial t}-\mu_0\varepsilon_0\frac{\partial^2 E}{\partial t^2}=\mu_0\frac{\partial^2 P}{\partial t^2}, \tag{3.7.4}$$

这是一个非齐次有衰变的“电报方程”.与(1.1.11)式的区别是引入了由等价的“传导电流”表示的衰变项.

2. 频率-振幅方程

设有两个相距为 L 的镜面组成法布里-珀罗腔(Fabry-Perot cavity).当腔内无工作介质为真空时,由真空波动方程和镜面处电场为零的边界条件,腔的本征模为

$$U_n=\sin(k_n z),\quad (k_n=n\pi/L), \tag{3.7.5}$$

它构成完备集.实际上它是 2.1 节立方腔退化为一维的情况.如果由若干个镜面围成一个周长为 L 的环形腔,可以更为方便选用另一组完备集,满足周期性边界条件

$$U_n=\mathrm{e}^{\mathrm{i}k_n z},\quad (k_n=2n\pi/L). \tag{3.7.6}$$

(3.7.5)式定义的是驻波模(图 3.7-1),而(3.7.6)式定义了行波模(图 3.7-2).在本节中采用在数学处理上更方便的行波模.

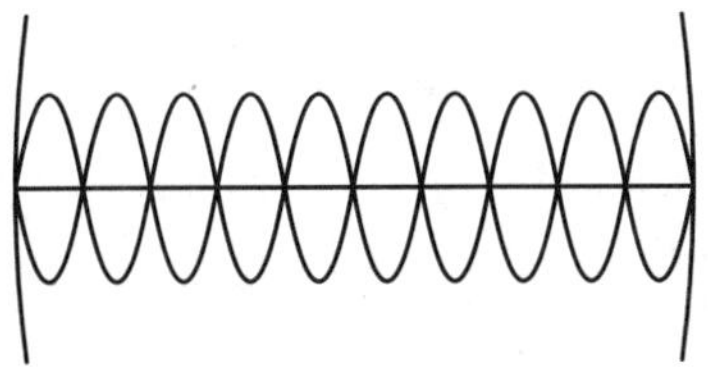

图 3.7-1 法布里-珀罗谐振腔产生驻波振荡

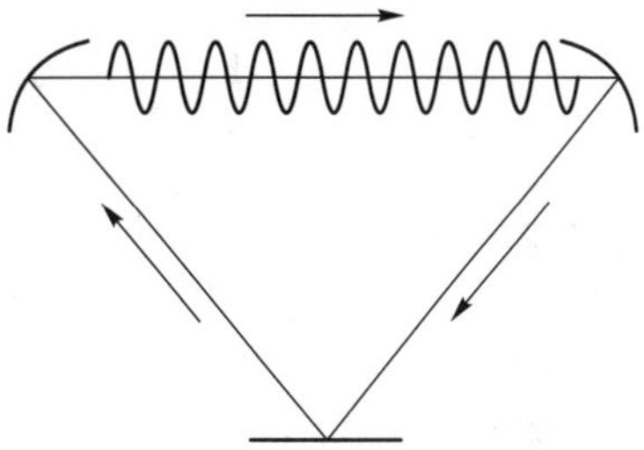

图 3.7-2 环形谐振腔产生行波振荡

波动方程的一般解可按本征模展开

$$E(z,t)=\frac{1}{2}\sum_n A_n(t)U_n(z)+\text{c.c.}. \tag{3.7.7}$$

在空腔和无损耗情况下($P=\sigma=0$),由真空波动方程可解得

$$A_n(t)=E_n\mathrm{e}^{-\mathrm{i}\Omega_n t}, \tag{3.7.8}$$

其中空腔模式频率 Ω_n 为

$$\Omega_n=k_n c=2n\pi c/L, \tag{3.7.9}$$

c 为真空中的光速.在腔内有工作介质时,可以令解的含时部分的形式为

$$A_n(t)=E_n(t)\mathrm{e}^{-\mathrm{i}[\omega_n t+\phi_n(t)]}, \tag{3.7.10}$$

其中 $E_n(t)$ 定义为实数，幅角部分由 $\phi_n(t)$ 描述.(3.7.10)式对(3.7.8)式的偏离是有限度的，具体地说，频率 ω_n 十分接近 Ω_n，使得 $E_n(t)$ 和 $\phi_n(t)$ 的时间变化率相对于光频 ω_n 可看做缓变函数. 因此可列出如下不等式

$$\begin{aligned}&\dot{E}_n \ll \omega_n E_n, \qquad \dot{\phi}_n \ll \omega_n \phi_n \sim \omega_n,\\&\ddot{E}_n \ll \omega_n \dot{E}_n \ll \omega_n^2 E_n, \qquad \ddot{\phi}_n \ll \omega_n \dot{\phi}_n \ll \omega_n^2 \phi_n \sim \omega_n^2.\end{aligned} \tag{3.7.11}$$

在上式中，相位 ϕ_n 的数量级可考虑为 1.

一般解的展开式为

$$E(z,t) = \frac{1}{2}\sum_n E_n(t)\,\mathrm{e}^{-\mathrm{i}[\omega_n t+\phi_n(t)]}U_n(z) + \text{c.c.}. \tag{3.7.12}$$

将极化强度 P 也用本征模展开

$$P(z,t) = \frac{1}{2}\sum_n P_n(t)\,\mathrm{e}^{-\mathrm{i}[\omega_n t+\phi_n(t)]}U_n(z) + \text{c.c.}. \tag{3.7.13}$$

$P_n(t)$ 是第 n 模的极化强度缓变振幅分量，它相对于 $E_n(t)$ 可能有一相移，因此一般为复数. 正频部分的展开系数

$$\frac{1}{2}P_n \mathrm{e}^{-\mathrm{i}(\omega_n t+\phi_n)} = \frac{1}{\mathscr{N}}\int_0^L \mathrm{d}z \cdot P(z,t)\,U_n^*(z), \tag{3.7.14}$$

其中归一化系数

$$\mathscr{N} = \int_0^L \mathrm{d}z \cdot \left|U_n(z)\right|^2. \tag{3.7.15}$$

对于由(3.7.6)式定义的行波模 $\mathscr{N}=L$.

对于极化强度缓变振幅分量同样可以假定

$$\dot{P}_n \ll \omega_n P_n, \qquad \ddot{P}_n \ll \omega_n \dot{P}_n \ll \omega_n^2 P_n. \tag{3.7.16}$$

求出(3.7.12)式和(3.7.13)式的一阶和二阶导数后，根据(3.7.11)式和(3.7.16)式所示的数量级，对于损耗部分 $\mu_0\sigma(\partial E/\partial t)$ 和源部分 $\mu_0(\partial^2 P/\partial t^2)$ 只保留零级项（最大项），而对 $\mu_0\varepsilon_0(\partial^2 E/\partial t^2)$ 部分则保留零阶和一阶项（最大和次大项）

$$\begin{aligned}\frac{\partial E}{\partial t} &\approx \frac{1}{2}\sum_n(-\mathrm{i}\omega_n E_n)\,\mathrm{e}^{-\mathrm{i}(\omega_n t+\phi_n)}U_n(z) + \text{c.c.},\\\frac{\partial^2 E}{\partial t^2} &\approx \frac{1}{2}\sum_n\left[(-\omega_n^2 - 2\omega_n\dot{\phi}_n)E_n - 2\mathrm{i}\omega_n\dot{E}_n\right]\mathrm{e}^{-\mathrm{i}(\omega_n t+\phi_n)}U_n(z) + \text{c.c.},\\\frac{\partial^2 P}{\partial t^2} &\approx \frac{1}{2}\sum_n(-\omega_n^2 P_n)\,\mathrm{e}^{-\mathrm{i}(\omega_n t+\phi_n)}U_n(z) + \text{c.c.},\end{aligned}$$

$$\frac{\partial^2 E}{\partial z^2}=\frac{1}{2}\sum_n(-k_n^2E_n)\mathrm{e}^{-\mathrm{i}(\omega_n t+\phi_n)}U_n(z)+\text{c.c.},$$

这种近似方法类似于微扰法.代入波动方程(3.7.4)式后得到

$$k_n^2E_n+\mu_0\sigma(-\mathrm{i}\omega_nE_n)-\mu_0\varepsilon_0(\omega_n^2E_n+2\omega_n\dot{\phi}_nE_n+2\mathrm{i}\omega_n\dot{E}_n)=\mu_0\omega_n^2P_n. \tag{3.7.17}$$

这是关于电场缓变包络的一阶微分方程,而波动部分已反映在(3.7.12)式展开中.利用(3.7.9)式,经整理后

$$E_n\left(\Omega_n^2-\omega_n^2-2\omega_n\dot{\phi}_n-\mathrm{i}\frac{\sigma}{\varepsilon_0}\omega_n\right)-2\mathrm{i}\omega_n\dot{E}_n=\frac{\omega_n^2}{\varepsilon_0}P_n. \tag{3.7.18}$$

由于 $\Omega_n\approx\omega_n$,

$$\Omega_n^2-\omega_n^2\approx2\omega_n(\Omega_n-\omega_n), \tag{3.7.19}$$

所以

$$E_n\left[2\omega_n(\Omega_n-\omega_n-\dot{\phi}_n)-\mathrm{i}\frac{\sigma}{\varepsilon_0}\omega_n\right]-2\mathrm{i}\omega_n\dot{E}_n=\frac{\omega_n^2}{\varepsilon_0}P_n. \tag{3.7.20}$$

上式分别取实部和虚部的方程

实部
$$\Omega_n-\omega_n-\dot{\phi}_n=\frac{\omega_n}{2\varepsilon_0}\frac{1}{E_n}\mathrm{Re}(P_n), \tag{3.7.21a}$$

虚部
$$\dot{E}_n+\frac{\sigma}{2\varepsilon_0}E_n=-\frac{\omega_n}{2\varepsilon_0}\mathrm{Im}(P_n). \tag{3.7.21b}$$

考虑到实际激发的各模式的频率十分接近,在上式右边的源部分的 ω_n 用 ω 代替.对于损耗部分引入腔的品质因数 Q 值

$$\frac{\sigma}{\varepsilon_0}\equiv\frac{\omega}{Q_n}, \tag{3.7.22}$$

Q_n 描述不同的模可能有不同的损耗,Q 值越高,损耗越小.频率-振幅方程为

$$\dot{E}_n+\frac{\omega}{2Q_n}E_n=-\frac{\omega}{2\varepsilon_0}\mathrm{Im}(P_n), \tag{3.7.23a}$$

$$\omega_n+\dot{\phi}_n=\Omega_n-\frac{\omega}{2\varepsilon_0}\frac{1}{E_n}\mathrm{Re}(P_n). \tag{3.7.23b}$$

它表示激光场模振幅依赖于对应模的极化强度振幅的虚部,而激光模式频率依赖于其实部.

3. 频率-振幅方程的解

下面给出在最简单的特殊情况下,频率-振幅方程的解.

(i)空腔时 $P_n=0$

频率方程即为

$$\omega_n + \dot{\phi}_n = \Omega_n , \tag{3.7.24a}$$

忽略缓变相位变化率 $\dot{\phi}_n$，这时场模频率就是空腔频率.振幅方程为

$$\dot{E}_n + \frac{\omega}{2Q_n} E_n = 0 , \tag{3.7.24b}$$

解得

$$E_n(t) = E_n(0)\mathrm{e}^{-\frac{\omega}{2Q_n}t}, \qquad |E_n(t)|^2 = |E_n(0)|^2\mathrm{e}^{-\frac{\omega}{Q_n}t}. \tag{3.7.25}$$

这说明场模强度指数衰变,衰变寿命为

$$\tau_n = Q_n/\omega , \tag{3.7.26}$$

τ_n称为第 n 腔模寿命,或 n 模光子寿命,它描述腔损耗.寿命的倒数就是该模式的频宽[注]

$$\Delta\omega_n = 1/\tau_n = \omega/Q_n , \tag{3.7.27}$$

模式的 Q 值

$$Q_n = \omega\tau_n = \omega/\Delta\omega_n , \tag{3.7.28}$$

空腔时模式的谱线宽度由腔的品质因数 Q 值决定.

（ⅱ）线性介质

$$P_n = \varepsilon_0 \chi_n E_n = \varepsilon_0(\chi'_n + \mathrm{i}\chi''_n)E_n . \tag{3.7.29}$$

频率方程为

$$\omega_n + \dot{\phi}_n = \Omega_n - \frac{1}{2}\omega\chi'_n . \tag{3.7.30}$$

如图 3.7-3 所示,上式表明了一种频率的“牵引”效应,场模频率比空腔频率减小了约 $\frac{1}{2}\chi'_n\Omega_n$.

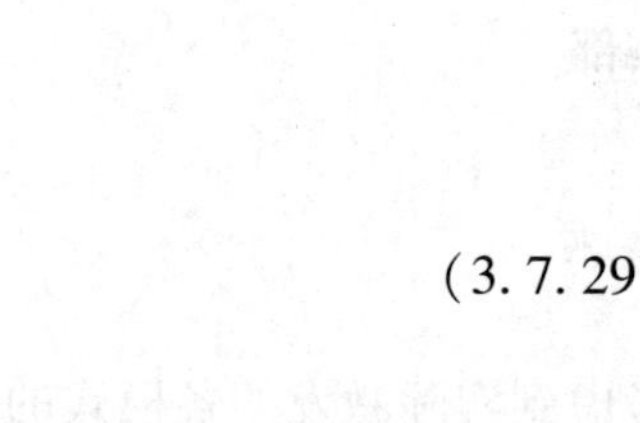

图 3.7-3　场模频率被“牵引”离开空腔模频率

对于气体介质有 $|\chi| \ll 1$,设对频率 ω_n 的场模,介质的复折射率

$$\tilde{\eta}_n = \sqrt{1+\chi_n} \approx 1 + \frac{1}{2}\chi_n , \tag{3.7.31a}$$

实折射率

$$\eta_n \approx 1 + \frac{1}{2}\chi'_n . \tag{3.7.31b}$$

[注] 指数衰变函数经傅里叶变换后,得到洛伦兹线型频谱,见(1.4.12)式和卷Ⅱ2.4 节表 2.4-1.

在(3.7.30)式中忽略 $\dot{\phi}_n$，并取 $\omega \approx \omega_n$，场模频率满足

$$\omega_n \approx \Omega_n/(1+\frac{1}{2}\chi'_n) \approx \Omega_n/\eta_n. \tag{3.7.32}$$

各场模的波长是由腔的几何决定，空腔和有介质时是相同的.由(3.7.6)式

$$\lambda_n = 2\pi/k_n = L/n. \tag{3.7.33}$$

由(3.7.32)式，第 n 场模的相速度

$$v_n = c/\eta_n, \tag{3.7.34}$$

这是我们熟知的结果[参见(1.2.18)式].

振幅方程为

$$\dot{E}_n = -\frac{\omega}{2Q_n}E_n - \frac{1}{2}\omega\chi''E_n, \tag{3.7.35}$$

两边乘以 $2E_n$ 得到

$$\frac{\mathrm{d}}{\mathrm{d}t}(E_n^2) = -\left(\frac{1}{Q_n}+\chi''_n\right)\omega E_n^2. \tag{3.7.36}$$

由(1.2.9b)式和(1.2.17)式可以看到，χ''_n 与消光系数 κ 和吸收系数同号.因此当 $\chi''_n > 0$ 时为吸收介质，$\chi''_n < 0$ 时为增益介质.当满足条件

$$-\chi''_n > 1/Q_n \tag{3.7.37}$$

时，强度 E_n^2 指数增长，这时可认为该模式能实现振荡.指数增长是由于线性介质近似引起的，只要考虑非线性极化效应，增长将会饱和，而获得稳定的激光输出.各模式中最小的 $1/Q_n$ 称为激光器的阈值(threshold).

4. 宏观极化量

为了求解频率-振幅方程，必须知道宏观极化强度 P 对场强的依赖关系，它由介质的微观机制决定.但这里不能完全引用3.3节对极化率的计算结果.一方面，必须要考虑激光介质泵浦机制以实现增益条件.另一方面，不能采用线性近似，因为线性增益超过损耗会得到指数发散的结果.在激光理论中，是将原子方程同场方程联立.为此分两步做：第一步写出宏观极化强度对微观量原子密度矩阵的关系；第二步给出在光场中的原子密度矩阵的运动方程.

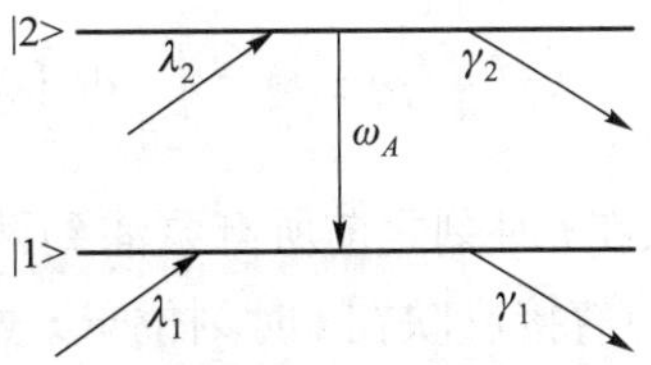

图 3.7-4 激光器中的原子模型示意图

原子模型如图3.7-4所示，这实际上是一个四能级均匀展宽(homogeneous-broadening)激光器的模型，除了两个工作能级 $|1\rangle$ 和 $|2\rangle$ 外，还应有抽运能级和基态(图中未画出).γ_1 和 γ_2 分别为两个工作能级的衰变常量，γ 为非对角元的衰变常量[见(3.5.23)式].激光工

作介质是由完全相同的原子组成，并且不考虑原子对外场相对运动的多普勒效应.这些原子有相同的衰变常量，它们对极化率的展宽贡献也完全相同.原子的自发衰变引起的频率展宽是均匀展宽，这种介质模型称为均匀展宽介质.当考虑多普勒效应时，由于原子具有不同的热运动速度，在同光场的相互作用中，即使对于同一频率的光场，不同速度的原子将感受到不同的光场频率.这样，不同的原子对频率展宽贡献不同.由多普勒效应引起的频率展宽称为多普勒展宽（Doppler-broadening），它属于非均匀展宽（inhomogeneous-broadening），这种介质称为非均匀展宽介质.非均匀展宽介质的激光理论比较复杂（Hopf，1969），我们仅考虑均匀展宽介质.

由于气体放电，一些原子被抽运到能级 $|1\rangle$ 和 $|2\rangle$.设泵浦速率 $\lambda_1(z,t_0)$ 和 $\lambda_2(z,t_0)$ 分别为在位置 z 处 t_0 时刻单位时间单位体积内激励到 $|1\rangle$ 和 $|2\rangle$ 态的原子数目.$\rho_{ij}(1,z,t_0,t)$ 和 $\rho_{ij}(2,z,t_0,t)$ 分别为 z 处的原子在 t_0 时刻激发到 $|1\rangle$ 和 $|2\rangle$ 态，演化到 t 时刻的密度矩阵元.因此在 z 处的原子，在 t_0 时刻处于 $|i\rangle$ 态（$i=1,2$），在 t 时刻该原子 x 方向的电偶极矩为

$$\begin{aligned}\langle -e\boldsymbol{D}\cdot\hat{\boldsymbol{x}}\rangle(i,z,t_0,t) &= \mathrm{Tr}[-e\boldsymbol{D}\cdot\hat{\boldsymbol{x}}\rho(i,z,t_0,t)]\\ &= -e\mathrm{Tr}\left[\begin{pmatrix}0 & X_{12}\\ X_{21} & 0\end{pmatrix}\begin{pmatrix}\rho_{11} & \rho_{12}\\ \rho_{21} & \rho_{22}\end{pmatrix}\right] = -e(X_{12}\rho_{21}+X_{21}\rho_{12}) \\ &= -\wp_{12}\rho_{21}(i,z,t_0,t)+\text{c.c.}\qquad (i=1,2),\end{aligned}\tag{3.7.38}$$

其中

$$\wp_{12}=\langle 1|e\boldsymbol{D}\cdot\hat{\boldsymbol{E}}|2\rangle=\langle 1|e\boldsymbol{D}\cdot\hat{\boldsymbol{x}}|2\rangle=\langle 1|eX|2\rangle=eX_{12},\tag{3.7.39}$$

上式已假设场的偏振方向沿 x 轴，$\hat{\boldsymbol{E}}=\hat{\boldsymbol{x}}$ 为单位矢量.

宏观极化强度是单位体积内所有的原子偶极矩求和，它应包括在 t 时刻之前所有泵浦到两个工作能级的原子，因此极化强度的 x 分量

$$\begin{aligned}P(z,t) &= \int_{-\infty}^{t}\mathrm{d}t_0[\lambda_1(z,t_0)\langle -e\boldsymbol{D}\cdot\hat{\boldsymbol{x}}\rangle(1,z,t_0,t)+\lambda_2(z,t_0)\langle -e\boldsymbol{D}\cdot\hat{\boldsymbol{x}}\rangle(2,z,t_0,t)]\\ &= -\wp_{12}\int_{-\infty}^{t}\mathrm{d}t_0[\lambda_1(z,t_0)\rho_{21}(1,z,t_0,t)+\lambda_2(z,t_0)\rho_{21}(2,z,t_0,t)]+\text{c.c.}\end{aligned}\tag{3.7.40}$$

5. 布居矩阵及其运动方程

定义布居矩阵

$$\rho(z,t)=\int_{-\infty}^{t}\mathrm{d}t_0[\lambda_1(z,t_0)\rho(1,z,t_0,t)+\lambda_2(z,t_0)\rho(2,z,t_0,t)],\tag{3.7.41}$$

它反映在 t 时刻之前所有泵浦到两个工作能级的原子，在 t 时刻的现状.例如对角元 $\rho_{11}(z,t)$ 和 $\rho_{22}(z,t)$ 直接反映在 t 时刻位于 z 处单位体积内原子在两个能级的布居数.现在宏观极化强度可以用布居矩阵的非对角元方便地表示

$$P(z,t)=-\wp_{12}\rho_{21}(z,t)+\text{c.c.}. \tag{3.7.42}$$

布居矩阵(3.7.41)式的时间微商为

$$\begin{aligned}\dot{\rho}(z,t)&=\lambda_1(z,t)\rho(1,z,t,t)+\lambda_2(z,t)\rho(2,z,t,t)\\&\quad+\int_{-\infty}^{t}\mathrm{d}t_0[\lambda_1(z,t_0)\dot{\rho}(1,z,t_0,t)+\lambda_2(z,t_0)\dot{\rho}(2,z,t_0,t)].\end{aligned} \tag{3.7.43}$$

因为在 t 时刻激励到 $|i\rangle$ 态的原子在同一时刻尚未演化,即

$$\rho(1,z,t,t)=\begin{pmatrix}1&0\\0&0\end{pmatrix},\qquad \rho(2,z,t,t)=\begin{pmatrix}0&0\\0&1\end{pmatrix}, \tag{3.7.44}$$

故有

$$\lambda_1\rho(1,z,t,t)+\lambda_2\rho(2,z,t,t)=\begin{pmatrix}\lambda_1&0\\0&\lambda_2\end{pmatrix}. \tag{3.7.45}$$

单个原子的密度矩阵 $\rho(1,z,t_0,t)$ 和 $\rho(2,z,t_0,t)$ 遵从与(3.5.21)式相同的运动方程,将它代入(3.7.43)式的左边,就得到布居矩阵的运动方程

$$\dot{\rho}_{11}=\lambda_1-\gamma_1\rho_{11}+[(\mathrm{i}/\hbar)\wp_{21}E(z,t)\rho_{12}+\text{c.c.}], \tag{3.7.46a}$$

$$\dot{\rho}_{22}=\lambda_2-\gamma_2\rho_{22}-[(\mathrm{i}/\hbar)\wp_{21}E(z,t)\rho_{12}+\text{c.c.}], \tag{3.7.46b}$$

$$\dot{\rho}_{21}=-(\mathrm{i}\omega_A+\gamma)\rho_{21}+(\mathrm{i}/\hbar)\wp_{21}E(z,t)(\rho_{22}-\rho_{11}), \tag{3.7.46c}$$

$$\rho_{12}=\rho_{21}^{*}, \tag{3.7.46d}$$

式中已将原单模场 $E_0\cos\omega t$ 换成电场的一般表示式 $E(z,t)$.

6. 小结

由上述推导,得到一套完整的方程组来描述激光工作,它们是

(i)由经典电磁理论得到的频率-振幅方程(3.7.23)式.

(ii)由统计求和得到宏观极化对微观布居的关系式(3.7.40)—(3.7.42)式.

(iii)由量子力学得到布居矩阵的运动方程(3.7.46)式.

在激光理论中,要求场是自洽的,即要求感生工作介质极化强度的电场等于最终的电场,它们的关系如图 3.7-5 所示.

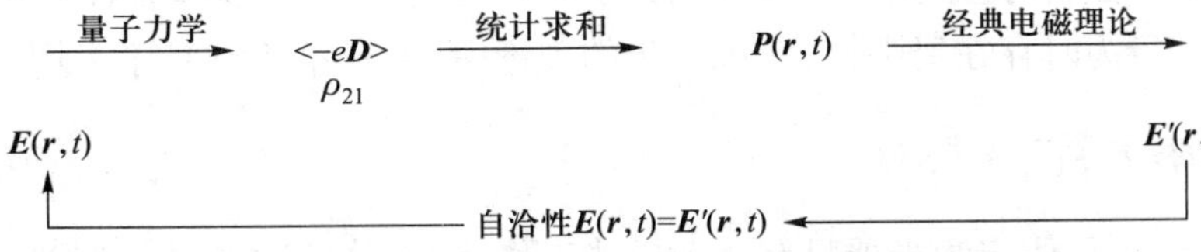

图 3.7-5 激光理论中电场的自洽性假设

激光器的兰姆理论能十分成功地解释和处理许多问题，如阈值条件、增益饱和、模式牵引、速率方程近似、多模工作的模式竞争和模式锁定、兰姆凹陷和烧孔效应等等，是激光器研究的基础理论.

练 习

1. 试考虑电磁场在镜面的边界条件.

2. 试用真空波方程推导(3.7.8)式和(3.7.9)式.

3. 试用(3.7.43)式和(3.5.21)式推导(3.7.46)式.

3.8 单模工作

根据上一节的理论，在本节中讨论单模工作的情况.为了得到解析结果，需要对上一节的方程组作一些近似处理.

1. 近似考虑

(i)好腔近似(good cavity limit)

电场振幅随时间变化的弛豫过程主要由腔的损耗决定.如果激光腔的损耗很小，$E_n(t)$和$\phi_n(t)$不仅相对于光频，而且相对于原子的弛豫过程(由原子衰变系数γ量度)来说是缓变函数，因此在原子布居矩阵运动方程(3.7.46)式的求解过程中，可以把它们看作常量.

(ii)速率方程近似(rate equation approximation)

由原子布居矩阵运动方程(3.7.46)式可以看出，非对角元ρ_{21}是迅速振荡的($\sim \mathrm{e}^{-\mathrm{i}\omega_A t}$)，而对角元$\rho_{11}$和$\rho_{22}$相对来说是缓变的.因此(3.7.46c)式中可将$\rho_{22}-\rho_{11}$看作常量而独立求解.这种方法也称为绝热近似(adiabatic approximation).

(iii)旋波近似(rotating wave approximation)

忽略电场中的负频成分

$$E(z,t)=\frac{1}{2}\sum_n E_n(t)\,\mathrm{e}^{-\mathrm{i}[\omega_n t+\phi_n(t)]}U_n(z). \tag{3.8.1}$$

旋波近似在3.1节已遇到过.

在激光理论中，旋波近似被广泛使用，好腔近似只能适用于腔损耗小的情况.速率方程近似是一种简化的求解方法，在此近似下可以得到原子布居的速率方程.速率方程近似在解释激光器一些复杂的动力学行为时存在局限性，在进一步的理论中(参见第5章)，不采用速率方程近似.

2. 单模速率方程

在最简单的情况，可假定激光器只有一个模式工作，称为单模激光器.这时光场为

$$E(z,t)=\frac{1}{2}E_n(t)\,\mathrm{e}^{-\mathrm{i}[\omega_n t+\phi_n(t)]}U_n(z). \tag{3.8.2}$$

用上述近似可先解方程(3.7.46c)式

$$\frac{d\rho_{21}}{dt}=-(\mathrm{i}\omega_A+\gamma)\rho_{21}+\frac{\mathrm{i}}{\hbar}\wp_{21}\cdot\frac{1}{2}E_n\mathrm{e}^{-\mathrm{i}(\omega_n t+\phi_n)}U_n(z)(\rho_{22}-\rho_{11}). \tag{3.8.3}$$

它是ρ_{21}的非齐次线性方程,特解的形式为

$$\rho_{21}=A\mathrm{e}^{-\mathrm{i}(\omega_n t+\phi_n)}, \tag{3.8.4}$$

代入(3.8.3)式后得到

$$\rho_{21}=\frac{\mathrm{i}}{2\hbar}\cdot\frac{\wp_{21}(\rho_{22}-\rho_{11})}{\mathrm{i}(\omega_A-\omega_n)+\gamma}E_n\mathrm{e}^{-\mathrm{i}(\omega_n t+\phi_n)}U_n(z). \tag{3.8.5}$$

该特解实际上是方程(3.8.3)式的一般解经弛豫过程后($t\to\infty$)的稳态解,它不依赖初始条件.将这一结果代入(3.7.46a)式和(3.7.46b)式得到单模速率方程

$$\dot{\rho}_{11}=\lambda_1-\gamma_1\rho_{11}+R(\rho_{22}-\rho_{11}), \tag{3.8.6}$$

$$\dot{\rho}_{22}=\lambda_2-\gamma_2\rho_{22}-R(\rho_{22}-\rho_{11}), \tag{3.8.7}$$

其中速率常量

$$R=\frac{|\wp_{21}|^2|E_n|^2|U_n(z)|^2}{2\hbar^2}\cdot\frac{\gamma}{(\omega_A-\omega_n)^2+\gamma^2}. \tag{3.8.8}$$

对于所选的行波模式函数(3.7.6)式,$|U_n(z)|^2=1$,但为不失普遍性,我们仍将它保留.当布居达稳定时$\dot{\rho}_{11}=\dot{\rho}_{22}=0$,

$$\lambda_1-\gamma_1\rho_{11}+R(\rho_{22}-\rho_{11})=0, \tag{3.8.9}$$

$$\lambda_2-\gamma_2\rho_{22}-R(\rho_{22}-\rho_{11})=0, \tag{3.8.10}$$

解得布居差

$$\rho_{22}-\rho_{11}=\frac{\lambda_2\gamma_1-\lambda_1\gamma_2}{\gamma_1\gamma_2+R(\gamma_1+\gamma_2)}=\frac{\lambda_2/\gamma_2-\lambda_1/\gamma_1}{1+R/R_S}=\frac{N(z,t)}{1+R/R_S}, \tag{3.8.11}$$

其中饱和参数R_S

$$R_S\equiv\frac{\gamma_1\gamma_2}{\gamma_1+\gamma_2}=\frac{\gamma_1\gamma_2}{2\gamma_{12}},\quad \gamma_{12}\equiv\frac{\gamma_1+\gamma_2}{2}, \tag{3.8.12}$$

未饱和布居差

$$N(z,t)=\lambda_2/\gamma_2-\lambda_1/\gamma_1, \tag{3.8.13}$$

它表示没有外场时($R=0$)的布居差.显然,这种解法要求泵浦速率λ_1和λ_2相对于原子布居弛豫来说是缓变函数.

3. 极化强度

由(3.7.14)式和(3.7.42)式，第 n 模的极化强度的慢变振幅分量

$$\begin{aligned} P_n &= 2\mathrm{e}^{\mathrm{i}(\omega_n t+\phi_n)}\frac{1}{\mathcal{N}}\int_0^L \mathrm{d}z P(z,t)U_n^*(z) \\ &= 2\mathrm{e}^{\mathrm{i}(\omega_n t+\phi_n)}\frac{1}{\mathcal{N}}\int_0^L \mathrm{d}z U_n^*(z)[-\wp_{12}\rho_{21}(z,t)+\text{c.c.}]. \end{aligned} \tag{3.8.14}$$

将解(3.8.5)式代入上式，并考虑到 $\int U_n^2(z)\,\mathrm{d}z=0$，即可计算出

$$P_n=-\frac{|\wp_{12}|^2}{\hbar}E_n\frac{(\omega_A-\omega_n)+\mathrm{i}\gamma}{(\omega_A-\omega_n)^2+\gamma^2}\cdot\frac{1}{\mathcal{N}}\int_0^L\mathrm{d}z\cdot|U_n(z)|^2(\rho_{22}-\rho_{11}). \tag{3.8.15}$$

以相应的稳定布居差(3.8.11)式代入后，就可得到稳定时的极化强度振幅分量 P_n. 为了将它按场强的幂次表示，将(3.8.11)式按 R 的幂次展开

$$(1+R/R_S)^{-1}=1-R/R_S+(R/R_S)^2-\cdots. \tag{3.8.16}$$

上式的零级项代入得到 $P_n^{(1)}\propto E_n$，一级项代入得到 $P_n^{(3)}\propto E_n^3$，……，依此类推.因此

$$P_n=P_n^{(1)}+P_n^{(3)}+\cdots, \tag{3.8.17}$$

$P_n^{(1)}$ 表示线性极化部分，$P_n^{(3)}$ 表示最低阶非线性极化部分，一般只需计算这两项.第一项为

$$P_n^{(1)}=-\frac{|\wp_{12}|^2}{\hbar}E_n\frac{(\omega_A-\omega_n)+\mathrm{i}\gamma}{(\omega_A-\omega_n)^2+\gamma^2}\overline{N}, \tag{3.8.18}$$

其中平均未饱和布居差定义为

$$\overline{N}=\frac{1}{\mathcal{N}}\int_0^L\mathrm{d}z\cdot|U_n(z)|^2N(z,t). \tag{3.8.19}$$

对于环形腔中的行波模(3.7.6)式，上式成为简单地沿腔长求平均

$$\overline{N}=\frac{1}{L}\int_0^L N(z,t)\,\mathrm{d}z. \tag{3.8.20}$$

为求非线性项，将

$$-\frac{R}{R_S}N(z,t)=-\frac{2\gamma_{12}}{\gamma_1\gamma_2}\cdot\frac{|\wp_{21}|^2|E_n|^2}{2\hbar^2}\cdot\frac{\gamma}{(\omega_A-\omega_n)^2+\gamma^2}|U_n(z)|^2N(z,t)$$

替代(3.8.15)式中的 $\rho_{22}-\rho_{11}$ 得到

$$\begin{aligned} P_n^{(3)} = &-\frac{|\wp_{12}|^2E_n}{\hbar}\cdot\frac{(\omega_A-\omega_n)+\mathrm{i}\gamma}{(\omega_A-\omega_n)^2+\gamma^2}\left(-\frac{|\wp_{12}|^2|E_n|^2}{\gamma_1\gamma_2\hbar^2}\right)\frac{\gamma_{12}\gamma}{(\omega_A-\omega_n)^2+\gamma^2} \\ &\times\frac{1}{\mathcal{N}}\int_0^L\mathrm{d}z\cdot N(z,t)|U_n(z)|^4. \end{aligned} \tag{3.8.21}$$

对于行波模有 $\left|U_n(z)\right| = 1$,

$$P_n^{(3)} = -\frac{\left|\wp_{12}\right|^2 E_n}{\hbar}\cdot\frac{(\omega_A-\omega_n)+\mathrm{i}\gamma}{(\omega_A-\omega_n)^2+\gamma^2}(-I_n)\frac{\gamma_{12}\gamma}{(\omega_A-\omega_n)^2+\gamma^2}\overline{N}, \tag{3.8.22}$$

其中无量纲强度:

$$I_n = \frac{\left|\wp_{12}\right|^2\left|E_n\right|^2}{\gamma_1\gamma_2\hbar^2}. \tag{3.8.23}$$

最后,单模极化强度的慢变振幅为

$$P_n = P_n^{(1)} + P_n^{(3)} = -\frac{\left|\wp_{12}\right|^2 E_n}{\hbar}\cdot\frac{\omega_A-\omega_n+\mathrm{i}\gamma}{(\omega_A-\omega_n)^2+\gamma^2}\left[1-\frac{\gamma_{12}\gamma I_n}{(\omega_A-\omega_n)^2+\gamma^2}\right]\overline{N}. \tag{3.8.24}$$

当激光在阈值附近不太强时

$$1-\frac{\gamma_{12}\gamma I_n}{(\omega_A-\omega_n)^2+\gamma^2}\approx\left[1+\frac{\gamma_{12}\gamma I_n}{(\omega_A-\omega_n)^2+\gamma^2}\right]^{-1},$$

(3.8.24)式为

$$P_n = -\frac{\left|\wp_{12}\right|^2 E_n}{\hbar}\overline{N}\frac{\omega_A-\omega_n+\mathrm{i}\gamma}{(\omega_A-\omega_n)^2+(\gamma^2+\gamma_{12}\gamma I_n)}, \tag{3.8.25}$$

上式分母中的两项中,γ^2 表示衰变加宽,$\gamma_{12}\gamma I_n$表示功率加宽.

4. 频率-振幅方程

将(3.8.24)式分为实部和虚部代入(3.7.23)式得到频率-振幅方程

$$\dot{E}_n + \frac{\omega}{2Q_n}E_n = \frac{\omega}{2\varepsilon_0}\cdot\frac{\left|\wp_{12}\right|^2}{\hbar}E_n\frac{\mathscr{L}}{\gamma}\left(1-\frac{\gamma_{12}}{\gamma}I_n\mathscr{L}\right)\overline{N}, \tag{3.8.26a}$$

$$\omega_n + \dot{\phi}_n = \Omega_n + \frac{\omega}{2\varepsilon_0}\cdot\frac{\left|\wp_{12}\right|^2}{\hbar}\cdot\frac{\omega_A-\omega_n}{\gamma^2}\mathscr{L}\left(1-\frac{\gamma_{12}}{\gamma}I_n\mathscr{L}\right)\overline{N}, \tag{3.8.26b}$$

其中记号 $\mathscr{L}$ 定义洛伦兹线型[参见(1.4.12)式]

$$\mathscr{L}\equiv\mathscr{L}(\omega_A-\omega_n)\equiv\frac{\gamma^2}{(\omega_A-\omega_n)^2+\gamma^2}. \tag{3.8.27}$$

定义一级因子

$$F_1 = \frac{\omega\left|\wp_{12}\right|^2\overline{N}}{2\varepsilon_0\hbar\gamma}, \tag{3.8.28}$$

三级因子

$$F_3 = \frac{\gamma_{12}}{\gamma} F_1, \tag{3.8.29}$$

线性净增益系数

$$\alpha_n = \mathscr{L} F_1 - \frac{\omega}{2Q_n}, \tag{3.8.30}$$

自饱和系数

$$\beta_n = \mathscr{L}^2 F_3, \tag{3.8.31}$$

模式牵引系数

$$\sigma_n = \frac{\omega_A - \omega_n}{\gamma} \mathscr{L} F_1, \tag{3.8.32}$$

模式推进系数

$$\zeta_n = \frac{\omega_A - \omega_n}{\gamma} \mathscr{L}^2 F_3, \tag{3.8.33}$$

频率-振幅方程可简化为

$$\dot{E}_n = E_n(\alpha_n - \beta_n I_n), \tag{3.8.34a}$$

$$\omega_n + \dot{\phi}_n = \Omega_n + \sigma_n - \zeta_n I_n. \tag{3.8.34b}$$

由(3.8.34a)式还可以写出无量纲的强度方程

$$\dot{I}_n = 2I_n(\alpha_n - \beta_n I_n). \tag{3.8.35}$$

5. 讨论

下面用频率-振幅方程讨论激光器中几个主要物理问题.

(ⅰ)阈值条件

由(3.8.35)式可见,只有 $\alpha_n>0$ 激光强度才有可能增长.第二项为非线性饱和项,它使强度不发生指数增长.阈值条件为 $\alpha_n=0$,即

$$\mathscr{L} F_1 = \frac{\omega}{2Q_n}. \tag{3.8.36}$$

在谐振时 $\omega_n=\omega_A$,

$$\mathscr{L}(0) = 1, \tag{3.8.37}$$

阈值条件为

$$F_1=\frac{\omega\left|\wp_{12}\right|^2\overline{N}}{2\varepsilon_0\hbar\gamma}=\frac{\omega}{2Q_n}. \tag{3.8.38}$$

满足上式的平均布居差称为阈值布居差,记作

$$\overline{N}_{\text{th}}=\frac{\varepsilon_0\hbar\gamma}{\left|\wp_{12}\right|^2Q_n}. \tag{3.8.39}$$

（ⅱ）稳态解

在(3.8.35)式中令 $\dot{I}_n=0$ 得到稳态解

$$I_n=\frac{\alpha_n}{\beta_n}=\frac{\mathscr{L}F_1-\omega/(2Q_n)}{(\gamma_{12}/\gamma)\mathscr{L}^2F_1}. \tag{3.8.40}$$

令相对激励

$$\bar{n}_{\text{r}}=\frac{\overline{N}}{\overline{N}_{\text{th}}}=\frac{\left|\wp_{12}\right|^2Q_n\overline{N}}{\varepsilon_0\hbar\gamma}=\frac{2Q_n}{\omega}F_1, \tag{3.8.41}$$

(3.8.40)式可以写为

$$I_n=\frac{\mathscr{L}(\omega_A-\omega_n)-1/\bar{n}_{\text{r}}}{(\gamma_{12}/\gamma)\mathscr{L}^2(\omega_A-\omega_n)}. \tag{3.8.42}$$

根据洛伦兹线型 $\mathscr{L}(\omega_A-\omega_n)$ 和上式,图 3.8-1 画出了在不同的激励下,单模激光强度对归一化腔失谐 $(\omega_A-\omega_n)/\gamma$ 的曲线.

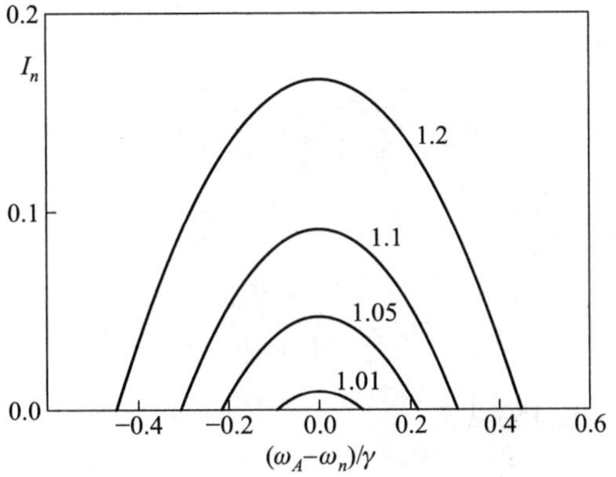

图 3.8-1 在不同的相对激励 $\bar{n}_{\text{r}}=1.01, 1.05, 1.1$ 和 1.2 时,激光强度与归一化失谐的关系,$(\gamma_{12}/\gamma=1)$

（ⅲ）瞬态解

(3.8.35)式可以直接求积,令腔内的初始光强 $I_0=I_n(0)$,则有

$$I_n(t)=\frac{\alpha_n I_0 e^{2\alpha_n t}}{\alpha_n+\beta_n I_0(e^{2\alpha_n t}-1)}. \tag{3.8.43}$$

由此可见,只有 $I_0\neq 0$ 时方程才可能有非零解.这正是半经典理论的局限性,它不能说明场由真空自建的过程.实际上,初始的光场可以由自发辐射产生.图 3.8-2 为不同稳态值 α_n/β_n时的瞬态解.

(ⅳ)频率牵引

由(3.8.34b)式忽略 $\dot{\phi}_n$ 部分,得到

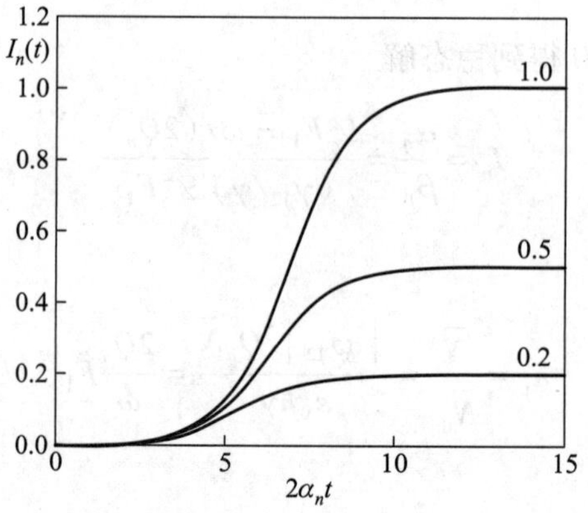

图 3.8-2 激光强度随时间的变化.饱和强度值 $\alpha_n/\beta_n=0.2, 0.5$ 和 1.0; 初始强度$I_0=0.001$

$$\begin{aligned}\omega_n&=\Omega_n+\sigma_n-\zeta_n I_n=\Omega_n+\frac{\omega_A-\omega_n}{\gamma}\mathscr{L}F_1-\frac{\omega_A-\omega_n}{\gamma}\mathscr{L}^2\frac{\gamma_{12}}{\gamma}F_1 I_n \\ &=\Omega_n+(\omega_A-\omega_n)\Phi,\end{aligned} \tag{3.8.44}$$

其中

$$\Phi=\frac{F_1\mathscr{L}}{\gamma}\left(1-\frac{\gamma_{12}}{\gamma}I_n\mathscr{L}\right) \tag{3.8.45}$$

称为“稳定因子”.(3.8.44)式解得

$$\omega_n=\frac{\Omega_n+\Phi\omega_A}{1+\Phi}. \tag{3.8.46}$$

将稳态解(3.8.40)式代入(3.8.45)式后

$$\Phi=\frac{F_1\mathscr{L}}{\gamma}\left(1-\frac{\gamma_{12}}{\gamma}\cdot\frac{\alpha_n}{\beta_n}\mathscr{L}\right)=\frac{\omega}{2\gamma Q_n}, \tag{3.8.47}$$

因此稳态时激光模振荡频率的牵引公式是

$$\omega_n=\frac{\Omega_n+\left(\dfrac{\omega}{2\gamma Q_n}\right)\omega_A}{1+\dfrac{\omega}{2\gamma Q_n}}=\frac{\gamma\Omega_n+\left(\dfrac{\omega}{2Q_n}\right)\omega_A}{\gamma+\left(\dfrac{\omega}{2Q_n}\right)}. \tag{3.8.48}$$

如图 3.8-3 所示,这相当于一个“质心公式”.激光频率 ω_n处在腔模频率 Ω_n和原子跃迁频率 ω_A之间,分别以原子弛豫参数 γ 和腔模弛豫参数 $\omega/(2Q_n)$为权重的平均.在好腔条件下

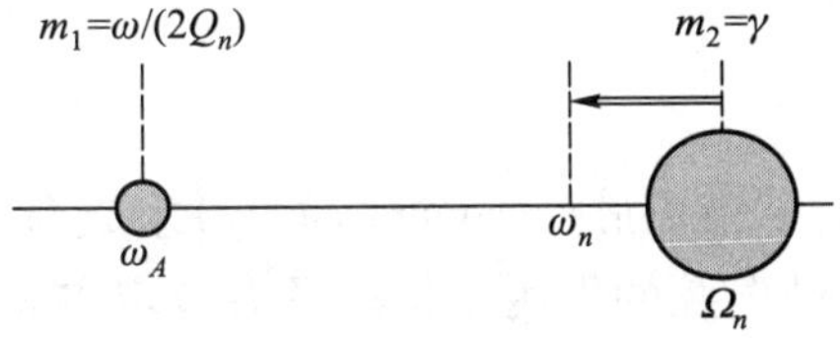

图 3.8-3 激光频率牵引的“质心公式”

$$\frac{\omega}{2Q_n}\ll\gamma, \tag{3.8.49}$$

激光频率十分接近腔频,仅少许牵向原子频率.

练 习

1. 试由(3.8.5)式推导单模速率方程(3.8.6)式和(3.8.7)式.

2. 试推导(3.8.26)式.

3. 求解微分方程(3.8.35)式.

参 考 文 献

Hopf F. A. and Scully M. O. (1969). Phys. Rev. **179**, p. 399.

Lamb Jr. W. E. (1952). Phys. Rev. **85**, p. 259.

Sargent Ⅲ M., Scully M. O., and Lamb Jr. W. E. (1974). Laser Physics. (Addison-Wesley, Reading, MA.)

数学手册(1979). 北京:高等教育出版社, p. 280.

第四章　光学谐振腔和模式

激光器是由工作介质和光学谐振腔(resonant cavity)组成.工作介质通过原子布居的反转产生增益或放大作用,而光学谐振腔的作用是使得具有特定空间分布的光束——模式在反复通过工作介质时所获得的增益超过其损耗,从而在腔内建立驻波或行波.

4.1　场　方　程

由(1.1.11)式,在真空中传播的电磁波满足波动方程

$$\nabla^2 \boldsymbol{E}(\boldsymbol{r},t) - \frac{1}{c^2}\frac{\partial^2}{\partial t^2}\boldsymbol{E}(\boldsymbol{r},t) = 0, \tag{4.1.1}$$

c 为真空中的光速.为简单起见,我们只讨论线偏振光.激光器可通过布儒斯特窗(Brewster window)形成线偏振光振荡,场强矢量 $\boldsymbol{E}(\boldsymbol{r},t)$ 可用该偏振方向的标量分量 $E(\boldsymbol{r},t)$ 代替.令

$$E(\boldsymbol{r},t) = u(\boldsymbol{r})T(t), \tag{4.1.2}$$

(4.1.1)式可分离时间空间变量

$$(\mathrm{d}^2/\mathrm{d}t^2)T(t) + \omega^2 T(t) = 0 \tag{4.1.3}$$

$$\nabla^2 u(\boldsymbol{r}) + k^2 u(\boldsymbol{r}) = 0, \tag{4.1.4}$$

其中 $\omega = ck$.(4.1.3)式有时间振荡解 $\mathrm{e}^{\pm i\omega t}$,(4.1.4)式为亥姆霍兹方程(Helmholz equation)[参见(1.2.12)式],它的解的形式同边界条件即谐振腔的形状有关.

激光器要求将电磁能量集中在少数几个模式中,才能有较强的功率输出.在2.1节中我们已经估算了对于可见光和一立方米体积的完全封闭的谐振腔,原子频宽 $\Delta\omega \sim 10^8\ \mathrm{s}^{-1}$ 内模式数约为 10^{11} 个.如要实现少数模式振荡,则要求谐振腔的尺寸为波长的量级.在微波振荡范围内,谐振腔的波长尺寸要求较容易实现.但对于光波长尺度,如此小的谐振腔实际上很难制作.[注] 为解决此问题,激光器用的谐振腔有以下特点:

(ⅰ)谐振腔存在一个光轴,它在光轴方向的几何尺度远大于垂直于光轴的几何尺度;

[注] 由于半导体技术的迅速发展,20世纪80年代中期已经能够制作光波长尺度的微腔.

(ⅱ)光轴的侧面敞开.

这相当于考虑长为 L 的“一维”谐振腔,这样的一维腔定义的模式称为纵模(longitudinal mode).按照2.1节的方法可计算波矢为 $k \to k+\Delta k$ 内或频率为 $\omega \to \omega+\Delta\omega$ 内的模式数:

$$\frac{2\Delta k}{(\pi/L)}=\frac{2L\Delta k}{\pi}=4\frac{L}{\lambda}\frac{\Delta\omega}{\omega}. \tag{4.1.5}$$

用上面相同的 $\Delta\omega$ 和 $\lambda=5\,000$ Å,并取 $L=10$ cm,则可估算出在原子频宽内不会超过一个纵模.上式表明短腔激光器可实现单纵模振荡,如图4.1-1所示.由于实际激光器的镜面具有有限的尺度,在纵模附近可能存在若干横模(transverse mode),如图4.1-2所示.这种“一维”开放式谐振腔结构保证了在沿光轴方向只有少数几个模实现振荡,而大多数偏离光轴的模被抑制.

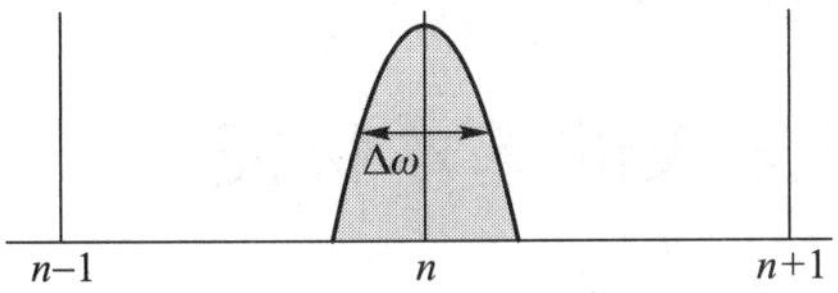

图4.1-1 单纵模激光器示意图,原子增益宽度小于模式频率间隔

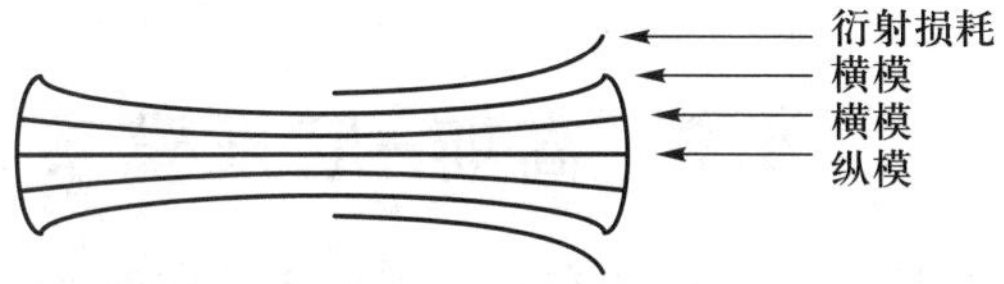

图4.1-2 开放式谐振腔中少数模式的振荡

亥姆霍兹方程(4.1.4)式在立方腔边界下具有简单的平面波解.但实际激光器都采用长条型开放腔,两侧镜面具有有限的尺寸.考虑亥姆霍兹方程的非平面波解,设光轴方向为 z 轴,光束沿 z 方向传播,对 $u(\boldsymbol{r})$ 作变量分离

$$u(\boldsymbol{r})=A(x,y,z)Z(z). \tag{4.1.6}$$

上式的分离法假定只分离出迅变部分 $Z(z)$,$A(x,y,z)$ 中仍包含 z 的慢变化部分.激光器的实践表明,长条形开放式谐振腔的模式具有(4.1.6)式的形式.将(4.1.6)式代入(4.1.4)式,

$$\frac{1}{A}\nabla^2 A+\frac{2}{AZ}\frac{\partial A}{\partial z}\frac{\partial Z}{\partial z}+\frac{1}{Z}\frac{\partial^2 Z}{\partial z^2}+k^2=0, \tag{4.1.7}$$

上式中的迅变部分满足

$$(\mathrm{d}^2/\mathrm{d}z^2)Z+k^2 Z=0. \tag{4.1.8}$$

对于环形腔(ring cavity)结构,为满足周期性边界条件,上式的解为

$$Z(z)\propto \mathrm{e}^{\pm \mathrm{i}k_n z},\qquad k_n=2n\pi/L, \tag{4.1.9}$$

L 为环形腔的全长,正整数 n 为纵模指数.因此迅变部分描述沿光轴方向的振荡——纵向振荡,k_n 定义了纵模波矢.

现考虑 $u(\boldsymbol{r})$ 中的缓变部分,将 $Z(z)$ 的具体形式 $\mathrm{e}^{\mathrm{i}kz}$ 代入(4.1.7)式:

$$\nabla^2 A(x,y,z)+2\mathrm{i}k(\partial/\partial z)A(x,y,z)=0. \tag{4.1.10}$$

由于 A 是 z 的缓变函数,$(\partial^2/\partial z^2)A$ 比 $k(\partial/\partial z)A$ 要小的多,可将它忽略.空腔场方程为

$$\nabla_{\perp}^2 A(x,y,z) + 2\mathrm{i}k(\partial/\partial z)A(x,y,z) = 0, \tag{4.1.11}$$

$\nabla_{\perp}^2$ 为横向拉普拉斯算符(Laplace operator):

$$\nabla_{\perp}^2 = \frac{\partial^2}{\partial x^2} + \frac{\partial^2}{\partial y^2}, \tag{4.1.12a}$$

在极坐标下的形式为

$$\nabla_{\perp}^2 = \frac{\partial^2}{\partial r^2} + \frac{1}{r}\frac{\partial}{\partial r} + \frac{1}{r^2}\frac{\partial^2}{\partial \varphi^2}. \tag{4.1.12b}$$

场方程(4.1.11)式与量子力学中二维线性谐振子模型的波方程相同.

4.2 高斯-厄米模系,高斯光束的基本特征

场方程(4.1.11)式在直角坐标系下的解为[注1]

$$\begin{aligned} A_{lm}(x,y,z) &= A_0 \frac{w_0}{w(z)} H_l\left[\sqrt{2}\,\frac{x}{w(z)}\right] H_m\left[\sqrt{2}\,\frac{y}{w(z)}\right] \\ &\times \exp\left[-\frac{x^2+y^2}{w^2(z)} + \frac{\mathrm{i}k(x^2+y^2)}{2R(z)} + \mathrm{i}(l+m+1)\phi_0\right], (l,m=0,1,2,\cdots) \end{aligned} \tag{4.2.1}$$

其中光斑尺寸

$$w(z) = w_0\,[1+(z/z_0)^2]^{1/2}, \tag{4.2.2}$$

波阵面曲率半径

$$R(z) = z[1+(z_0/z)^2], \tag{4.2.3}$$

与横模有关的相移

$$\phi_0 = \arctan(z/z_0)\,,^{[注2]} \tag{4.2.4}$$

瑞利长度(Rayleigh length)z_0 为

$$z_0 = \frac{1}{2}kw_0^2, \tag{4.2.5}$$

k 为波矢.H_m 为第 m 阶厄米多项式,它满足方程

$$\frac{\mathrm{d}^2 H}{\mathrm{d}x^2} - 2x\frac{\mathrm{d}H}{\mathrm{d}x} + 2mH = 0. \tag{4.2.6}$$

每一指标(l,m)代表一个横模,它们的全体构成高斯-厄米模系(Gauss-Hermit modes).当 $l=m=0$

[注1] 在本节和下节中,我们不介绍冗长的求解过程,直接给出场方程的解.

[注2] 也可以定义 $\phi_0=\arctan(z_0/z)$,它与(4.2.4)式相差 $\pi/2$.

时,$H_0=1$,对应的横模为基横模(也可称为纵模).将光场的纵向变化加入后,它的形式是

$$A_{00}(x,y,z)\mathrm{e}^{\mathrm{i}kz}=A_0\frac{w_0}{w(z)}\exp\left[-\frac{x^2+y^2}{w^2(z)}+\frac{\mathrm{i}k(x^2+y^2)}{2R(z)}+\mathrm{i}\phi_0+\mathrm{i}kz\right].\qquad(4.2.7)$$

基横模代表了高斯光束的基本特征.光束强度在垂直于光轴的径向呈高斯形分布,$w(z)$表示在z处的光斑的尺寸,即光强在径向降为$1/\mathrm{e}^2$处的半径.由(4.2.2)式,光斑尺寸随z增大,在$z=0$处有最小的光斑尺寸$w_0=w(0)$,因此也称为光束腰.

由(4.2.7)式,高斯光束的等相面方程为抛物面方程

$$z+\frac{x^2+y^2}{2R(z)}=\text{常量}.\qquad(4.2.8)$$

我们在等相面方程中忽略ϕ_0的贡献,因为$\phi_0(z)$与kz项比较是缓变函数.实际上$\phi_0(z)$沿整个z轴的相移只改变了π.作为练习,不难验证$R(z)$为抛物面与z轴相交处的曲率半径.在$z=0$处$R(z)\to\infty$,等相面为平面.离开束腰,R逐渐减小.在瑞利长度$z=z_0$处,等相面有最小曲率半径$R=2z_0=kw_0^2$,然后R随z增长.当远离瑞利长度时,近轴等相面近似为球面.这些特征如图4.2-1所示.

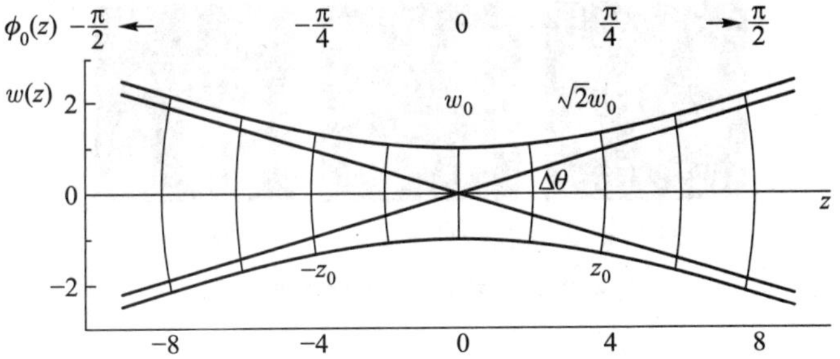

图 4.2-1 高斯光束的基本特征

光束扩展角定义为

$$\Delta\theta=w/z.\qquad(4.2.9)$$

在远离瑞利长度时,由(4.2.2)式

$$\Delta\theta\approx\frac{2}{kw_0}=\frac{\lambda}{\pi w_0}.\qquad(4.2.10)$$

这说明在z较大时,光束扩展角保持不变,光斑以射线投影方式扩展.(4.2.10)式可以写为

$$2w_0\cdot 2\Delta\theta=4\lambda/\pi,\qquad(4.2.11)$$

z较大时的光束扩展角与光束最小直径之积约为一个波长.

(4.2.1)式的全体构成一组完备正交系,

$$\int_{-\infty}^{\infty}\mathrm{d}x\mathrm{d}yA_{lm}(x,y,z)A_{l'm'}^{*}(x,y,z)=\delta_{ll'}\delta_{mm'},\qquad(4.2.12)$$

由此可求出归一化系数

$$A_0 w_0 = \frac{1}{2^{(l+m-1)/2}\sqrt{\pi l!\ m!}}. \tag{4.2.13}$$

对每个特定的模(l,m),在轴上($x=y=0$ 处)光束沿轴的相移为

$$\psi = kz + (l + m + 1)\phi_0(z), \tag{4.2.14}$$

由此式可决定该模式的振荡频率(参见本章第 8 节).高斯-厄米模 A_{00}、$A_{10}(A_{01})$、$A_{20}(A_{02})$、$A_{21}(A_{12})$、A_{22}和 $A_{23}(A_{32})$的光斑如图 4.2-2 所示,A_{ij}可由 A_{ji}旋转 90°而成.下面给出前六个厄米多项式的表式

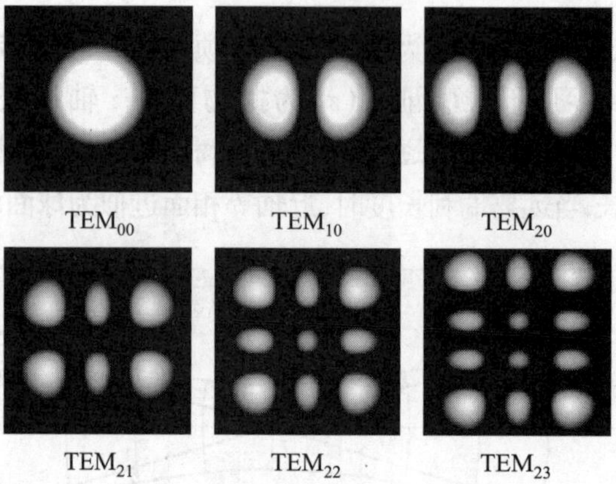

图 4.2-2 高斯-厄米模的光斑图

$$\begin{aligned} &H_0(x) = 1,\ H_1(x) = 2x,\ H_2(x) = 4x^2 - 2,\ H_3(x) = 8x^3 - 12x, \\ &H_4(x) = 16x^4 - 48x^2 + 12,\ H_5(x) = 32x^5 - 160x^3 + 120x. \end{aligned} \tag{4.2.15}$$

H_0 没有零值,H_1 在 $x=0$ 处有零值,H_2 在 $x = \pm\sqrt{2}/2$ 处有零值等,这些场的零值将光斑分割.当谐振腔的两端为平面镜时,例如某些半导体激光器,采用高斯-厄米模系描述比较方便.

练　　习

1. 证明等相面方程(4.2.8)式在光轴上的曲率半径为 R.(提示:由于轴对称性,可令 $y=0$,从而计算抛物线的曲率半径.)

2. 证明在瑞利长度处,等相面有最小曲率半径.

3. 证明在远离瑞利长度处,抛物等相面在近轴处近似为球面.

4.3 高斯-拉盖尔模系

通常谐振腔由球面镜组成,具有轴对称性.在柱坐标系下场方程(4.1.11)的解构成高斯-拉盖尔模系(Gauss-Laguerre modes),这是研究激光动力学问题中最经常使用的模系(Ru,1987;

Lugiato,1988,1990).设谐振腔的光轴为 z 轴,我们采用无量纲的柱坐标变量(ρ,φ,η)代替(r,φ,z),ρ 和 η 分别定义为

$$\rho = r\sqrt{k/(2L)}, \tag{4.3.1a}$$

$$\eta = z/L, \tag{4.3.1b}$$

k 是波数,L 是谐振腔腔长.场方程用这些变量时的表示为

$$\frac{\partial A}{\partial \eta} - \frac{\mathrm{i}}{4}\left(\frac{\partial^2}{\partial \rho^2} + \frac{1}{\rho}\frac{\partial}{\partial \rho} + \frac{1}{\rho^2}\frac{\partial^2}{\partial \varphi^2}\right)A = 0, \tag{4.3.2}$$

它的解为

$$A_{pl}^{(j)}(\rho,\varphi,\eta) = B_l^{(j)}(\varphi)C_{pl}(\rho,\eta)\mathrm{e}^{\mathrm{i}\Theta_{pl}(\rho,\eta)}. \tag{4.3.3}$$

该解与幅角 φ 无关的部分

$$C_{pl}(\rho,\eta) = \frac{2}{v(\eta)}\left[\frac{2\rho^2}{v^2(\eta)}\right]^{l/2}\left[\frac{p!}{(p+l)!}\right]^{1/2}L_p^l\left(\frac{2\rho^2}{v^2(\eta)}\right)\mathrm{e}^{-\frac{\rho^2}{v^2(\eta)}}, \tag{4.3.4a}$$

$$\Theta_{pl}(\rho,\eta) = \frac{\rho^2}{u(\eta)} - (2p+l+1)\arctan\left(\frac{\eta}{v_0^2}\right). \tag{4.3.4b}$$

$v(\eta)$和$u(\eta)$如同上一节中的$w(z)$和$R(z)$,分别为无量纲的光斑尺寸和波阵面的曲率半径

$$v(\eta) = v_0\left[1 + (\eta/v_0^2)^2\right]^{1/2}, \tag{4.3.5a}$$

$$u(\eta) = \eta\left[1 + (v_0^2/\eta)^2\right], \tag{4.3.5b}$$

其中 v_0 和 v_0^2 分别为无量纲的束腰和瑞利长度,$L_p^l(x)$ 为广义拉盖尔多项式.$C_{pl}(\rho,\eta)$ 中的 $\exp[-\rho^2/v^2]$ 和 $\Theta_{pl}(\rho,\eta)$ 中的 ρ^2/u 项表示高斯光束的基本特征.

(4.3.3)式中与幅角有关的部分 $B_l^{(j)}(\varphi)$ 有两种完全等价的表式:

(i)幅角"行波模"表式[注]

$$B_l^{(j)}(\varphi) = \begin{cases} B_0(\varphi) = 1/\sqrt{2\pi} & l = 0, \\ B_l^{(\pm)}(\varphi) = (1/\sqrt{2\pi})\mathrm{e}^{\pm\mathrm{i}l\varphi} & l = 1,2,\cdots; \end{cases} \tag{4.3.6}$$

(ii)幅角"驻波模"表式

$$B_l^{(j)}(\varphi) = \begin{cases} B_0(\varphi) = 1/\sqrt{2\pi} & l = 0, \\ \begin{cases} B_l^{(1)}(\varphi) = (1/\sqrt{\pi})\cos l\varphi \\ B_l^{(2)}(\varphi) = (1/\sqrt{\pi})\sin l\varphi \end{cases} & l = 1,2,\cdots, \end{cases} \tag{4.3.7}$$

[注]这里将幅角的两种函数形式同行波和驻波形式相比较而命名,故用引号区分.

$p,l=0,1,2,\cdots$为横模指数.对于 $l\neq 0$ 的每一对指数(p,l),j 有两种选择,代表两个横模.[注]不难看出这两种表式间的变换关系.

广义拉盖尔多项式 $L_p^l(x)$ 满足方程

$$x\frac{\mathrm{d}^2L}{\mathrm{d}x^2}+(l+1-x)\frac{\mathrm{d}L}{\mathrm{d}x}+pL=0. \tag{4.3.8}$$

当 $l=0$ 时, $L_p^0(x)\equiv L_p(x)$ 为拉盖尔多项式.求广义拉盖尔多项式的公式为

$$L_p^l(x)=\frac{\mathrm{e}^x}{p!\ x^l}\frac{\mathrm{d}^p}{\mathrm{d}x^p}\left(\frac{x^{p+l}}{\mathrm{e}^x}\right)=\sum_{k=0}^{p}(-1)^k\binom{p+l}{p-k}\frac{x^k}{k!}, \tag{4.3.9}$$

其中记号 $\binom{n}{k}=C_n^k=\dfrac{n!}{(n-k)!\ k!}$.我们列出前 6 个拉盖尔多项式的表达式:

$$\begin{aligned}
&L_0(x)=1,\\
&L_1(x)=-x+1,\\
&L_2(x)=x^2-4x+2,\\
&L_3(x)=-x^3+9x^2-18x+6,\\
&L_4(x)=x^4-16x^3+72x^2-96x+24,\\
&L_5(x)=-x^5+25x^4-200x^3+600x^2-600x+120.
\end{aligned} \tag{4.3.10}$$

容易验证高斯-拉盖尔模系的基模与高斯-厄米模系的基模有相同的形式.高斯-拉盖尔模系的正交归一关系为

$$\int_0^{2\pi}\mathrm{d}\varphi\int_0^{\infty}\mathrm{d}\rho\cdot\rho A_{pl}^{(j)}(\rho,\varphi,\eta)A_{p'l'}^{(j')\,*}(\rho,\varphi,\eta)=\delta_{pp'}\delta_{ll'}\delta_{jj'}. \tag{4.3.11}$$

高斯-拉盖尔模系的前 10 个模的表示式可简约为如表 4.3-1 所示的形式.在表中假定,当瑞利长度很大时,在远小于瑞利长度的范围内 $\eta\ll v_0{}^2$,从而 $\Theta_{pl}\to 0$,且模式函数对轴坐标 η 的依赖可以忽略.$2p+l$ 相同的模属于同一横模族,它们有相同的频率(见 4.8 节).表中所列模式的三维强度形状和光斑如图 4.3-1 和图 4.3-2 所示.

表 4.3-1 高斯-拉盖尔模系的前 10 个模表式,其中 $\bar{\rho}\equiv\rho/v$

$2p+l$	p	l	j	"行波模"表式	"驻波模"表式
0	0	0		$\sqrt{2/\pi}\,\mathrm{e}^{-\bar{\rho}^2}$	$\sqrt{2/\pi}\,\mathrm{e}^{-\bar{\rho}^2}$
1	0	1	1(+)	$2\sqrt{1/\pi}\,\bar{\rho}\mathrm{e}^{-\bar{\rho}^2}\mathrm{e}^{\mathrm{i}\varphi}$	$2\sqrt{2/\pi}\,\bar{\rho}\mathrm{e}^{-\bar{\rho}^2}\cos\varphi$
	0	1	2(-)	$2\sqrt{1/\pi}\,\bar{\rho}\mathrm{e}^{-\bar{\rho}^2}\mathrm{e}^{-\mathrm{i}\varphi}$	$2\sqrt{2/\pi}\,\bar{\rho}\mathrm{e}^{-\bar{\rho}^2}\sin\varphi$

[注]与高斯-厄米模相同,高斯-拉盖尔模也只有两个横模指数 p 和 l,j 是附属于 l 的辅助指数.实际上在"行波模"表式中,可以令 l 取负整数,指数 j 不再需要.

续表

$2p+l$	p	l	j	“行波模”表式	“驻波模”表式
2	1	0		$\sqrt{2/\pi}(1-2\bar{\rho}^2)\mathrm{e}^{-\bar{\rho}^2}$	$\sqrt{2/\pi}(1-2\bar{\rho}^2)\mathrm{e}^{-\bar{\rho}^2}$
	0	2	1(+)	$2\sqrt{1/\pi}\bar{\rho}^2\mathrm{e}^{-\bar{\rho}^2}\mathrm{e}^{\mathrm{i}2\varphi}$	$2\sqrt{2/\pi}\bar{\rho}^2\mathrm{e}^{-\bar{\rho}^2}\cos 2\varphi$
	0	2	2(−)	$2\sqrt{1/\pi}\bar{\rho}^2\mathrm{e}^{-\bar{\rho}^2}\mathrm{e}^{-\mathrm{i}2\varphi}$	$2\sqrt{2/\pi}\bar{\rho}^2\mathrm{e}^{-\bar{\rho}^2}\sin 2\varphi$
3	1	1	1(+)	$4\sqrt{1/(2\pi)}\bar{\rho}(1-\bar{\rho}^2)\mathrm{e}^{-\bar{\rho}^2}\mathrm{e}^{\mathrm{i}\varphi}$	$4\sqrt{1/\pi}\bar{\rho}(1-\bar{\rho}^2)\mathrm{e}^{-\bar{\rho}^2}\cos\varphi$
	1	1	2(−)	$4\sqrt{1/(2\pi)}\bar{\rho}(1-\bar{\rho}^2)\mathrm{e}^{-\bar{\rho}^2}\mathrm{e}^{-\mathrm{i}\varphi}$	$4\sqrt{1/\pi}\bar{\rho}(1-\bar{\rho}^2)\mathrm{e}^{-\bar{\rho}^2}\sin\varphi$
	0	3	1(+)	$2\sqrt{2/(3\pi)}\bar{\rho}^3\mathrm{e}^{-\bar{\rho}^2}\mathrm{e}^{\mathrm{i}3\varphi}$	$4\sqrt{1/(3\pi)}\bar{\rho}^3\mathrm{e}^{-\bar{\rho}^2}\cos 3\varphi$
	0	3	2(−)	$2\sqrt{2/(3\pi)}\bar{\rho}^3\mathrm{e}^{-\bar{\rho}^2}\mathrm{e}^{-\mathrm{i}3\varphi}$	$4\sqrt{1/(3\pi)}\bar{\rho}^3\mathrm{e}^{-\bar{\rho}^2}\sin 3\varphi$

从图和表中所示的表达式可以看出，当 $l=0$ 时的模式具有轴对称性（与 φ 无关），而且两种表式完全相同，称为轴对称模.虽然幅角“行波模”在单模独立存在时，它们的强度分布总是具有轴对称性，但不能因之称为轴对称模式.因为对于 $l\neq 0$ 的模式，例如模式 $A_{01}^{(+)}$ 、$A_{01}^{(-)}$ 和 $A_{02}^{(+)}$ 、… 等，它们的相位并不具有轴对称性.这些模之间叠加或与其他轴对称模叠加后，强度分布不具有轴对称性.例如模式 $A_{01}^{(+)}$ 和 $A_{01}^{(-)}$ 叠加后得到 $A_{01}^{(1)}$ 或 $A_{01}^{(2)}$，它们不具有轴对称性.

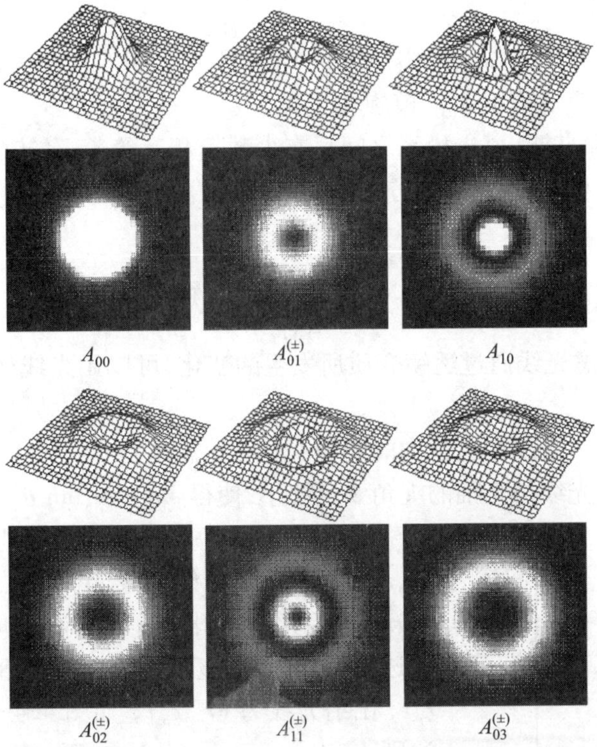

图 4.3-1 高斯-拉盖尔幅角“行波模”的三维强度图和光斑图

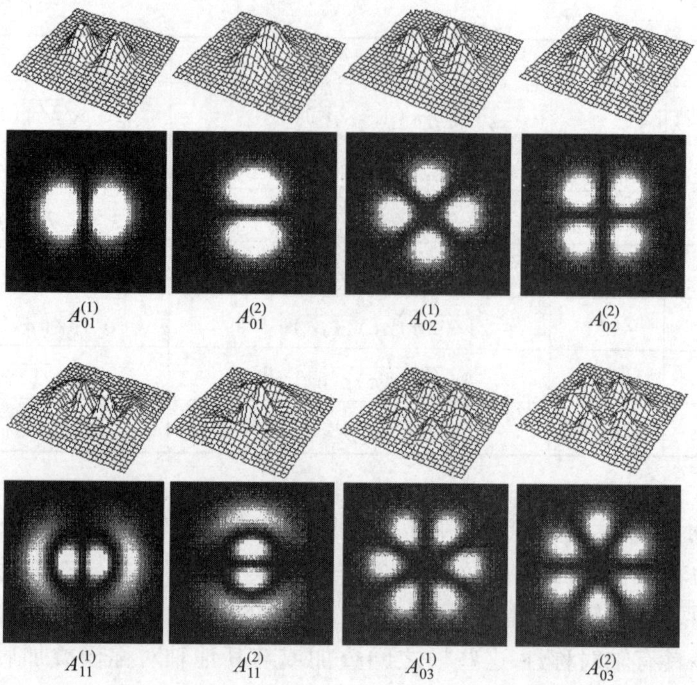

图 4.3-2　高斯-拉盖尔幅角“驻波模”的三维强度图和光斑图

在幅角“驻波模”形式中，$A_{01}^{(2)}$ 和 $A_{11}^{(2)}$ 模分别等价于 $A_{01}^{(1)}$ 和 $A_{11}^{(1)}$ 模旋转了 90°，$A_{02}^{(2)}$ 模等价于 $A_{02}^{(1)}$ 模旋转了 45°，$A_{03}^{(2)}$ 模等价于 $A_{03}^{(1)}$ 模旋转了 30°.

高斯-拉盖尔模系和高斯-厄米模系之间只有少数模相互等价.除基模外，高斯-拉盖尔模系中的幅角“驻波模” $A_{01}^{(1,2)}$ 模和 $A_{02}^{(1,2)}$ 模分别和高斯-厄米模系中的 $A_{01}(A_{10})$ 模和 A_{11} 模等价.

4.4　光线变换矩阵

从几何光学角度考虑光线通过透镜介质所发生的变化，可以用光线变换矩阵来描述.这种方法要求两个条件：

（ⅰ）薄透镜条件——光线在透镜内的光程变化可以忽略；

（ⅱ）近轴光线——光线与光轴的夹角 θ 足够小，使得 $\sin\theta \approx \tan\theta \approx \theta$.

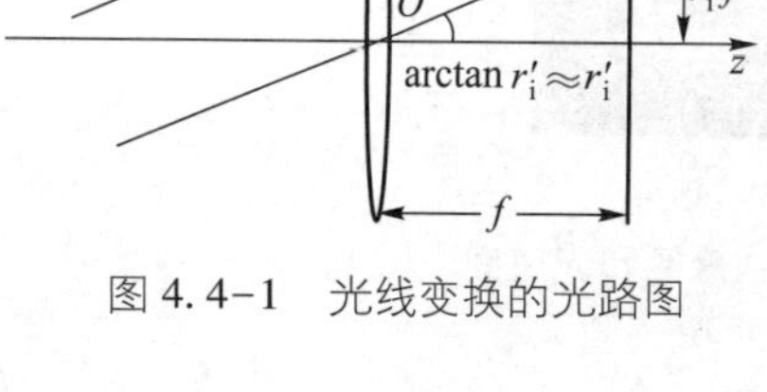

图 4.4-1　光线变换的光路图

对于轴对称系统，每一条落在透镜上的光线可用两个参数 (r, r') 描述，r 为光线与透镜的交点距光轴的距离，$r' \equiv (\mathrm{d}r/\mathrm{d}z)$ 为光线的斜率，z 为光轴方向.现考虑一焦距为 f 的薄透镜，$f>0$ 为凸透镜，$f<0$ 为凹透镜.设入射光线为 (r_i, r_i')，出射光线为 (r_o, r_o')，如图 4.4-1 所示.由几何光学的法则

$$r_o = r_i, \tag{4.4.1a}$$

$$r'_o = \frac{-(r_o - r'_i f)}{f} = r'_i - \frac{r_o}{f}. \tag{4.4.1b}$$

上式用矩阵表示为

$$\begin{pmatrix} r_o \\ r'_o \end{pmatrix} = \begin{pmatrix} 1 & 0 \\ -1/f & 1 \end{pmatrix} \begin{pmatrix} r_i \\ r'_i \end{pmatrix}. \tag{4.4.2}$$

几种常用的光线变换矩阵如表 4.4-1 所示.在这些光线变换矩阵中,对角元是无量纲的,上下非对角元分别具有长度和长度倒数的量纲.非轴对称光学系统可以用 4×4 变换矩阵描述.

表 4.4-1 几种常用的光线变换矩阵

相距为 d 的平面	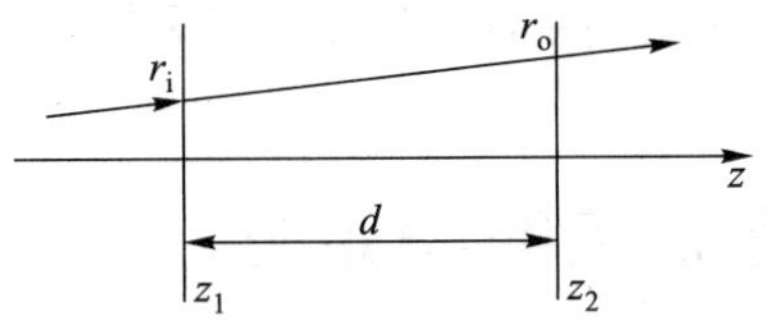	$\begin{pmatrix} 1 & d \\ 0 & 1 \end{pmatrix}$
焦距为 f 的薄透镜 $f>0$ 为凸透镜 $f<0$ 为凹透镜	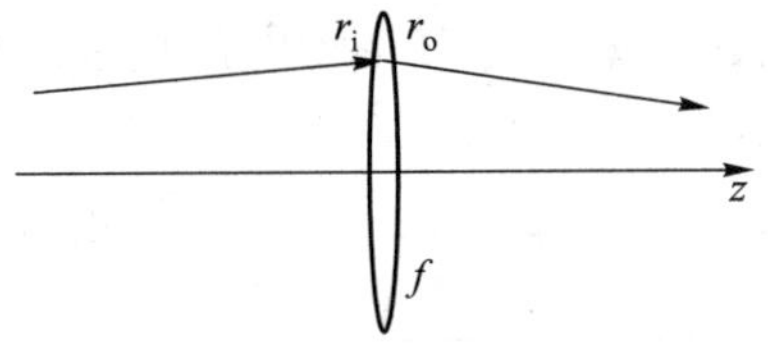	$\begin{pmatrix} 1 & 0 \\ -\frac{1}{f} & 1 \end{pmatrix}$
两种折射率为 n_1 和 n_2 介质的分界面	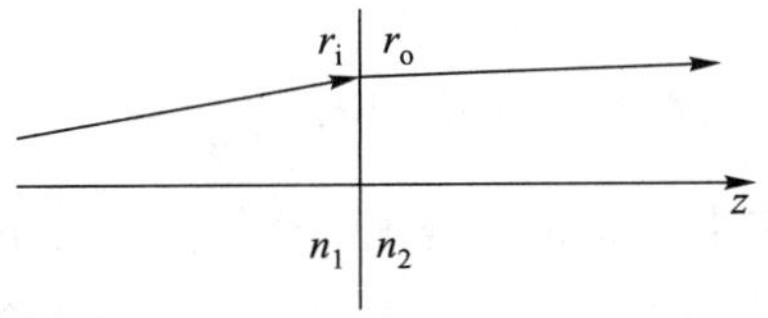	$\begin{pmatrix} 1 & 0 \\ 0 & \frac{n_1}{n_2} \end{pmatrix}$
半径为 R 的球介质面,n_1 和 n_2 为两种介质的折射率	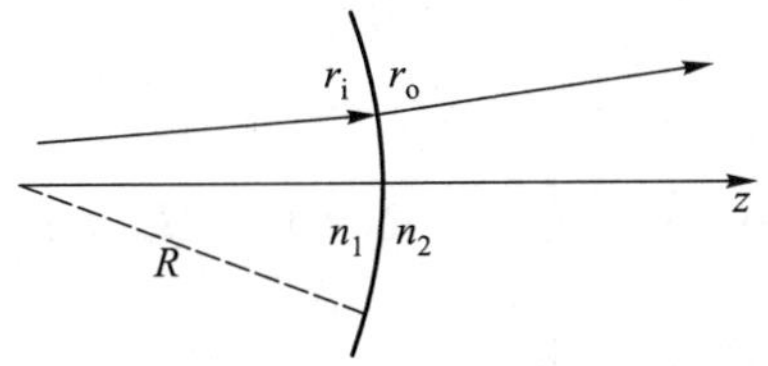	$\begin{pmatrix} 1 & 0 \\ \frac{n_2 - n_1}{n_2 R} & \frac{n_1}{n_2} \end{pmatrix}$
半径为 R 的球面镜 $R>0$ 为凹面镜 $R<0$ 为凸面镜	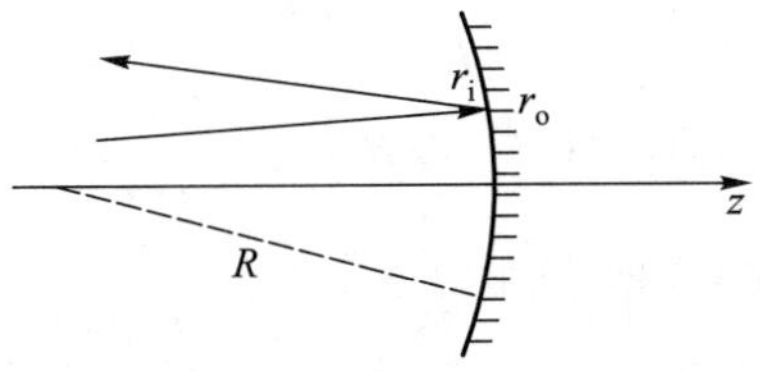	$\begin{pmatrix} 1 & 0 \\ -\frac{2}{R} & 1 \end{pmatrix}$ [注]

[注] 设 z 轴的方向总是沿着光线前进的方向.

续表

二次折射率分布的介质（Yariv,1975）,k 是介质中的波数,k_2 是常系数. $n = n_0\left(1-\frac{k_2}{2k}r^2\right)$	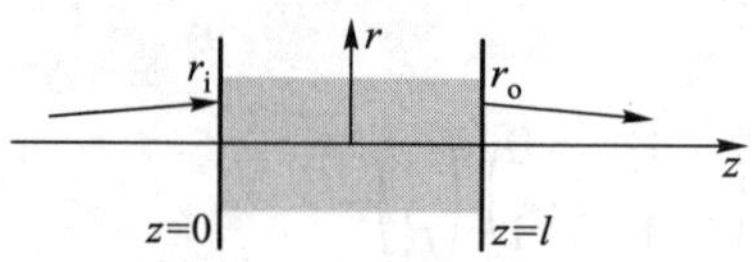	$\begin{pmatrix} \cos\left(\sqrt{\frac{k_2}{k}}l\right) & \sqrt{\frac{k}{k_2}}\sin\left(\sqrt{\frac{k_2}{k}}l\right) \\ -\sqrt{\frac{k_2}{k}}\sin\left(\sqrt{\frac{k_2}{k}}l\right) & \cos\left(\sqrt{\frac{k_2}{k}}l\right) \end{pmatrix}$

练　习

1. 证明两种介质分界面和球面反射镜的光线变换矩阵如表所示.

4.5　谐振腔的稳定性

设计激光器用光学谐振腔,首先要考虑谐振腔的稳定性问题.这里所讨论的腔的稳定性,完全是从几何光学的角度来考虑.激光振荡的建立要求光束在腔内往复多次地传播,因此稳定的谐振腔要求光线在腔内经多次反射仍在腔内.

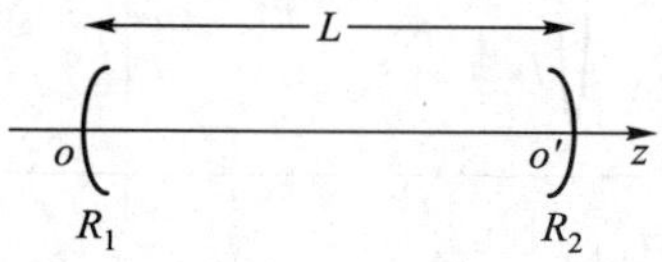

图 4.5-1　激光谐振腔示意图

我们考虑一个最简单的谐振腔结构,它由两个曲率半径分别为 R_1 和 R_2 的球面镜组成,腔长为 L,如图 4.5-1. 根据上一节给出的光线变化矩阵公式,光线由 o 点出发到 o'点,并经 R_2 镜面反射的变换矩阵为

$$M_1 = \begin{pmatrix} 1 & 0 \\ -2/R_2 & 1 \end{pmatrix}\begin{pmatrix} 1 & L \\ 0 & 1 \end{pmatrix} = \begin{pmatrix} 1 & L \\ -2/R_2 & 1-2L/R_2 \end{pmatrix}. \tag{4.5.1}$$

同样从 o'点出发到 o 点并经 R_1 镜面反射的变换矩阵

$$M_2 = \begin{pmatrix} 1 & L \\ -2/R_1 & 1-2L/R_1 \end{pmatrix}. \tag{4.5.2}$$

这样光线从 o 点出发经两次反射回到原点的变换矩阵

$$M = M_2M_1 = \begin{pmatrix} A & B \\ C & D \end{pmatrix}, \tag{4.5.3}$$

其中

$$A = 1 - \frac{2L}{R_2}, \tag{4.5.4a}$$

$$B = 2L\left(1 - \frac{L}{R_2}\right), \tag{4.5.4b}$$

$$C = -\frac{2}{R_1} - \frac{2}{R_2}\left(1 - \frac{2L}{R_1}\right), \tag{4.5.4c}$$

$$D = -\frac{2L}{R_1} + \left(1 - \frac{2L}{R_1}\right)\left(1 - \frac{2L}{R_2}\right). \tag{4.5.4d}$$

设经第 n 次、第 $n+1$ 次和第 $n+2$ 次运行后,光线的状态分别用 (r_n, r'_n) 、(r_{n+1}, r'_{n+1}) 和 (r_{n+2}, r'_{n+2}) 来表示,它们满足

$$\begin{pmatrix} r_{n+2} \\ r'_{n+2} \end{pmatrix} = M\begin{pmatrix} r_{n+1} \\ r'_{n+1} \end{pmatrix} = M^2\begin{pmatrix} r_n \\ r'_n \end{pmatrix}, \tag{4.5.5}$$

即有

$$r_{n+1} = Ar_n + Br'_n,$$

$$r'_{n+1} = Cr_n + Dr'_n,$$

$$\begin{aligned} r_{n+2} &= Ar_{n+1} + Br'_{n+1} = A(Ar_n + Br'_n) + B(Cr_n + Dr'_n) \\ &= (A^2 + BC)r_n + (A + D)Br'_n = (A^2 + BC)r_n + (A + D)(r_{n+1} - Ar_n), \end{aligned}$$

上面最后一式为

$$r_{n+2} - (A + D)r_{n+1} + (AD - BC)r_n = 0. \tag{4.5.6}$$

再由(4.5.4)式可以验证

$$AD - BC = 1. \tag{4.5.7}$$

由此我们得到一个递推方程

$$r_{n+2} - 2br_{n+1} + r_n = 0, \tag{4.5.8}$$

$$b = \frac{1}{2}(A + D). \tag{4.5.9}$$

递推方程(4.5.8)式有两个无关解:

$$r_n = r_0 e^{\pm in\theta}, \tag{4.5.10}$$

将它代入(4.5.8)式后得到

$$e^{\pm 2i\theta} - 2be^{\pm i\theta} + 1 = 0, \tag{4.5.11}$$

由此可解得

$$b = \cos\theta, \tag{4.5.12}$$

或者等价地有

$$e^{i\theta}=\begin{cases}b\pm\sqrt{b^2-1} & |b|>1\\ b\pm i\sqrt{1-b^2} & |b|\leqslant 1,\end{cases}\tag{4.5.13a}$$

$$e^{-i\theta}=\begin{cases}b\mp\sqrt{b^2-1} & |b|>1\\ b\mp i\sqrt{1-b^2} & |b|\leqslant 1.\end{cases}\tag{4.5.13b}$$

递推方程(4.5.8)式的一般解可写为

$$r_n=\alpha e^{in\theta}+\beta e^{-in\theta}=r_{\max}\cos(n\theta+\delta),\tag{4.5.14}$$

系数(α,β)或$(r_{\max},\delta)$由初条件 r_0 和 r_1 决定.下面分两种情况讨论解的性质:

(ⅰ) $|b|\leqslant 1$

由(4.5.9)式可知 b 是实数,由$|b|\leqslant 1$和(4.5.12)式,可知 θ 为实数.由实数初条件容易判断 $r_{\max}$ 和 δ 均为实数(见练习 1).因此不论 n 取何值,r_n 不会超过 $r_{\max}$,光束被限定在有限区域内.

(ⅱ) $|b|>1$

由(4.5.13)式,解(4.5.14)式可写为

$$r_n=\alpha\left(b+\sqrt{b^2-1}\right)^n+\beta\left(b-\sqrt{b^2-1}\right)^n.\tag{4.5.15}$$

当 $n\to\infty$ 时,两项中有一项会发散,而另一项趋于零.因此 r_n 将发散,光束不可能被限制在有限区域内.

在我们的模型中

$$b=\frac{1}{2}(A+D)=1-\frac{2L}{R_1}-\frac{2L}{R_2}+\frac{2L^2}{R_1R_2},\tag{4.5.16}$$

因此谐振腔稳定的条件为

$$-1\leqslant 1-\frac{2L}{R_1}-\frac{2L}{R_2}+\frac{2L^2}{R_1R_2}\leqslant 1.\tag{4.5.17}$$

也可等价地写成

$$0\leqslant g_1g_2\leqslant 1,\tag{4.5.18a}$$

其中

$$g_i=1-L/R_i\qquad(i=1,2).\tag{4.5.18b}$$

在参数空间(g_1,g_2)中稳定区范围如图 4.5-2a 中阴影部分表示.图中 A 点位置为平面镜腔,o 点为对称共焦腔,B 点为对称共心腔(见插图).虚线位置表示某一镜面为平面镜,两条虚线将平面分成四个区域,这些区域中的腔结构如图 4.5-2b 所示.

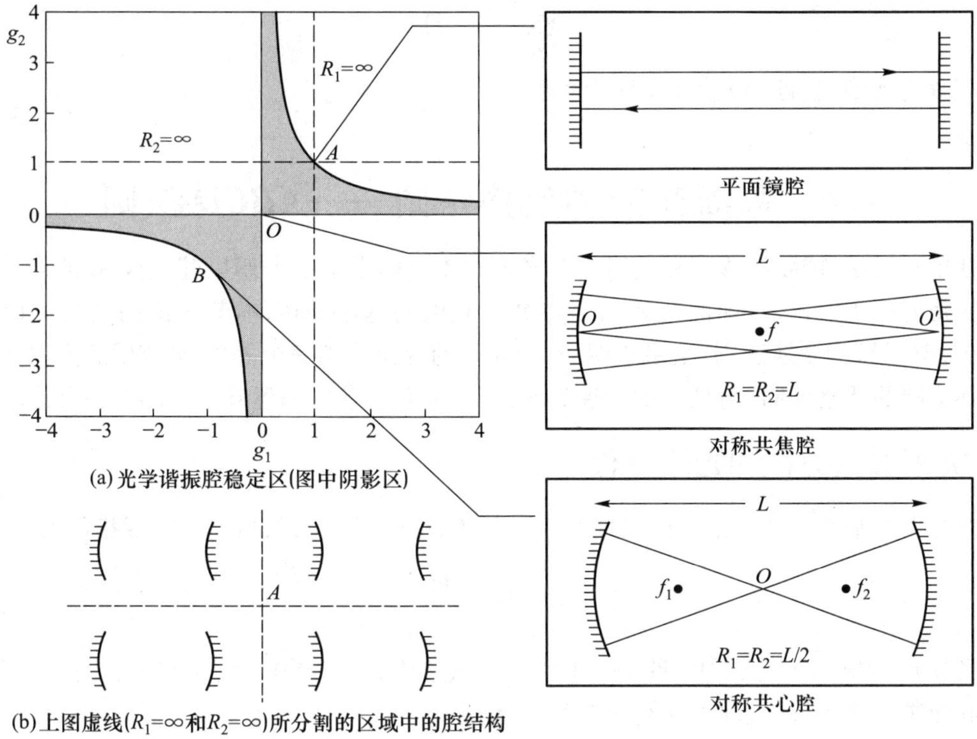

图 4.5-2

上面是从几何光学角度考虑使光束被限制在腔内.即使对于稳定的谐振腔,仍可能有其他因素发生腔损耗,这些因素有

(ⅰ)镜面非理想反射,反射率 $R<1$. 镜面不可能 100%反射光,部分光束有可能被镜面吸收、散射和透射.对于激光器,则总需要一个透射率不为零的镜面以输出激光.

(ⅱ)激光工作介质的吸收和散射.例如激光介质中原子吸收光跃迁到工作能级外的其他能级.介质的不均匀性、固体介质的缺陷等形成散射损耗.

(ⅲ)衍射损耗.激光谐振腔是开放式的,即反射镜具有有限的尺寸.另一方面光存在衍射效应,使光线"弯曲"脱离反射镜面引起衍射损耗.高阶横模的衍射损耗大于低阶横模,因此低阶横模容易被激发.不稳定的和稳定的谐振腔内都存在衍射损耗,不稳定的腔中的衍射损耗大于稳定腔.在图 4.5-2a 所示的稳定区内,靠近边界处比内部有较大的衍射损耗.对同一种类型的腔,衍射损耗同两反射镜的尺寸(半径)a_1 和 a_2、激光波长 λ 和腔长 L 有关,它可用菲涅耳数(Fresnel number)N 来描述:

$$N=\frac{a_1a_2}{\lambda L}, \tag{4.5.19}$$

菲涅耳数越大,衍射损耗越小.

练　习

1. 当 θ 为实数时,证明 $r_{\max}$ 和 δ 均为实数.

4.6　高斯光束的变换法则——*ABCD* 法则

由傅里叶光学,球面型透镜和反射镜对光束的作用相当于一个傅里叶变换.高斯函数的傅里叶变换仍是高斯函数,这是球面镜腔内存在高斯光束的基本原因.本节讨论高斯光束(Gaussian beam)经过球面镜的变换法则,结果表明,它同光线的变换法则完全等价.本节用的方法不是高斯光束变换法则的严格证明,而是一种物理类比,严格证明请参照傅里叶光学的有关书籍.

1. 光束参数方程和光线方程

高斯光束的基本特征可由基模高斯光束来代表,由(4.2.7)式,可将它写成指数形式

$$u = e^{-i\left[p(z)-\frac{kr^2}{2q(z)}\right]}. \tag{4.6.1}$$

同横向坐标 $r=\sqrt{x^2+y^2}$ 无关的部分放在第一项 $p(z)$ 中,第二项中的 $q(z)$ 包含了高斯光束等相面曲率和光斑尺寸等特征,称为复光束参数,它满足

$$\frac{1}{q(z)}=\frac{1}{R(z)}+\frac{2i}{kw^2(z)}, \tag{4.6.2}$$

其中 $R(z)$ 和 $w(z)$ 分别由(4.2.2)式和(4.2.3)式定义.(4.6.1)式应满足场方程(4.1.11)式,将它代入后得到 p 和 q 的方程:

$$\frac{2ik}{q}-\frac{r^2k^2}{q^2}+2k\frac{\partial p}{\partial z}-k^2r^2\frac{\partial}{\partial z}\left(\frac{1}{q}\right)=0. \tag{4.6.3}$$

上式对任意 r 值均应成立,因而可分离为两个方程:

$$\frac{\partial}{\partial z}\left(\frac{1}{q}\right)+\frac{1}{q^2}=0, \tag{4.6.4a}$$

$$\frac{\partial p}{\partial z}=-\frac{i}{q}. \tag{4.6.4b}$$

(4.6.4a)式称为光束参数方程,由它可以求出光束参数 q,再由(4.6.4b)式就可以得 p 的形式.因此这两个方程表明 p 和 q 的关系中,p 处于从属地位,而 q 起决定光束的作用.

现考虑沿 z 方向传播的近轴光线

$$r=az+b, \tag{4.6.5}$$

所有的光线应满足光线方程

$$(\mathrm{d}^2/\mathrm{d}z^2)r=0. \tag{4.6.6}$$

上式的等价形式为

$$\frac{\mathrm{d}}{\mathrm{d}z}\left(\frac{1}{r}\frac{\mathrm{d}r}{\mathrm{d}z}\right)+\left(\frac{1}{r}\frac{\mathrm{d}r}{\mathrm{d}z}\right)^2=0. \tag{4.6.7}$$

比较(4.6.4a)式和(4.6.7)式可以得到

$$\frac{1}{q}\sim\frac{1}{r}\frac{\mathrm{d}r}{\mathrm{d}z}, \tag{4.6.8}$$

即

$$q\sim\frac{r}{r'},\qquad r'\equiv\frac{\mathrm{d}r}{\mathrm{d}z}. \tag{4.6.9}$$

由此可见高斯光束中的复光束参数 $q(z)$ 同样也表征了光线参数的信息.注意(4.6.8)式只表示复光束参数和光线参数在沿光轴 z 的变换中两者的等价性,即它们满足相同的方程.但是它们不能等同,实际上 r/r' 是实数,而 q 为复数.由 q 的定义(4.6.2)式、(4.2.2)式、(4.2.3)式和(4.2.5)式,可写出 q 的具体表式为

$$q=z-\frac{1}{2}\mathrm{i}kw_0^2. \tag{4.6.10}$$

2. *ABCD* 法则

上面证明了在自由空间高斯光束和光线的变换存在等价性,这一结果可以推广到通过两种介质交界面的情况,方便地用光线变换矩阵来计算光束参数的变化,这是 *ABCD* 法则的内容.

设在位置 1 和位置 2,光线的变换满足

$$\begin{pmatrix} r_2 \\ r'_2 \end{pmatrix}=\begin{pmatrix} A & B \\ C & D \end{pmatrix}\begin{pmatrix} r_1 \\ r'_1 \end{pmatrix}, \tag{4.6.11}$$

因而有

$$\frac{r_2}{r'_2}=\frac{Ar_1+Br'_1}{Cr_1+Dr'_1}=\frac{A(r_1/r'_1)+B}{C(r_1/r'_1)+D}. \tag{4.6.12}$$

由于光束参数 q 与 r/r' 的等价性(沿 z 轴的变化满足同一微分方程),因此高斯光束在位置 2 的光束参数 q_2 与在位置 1 的光束参数 q_1 也应满足

$$q_2=\frac{Aq_1+B}{Cq_1+D}, \tag{4.6.13}$$

这是高斯光束变换的 *ABCD* 法则.

需要强调的是,虽然高斯光束的变换与光线变换等价,即它们遵从相同的变换法则,但在物理上两者是有区别的.光线变换是根据几何光学的原则,而光束变换包含了光束相位的变化及光的衍

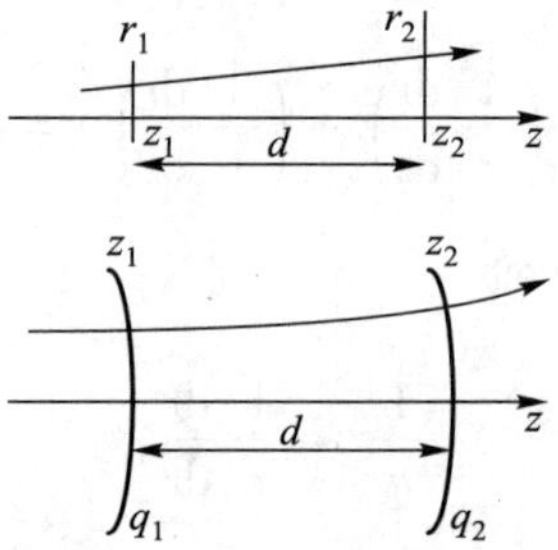

图 4.6-1　光线变换与高斯光束变换

射效应.以平移变换为例,由图 4.6-1 可以看出高斯光束经平移变换后,光线的斜率要发生变化.

3. 球面镜对高斯光束的反射变换算符

在谐振腔中最常用的变换是光束的平移变换和球面镜的反射变换.由 *ABCD* 法则,光束的平移变换为

$$q_2 = q_1 + d, \tag{4.6.14}$$

d 为位移.设球面镜的半径为 R_0($R_0>0$ 为凹面镜,$R_0<0$ 为凸面镜),由本章第 4 节,它的光线变换矩阵为 $\begin{pmatrix} 1 & 0 \\ -2/R_0 & 1 \end{pmatrix}$,根据 *ABCD* 法则

$$q_2 = \frac{q_1}{-(2/R_0)q_1 + 1},$$

或等价地,

$$\frac{1}{q_2} = \frac{1}{q_1} - \frac{2}{R_0}. \tag{4.6.15}$$

经过球面镜反射后的光束 u_2 与原入射光束 u_1 的变换也可以等价地用反射算符 $\Re$ 来表示

$$\Re = e^{-ikr^2/R_0}, \tag{4.6.16a}$$

$$u_2 = \Re u_1. \tag{4.6.16b}$$

如果球面镜的功率反射率 $\mathscr{R}<1$,反射算符可写成

$$\Re = \sqrt{\mathscr{R}}\,e^{-ikr^2/R_0}. \tag{4.6.17}$$

反射算符可以直接作用于高斯光束(作乘法),有时使用更为方便.

练　　习

1. 由场方程(4.1.11)式和高斯光束(4.6.1)式推导(4.6.3)式.

2. 验证由反射算符表示的变换(4.6.16)式等价于 *ABCD* 法则的结果.

4.7　环形腔内的高斯光束和存在条件

1. 激光振荡条件

在谐振腔内激光能够发生持续振荡的条件是,当光束运行一周后,其振幅、相位和波阵面的形状能完全重复.光束振幅的消长是由光束在运行一周的过程中从工作介质所获得的增益和光束的腔损耗的差值来决定,由振幅能够维持的条件可以决定激光的阈值,我们在上一章中已经讨论过.相位重复条件可以决定腔模的振荡频率,这将在下一节介绍.对于给定的谐振腔,只有某一个束腰值 w_0 的高斯光束能够满足波阵面重复的要求,或者说波阵面重复条件决定激光的束腰(beam waist).本节给出求束腰的方法.

2. 光束腰

如图 4.7-1 所示,我们以某一环形腔为例,来计算高斯光束的束腰 w_0. 环形腔由两个球面镜和两个平面镜组成,两个球面镜之间的距离为 L,整个环形腔的腔长为 Λ.为简单起见,设两个球面镜有相同的曲率半径 R_0. 无量纲柱坐标 ρ 和 η 的定义如(4.3.1)式,但式中的 L 按本节定义为两个球面镜之间的长度而不是腔长.定义无量纲球面半径

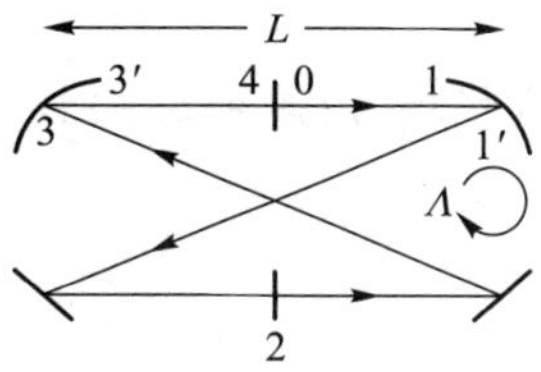

图 4.7-1　球面镜环形腔示意图

$$\rho_0 = R_0/L, \tag{4.7.1}$$

L 和腔长 Λ 之比

$$f = L/\Lambda. \tag{4.7.2}$$

图中光束环行一周的路径为 $0 \to 1 \to 1' \to 2 \to 3 \to 3' \to 4$. 位置 0 和 4 为两球面镜的中点,也是坐标原点.位置 1、位置 2 和位置 3 的坐标分别为 $\eta = 1/2, 1/(2f)$ 和 $-1/2$. 位置 $1'$(位置 $3'$)表示与位置 1(位置 3)在同一点但已经过了镜面反射.从 $0 \to 1 \to 1' \to 3 \to 3' \to 4$ 的光线变换矩阵依次为

$$\begin{pmatrix} 1 & 1/2 \\ 0 & 1 \end{pmatrix},\ \begin{pmatrix} 1 & 0 \\ -2/\rho_0 & 1 \end{pmatrix},\ \begin{pmatrix} 1 & (1/f)-1 \\ 0 & 1 \end{pmatrix},\ \begin{pmatrix} 1 & 0 \\ -2/\rho_0 & 1 \end{pmatrix},\ \begin{pmatrix} 1 & 1/2 \\ 0 & 1 \end{pmatrix}.$$

因此从 0 点出发经一周后回到原点的变换矩阵 M 为上面五个矩阵的依次乘积

$$M = \begin{pmatrix} A & B \\ C & D \end{pmatrix}, \tag{4.7.3}$$

$$A = D = 1 - \frac{2}{\rho_0 f} + \frac{2}{\rho_0^2}\left(\frac{1}{f} - 1\right), \tag{4.7.4a}$$

$$B = 1 - \frac{1}{\rho_0} + \left(\frac{1}{f} - 1\right)\left(1 - \frac{1}{\rho_0}\right)^2, \tag{4.7.4b}$$

$$C=\frac{4}{\rho_0}\left[\frac{1}{\rho_0}\left(\frac{1}{f}-1\right)-1\right].\tag{4.7.4c}$$

由光束变换的 $ABCD$ 法则,光束经过一周运行后的复光束参数 q_4 与原光束参数 q_0 的变换关系为

$$q_4=\frac{Aq_0+B}{Cq_0+D}.\tag{4.7.5}$$

高斯光束等相面形状是由复光束参数所决定,只有等相面能重复的光束才能被激发,故由 $q_4=q_0$ 并注意到 $A=D$ 可解得

$$q_0^2=\frac{B}{C}=\frac{(\rho_0-1)(\rho_0+f-1)}{4(1-f-\rho_0 f)}.\tag{4.7.6}$$

对于采用无量纲变量的高斯-拉盖尔模系(4.3.3)式和(4.3.4)式,其基模为

$$A_{00}=\frac{2}{\sqrt{2\pi}v(\eta)}\mathrm{e}^{-\frac{\rho^2}{v^2(\eta)}}\mathrm{e}^{\mathrm{i}\left[\frac{\rho^2}{u(\eta)}-\arctan\frac{\eta}{v_0^2}\right]}\equiv\mathrm{e}^{-\mathrm{i}\left[p(\eta)-\frac{\rho^2}{q(\eta)}\right]},\tag{4.7.7a}$$

它满足场方程(4.3.2)式,其中光束参数

$$\frac{1}{q(\eta)}=\frac{1}{u(\eta)}+\frac{\mathrm{i}}{v^2(\eta)}.\tag{4.7.7b}$$

由(4.3.5)式可以看出,在原点 0 光束的波阵面为平面,曲率半径 $u(\eta)$ 为无穷大,故有

$$q_0=-\mathrm{i}v_0^2,\tag{4.7.8}$$

代入(4.7.6)式后可得到无量纲的光束腰 v_0

$$v_0^2=\frac{1}{2}\sqrt{\frac{(\rho_0-1)(\rho_0+f-1)}{f(1+\rho_0)-1}}.\tag{4.7.9}$$

作为练习,读者可计算在位置 2 的光斑尺寸 v_2 满足

$$v_2^2=\frac{1}{2f}\sqrt{\frac{(\rho_0+f-1)(\rho_0 f+f-1)}{\rho_0-1}}=\frac{\rho_0+f-1}{4v_0^2 f}.\tag{4.7.10}$$

一般情况 $v_0\neq v_2$,腔内场的束腰不等于腔外场的束腰.

3. 高斯光束在腔内存在的条件

由(4.7.10)式可以看出,高斯光束在腔内存在的必要条件为

$$\rho_0+f\geqslant 1,\tag{4.7.11a}$$

或

$$R_0\geqslant L(1-L/\Lambda).\tag{4.7.11b}$$

在上式取等号时,高斯光束在位置 0 和位置 2 的束腰 $v_0=v_2=0$. 对于环形腔,$\Lambda>2L$(或 $f<1/2$),

因此必要条件还可表示为

$$R_0 > L/2. \tag{4.7.12}$$

考虑高斯光束在腔内存在的充分条件时,可分为两种情况讨论:
第一种情况

$$\begin{cases}\rho_0 + f \geqslant 1 \\ \rho_0 > 1 \\ f(1+\rho_0) > 1,\end{cases} \tag{4.7.13a}$$

第二种情况

$$\begin{cases}\rho_0 + f \geqslant 1 \\ \rho_0 < 1 \\ f(1+\rho_0) < 1.\end{cases} \tag{4.7.13b}$$

第一种情况给出当 $R_0>L$ 时光束存在的充分条件为

$$R_0 > \Lambda - L, \tag{4.7.14a}$$

第二种情况给出当 $L/2<R_0<L$ 时,充分条件为

$$L(1 - L/\Lambda) \leqslant R_0 < L. \tag{4.7.14b}$$

练　　习

1. 用 $ABCD$ 法则计算图 4.7-1 谐振腔腔外场的束腰.

4.8 高斯-拉盖尔模的共振频率

由激光在腔内产生持续振荡的相位重复条件要求,光束运行一周的相移应是 2π 的整数倍.以上一节环形腔结构为例(图 4.7-1),高斯光束运行的相移由两部分组成.主相移部分由描述纵模的因子 e^{ikz} 产生,当光束沿 z 轴运行一周后主相移为 $k\Lambda$,它将决定纵模频率.第二部分相移由高斯-拉盖尔模中的相因子

$$-(2p+l+1)\arctan(\eta/v_0^2) \tag{4.8.1}$$

产生,它同横模频率有关.由图 4.8-1 可以看出,在环形腔内有两个高斯光束,一个在两个球面镜之间,另一个在两个球面镜之外,因此第二部分相移可分段计算:
从位置 0 到位置 1 的相移为

$$-(2p+l+1)\arctan[1/(2v_0^2)], \tag{4.8.2a}$$

从位置 1′到位置 2 的相移为

$$-(2p+l+1)\arctan\left(\frac{1/f-1}{2v_2^2}\right). \tag{4.8.2b}$$

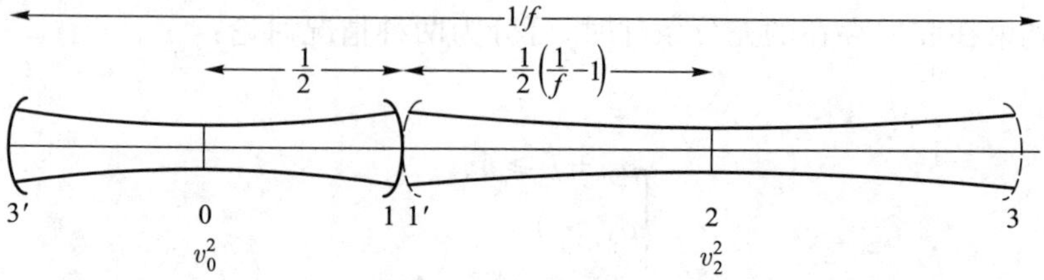

图 4.8-1 环形腔中两个高斯光束沿光轴展开

假定我们不考虑反射镜产生的附加相移,则光束运行一周的总相移应满足

$$k\Lambda-2(2p+l+1)\left[\arctan\left(\frac{1}{2v_0^2}\right)+\arctan\left(\frac{1/f-1}{2v_2^2}\right)\right]=2n\pi. \tag{4.8.3}$$

由 $\omega=kc$ 可得模式指数为(n,p,l)的高斯-拉盖尔模的频率为

$$\omega_{npl}=\frac{2\pi nc}{\Lambda}+2(2p+l+1)\left[\arctan\left(\frac{1}{2v_0^2}\right)+\arctan\left(\frac{1/f-1}{2v_2^2}\right)\right]\frac{c}{\Lambda}, \tag{4.8.4}$$

n 为纵模指数,p 和 l 为横模指数,n 相同的横模构成一组横模模系.习惯上把模系中的基横模$(n,0,0)$称为纵模,而其余的高阶模称为横模.由(4.8.4)式,在给定 n 的横模模系中,$2p+l=$常数的模有相同的共振频率,称为简并模族.例如,表 4.3-1 列出了高斯-拉盖尔模系 $2p+l=0,1,2,3$ 前四个简并模族,它们的频率分布如图 4.8-2 所示.

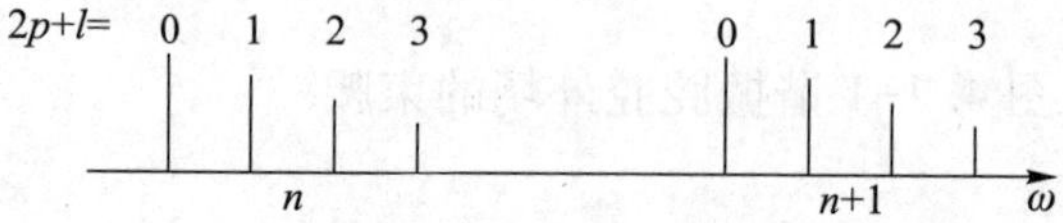

图 4.8-2 激光谐振腔模系的频谱示意图

参考文献

Lugiato L. A., Oppo G. L., Tredicce J. R., Narducci L. M., and Pernigo M. A. (1990). J. Opt. Soc. Am B **7**, No. 6, p. 1019—1033. "Instabilities and spatial complexity in laser"

Lugiato L. A., Prati F., Narducci L. M., Ru P., Tredicce J. R., and Bandy D. K. (1988). Phys. Rev. A **37**, No. 10, p. 3847—3866. "Role of transverse effects in laser instabilities"

Ru P., Narducci L. M., Tredicce J. R., Bandy D. K., and Lugiato L. A. (1987). Opt. Commun. **63**, No. 5 p. 310—314. "The Gauss-Laguerre modes of a ring resonator"

Yariv Amnon (1975). *Quantum Electronics* (second edition), §6.4, pp. 106—108, John Wiley & Sons, Inc., New York.

第五章　麦克斯韦-布洛赫方程

麦克斯韦-布洛赫方程(Maxwell-Bloch equation)是在激光器的兰姆理论基础上发展的，能更简洁完整地描述激光动力学行为的方程，它也属于半经典理论.方程由遵从麦克斯韦电磁场理论的场方程和描述原子系统的布洛赫方程组成，所有的物理量均采用宏观量.麦克斯韦-布洛赫方程(以后简写为 M-B 方程)是激光动力理论的基础方程.

5.1　麦克斯韦-布洛赫(M-B)方程的一般形式

1. 缓变包络量场方程

我们假定激光为线偏振光(例如在激光腔内安装布儒斯特角窗)，它们可用标量电场 $\widetilde{E}(x,y,z,t)$ 和极化 $\widetilde{P}(x,y,z,t)$ 描述，满足介质中的波动方程(1.1.11)式.由于光波范围的频率远大于原子弛豫参数和腔衰变的弛豫参数，而光波包络的变化是受后者制约，因而远小于光波的频率.我们定义无量纲的缓变包络量电场 $E(x,y,z,t)$ 和极化 $P(x,y,z,t)$：

$$\widetilde{E}(x,y,z,t)=\frac{\hbar}{2}\sqrt{\gamma_{\parallel}\gamma_{\perp}}\left[\frac{1}{\wp}E(x,y,z,t)\mathrm{e}^{\mathrm{i}(k_0z-\omega_0t)}+\mathrm{c.c.}\right], \tag{5.1.1a}$$

$$\widetilde{P}(x,y,z,t)=\frac{N}{2V}\sqrt{\gamma_{\parallel}/\gamma_{\perp}}\left[\mathrm{i}\,\wp^{*}P(x,y,z,t)\mathrm{e}^{\mathrm{i}(k_0z-\omega_0t)}+\mathrm{c.c.}\right], \tag{5.1.1b}$$

其中 $\wp\equiv\wp_{21}$ 为原子偶极矩阵元，V 为介质的体积，N 为工作原子的总数，$\gamma_{\perp}$ 和 $\gamma_{\parallel}$ 分别为原子的横向和纵向弛豫率，在 3.6 节中已定义它们分别描述原子跃迁和原子布居的衰变.ω_0 为某一参考光频(例如频谱的中心载频)以保证 E 和 P 为缓变量，$\omega_0=k_0c$，c 为真空中的光速.

为将(5.1.1)式代入(1.1.11)式中，有关的时空二级微商项为

$$\frac{\partial^2\widetilde{E}}{\partial z^2}=\frac{\hbar\sqrt{\gamma_{\parallel}\gamma_{\perp}}}{2}\left[\frac{1}{\wp}\left(\frac{\partial^2E}{\partial z^2}+2\mathrm{i}k_0\frac{\partial E}{\partial z}-k_0^2E\right)\mathrm{e}^{\mathrm{i}(k_0z-\omega_0t)}+\mathrm{c.c.}\right], \tag{5.1.2a}$$

$$\frac{\partial^2\widetilde{E}}{\partial t^2}=\frac{\hbar\sqrt{\gamma_{\parallel}\gamma_{\perp}}}{2}\left[\frac{1}{\wp}\left(\frac{\partial^2E}{\partial t^2}-2\mathrm{i}\omega_0\frac{\partial E}{\partial t}-\omega_0^2E\right)\mathrm{e}^{\mathrm{i}(k_0z-\omega_0t)}+\mathrm{c.c.}\right], \tag{5.1.2b}$$

$$\frac{\partial^2 \widetilde{P}}{\partial t^2} = \frac{N}{2V}\sqrt{\frac{\gamma_{\parallel}}{\gamma_{\perp}}}\left[\mathrm{i}\ \wp^*\left(\frac{\partial^2 P}{\partial t^2} - 2\mathrm{i}\omega_0\frac{\partial P}{\partial t} - \omega_0^2 P\right)\mathrm{e}^{\mathrm{i}(k_0 z - \omega_0 t)} + \mathrm{c.c.}\right]. \tag{5.1.2c}$$

由于包络量 E 和 P 的时空变化与 $\exp[\mathrm{i}(k_0 z-\omega_0 t)]$ 相比是缓变量，与 3.7 节推导频率-振幅方程的方法相同，对上式右边各项的大小分级：

0 级项：	$k_0^2 E$	$\omega_0^2 E$	$\omega_0^2 P$,
1 级项：	$2\mathrm{i}k_0\dfrac{\partial E}{\partial z}$	$2\mathrm{i}\omega_0\dfrac{\partial E}{\partial t}$	$2\mathrm{i}\omega_0\dfrac{\partial P}{\partial t}$,
2 级项：	$\dfrac{\partial^2 E}{\partial z^2}$	$\dfrac{\partial^2 E}{\partial t^2}$	$\dfrac{\partial^2 P}{\partial t^2}$.

对于电场强度我们忽略 2 级项而保留 0 级项和 1 级项，而对于产生电场的“源”——极化强度只取其 0 级项(类似于微扰论中常用的手法)，最后得到慢变包络量的场方程

$$\frac{1}{2\mathrm{i}k_0}\nabla_{\perp}^2 E + \frac{\partial E}{\partial z} + \frac{1}{c}\frac{\partial E}{\partial t} = -\alpha P, \tag{5.1.3}$$

其中单位长度的未饱和增益系数

$$\alpha = \frac{N|\wp|^2 k_0}{2\varepsilon_0 \hbar \gamma_{\perp} V}, \tag{5.1.4}$$

$\nabla_{\perp}^2$ 为横向拉普拉斯算符[见(4.1.12)式].

同激光的兰姆理论比较，场方程(5.1.3)式没有采用传导电流项来描述腔损耗，在本章第 2 节将通过边界条件自然地引入损耗.另一方面，本节中的场方程既没有采用平面波近似，也没有用模式展开，具有普遍性.

2. 原子变量的布洛赫运动方程

对激光工作介质，我们仍采用兰姆理论中的原子模型.在外场 $\widetilde{E}$ 的作用下，原子布居密度矩阵元的运动方程(3.7.46)式的形式为

$$\dot{\rho}_{11} = \lambda_1 - \gamma_1\rho_{11} + [(\mathrm{i}/\hbar)\ \wp\widetilde{E}\rho_{12} + \mathrm{c.c.}], \tag{5.1.5a}$$

$$\dot{\rho}_{22} = \lambda_2 - \gamma_2\rho_{22} - [(\mathrm{i}/\hbar)\ \wp\widetilde{E}\rho_{12} + \mathrm{c.c.}], \tag{5.1.5b}$$

$$\dot{\rho}_{21} = -(\gamma_{\perp} + \mathrm{i}\omega_A)\rho_{21} + (\mathrm{i}/\hbar)\ \wp\widetilde{E}(\rho_{22} - \rho_{11}). \tag{5.1.5c}$$

为了同历史文献中的定义保持一致，上式中定义的密度矩阵元 ρ_{ij} 和泵浦 λ_i 表示单个原子的值，它们乘以单位体积的原子数(N/V)后与 3.7 节的定义的布居矩阵等同.原子的横向弛豫率 $\gamma_{\perp}$ 是跃迁矩阵元 ρ_{21} 的衰变率.定义泵浦参数

$$\lambda = \lambda_2 - \lambda_1, \tag{5.1.6}$$

并假定

$$\gamma_1 = \gamma_2 = \gamma_{\parallel}, \tag{5.1.7}$$

我们得到布居差的$\rho_{22}-\rho_{11}$的运动方程

$$(\mathrm{d}/\mathrm{d}t)(\rho_{22} - \rho_{11}) = \lambda - \gamma_{\parallel}(\rho_{22} - \rho_{11}) - [(2\mathrm{i}/\hbar)\ \wp \tilde{E} \rho_{12} + \mathrm{c.c.}]. \tag{5.1.8}$$

类似(3.7.42)式,介质的极化量

$$\tilde{P} = -\frac{N}{V}(\wp^* \rho_{21} + \mathrm{c.c.}), \tag{5.1.9}$$

负号是由于原子跃迁距阵元$\wp$中的电子电荷量取$e>0$. 比较(5.1.1b)式和上式得到

$$\rho_{21} = -\frac{\mathrm{i}}{2}\sqrt{\frac{\gamma_{\parallel}}{\gamma_{\perp}}} P \mathrm{e}^{\mathrm{i}(k_0 z - \omega_0 t)}, \tag{5.1.10}$$

$$\dot{\rho}_{21} = -\frac{\mathrm{i}}{2}\sqrt{\frac{\gamma_{\parallel}}{\gamma_{\perp}}}(\dot{P} - \mathrm{i}\omega_0 P)\mathrm{e}^{\mathrm{i}(k_0 z - \omega_0 t)}. \tag{5.1.11}$$

令布居差或布居反转(population inversion)

$$D = \rho_{22} - \rho_{11}. \tag{5.1.12}$$

利用(5.1.10)—(5.1.12)式,在(5.1.5c)式和(5.1.8)式中消去原子矩阵元并采用旋波近似后,得到原子变量P和D所满足的布洛赫方程

$$\dot{P} = -\gamma_{\perp}[(1 + \mathrm{i}\Delta)P + ED], \tag{5.1.13}$$

$$\dot{D} = -\gamma_{\parallel}\left[D - \frac{1}{2}(EP^* + E^* P) - \sigma\right], \tag{5.1.14}$$

其中无量纲原子失谐参数(detuning parameter)

$$\Delta \equiv (\omega_A - \omega_0)/\gamma_{\perp}, \tag{5.1.15}$$

新的泵浦参数(pump parameter)

$$\sigma \equiv \lambda/\gamma_{\parallel}. \tag{5.1.16}$$

横向和纵向弛豫率、布洛赫方程等名称均来自核物理中对应的模型.

3. M-B 方程

早期对激光运动的描述采用简单的速率方程近似.例如在3.8节中(3.8.6)式和(3.8.7)式可以表示原子布居差依赖激光强度的方程,而由电场振幅方程(3.7.23a)式和极化表示(3.8.15)式可以得到光强对布居差的方程.因此激光速率方程为

$$(\mathrm{d}/\mathrm{d}t)\mathscr{D} = -(\mathscr{D} - \mathscr{D}_0)/T_1 - 2wn\mathscr{D}, \tag{5.1.17a}$$

$$(\mathrm{d}/\mathrm{d}t)n = -n/T_C + wn\mathscr{D}, \tag{5.1.17b}$$

$\mathscr{D}=N_2-N_1$ 为布居差，$\mathscr{D}_0$ 为泵浦速率.n 为腔内光子数，表示光场的强度.T_1 和 T_C 分别为 $\mathscr{D}$ 和 n 的弛豫时间，w 为受激吸收(幅射)率.速率方程可描述包括阈值、自饱和、以及达到稳定值前存在弛豫振荡等行为.但速率方程不能描述激光器中存在着光强随时间变化的不稳定解，这与激光器的现实不相符合.实际上在早期的激光器实验中就发现了激光输出强度不稳定的行为.由于速率方程近似中没有包括原子极化量，简单地用光强代替电场振幅，使相位信息被删去，因此它不能考虑辐射与物质耦合中存在的相干性，而相干耦合对激光器的行为举足轻重.

20 世纪 60 年代，苏联科学家 A. V. Uspensky 等(Uspensky, 1963, 1964; Korobkin, 1964; Grazyuk, 1964)和德国科学家 H.Haken 提出了相干单模激光方程(Haken, 1966)，它是 M-B 方程的雏形.他们的模型预言了激光器中可能存在不稳定的强度自发振荡现象.速率方程和 M-B 方程的原理比较如图 5.1-1 所示.

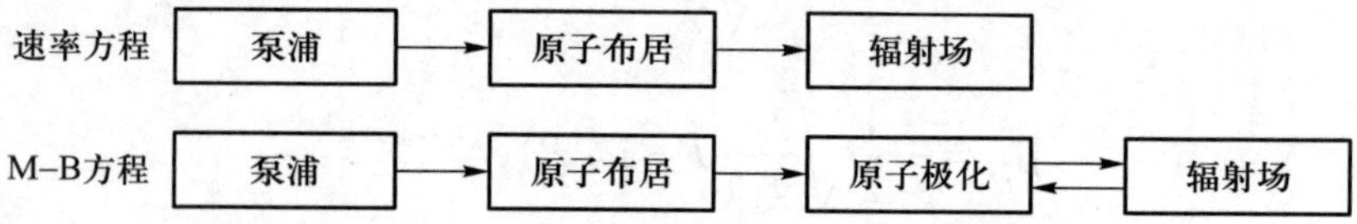

图 5.1-1　速率方程和 M-B 方程原理图

M-B 方程由(5.1.3)式、(5.1.13)式和(5.1.14)式构成.当泵浦参数 σ 空间均匀变化时，作变量代换

$$D \to D/\sigma, \quad P \to P/\sigma, \quad E \to E, \quad \alpha \to \alpha\sigma, \tag{5.1.18}$$

可消去参数 σ 得到新的 M-B 方程：

$$\frac{1}{2\mathrm{i}k_0}\nabla_\perp^2 E + \frac{\partial E}{\partial z} + \frac{1}{c}\frac{\partial E}{\partial t} = -\alpha P, \tag{5.1.19a}$$

$$(\partial/\partial t)P = -\gamma_\perp[(1+\mathrm{i}\Delta)P + ED], \tag{5.1.19b}$$

$$(\partial/\partial t)D = -\gamma_\parallel\left[D - \frac{1}{2}(E^*P + EP^*) - 1\right], \tag{5.1.19c}$$

而新的未饱和增益系数定义为

$$\alpha = \frac{N|\wp|^2 k_0\sigma}{2\varepsilon_0\hbar\gamma_\perp V}. \tag{5.1.20}$$

由于泵浦参数 σ 已融入 α 中，α 将决定激光器的增益，这正是其名称的来由.M-B 方程是较普遍而完整地描述均匀展宽气体激光器运动规律的方程.

练　　习

1. 验证 $\hbar\sqrt{\gamma_\parallel\gamma_\perp}/\wp$ 具有电场的量纲.

2. 试推导(5.1.3)式、(5.1.13)式和(5.1.14)式.

3. 在(5.1.19)式的 M-B 方程中,令 $P \to -P'$,可以得到 M-B 方程的另一种等价形式,试写出这种形式.

5.2 平面波近似下 M-B 方程的静态解

在激光模型中,最基本的简化考虑是采用平面波近似.电场强度 $\boldsymbol{E}$ 与横向空间坐标(x,y)无关,在 M-B 方程中可除去 $\nabla_{\perp}^2$ 项,激光光束为没有横向空间分布的平面波.

1. 环形腔的纵向边界条件

在平面波近似下,环形腔模型可看作由四个平面反射镜围成,如图 5.2-1 所示.设环形腔的腔长为 Λ,有源介质(active medium)的长度为 L,镜面 1 为出光口,它的功率反射率为 R,其余三个镜面有 100%的反射率.在光轴 z 的坐标原点镜面 1 处,电场的边界条件可表为

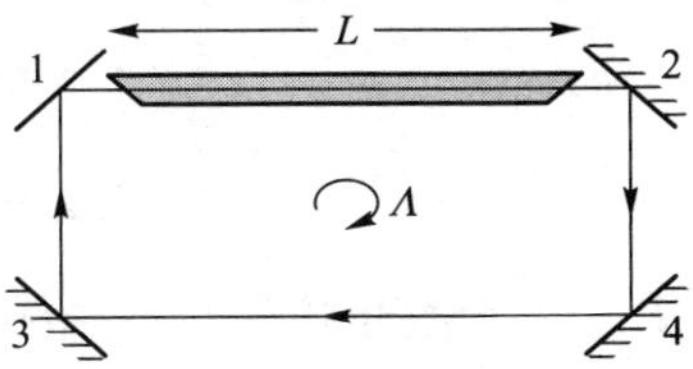

图 5.2-1 环形腔模型示意图

$$\tilde{E}(0,t) = \sqrt{R}\ \tilde{E}(\Lambda,t). \qquad (5.2.1)$$

由(5.1.1a)式,对应的缓变场强的边界条件为

$$E(0,t) = \sqrt{R}E(\Lambda,t)\mathrm{e}^{\mathrm{i}k_0\Lambda} = \sqrt{R}E(\Lambda,t)\mathrm{e}^{\mathrm{i}\omega_0\Lambda/c}. \qquad (5.2.2)$$

环形腔的空腔纵模频率 ω_n[注]满足[参见(3.7.9)式]

$$\omega_n\Lambda/c = 2n\pi, \qquad (5.2.3)$$

c 为真空光速.选择这些频率中最接近参考频率 ω_0 的频率称为腔频,记为 ω_c:

$$\omega_c = 2\pi n_c c/\Lambda. \qquad (5.2.4)$$

边界条件(5.2.2)式可等价地写为

$$E(0,t) = \sqrt{R}E(\Lambda,t)\mathrm{e}^{-\mathrm{i}(\omega_c-\omega_0)\Lambda/c}. \qquad (5.2.5)$$

由于 ω_c是最接近 ω_0 的腔频,这样可使 $E(\Lambda,t)$相对于 $E(0,t)$的相移限制在 2π 以内.假定激光腔的损耗完全由出光镜面的输出引起,定义腔损耗参数

$$\kappa = \frac{c\,|\ln R|}{2\Lambda}, \qquad (5.2.6\text{a})$$

通常镜面透射率 $T=1-R \ll 1$,故

$$\kappa \approx cT/(2\Lambda). \qquad (5.2.6\text{b})$$

无量纲的腔失谐参数定义为

[注] 在前面我们用 ω_0 表示参考频率,而这里的 ω_n 表示模式 n 的频率,因此要注意 ω_0 不是模式 $n=0$ 的频率 $\omega_{n=0}$.

$$\theta = (\omega_c - \omega_0)/\kappa. \tag{5.2.7}$$

边界条件可写为

$$E(0,t) = \sqrt{R}E(\Lambda,t)\mathrm{e}^{-\mathrm{i}\theta|\ln R|/2}. \tag{5.2.8}$$

与兰姆激光理论引入损耗方式不同,在场方程(5.1.3)中没有通过传导电流项引入损耗,而是通过边界条件中的镜面透射自然地引入.

2. 静态解

静态解是指光场强度值不随时间变化的解,它可写成如下形式

$$E(z,t) = E_S(z)\mathrm{e}^{-\mathrm{i}\delta\Omega t}, \tag{5.2.9a}$$

$$P(z,t) = P_S(z)\mathrm{e}^{-\mathrm{i}\delta\Omega t}, \tag{5.2.9b}$$

$$D(z,t) = D_S(z). \tag{5.2.9c}$$

在静态解的一般形式中,电场振幅 E 和极化 P 应包含一个频移 $\delta\Omega$,它表示激光频率对参考频率 ω_0 的偏移.实变量布居数 D 应不含时间振荡部分[参见下面(5.2.10b)式].将(5.2.9)式代入M-B方程(5.1.19)式后得到

$$\frac{\mathrm{d}E_S}{\mathrm{d}z} = \mathrm{i}\frac{\delta\Omega}{c}E_S - \alpha P_S, \tag{5.2.10a}$$

$$0 = (1+\mathrm{i}\Delta')P_S + E_S D_S, \tag{5.2.10b}$$

$$0 = D_S - \frac{1}{2}(E_S P_S^* + E_S^* P_S) - 1, \tag{5.2.10c}$$

其中

$$\Delta' = \Delta - \delta\Omega/\gamma_\perp. \tag{5.2.11}$$

静态解方程由一个含 z 的微分方程和两个代数方程组成,先由代数方程(5.2.10b)式和(5.2.10c)式可解得

$$P_S = -E_S\frac{1-\mathrm{i}\Delta'}{1+\Delta'^2+|E_S|^2}, \tag{5.2.12a}$$

$$D_S = \frac{1+\Delta'^2}{1+\Delta'^2+|E_S|^2}. \tag{5.2.12b}$$

由于本模型中工作介质是充满在 $0<z<L$ 范围内,上式在这一区域成立.对于没有介质的区域 $L<z<\Lambda$

$$P_S = 0. \tag{5.2.13}$$

在这一区域,(5.2.10a)式的积分为

$$E_S(z)=E_S(L)e^{i\delta\Omega(z-L)/c},\qquad (L\leqslant z\leqslant \Lambda).\tag{5.2.14}$$

显然,电场振幅的模量在这无介质区域不变化.

为了求出在有源介质区域的光场,现令

$$E_S(z)=\rho(z)e^{i\phi(z)},\tag{5.2.15}$$

代入(5.2.10a)式并利用(5.2.12a)式得到在 $0\leqslant z\leqslant L$ 区域内静态场的振幅模量 ρ 和相位 ϕ 的方程

$$\frac{d\rho}{dz}=\frac{\alpha\rho}{1+\Delta'^2+\rho^2},\tag{5.2.16a}$$

$$\frac{d\phi}{dz}=\frac{\delta\Omega}{c}-\frac{\alpha\Delta'}{1+\Delta'^2+\rho^2}.\tag{5.2.16b}$$

(5.2.16a)式可直接积分:

$$(1+\Delta'^2)\ln\frac{\rho(z)}{\rho(0)}+\frac{1}{2}[\rho^2(z)-\rho^2(0)]=\alpha z\qquad (0\leqslant z\leqslant L).\tag{5.2.17}$$

当 $\alpha>0$,这一区域存在激光增益介质,它表明 $\rho(z)$ 随 z 的增大而增长.由(5.2.16a)式和(5.2.16b)式消去 $\alpha/(1+\Delta'^2+\rho^2)$ 得到

$$\frac{d\phi}{dz}=\frac{\delta\Omega}{c}-\frac{\Delta'}{\rho}\frac{d\rho}{dz}\qquad (0\leqslant z\leqslant L),\tag{5.2.18}$$

积分后

$$-\Delta'\ln\frac{\rho(z)}{\rho(0)}=\phi(z)-\phi(0)-\frac{\delta\Omega}{c}z\qquad (0\leqslant z\leqslant L).\tag{5.2.19}$$

(5.2.17)式和(5.2.19)式分别用于计算有源区振幅模量和相位.

3. 输出强度

由边界条件(5.2.5)式,我们可写出振幅模量和相位的边界条件

$$\rho(0)=\sqrt{R}\rho(\Lambda),\tag{5.2.20a}$$

$$\phi(0)=\phi(\Lambda)-(\omega_n-\omega_0)\Lambda/c.\tag{5.2.20b}$$

这里用 ω_n 代替 ω_c,它是第 n 个纵模的频率,由(5.2.3)式决定.由于 $\rho(L)=\rho(\Lambda)$,利用(5.2.17)式和(5.2.20a)式可得到

$$\rho^2(\Lambda)=\frac{2}{1-R}\left[\alpha L-\frac{1}{2}(1+\Delta'^2)\mid\ln R\mid\right].\tag{5.2.21}$$

在方括号内前一项 αL 为增益,后一项表示损耗.激光器的输出强度为 $T\rho^2(\Lambda)$.

4. 频率牵引效应

在(5.2.19)式中令 $z=L$,并利用(5.2.11)式,

$$-\left(\Delta-\frac{\delta\Omega}{\gamma_{\perp}}\right)\ln\frac{\rho(L)}{\rho(0)}=\phi(L)-\phi(0)-\frac{\delta\Omega}{c}L. \tag{5.2.22}$$

$z=L$ 和 $z=\Lambda$ 处的场的模量和相位关系由(5.2.14)式确定

$$\rho(\Lambda)=\rho(L), \tag{5.2.23a}$$

$$\phi(\Lambda)-\phi(L)=\delta\Omega(\Lambda-L)/c. \tag{5.2.23b}$$

由上式和边界条件(5.2.20)式代入(5.2.22)式消去 ρ 和 ϕ 后得到

$$\delta\Omega_n\left(1-\frac{c\ln R}{2\gamma_{\perp}\Lambda}\right)=\omega_n-\omega_0-\frac{c\Delta\ln R}{2\Lambda}, \tag{5.2.24}$$

上式中的频移 $\delta\Omega_n$ 已加下标 n,表示它同腔频 ω_n 相对应.利用(5.2.6a)式腔损耗和(5.1.15)式原子失谐参数 Δ 的定义有

$$\delta\Omega_n=\frac{(\omega_n-\omega_0)\gamma_{\perp}+(\omega_A-\omega_0)\kappa}{\kappa+\gamma_{\perp}}=\frac{\omega_n\gamma_{\perp}+\omega_A\kappa}{\kappa+\gamma_{\perp}}-\omega_0, \tag{5.2.25}$$

第 n 个模的激光工作频率

$$\Omega_n\equiv\delta\Omega_n+\omega_0=\frac{\omega_n\gamma_{\perp}+\omega_A\kappa}{\kappa+\gamma_{\perp}}. \tag{5.2.26}$$

这是激光工作的频率牵引(frequency pulling)公式,与兰姆理论的结果完全一致.当腔频与原子跃迁频率发生共振时,激光频率也与之重合

$$\Omega_n=\omega_n=\omega_A. \tag{5.2.27}$$

图 5.2-2 激光频率从腔频向原子跃迁频率牵引

图 5.2-2 为 M-B 方程中可能存在的静态解的若干激光工作频率(图中虚线所示),Ω_n 总是处在 ω_n 和 ω_A 之间.

5. 阈值条件

由(5.2.21)式,第 n 个纵模能激发的阈值(threshold)条件为

$$(\alpha L)_n\geqslant\frac{1}{2}[1+\Delta'^2]\,|\ln R|\equiv(\alpha L)_{\text{th},n}. \tag{5.2.28}$$

利用频率牵引公式(5.2.26)式,

$$\Delta' = \Delta - \frac{\delta \Omega_n}{\gamma_\perp} = \frac{\omega_A - \Omega_n}{\gamma_\perp} = \frac{\omega_A - \omega_n}{\gamma_\perp + \kappa}, \tag{5.2.29}$$

因此阈值为

$$(\alpha L)_{\text{th},n} = \frac{1}{2}\left[1 + \left(\frac{\omega_n - \omega_A}{\gamma_\perp + \kappa}\right)^2\right] \left|\ln R\right|. \tag{5.2.30}$$

共振时 $\omega_n = \omega_A$，有最小阈值 $|\ln R|/2$. 图 5.2-3 为激光阈值对失谐的关系，图中的水平虚线为泵浦值 αL，在它以下的曲线所对应的模式（频率处在两条垂直点线之间）才可能被激发. 强度 (5.2.21) 式可写为

$$\rho^2(\Lambda) = \frac{2}{1-R}\left\{\alpha L - \frac{1}{2}\left[1 + \left(\frac{\omega_n - \omega_A}{\gamma_\perp + \kappa}\right)^2\right] \left|\ln R\right|\right\}. \tag{5.2.31}$$

根据它可以确定可能被激发的模式的强度. 图 5.2-4 为在不同泵浦时，激光强度对失谐的关系. 该图与兰姆理论的对应结果（图 3.8-1）比较，十分相似. 当谐振腔的自由光谱范围（纵模间隔）较大时，超出强度曲线的宽度，可以实现单纵模工作.

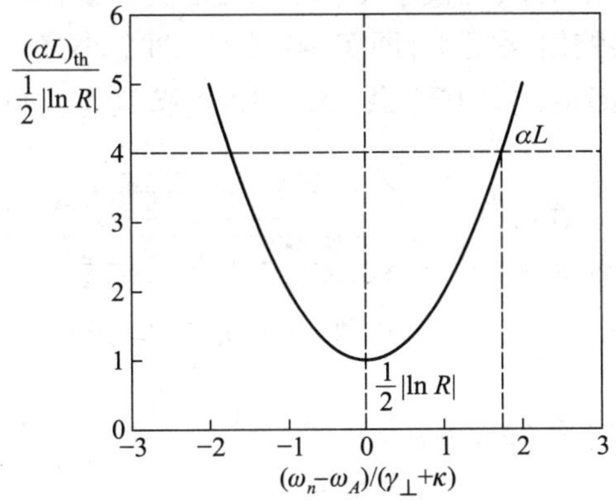

图 5.2-3 激光阈值对失谐的关系

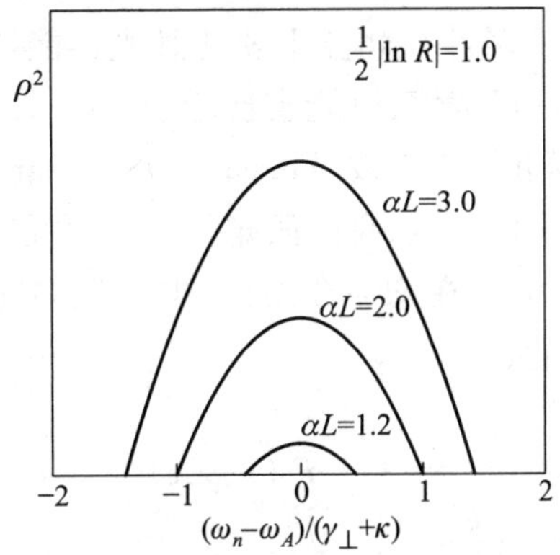

图 5.2-4 在不同泵浦时，激光强度对失谐的关系

练 习

1. 推导（5.2.10b）式和（5.2.10c）式的解（5.2.12）式.
2. 试由（5.2.15）式和（5.2.10a）式推导微分方程（5.2.16）式.

5.3 均匀场近似下的 M-B 方程

在上一节我们解得 M-B 方程的一个静态解. 描述动力学系统运动方程的静态解并非肯定是物理上能实现的解，不稳定的静态解在物理上是不可能实现的，任何小的扰动都会使系统偏离此静态解，如图 5.3-1 所示. 考虑静态解的稳定性有两种方法，一种是数值模拟积分动力学方程，另一种是用线性稳定性分析. 在数值模拟中，从任意初始条件出发积分动力学方程，不会得到不稳定的静态解. 即使初始条件选定不稳定的静态解，只要加任意小的微扰，动力学系统将离开该静

态解.线性稳定性分析不需要积分方程,而是采用代数方法判断已知静态解的稳定性.

(5.1.19)式的M-B方程是偏微分方程,数值积分不是一件容易的事.它的静态解的形式(5.2.9)式与空间变量 z 有关,进行线性稳定性分析也存在困难.1978年意大利学者Bonifacio和Lugiato提出了均匀场近似解决了这一困难(Bonifacio,1978).采用均匀场近似后,一般形式的M-B方程可以化为模式形式的常微分方程组,使求解和进行稳定性分析变得容易.

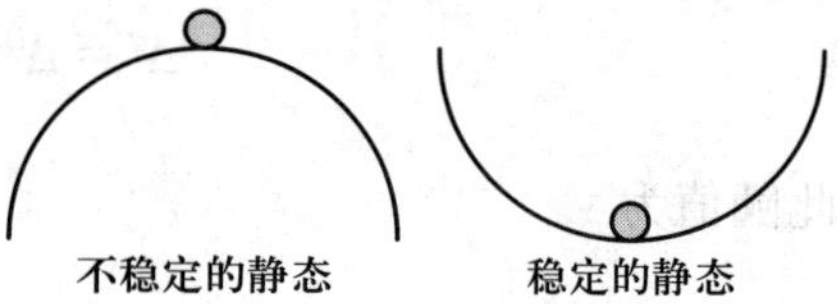

图5.3-1　静态解稳定性示意图

均匀场近似(mean field limit)的条件要求

$$\alpha L \to 0,\ T \to 0, \tag{5.3.1}$$

$\alpha L/T$ 可为任意值(既不很大也不很小),

其中 α 是由(5.1.20)式定义的未饱和增益系数,L 是有源介质长度,T 是镜面透射率.在均匀场近似下,由于增益 αL 很小,因此场沿有源介质方向的增长也很缓慢.在原子变量的方程中将忽略这一变化,这是"均匀场"这一名称的来由.我们已假定所讨论的激光模型中,腔损耗是由于镜面的透射输出.在较小的增益下要使激光器能够工作,也要求腔损耗很小,即 $T \to 0$. 而这两个小量之比保持为一正常值,以能实现激射.进一步的研究表明,即使均匀场条件(5.3.1)式满足得不好时,均匀场近似仍有效(Lugiato,1985; Narducci,1986).

为了简化计算,我们假定增益介质完全充满腔长($L=\Lambda$),如图5.3-2所示.在增益介质内,电场振幅随 z 增长,因此可定义均匀电场变量如下

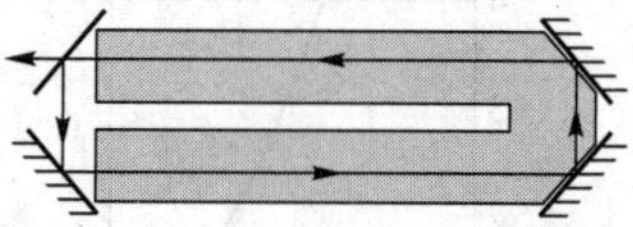

图5.3-2　介质充满型环形腔

$$\tilde{F}(x,y,z,t) \equiv \exp\left[-\frac{z}{2\Lambda}\left|\ln R\right|\right]\tilde{E}(x,y,z,t). \tag{5.3.2}$$

经上述变换后,$\tilde{F}$ 中的指数衰变因子同 $\tilde{E}$ 增长大致抵消,并且由 $\tilde{E}$ 的边界条件(5.2.1)式可知,$\tilde{F}$ 满足周期性边界条件

$$\tilde{F}(x,y,0,t) = \tilde{F}(x,y,\Lambda,t). \tag{5.3.3}$$

对应的缓变包络量均匀电场定义为

$$F(x,y,z,t) = \exp\left[-\frac{z}{2\Lambda}\left|\ln R\right|\right]E(x,y,z,t). \tag{5.3.4}$$

原子变量中只需对极化量作类似变换:

$$P'(x,y,z,t) = \exp\left[-\frac{z}{2\Lambda}\left|\ln R\right|\right]P(x,y,z,t). \tag{5.3.5}$$

将(5.3.4)式和(5.3.5)式代入M-B方程中的场方程(5.1.19a)式

$$\frac{\partial F}{\partial t} + c\frac{\partial F}{\partial z} = -\kappa(F + 2CP') + \frac{\mathrm{i}c}{2k_0}\nabla_\perp^2 F, \tag{5.3.6}$$

其中腔损耗 κ 在(5.2.6)式中已定义.由于定义了均匀电场(5.3.2)式,原来反映在边界条件中的场的透射损耗现在通过衰变率 κ 体现在方程中.泵浦参量 C 定义为

$$C \equiv \alpha L/|\ln R| = \alpha\Lambda/|\ln R| \approx \alpha\Lambda/T, \tag{5.3.7}$$

在上式中用到介质充满腔长 $L=\Lambda$ 的条件.原子极化变量的方程在代换中形式不变

$$(\partial/\partial t)P' = -\gamma_\perp[(1+\mathrm{i}\Delta)P' + FD], \tag{5.3.8}$$

到目前为止,所有的推导还都是严格的.

原子布居反转方程(5.1.19c)在代换中为

$$EP^* + E^*P = (FP'^* + F^*P')\exp(z|\ln R|/\Lambda) \approx (FP'^* + F^*P').$$

均匀场近似将缓慢变化的指数因子忽略,因此方程的形式也不变.为了书写方便,我们可用 P 代替 P',得到均匀场近似下的 M-B 方程组:

$$\frac{\partial F}{\partial t} + c\frac{\partial F}{\partial z} = -\kappa(F + 2CP) + \frac{\mathrm{i}c}{2k_0}\nabla_\perp^2 F, \tag{5.3.9a}$$

$$(\partial/\partial t)P = -\gamma_\perp[(1+\mathrm{i}\Delta)P + FD], \tag{5.3.9b}$$

$$(\partial/\partial t)D = -\gamma_\parallel\left[D - \frac{1}{2}(FP^* + F^*P) - 1\right]. \tag{5.3.9c}$$

上式与原 M-B 方程(5.1.19)式相比较,仅在场方程中增加了描述场的损耗项,这是通过对电场的均匀变换(5.3.2)式将镜面损耗引入到方程中.另一方面,电场变量经过均匀变换后满足周期性边界条件.当介质充满环形腔时,原子变量满足周期边界条件,经过均匀变换后假定仍满足周期性边界条件.因此可以对这些均匀场变量实现模式展开而使空间变量和时间变量分离.均匀场近似的本质是忽略原子变量的空间变化,在"源"的部分忽略不均匀的高价项,是其成功的主要原因.

5.4 M-B 方程的模式形式

运用均匀场近似后,新的变量满足周期性边界条件.因此可用模式展开的方法,将偏微分方程形式的 M-B 方程化为常微分方程组,这给理论分析和数值求解都带来方便.在本节的讨论中除采用均匀场近似外,为了使问题更为简单,还采用了平面波近似.

1. 模式展开

根据(5.3.2)式和(5.3.4)式,均匀场的迅变量同其对应的慢变量的关系如同(5.1.1a)式:

$$\tilde{F} \equiv \tilde{F}^{(+)} + \tilde{F}^{(-)} = \frac{\hbar}{2}\sqrt{\gamma_\parallel\gamma_\perp}\left[\frac{1}{\wp}F\mathrm{e}^{\mathrm{i}(k_0 z-\omega_0 t)} + \mathrm{c.c.}\right]. \tag{5.4.1}$$

由周期性边界条件(5.3.3)式, $\tilde{F}$ 可展开为

$$\tilde{F}(z,t)=\sum_{n=-\infty}^{\infty}\tilde{f}_n(t)\mathrm{e}^{\mathrm{i}k_nz},\ k_n=2\pi n/\Lambda, \tag{5.4.2}$$

$$\tilde{f}_n(t)=\frac{1}{\Lambda}\int_0^{\Lambda}\tilde{F}(z,t)\mathrm{e}^{-\mathrm{i}k_nz}\mathrm{d}z, \tag{5.4.3}$$

环形腔模式函数系的正交关系为

$$\frac{1}{\Lambda}\int_0^{\Lambda}\mathrm{e}^{\mathrm{i}k_nz}\mathrm{e}^{-\mathrm{i}k_mz}\mathrm{d}z=\delta_{nm}. \tag{5.4.4}$$

由于 $\tilde{F}(z,t)$ 是实函数,所以

$$\tilde{f}_n^*(t)=\tilde{f}_{-n}(t), \tag{5.4.5}$$

$$\tilde{F}(z,t)=\tilde{f}_0(t)+\sum_{n=1}^{\infty}\tilde{f}_n(t)\mathrm{e}^{\mathrm{i}k_nz}+\sum_{n=1}^{\infty}\tilde{f}_n^*(t)\mathrm{e}^{-\mathrm{i}k_nz}. \tag{5.4.6}$$

$\tilde{F}(z,t)$ 的正频部分:

$$\tilde{F}^{(+)}(z,t)=\frac{1}{2}\tilde{f}_0(t)+\sum_{n=1}^{\infty}\tilde{f}_n(t)\mathrm{e}^{\mathrm{i}k_nz}=\frac{\hbar\sqrt{\gamma_{\parallel}\gamma_{\perp}}}{2\wp}F(z,t)\mathrm{e}^{\mathrm{i}(k_0z-\omega_0t)}, \tag{5.4.7}$$

$$F(z,t)=\frac{2\wp}{\hbar\sqrt{\gamma_{\parallel}\gamma_{\perp}}}\mathrm{e}^{-\mathrm{i}(k_0z-\omega_0t)}\left[\frac{1}{2}\tilde{f}_0(t)+\sum_{n=1}^{\infty}\tilde{f}_n(t)\mathrm{e}^{\mathrm{i}k_nz}\right]. \tag{5.4.8}$$

将慢变量可以写成形式

$$F(z,t)=\mathrm{e}^{-\mathrm{i}k_0z}\sum_{n=0}^{\infty}f_n(t)\mathrm{e}^{\mathrm{i}k_nz}, \tag{5.4.9}$$

其中

$$f_0(t)=\frac{2\wp}{\hbar\sqrt{\gamma_{\parallel}\gamma_{\perp}}}\mathrm{e}^{\mathrm{i}\omega_0t}\cdot\frac{1}{2}\tilde{f}_0(t), \tag{5.4.10a}$$

$$f_n(t)=\frac{2\wp}{\hbar\sqrt{\gamma_{\parallel}\gamma_{\perp}}}\mathrm{e}^{\mathrm{i}\omega_0t}\tilde{f}_n(t),\quad n=1,2,\cdots, \tag{5.4.10b}$$

上式给出了电场模式分量迅变量和缓变量的关系.

类似的推导同样适用于原子极化:

$$P(z,t)=\mathrm{e}^{-\mathrm{i}k_0z}\sum_{n=0}^{\infty}p_n(t)\mathrm{e}^{\mathrm{i}k_nz}. \tag{5.4.11}$$

对于原子布居反转变量 D,则与 F 和 P 不同.D 本身是满足周期性边界条件的缓变量,它可以直

接展开为

$$D(z,t)=\sum_{n=-\infty}^{\infty}d_n(t)\mathrm{e}^{\mathrm{i}k_nz}. \tag{5.4.12}$$

因此f_n、p_n和 d_n为对应慢变量 F、P 和 D 的模式复振幅,即有

$$f_n(t)=\frac{1}{\Lambda}\int_0^{\Lambda}F(z,t)\mathrm{e}^{-\mathrm{i}(k_n-k_0)z}\mathrm{d}z, \tag{5.4.13a}$$

$$p_n(t)=\frac{1}{\Lambda}\int_0^{\Lambda}P(z,t)\mathrm{e}^{-\mathrm{i}(k_n-k_0)z}\mathrm{d}z, \tag{5.4.13b}$$

$$d_n(t)=\frac{1}{\Lambda}\int_0^{\Lambda}D(z,t)\mathrm{e}^{-\mathrm{i}k_nz}\mathrm{d}z. \tag{5.4.13c}$$

虽然 D 为实函数,但它的模式振幅 d_n中除 d_0 仍为实数外,其余一般为复数.

2. 模式方程

将模式展开式(5.4.9)式、(5.4.11)式和(5.4.12)式代入均匀场近似下的 M-B 方程(5.3.9)式,并忽略横向坐标的空间变化(平面波近似),得到

$$\dot{f}_n=-\kappa[(1+\mathrm{i}\theta_n)f_n+2Cp_n], \tag{5.4.14a}$$

$$\dot{p}_n=-\gamma_{\perp}\left[(1+\mathrm{i}\Delta)p_n+\sum_{l=0}^{\infty}f_ld_{n-l}\right], \tag{5.4.14b}$$

$$\dot{d}_n=-\gamma_{\parallel}\left[d_n-\frac{1}{2}\sum_{l=0}^{\infty}(f_{n+l}p_l^*+f_l^*p_{n+l})-\delta_{n,0}\right], \tag{5.4.14c}$$

其中腔模 n 的失谐参数

$$\theta_n=(\omega_n-\omega_0)/\kappa. \tag{5.4.15}$$

均匀场近似下的模式方程可以描述激光多模耦合的动力学行为.

3. 单模静态解

方程(5.4.14)式可能有形形色色的解,但最简单的解是特定模式指数 n 的单模静态解,它的形式为

$$f_n(t)=f_n^{(\mathrm{S})}\mathrm{e}^{-\mathrm{i}\delta\Omega t}, \tag{5.4.16a}$$

$$p_n(t)=p_n^{(\mathrm{S})}\mathrm{e}^{-\mathrm{i}\delta\Omega t}, \tag{5.4.16b}$$

$$d_0=d_0^{(\mathrm{S})}. \tag{5.4.16c}$$

除f_n,p_n和 d_0 外,其他的模式振幅均为零.$\delta\Omega$ 为该单模解的工作频率对参考频率 ω_0 的频移.将它代入(5.4.14)式有

$$(1+\mathrm{i}\theta_n')f_n^{(\mathrm{S})}+2Cp_n^{(\mathrm{S})}=0, \tag{5.4.17a}$$

$$(1+\mathrm{i}\Delta')p_n^{(\mathrm{S})}+f_n^{(\mathrm{S})}d_0^{(\mathrm{S})}=0, \tag{5.4.17b}$$

$$d_0^{(\mathrm{S})}-\frac{1}{2}(f_np_n^*+f_n^*p_n)-1=0, \tag{5.4.17c}$$

其中

$$\theta_n'=\theta_n-\delta\Omega/\kappa, \tag{5.4.18a}$$

$$\Delta'=\Delta-\delta\Omega/\gamma_\perp. \tag{5.4.18b}$$

与求解(5.2.10)式完全相同,由(5.4.17b)式和(5.4.17c)式可解得

$$p_n^{(\mathrm{S})}=-f_n^{(\mathrm{S})}\frac{1-\mathrm{i}\Delta'}{1+\Delta'^2+|f_n^{(\mathrm{S})}|^2}, \tag{5.4.19a}$$

$$d_0^{(\mathrm{S})}=\frac{1+\Delta'^2}{1+\Delta'^2+|f_n^{(\mathrm{S})}|^2}. \tag{5.4.19b}$$

将(5.4.19a)式代入(5.4.17a)式

$$(1+\mathrm{i}\theta_n')-2C\frac{1-\mathrm{i}\Delta'}{1+\Delta'^2+|f_n^{(\mathrm{S})}|^2}=0.$$

上式的实部和虚部的方程:

$$|f_n^{(\mathrm{S})}|^2=2C-1-\Delta'^2, \tag{5.4.20a}$$

$$\theta_n'=-\Delta'. \tag{5.4.20b}$$

由(5.4.20b)式可解得

$$\delta\Omega=\frac{\omega_n\gamma_\perp+\omega_A\kappa}{\kappa+\gamma_\perp}-\omega_0, \tag{5.4.21}$$

这是与本章第2节完全相同的激光频率牵引公式.同时可求出

$$\Delta'=-\theta_n'=\frac{\omega_A-\omega_n}{\kappa+\gamma_\perp}. \tag{5.4.22}$$

由(5.4.20a)式和(5.4.22)式可得到激射条件和阈值

$$2C>1+\left(\frac{\omega_A-\omega_n}{\kappa+\gamma_\perp}\right)^2\equiv(2C)_{\mathrm{th}}, \tag{5.4.23}$$

与第2节的阈值公式(5.2.30)式完全一致.我们看到在均匀场理论中,对“源”部分的均匀性近似并不影响主要结果,表明了均匀场近似的成功.

练　习

1. 由模式展开式(5.4.9)式、(5.4.11)式和(5.4.12)式推导M-B方程的模式形式(5.4.14)式.

5.5 单模 M-B 方程，洛伦兹-哈肯方程

1. 洛伦兹-哈肯方程(Lorenz-Haken equation)

当原子线宽远小于自由光谱范围(即纵模频率间隔)时，

$$\gamma_{\perp} \ll 2\pi c/\Lambda, \tag{5.5.1}$$

只有最接近原子增益线的那个模式才可能被激发，这时可实现单模工作(图 4.1-1). 如果局限于讨论单模工作的动力学现象，可用单模 M-B 方程，它是上一节模式方程(5.4.14)式只保留某一模式(f_n, p_n, d_0)，并略去下标得到

$$\dot{f} = -\kappa[(1+\mathrm{i}\theta)f + 2Cp], \tag{5.5.2a}$$

$$\dot{p} = -\gamma_{\perp}[(1+\mathrm{i}\Delta)p + fd], \tag{5.5.2b}$$

$$\dot{d} = -\gamma_{\parallel}\left[d - \frac{1}{2}(fp^* + f^*p) - 1\right]. \tag{5.5.2c}$$

由于在方程中存在一参考频率是未定的参数，因此可以令

$$\Delta = -\theta, \tag{5.5.3a}$$

即

$$(\omega_A - \omega_0)/\gamma_{\perp} = (\omega_0 - \omega_c)/\kappa. \tag{5.5.3b}$$

这样等于规定了参考频率 ω_0 为激光工作频率

$$\omega_L = \frac{\omega_c\gamma_{\perp} + \omega_A\kappa}{\kappa + \gamma_{\perp}}. \tag{5.5.4}$$

方程(5.5.2)式显然存在一个平庸解(trivial solution)

$$f = 0, \quad p = 0, \quad d = 1, \tag{5.5.5}$$

它表示激光器没有发生激射. 作线性稳定性分析可以证明在阈值以上

$$2C > 1 + \Delta^2 \equiv (2C)_{\text{th}}, \tag{5.5.6}$$

平庸解不稳定，这时有“非平庸”的静态解

$$|f_s|^2 = 2C - 1 - \Delta^2, \tag{5.5.7a}$$

$$p_s = -\frac{1-\mathrm{i}\Delta}{2C}f_s, \tag{5.5.7b}$$

$$d_s = \frac{1+\Delta^2}{2C}. \tag{5.5.7c}$$

激光强度对泵浦参量关系如图 5.5-1 所示.

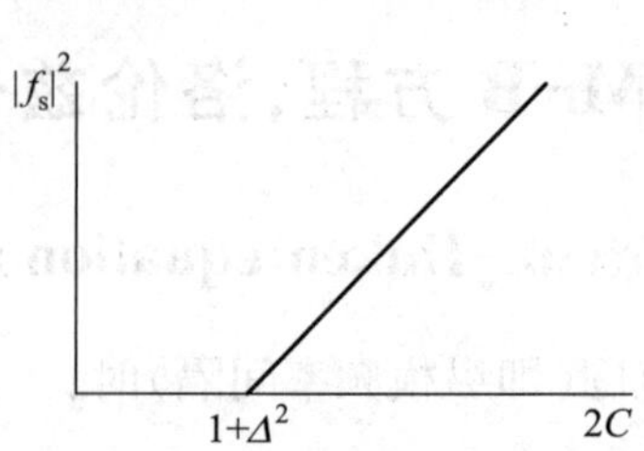

图 5.5-1 单模激光强度对泵浦的关系

方程(5.5.2)式又称为洛伦兹-哈肯方程.虽然它是激光动力学中最简单的方程,但所表现出的动力学行为十分复杂和丰富.1975 年德国学者哈肯(H.Haken)指出(Haken,1975),在共振条件下,该方程同 1963 年气象学家洛伦兹(E.Lorenz)提出的描述大气运动的洛伦兹方程完全等价(Lorenz,1963).洛伦兹方程第一次揭示了确定性系统中存在着混沌现象,它的意义表明,即使人们能够获得所有的气象资料,并使用大型计算机求解,精确的气象预报在某些情况下是不可能的.在 20 世纪 90 年代,激光系统是研究非线性动力学现象的主要物理系统之一.

2. 单模静态解的稳定性问题

上面求出的在阈值条件以上的单模静态解,并不能确定为该激光系统物理上能实现的稳定解.不稳定的静态解在受到任意小的扰动时,系统将离它而去并选择其他可能的解.要了解静态解的稳定性,需要进行线性稳定性分析.限于篇幅,我们将主要结论描述如下.

线性稳定性分析表明,描述单模静态解的特征方程是 5 次多项式方程,它有 5 个本征值.分析表明,原子变量的稳定性与场变量无关,它们对应的三个本征值不存在正实部,因此原子变量总是稳定的.对应场变量的两个本征值可分类为场振幅和场相位的本征值,它们在某些参数条件下有正实部,使单模解失稳.下面分两种情况讨论.

ⅰ)共振或失谐很小时(失谐大小与自由光谱范围相比较)

在一般增益条件下,单模解是稳定的.只有在增益参数达到约 10 倍阈值时,发生振幅不稳定.这时系统可能存在多模静态解、周期解和混沌行为.但实验上发现在共振时,在泵浦离阈值不远处就可以观察到不稳定现象,因此这里的理论不能很好地为实验现象提供支持.在以后的研究中解除了平面波近似后,这个问题才得到解决.

ⅱ)失谐较大

不稳定性是由场的相位不稳定引起的,在低阈值就能发生不稳定现象.当 $\gamma_{\parallel}/\gamma_{\perp} \ll 1$ 时可出现多重稳态解,即多稳态.而当 $\gamma_{\parallel}/\gamma_{\perp}\to 1$ 时,出现强度随时间脉动的周期解.

5.6 多模工作,合作频率移动律

激光器实现单模工作是一种特殊的情况,在大多数情况下,激光器工作在多模状态.工作介质的增益宽度覆盖不止一个模式频率,使得若干模式(包括纵模和横模)同时激发.激光系统成为一个高维非线性系统,表现出丰富和复杂的动力学行为.

从数学上来看,每一个模式由电场振幅 f_n、极化振幅 p_n 和布居差 d_n 描述.由于电场和极化是复变量,描述一个模式需要 5 个实变量.对于 n 个模式有 $5n$ 个变量满足 M-B 方程(5.4.14)式.如上节所述,由于耦合方程存在非线性项,即使在单模情况下也可能出现多种形式的解,如单模输出强度的稳定解、周期解和混沌解.可以设想在多模情况下,激光系统的动力学行为将更为复杂.

在数学上,多模工作相对于单模系统的维数倍增,在物理机制上表现为模式之间存在竞争和合作现象.一方面,激光器的总能量是有限的,频率处在原子增益展宽内的模式相互竞争,一个模式的增强必然要减弱甚至抑制其他模式的激发.另一方面,参与竞争并共存的模式之间又可能互相合作和协调地工作,表现出某些共性和规律.例如在多模激光系统稳定工作时(即各模式的强度不随时间变化),激发模式的频率和强度满足十分简单的规律.

在单模稳定工作时,激光频率满足频率牵引公式(5.4.21)式.在多模激发时,如果这些模式对应的空腔频率不相同,它们的工作频率是否仍遵从频率牵引公式呢? 1988 年意大利学者 Lugiato 等发现,在多模稳定工作时,所有激发的模式互相协调有可能工作在同一频率,称为合作频率锁定(cooperative frequency locking)现象(Lugiato,1988; Wang,1993).1999 年 Wang 等发现多模稳定工作时的另一种现象,多模激光也可能稳定地工作在不同的频率,它们要满足合作频率移动律(cooperative frequency shift law),多模工作的合作频率锁定成为普遍的合作频率移动律的特殊情况(Wang,1999a,b,c).

在稳定多模工作时,模式的电场和极化振幅可以表为

$$f_n = f_n^{(S)} e^{-i\delta\Omega_n t}, \quad p_n = p_n^{(S)} e^{-i\delta\Omega_n t}, \tag{5.6.1}$$

其中 $f_n^{(S)}$ 和 $p_n^{(S)}$ 不依赖于时间.$\delta\Omega_n$ 为模式 n 的工作频率相对于参考频率 ω_0 的频移.将(5.6.1)式代入(5.4.14a)式后得到[参见(5.4.17a)式]

$$[1 + i(\theta_n - \delta\Omega_n/\kappa)]f_n^{(S)} + 2Cp_n^{(S)} = 0. \tag{5.6.2}$$

(5.4.14b)式是(5.3.9b)式作模式展开(5.4.13)式得到的,它也可写成等价的形式

$$\dot{p}_n = -\gamma_\perp \left[(1 + i\Delta)p_n + \frac{1}{\Lambda}\int_0^\Lambda FDe^{ik_0 z}e^{-ik_n z}dz\right]. \tag{5.6.3}$$

将(5.6.1)式中的 p_n 代入上式

$$[1 + i(\Delta - \delta\Omega_n/\gamma_\perp)]p_n^{(S)} + e^{i\delta\Omega_n t}\frac{1}{\Lambda}\int_0^\Lambda FDe^{ik_0 z}e^{-ik_n z}dz = 0. \tag{5.6.4}$$

由(5.6.2)式和(5.6.4)式消去 $p_n^{(S)}$

$$[1 + i(\Delta - \delta\Omega_n/\gamma_\perp)][1 + i(\theta_n - \delta\Omega_n/\kappa)]f_n^{(S)} - 2Ce^{i\delta\Omega_n t}\frac{1}{\Lambda}\int_0^\Lambda FDe^{ik_0 z}e^{-ik_n z}dz = 0. \tag{5.6.5}$$

将上式乘以 $[f_n^{(S)}]^*$ 再对所有模式求和

$$0=\sum_n[1+\mathrm{i}(\Delta-\delta\Omega_n/\gamma_\perp)][1+\mathrm{i}(\theta_n-\delta\Omega_n/\kappa)]\,|f_n^{(\mathrm{S})}|^2-2C\frac{1}{\Lambda}\int_0^\Lambda FD\mathrm{e}^{\mathrm{i}k_0z}\sum_n[f_n^{(\mathrm{S})}]^*\mathrm{e}^{-\mathrm{i}k_nz}\mathrm{e}^{\mathrm{i}\delta\Omega_nt}\mathrm{d}z$$

$$=\sum_n[1+\mathrm{i}(\Delta-\delta\Omega_n/\gamma_\perp)][1+\mathrm{i}(\theta_n-\delta\Omega_n/\kappa)]\,|f_n^{(\mathrm{S})}|^2-2C\frac{1}{\Lambda}\int_0^\Lambda|F|^2D\mathrm{d}z, \tag{5.6.6}$$

它的实部和虚部分别为

$$\sum_n[1-(\Delta-\delta\Omega_n/\gamma_\perp)(\theta_n-\delta\Omega_n/\kappa)]\,|f_n^{(\mathrm{S})}|^2-2C\frac{1}{\Lambda}\int_0^\Lambda|F|^2D\mathrm{d}z=0, \tag{5.6.7}$$

$$\sum_n[\Delta+\theta_n-\delta\Omega_n(1/\gamma_\perp+1/\kappa)]\,|f_n^{(\mathrm{S})}|^2=0. \tag{5.6.8}$$

运用(5.1.15)式和(5.4.15)式,虚部方程(5.6.8)式化为

$$\sum_n(\nu_n-\Omega_n)I_n=0, \tag{5.6.9}$$

其中模式强度 $I_n=|f_n^{(\mathrm{S})}|^2$. 模式牵引频率 ν_n 由频率牵引公式决定

$$\nu_n=\frac{\omega_n\gamma_\perp+\omega_A\kappa}{\kappa+\gamma_\perp}, \tag{5.6.10}$$

激光模式工作频率

$$\Omega_n=\delta\Omega_n+\omega_0. \tag{5.6.11}$$

尽管不可能如同5.4节求单模M-B方程静态解那样解析地求出多模M-B方程的静态解,但(5.6.9)式告诉我们,在稳定多模激光工作时,各模式工作频率和强度之间的联系具有普遍性的重要信息:激光模式的工作频率相对于牵引频率的移动与其强度之积的代数和为零.我们称之为合作频率移动律,它反映了工作模式之间的竞争和合作.当某个模式获得较强功率时,它的频率越接近对应的牵引频率.当激光器只有一个模式稳定工作时,该模式的工作频率 $\Omega_n=\nu_n$,为(5.6.10)式定义的牵引频率,与5.4节单模的结果相一致.当激光器的多个模式以同一频率 Ω_c 稳定工作时,由(5.6.9)式

$$\Omega_c=\sum_n\nu_nI_n/\sum_nI_n, \tag{5.6.12}$$

它是各激发模式牵引频率以其强度为权重的平均,与Lugiato的合作频率锁定公式相一致.

参 考 文 献

Bonifacio R. and Lugiato L. A. (1978). Lett. Nuovo Cimento **21**, p. 505; p. 517.

Grazyuk A. Z. and Oraevsky A. N. (1964). Radio Eng. Electron. Phys. (USSR) **9**, p. 424.

Haken H. (1966). Z. Phys. **190**, p. 327.

Haken H. (1975). Phys. Lett. **53A**, p. 77.

Korobkin V. V. and Uspensky A. V. (1964). Sov. Phys. JETP **18**, p. 693.

Lorenz E. (1963). J. Atmos. Sci. **20**, p. 130.

Lugiato L. A., Narducci L. M., Eschenazi E. V., Bandy D. K., and Abraham N. B. (1985). Phys. Rev. A **32**, p. 1563.

Lugiato L. A., Oldano C., and Narducci L. M. (1988). J. Opt. Soc. Am. B **5**, p. 879.

Narducci L. M., Tredicce J. R., Lugiato L. A., Abraham N. B., and Bandy D. K. (1986). Phys. Rev. A **33**, p. 1842.

Uspensky A. V. (1963). Radio Eng. Electron. Phys. (USSR) **8**, p. 1145; (1964) **9**, p. 605.

Wang Kaige, Abraham N. B., and Lugiato L. A. (1993). Phys. Rev. A **47**, p. 1263.

Wang Kaige (1999a). Phys. Rev. A **60**, p. 534.

Wang Kaige (1999b). Chin. Phys. Lett. **16**, p. 510.

Wang Kaige, Pan Qiuli, and Yu Xingqi (1999c). Phys. Rev. A **59**, p. 803.

第六章　各向异性介质光学

自然界有许多材料具有光学各向异性(anisotropy),即在不同的传播方向上表现出不同的光学性质.最常见的光学各向异性材料是晶体,利用各向异性晶体特殊的光学性质,设计成各种光学元器件产品已获得广泛的应用.另一方面,晶体又具有显著的光学非线性效应和奇特的量子效应,使之在现代光学研究中起重要作用.本章介绍各向异性介质的线性光学性质,我们假定介质是均匀的、无吸收损耗并且磁各向同性(isotropy).

6.1　光学各向异性介质的一般描述

1. 介质中的麦克斯韦方程

在国际单位制(SI)中,介质中的麦克斯韦方程为

$$\nabla\cdot \boldsymbol{D}=\rho_0, \tag{6.1.1a}$$

$$\nabla\times \boldsymbol{E}=-(\partial/\partial t)\boldsymbol{B}, \tag{6.1.1b}$$

$$\nabla\cdot \boldsymbol{B}=0, \tag{6.1.1c}$$

$$\nabla\times \boldsymbol{H}=(\partial/\partial t)\boldsymbol{D}+\boldsymbol{j}_0, \tag{6.1.1d}$$

其中电位移矢量 $\boldsymbol{D}$ 和磁场强度矢量 $\boldsymbol{H}$ 分别为

$$\boldsymbol{D}=\varepsilon_0\boldsymbol{E}+\boldsymbol{P}, \tag{6.1.2}$$

$$\boldsymbol{H}=(1/\mu_0)\boldsymbol{B}-\boldsymbol{M}, \tag{6.1.3}$$

$\boldsymbol{M}$ 为磁化强度矢量.在本章中我们不考虑自由电荷和电流,即令 $\rho_0=\boldsymbol{j}_0=0$. 另外,我们也不考虑磁各向异性(一般介质的磁各向异性效应十分微弱,可以忽略),因而磁感应强度矢量与磁场强度矢量总是同方向

$$\boldsymbol{B}=\mu\boldsymbol{H}, \tag{6.1.4}$$

磁导率 μ 是一标量.

电磁场的能量密度为

$$W = W_e + W_m = \frac{1}{2}\boldsymbol{E} \cdot \boldsymbol{D} + \frac{1}{2}\boldsymbol{H} \cdot \boldsymbol{B}, \tag{6.1.5}$$

W_e和 W_m分别为电场和磁场能量密度.坡印廷矢量定义为

$$\boldsymbol{S} = \boldsymbol{E} \times \boldsymbol{H}, \tag{6.1.6}$$

在非电导介质中,电磁能守恒方程为

$$(\partial/\partial t) W + \nabla \cdot \boldsymbol{S} = 0, \tag{6.1.7}$$

它相当于流体连续性方程.

2. 电极化率张量和介电常量张量

在线性光学中,对于某一频率成分的平面波,电场与极化成线性关系.对于各向同性介质,介质的极化矢量总是与电场矢量保持相同的方向,因此极化率是标量,如(1.2.4)式.对于各向异性介质,电场引起的极化一般不能保持在相同的方向,它们的关系可以用电极化率张量描述

$$\begin{pmatrix} P_x \\ P_y \\ P_z \end{pmatrix} = \varepsilon_0 \begin{pmatrix} \chi_{11} & \chi_{12} & \chi_{13} \\ \chi_{21} & \chi_{22} & \chi_{23} \\ \chi_{31} & \chi_{32} & \chi_{33} \end{pmatrix} \begin{pmatrix} E_x \\ E_y \\ E_z \end{pmatrix}, \tag{6.1.8}$$

其中$\{\chi_{ij}\}$是一个 3×3 矩阵描述的二阶张量,称为电极化率张量.电极化率张量的具体形式同晶体中坐标轴的选择有关.与各向同性介质相同,极化率张量依赖于光场频率,具有光色散效应.在本章中我们不考虑这一效应,即认为晶体在某一确定频率的平面波的作用下.由(6.1.2)式

$$\begin{pmatrix} D_x \\ D_y \\ D_z \end{pmatrix} = \begin{pmatrix} \varepsilon_{11} & \varepsilon_{12} & \varepsilon_{13} \\ \varepsilon_{21} & \varepsilon_{22} & \varepsilon_{23} \\ \varepsilon_{31} & \varepsilon_{32} & \varepsilon_{33} \end{pmatrix} \begin{pmatrix} E_x \\ E_y \\ E_z \end{pmatrix}, \tag{6.1.9}$$

$$\varepsilon_{ij} = \varepsilon_0(\delta_{ij} + \chi_{ij}), \tag{6.1.10}$$

$\{\varepsilon_{ij}\}$称为介电常量张量.由于我们假定介质无损耗,极化率和介电常量矩阵元都是实数.

介电常量张量是 3×3 实对称矩阵,我们证明如下.利用矢量公式有

$$\nabla \cdot (\boldsymbol{E} \times \boldsymbol{H}) = (\nabla \times \boldsymbol{E}) \cdot \boldsymbol{H} - \boldsymbol{E} \cdot (\nabla \times \boldsymbol{H}) = -(\dot{\boldsymbol{B}} \cdot \boldsymbol{H} + \boldsymbol{E} \cdot \dot{\boldsymbol{D}}), \tag{6.1.11}$$

它表示坡印廷矢量的散度同能量密度一样也由电场和磁场两部分组成.结合上式和电磁能连续方程(6.1.7)式,电场能部分的变化应满足

$$\dot{W}_e = \frac{1}{2}(\boldsymbol{E} \cdot \dot{\boldsymbol{D}} + \dot{\boldsymbol{E}} \cdot \boldsymbol{D}) = \boldsymbol{E} \cdot \dot{\boldsymbol{D}}, \tag{6.1.12}$$

即有

$$\dot{\boldsymbol{E}} \cdot \boldsymbol{D} = \boldsymbol{E} \cdot \dot{\boldsymbol{D}}. \tag{6.1.13}$$

利用(6.1.9)式,并将三个坐标分量 xyz 分别对应于下标 123,上式可表为

$$\sum_{i,j}\varepsilon_{ij}\dot{E}_iE_j = \sum_{i,j}\varepsilon_{ij}E_i\dot{E}_j, \tag{6.1.14}$$

交换求和号中的指标,容易看出 $\varepsilon_{ij}=\varepsilon_{ji}$,$\{\varepsilon_{ij}\}$ 为实对称矩阵.

由线性代数,任何对称矩阵可以通过坐标旋转化为对角矩阵.在新的坐标系中有

$$D_i = \varepsilon_iE_i,\quad (i=x,y,z), \tag{6.1.15}$$

这三个坐标轴称为晶体的主介电轴(principal dielectric axes),当电场偏振方向在这些轴上时,电位移矢量与之同向,对应的介电常量 $\varepsilon_i(i=x,y,z)$ 称为主介电常量.由(6.1.10)式,极化率张量也是对角的.

3. 相速和光线速度

在电磁波的描述中,具有相同相位的曲面称为等相面或波阵面(wave-front),波矢 $\boldsymbol{k}$ 在等相面的法线方向,确定频率电磁波的相位部分的基本形式为

$$\exp[\mathrm{i}(\boldsymbol{k}\cdot\boldsymbol{r}-\omega t)],\qquad k\equiv|\boldsymbol{k}|=\omega/\boldsymbol{v}_{\mathrm{ph}}, \tag{6.1.16}$$

$\boldsymbol{v}_{\mathrm{ph}}$ 表示相位传播的速度,称为相速(phase velocity).在普通物理中,折射率定义为

$$n=c/\boldsymbol{v}_{\mathrm{ph}}. \tag{6.1.17}$$

因此对于确定的频率,k 和 n 实际上也反映相速的大小,为了同折射率的其他定义相区别,(6.1.17)式定义的折射率也可称为相速折射率.

在几何光学中,用光线(ray)概念来描述光的运动.光线的方向应为电磁波能量流的方向,这是一个直观的物理理解.在各向同性介质中,光线的方向与波矢的方向相同,因此电磁能流的方向垂直于波阵面.而在各向异性介质中,电磁能流的方向一般与波矢方向不相同.例如在均匀介质中的点光源,能流方向或光线方向总是沿径向辐射,对于各向同性介质,等相面是球面,光线与之垂直.而对于各向异性介质,由于相速与传播方向有关,等相面不再是球面,光线一般与波阵面不垂直,如图 6.1-1 所示.

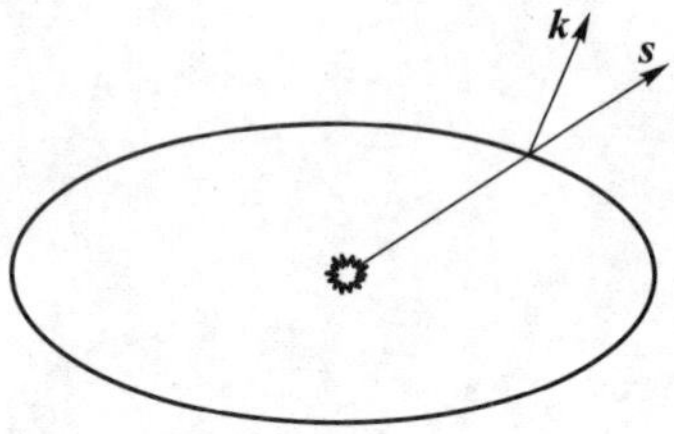

图 6.1-1　点光源在各向异性介质中辐射波阵面的波矢和光线的关系

下面我们推导确定频率的平面波在各向异性介质中传播时,电磁物理量之间的关系.对于平面波(6.1.16)式,容易看出

$$\dot{\boldsymbol{E}}=-\mathrm{i}\omega\boldsymbol{E},\quad \nabla\cdot\boldsymbol{E}=\mathrm{i}(\boldsymbol{k}\cdot\boldsymbol{E}),\quad \nabla\times\boldsymbol{E}=\mathrm{i}(\boldsymbol{k}\times\boldsymbol{E}). \tag{6.1.18}$$

将平面波解代入无自由电荷和电流的麦克斯韦方程(6.1.1)式,并考虑磁各向同性,可以得到如下关系

$$\boldsymbol{k}\times\boldsymbol{E}=\omega\boldsymbol{B}=\omega\mu\boldsymbol{H}, \tag{6.1.19}$$

$$\boldsymbol{k} \times \boldsymbol{H} = -\omega \boldsymbol{D}, \tag{6.1.20}$$

由此可得到

$$\boldsymbol{D} = -\boldsymbol{k} \times (\boldsymbol{k} \times \boldsymbol{E})/(\omega^2 \mu). \tag{6.1.21}$$

电场能和磁场能分别为

$$W_{\mathrm{e}} = \frac{1}{2}\boldsymbol{E} \cdot \boldsymbol{D} = -\boldsymbol{E} \cdot (\boldsymbol{k} \times \boldsymbol{H})/(2\omega), \quad W_{\mathrm{m}} = \frac{1}{2}\boldsymbol{H} \cdot \boldsymbol{B} = (\boldsymbol{k} \times \boldsymbol{E}) \cdot \boldsymbol{H}/(2\omega), \tag{6.1.22}$$

由矢量公式可以判断电场能和磁场能相等.总场能为

$$W = 2W_{\mathrm{m}} = (1/\omega)\boldsymbol{k} \cdot (\boldsymbol{E} \times \boldsymbol{H}) = (1/\omega)\boldsymbol{k} \cdot \boldsymbol{S} = (1/\boldsymbol{v}_{\mathrm{ph}})\boldsymbol{S} \cdot \hat{\boldsymbol{k}}. \tag{6.1.23}$$

其中 $\hat{\boldsymbol{k}}$ 为波矢方向单位矢量.

坡印廷矢量方向即能流方向确定为光线方向.设在该方向上,在 Δt 时间内光线移动了 Δl 距离.在垂直于光线的截面 ΔA 上流过的能量,由电磁能守恒方程(6.1.7)式可以得到 $|\boldsymbol{S}|\Delta t \Delta A = W\Delta l \Delta A$,由此光线速度(ray velocity)$\boldsymbol{v}_{\mathrm{r}}$定义为

$$\boldsymbol{v}_{\mathrm{r}} \equiv \left|\boldsymbol{S}\right|/W. \tag{6.1.24}$$

比较上面两式可以得到相速和光线速度的关系为

$$\boldsymbol{v}_{\mathrm{ph}} = \boldsymbol{v}_{\mathrm{r}} \cos\theta, \tag{6.1.25}$$

θ 为波矢与光线(能流)方向的夹角.定义光线折射率(ray index)或称能量折射率(energy index)

$$n_{\mathrm{r}} \equiv c/\boldsymbol{v}_{\mathrm{r}}, \tag{6.1.26}$$

光线折射率与普通折射率的关系为

$$n_{\mathrm{r}} = n\cos\theta. \tag{6.1.27}$$

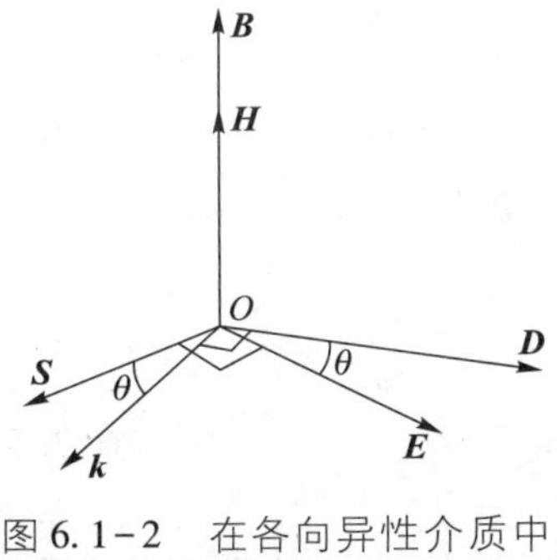

图 6.1-2 在各向异性介质中,电磁量的方向关系

由(6.1.19)式和(6.1.20)式可以看出,平面波的波矢 $\boldsymbol{k}$、电位移 $\boldsymbol{D}$ 和磁场强度 $\boldsymbol{H}$ 三者总是互相垂直的.而由(6.1.19)式和坡印廷矢量的定义,坡印廷矢量 $\boldsymbol{S}$、电场 $\boldsymbol{E}$ 和磁场强度 $\boldsymbol{H}$ 三者总是互相垂直.在各向同性介质中,$\boldsymbol{E}$ 与 $\boldsymbol{D}$ 同向,$\boldsymbol{B}$ 与 $\boldsymbol{H}$ 同向,坡印廷矢量与波矢同向,因此可以笼统地说,波矢(光线)、电场和磁场三者互相垂直.对于电各向异性介质,$\boldsymbol{B}$ 与 $\boldsymbol{H}$ 同向,但 $\boldsymbol{E}$ 与 $\boldsymbol{D}$ 一般不同向,这六个矢量的一般关系如图 6.1-2 所示.容易看出,$\boldsymbol{E}$ 和 $\boldsymbol{D}$ 的夹角即成为 $\boldsymbol{S}$ 和 $\boldsymbol{k}$ 的夹角,造成能流方向与相位传播方向不一致.由于在各向异性介质中是电位移 $\boldsymbol{D}$ 而不是电场 $\boldsymbol{E}$ 与波矢垂直,有人称电位移矢量为描述各向异性介质的光矢量.

需要指出的是,虽然根据定义,光线速度表示能流的速度,但它同相速一样,不具有可直接证实的物理意义.因为这些概念基于平面波理论,平面波本身是抽象的物理概念,它既无起点又无

终点,不能携带任何信息,在现实世界并不存在.最近,有实验表明在反常色散介质中,光脉冲的群速可以超过真空中的光速 c(Wang,2000).多数观点认为,即使在这种情况下,也没有发生光信息超过 c 的现象,因此不违反狭义相对论基本原理.不过,这些新实验确实使人们对光速的理解日益深入.

6.2 菲涅耳方程和法线面

1. 菲涅耳方程

对于均匀各向同性介质,由确定频率的平面波的极化率或介电常量很容易得到对应的折射率和相速.在均匀各向异性介质中,如果已知确定频率平面波的极化率或介电常量张量,如何求出平面波沿某方向传播的折射率和相速呢? 这个问题可以由菲涅耳方程(Fresnel equation)来解决.

在各向异性介质中,对频率 ω 的平面波(6.1.16)式,由(6.1.21)式和(6.1.9)式,可得到波矢和电场满足的方程

$$\boldsymbol{k}\times(\boldsymbol{k}\times\boldsymbol{E})+\omega^2\mu(\boldsymbol{\varepsilon}\cdot\boldsymbol{E})=0, \tag{6.2.1}$$

其中 $\boldsymbol{\varepsilon}$ 是介电常量张量.利用矢量公式 $\boldsymbol{a}\times(\boldsymbol{b}\times\boldsymbol{c})=\boldsymbol{b}(\boldsymbol{a}\cdot\boldsymbol{c})-\boldsymbol{c}(\boldsymbol{a}\cdot\boldsymbol{b})$,上式可化为

$$(\boldsymbol{k}\cdot\boldsymbol{E})\boldsymbol{k}+\omega^2\mu(\boldsymbol{\varepsilon}\cdot\boldsymbol{E})=k^2\boldsymbol{E}, \tag{6.2.2}$$

其中 $k=|\boldsymbol{k}|$.在主介电轴坐标系中,可以看出它对应一个特征方程

$$\begin{pmatrix} k_x^2+\omega^2\mu\varepsilon_x & k_xk_y & k_xk_z \\ k_xk_y & k_y^2+\omega^2\mu\varepsilon_y & k_yk_z \\ k_xk_z & k_yk_z & k_z^2+\omega^2\mu\varepsilon_z \end{pmatrix}\begin{pmatrix} E_x \\ E_y \\ E_z \end{pmatrix}=k^2\begin{pmatrix} E_x \\ E_y \\ E_z \end{pmatrix}, \tag{6.2.3}$$

k_j 和 $E_j(j=x,y,z)$ 是 $\boldsymbol{k}$ 和 $\boldsymbol{E}$ 在主介电轴坐标系的分量.电场有非零解的条件为

$$\begin{vmatrix} k_x^2+\omega^2\mu\varepsilon_x-k^2 & k_xk_y & k_xk_z \\ k_xk_y & k_y^2+\omega^2\mu\varepsilon_y-k^2 & k_yk_z \\ k_xk_z & k_yk_z & k_z^2+\omega^2\mu\varepsilon_z-k^2 \end{vmatrix}=0, \tag{6.2.4}$$

将它展开并化简后得到菲涅耳方程

$$\frac{k_x^2}{k^2-\omega^2\mu\varepsilon_x}+\frac{k_y^2}{k^2-\omega^2\mu\varepsilon_y}+\frac{k_z^2}{k^2-\omega^2\mu\varepsilon_z}=1. \tag{6.2.5}$$

如果平面波的频率和介质参数已确定,在主介电轴坐标系中给定某波矢方向,由菲涅耳方程可以求出波数本征值 k,再由特征方程(6.2.3)式,可求出在主轴坐标系中对应的电场偏振特征矢

$$\boldsymbol{E}=\left(\frac{k_x}{k^2-\omega^2\mu\varepsilon_x},\frac{k_y}{k^2-\omega^2\mu\varepsilon_y},\frac{k_z}{k^2-\omega^2\mu\varepsilon_z}\right). \tag{6.2.6}$$

由于菲涅耳方程是 k^2 的二次方程,在晶体中给定波矢方向,存在两个特征相速度或折射率,它们各自对应确定的电场偏振方向,而其他偏振方向不可能成立.因此菲涅耳方程原则上解决了本节开始提出的问题.

菲涅耳方程还可以用折射率和相速来表示.利用(6.1.16)式和(6.1.17)式,不难得到

$$\frac{\hat{k}_x^2}{n^2-n_x^2}+\frac{\hat{k}_y^2}{n^2-n_y^2}+\frac{\hat{k}_z^2}{n^2-n_z^2}=\frac{1}{n^2}, \tag{6.2.7}$$

$$\frac{\hat{k}_x^2}{\boldsymbol{v}_{\text{ph}}^2-v_x^2}+\frac{\hat{k}_y^2}{\boldsymbol{v}_{\text{ph}}^2-v_y^2}+\frac{\hat{k}_z^2}{\boldsymbol{v}_{\text{ph}}^2-v_z^2}=0, \tag{6.2.8}$$

其中 $(\hat{k}_x,\hat{k}_y,\hat{k}_z)$ 表示波矢单位矢量.传播主速度(principal velocity of propagation)和主折射率(principal indices of refraction)定义为

$$\boldsymbol{v}_j \equiv 1/\sqrt{\mu\varepsilon_j}, \qquad n_j=c/\boldsymbol{v}_j, \quad (j=x,y,z), \tag{6.2.9}$$

它们只是描述晶体(介电常量)的特征参数.电场特征矢量(6.2.6)式可表示为

$$\boldsymbol{E}=\left(\frac{\hat{k}_x}{n^2-c^2\mu\varepsilon_x},\frac{\hat{k}_y}{n^2-c^2\mu\varepsilon_y},\frac{\hat{k}_z}{n^2-c^2\mu\varepsilon_z}\right), \tag{6.2.10}$$

$$\boldsymbol{E}=\left(\frac{\hat{k}_x}{\boldsymbol{v}_{\text{ph}}^2/\boldsymbol{v}_x^2-1},\frac{\hat{k}_y}{\boldsymbol{v}_{\text{ph}}^2/\boldsymbol{v}_y^2-1},\frac{\hat{k}_z}{\boldsymbol{v}_{\text{ph}}^2/\boldsymbol{v}_z^2-1}\right). \tag{6.2.11}$$

菲涅耳方程的后两种表示的明显优点是不显含频率,给定介质参数和任意单位波矢方向 $\hat{\boldsymbol{k}}=(\hat{k}_x,\hat{k}_y,\hat{k}_z)$,方程中只显含一个未知数($n$ 或 $\boldsymbol{v}_{\text{ph}}$).下面我们讨论(6.2.8)形式的菲涅耳方程.

2. 波法线面和光轴

由(6.2.8)式容易看出,它是 $\boldsymbol{v}_{\text{ph}}^2$ 的二次方程,具有两个相速解

$$\boldsymbol{v}_{\text{ph}}^2=\frac{1}{2}\{\boldsymbol{v}_x^2(\hat{k}_y^2+\hat{k}_z^2)+\boldsymbol{v}_y^2(\hat{k}_x^2+\hat{k}_z^2)+\boldsymbol{v}_z^2(\hat{k}_x^2+\hat{k}_y^2)\pm\sqrt{F}\}, \tag{6.2.12a}$$

$$\begin{aligned}F=&[\boldsymbol{v}_x^2(\hat{k}_y^2+\hat{k}_z^2)+\boldsymbol{v}_y^2(\hat{k}_x^2+\hat{k}_z^2)+\boldsymbol{v}_z^2(\hat{k}_x^2+\hat{k}_y^2)]^2-\\&4(\boldsymbol{v}_y^2\boldsymbol{v}_z^2\hat{k}_x^2+\boldsymbol{v}_x^2\boldsymbol{v}_z^2\hat{k}_y^2+\boldsymbol{v}_x^2\boldsymbol{v}_y^2\hat{k}_z^2).\end{aligned} \tag{6.2.12b}$$

在主介电轴坐标系中,给定单位波矢方向 $\hat{\boldsymbol{k}}=(\hat{k}_x,\hat{k}_y,\hat{k}_z)$,分别以这两个相速解的值 $\boldsymbol{v}_{\text{ph}}$ 为径矢,其轨迹可以画出两个封闭的壳,称为波法线面(wave normal surface)或简称法线面.在一般情况下,三个主介电常量各不相等,设三个主速度满足

$$\boldsymbol{v}_x^2>\boldsymbol{v}_y^2>\boldsymbol{v}_z^2 \text{ 或 } \boldsymbol{v}_x^2<\boldsymbol{v}_y^2<\boldsymbol{v}_z^2, \tag{6.2.13}$$

我们根据(6.2.12)式画出的法线面如图 6.2-1 的左边所示:(a)为对应于较小的相速解的法线

面;(b)为对应于较大的相速解的法线面;(c)是剖面图.

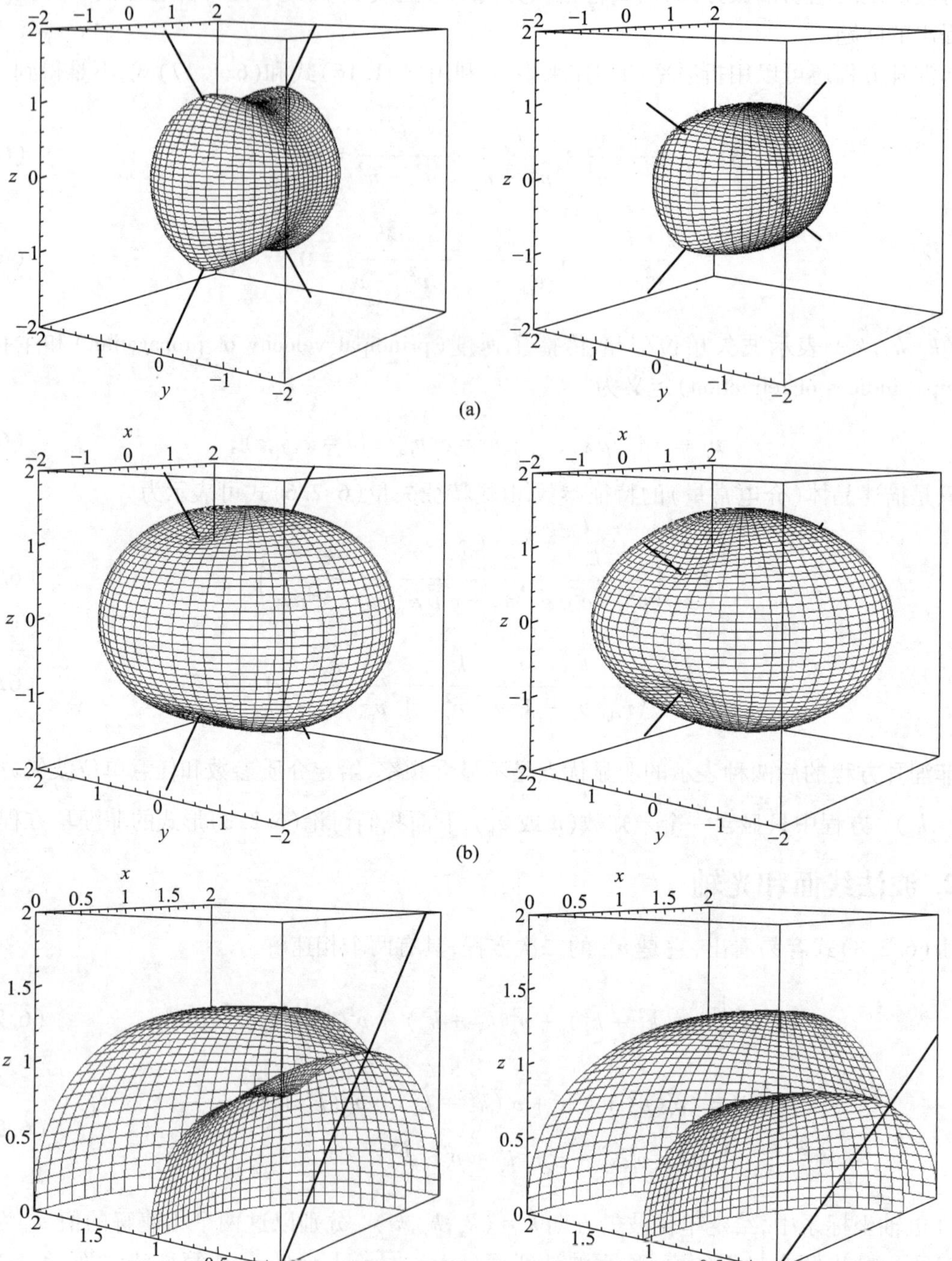

图 6.2-1　双轴晶体的法线面(左图)和光线面(右图):(a)内壳面,(b)外壳面,(c)剖面图.介质的主传播速度为 $\boldsymbol{v}_x=1.0,\boldsymbol{v}_y=1.5,\boldsymbol{v}_z=2.0$(任意单位),光轴处在 x-z 平面上

十分奇特的是两个法线面相交的轨迹并不是空间曲线，而是四个孤立的交点.将它们与坐标原点相连接，构成通过原点的两条直线.当波矢沿该直线方向时只有一个相速解，因此这两条直线称为光轴(optical axes).光轴的方向可以由二次方程(6.2.8)式的判别式 $F=0$ 求出.在(6.2.13)式的条件下，由(6.2.12)式中的 $F=0$ 我们得到光轴为

$$\hat{k}_x = \pm\sqrt{\frac{\boldsymbol{v}_x^2-\boldsymbol{v}_y^2}{\boldsymbol{v}_x^2-\boldsymbol{v}_z^2}},\quad \hat{k}_y=0,\quad \hat{k}_z=\pm\sqrt{\frac{\boldsymbol{v}_z^2-\boldsymbol{v}_y^2}{\boldsymbol{v}_z^2-\boldsymbol{v}_x^2}},\tag{6.2.14}$$

光轴处在 x-z 平面上(图6.2-1c).当波矢沿光轴方向时，菲涅耳方程只有一个相速度

$$\boldsymbol{v}_{\mathrm{ph}}=\boldsymbol{v}_y.\tag{6.2.15}$$

可以证明(练习3)，这时电位移偏振特征矢量为垂直于光轴的任意方向.

根据对称性，不难写出三个主速度大小不同于(6.2.13)式时的光轴解.如果晶体的两个主速度相等，两个光轴将重合成为一个光轴，成为单轴晶体，我们将在6.5节中讨论.

3. 波矢方向与特征偏振矢量方向的关系

上面已经得到给定传播方向(波矢方向)时电场特征矢量在主轴坐标系中的表达式(6.2.6)式[或(6.2.10)式和(6.2.11)式].在无损耗晶体中，晶体的介电常量和特征值均为实数，表明电场特征矢量是线偏振.由于采用主轴坐标系，由(6.1.15)式很容易计算对应的电位移特征矢量.在某一传播方向(除光轴方向外)存在两个特征值，它们将对应两个特征电场矢量($\boldsymbol{E}_1,\boldsymbol{E}_2$)和电位移矢量($\boldsymbol{D}_1,\boldsymbol{D}_2$).这些矢量之间，以及它们和波矢方向有什么关系呢?

作为练习，读者可以验证正交关系

$$\boldsymbol{D}_1\cdot\boldsymbol{D}_2=0,\tag{6.2.16}$$

$$\boldsymbol{D}_1\cdot\boldsymbol{E}_2=0,\quad \boldsymbol{D}_2\cdot\boldsymbol{E}_1=0,\tag{6.2.17}$$

但 $\boldsymbol{E}_1$ 和 $\boldsymbol{E}_2$ 一般不互相垂直.由普遍的矢量关系图6.1-2可以看出，晶体中的平面波波矢 $\boldsymbol{k}$ 总是与电位移矢量 $\boldsymbol{D}$ 垂直，而与电场 $\boldsymbol{E}$ 不垂直，并且 $\boldsymbol{E}$ 和 $\boldsymbol{D}$ 与 $\boldsymbol{k}$ 处在同一平面内.实际上，由两个特征电位移矢量互相垂直，以及普遍的矢量关系可以推断 $\boldsymbol{E}_i$ 在 $\boldsymbol{D}_i$ 和 $\boldsymbol{k}$ 组成的平面内，因而有(6.2.17)式关系.两个特征偏振与波矢的方向关系如图6.2-2所示.

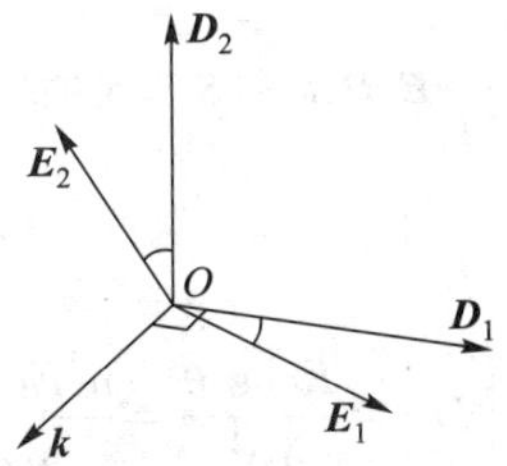

图6.2-2 两个特征偏振方向与波矢的关系

特征偏振方向是各向异性晶体中所允许的光束偏振方向.需要强调的是，不能将与同一波矢

$\boldsymbol{k}$ 正交的特征偏振方向 $\boldsymbol{D}_1$ 和 $\boldsymbol{D}_2$ 看成一组完备基，因为它们各自对应于不同的相速度特征值，它们的线性叠加偏振方向在晶体中不可能存在.

练　习

1. 试由(6.2.4)式推导(6.2.5)式.

2. 证明(6.2.6)式是满足菲涅耳方程的特征值对应的特征矢量.

3. 证明光轴(6.2.14)式满足(6.2.12)式中的 $F=0$，并计算波矢沿光轴时的相速度(6.2.15)式.

4. 当波矢沿光轴方向(6.2.14)式时，将特征值(6.2.15)代入特征方程(6.2.3)式，证明电位移偏振特征矢量可以为垂直于光轴的任意方向，即$(D_x,\ D_y,\ D_z)$满足 $\hat{k}_x D_x + \hat{k}_z D_z = 0$.

5. 证明正交关系(6.2.16)式和(6.2.17)式.

6.3　光线方程和光线面

1. 光线方程

类似于上一节的讨论我们可以建立光线方程(ray equation)和光线面.对于某一平面波，它的 $\boldsymbol{E}$、$\boldsymbol{D}$、$\boldsymbol{k}$ 和 $\boldsymbol{S}$ 均垂直于磁场，故处在同一平面(图 6.1-2)，现将它们满足的基本的关系画在图 6.3-1中.由图可以看出

$$\boldsymbol{k}\times(\boldsymbol{k}\times\boldsymbol{E}) = -k^2 E\sin\left(\frac{\pi}{2}-\theta\right)\cdot\frac{\boldsymbol{D}}{D} = -\frac{\omega^2}{\boldsymbol{v}_{\rm ph}^2}E\cos\theta\cdot\frac{\boldsymbol{D}}{D}, \tag{6.3.1}$$

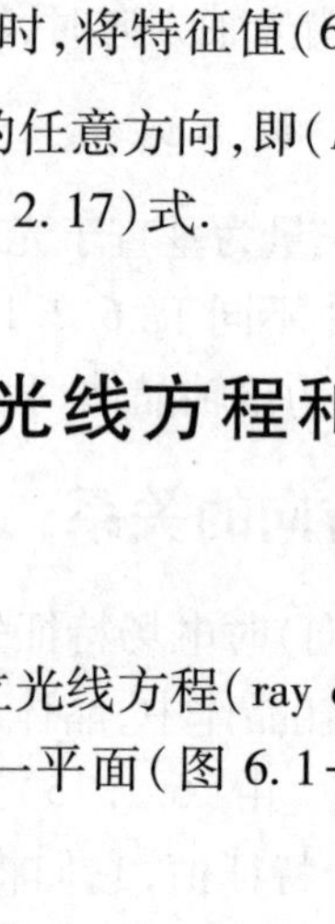

图 6.3-1　$\boldsymbol{E}$、$\boldsymbol{D}$、$\boldsymbol{k}$ 和 $\boldsymbol{S}$ 满足的基本关系

代入(6.1.21)式得到

$$D = \left|\boldsymbol{D}\right| = \frac{E\cos\theta}{\mu\boldsymbol{v}_{\rm ph}^2} = \frac{n^2 E\cos\theta}{\mu c^2}. \tag{6.3.2}$$

图 6.3-1 中的平行四边形表示矢量关系

$$\boldsymbol{D}-(\boldsymbol{s}\cdot\boldsymbol{D})\boldsymbol{s} = D\cos\theta\cdot(\boldsymbol{E}/E), \tag{6.3.3}$$

其中 $\boldsymbol{s}$ 为坡印廷单位矢量.将(6.3.2)式代入上式

$$(\boldsymbol{s}\cdot\boldsymbol{D})\boldsymbol{s}-\boldsymbol{D}=-\frac{n^2\cos^2\theta}{\mu c^2}\boldsymbol{E}=-\frac{1}{\mu \boldsymbol{v}_{\mathrm{r}}^2}\boldsymbol{E}, \tag{6.3.4}$$

其中用到(6.1.17)式和(6.1.25)式.

类似于(6.2.2)式,(6.3.4)式成为与光线或能流方向有关的特征方程,利用主介电轴坐标系(6.1.15)式,它展开为

$$\begin{pmatrix} s_x^2-1+(\boldsymbol{v}_x/\boldsymbol{v}_{\mathrm{r}})^2 & s_xs_y & s_xs_z \\ s_xs_y & s_y^2-1+(\boldsymbol{v}_y/\boldsymbol{v}_{\mathrm{r}})^2 & s_ys_z \\ s_xs_z & s_ys_z & s_z^2-1+(\boldsymbol{v}_z/\boldsymbol{v}_{\mathrm{r}})^2 \end{pmatrix}\begin{pmatrix} D_x \\ D_y \\ D_z \end{pmatrix}=0, \tag{6.3.5}$$

其中 $s_j(j=x,y,z)$ 是 $\boldsymbol{s}$ 在主介电轴坐标系的分量.与(6.2.4)式相似,求特征值 $\boldsymbol{v}_{\mathrm{r}}^2$ 的方程称为光线方程

$$\frac{s_x^2}{\dfrac{1}{\boldsymbol{v}_{\mathrm{r}}^2}-\dfrac{1}{\boldsymbol{v}_x^2}}+\frac{s_y^2}{\dfrac{1}{\boldsymbol{v}_{\mathrm{r}}^2}-\dfrac{1}{\boldsymbol{v}_y^2}}+\frac{s_z^2}{\dfrac{1}{\boldsymbol{v}_{\mathrm{r}}^2}-\dfrac{1}{\boldsymbol{v}_z^2}}=0, \tag{6.3.6}$$

对应的电位移偏振特征方向为

$$\boldsymbol{D}=\left(\frac{s_x}{1-(\boldsymbol{v}_x^2/\boldsymbol{v}_{\mathrm{r}}^2)},\frac{s_y}{1-(\boldsymbol{v}_y^2/\boldsymbol{v}_{\mathrm{r}}^2)},\frac{s_z}{1-(\boldsymbol{v}_z^2/\boldsymbol{v}_{\mathrm{r}}^2)}\right). \tag{6.3.7}$$

2. 光线面和光轴

与菲涅耳方程类似,光线方程(6.3.6)式仍是 $\boldsymbol{v}_{\mathrm{r}}^2$ 的二次方程.给定光线方向 $\boldsymbol{s}$,一般有两个光线速度解

$$\boldsymbol{v}_{\mathrm{r}}^2=\frac{\boldsymbol{v}_x^2\boldsymbol{v}_y^2(s_x^2+s_y^2)+\boldsymbol{v}_y^2\boldsymbol{v}_z^2(s_y^2+s_z^2)+\boldsymbol{v}_x^2\boldsymbol{v}_z^2(s_x^2+s_z^2)\pm\sqrt{G}}{2(\boldsymbol{v}_x^2s_x^2+\boldsymbol{v}_y^2s_y^2+\boldsymbol{v}_z^2s_z^2)}, \tag{6.3.8a}$$

$$\begin{aligned} G=&[\boldsymbol{v}_x^2\boldsymbol{v}_y^2(s_x^2+s_y^2)+\boldsymbol{v}_x^2\boldsymbol{v}_z^2(s_x^2+s_z^2)+\boldsymbol{v}_y^2\boldsymbol{v}_z^2(s_y^2+s_z^2)]^2-\\ &4\boldsymbol{v}_x^2\boldsymbol{v}_y^2\boldsymbol{v}_z^2(\boldsymbol{v}_x^2s_x^2+\boldsymbol{v}_y^2s_y^2+\boldsymbol{v}_z^2s_z^2). \end{aligned} \tag{6.3.8b}$$

因此也可以画出两个封闭的壳,称为光线面(ray surface),它们与法线面的形状有些相似,如图6.2-1的右图所示.两个壳有四个交点,也形成两个光轴(optical axis),称为光线光轴(ray axis),以区分前面定义的波法线光轴.[注]遵照上一节相同的方法,满足二次光线方程的判别式 $G=0$ 的光线方向可求出光轴.当条件(6.2.13)式满足时,光轴解为

[注]有的书上将法线面的光轴称为第一类光轴,光线面的光轴称为第二类光轴,但也有人给予相反的称谓,造成混乱.不如给予确切的名称,如波法线光轴和光线光轴.

$$s_x = \pm\sqrt{\frac{(\boldsymbol{v}_x^2 - \boldsymbol{v}_y^2)\boldsymbol{v}_z^2}{(\boldsymbol{v}_x^2 - \boldsymbol{v}_z^2)\boldsymbol{v}_y^2}}, \quad s_y = 0, \quad s_z = \pm\sqrt{\frac{(\boldsymbol{v}_z^2 - \boldsymbol{v}_y^2)\boldsymbol{v}_x^2}{(\boldsymbol{v}_z^2 - \boldsymbol{v}_x^2)\boldsymbol{v}_y^2}}. \tag{6.3.9}$$

将它代入(6.3.8)式,得到光轴上光线速度为

$$\boldsymbol{v}_{\mathrm{r}} = \boldsymbol{v}_y. \tag{6.3.10}$$

需要注意的是,在晶体中波法线光轴与光线光轴一般并不重合.设波法线光轴和光线光轴与 z 轴的夹角分别为 α_{n} 和 α_{r},当主速度 $\boldsymbol{v}_y$ 为中间值时,由(6.2.14)式和(6.3.9)式

$$\tan\alpha_{\mathrm{n}} = \sqrt{\frac{\boldsymbol{v}_x^2 - \boldsymbol{v}_y^2}{\boldsymbol{v}_y^2 - \boldsymbol{v}_z^2}} = \frac{n_z}{n_x}\sqrt{\frac{n_x^2 - n_y^2}{n_y^2 - n_z^2}}, \tag{6.3.11}$$

$$\tan\alpha_{\mathrm{r}} = \frac{\boldsymbol{v}_z}{\boldsymbol{v}_x}\sqrt{\frac{\boldsymbol{v}_x^2 - \boldsymbol{v}_y^2}{\boldsymbol{v}_y^2 - \boldsymbol{v}_z^2}} = \sqrt{\frac{n_x^2 - n_y^2}{n_y^2 - n_z^2}}. \tag{6.3.12}$$

对于大多数晶体,两类光轴的夹角只有几度之差.

3. 光线与其电位移偏振特征矢量的关系

给定光线方向,存在两个光线速度特征值,分别对应两个电位移偏振特征方向 $\boldsymbol{D}_1$ 和 $\boldsymbol{D}_2$,及相应的偏振电场 $\boldsymbol{E}_1$ 和 $\boldsymbol{E}_2$. 同样可以证明

$$\boldsymbol{E}_1 \cdot \boldsymbol{E}_2 = 0, \tag{6.3.13}$$

$$\boldsymbol{D}_1 \cdot \boldsymbol{E}_2 = 0, \quad \boldsymbol{D}_2 \cdot \boldsymbol{E}_1 = 0. \tag{6.3.14}$$

与图 6.2-2 相似,光线方向 $\boldsymbol{s}$ 同其对应的两个电场特征偏振构成三维正交关系.$\boldsymbol{D}_1$ 和 $\boldsymbol{D}_2$ 一般并不正交,它们与光线也不正交,如图6.3-2所示.

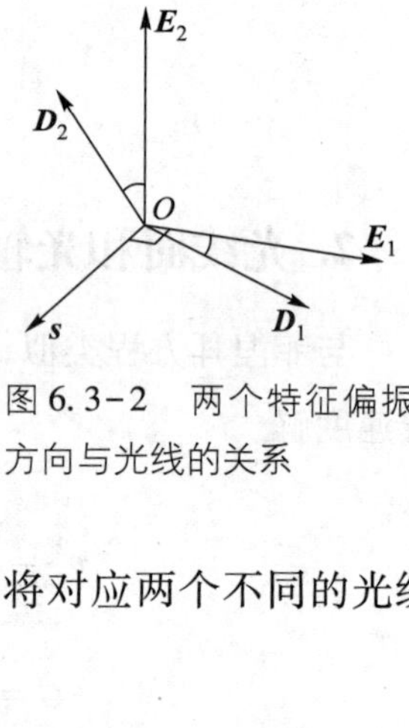

图 6.3-2 两个特征偏振方向与光线的关系

需要指出的是给定光线方向 $\boldsymbol{s}$ 的两个特征电矢量方向,一般不是某一平面波波矢 $\boldsymbol{k}$ 的两个特征电矢量方向,而对应于两个不同的平面波波矢方向.反之亦然,给定平面波波矢方向 $\boldsymbol{k}$ 的两个特征电矢量方向,将对应两个不同的光线方向.

练 习

1. 利用(6.3.4)式,以电场 $\boldsymbol{E}$ 为特征矢量写出特征方程,证明它可以得到相同的光线方程(6.3.6)式.求出特征矢量 $\boldsymbol{E}$ 的表式.

2. 证明光线沿光轴时,只有一个光线速度(6.3.10)式.

3. 证明正交关系(6.3.13)式和(6.3.14)式.

6.4 波法线椭球和光线椭球

1. 波法线椭球

另一种几何方式描述各向异性介质光学性质可以用主介电轴坐标系中的椭球.对于振幅为 $\boldsymbol{E}$ 和 $\boldsymbol{D}$ 的平面波,在主介电轴坐标系中,总能量可表为

$$W = \boldsymbol{E} \cdot \boldsymbol{D} = \frac{D_x^2}{\varepsilon_x} + \frac{D_y^2}{\varepsilon_y} + \frac{D_z^2}{\varepsilon_z}, \tag{6.4.1}$$

它是对任意平面波都成立的恒等式.令

$$\boldsymbol{r} = (x, y, z) = (1/\sqrt{W})(D_x, D_y, D_z), \tag{6.4.2}$$

(6.4.1)式可化为标准的椭球方程

$$\frac{x^2}{\varepsilon_x} + \frac{y^2}{\varepsilon_y} + \frac{z^2}{\varepsilon_z} = 1, \tag{6.4.3}$$

称为波法线椭球(ellipsoid of wave normals),又称折射率椭球(index ellipsoid).利用(6.3.2)式

$$r^2 = \boldsymbol{r} \cdot \boldsymbol{r} = \frac{\boldsymbol{D} \cdot \boldsymbol{D}}{\boldsymbol{D} \cdot \boldsymbol{E}} = \frac{D}{E\cos\theta} = \frac{n^2}{\mu c^2} = \frac{1}{\mu \boldsymbol{v}_{\text{ph}}^2}, \tag{6.4.4}$$

由此可见原点到椭球面径矢的大小反映了相速度.

如图 6.4-1 所示,由波法线椭球可以在几何关系上来确定给定波法线(波矢)方向的两个特征相速度和对应的电位移特征偏振矢量.例如给定波矢方向 $\hat{\boldsymbol{k}} = (\hat{k}_x, \hat{k}_y, \hat{k}_z)$,通过原点作一截面

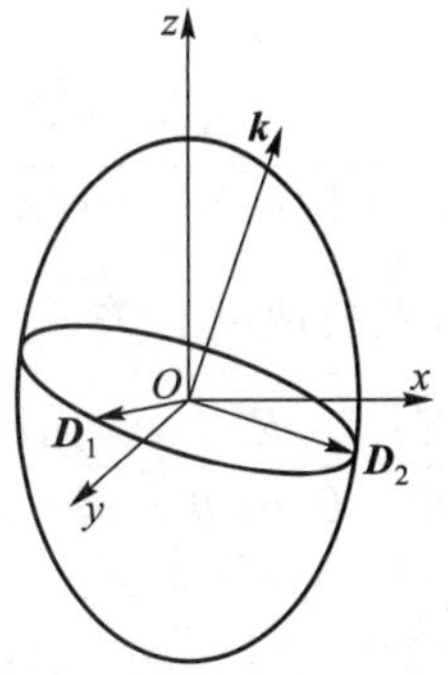

图 6.4-1 由波法线椭球来确定给定波矢的两个特征电位移偏振

$$x\hat{k}_x + y\hat{k}_y + z\hat{k}_z = 0, \tag{6.4.5}$$

它与椭球面相交为一椭圆,椭圆的长短轴的方向为电位移特征偏振方向,它们的大小由(6.4.4)式可求出相速.有关证明参见本章附录 A.

2. 波法线光轴

由波法线椭球也可以找出(波法线)光轴.从几何角度来看,如果上述某波矢的截面切椭球后,得到的是圆,那么它只对应一个相速度,该波矢方向就是波法线光轴.同时可以理解,特征电位移偏振方向可以是垂直于光轴的任意方向.

如(6.2.13)式,假定主介电常量的较大或较小的值在 x 或 z 方向(即光轴在 x-z 平面上),我们用通过原点垂直于 x-z 面的截面去切椭球,就一定可以得到这样的圆.作为练习,读者可以计算出当用截面

$$z = \kappa x \tag{6.4.6}$$

与椭球(6.4.3)式相交时,如果满足

$$\kappa = \tan\alpha_{\mathrm{n}} = \pm\sqrt{\frac{\varepsilon_z(\varepsilon_x - \varepsilon_y)}{\varepsilon_x(\varepsilon_y - \varepsilon_z)}} = \pm\sqrt{\frac{\boldsymbol{v}_x^2 - \boldsymbol{v}_y^2}{\boldsymbol{v}_y^2 - \boldsymbol{v}_z^2}}, \tag{6.4.7}$$

它们的交线是一个圆.α_{n} 是光轴与 z 方向主介电轴的夹角,它与法线面计算的结果(6.3.11)式一致.

3. 光线椭球

(6.4.1)式可以用主介电坐标系中的电场分量表示

$$W = \varepsilon_x E_x^2 + \varepsilon_y E_y^2 + \varepsilon_z E_z^2. \tag{6.4.8}$$

现在令

$$\boldsymbol{\rho} = (x, y, z) = (1/\sqrt{W})(E_x, E_y, E_z), \tag{6.4.9}$$

得到光线椭球(ray ellipsoid)方程

$$\frac{x^2}{(1/\varepsilon_x)} + \frac{y^2}{(1/\varepsilon_y)} + \frac{z^2}{(1/\varepsilon_z)} = 1. \tag{6.4.10}$$

这是因为椭球面上点的径矢 $\boldsymbol{\rho}$ 的大小与光线速度有关

$$\rho^2 = \boldsymbol{\rho}\cdot\boldsymbol{\rho} = \frac{\boldsymbol{E}\cdot\boldsymbol{E}}{\boldsymbol{D}\cdot\boldsymbol{E}} = \frac{E}{D\cos\theta} = \frac{\mu c^2}{n^2\cos^2\theta} = \frac{\mu c^2}{n_{\mathrm{r}}^2} = \mu\boldsymbol{v}_{\mathrm{r}}^2. \tag{6.4.11}$$

给定光线方向 $\boldsymbol{s}$,通过原点的截面方程为

$$x s_x + y s_y + z s_z = 0, \tag{6.4.12}$$

它与椭球相交于一椭圆,椭圆的长短轴的大小表示两个特征光线速度,其方向为电场特征偏振方向.类似于上面的方法,用光线椭球可以计算出光线光轴(参见练习2).

本节方法与上面介绍的法线光线面方法完全等价.利用本节的椭球方法,容易直观地看出电场特征偏振方向,而使用波法线面和光线面方法能直观地看出光速的大小.

练　习

1. 当条件(6.2.13)式满足时,证明光轴与 z 方向夹角满足(6.4.7)式.

2. 当条件(6.2.13)式满足时,利用光线椭球方法求出光线光轴与 z 轴的夹角,并同光线面的计算结果进行比较.

6.5 光单轴晶体和双轴晶体

1. 晶体的分类

光学中常见的各向异性介质是晶体,可以根据其光学性质对晶体分类.

(ⅰ)各向同性晶体

晶体中三个相互正交方向的介电常量完全相等,即为各向同性晶体.例如立方晶系属于各向同性晶体.

(ⅱ)单轴晶体(uniaxial crystal)

晶体三个相互正交方向中有两个正交方向的介电常量相等,例如

$$\varepsilon_x = \varepsilon_y \neq \varepsilon_z, \tag{6.5.1}$$

称为单轴晶体.三角(trigonal)四方(tetragonal)和六角(hexagonal)晶系(syngony)属于单轴晶体.

(ⅲ)双轴晶体(biaxial crystal)

在一般情况,晶体中三个正交方向的介电常量各不相等,成为双轴晶体.三斜(triclinic)单斜(monoclinic)和正交(orthorhombic)晶系属于双轴晶体.

2. 单轴晶体

单轴晶体满足条件(6.5.1)式,用主传播速度表示

$$\boldsymbol{v}_x = \boldsymbol{v}_y \equiv \boldsymbol{v}_o, \quad \boldsymbol{v}_z \equiv \boldsymbol{v}_e, \tag{6.5.2}$$

下标 o 和 e 是 ordinary 和 extraordinary 的缩写,代入菲涅耳方程(6.2.8)式后,[注]

$$(\boldsymbol{v}_{ph}^2 - \boldsymbol{v}_o^2)[(\hat{k}_x^2 + \hat{k}_y^2)(\boldsymbol{v}_{ph}^2 - \boldsymbol{v}_e^2) + \hat{k}_z^2(\boldsymbol{v}_{ph}^2 - \boldsymbol{v}_o^2)] = 0. \tag{6.5.3}$$

设 γ 是单位波矢与 z 轴的夹角,菲涅耳方程的两个解为

$$\boldsymbol{v}_{ph}^2 = \boldsymbol{v}_o^2, \tag{6.5.4}$$

$$\boldsymbol{v}_{ph}^2 = \boldsymbol{v}_o^2 \cos^2\gamma + \boldsymbol{v}_e^2 \sin^2\gamma. \tag{6.5.5}$$

由此我们可以画出单轴晶体的两个波法线面.很明显,(6.5.4)式代表半径为 $\boldsymbol{v}_o$ 的球面.(6.5.5)式右边

[注] 先对(6.2.8)式通分后,再将(6.5.2)式代入.

只含有一个方位角 γ,因此它表示绕 z 轴旋转对称的曲面.在任意通过 z 轴的平面上,令 $\boldsymbol{v}_{\mathrm{ph}}^2 = x^2 + z^2$, (6.5.5)式的直角坐标表示为 $\boldsymbol{v}_{\mathrm{o}}^2 z^2 + \boldsymbol{v}_{\mathrm{e}}^2 x^2 = (x^2 + z^2)^2$, 它表示一个卵型,而在三维空间是绕 z 轴的旋转卵面.图 6.5-1 为在 x-z 平面上两个方程的曲线,绕 z 轴旋转后,得到两个波法线面.

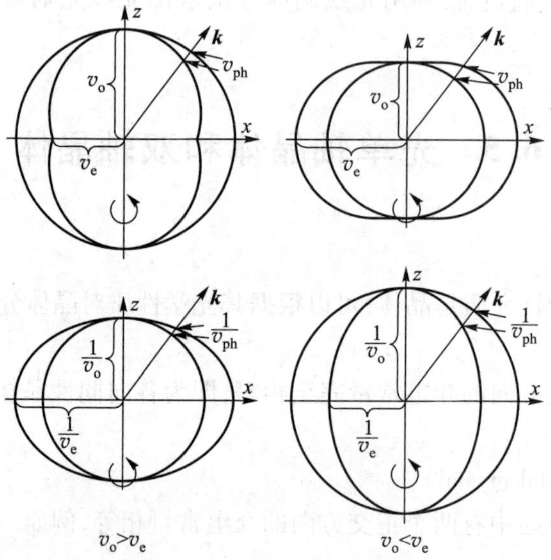

图 6.5-1　单轴晶体的法线面(上图)和倒法线面(下图)在主平面上的截面.左边为正单轴晶体; 右边为负单轴晶体.三维面可绕 z 轴旋转生成

由图 6.5-1 可见,单轴晶体只有一个光轴,沿 z 轴方向.由于旋转对称性,垂直于光轴的波矢具有各向同性.两个相速度解中有一个为球面,仍具有各向同性,遵循通常的折射定律,历史上称之为"平常光"(ordinary beam),简称 o 光.另一个相速解(6.5.5)式,相速大小与波矢方向有关,处在 $\boldsymbol{v}_{\mathrm{o}}$和 $\boldsymbol{v}_{\mathrm{e}}$之间,称为"非常光"(extraordinary beam),简称 e 光.当晶体中平常光的光速大于非常光的光速时,称为正单轴晶体(positive uniaxial crystal),否则称为负单轴晶体(negative uniaxial crystal).例如石英(quartz)是正单轴晶体,方解石(felspar)是负单轴晶体.根据(6.5.4)式和(6.5.5)式,我们还可以画出单轴晶体的倒波法线面(inverse surface of wave normals).倒波法线面与波法线面满足相同的方程,我们将相速的倒数作为径矢大小来作图就得到倒法线面.倒法线面将用于分析晶体的双折射方向.

下面讨论特征电位移偏振的方向.如 6.4 节所述,采用波法线椭球的方法比较直观.单轴晶体的波法线椭球方程为

$$\frac{x^2 + y^2}{\varepsilon_{\mathrm{o}}} + \frac{z^2}{\varepsilon_{\mathrm{e}}} = 1, \tag{6.5.6}$$

它是绕 z 轴的旋转椭球面.定义波矢 $\boldsymbol{k}$ 和 z 轴所构成的平面为主平面(principal plane),由于旋转对称性,可以设为 x-z 平面,如图 6.5-2 所示. 由通过原点垂直于波矢的平面去截椭球,相交于一椭圆.椭圆的长轴在主平面上,短轴垂直于主平面,它们的指向分别表示电位移偏振特征矢量

方向 $\boldsymbol{D}_2$ 和 $\boldsymbol{D}_1$. 当改变波矢 $\boldsymbol{k}$ 和 z 轴的夹角 γ 时,垂直于主平面的半轴的大小并不改变,因此对应于固定的相速度 $\boldsymbol{v}_o$,是平常光.在主平面上的半轴对应的偏振光则是非常光,其相速随 γ 而变.

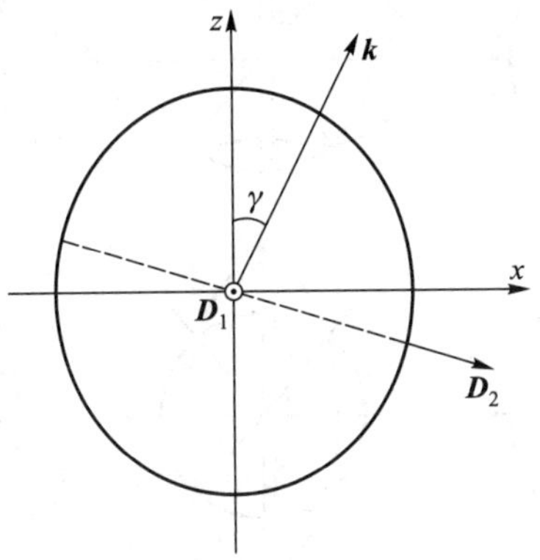

图 6.5-2 单轴晶体的波法线椭球在主平面上的投影

3. 双轴晶体

在 6.2 节和 6.3 节中我们已经一般性地讨论了双轴晶体的波法线面、光线面和两类光轴等问题.图 6.2-1 展现这些面的三维结构的全貌,在实际使用时,采用二维平面图更为方便.最常用的是分别在 $x=0$、$y=0$ 和 $z=0$ 的平面上讨论.

在 $x=0$ 平面上,波矢只有 $\hat{k}_y$ 和 $\hat{k}_z$ 分量,菲涅耳方程(6.2.8)式的两个解为

$$\boldsymbol{v}_{\mathrm{ph}}^2=\boldsymbol{v}_x^2, \tag{6.5.7a}$$

$$\boldsymbol{v}_{\mathrm{ph}}^2=\boldsymbol{v}_y^2\hat{k}_z^2+\boldsymbol{v}_z^2\hat{k}_y^2=\boldsymbol{v}_y^2\cos^2\gamma+\boldsymbol{v}_z^2\sin^2\gamma, \tag{6.5.7b}$$

其中 γ 是波矢与 z 轴的夹角.同样在 $y=0$ 和 $z=0$ 平面菲涅耳方程的解分别为

$$\boldsymbol{v}_{\mathrm{ph}}^2=\boldsymbol{v}_y^2, \tag{6.5.8a}$$

$$\boldsymbol{v}_{\mathrm{ph}}^2=\boldsymbol{v}_x^2\hat{k}_z^2+\boldsymbol{v}_z^2\hat{k}_x^2=\boldsymbol{v}_x^2\cos^2\gamma+\boldsymbol{v}_z^2\sin^2\gamma, \tag{6.5.8b}$$

$$\boldsymbol{v}_{\mathrm{ph}}^2=\boldsymbol{v}_z^2, \tag{6.5.9a}$$

$$\boldsymbol{v}_{\mathrm{ph}}^2=\boldsymbol{v}_x^2\hat{k}_y^2+\boldsymbol{v}_y^2\hat{k}_x^2=\boldsymbol{v}_x^2\cos^2\beta+\boldsymbol{v}_z^2\sin^2\beta. \tag{6.5.9b}$$

其中 β 是波矢与 y 轴的夹角.

根据这些公式可以画出法线面和倒法线面在各坐标平面上的截面.当 y 轴的主速度具有中间值时,光轴在 x-z 平面上,它们如图 6.5-3 所示 . 不同于单轴晶体,它们不具有旋转对称性.实际上图 6.2-1 的左下图已经展现了法线面的三个截面,我们可以与之比较,以获得全方位的理解.

4. 晶体中的双折射

上面我们已经介绍了各向异性介质光学的基本理论,虽然晶体中的光现象十分复杂,但大多

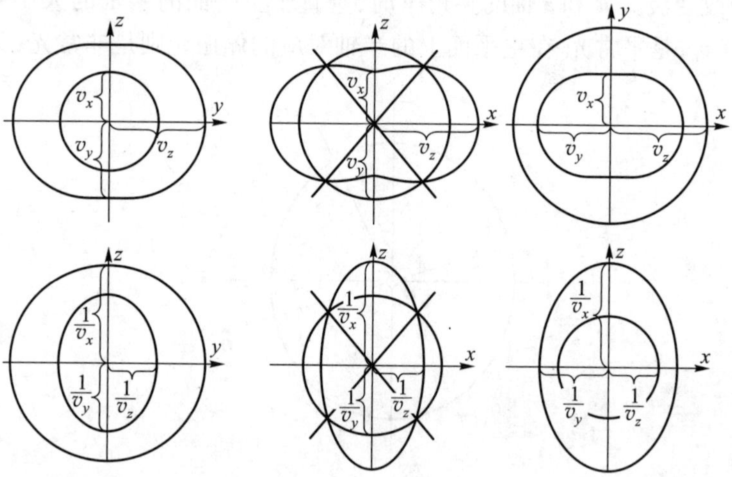

图 6.5-3　双轴晶体的法线面(上图)和倒法线面(下图)在坐标平面上的截面.图中所用参量($v_x<v_y<v_z$)同图 6.2-1

数问题可以在上述理论框架上得到解决.作为一个例子,我们简要讨论晶体中的双折射(double refraction)现象.

当单色平面波由真空入射到各向异性晶体表面时,透射光有可能同时存在两个折射方向,这就是晶体中的双折射.为了解释双折射现象,我们先回顾光通过两介质分界面时折射的基本规律.设在入射介质和透射介质中平面波的波矢分别为 $\boldsymbol{k}$ 和 $\boldsymbol{k}'$,$\boldsymbol{r}$ 为界面上的位矢,入射和透射平面波的相位分别为 $(\omega t-\boldsymbol{k}\cdot\boldsymbol{r})$ 和 $(\omega t-\boldsymbol{k}'\cdot\boldsymbol{r})$.由电场(切向分量)连续的边界条件,它们要满足

$$\boldsymbol{k}\cdot\boldsymbol{r}=\boldsymbol{k}'\cdot\boldsymbol{r},\ 即\ (\boldsymbol{k}-\boldsymbol{k}')\cdot\boldsymbol{r}=0. \tag{6.5.10}$$

由于 $\boldsymbol{r}$ 是分界面上的任意矢量,$\boldsymbol{k}-\boldsymbol{k}'$ 垂直于界面.这意味着透射光的波矢也在入射面内(图 6.5-4).(6.5.10)式可以写成

$$k\sin\theta=k'\sin\theta', \tag{6.5.11}$$

或

$$n\sin\theta=n'\sin\theta', \tag{6.5.12}$$

n 和 n' 分别为入射和透射介质中的折射率.(6.5.12)式是熟知的折射定律(又称 Snell 定律)的形式.当透射介质为各向同性时,n' 与透射角 θ' 无关,而对于各向异性晶体 n' 依赖于透射角.

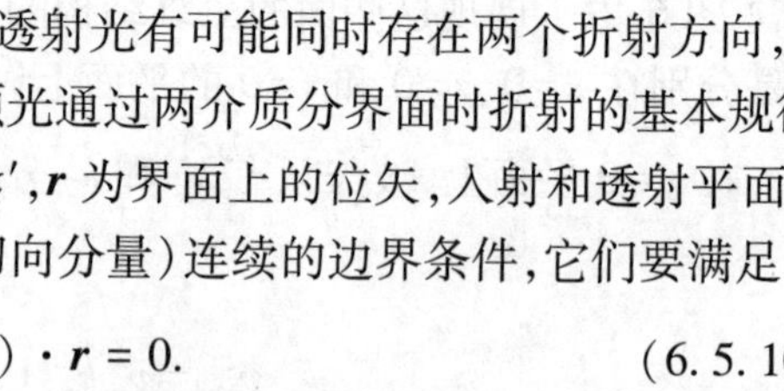

图 6.5-4　各向异性晶体中的双折射

为了求晶体中透射光的波矢方向,以界面上的 O 点为原点,按上面的方法在晶体的主轴坐标系中画出倒波法线面,如图 6.5-4 所示.对于给定切割晶体面,必须知道晶体的三个主轴的方向和对应的主介电常量,才能准确地画出倒法线面.因为 $k=\omega/v_{\mathrm{ph}}$,而频率 ω

对入射透射光均相同，波矢的大小与相速的倒数成正比，这是为什么采用倒法线面的原因。图 6.5-4所示的几何关系表明，已知入射波的方向和相速(例如从真空入射时，相速度为 c)确定波矢 $\boldsymbol{k}$，再由两个倒波法线面和 $\boldsymbol{k}-\boldsymbol{k}'$垂直于界面的条件，即可确定晶体中透射波的方向 $\boldsymbol{k}'$和 $\boldsymbol{k}''$。如果入射光为包含各种偏振方向的自然光，将出现两个不同传播方向的线偏振透射光。根据上面介绍的方法，由透射波方向和相速，可以求出对应的电场特征偏振方向。需要注意的是，虽然透射光的波矢仍在入射面内，但由于各向异性晶体中，光线的方向可以与波矢方向不一致，因此透射光线有可能不在入射面内。当观测透射光线的方向时，就看到了违反 Snell 定律的非常光。

附　录　A

在6.4节中，椭球方程(6.4.3)式和平面方程(6.4.5)式的交线是一椭圆，椭圆的对称中心在坐标原点。为求该椭圆的长短轴，令位矢 $\boldsymbol{r}=(x,y,z)$，

$$r^2 = x^2 + y^2 + z^2. \tag{6.A.1}$$

我们欲求满足(6.4.3)式和(6.4.5)式即相交椭圆上矢径 r 的极值。运用 Lagrange 未定乘数法，设

$$F = x^2 + y^2 + z^2 + 2\lambda_1(x\hat{k}_x + y\hat{k}_y + z\hat{k}_z) + \lambda_2\left(\frac{x^2}{\varepsilon_x} + \frac{y^2}{\varepsilon_y} + \frac{z^2}{\varepsilon_z} - 1\right), \tag{6.A.2}$$

$2\lambda_1$ 和 λ_2 是引入的两个乘数。在上式中，两个圆括弧中的项表示位矢 $\boldsymbol{r}$ 满足的两个方程。因此，当位矢 $\boldsymbol{r}$ 在相交椭圆上时，无论 $2\lambda_1$ 和 λ_2 取何值，F 取极值等价于矢径 r 取极值。由(6.A.2)式求导，得到极值位矢 $\boldsymbol{r}$ 满足的方程

$$\begin{aligned}
\frac{\partial F}{\partial x} &= x + \lambda_1\hat{k}_x + \lambda_2\frac{x}{\varepsilon_x} = 0,\\
\frac{\partial F}{\partial y} &= y + \lambda_1\hat{k}_y + \lambda_2\frac{y}{\varepsilon_y} = 0,\\
\frac{\partial F}{\partial z} &= z + \lambda_1\hat{k}_z + \lambda_2\frac{z}{\varepsilon_z} = 0.
\end{aligned} \tag{6.A.3}$$

为使(6.A.3)式对任意 λ_1 和 λ_2 成立，需将它们从方程中消去。为此，将上面三式分别乘以 x、y 和 z，再相加后得到

$$\rho^2 + \lambda_2 = 0; \tag{6.A.4}$$

分别乘以 $\hat{k}_x$、$\hat{k}_y$ 和 $\hat{k}_z$，再相加后得到

$$\lambda_1 + \lambda_2\left(\frac{x\hat{k}_x}{\varepsilon_x} + \frac{y\hat{k}_y}{\varepsilon_y} + \frac{z\hat{k}_z}{\varepsilon_z}\right) = 0. \tag{6.A.5}$$

在推导这两式的过程中，我们用到(6.4.3)式和(6.4.5)式，表示位矢 $\boldsymbol{r}$ 在相交椭圆上。由此可以求出

$$\lambda_2 = - r^2, \tag{6. A.6a}$$

$$\lambda_1 = r^2\left(\frac{x\,\hat{k}_x}{\varepsilon_x} + \frac{y\,\hat{k}_y}{\varepsilon_y} + \frac{z\,\hat{k}_z}{\varepsilon_z}\right). \tag{6. A.6b}$$

将(6. A.6)式代入(6. A.3)式后得到极值位矢 $\boldsymbol{r}$ 满足的方程

$$m\left(1 - \frac{r^2}{\varepsilon_m}\right) + \hat{k}_m r^2\left(\frac{x\,\hat{k}_x}{\varepsilon_x} + \frac{y\,\hat{k}_y}{\varepsilon_y} + \frac{z\,\hat{k}_z}{\varepsilon_z}\right) = 0, \quad (m = x, y, z). \tag{6. A.7}$$

将上式中的位矢用由(6. 4. 2)式电位移矢量表示,并运用(6. 4. 4)式,

$$D_m\left(1 - \frac{n^2}{c^2\mu\varepsilon_m}\right) + \hat{k}_m \frac{n^2}{c^2\mu}(E_x\,\hat{k}_x + E_y\,\hat{k}_y + E_z\,\hat{k}_z) = 0, \quad (m = x, y, z). \tag{6. A.8}$$

写成矢量形式为

$$\boldsymbol{D} = \frac{n^2}{c^2\mu}[\boldsymbol{E} - (\boldsymbol{E}\cdot\hat{\boldsymbol{k}})\hat{\boldsymbol{k}}], \tag{6. A.9}$$

它表示椭圆长短轴满足的方程.不难证明,(6. A.9)式就是本征值方程(6. 2. 2)式.这就证明了求平面所截波法线椭球上的椭圆的长短轴方程等价于求特征偏振的本征值方程.

参考文献

Wang L. J., Kuzmich A. and Dogariu A. (2000). Nature **406**, p. 277.

第七章　经典非线性光学基础

自从激光器问世以后不久，由于有了强光场同介质相互作用，实验中发现了丰富多彩的非线性光学现象，发展成非线性光学(nonlinear optics).一方面它受益于同期发展的非线性科学理论的影响，另一方面又为后者提供有力的实验佐证.光学中的非线性效应有许多重要的应用，如实现光束倍频、频率上转换和下转换，光信号的光学放大等.

7.1　非线性极化率

在第1章中我们已简要地介绍了非线性极化率及其成因(参见1.2节和1.5节).在普遍情况下，极化矢量同电场的非线性关系可表示为

$$\boldsymbol{P}=\varepsilon_0(\chi^{(1)}\cdot\boldsymbol{E}+\chi^{(2)}:\boldsymbol{EE}+\chi^{(3)}\vdots\boldsymbol{EEE}+\cdots),\tag{7.1.1}$$

其中线性极化率$\chi^{(1)}$为二阶张量(tensor)，二阶极化率$\chi^{(2)}$和三阶极化率$\chi^{(3)}$分别为三阶和四阶张量.由于有三个空间变量，n阶张量有3^n个元，$\boldsymbol{EE}$和$\boldsymbol{EEE}$为并矢.在(7.1.1)式的一般描述中，某一方向的极化可能由三个方向的场分量所致，这种情况发生在各向异性晶体中，如上一章所示.在1.2节中，我们曾提及，在时间域极化和电场之间存在弛豫效应，它们之间的关系要用卷积表示.因此，(7.1.1)式可理解为频率域中极化和场频率成分的关系.只有对无色散介质，极化率与频率无关，(7.1.1)式可用于时间域.

非线性极化现象只有在强场下才能观察到(通常要用脉冲激光).三阶极化率比二阶极化率要小若干个数量级，当二阶极化率不为零时，可忽略三阶极化效应.对于孤立原子系统，气体、液体及中心对称性晶体，二阶极化率为零，这时可考虑三阶效应.

在线性介质中，驱动场的任何频率只能诱导相同频率的极化，不能产生不同于驱动场频率的任何其他频率.在非线性介质中，当驱动场足够强时，有可能产生和频(sum frequency)、差频(difference frequency)、倍频(frequency multiplication)和分频(frequency division)种种非线性效应.

7.2　极化率张量及其对称性

我们以二阶极化为例来说明极化率张量的运用及其对称性.

1. 二阶极化率张量

在(7.1.1)式中计算二阶极化的完整表示为

$$P_i^{(2)}(\omega)=\varepsilon_0\sum_{jk}\sum_{(nm)}\chi_{ijk}^{(2)}(\omega;\omega_n,\omega_m)E_j(\omega_n)E_k(\omega_m),\tag{7.2.1}$$

其中$\chi_{ijk}^{(2)}$ 为三阶张量,它的指标 i, j, k 中的每一个都可以取直角坐标的三个方向.$E_j(\omega_n)$和$E_k(\omega_m)$分别是频率成分 $e^{-i\omega_n t}$ 和 $e^{-i\omega_m t}$ 的振幅,它们产生的极化分量 $P_i^{(2)}(\omega)$具有频率成分 $e^{-i\omega t}$,其中 $\omega=\omega_n+\omega_m$.因此(7.2.1)式中第二个求和记号(nm)表示对所有满足和频 $\omega=\omega_n+\omega_m$那些驱动频率 ω_n和 ω_m执行.根据这一记号法则,振幅 $E_j(-\omega_n)$对应负频成分 $e^{i\omega_n t}$, $E_j(-\omega_n)E_k(\omega_m)$产生频率 $\omega=-\omega_n+\omega_m$的极化.

通常在观察二阶极化的实验中,驱动场只使用频率分别为 ω_1 和 ω_2 两个光束,经过二阶极化后,晶体中产生新的和频 $\omega_3=\omega_1+\omega_2$ 的场.在电磁场理论中,极化和场是以耦合方程的形式出现的,电磁场引起介质极化,而极化又成为产生电磁场的源.尽管驱动介质的外场可以给定,但在介质中对应于驱动场频率 ω_1 和 ω_2 的场分量 $E_j(\omega_1)$和 $E_j(\omega_2)$并非为已知量,它同 $E_j(\omega_3)$有同等的地位,需要在耦合方程中求解获得.因此在满足 $\omega_3=\omega_1+\omega_2$ 的三波耦合的二阶极化效应中,除了$E_j(\omega_1)E_k(\omega_2)$产生 $P(\omega_3)$外,我们还需要考虑 $E_j(\omega_3)E_k(-\omega_1)$产生 $P(\omega_2)$和 $E_j(\omega_3)E_k(-\omega_2)$产生 $P(\omega_1)$的极化.由于产生的和频场的强度远小于驱动场,和频与原驱动场频率产生新的频率(例如 $\omega_1+\omega_3$ 和 $\omega_2+\omega_3$)的效应十分微弱,一般不需考虑.因此在二阶极化效应中通常只涉及三个频率的场的耦合.

完全描述三波耦合的二阶极化效应,需要知道 12 个三阶张量,它们是

$$\begin{aligned}&\chi_{ijk}^{(2)}(\omega_3;\omega_1,\omega_2),\chi_{ijk}^{(2)}(\omega_1;-\omega_2,\omega_3),\chi_{ijk}^{(2)}(\omega_2;-\omega_1,\omega_3)\\&\chi_{ijk}^{(2)}(\omega_3;\omega_2,\omega_1),\chi_{ijk}^{(2)}(\omega_1;\omega_3,-\omega_2),\chi_{ijk}^{(2)}(\omega_2;\omega_3,-\omega_1),\end{aligned}\tag{7.2.2}$$

以及上式中将所有频率变量取反号的 6 个张量.每个三阶张量有 27 个元,12 个张量共有 324 个元.幸运的是,由于存在各种对称性,324 个元中真正独立变化的元的数量并不很多,下面将分别讨论.

2. 固有置换对称

(7.2.2)式描述的极化率张量具有固有置换对称性(intrinsic permutation symmetry),它普遍成立,与具体的介质无关.在(7.2.1)式中可以看出,$E_x(\omega_1)E_y(\omega_2)$和 $E_y(\omega_2)E_x(\omega_1)$代表同一个物理内容:频率 ω_1 的光束在 x 方向偏振同时频率 ω_2 的光束在 y 方向偏振,它们产生的极化不应有所不同.因此极化率系数的固有置换对称为

$$\chi_{ijk}^{(2)}(\omega_3;\omega_1,\omega_2)=\chi_{ikj}^{(2)}(\omega_3;\omega_2,\omega_1),\tag{7.2.3}$$

即下标(j, k)与对应位置的频率(ω_1,ω_2)同时作置换时,极化率矩阵元保持不变.由于固有置换对称性,在(7.2.1)式的求和中, $E_j(\omega_n)E_k(\omega_m)$ 和 $E_k(\omega_m)E_j(\omega_n)$ 只需取其一,而将因子 2 吸收到极化率矩阵元中.

3. 共轭对称

电场和极化的正频部分和负频部分互为复共轭(它们之和构成实数物理量),即

$$E_j(-\omega)=E_j^*(\omega),\quad P_j(-\omega)=P_j^*(\omega). \tag{7.2.4}$$

由(7.2.1)式取复共轭可以得到共轭对称(conjugate symmetry)

$$\chi_{ijk}^{(2)}(-\omega_3;-\omega_1,-\omega_2)=[\chi_{ijk}^{(2)}(\omega_3;\omega_1,\omega_2)]^*, \tag{7.2.5}$$

这是1.3节极化率频谱的交越关系的推广.由此可见,12个张量中,只需考虑(7.2.2)式所列的6个.

4. 无吸收介质的完全置换对称性

当介质中发生非线性耦合的场的工作频率远离介质的共振频率时,这些场的能量不会被介质吸收.无吸收介质的极化率张量有以下两个特征,首先,张量所有的元都是实数.这由3.3节计算的极化率的表达式(3.3.16)式可以看出,当工作频率远离共振频率时(即失谐量远大于原子共振线宽),极化率近似为实数.其次,无吸收介质满足完全置换对称性(full permutation symmetry).完全置换对称比固有置换对称更进一步,极化张量元中三个方向指标 ijk 可以作任意交换而保持值不变,只要它们对应的频率也同时做相应的置换.例如有

$$\chi_{ijk}^{(2)}(\omega_3;\omega_1,\omega_2)=\chi_{jki}^{(2)}(-\omega_1;\omega_2,-\omega_3)=\chi_{jki}^{(2)}(\omega_1;-\omega_2,\omega_3). \tag{7.2.6}$$

注意在频率的置换中,要保持分号左边的频率等于右边两个频率的代数和的相一致的关系,例如在上式中,它们分别是 $\omega_3=\omega_1+\omega_2$, $-\omega_1=\omega_2-\omega_3$ 和 $\omega_1=-\omega_2+\omega_3$.完全置换对称可以由类似于3.3节的方法计算极化率的表达式来证明,这一方法对原子系统运用了量子理论.

5. 克莱曼对称

克莱曼对称(Kleinman symmetry)是比完全置换对称更强的对称,即极化率张量元的下标 ijk 可以任意置换而不需要对应频率的交换,例如有

$$\chi_{ijk}^{(2)}(\omega_3;\omega_1,\omega_2)=\chi_{ikj}^{(2)}(\omega_3;\omega_1,\omega_2)=\chi_{kji}^{(2)}(\omega_3;\omega_1,\omega_2)=\cdots. \tag{7.2.7a}$$

因此上式中的频率关系可以省略不写而成为

$$\chi_{ijk}^{(2)}=\chi_{ikj}^{(2)}=\chi_{kji}^{(2)}=\cdots. \tag{7.2.7b}$$

通常克莱曼对称发生在低频段.当发生非线性相互作用的光束频率远小于介质最小的共振频率时,自然满足无吸收条件,存在完全置换对称.同时在这一较低的频率段,极化率与频率无关,如图7.2-1所示.这时完全置换对称不依赖于频率而成为克莱曼对称.另一方面,当光场频率较低时,极化对电场的响应可以认为是瞬时的,没有滞后效应.因此可以在时间域表示极化关系:

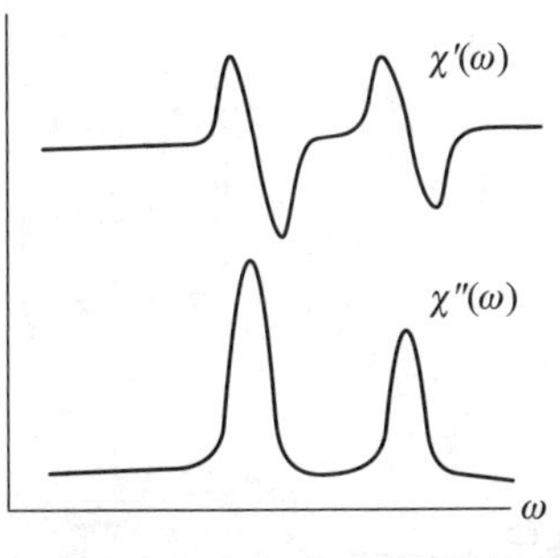

图7.2-1 在远离共振的低频段,极化率不依赖于频率

$$P_i^{(2)}(t) = \varepsilon_0 \sum_{jk} \chi_{ijk}^{(2)} E_j(t) E_k(t). \tag{7.2.8}$$

6. 晶体的空间对称性

晶体根据其空间对称性可以分为 32 类,其中有 11 类具有中心对称(或反演对称).这些晶体的二阶极化率为零.晶体的其他对称性使得一些极化率张量元为零,另一些互相不独立,详细内容请参阅非线性光学专著.考虑以上对称性,可以使非线性问题的理论处理大为简化.

7.3 二阶极化效应

1. 二阶极化的一般描述

考虑对称性后,使极化张量表式大为简化,我们举例说明.设驱动场只有一个频率 ω,经过二阶极化后产生 2ω 的倍频,这一现象称为二次谐波产生(second harmonic generation),它是在激光器出现一年后首次实验报道的非线性光学现象(Franken,1961).由(7.2.1)式,二次谐波产生的极化关系为

$$P_i^{(2)}(2\omega) = \varepsilon_0 \sum_{jk} \chi_{ijk}^{(2)}(2\omega;\omega,\omega) E_j(\omega) E_k(\omega). \tag{7.3.1}$$

对于给定 i 分量,(jk)共组成 9 个元,再考虑固有置换对称性:

$$\chi_{ijk}^{(2)}(2\omega;\omega,\omega) = \chi_{ikj}^{(2)}(2\omega;\omega,\omega), \tag{7.3.2}$$

9 个元中只有 6 个独立元.在(7.3.1)式求和中,9 个双积的电场振幅可以合并为 6 个.为了用一个二阶矩阵表示三阶张量,我们将后两个指标(jk)合并为一个,即

$$\begin{array}{llllllll} jk: & xx & yy & zz & yz,zy & xz,zx & xy,yx \\ l: & 1 & 2 & 3 & 4 & 5 & 6 \end{array} \tag{7.3.3}$$

(7.3.1)式可以用矩阵表示:

$$\begin{pmatrix} P_x(2\omega) \\ P_y(2\omega) \\ P_z(2\omega) \end{pmatrix} = \begin{pmatrix} d_{11} & d_{12} & d_{13} & d_{14} & d_{15} & d_{16} \\ d_{21} & d_{22} & d_{23} & d_{24} & d_{25} & d_{26} \\ d_{31} & d_{32} & d_{33} & d_{34} & d_{35} & d_{36} \end{pmatrix} \begin{pmatrix} E_x(\omega)^2 \\ E_y(\omega)^2 \\ E_z(\omega)^2 \\ 2E_y(\omega)E_z(\omega) \\ 2E_x(\omega)E_z(\omega) \\ 2E_x(\omega)E_y(\omega) \end{pmatrix}, \tag{7.3.4}$$

其中

$$d_{il} \equiv \varepsilon_0 \chi_{ijk}^{(2)}(2\omega;\omega,\omega), \tag{7.3.5}$$

d 的第一个下标 i 取 123 分别表示 xyz 偏振方向.

当驱动场有两个不同频率 ω_1 和 ω_2 时,二阶极化可以产生和频 $\omega_3=\omega_1+\omega_2$, 根据(7.2.1)式有

$$P_i^{(2)}(\omega_3)=\varepsilon_0\sum_{jk}\chi_{ijk}^{(2)}(\omega_3;\omega_1,\omega_2)E_j(\omega_1)E_k(\omega_2). \tag{7.3.6}$$

如果非线性介质满足克莱曼对称条件,$\chi_{ijk}^{(2)}$ 的后两个指标(jk)可以置换,而不需要同时置换频率

$$\chi_{ijk}^{(2)}(\omega_3;\omega_1,\omega_2)=\chi_{ikj}^{(2)}(\omega_3;\omega_1,\omega_2). \tag{7.3.7}$$

在此条件下,(7.3.6)式可使用类似的矩阵表示:

$$\begin{pmatrix}P_x(\omega_3)\\P_y(\omega_3)\\P_z(\omega_3)\end{pmatrix}=\begin{pmatrix}d_{11}&d_{12}&d_{13}&d_{14}&d_{15}&d_{16}\\d_{21}&d_{22}&d_{23}&d_{24}&d_{25}&d_{26}\\d_{31}&d_{32}&d_{33}&d_{34}&d_{35}&d_{36}\end{pmatrix}\begin{pmatrix}E_x(\omega_1)E_x(\omega_2)\\E_y(\omega_1)E_y(\omega_2)\\E_z(\omega_1)E_z(\omega_2)\\E_y(\omega_1)E_z(\omega_2)+E_z(\omega_1)E_y(\omega_2)\\E_x(\omega_1)E_z(\omega_2)+E_z(\omega_1)E_x(\omega_2)\\E_x(\omega_1)E_y(\omega_2)+E_y(\omega_1)E_x(\omega_2)\end{pmatrix}. \tag{7.3.8}$$

由于晶体具有对称性,$\{d_{il}\}$ 矩阵的 18 个元中,大部分可能为零.在非零矩阵元中,有些相等或反号,独立的非零矩阵元只有少数几个.例如对于实验中常用的磷酸二氢钾(KH_2PO_4,简称 KDP)晶体,只有 3 个非零矩阵元,$d_{14}=d_{25}$和 d_{36}.(7.3.8)式成为

$$\begin{aligned}P_x(\omega_3)&=d_{14}[E_y(\omega_1)E_z(\omega_2)+E_z(\omega_1)E_y(\omega_2)],\\P_y(\omega_3)&=d_{14}[E_x(\omega_1)E_z(\omega_2)+E_z(\omega_1)E_x(\omega_2)],\\P_z(\omega_3)&=d_{36}[E_x(\omega_1)E_y(\omega_2)+E_y(\omega_1)E_x(\omega_2)].\end{aligned} \tag{7.3.9}$$

2. 几种主要的二阶非线性过程

在二阶极化率的非线性介质中,可以总结为如下几种非线性光学现象:

(ⅰ)二次谐波产生(second harmonic generation)

当入射一束频率为 ω 的光时,晶体中可以产生出倍频 2ω 的出射光,如图 7.3-1 所示.

(ⅱ)和频产生(sum-frequency generation)

当输入两束频率分别为 ω_1 和 ω_2 的光束时,可能产生频率为 $\omega_3=\omega_1+\omega_2$ 的和频输出光,如图 7.3-2所示.由于产生的和频大于原输入光束频率,和频产生又可称为频率上转换(frequency up-conversion).

(ⅲ)差频产生(difference-frequency generation)

设三个波的频率关系为 $\omega_3=\omega_1+\omega_2$,当输入两束频率分别为 ω_3 和 ω_2(或 ω_1)的光束时,还可能产生频率为 ω_1(或 ω_2)的差频光.在电场的实数表示中,每一个频率成分的光束包括正频和负频成分:

$$E(\omega)\mathrm{e}^{-\mathrm{i}\omega t}+E^*(\omega)\mathrm{e}^{\mathrm{i}\omega t}, \tag{7.3.10}$$

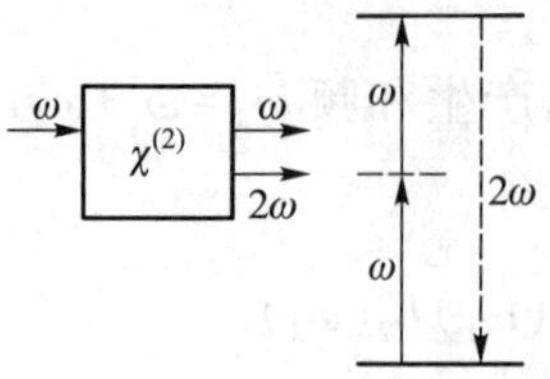

图 7.3-1　二次谐波产生示意图

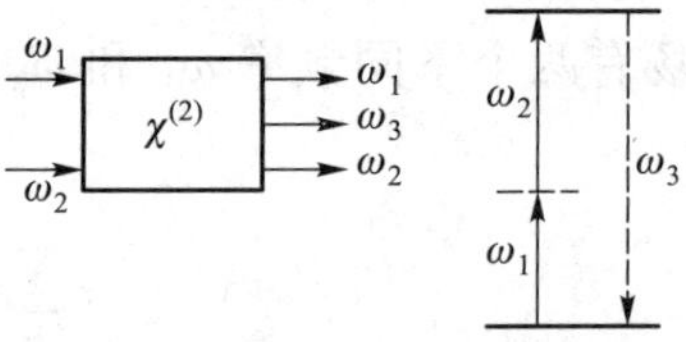

图 7.3-2　和频产生示意图

当光束 E_3 的正频成分与光束 E_2 的负频成分耦合时，得到差频 $\omega_1=\omega_3-\omega_2$ 的极化成分：

$$P(\omega_1=\omega_3-\omega_2)=\varepsilon_0\chi^{(2)}E_3(\omega_3)E_2^*(\omega_2)=\varepsilon_0\chi^{(2)}E_3(\omega_3)E_2(-\omega_2). \tag{7.3.11}$$

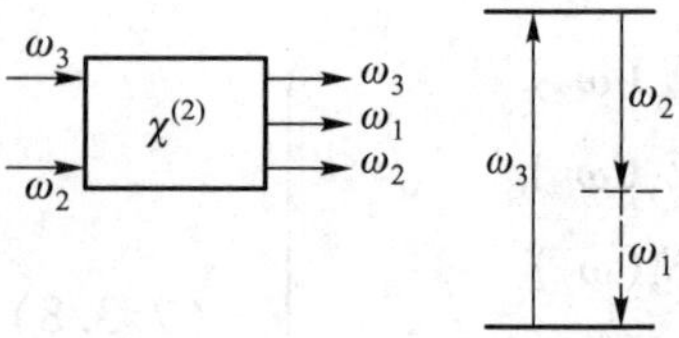

图 7.3-3　差频产生示意图

从频率转换的角度，差频产生也可称为频率下转换（frequency down-conversion），如图 7.3-3 所示.

从数学表述(7.3.11)式看，差频产生同和频产生十分类似，但它们的物理过程仍是有区别的.根据光的量子理论，电磁场的最小能量单位是光子，由能量守恒定律，在和频产生过程中，每产生一个和频光子 $\hbar\omega_3$，必定需要湮灭 $\hbar\omega_1$ 和 $\hbar\omega_2$ 两个光子.差频过程在某些情况下也可表现为晶体吸收一个 $\hbar\omega_3$ 光子，通过自发双光子辐射产生 $\hbar\omega_2$ 和 $\hbar\omega_1$ 两个光子.这种过程可称为参量荧光（parametric fluorescence），或称为自发参量下转换（spontaneous parametric down-conversion）(Harris，1967；Byer，1968).从光子转换角度，它恰如和频过程的逆过程.自发参量下转换产生的光通常十分微弱，理论和实验研究表明，下转换产生的一对光子处在量子纠缠态，它在量子信息和量子计算中有重要应用.在非自发转换情况下，差频过程需要事先入射一个 $\hbar\omega_2$ 光子.这样，每产生一个差频光子 $\hbar\omega_1$，在湮灭一个 $\hbar\omega_3$ 光子的同时又产生了一个 $\hbar\omega_2$ 光子.这说明在差频过程中，经过受激辐射克隆了一个原入射光子 $\hbar\omega_2$，使频率 ω_2 的光束得到增强.因此该差频过程又可称为光参量放大（optical parametric amplification），并可利用它来实现光信号的光学放大.

（ⅳ）光学参量振荡（optical parametric oscillation 简称 OPO）

如果将晶体放在一个光学谐振腔内，当差频产生条件满足时，通过谐振腔的共振作用，可以产生较强的差频光，这种装置称为光学参量振荡器，参见图 7.3-4. 较大频率的入射光 ω_3 称为泵浦光（pump beam），两个较小频率的光 ω_2 和 ω_1 可分别称为信号光（signal beam）和闲置光（idler beam）.通常将泵浦光以外的另一个入射光称信号光.

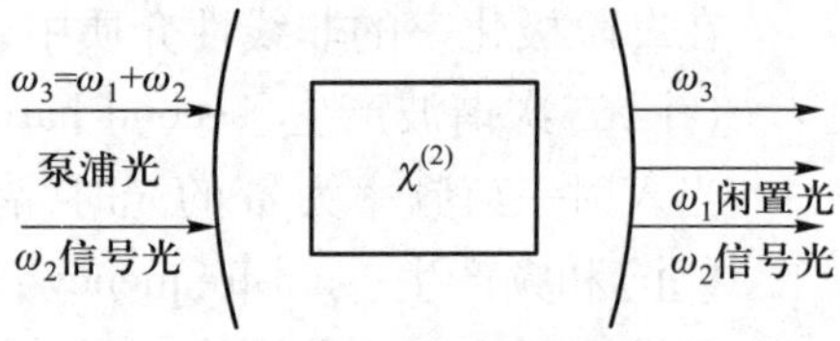

图 7.3-4　光学参量振荡器示意图

7.4　耦合波方程

在极化与各频率的光束的非线性关系确定以后，代入场方程就可以得到这些光束的非线性耦合方程.

1. 共轴波方程

在本节中我们要讨论在具有二阶极化效应的晶体中,三个频率的波之间的相互作用耦合方程.我们忽略发生相互作用开始时的瞬态过程,认为在晶体中已经建立了稳定振荡的耦合波(即定态波函数).电场和极化矢量可以展开为

$$\tilde{\boldsymbol{E}}(\boldsymbol{r},t)=\sum_{n}\tilde{\boldsymbol{E}}_{n}(\boldsymbol{r})\mathrm{e}^{-\mathrm{i}\omega_{n}t}+\mathrm{c.c.},\tag{7.4.1}$$

$$\tilde{\boldsymbol{P}}(\boldsymbol{r},t)=\sum_{n}\tilde{\boldsymbol{P}}_{n}(\boldsymbol{r})\mathrm{e}^{-\mathrm{i}\omega_{n}t}+\mathrm{c.c.}.\tag{7.4.2}$$

将它们代入具有损耗的波动方程(3.7.3)式,并考虑横波近似.由于各振荡模之间的正交性,每个振荡模的振幅应满足场方程[注]

$$\nabla^{2}\tilde{\boldsymbol{E}}_{n}(\boldsymbol{r})+(\mu_{0}\varepsilon_{0}\omega_{n}^{2}+\mathrm{i}\mu_{0}\sigma_{n}\omega_{n})\tilde{\boldsymbol{E}}_{n}(\boldsymbol{r})=-\mu_{0}\omega_{n}^{2}\tilde{\boldsymbol{P}}_{n}(\boldsymbol{r}),\tag{7.4.3}$$

其中 σ_n 描述场模 n 的损耗.

将极化矢量分离为线性和非线性部分:

$$\tilde{\boldsymbol{P}}_{n}(\boldsymbol{r})=\varepsilon_{0}\chi_{n}^{(1)}\tilde{\boldsymbol{E}}_{n}(\boldsymbol{r})+\tilde{\boldsymbol{P}}_{n}^{\mathrm{NL}}(\boldsymbol{r}),\tag{7.4.4}$$

代入(7.4.3)式后得到

$$\nabla^{2}\tilde{\boldsymbol{E}}_{n}(\boldsymbol{r})+(\mu_{0}\varepsilon_{n}\omega_{n}^{2}+\mathrm{i}\mu_{0}\sigma_{n}\omega_{n})\tilde{\boldsymbol{E}}_{n}(\boldsymbol{r})=-\mu_{0}\omega_{n}^{2}\tilde{\boldsymbol{P}}_{n}^{\mathrm{NL}},\tag{7.4.5}$$

其中

$$\varepsilon_{n}=\varepsilon_{0}(1+\chi_{n}^{(1)}).\tag{7.4.6}$$

线性极化效应已包括在介质的介电常量中.为了简化模型,我们考虑单轴晶体,并假定所有光束基本上沿光轴(z 轴)传播,即所谓近轴近似.在此模型中,(7.4.6)式中的 ε_n 为标量.

类似于5.1节的方法,采用缓变包络近似

$$\tilde{\boldsymbol{E}}_{n}(\boldsymbol{r})=\boldsymbol{E}_{n}(\boldsymbol{r})\mathrm{e}^{\mathrm{i}k_{n}z},\tag{7.4.7a}$$

$$\tilde{\boldsymbol{P}}_{n}^{\mathrm{NL}}(\boldsymbol{r})=\boldsymbol{P}_{n}^{\mathrm{NL}}(\boldsymbol{r})\mathrm{e}^{\mathrm{i}k_{n}z},\tag{7.4.7b}$$

其中 $\boldsymbol{E}_n(\boldsymbol{r})$ 和 $\boldsymbol{P}_n^{\mathrm{NL}}(\boldsymbol{r})$ 是空间缓变量.在近轴近似中,z 方向波矢 k_n 近似等于总波矢 k,因此

$$k_{n}=\omega_{n}/v_{n}=\omega_{n}\sqrt{\mu_{0}\varepsilon_{n}},\tag{7.4.8}$$

$\boldsymbol{v}_n$ 为耦合波 n 在晶体中的相速度.由(7.4.7)式

[注] 这一做法等价于将时间域的波动方程(3.7.3)式作傅里叶变换,参见(1.2.12)式.

$$
\begin{aligned}
\nabla^2 \widetilde{\boldsymbol{E}}_n(\boldsymbol{r}) &= \left[\nabla^2 \boldsymbol{E}_n(\boldsymbol{r}) + 2\mathrm{i}k_n \frac{\partial \boldsymbol{E}_n(\boldsymbol{r})}{\partial z} + (\mathrm{i}k_n)^2 \boldsymbol{E}_n(\boldsymbol{r})\right] \mathrm{e}^{\mathrm{i}k_n z} \\
&\approx \left[\nabla_\perp^2 \boldsymbol{E}_n(\boldsymbol{r}) + 2\mathrm{i}k_n \frac{\partial \boldsymbol{E}_n(\boldsymbol{r})}{\partial z} + (\mathrm{i}k_n)^2 \boldsymbol{E}_n(\boldsymbol{r})\right] \mathrm{e}^{\mathrm{i}k_n z},
\end{aligned} \tag{7.4.9}
$$

其中 $\nabla_\perp^2$ 是横向拉普拉斯算符,我们忽略了缓变振幅 $\boldsymbol{E}_n(\boldsymbol{r})$ 中对 z 的二阶导数.将上式代入(7.4.5)式后得到共轴波方程(paraxial wave equation)

$$
2\mathrm{i}k_n \frac{\partial \boldsymbol{E}_n(\boldsymbol{r})}{\partial z} + \nabla_\perp^2 \boldsymbol{E}_n(\boldsymbol{r}) + \mathrm{i}\mu_0 \sigma_n \omega_n \boldsymbol{E}_n(\boldsymbol{r}) = -\mu_0 \omega_n^2 \boldsymbol{P}_n^{\mathrm{NL}}. \tag{7.4.10}
$$

如果不考虑光束的横向空间分布,可采用平面波近似,忽略横向拉普拉斯算符,共轴波方程可进一步简化为

$$
\frac{\partial \boldsymbol{E}_n}{\partial z} = -\frac{\sigma_n}{2}\sqrt{\frac{\mu_0}{\varepsilon_n}}\boldsymbol{E}_n + \frac{\mathrm{i}\omega_n}{2}\sqrt{\frac{\mu_0}{\varepsilon_n}}\boldsymbol{P}_n^{\mathrm{NL}}. \tag{7.4.11}
$$

这一方程式是讨论晶体中耦合波方程的出发点.下面考虑二阶极化率晶体的三波耦合方程.

2. 三个频率的耦合波方程

设在二阶极化率晶体中,耦合波的三个频率满足 $\omega_3=\omega_1+\omega_2$,和频与差频产生过程的耦合波方程可以统一地考虑.我们不需要考虑由这些频率组成的其他耦合关系而形成的新的频率的波,因为一般来说,当频率关系为 $\omega_3=\omega_1+\omega_2$ 的耦合发生时,要求一定的相位匹配条件.而其他频率关系(例如 $\omega_4=\omega_1-\omega_2$,$\omega_5=\omega_1+\omega_3$ 等)的耦合波的相位匹配条件不会同时满足.这三个频率的电场将产生三个频率的极化场,由(7.3.6)式,

$$
P_{3i} = \varepsilon_0 \sum_{jk} \chi_{ijk}^{(2)}(\omega_3;\omega_1,\omega_2) E_{1j} E_{2k} \mathrm{e}^{\mathrm{i}(k_1+k_2-k_3)z}, \tag{7.4.12a}
$$

$$
P_{1i} = \varepsilon_0 \sum_{jk} \chi_{ijk}^{(2)}(\omega_1;-\omega_2,\omega_3) E_{2j}^* E_{3k} \mathrm{e}^{\mathrm{i}(-k_2+k_3-k_1)z}, \tag{7.4.12b}
$$

$$
P_{2i} = \varepsilon_0 \sum_{jk} \chi_{ijk}^{(2)}(\omega_2;-\omega_1,\omega_3) E_{1j}^* E_{3k} \mathrm{e}^{\mathrm{i}(-k_1+k_3-k_2)z}. \tag{7.4.12c}
$$

上式中极化和电场的下标123分别代表三个频率,在共轴条件下,求和的指标 jk 各自可以取 xy 两个偏振方向.将(7.4.11)式写成分量形式并用(7.4.12)式中的非线性极化代入后,得到耦合波方程

$$
\frac{\mathrm{d}E_{1i}}{\mathrm{d}z} = -\frac{\sigma_1}{2}\sqrt{\frac{\mu_0}{\varepsilon_1}}E_{1i} + \frac{\mathrm{i}\omega_1}{2}\sqrt{\frac{\mu_0}{\varepsilon_1}}\varepsilon_0 \sum_{jk} \chi_{ijk}^{(2)}(\omega_1;-\omega_2,\omega_3) E_{2j}^* E_{3k} \mathrm{e}^{\mathrm{i}\Delta kz}, \tag{7.4.13a}
$$

$$
\frac{\mathrm{d}E_{2i}}{\mathrm{d}z} = -\frac{\sigma_2}{2}\sqrt{\frac{\mu_0}{\varepsilon_2}}E_{2i} + \frac{\mathrm{i}\omega_2}{2}\sqrt{\frac{\mu_0}{\varepsilon_2}}\varepsilon_0 \sum_{jk} \chi_{ijk}^{(2)}(\omega_2;-\omega_1,\omega_3) E_{1j}^* E_{3k} \mathrm{e}^{\mathrm{i}\Delta kz}, \tag{7.4.13b}
$$

$$
\frac{\mathrm{d}E_{3i}}{\mathrm{d}z} = -\frac{\sigma_3}{2}\sqrt{\frac{\mu_0}{\varepsilon_3}}E_{3i} + \frac{\mathrm{i}\omega_3}{2}\sqrt{\frac{\mu_0}{\varepsilon_3}}\varepsilon_0 \sum_{jk} \chi_{ijk}^{(2)}(\omega_3;\omega_1,\omega_2) E_{1j} E_{2k} \mathrm{e}^{-\mathrm{i}\Delta kz}, \tag{7.4.13c}
$$

其中

$$\Delta k = k_3 - k_1 - k_2. \tag{7.4.14}$$

上述耦合波方程可以考虑6个波的耦合(3个频率×2个偏振方向).[注] 在实际应用中,往往只涉及三个波的耦合,用 E_1,E_2 和 E_3 表示,它们的偏振方向可以相同也可以不同.这时耦合波方程(7.4.13)式中的方向指标及其求和可去除,构成三波耦合方程.对于无损耗的晶体介质,线性损耗项可以去除.同时假定极化率矩阵元满足克莱门对称,即三个方程中的极化率相同[见(7.2.7b)式],用同一记号表示:

$$d = \varepsilon_0 \chi_{ijk}^{(2)}. \tag{7.4.15}$$

现定义一个与电场成正比例的量来表示电场振幅:

$$A_l = E_l \sqrt{n_l/\omega_l}, \qquad (l = 1,2,3), \tag{7.4.16}$$

$n_l = \sqrt{\varepsilon_l/\varepsilon_0}$ 为该波在晶体中的线性折射率.三波耦合方程可表示为十分对称的形式

$$\frac{\mathrm{d}A_1}{\mathrm{d}z} = \frac{\mathrm{i}}{2}\xi A_2^* A_3 \mathrm{e}^{\mathrm{i}\Delta kz}, \tag{7.4.17a}$$

$$\frac{\mathrm{d}A_2}{\mathrm{d}z} = \frac{\mathrm{i}}{2}\xi A_1^* A_3 \mathrm{e}^{\mathrm{i}\Delta kz}, \tag{7.4.17b}$$

$$\frac{\mathrm{d}A_3}{\mathrm{d}z} = \frac{\mathrm{i}}{2}\xi A_1 A_2 \mathrm{e}^{-\mathrm{i}\Delta kz}, \tag{7.4.17c}$$

其中

$$\xi = d\sqrt{\frac{\mu_0}{\varepsilon_0} \cdot \frac{\omega_1\omega_2\omega_3}{n_1 n_2 n_3}}. \tag{7.4.18}$$

3. 二次谐波产生耦合波方程

对于二次谐波产生,频率关系为 $\omega_2 = 2\omega_1$,它可看成和频产生中的一种特殊情况.由(7.4.13)式,耦合波方程为

$$\frac{\mathrm{d}E_{1i}}{\mathrm{d}z} = -\frac{\sigma_1}{2}\sqrt{\frac{\mu_0}{\varepsilon_1}}E_{1i} + \frac{\mathrm{i}\omega_1}{2}\sqrt{\frac{\mu_0}{\varepsilon_1}}\varepsilon_0 \sum_{jk}\chi_{ijk}^{(2)}(\omega_1; -\omega_1, \omega_2) E_{1j}^* E_{2k} \mathrm{e}^{\mathrm{i}\Delta kz}, \tag{7.4.19a}$$

$$\frac{\mathrm{d}E_{2i}}{\mathrm{d}z} = -\frac{\sigma_2}{2}\sqrt{\frac{\mu_0}{\varepsilon_2}}E_{2i} + \frac{\mathrm{i}\omega_2}{2}\sqrt{\frac{\mu_0}{\varepsilon_2}}\varepsilon_0 \sum_{jk}\chi_{ijk}^{(2)}(\omega_2; \omega_1, \omega_1) E_{1j} E_{1k} \mathrm{e}^{-\mathrm{i}\Delta kz}, \tag{7.4.19b}$$

其中

[注] 这里将正频和负频部分看成是同一个波,因为耦合波方程自然应包括其复共轭方程.

$$\Delta k = k_2 - 2k_1. \tag{7.4.20}$$

二次谐波产生涉及四个波的耦合(2 个频率×2 个偏振方向).为简单起见,我们仍考虑无损耗和克莱曼对称.当只涉及三波耦合时,耦合波方程等同于(7.4.17)式.在最简单的两波耦合情况下,二次谐波产生的耦合波方程为

$$\frac{dA_1}{dz} = \frac{i}{2}\xi A_1^* A_2 e^{i\Delta kz}, \tag{7.4.21a}$$

$$\frac{dA_2}{dz} = \frac{i}{2}\xi A_1^2 e^{-i\Delta kz}, \tag{7.4.21b}$$

其中

$$\xi = d\sqrt{\frac{\mu_0}{\varepsilon_0} \cdot \frac{\omega_1^2\omega_2}{n_1^2 n_2}}. \tag{7.4.22}$$

4. Manley-Rowe 关系

光束的强度就是电磁场的平均能流密度,它是一个周期内的平均能量密度乘以光速.在介质中光束的光强为

$$I_l = \frac{1}{2}\varepsilon_l \left| E_l \right|^2 v_l = \frac{1}{2}\sqrt{\frac{\varepsilon_0}{\mu_0}} n_l \left| E_l \right|^2. \text{[注]} \tag{7.4.23}$$

利用定义(7.4.16)式

$$I_l = \frac{1}{2}\sqrt{\frac{\varepsilon_0}{\mu_0}}\omega_l \left| A_l \right|^2. \tag{7.4.24}$$

由于在能流密度中分离出频率因子,由普朗克的光量子概念可见 $\left| A_l \right|^2$ 正比于光子流密度.

由耦合波方程(7.4.17)式可以计算光强沿 z 轴的变化

$$\frac{dI_1}{dz} = \frac{1}{2}\sqrt{\frac{\varepsilon_0}{\mu_0}}\omega_1\left(\frac{dA_1}{dz}A_1^* + \frac{dA_1^*}{dz}A_1\right) = \frac{1}{2}\sqrt{\frac{\varepsilon_0}{\mu_0}}\omega_1 \cdot \frac{i}{2}\xi A_2^* A_3 A_1^* e^{i\Delta kz} + \text{c.c.}. \tag{7.4.25}$$

同样可计算

$$\frac{dI_2}{dz} = \frac{1}{2}\sqrt{\frac{\varepsilon_0}{\mu_0}}\omega_2 \cdot \frac{i}{2}\xi A_1^* A_3 A_2^* e^{i\Delta kz} + \text{c.c.}, \tag{7.4.26}$$

$$\frac{dI_3}{dz} = -\frac{1}{2}\sqrt{\frac{\varepsilon_0}{\mu_0}}\omega_3 \cdot \frac{i}{2}\xi A_1^* A_2^* A_3 e^{i\Delta kz} + \text{c.c.}. \tag{7.4.27}$$

[注] 由于电磁振荡在一个周期内的平均 $\frac{1}{T}\int_0^T \cos^2\omega t = \frac{1}{2}$,并考虑到电磁场能量是电场部分能量的 2 倍,故有(7.4.23)式.

总的光强沿 z 轴的变化

$$\frac{\mathrm{d}I}{\mathrm{d}z}=\frac{\mathrm{d}}{\mathrm{d}z}(I_1+I_2+I_3)=\frac{\mathrm{i}}{4}\sqrt{\frac{\varepsilon_0}{\mu_0}}\xi(\omega_1+\omega_2-\omega_3)A_1^*A_2^*A_3+\mathrm{c.c.}=0. \tag{7.4.28}$$

总的光强沿传播方向不变,这是无损耗介质中耦合波要满足能量守恒律的必然结论.另一方面,由(7.4.25)—(7.4.27)式还可以得到

$$\frac{\mathrm{d}}{\mathrm{d}z}\left(\frac{I_1}{\omega_1}\right)=\frac{\mathrm{d}}{\mathrm{d}z}\left(\frac{I_2}{\omega_2}\right)=-\frac{\mathrm{d}}{\mathrm{d}z}\left(\frac{I_3}{\omega_3}\right), \tag{7.4.29}$$

或等价地

$$\frac{\mathrm{d}}{\mathrm{d}z}|A_1|^2=\frac{\mathrm{d}}{\mathrm{d}z}|A_2|^2=-\frac{\mathrm{d}}{\mathrm{d}z}|A_3|^2. \tag{7.4.30}$$

(7.4.29)式或(7.4.30)式称为 Manley-Rowe 关系(Manley,1959),它表示伴随着频率为 ω_3 的光子的产生(或湮灭),频率为 ω_1 和 ω_2 的光子总是同时湮灭(或产生),见能级图 7.3-2.这一结论似乎十分令人惊讶,因为本章中所用的理论基础是经典电磁理论,完全不涉及光量子的概念,而这一关系却意味着它同光的量子本性的自洽.实际上要得到无损耗介质中的 Manley-Rowe 关系,我们需要用到极化率的完全置换对称性.这一对称性隐含量子概念在内,即对原子系统运用量子理论.

参 考 文 献

Byer R. L. and Harris S. E. (1968). Phys. Rev. **168**, p. 1 064.

Franken P. A., Hill A. E., Peters C. W., and Weinreich G. (1961). Phys. Rev. Lett. **7**, p. 118.

Harris S. E., Oshman M. K., and Byer R. L. (1967). Phys. Rev. Lett. **18**, p. 732.

Manley J. M. and Rowe H. E. (1959). Proc. IRE **47**, p. 2 115.

卷 II

光的经典统计和相干理论

第一章 随机变量

自然界中的光源是由大量的原子和分子组成,它们发出的光具有统计性质. 即使抛开组成光源物质本身的统计因素和其他外界干扰等因素,光的量子本性也使得它存在量子涨落现象. 因此,有必要用统计方法来描述光现象. 本章介绍随机问题的一般概念和方法,针对本书的阅读对象,我们不刻意追求数学理论的完整性和严密性,而着重于它的物理含义.

1.1 随机变量和概率密度

1. 随机变量的基本概念

自然界的现象可分为确定性和非确定性两大类. 确定性现象是指在一定的条件下必然会得到某一个确定的结果,因而是可以预言的. 不确定性现象则不可预测,在相同的条件下会得到一些可能的结果. 对于不确定性现象中的物理量可以用随机变量(stochastic variable)来描述. 假定把相同条件下进行的大量试验的集合(set)定义为一个取样空间(sample space) Σ,每一次试验则是 Σ 中的一次取样 ω,$\omega \subset \Sigma$. 对于每次取样 ω,得到一个试验结果 $X(\omega)$,X 称为定义在取样空间 Σ 上的随机变量. 我们举例说明:

例 1. 掷骰子. 每掷一次是一次取样 ω,对应的随机变量的取值为 6 个分离值

$$X(\omega)=1,2,3,4,5,6.$$

例 2. 容器内气体分子的速率. 每次测量某一个分子是一次取样 ω,对应的随机变量是分子的运动速率 $v(\omega)$,它可以连续取值.

随机变量可以用概率方法描述.

2. 概率的定义

随机变量可以用概率(probability)来描述. 要给概率这一概念作一个严格的定义并非轻而易举. 在概率论的发展过程中,通常有以下几种定义方式:

i)古典定义

在某种试验中已知有 N 个互不相容的输出,产生这些输出的可能性完全相同. N 个输出中有 n 个具有同一属性或特征,我们称其为“成功”,则任何一次试验成功的概率为 n/N.

例如在掷骰子的试验中，不相容的输出 $N=6$. 若将出现偶数称为成功，$n=3$. 则在每一次试验中出现偶数的概率为 1/2. 显然概率的古典定义只能用于已知全体输出且等概率的试验，而不适用于普遍的统计问题.

ⅱ）经验定义

对某种试验重复进行 N 次，发现具有同一特征的“成功”为 n 次，则将 N 很大时成功出现的相对频率 n/N 称为一次试验成功的概率.

这种定义适用于任何可以重复多次操作的试验，并不需要对研究对象有全面的了解．但它的缺点是无法在数学上表明当 $N\to\infty$ 时，n/N 存在极限.

ⅲ）公理化定义

概率的公理化定义是数学分支概率论的基础．设事件 $A,B,C,\cdots$ 属于全体事件空间 Ω，$P(A),P(B),P(C),\cdots$ 为对应事件发生的概率，并且满足三条公理：

a）对任何事件的概率都有

$$P(A)\geqslant 0. \tag{1.1.1a}$$

b）对全体事件空间的概率为一

$$P(\Omega)=1. \tag{1.1.1b}$$

c）如果 A 和 B 是两个不相容的事件，则发生 A 或 B 的概率

$$P(A\text{ 或 }B)=P(A)+P(B). \tag{1.1.1c}$$

3. 随机事件的运算关系

设在某一试验中存在若干个具有某种属性的输出事件 $A,B,C,\cdots$，它们的全体构成事件空间 Ω，显然 Ω 本身是必然要发生的事件，即 $P(\Omega)=1$. 而不可能发生的事件记为 $\varnothing$，$P(\varnothing)=0$.

对随机事件的集合，可以定义如下运算关系：

ⅰ）A 与 B 两事件的合 $A\cup B$（有时称为“和”，也可记为 $A+B$），表示发生 A 或 B 的事件.

ⅱ）A 与 B 两事件的交 $A\cap B$（有时称为“积”，也可记为 AB 或者 A,B），表示 A 和 B 同时发生的事件.

ⅲ）A 是 B 的子集（subset）$A\subset B$，表示当 A 发生时，B 也一定发生.

ⅳ）A 与 B 等价，记作 $A=B$，表示事件 A 和 B 同时发生或不发生．如果 $A\subset B$ 且 $B\subset A$，则 $A=B$.

ⅴ）A 与 B 不相容（incompatibility），$A\cap B=\varnothing$，表示 A 和 B 不可能同时发生.

ⅵ）A 事件的补（complement）$\bar{A}$（有时称为 A 的对立事件，也可记作 $-A$），表示不是 A 的所有其他事件．显然

$$A\cup\bar{A}=\Omega,\quad A\cap\bar{A}=\varnothing.$$

ⅶ）A 与 B 的补之交 $A\cap\bar{B}$（有时称为“差”，也可记为 $A-B$），表示 A 发生而 B 不发生的事件．

随机事件的运算关系可以方便地用维恩图（Venn diagram）表示，如图 1.1-1 所示.

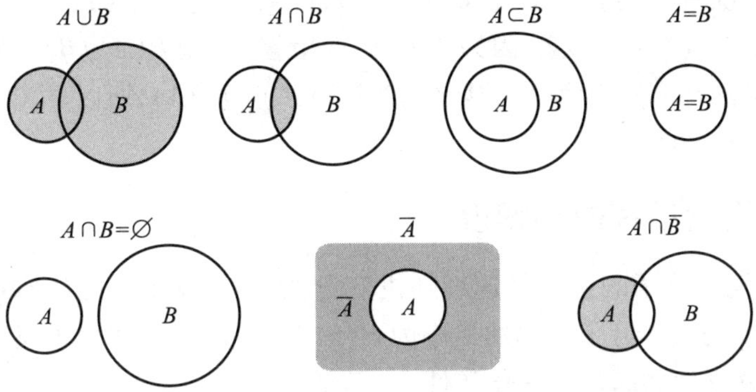

图 1.1-1　运算关系的维恩图,其中有阴影的部分表示运算结果

4. 概率的性质

根据概率的定义,容易证明如下性质:

i)
$$0\leqslant P(A)\leqslant 1. \tag{1.1.2}$$

ii)对必然发生的事件,构成全空间 Ω

$$P(\text{必然事件})=P(\Omega)=1;$$

对不可能发生的事件,构成空集∅

$$P(\text{不可能事件})=P(\varnothing)=0.$$

iii)
$$P(A\cup B)=P(A)+P(B)-P(A\cap B). \tag{1.1.3}$$

[证明]设在 N 次试验中,事件 A 发生 n_A 次,事件 B 发生 n_B 次. 而在 B 事件发生的 n_B 次中,有 n_{AB} 次 A 事件也同时发生. 因此 $A\cup B$ 发生的次数为 $n_A+n_B-n_{AB}$,(参见维恩图),即为(1.1.3)式关系.

iv)当 A 和 B 不相容时,

$$P(A\cup B)=P(A)+P(B). \tag{1.1.4}$$

这是公理(1.1.1c)式.

v)如果 $A_1,\cdots,A_N$ 是相互不相容的一组事件,而它们的合构成全空间 Ω,则有

$$\sum_{i=1}^{N}P(A_i)=P(A_1\cup A_2\cup\cdots\cup A_N)=P(\Omega)=1. \tag{1.1.5}$$

vi)若 $A\supset B$,则

$$P(A)\geqslant P(B). \tag{1.1.6}$$

vii)
$$P(\overline{A})+P(A)=1. \tag{1.1.7}$$

我们以掷骰子为例来说明．设事件 $A=(1)$，$B=(2)$，$C=(1,2)$，$D=(1,3,5)$，容易得到 $P(A)=P(B)=1/6$，$P(C)=1/3$，$P(D)=1/2$. 因为 A 和 B 不相容，所以 $P(A\cup B)=P(A)+P(B)=1/3$. 因为 $A\subset C$，所以 $P(A)<P(C)$. 因为 $C\cup D=(1,2,3,5)$，$C\cap D=(1)$，所以 $P(C\cup D)=P(C)+P(D)-P(C\cap D)=1/3+1/2-1/6=2/3$.

5. 连续型随机变量和概率密度

在上面例 2 中，气体分子的速率是连续随机变量，需要用概率密度（probability density）来描述．设速率在 v-$v+\mathrm{d}v$ 的气体分子速率的概率为 $P(v)\,\mathrm{d}v$，$P(v)$ 为气体分子速率的概率密度（或称概率分布函数）．概率密度要满足归一化条件

$$\int_0^{\infty} P(x)\,\mathrm{d}x = 1, \tag{1.1.8a}$$

或更一般地

$$\int_{-\infty}^{\infty} P(x)\,\mathrm{d}x = 1, \tag{1.1.8b}$$

积分限由 x 的取值范围确定.

练　习

试各举一例说明随机事件的 7 种运算关系．

1.2　多随机变量的联合概率和条件概率

有时一个系统需要有多个随机变量 $x,y,\cdots$ 来描述，它们之间可能存在着某种程度的统计联系．即使已知各个随机变量自身的概率 $P(x)$，$P(y)$，$\cdots$，一般地说它们不能反映出这两个随机变量之间的统计联系，为此需要定义多随机变量的联合概率（joint probability）.

1. 联合概率的定义和性质

当事件 A 和 B 存在交 $A\cap B$ 时，$P(A\cap B)$ 为 A 和 B 同时发生的概率，称为事件 A 和 B 的联合概率，以后可记为 $P(A,B)$.

联合概率有以下性质：

ⅰ）

$$P(A,B)\leqslant P(A),\quad P(A,B)\leqslant P(B). \tag{1.2.1}$$

这是因为 A 和 B 的交是 A（或 B）的子集.

ⅱ）设 $A,B_1,B_2,\cdots,B_M$ 均属于 Ω，$B_1,B_2,\cdots,B_M$ 之间互不相容且所有 B_i 之合构成 Ω，则有

$$\sum_{i=1}^{M} P(A,B_i) = P(A,\Omega) = P(A). \tag{1.2.2}$$

由图 1.2-1 的维恩图可表明上述关系.

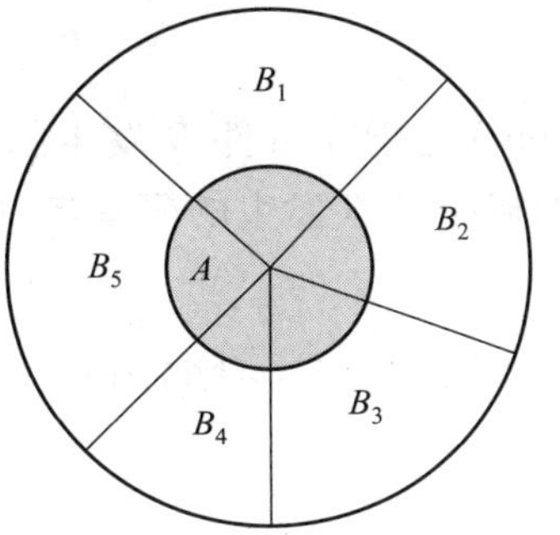

图 1.2-1 说明(1.2.2)式关系的维恩图

ⅲ)现将 A 和 B 的合 $A\cup B$ 记作 $A+B$,由(1.1.3)式

$$P(A+B)=P(A)+P(B)-P(A,B), \tag{1.2.3}$$

$$P(A+B)\leqslant P(A)+P(B) \tag{1.2.4}$$

反复运用上述关系可以得到

$$\begin{aligned}P(A_1+A_2+\cdots+A_N)=&\sum_{i=1}^{N}P(A_i)-\sum_{\substack{i,j=1\\i\neq j}}^{N}P(A_i,A_j)\\&+\sum_{\substack{i,j,k=1\\i\neq j\neq k}}^{N}P(A_i,A_j,A_k)-\cdots+(-1)^{N-1}P(A_1,A_2,\cdots,A_N)\end{aligned} \tag{1.2.5}$$

和

$$\begin{aligned}P(A_1+A_2+\cdots+A_N)&\leqslant P(A_1+A_2+\cdots+A_{N-1})+P(A_N)\\&\leqslant P(A_1+A_2+\cdots+A_{N-2})+P(A_{N-1})+P(A_N)\\&\leqslant\cdots\leqslant P(A_1)+P(A_2)+\cdots+P(A_N).\end{aligned} \tag{1.2.6}$$

ⅳ)统计独立和统计关联(statistical independence and statistical correlation)

如果满足

$$P(A,B)=P(A)P(B), \tag{1.2.7}$$

则称 A 和 B 统计独立(或称统计无关),否则称 A 和 B 统计关联(或称统计相关).

一般来说,如果 A 和 B 是不相容事件,它们之间是相关的(除非其中之一为不可能事件). 这是因为 $0=P(A,B)\neq P(A)P(B)$. 如果 A 和 B 存在非零的交,A 和 B 之间既可能关联也可能独立.我们以掷骰子为例来说明. 设事件 $A=(2,4,6)$,$B=(3,6)$,$C=(2,3,5)$,$D=(1,3,5)$. A 与 D 是不相容事件,因此 A 和 D 是关联的. 实际上它们的相关表现为当 A 事件发生时,D 事件一定不发生. 尽管 A 与 B、B 与 C、A 与 C 之间都存在交,容易验证 A 和 B 之间、B 和 C 之间统计独立,而 A 和 C 之间统计关联. 这个例子也表明,统计独立的变量之间,不满足简单的“递推”关系.

2. 条件概率

条件概率(conditional probability)是指在事件 B 发生的条件下,事件 A 发生的概率,记作 $P(A|B)$. 因此,A 和 B 同时发生的概率是 B 发生的概率与 B 发生的条件下 A 发生的条件概率之积

$$P(A,B)=P(A|B)P(B), \tag{1.2.8}$$

或

$$P(A|B)=P(A,B)/P(B). \tag{1.2.9}$$

后一式子要求 $P(B)\neq 0$,即 B 不是不可能事件.

例如在掷骰子中,$A=(2,4,6)$,$B=(2)$,它们的交$(A,B)=(2)$,条件概率 $P(A|B)=P(A,B)/P(B)=(1/6)/(1/6)=1$. 显然,当 B 发生时,A 必然也发生.

由条件概率也可判断两事件是否统计独立. 由(1.2.7)式和(1.2.8)式,A 与 B 统计独立的充要条件是条件概率与无条件概率相等:

$$P(A|B)=P(A). \tag{1.2.10}$$

事件 A 与 B 可以互为条件,它们通过联合概率 $P(A,B)$ 相联系."正"条件概率 $P(A|B)$ 和"逆"条件概率 $P(B|A)$ 相互转化的关系为

$$P(B|A)=P(A|B)P(B)/P(A). \tag{1.2.11}$$

更一般地,如果 $B_1,B_2,\cdots$,是一组相互不相容的事件,且 $\sum B_i=\Omega$, 由(1.2.2)式

$$P(A)=\sum_i P(A,B_i)=\sum_i P(A|B_i)P(B_i). \tag{1.2.12}$$

利用(1.2.11)式,对某一个事件 B_i 的条件概率有

$$P(B_i\mid A)=\frac{P(A\mid B_i)P(B_i)}{\sum_i P(A\mid B_i)P(B_i)}, \tag{1.2.13}$$

这一关系称为贝叶斯定则(Bayes rule).

3. 联合概率密度和条件概率密度

对于多个连续变化的随机变量,可以用联合概率密度和条件概率密度来描述它们之间的统计联系. 例如北京市居民的身高 x 和体重 y 是两个描述人的身体素质的连续统计变量,两者之间存在着统计联系. 身高和体重满足某一特定关系的为均匀身材,偏离此关系的可能是矮胖子或瘦高子. 因此即使已经分别测定了描述身高和体重的概率密度 $P(x)$ 和 $P(y)$,仍不可能从这两个一维概率密度中了解到市民中"均匀身材"、"矮胖子"或"瘦高子"所占的人口比例. 两个随机变量所含的所有统计信息包含在二维(或称二阶、二重)联合概率密度中(two dimensional, second order, two-fold joint probability density). 设在身高为 $x\to x+\mathrm{d}x$,体重为 $y\to y+\mathrm{d}y$ 的概率为

$P(x,y)\mathrm{d}x\mathrm{d}y$，它满足归一化条件

$$\iint P(x,y)\mathrm{d}x\mathrm{d}y = 1. \tag{1.2.14}$$

如图 1.2-2 所示，在由 x 和 y 组成的相空间中，$P(x,y)$ 表示取样点的密度分布．一维概率密度可由二维联合概率密度求积分后得到．例如身高的概率密度，是二维联合概率密度对所有体重求积

$$P(x) = \int_0^\infty P(x,y)\mathrm{d}y, \tag{1.2.15a}$$

同样也可有

$$P(y) = \int_0^\infty P(x,y)\mathrm{d}x. \tag{1.2.15b}$$

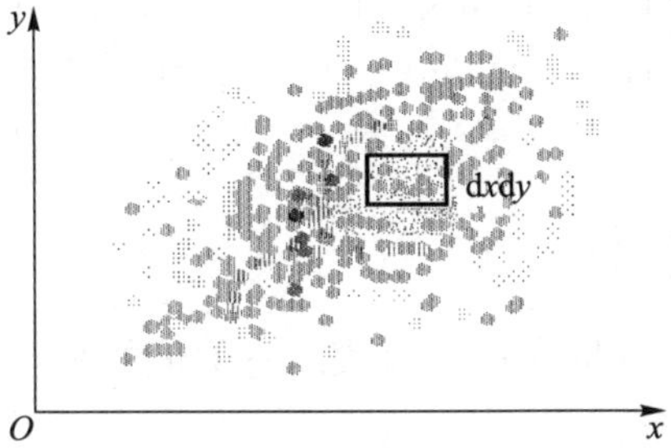

图 1.2-2 在相空间 $x-y$ 上的二维联合概率密度分布

对 n 个随机变量 $x_1,\cdots,x_n$，需用 n 维联合概率密度 $P(x_1,\cdots,x_n)$ 描述，任何低维联合概率密度都可以通过类似于上面的积分求出.

在多个连续随机变量系统中，同样可以考虑条件概率密度．例如在上一个例子中，如果要问在给定体重 y_0 时，居民身高在 $x \to x+\mathrm{d}x$ 范围内的概率，记作 $P(x|y_0)\mathrm{d}x$. $P(x|y_0)$ 是在给定条件 y_0 时，取值 x 的条件概率密度．设在 $y \to y+\mathrm{d}y$ 的概率为 $P(y)\mathrm{d}y$，因此有

$$\begin{aligned} &P(x,y)\mathrm{d}x\mathrm{d}y = P(x|y)\mathrm{d}x \cdot P(y)\mathrm{d}y, \\ &P(x|y) = P(x,y)/P(y), \end{aligned} \tag{1.2.16a}$$

同样

$$P(y|x) = P(x,y)/P(x). \tag{1.2.16b}$$

两式相比后得到贝叶斯定则

$$\frac{P(x|y)}{P(y|x)} = \frac{P(x)}{P(y)}. \tag{1.2.17}$$

注意 $P(x,y)$ 是二维联合概率密度，而条件概率密度 $P(x|y)$ 是关于 x 的一维概率密度.

由(1.2.7)式和(1.2.10)式我们可以总结出，两个连续随机变量 x 和 y 之间统计独立的充要条件(sufficient and necessary condition)是下面三式中的任一个

$$P(x,y)=P(x)P(y), \tag{1.2.18}$$

$$P(x|y)=P(x), \tag{1.2.19a}$$

$$P(y|x)=P(y). \tag{1.2.19b}$$

练　习

1. 反复运用(1.2.3)式展开 $P(A+B+C)$ 和 $P(A+B+C+D)$.

2. 利用数学归纳法证明(1.2.5)式.

1.3 随机变量的矩

除了概率密度函数外,还可以用矩(moment)和特征函数(characteristic function)等方法来描述随机变量,它们之间具有等价性. 矩实际上是用若干数值反映概率密度函数的主要特征,因而更具有实用性.

1. 矩的定义和平均值

随机变量 x 的一阶矩(first-order moment)表示它取值的平均值(mean value)

$$\langle x \rangle = \int xP(x)\,\mathrm{d}x, \tag{1.3.1}$$

积分限遍及 x 的所有取值. n 阶高阶矩(high-order moment)定义为

$$\langle x^n \rangle = \int x^n P(x)\,\mathrm{d}x,\ n=2,3,\cdots, \tag{1.3.2}$$

高阶矩实际上反映了概率函数的形状. 为了便于对概率函数进行比较,可以将平均值减去而放在同一参数点上进行. 考虑对平均值的偏离

$$\Delta x \equiv x-\langle x \rangle, \tag{1.3.3}$$

定义 n 阶中心矩(central moment)

$$\mu_n \equiv \langle (x-\langle x \rangle)^n \rangle = \langle \Delta x^n \rangle,\ n=2,3,\cdots, \tag{1.3.4}$$

其中二阶中心矩 μ_2 是反映概率函数基本特征的最重要的参数,表示随机变量取值对平均值的平均偏离. 均方根(root mean square, rms)偏离定义为

$$\sigma = \sqrt{\mu_2}, \tag{1.3.5}$$

它同随机变量有相同的"量纲",显然 $\mu_2 \geqslant 0$. 当 $\mu_2=0$ 时,随机变量对平均值的偏离只能具有"零测度". 用三阶和四阶中心矩可分别定义扭曲系数 α_3(coefficient of skewness)和峭度 α_4(kurtosis)

$$\alpha_3=\mu_3/\sigma^3,\quad \alpha_4=\mu_4/\sigma^4. \tag{1.3.6}$$

顾名思义,它们反映概率函数曲线扭曲和陡峭的程度,如图 1.3-1 所示.

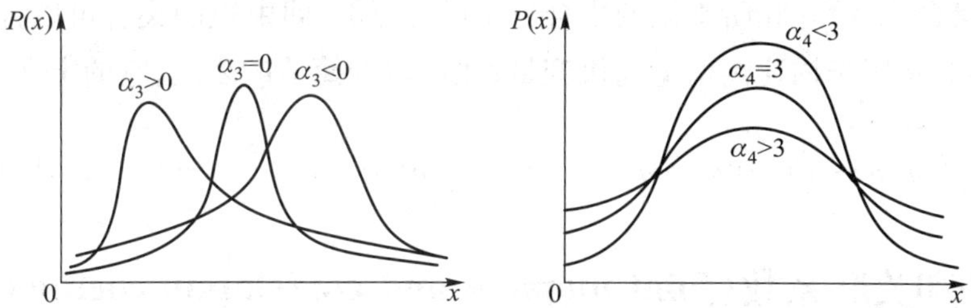

图 1.3-1 不同扭曲系数和峭度的概率函数曲线

对随机变量 x 进行如下形式的线性变换

$$y=\frac{x-\langle x\rangle}{\sigma_x}, \tag{1.3.7}$$

新的随机变量 y 成为 x 的标准形式,它满足

$$\langle y\rangle=0,\ \sigma_y=1. \tag{1.3.8}$$

应当指出,并非所有的概率函数都存在矩. 当 $P(x)$ 两边下降得不够快时,积分(1.3.2)式可能发散.例如对柯西(Cauchy)概率密度[它是卷Ⅰ(1.4.12)式定义的洛伦兹型]

$$P(x)=\frac{a/\pi}{a^2+(x-x_0)^2}\quad(a>0), \tag{1.3.9}$$

所有的矩都发散,这样的概率函数无法用矩描述.

随机变量 x 的函数 $f(x)$ 的平均值

$$\langle f(x)\rangle=\int f(x)P(x)\mathrm{d}x, \tag{1.3.10}$$

只要 $f(x)$ 可以用幂级数展开,该平均值就可以用矩的线性组合表示. 以整数为随机变量的离散型概率分布 $P(n)$ 的矩可用求和计算

$$\langle n^k\rangle=\sum_n n^kP(n),\ k=1,2,\cdots. \tag{1.3.11}$$

如果藉助于狄拉克(Dirac)δ函数,可将离散型概率分布形式上合并入连续型分布的描述中:

$$P(x)=\sum_n P(n)\delta(x-n), \tag{1.3.12}$$

但在实际运用时,这种形式不一定方便.

2. 阶乘矩

阶乘矩(factorial moment)定义为

$$f_1\equiv\langle x\rangle,f_2\equiv\langle x(x-1)\rangle,\cdots,f_m\equiv\langle x(x-1)\cdots(x-m+1)\rangle. \tag{1.3.13}$$

容易看出,矩的集合$\{\langle x^n\rangle\}$和阶乘矩的集合$\{f_n\}$互为等价,即由矩的集合可以计算任何阶乘矩,反之亦然. 阶乘矩常用于描述离散型随机变量,往往得到简洁的表式,它的定义可重写为

$$f_m=\langle n(n-1)\cdots(n-m+1)\rangle=\sum_{n=m}^{\infty}n(n-1)\cdots(n-m+1)P(n). \tag{1.3.14}$$

3. 联合矩和关联系数(joint moment and correlation coefficient)

对于用多个随机变量描述的系统,除了每个随机变量自身的各阶矩可用上面介绍的方法来定义外,还必须考虑联合矩(joint moment). 联合矩反映了随机变量之间的统计关联(statistical correlation),这种关联信息是不可能由每个随机变量自身的矩获悉的,它反映变量之间联系的统计信息. 无须写出联合矩定义的一般形式,读者从某一例子即可理解,例如三维六阶联合矩

$$\langle x_1x_2^3x_3^2\rangle=\int x_1x_2^3x_3^2P(x_1,x_2,\cdots,x_n)\mathrm{d}x_1\cdots\mathrm{d}x_n. \tag{1.3.15}$$

据此,可以写出形形式式的联合矩. 在实际问题中,要将所有高维高阶联合矩了解无遗显然是不现实的,最低的联合矩$\langle x_ix_j\rangle$通常是最重要的. 当用偏离形式来表示时,称为随机变量x_i和x_j之间的协方差(covariance)

$$\mu_{ij}\equiv\langle\Delta x_i\Delta x_j\rangle=\langle(x_i-\langle x_i\rangle)(x_j-\langle x_j\rangle)\rangle. \tag{1.3.16}$$

将协方差用均方根偏离归一化后,定义了随机变量x_i和x_j之间的无量纲的关联系数(correlation coefficient)

$$\rho_{ij}\equiv\frac{\mu_{ij}}{\sigma_i\sigma_j}=\frac{\langle(x_i-\langle x_i\rangle)(x_j-\langle x_j\rangle)\rangle}{\sqrt{\langle(x_i-\langle x_i\rangle)^2\rangle\langle(x_j-\langle x_j\rangle)^2\rangle}}. \tag{1.3.17}$$

关联系数的模值在0和1之间

$$0\leqslant|\rho_{ij}|\leqslant 1, \tag{1.3.18}$$

这可以用施瓦茨不等式(Schwarz inequality)来证明. 为书写简单,不妨设$\langle x_i\rangle=\langle x_j\rangle=0$. 对于实参数$\xi$有不等式成立:

$$\langle(\xi x_i-x_j)^2\rangle=\xi^2\langle x_i^2\rangle-2\xi\langle x_ix_j\rangle+\langle x_j^2\rangle\geqslant 0, \tag{1.3.19}$$

其系数判别式必定满足

$$4\langle x_ix_j\rangle^2-4\langle x_i^2\rangle\langle x_j^2\rangle\leqslant 0, \tag{1.3.20}$$

即可得到(1.3.18)式.

关联系数的值反映了两个随机变量的最基本的关联程度,当$\rho_{ij}=1$时称为完全一阶关联(complete first-order correlation),$\rho_{ij}=-1$时称为完全一阶反关联(complete first-order anticorrelation)(或亦称为完全一阶关联),$\rho_{ij}=0$ 时称为一阶无关(first-order independence). 两个统计独立的随机变量(见(1.2.18)式)必定一阶无关. 在本章的最后将看到,对于高斯型随机变量,高阶关联完全由一阶关联决定.

练 习

1. 对标准形式(1.3.7)式,证明(1.3.8)式.

1.4 生成函数

生成函数(generating function)又称母函数,是同概率函数等价的描述随机变量的另一些数学形式,它们有可能在数学处理上更为方便. 生成函数有若干种形式. 在下面的讨论中,我们先限定于实数随机变量,最后一小节推广到复数随机变量.

1. 矩生成函数

连续型概率函数的矩生成函数(moment generating function)定义为

$$M(\xi)=\langle e^{x\xi}\rangle=\int e^{x\xi}P(x)\,dx, \tag{1.4.1a}$$

其中 ξ 为实变量. 离散型概率函数的矩生成函数定义为

$$M(\xi)=\langle e^{n\xi}\rangle=\sum_{n=0}^{\infty}e^{n\xi}P(n). \tag{1.4.1b}$$

将上面两式中的指数函数按幂级数展开:

$$M(\xi)=\left\langle\sum_{m=0}^{\infty}\frac{x^m\xi^m}{m!}\right\rangle=\sum_{m=0}^{\infty}\frac{\langle x^m\rangle\xi^m}{m!}, \tag{1.4.2}$$

因此矩生成函数可以由各阶矩"生成". 反之,由矩生成函数按幂级数展开后,可以得到各阶矩:

$$\langle x^m\rangle=\left[\frac{d^mM(\xi)}{d\xi^m}\right]_{\xi=0}. \tag{1.4.3}$$

矩生成函数满足

$$M(0)=\int P(x)\,dx=1. \tag{1.4.4}$$

2. 阶乘矩生成函数

由(1.4.1b)式定义的离散型概率分布的矩生成函数,并不利于计算,为此可对离散型概率分布定义阶乘矩生成函数(factorial moment generating function)

$$F(\xi)=\left\langle (1+\xi)^{n}\right\rangle=\sum_{n=0}^{\infty}(1+\xi)^{n}P(n). \tag{1.4.5}$$

利用微分公式可得到

$$\left[\frac{\mathrm{d}^{m}F(\xi)}{\mathrm{d}\xi^{m}}\right]_{\xi=0}=\sum_{n=m}^{\infty}n(n-1)\cdots(n-m+1)P(n)=f_{m}, \tag{1.4.6}$$

它正是(1.3.14)式定义的阶乘矩,因此由阶乘矩生成函数可获得各阶阶乘矩．反过来,由阶乘矩集合$\{f_n\}$也可组成阶乘矩生成函数：

$$F(\xi)=\sum_{n=0}^{\infty}\frac{f_{n}\xi^{n}}{n!}. \tag{1.4.7}$$

由定义(1.4.1b)式和(1.4.5)式可看出

$$F(\xi)\equiv M[\ln(1+\xi)]. \tag{1.4.8}$$

3. 累积矩生成函数

对矩生成函数取对数即定义了累积矩生成函数(cumulant moment generating function)

$$K(\xi)=\ln[M(\xi)]. \tag{1.4.9}$$

将$K(\xi)$用幂级数展开：

$$K(\xi)=\sum_{m=0}^{\infty}\frac{k_{m}\xi^{m}}{m!}, \tag{1.4.10a}$$

$$k_{m}=\left[\frac{\mathrm{d}^{m}K(\xi)}{\mathrm{d}\xi^{m}}\right]_{\xi=0}, \tag{1.4.10b}$$

k_m称为累积矩(cumulant moment)．与矩和阶乘矩不同,它是直接由生成函数定义的．由于$M(0)=1$,因此有$K(0)=0$,和$k_0=0$.(1.4.10a)式的求和可以从$m=1$开始.

累积矩在处理独立随机变量的组合时尤其方便．例如,有N个相互统计独立的随机变量x_1,x_2,…,x_N,它们的线性组合为

$$y=\sum_{i=1}^{N}c_{i}x_{i}. \tag{1.4.11}$$

我们来考虑y与x_i之间的关系,先看它们对应的矩生成函数关系：

$$M^{(y)}(\xi)=\left\langle \mathrm{e}^{y\xi}\right\rangle=\left\langle \mathrm{e}^{\sum_{i=1}^{N}c_{i}x_{i}\xi}\right\rangle=\left\langle \prod_{i=1}^{N}\mathrm{e}^{c_{i}x_{i}\xi}\right\rangle=\prod_{i=1}^{N}\left\langle \mathrm{e}^{c_{i}x_{i}\xi}\right\rangle=\prod_{i=1}^{N}M^{(x_{i})}(c_{i}\xi), \tag{1.4.12}$$

上式用到x_i之间的统计独立性．然后对上式两边取对数,得到累积矩生成函数关系：

$$K^{(y)}(\xi)=\sum_{i=1}^{N}K^{(x_{i})}(c_{i}\xi), \tag{1.4.13}$$

它们的累积矩满足

$$k_m^{(y)} = \sum_{i=1}^{N} c_i^m k_m^{(x_i)}. \tag{1.4.14}$$

统计独立随机变量经线性组合后,对应的累积矩生成函数和累积矩也满足线性关系．这一性质将用于下一节中心极限定理的证明.

对(1.4.9)式求导后,

$$M(\xi)\frac{\mathrm{d}K(\xi)}{\mathrm{d}\xi} = \frac{\mathrm{d}M(\xi)}{\mathrm{d}\xi}, \tag{1.4.15}$$

它给出了累积矩和矩的相互关系．将生成函数用幂级数展开代入

$$\left(1 + \sum_{m=1}^{\infty}\frac{\langle x^m\rangle \xi^m}{m!}\right)\left(\sum_{m=1}^{\infty}\frac{mk_m\xi^{m-1}}{m!}\right) = \sum_{m=1}^{\infty}\frac{m\langle x^m\rangle \xi^{m-1}}{m!},$$

或者

$$\left(1 + \langle x\rangle \xi + \frac{1}{2!}\langle x^2\rangle \xi^2 + \frac{1}{3!}\langle x^3\rangle \xi^3 + \cdots\right)\left(k_1 + \frac{2k_2}{2!}\xi + \frac{3k_3}{3!}\xi^2 + \frac{4k_4}{4!}\xi^3 + \cdots\right)$$
$$= \langle x\rangle + \frac{1}{2!}2\langle x^2\rangle \xi + \frac{1}{3!}3\langle x^3\rangle \xi^2 + \frac{1}{4!}4\langle x^4\rangle \xi^3 + \cdots.$$

将等式两边按 ξ 的幂次展开,得到各次幂的系数关系

$$\begin{aligned}
&\xi^0: k_1 = \langle x\rangle,\\
&\xi^1: k_1\langle x\rangle + k_2 = \langle x^2\rangle,\\
&\xi^2: \frac{1}{2}k_1\langle x^2\rangle + \frac{1}{2}k_3 + k_2\langle x\rangle = \frac{1}{2}\langle x^3\rangle,\\
&\xi^3: \frac{1}{6}k_4 + \frac{1}{6}k_1\langle x^3\rangle + \frac{1}{2}k_3\langle x\rangle + \frac{1}{2}k_2\langle x^2\rangle = \frac{1}{6}\langle x^4\rangle,\\
&\qquad\qquad\cdots\cdots\cdots\cdots,
\end{aligned}$$

由此可解得

$$\begin{aligned}
&k_1 = \langle x\rangle,\\
&k_2 = \langle x^2\rangle - \langle x\rangle^2 = \mu_2,\\
&k_3 = \langle x^3\rangle - 3\langle x^2\rangle\langle x\rangle + 2\langle x\rangle^3 = \mu_3,\\
&k_4 = \langle x^4\rangle - 4\langle x^3\rangle\langle x\rangle + 12\langle x^2\rangle\langle x\rangle^2 - 3\langle x^2\rangle^2 - 6\langle x\rangle^4 = \mu_4 - 3\mu_2^2,\\
&\qquad\cdots\cdots\cdots\cdots,
\end{aligned} \tag{1.4.16}$$

这些公式可以求出各阶累积矩和中心矩的关系.

4. 特征函数

在矩生成函数定义的积分中存在指数增长的部分，对许多概率函数，积分可能会发散．如果稍微改变一下形式，情况将大为改善．为此，定义特征函数如下：

$$C(\xi)=\langle \mathrm{e}^{\mathrm{i}x\xi} \rangle=\int \mathrm{e}^{\mathrm{i}x\xi}P(x)\,\mathrm{d}x, \tag{1.4.17}$$

其中 ξ 与 x 同为实变量．上式实际上是概率函数的傅里叶变换（Fourier transform），其逆变换（inverse transform）为[注]

$$P(x)=\frac{1}{2\pi}\int \mathrm{e}^{-\mathrm{i}x\xi}C(\xi)\,\mathrm{d}\xi. \tag{1.4.18}$$

因为 $P(x)$ 满足绝对可积条件 $\left(\int|P(x)|\,\mathrm{d}x=\int P(x)\,\mathrm{d}x=1\right)$，并且对实际物理系统的概率函数都可以认为满足狄里克莱条件［$P(x)$ 只有有限个极值点和有限个第一类间断点］，因此上述傅里叶变换和逆变换存在（数学手册，1979）．甚至包括δ函数，它的特征函数是 1.

特征函数有以下性质：

ⅰ）特征函数一般是复函数．由于概率函数是实函数，因而有

$$C^*(\xi)=C(-\xi). \tag{1.4.19}$$

ⅱ）由概率函数的归一化条件

$$C(0)=1. \tag{1.4.20}$$

ⅲ）特征函数的模不超过 1，

$$|C(\xi)|\leqslant C(0)=1. \tag{1.4.21}$$

［证］：
$$|C(\xi)|\leqslant\int|\mathrm{e}^{\mathrm{i}x\xi}P(x)|\,\mathrm{d}x=\int|P(x)|\,\mathrm{d}x=1.$$

ⅳ）尽管 $P(x)$ 可以不连续，$C(\xi)$ 在实轴上是连续的.

［证］：$|C(\xi+h)-C(\xi)|=\left|\int(\mathrm{e}^{\mathrm{i}x(\xi+h)}-\mathrm{e}^{\mathrm{i}x\xi})P(x)\,\mathrm{d}x\right|$，当 $h\to 0$ 时，右边趋于零，故左边也趋于零.

ⅴ）由定义可见，矩生成函数和特征函数满足

$$M(\mathrm{i}\xi)=C(\xi). \tag{1.4.22}$$

ⅵ）对于离散型概率分布可以定义特征函数

$$C(\xi)=\langle \mathrm{e}^{\mathrm{i}n\xi} \rangle=\sum_{n=0}^{\infty}\mathrm{e}^{\mathrm{i}n\xi}P(n), \tag{1.4.23}$$

[注] 通常定义特征函数时，傅里叶积分变换和逆变换前的系数不取对称形式．

它同阶乘矩生成函数的关系有

$$F(e^{i\xi}-1)=C(\xi). \tag{1.4.24}$$

ⅶ) $C(\xi)$ 是非负定的．它的确切意思是指对于任意一组 N 个实变量 $\{\xi_1,\xi_2,\cdots,\xi_N\}$，$C(\xi_j-\xi_i)\equiv C_{ij}$ 构成 $N\times N$ 厄米矩阵．对于任意一组 N 个复数 $a_1,a_2,\cdots,a_N$，满足

$$(a_1^*\,a_2^*\cdots a_N^*)\begin{pmatrix}C_{11} & \cdots & C_{1N}\\ \vdots & \ddots & \vdots\\ C_{N1} & \cdots & C_{NN}\end{pmatrix}\begin{pmatrix}a_1\\ \vdots\\ a_N\end{pmatrix}=\sum_{i=1}^{N}\sum_{j=1}^{N}a_i^*\,C_{ij}a_j\geqslant 0. \tag{1.4.25}$$

[证]：由(1.4.19)式可判断 $C_{ij}=C_{ji}^*$，C_{ij} 是厄米矩阵(Hermitian matrix)．容易看出上式乘积是一实数，且有

$$\sum_{i=1}^{N}\sum_{j=1}^{N}a_i^*\,a_jC(\xi_j-\xi_i)=\int\sum_{i=1}^{N}\sum_{j=1}^{N}a_i^*\,a_je^{ix(\xi_j-\xi_i)}P(x)\,dx=\int\left|\sum_{j=1}^{N}a_je^{ix\xi_j}\right|^2P(x)\,dx\geqslant 0.$$

5. 复变量概率密度的特征函数

在光学问题中，电场振幅是复变量，需要考虑用复变量 α 的实函数 $P(\alpha)$ 为概率密度，它满足归一化条件：

$$\int P(\alpha)\,d^2\alpha=1, \tag{1.4.26}$$

积分对整个复平面取值．复变量的函数是二元函数，它可以记为

$$P(\alpha)\equiv P(\alpha,\alpha^*)\equiv P(\alpha_1,\alpha_2)\equiv P(r,\theta),\ \alpha=\alpha_1+i\alpha_2=re^{i\theta}. \tag{1.4.27}$$

实际上复变量积分需要用实变量执行，积分变换为

$$\int d^2\alpha\leftrightarrow\int_{-\infty}^{\infty}\int_{-\infty}^{\infty}d\alpha_1d\alpha_2\leftrightarrow\int_0^{2\pi}d\theta\int_0^{\infty}r\,dr. \tag{1.4.28}$$

在考虑复变量函数的傅里叶变换展开式之前，先考虑复变量 δ 函数：

$$\delta^{(2)}(\alpha)=\frac{1}{\pi^2}\int e^{z^*\alpha-z\alpha^*}\,d^2z. \tag{1.4.29}$$

复变量的积分是基于实部和虚部的实变量的积分，为此令

$$\alpha=(1/\sqrt{2})(q+ip),\ z=(1/\sqrt{2})(x+iy), \tag{1.4.30}$$

因子 $1/\sqrt{2}$ 是为了使(1.4.29)式积分可以直接同实变量傅里叶积分对应，参见下面的(1.4.32)式.现积分元为

$$d^2\alpha=\frac{1}{2}dq\,dp,\quad d^2z=\frac{1}{2}dx\,dy, \tag{1.4.31}$$

(1.4.29)式右边为

$$\frac{1}{\pi^2}\int e^{z^*\alpha - z\alpha^*} d^2 z = \frac{1}{2\pi^2}\int e^{i(xp-yq)} dx dy = \frac{1}{2\pi^2}\cdot 2\pi\delta(q)\cdot 2\pi\delta(p) = 2\delta(q)\delta(p). \quad (1.4.32)$$

因此在(1.4.30)式的变换下,(1.4.29)式定义了复变量 α 的 δ 函数

$$\delta^{(2)}(\alpha) = 2\delta(q)\delta(p), \quad (1.4.33)$$

它满足

$$\int\delta^{(2)}(\alpha) d^2\alpha = \int 2\delta(q)\delta(p)\left(\frac{1}{2}dq dp\right) = 1. \quad (1.4.34)$$

复随机变量概率密度的特征函数用复变量傅里叶变换定义:

$$C(z) = \langle e^{z\alpha^* - z^*\alpha} \rangle = \int P(\alpha) e^{z\alpha^* - z^*\alpha} d^2\alpha, \quad (1.4.35)$$

它的逆变换为

$$P(\alpha) = \frac{1}{\pi^2}\int C(z) e^{z^*\alpha - z\alpha^*} d^2 z. \quad (1.4.36)$$

比较(1.4.36)式和(1.4.29)式可以看出,$\delta^{(2)}(\alpha)$的特征函数是1.

现在我们可以用(1.4.29)式的 δ 函数来证明逆变换式:

$$\begin{aligned}\frac{1}{\pi^2}\int d^2 z e^{z^*\alpha - z\alpha^*} C(z) &= \frac{1}{\pi^2}\int d^2 z e^{z^*\alpha - z\alpha^*}\int P(\beta) e^{z\beta^* - z^*\beta} d^2\beta \\ &= \frac{1}{\pi^2}\int d^2\beta P(\beta)\int d^2 z e^{z^*(\alpha-\beta) - z(\alpha^*-\beta^*)} \\ &= \int d^2\beta P(\beta)\delta^{(2)}(\alpha-\beta) = P(\alpha).\end{aligned}$$

在实际计算复变量傅里叶变换和逆变换时,采用(1.4.30)式的变换是方便的,(1.4.35)式和(1.4.36)式相应地化为

$$C(x,y) = \frac{1}{2}\int P(q,p) e^{i(qy-px)} dq dp, \quad (1.4.37)$$

$$P(q,p) = \frac{1}{2\pi^2}\int C(x,y) e^{-i(qy-px)} dx dy. \quad (1.4.38)$$

由(1.4.37)式可以看出,复变量傅里叶变换是由对实部变量 q 正变换和对虚部变量 p 逆变换组成.

练　习

1. 证明复高斯函数的傅里叶变换式 $\int e^{-|\alpha|^2} e^{z\alpha^* - z^*\alpha} d^2\alpha = \pi e^{-|z|^2}$.

1.5　几种典型的概率分布

作为例子,我们介绍几种物理学和光学中常见的概率分布及它们的基本特征.

1. 伯努利(Bernoulli)分布或二项式分布

在用光电倍增管(photomultiplier)作光子计数(photon counting)的实验中,设在某一设定的时间间隔内,光电倍增管测到光子的概率为β(不管测到几个光子,均看做"测到"),那么测不到光子的概率应为$1-\beta$. 假定在实验中做N次这样的独立测试,求在这N次测试中,有n次($n\leqslant N$)测到光子的概率$P_N(n)$. 我们以图1.5-1为例来说明,其中$N=5,n=3$,当做大量同样实验后,便可统计出"成功"的概率$P_N(n)$.

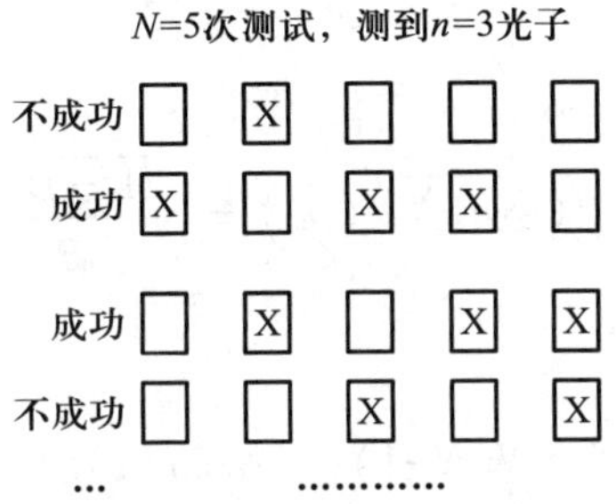

图1.5-1　光子计数实验结果记录

任意一次"成功"的实验,必然是n次测到光子,$N-n$次没有测到光子,因此发生这一事件的概率是$\beta^n(1-\beta)^{N-n}$[因为已假定测试之间相互独立,满足概率的乘法定理(1.2.7)式]. 另一方面,具有相同"成功"行为的共有C_N^n个组合,故有

$$P_N(n)=C_N^n\beta^n\ (1-\beta)^{N-n}. \tag{1.5.1}$$

它称为伯努利分布(Bernoulli distribution)或二项式分布(binomial distribution),后一名称是因为它恰好是二项展开式:

$$\begin{aligned}[(1-\beta)+\beta]^N=&C_N^0\ (1-\beta)^N+C_N^1\ (1-\beta)^{N-1}\beta+\cdots+C_N^n\ (1-\beta)^{N-n}\beta^n\\&+\cdots+C_N^{N-1}\ (1-\beta)^{N-1}+C_N^N\beta^N\end{aligned} \tag{1.5.2}$$

中的一项,因此$P_N(n)$的归一化条件是明显的,

$$\sum_{n=0}^{N}P_N(n)=[(1-\beta)+\beta]^N=1. \tag{1.5.3}$$

二项式分布的矩生成函数:

$$\begin{aligned}M(\xi)&=\sum_{n=0}^{N}\mathrm{e}^{\xi n}P_N(n)=\sum_{n=0}^{N}C_N^n\ (\beta\mathrm{e}^{\xi})^n\ (1-\beta)^{N-n}\\&=(\beta\mathrm{e}^{\xi}+1-\beta)^N=[1+\beta(\mathrm{e}^{\xi}-1)]^N,\end{aligned} \tag{1.5.4}$$

上式中求和上限取到 N,因为可以认为当 $n>N$ 时,$P_N(n)=0$. 阶乘矩生成函数

$$F(\xi)=\sum_{n=0}^{N}(1+\xi)^n P_N(n)=\sum_{n=0}^{N}C_N^n[\beta(1+\xi)]^n(1-\beta)^{N-n}$$
$$=(1+\beta\xi)^N=\sum_{n=0}^{N}C_N^n\beta^n\xi^n. \tag{1.5.5}$$

比较(1.5.5)式与(1.5.4)式可见,对于该离散型概率分布,阶乘矩生成函数比矩生成函数形式简单. 作为练习,读者可以验证

$$\langle n\rangle=N\beta, \tag{1.5.6}$$

$$\langle n^2\rangle=N\beta+N(N-1)\beta^2, \tag{1.5.7}$$

$$\langle\Delta n^2\rangle=N\beta(1-\beta), \tag{1.5.8}$$

相对偏差

$$\sqrt{\langle\Delta n^2\rangle}\Big/\langle n\rangle=\sqrt{\frac{1-\beta}{N\beta}}, \tag{1.5.9}$$

阶乘矩

$$f_m=N(N-1)\cdots(N-m+1)\beta^m. \tag{1.5.10}$$

2. 泊松分布

将二项式分布取某些极限形式,可以得到泊松分布(Poisson distribution). 先将二项式分布写成形式

$$P_N(n)=\frac{N(N-1)\cdots(N-n+1)}{n!}\beta^n(1-\beta)^{N-n}$$
$$=\frac{1}{n!}\left(1-\frac{1}{N}\right)\cdots\left(1-\frac{n-1}{N}\right)(\beta N)^n(1-\beta)^{N-n}. \tag{1.5.11}$$

现取如下极限

$$N\to\infty,\ \beta\to 0,\ \text{但 } N\beta \text{ 保持为常数}, \tag{1.5.12}$$

在此极限下

$$\left(1-\frac{1}{N}\right)\cdots\left(1-\frac{n-1}{N}\right)\to 1,\ (1-\beta)^{-n}\to 1,\ (1-\beta)^N=\left(1-\frac{N\beta}{N}\right)^N\to e^{-N\beta},$$

因此得到泊松分布

$$P(n)=\lim_{\substack{\beta\to 0\\ N\to\infty}}P_N(n)=\frac{\langle n\rangle^n e^{-\langle n\rangle}}{n!}, \tag{1.5.13}$$

其中平均值$\langle n \rangle = N\beta$.

理想的单模激光(相干态光场)的光子计数统计分布遵从泊松分布,它是量子光学中最重要的统计分布之一. 不难计算泊松分布的矩和阶乘矩生成函数

$$M(\xi) = \sum_{n=0}^{\infty} e^{\xi n} \frac{\langle n \rangle^n e^{-\langle n \rangle}}{n!} = e^{\langle n \rangle (e^{\xi}-1)}, \tag{1.5.14}$$

$$\begin{aligned} F(\xi) &= \sum_{n=0}^{\infty} (1+\xi)^n \frac{\langle n \rangle^n e^{-\langle n \rangle}}{n!} \\ &= e^{\langle n \rangle \xi} = \sum_{m=0}^{\infty} \frac{\langle n \rangle^m \xi^m}{m!}, \end{aligned} \tag{1.5.15}$$

显然阶乘矩生成函数比矩生成函数简单. 累积矩生成函数为

$$\begin{aligned} K(\xi) &= \ln[M(\xi)] = \langle n \rangle (e^{\xi} - 1) \\ &= \langle n \rangle \sum_{m=1}^{\infty} \frac{\xi^m}{m!}. \end{aligned} \tag{1.5.16}$$

由这些生成函数容易求出对应的各阶矩. 二阶矩和方差为

$$\langle n^2 \rangle = \langle n \rangle^2 + \langle n \rangle, \tag{1.5.17}$$

$$\langle \Delta n^2 \rangle = \langle n \rangle, \tag{1.5.18}$$

相对偏差

$$\sqrt{\langle \Delta n^2 \rangle} \Big/ \langle n \rangle = 1 \Big/ \sqrt{\langle n \rangle}. \tag{1.5.19}$$

扭曲系数和峭度

$$\alpha_3 = 1 \Big/ \sqrt{\langle n \rangle}, \tag{1.5.20}$$

$$\alpha_4 = 3 + 1 \Big/ \langle n \rangle. \tag{1.5.21}$$

方差反映了单模(single mode)激光的光量子噪声的大小,它随光强度$\langle n \rangle$的增长而增长. 而相对偏差反映了它的相对噪声,它同光强的平方根成反比. 由(1.5.15)式和(1.5.16)式可得到任意阶阶乘矩和累积矩,

$$f_m = \langle n \rangle^m, \ k_m = \langle n \rangle, \tag{1.5.22}$$

泊松分布的各阶累积矩都等于平均光子数. 图 1.5-2 为三种不同平均光子数时的泊松分布.

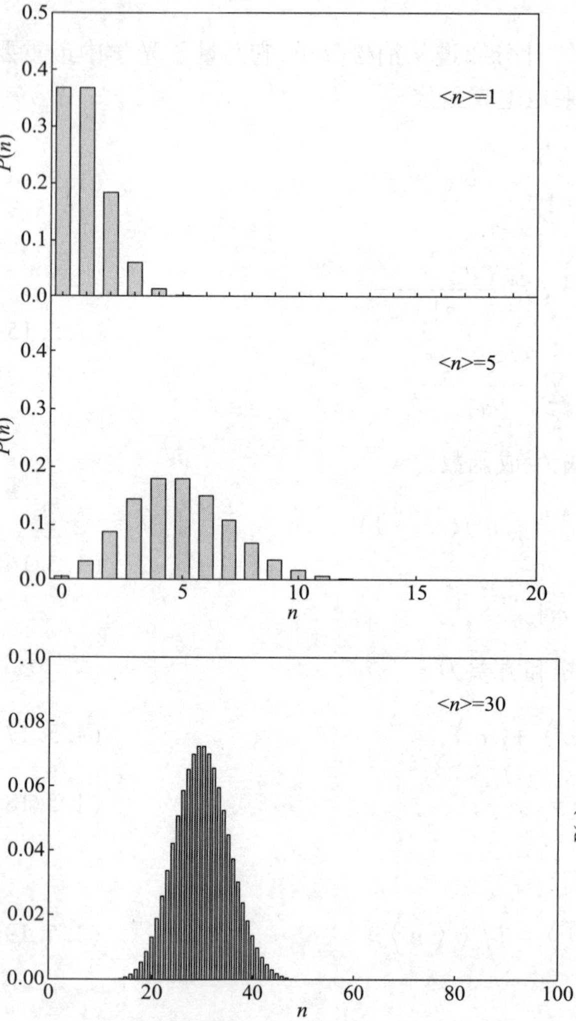

图 1.5-2　三种平均光子数的泊松分布

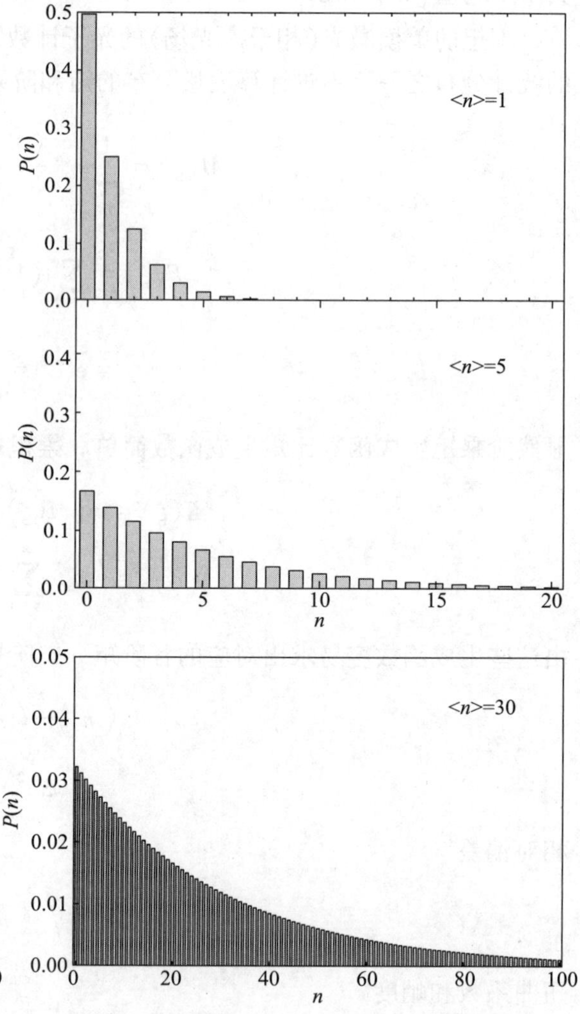

图 1.5-3　三种平均光子数的玻色-爱因斯坦分布

3. 玻色-爱因斯坦分布

同泊松分布相对照的另一种重要概率分布是玻色-爱因斯坦分布(Bose-Einstein distribution),它是处在热平衡(thermal equilibrium)下的光场-热光场(thermal light field)的光子统计分布. 它的形式为{由卷Ⅰ(2.2.3)式,令 $\eta=\exp[-\hbar\omega/(k_B T)]$}

$$P(n)=(1-\eta)\eta^n. \tag{1.5.23}$$

它的平均光子数为

$$\langle n \rangle=\eta/(1-\eta). \tag{1.5.24}$$

若用 $\langle n\rangle$ 取代(1.5.23)式中的 η,玻色-爱因斯坦分布表示的形式为

$$P(n)=\frac{\langle n\rangle^{n}}{(1+\langle n\rangle)^{n+1}}. \tag{1.5.25}$$

矩生成函数

$$M(\xi)=\frac{1}{1+\langle n\rangle(1-\mathrm{e}^{\xi})}, \tag{1.5.26}$$

阶乘矩生成函数

$$F(\xi)=\frac{1}{1-\langle n\rangle\xi}. \tag{1.5.27}$$

二阶矩和方差

$$\langle n^2\rangle=\langle n\rangle+2\langle n\rangle^2, \tag{1.5.28}$$

$$\langle \Delta n^2\rangle=\langle n\rangle+\langle n\rangle^2. \tag{1.5.29}$$

相对偏差

$$\sqrt{\langle \Delta n^2\rangle}\Big/\langle n\rangle=\sqrt{1+1/\langle n\rangle}. \tag{1.5.30}$$

与激光的泊松分布相比较,两者的相对偏差之比为 $1/\sqrt{1+\langle n\rangle}$,激光有较小的光子数涨落,只有当光强很小时两者才比较接近. 图 1.5-3 为三种平均光子数时的玻色-爱因斯坦分布.

4. 正态分布(Normal distribution)或高斯分布

高斯分布(Gaussian distribution)又名正态分布(Normal distribution),是概率论中起轴心作用的分布. 它普遍存在于自然界形形色色的随机现象中,究其根源在于概率论的中心极限定理(central limit theorem). 中心极限定理告诉我们,当随机变量由许多相互独立的随机因素构成时,不管这些因素的具体形式如何,只要因素的数量越来越大时,随机变量趋于一个高斯分布.

高斯分布的一般形式是

$$P(x)=\frac{1}{\sqrt{2\pi}\sigma}\mathrm{e}^{-\frac{(x-\langle x\rangle)^2}{2\sigma^2}}. \tag{1.5.31}$$

它的矩生成函数、特征函数和累积矩生成函数分别为

$$M(\xi)=\mathrm{e}^{\langle x\rangle\xi}\mathrm{e}^{\sigma^2\xi^2/2}, \tag{1.5.32}$$

$$C(\xi)=\mathrm{e}^{\mathrm{i}\langle x\rangle\xi}\mathrm{e}^{-\sigma^2\xi^2/2}, \tag{1.5.33}$$

$$K(\xi)=\ln[M(\xi)]=\langle x\rangle\xi+\frac{1}{2}\sigma^2\xi^2. \tag{1.5.34}$$

注意到特征函数仍是高斯型,这正是高斯函数傅里叶变换的特征[作为练习,读者可验证(1.5.33)式].容易验证(1.5.31)式中$\langle x \rangle$为一阶矩,σ为方均根.

如果令$\Delta x \equiv x-\langle x\rangle$,$\Delta x$的高斯分布具有对称的形式.利用它的矩生成函数的幂级数展开,

$$M(\xi)=\mathrm{e}^{\sigma^2\xi^2/2}=\sum_m \frac{1}{m!}\left(\frac{\sigma^2}{2}\right)^m \xi^{2m}=\sum_n \frac{1}{n!}\mu_n\xi^n,$$

可以得到高斯矩定理.高斯分布的任意阶中心矩:

$$\begin{cases}\mu_n=0, & \text{当}\, n\,\text{为奇数},\\ \mu_n=\dfrac{(\sigma^2/2)^{n/2}n!}{(n/2)!}=\sigma^n(n-1)(n-3)\cdots5\cdot3\cdot1\equiv\sigma^n(n-1)!!, & \text{当}\, n\,\text{为偶数}.\end{cases} \tag{1.5.35}$$

这个公式可以方便地计算任意高阶矩,例如扭曲系数和峭度分别为

$$\alpha_3=\mu_3/\sigma^3=0,\quad \alpha_4=\mu_4/\sigma^4=3. \tag{1.5.36}$$

由(1.5.34)式可知,高斯分布除一阶和二阶累积矩外,其余高阶累积矩均为零

$$k_1=\langle x \rangle,\quad k_2=\sigma^2,\quad k_m=0\quad(m=3,4,\cdots). \tag{1.5.37}$$

这两个非零矩正好是描述高斯分布的两个参数.另一方面,它的逆命题也成立.当随机变量的累积矩满足(1.5.37)式时,它的概率密度必定是高斯分布,因为由累积矩生成函数(1.5.34)式可以反推得到高斯分布的概率密度.

对高斯函数的一般形式作变换$(x-\langle x\rangle)/\sigma\to x$,可得到标准形式

$$P(x)=\frac{1}{\sqrt{2\pi}}\mathrm{e}^{-x^2/2}, \tag{1.5.38}$$

它对应的生成函数为

$$M(\xi)=\mathrm{e}^{\xi^2/2},\quad C(\xi)=\mathrm{e}^{-\xi^2/2},\quad K(\xi)=\frac{1}{2}\xi^2. \tag{1.5.39}$$

在光学问题中,由于电场振幅是复数,需要考虑复变量$z=x+\mathrm{i}y$的概率分布.单模热光场的电场复振幅是复变量的高斯分布

$$P(z)=\frac{1}{2\pi\sigma^2}\mathrm{e}^{-\frac{|z|^2}{2\sigma^2}}, \tag{1.5.40a}$$

或用实变量表示

$$P(x,y)=\frac{1}{2\pi\sigma^2}\mathrm{e}^{-\frac{x^2+y^2}{2\sigma^2}}. \tag{1.5.40b}$$

5. 中心极限定理

在本节的最后,我们介绍中心极限定理的证明.这不仅有助于对定理的理解,同时此证明方

法也值得学习.

设 N 个相互独立的随机变量 $x_1,\cdots,x_N$ 已变换成标准形式($\langle x_i\rangle=0$ 和 $\langle x_i^2\rangle=1$),令

$$y=\frac{1}{\sqrt{N}}(x_1+x_2+\cdots+x_N),\tag{1.5.41}$$

容易验证 y 也是标准形式,即 $\langle y\rangle=0$ 和 $\langle y^2\rangle=1$. 由(1.4.16)式,标准形式的一阶和二阶累积矩也分别为 0 和 1. 由(1.4.10a)式,随机变量 x_i 的累积矩生成函数可以写为

$$K^{(x_i)}(\xi)=\frac{1}{2}\xi^2+\sum_{m=3}^{\infty}k_m^{(x_i)}\frac{\xi^m}{m!}.\tag{1.5.42}$$

再根据(1.4.13)式,

$$K^{(y)}(\xi)=\sum_{i=1}^{N}K^{(x_i)}(\xi/\sqrt{N})=\frac{1}{2}\xi^2+\sum_{m=3}^{\infty}\sum_{i=1}^{N}\frac{k_m^{(x_i)}}{m!}\frac{\xi^m}{N^{m/2}},\tag{1.5.43}$$

y 的 $m\geqslant3$ 阶累积矩

$$k_m^{(y)}=\frac{1}{N^{m/2}}\sum_{i=1}^{N}k_m^{(x_i)}\leqslant|k_m^{(x_i)}|_{\max}\frac{1}{N^{m/2-1}}\quad(m\geqslant3),\tag{1.5.44}$$

上式当 $N\to\infty$ 时, $k_m^{(y)}\to0$, 所以 $K^{(y)}(\xi)=\frac{1}{2}\xi^2$, y 遵从高斯分布,定理证毕.

这一定理为随机问题的研究带来了方便,对于那些由许多因数形成的随机变量,可以事先假定为高斯概率分布.

练　　习

1. 证明(1.5.6)—(1.5.10)式.

2. 证明(1.5.13)式中的 $\langle n\rangle$ 为泊松分布的平均值.

3. 证明(1.5.17)—(1.5.21)式.

4. 证明(1.5.24)式和(1.5.26)—(1.5.30)式.

5. 证明(1.5.31)式中 $\langle x\rangle$ 为平均值, σ 为均方根.

6. 证明(1.5.33)式和(1.5.36)式.

1.6 随机变量的变换

设 x 是随机变量,概率密度为 $P(x)$, y 是 x 的函数:

$$y=f(x),\tag{1.6.1}$$

因此 y 也是随机变量. 如何求得 y 的概率密度 $Q(y)$,我们分层次展开这一问题.

1. 变换为一一对应的映射

先假定 x 与 y 之间的变换为一一对应的映射(mapping),如图 1.6-1 所示．由(1.6.1)式可写出反函数

$$x=g(y). \tag{1.6.2}$$

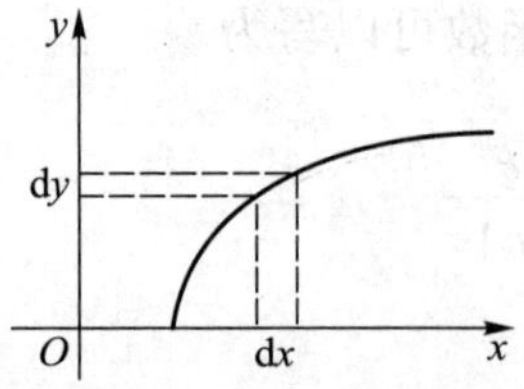

图 1.6-1 两个随机变量之间为一一对应的映射

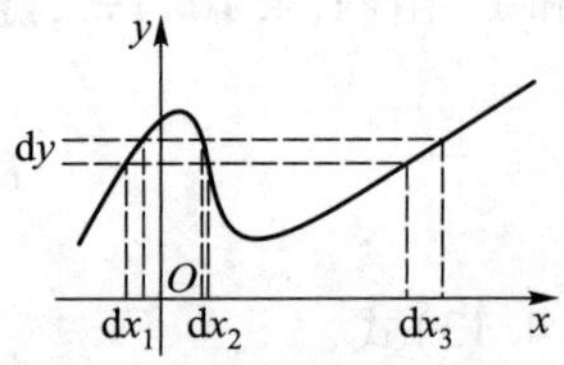

图 1.6-2 变换的逆为多值函数

这时 x 在 x—x+dx 内取值的概率即为 y 在 y—y+dy 内取值的概率

$$Q(y)\mid \mathrm{d}y\mid = P(x)\mid \mathrm{d}x\mid, \tag{1.6.3}$$

对微分取绝对值是为了保证概率为正．由此求出

$$Q(y)=P(x)\mid \mathrm{d}x/\mathrm{d}y\mid = P[g(y)]\mid g'(y)\mid = P[g(y)]/\mid f'_x[g(y)]\mid, \tag{1.6.4}$$

其中 $f'_x[g(y)]$ 表示对 x 求导,然后用(1.6.2)式转换为 y 的函数．上式表明变换函数的斜率决定反函数的概率密度,如果|dx|对应的|dy|变小了,概率密度将增大.

例:设变换关系为 $y=\cos x(0\leqslant x\leqslant \pi)$,$x$ 的概率函数为

$$P(x)=\begin{cases}2/\pi & 0\leqslant x\leqslant \pi/2\\ 0 & \pi/2<x\leqslant \pi,\end{cases}$$

可计算出

$$\mid \mathrm{d}y/\mathrm{d}x\mid = \sin x=\sqrt{1-\cos^2 x}=\sqrt{1-y^2},$$

再由(1.6.4)式求出 y 的概率函数

$$Q(y)=\begin{cases}2/(\pi\sqrt{1-y^2}) & 0\leqslant y<1\\ 0 & -1\leqslant y<0.\end{cases}$$

2. 变换的逆为多值函数

如果函数(1.6.1)式的反函数为多值函数

$$x_1=g_1(y),\quad x_2=g_2(y),\cdots, \tag{1.6.5}$$

由图 1.6-2 可以看出,y 在 y—y+dy 内的取值概率对应于若干个 x_i—x_i+dx_i 内取值概率之和

$$Q(y)\mid \mathrm{d}y\mid = P(x_1)\mid \mathrm{d}x_1\mid + P(x_2)\mid \mathrm{d}x_2\mid + \cdots, \tag{1.6.6}$$

$$Q(y)=\sum_i P(x_i)\mid \mathrm{d}x_i/\mathrm{d}y\mid=\sum_i P[g_i(y)]\mid g_i'(y)\mid$$
$$=\sum_i P[g_i(y)]/\mid f_{x_i}'[g_i(y)]\mid. \tag{1.6.7}$$

例:设随机变量 x 的概率密度为 $P(x)$,变换为 $y=x^2$,则有

$$x_1=\sqrt{y},\quad x_2=-\sqrt{y}\quad (y>0),$$
$$\frac{\mathrm{d}x_1}{\mathrm{d}y}=\frac{1}{2\sqrt{y}},\quad \frac{\mathrm{d}x_2}{\mathrm{d}y}=-\frac{1}{2\sqrt{y}},$$
$$Q(y)=\frac{P(\sqrt{y})}{2\sqrt{y}}+\frac{P(-\sqrt{y})}{2\sqrt{y}}.$$

3. 多变量函数

设有 N 个随机变量 $x_1,\cdots,x_N$,由联合概率密度 $P(x_1,\cdots,x_N)$ 描述它们的统计性质. 另有一组变量 $y_1,\cdots,y_N$ 是 $x_1,\cdots,x_N$ 的函数

$$y_i=f_i(x_1,\cdots,x_N),\quad i=1,\cdots,N, \tag{1.6.8}$$

现在欲求这组新变量的统计分布 $Q(y_1,\cdots,y_N)$.

先讨论逆变换是单值函数的情况,即变换是一一对应的映象,反函数设为

$$x_i=g_i(y_1,\cdots,y_N),\quad i=1,\cdots,N. \tag{1.6.9}$$

同单变量的情况类似,处在两组变量对应体积元上的概率应相等

$$Q(y_1,\cdots,y_N)\mid \mathrm{d}y_1\cdots\mathrm{d}y_N\mid=P(x_1,\cdots,x_N)\mid \mathrm{d}x_1\cdots\mathrm{d}x_N\mid. \tag{1.6.10}$$

由多变量的微分学,体积元的变换可由雅可比行列式(Jacobian determinant)的模表示

$$Q(y_1,\cdots,y_N)=P(x_1,\cdots,x_N)\left|\frac{\partial(g_1,\cdots,g_N)}{\partial(y_1,\cdots,y_N)}\right|$$
$$=P(x_1,\cdots,x_N)\Big/\left|\frac{\partial(f_1,\cdots,f_N)}{\partial(x_1,\cdots,x_N)}\right|, \tag{1.6.11}$$

其中雅可比行列式

$$\frac{\partial(g_1,\cdots,g_N)}{\partial(y_1,\cdots,y_N)}=\begin{vmatrix}\partial g_1/\partial y_1 & \cdots & \partial g_1/\partial y_N\\ \vdots & \ddots & \vdots\\ \partial g_N/\partial y_1 & \cdots & \partial g_N/\partial y_N\end{vmatrix}. \tag{1.6.12}$$

对于多变量多值函数的情况,可仿照单变量多值函数的做法,对(1.6.11)式右边取和,这里不再赘述.

例:打靶着弹点离目标的位置遵从二维高斯分布(1.5.40)式

$$P(x,y)=\frac{1}{2\pi\sigma^2}\exp\left[-\frac{x^2+y^2}{2\sigma^2}\right], \tag{1.6.13}$$

现要将它换成极坐标(r,θ)下的表示,这是常用的方法．主要步骤是求两组变量变换的雅可比行列式

$$\begin{vmatrix}\partial x/\partial r & \partial x/\partial\theta\\ \partial y/\partial r & \partial y/\partial\theta\end{vmatrix}=\begin{vmatrix}\cos\theta & -r\sin\theta\\ \sin\theta & r\cos\theta\end{vmatrix}=r. \tag{1.6.14}$$

因此有

$$Q(r,\theta)=\frac{r}{2\pi\sigma^2}\mathrm{e}^{-\frac{r^2}{2\sigma^2}}. \tag{1.6.15}$$

这种方法实际上等价于积分元变换 $r\mathrm{d}r\mathrm{d}\theta=\mathrm{d}x\mathrm{d}y$,例如求 r 的二阶矩

$$\begin{aligned}\langle r^2\rangle=\langle x^2+y^2\rangle&=\iint\frac{x^2+y^2}{2\pi\sigma^2}\mathrm{e}^{-\frac{x^2+y^2}{2\sigma^2}}\mathrm{d}x\mathrm{d}y=\int_0^{2\pi}\int_0^{\infty}\frac{r^2}{2\pi\sigma^2}\mathrm{e}^{-\frac{r^2}{2\sigma^2}}r\mathrm{d}r\mathrm{d}\theta,\\ &=\int_0^{2\pi}\int_0^{\infty}r^2Q(r,\theta)\mathrm{d}r\mathrm{d}\theta=2\sigma^2.\end{aligned} \tag{1.6.16}$$

4. 随机变量的和

在本章第四节曾讨论过独立随机变量的线性组合(linear combination)问题,用累积矩生成函数可以较容易地处理．现在考虑互相不独立的随机变量之和的概率分布,为叙述简单起见,我们仅讨论两个变量之和的情况,更多变量情况也可以用此方法解决.

设随机变量 x 和 y 的统计性质用二维概率密度 $P(x,y)$ 描述,令 $z=x+y$,现欲求 z 的概率分布 $Q(z)$．我们可以先将这一问题看成两组变量(x,y)与(z,y)的变换：

$$\begin{cases}z=x+y\\ y=y,\end{cases} \tag{1.6.17}$$

变换的雅可比行列式

$$J=\begin{vmatrix}\partial z/\partial x & \partial z/\partial y\\ \partial y/\partial x & \partial y/\partial y\end{vmatrix}=\begin{vmatrix}1 & 1\\ 0 & 1\end{vmatrix}=1. \tag{1.6.18}$$

根据(1.6.11)式,对于变换后的变量(z,y)的二维概率密度应为 $P(z-y,y)$,再对 y 变量积分就得到 z 的概率密度

$$Q(z)=\int_{-\infty}^{\infty}P(z-y,y)\mathrm{d}y. \tag{1.6.19}$$

1.7　多维联合高斯分布

如上节所述高斯随机分布在概率论中占据了中心地位,对于物理学和光学领域中的统计现象也不例外．例如热光场的电场振幅的统计分布和量子谐振子(harmonic oscillator)在相干态

(coherent state)时振子位置的概率振幅都是高斯分布. 另一方面,高斯分布是一种最简单的易于数学处理的统计函数,它常用于一般概率分布的初级近似. 我们在本节中更深入地进行讨论.

1. 二维高斯变量的正交变换

设 y_1 和 y_2 是相互独立并遵从高斯分布的实数随机变量,

$$P(y_1, y_2) = \frac{1}{2\pi\bar{\sigma}_1\bar{\sigma}_2}\exp\left[-\frac{1}{2}\left(\frac{y_1^2}{\bar{\sigma}_1^2} + \frac{y_2^2}{\bar{\sigma}_2^2}\right)\right], \tag{1.7.1}$$

它同(1.6.13)式略有差别,y_1 与 y_2 可以有不同的方差:

$$\langle y_1^2 \rangle = \bar{\sigma}_1^2, \quad \langle y_2^2 \rangle = \bar{\sigma}_2^2. \tag{1.7.2}$$

将(y_1, y_2)理解为平面直角坐标,现作一坐标系转 θ 角的旋转变换,得到一组新的坐标变量(x_1, x_2). 新旧坐标的关系为

$$\begin{pmatrix} x_1 \\ x_2 \end{pmatrix} = \begin{pmatrix} \cos\theta & \sin\theta \\ -\sin\theta & \cos\theta \end{pmatrix}\begin{pmatrix} y_1 \\ y_2 \end{pmatrix}, \tag{1.7.3a}$$

简记为

$$\boldsymbol{x} = \boldsymbol{U}\boldsymbol{y}. \tag{1.7.3b}$$

逆变换为

$$\boldsymbol{y} = \boldsymbol{U}^{-1}\boldsymbol{x}, \tag{1.7.4a}$$

$$\boldsymbol{U}^{-1} = \begin{pmatrix} \cos\theta & -\sin\theta \\ \sin\theta & \cos\theta \end{pmatrix}. \tag{1.7.4b}$$

容易验证

$$\boldsymbol{U}^{-1} = \boldsymbol{U}^{\mathrm{T}}, \tag{1.7.5}$$

直角坐标系的旋转变换是一一对应的正交变换(unitary transformation),变换的雅可比行列式为$|\boldsymbol{U}| = |\boldsymbol{U}^{-1}| = 1$. x_1 和 x_2 的矩可以通过变换关系(1.7.3)式用 y_1 和 y_2 的矩表示:

$$\langle x_1 \rangle = \langle x_2 \rangle = \langle y_1 \rangle = \langle y_2 \rangle = 0, \tag{1.7.6}$$

$$\sigma_1^2 \equiv \langle x_1^2 \rangle = \bar{\sigma}_1^2\cos^2\theta + \bar{\sigma}_2^2\sin^2\theta, \tag{1.7.7a}$$

$$\sigma_2^2 \equiv \langle x_2^2 \rangle = \bar{\sigma}_1^2\sin^2\theta + \bar{\sigma}_2^2\cos^2\theta, \tag{1.7.7b}$$

$$\mu_{12} \equiv \langle x_1 x_2 \rangle = (\bar{\sigma}_2^2 - \bar{\sigma}_1^2)\sin\theta\cos\theta. \tag{1.7.8}$$

在计算中,用到 y_1 与 y_2 相互独立的条件.(1.7.8)式表明,新的变量 x_1 与 x_2 之间可能相关联,除非 $\bar{\sigma}_1 = \bar{\sigma}_2$,或 $\theta = 0, \pi/2$. $\bar{\sigma}_1 = \bar{\sigma}_2$ 表示高斯分布旋转对称,坐标旋转不会改变其形式. $\theta = 0$ 无须解释,$\theta = \pi/2$ 表示变换只是使 y_1 与 y_2 交换一下位置而已. 由(1.7.7)和(1.7.8)式得两组变量的二阶矩之间的关系

$$\bar{\sigma}_1^2\bar{\sigma}_2^2 = \sigma_1^2\sigma_2^2 - \mu_{12}^2 = \sigma_1^2\sigma_2^2(1-\rho^2), \tag{1.7.9}$$

其中

$$\rho = \mu_{12}/(\sigma_1\sigma_2) \tag{1.7.10}$$

是 x_1 与 x_2 的关联系数(correlation coefficient).

由逆变换(1.7.4)式,以及(1.7.9)式和(1.7.10)式可得

$$\begin{aligned}\frac{y_1^2}{\bar{\sigma}_1^2}+\frac{y_2^2}{\bar{\sigma}_2^2} &= x_1^2\left(\frac{\cos^2\theta}{\bar{\sigma}_1^2}+\frac{\sin^2\theta}{\bar{\sigma}_2^2}\right)+x_2^2\left(\frac{\sin^2\theta}{\bar{\sigma}_1^2}+\frac{\cos^2\theta}{\bar{\sigma}_2^2}\right)+2x_1x_2\sin\theta\cos\theta\left(\frac{1}{\bar{\sigma}_2^2}-\frac{1}{\bar{\sigma}_1^2}\right)\\ &= \frac{1}{\bar{\sigma}_1^2\bar{\sigma}_2^2}(x_1^2\sigma_2^2+x_2^2\sigma_1^2-2x_1x_2\mu_{12}) = \frac{1}{\sigma_1^2\sigma_2^2(1-\rho^2)}(x_1^2\sigma_2^2+x_2^2\sigma_1^2-2x_1x_2\mu_{12}).\end{aligned}$$

根据上一节多变量一一对应映象变换的讨论,在坐标旋转变换下,新变量 x_1 与 x_2 的联合高斯分布表示为

$$P(x_1,x_2) = \frac{1}{2\pi\sigma_1\sigma_2\sqrt{1-\rho^2}}\exp\left[-\frac{1}{2(1-\rho^2)}\left(\frac{x_1^2}{\sigma_1^2}-\frac{2x_1x_2\rho}{\sigma_1\sigma_2}+\frac{x_2^2}{\sigma_2^2}\right)\right]. \tag{1.7.11}$$

对(1.7.11)式作二维傅里叶变换,可得到对应的特征函数

$$C(\xi_1,\xi_2) = \iint_{-\infty}^{+\infty}P(x_1,x_2)\mathrm{e}^{\mathrm{i}\xi_1x_1}\mathrm{e}^{\mathrm{i}\xi_2x_2}\mathrm{d}x_1\mathrm{d}x_2 = \mathrm{e}^{-\frac{1}{2}(\xi_1{}^2\sigma_1{}^2+\xi_2{}^2\sigma_2{}^2+2\xi_1\xi_2\rho\sigma_1\sigma_2)}, \tag{1.7.12}$$

它也是高斯型(积分推导见下面矩阵形式).

2. 多维联合高斯分布的矩阵形式

(1.7.11)式是平均值为零的二维高斯分布的一般形式. 对于任意维的高斯分布,指数上的多项式总是随机变量的二次型(quadratic form). 由高等代数,二次型多项式可用矩阵形式表示. 我们以二维情况为例来说明,不失普遍性地可以推广到任意高维的情况. 令协方差矩阵(covariance matrix)

$$\boldsymbol{\mu} = \begin{pmatrix}\sigma_1^2 & \mu_{12}\\ \mu_{12} & \sigma_2^2\end{pmatrix}, \tag{1.7.13}$$

它的行列式和逆分别为

$$|\boldsymbol{\mu}| = \sigma_1^2\sigma_2^2 - \mu_{12}^2 = \sigma_1^2\sigma_2^2(1-\rho^2), \tag{1.7.14}$$

$$\boldsymbol{\mu}^{-1} = \frac{1}{|\boldsymbol{\mu}|}\begin{pmatrix}\sigma_2^2 & -\mu_{12}\\ -\mu_{12} & \sigma_1^2\end{pmatrix}. \tag{1.7.15}$$

令随机变量和它对应的特征函数变量矢量

$$\boldsymbol{x}=\begin{pmatrix}x_1\\x_2\end{pmatrix},\quad \boldsymbol{\xi}=\begin{pmatrix}\xi_1\\\xi_2\end{pmatrix},\tag{1.7.16}$$

二维高斯分布(1.7.11)式和它对应的特征函数(1.7.12)式可以用矩阵形式表示：

$$P(\boldsymbol{x})=\frac{1}{2\pi\sqrt{|\boldsymbol{\mu}|}}\mathrm{e}^{-\frac{1}{2}\boldsymbol{x}^{\mathrm{T}}\boldsymbol{\mu}^{-1}\boldsymbol{x}},\tag{1.7.17}$$

$$C(\boldsymbol{\xi})=\mathrm{e}^{-\frac{1}{2}\boldsymbol{\xi}^{\mathrm{T}}\boldsymbol{\mu}\boldsymbol{\xi}}.\tag{1.7.18}$$

上述表示法可以推广到任意高维的情况，n 维一般形式的联合高斯分布和它对应的特征函数可以表为

$$P(\boldsymbol{x})=\frac{1}{(2\pi)^{n/2}|\boldsymbol{\mu}|^{1/2}}\mathrm{e}^{-\frac{1}{2}(\boldsymbol{x}-\langle\boldsymbol{x}\rangle)^{\mathrm{T}}\boldsymbol{\mu}^{-1}(\boldsymbol{x}-\langle\boldsymbol{x}\rangle)}=\frac{1}{(2\pi)^{n/2}|\boldsymbol{\mu}|^{1/2}}\mathrm{e}^{-\frac{1}{2}\Delta\boldsymbol{x}^{\mathrm{T}}\boldsymbol{\mu}^{-1}\Delta\boldsymbol{x}},\tag{1.7.19}$$

$P(\boldsymbol{x})$满足归一化条件

$$\int\mathrm{e}^{-\frac{1}{2}\Delta\boldsymbol{x}^{\mathrm{T}}\boldsymbol{\mu}^{-1}\Delta\boldsymbol{x}}\mathrm{d}\boldsymbol{x}=(2\pi)^{n/2}|\boldsymbol{\mu}|^{1/2}.\tag{1.7.20}$$

协方差矩阵$\boldsymbol{\mu}$ 可表示为

$$\boldsymbol{\mu}=\langle\Delta\boldsymbol{x}\Delta\boldsymbol{x}^{\mathrm{T}}\rangle=\langle(\boldsymbol{x}-\langle\boldsymbol{x}\rangle)(\boldsymbol{x}-\langle\boldsymbol{x}\rangle)^{\mathrm{T}}\rangle=\begin{pmatrix}\mu_{11}&\mu_{12}&\cdots&\mu_{1n}\\\mu_{21}&\mu_{22}&\cdots&\mu_{2n}\\\cdots&\cdots&\cdots&\cdots\\\mu_{n1}&\mu_{n2}&\cdots&\mu_{nn}\end{pmatrix},\tag{1.7.21}$$

其中协方差矩阵元$\mu_{ij}=\langle\Delta x_i\Delta x_j\rangle$和$\mu_{ii}=\langle\Delta x_i^{\;2}\rangle=\sigma_i^{\;2}$在前面(1.3.16)式已定义过，显然$\boldsymbol{\mu}$ 是对称矩阵，这样高斯分布(1.7.19)式由其平均值和协方差完全确定.

联合高斯分布的矩生成函数

$$M(\boldsymbol{\xi})=\langle\mathrm{e}^{\boldsymbol{\xi}^{\mathrm{T}}\boldsymbol{x}}\rangle=\frac{1}{(2\pi)^{n/2}|\boldsymbol{\mu}|^{1/2}}\int\mathrm{e}^{\boldsymbol{\xi}^{\mathrm{T}}\boldsymbol{x}-\frac{1}{2}\Delta\boldsymbol{x}^{\mathrm{T}}\boldsymbol{\mu}^{-1}\Delta\boldsymbol{x}}\mathrm{d}\boldsymbol{x}.\tag{1.7.22}$$

由于$\boldsymbol{\mu}$ 是对称矩阵，利用等式

$$\frac{1}{2}(\Delta\boldsymbol{x}-\boldsymbol{\mu}\boldsymbol{\xi})^{\mathrm{T}}\boldsymbol{\mu}^{-1}(\Delta\boldsymbol{x}-\boldsymbol{\mu}\boldsymbol{\xi})=\frac{1}{2}\Delta\boldsymbol{x}^{\mathrm{T}}\boldsymbol{\mu}^{-1}\Delta\boldsymbol{x}+\frac{1}{2}\boldsymbol{\xi}^{\mathrm{T}}\boldsymbol{\mu}\boldsymbol{\xi}-\boldsymbol{\xi}^{\mathrm{T}}\Delta\boldsymbol{x},\tag{1.7.23}$$

(1.7.22)式被积函数的指数部分为

$$\boldsymbol{\xi}^{\mathrm{T}}\boldsymbol{x}-\frac{1}{2}\Delta\boldsymbol{x}^{\mathrm{T}}\boldsymbol{\mu}^{-1}\Delta\boldsymbol{x}=\frac{1}{2}\boldsymbol{\xi}^{\mathrm{T}}\boldsymbol{\mu}\boldsymbol{\xi}+\boldsymbol{\xi}^{\mathrm{T}}\langle\boldsymbol{x}\rangle-\frac{1}{2}(\Delta\boldsymbol{x}-\boldsymbol{\mu}\boldsymbol{\xi})^{\mathrm{T}}\boldsymbol{\mu}^{-1}(\Delta\boldsymbol{x}-\boldsymbol{\mu}\boldsymbol{\xi}),$$

再用到积分(1.7.20)式，得到

$$M(\boldsymbol{\xi})=\mathrm{e}^{\boldsymbol{\xi}^{\mathrm{T}}\langle\boldsymbol{x}\rangle+\frac{1}{2}\boldsymbol{\xi}^{\mathrm{T}}\boldsymbol{\mu}\boldsymbol{\xi}}=\mathrm{e}^{\langle\boldsymbol{x}\rangle^{\mathrm{T}}\boldsymbol{\xi}+\frac{1}{2}\boldsymbol{\xi}^{\mathrm{T}}\boldsymbol{\mu}\boldsymbol{\xi}},\tag{1.7.24}$$

容易写出特征函数和累积矩生成函数：

$$C(\boldsymbol{\xi}) = \mathrm{e}^{\mathrm{i}\boldsymbol{\xi}^{\mathrm{T}}\langle \boldsymbol{x}\rangle - \frac{1}{2}\boldsymbol{\xi}^{\mathrm{T}}\boldsymbol{\mu}\boldsymbol{\xi}}, \tag{1.7.25}$$

$$K(\boldsymbol{\xi}) = \boldsymbol{\xi}^{\mathrm{T}}\left\langle \boldsymbol{x} \right\rangle + \frac{1}{2}\boldsymbol{\xi}^{\mathrm{T}}\boldsymbol{\mu}\xi. \tag{1.7.26}$$

3. 基本性质

ⅰ)在多维联合高斯分布中,每一个随机变量是高斯分布,各种条件概率分布也是高斯分布.这由二次型的基本形式容易看出.

ⅱ)两个一阶不相关联的高斯变量相互独立.

设 $i \neq j$ 时,$\langle \Delta x_i \Delta x_j \rangle = 0$,即 $\mu_{ij} = 0$. 在特征函数的指数项 $\boldsymbol{\xi}^{\mathrm{T}}\boldsymbol{\mu}\boldsymbol{\xi} = \sum \xi_i \mu_{ij} \xi_j$ 中无交叉项 $\xi_i \xi_j$. ξ_i 和 ξ_j 这两个变量可写成因式分解的形式,经傅里叶反变换 $\mathrm{e}^{-\mathrm{i}\xi_i x_i - \mathrm{i}\xi_j x_j - \cdots}$ 后,x_i 和 x_j 也可以因式分解. 这样两个高斯变量的关联程度完全由一阶相关决定.

ⅲ)n 维联合高斯分布中变量的任意线性齐次非退化组合仍构成 n 维联合高斯分布.

我们可通过下述步骤求出变换后的表示式. 设高斯变量 $\boldsymbol{x}$ 满足(1.7.19)式,令齐次非退化线性变换

$$\boldsymbol{y} = \boldsymbol{U}\boldsymbol{x}, \qquad \Delta\boldsymbol{y} = \boldsymbol{U}\Delta\boldsymbol{x}, \tag{1.7.27}$$

由于变换是非退化的,它存在逆变换

$$\boldsymbol{x} = \boldsymbol{U}^{-1}\boldsymbol{y}, \qquad \Delta\boldsymbol{x} = \boldsymbol{U}^{-1}\Delta\boldsymbol{y}. \tag{1.7.28}$$

由 $\boldsymbol{x}$ 的协方差矩阵 $\boldsymbol{\mu}$ 可以求出 $\boldsymbol{y}$ 的协方差矩阵 $\boldsymbol{\nu}$,反之亦然

$$\boldsymbol{\nu} = \left\langle \Delta\boldsymbol{y}\Delta\boldsymbol{y}^{\mathrm{T}} \right\rangle = \left\langle \boldsymbol{U}\Delta\boldsymbol{x}\Delta\boldsymbol{x}^{\mathrm{T}}\boldsymbol{U}^{\mathrm{T}} \right\rangle = \boldsymbol{U}\boldsymbol{\mu}\boldsymbol{U}^{\mathrm{T}}, \tag{1.7.29a}$$

$$\boldsymbol{\mu} = \boldsymbol{U}^{-1}\boldsymbol{\nu}\,(\boldsymbol{U}^{-1})^{\mathrm{T}}. \tag{1.7.29b}$$

上式的行列式关系为

$$|\boldsymbol{\nu}| = |\boldsymbol{U}|^2 |\boldsymbol{\mu}|, \tag{1.7.30}$$

变换的雅可比矩阵行列式

$$|\boldsymbol{J}| = |\partial \boldsymbol{x} / \partial \boldsymbol{y}| = |\boldsymbol{U}^{-1}| = |\boldsymbol{U}|^{-1}. \tag{1.7.31}$$

因此 $\boldsymbol{x}$ 的联合高斯分布(1.7.19)式可以转化为 $\boldsymbol{y}$ 的联合高斯分布：

$$\begin{aligned} P(\boldsymbol{y}) &= \frac{1}{(2\pi)^{n/2}\left[|\boldsymbol{U}|^{-2}|\boldsymbol{\nu}|\right]^{1/2}}\mathrm{e}^{-\frac{1}{2}\Delta\boldsymbol{y}^{\mathrm{T}}(\boldsymbol{U}^{-1})^{\mathrm{T}}\boldsymbol{\mu}^{-1}\boldsymbol{U}^{-1}\Delta\boldsymbol{y}}\,|\boldsymbol{U}|^{-1} \\ &= \frac{1}{(2\pi)^{n/2}|\boldsymbol{\nu}|^{1/2}}\mathrm{e}^{-\frac{1}{2}\Delta\boldsymbol{y}^{\mathrm{T}}\boldsymbol{\nu}^{-1}\Delta\boldsymbol{y}}. \end{aligned} \tag{1.7.32}$$

ⅳ)联合高斯分布中任取若干高斯变量之和仍是高斯变量.

这是性质iii)和i)的推论．设 $x_1,\cdots,x_N$ 是一组高斯随机变量,容易证明 $y_1=x_1+x_2+x_3, y_2=x_2,\cdots,y_N=x_N$ 是非退化变换,因此 y_1 是高斯变量．

4. 高斯矩定理

前面我们曾提到,对多维高阶联合矩的计算是一件复杂而困难的工作,而且很难寻找其规律和关系．但对联合高斯分布,却是一个例外(可能是唯一的例外)．如同一维高斯分布的任意高阶矩可以用二阶矩表示一样,联合高斯分布的任意阶联合矩也可以用简单的二阶联合矩表示之,称为高斯矩定理(Gaussian moment theorem)．这一定理在统计光学中有重要的应用.

高斯矩定理：联合高斯分布的 n 阶联合矩满足

$$\langle \Delta x_{i_1}\Delta x_{i_2}\cdots\Delta x_{i_n}\rangle=\begin{cases}0 & n\text{ 为奇数},\\ \sum\limits_{(n-1)!!}\langle \Delta x_{j_1}\Delta x_{j_2}\rangle\langle \Delta x_{j_3}\Delta x_{j_4}\rangle\cdots\langle \Delta x_{j_{n-1}}\Delta x_{j_n}\rangle & n\text{ 为偶数}.\end{cases}\tag{1.7.33}$$

我们需要对 n 为偶数时求和的含义作一些说明：

i)为书写方便,暂略去 Δ 不写．先设有 $n=2m$ 个变量 $x_1,\cdots,x_n$ 互不相同,将它们分成 m 对二阶联合矩,再求积后成为上式求和中的一项．这样的项数共有 $(n-1)!!$ 个,其原由解释如下.先对 n 个元素作排列,共有 $n!=(2m)!$ 个排列方式．对每一排列按顺序进行配对,例如排列 $x_1x_2\cdots x_{n-1}x_n$,配成 $\langle x_1x_2\rangle\langle x_3x_4\rangle\cdots\langle x_{n-1}x_n\rangle$,共有 $n!$ 个．这种配对方式中包括大量重复部分．首先每一个二阶联合矩内部变换交换次序 $\langle x_1x_2\rangle=\langle x_2x_1\rangle$ 是产生重复倍数的一个原因,求和中每一项是 m 个二阶联合矩的积,因此重复倍数为 2^m. 其次,二阶联合矩之间交换次序是产生重复倍数的另一个原因,即 $\langle x_1x_2\rangle\langle x_3x_4\rangle=\langle x_3x_4\rangle\langle x_1x_2\rangle$．$M$ 个联合矩之积共有 $m!$ 种排列,即求和下的每一项又产生 $m!$ 倍的重复．因此不重复的项数为

$$\frac{(2m)!}{m!\,2^m}=\frac{2m(2m-1)\cdots2\cdot1}{2m(2m-2)\cdots4\cdot2}=(2m-1)(2m-3)\cdots3\cdot1\equiv(2m-1)!!=(n-1)!!.$$

ii)如果这 n 阶联合矩中有重复变量,例如 $\langle x_1{}^3x_2x_3{}^2\cdots\rangle$,应先将它们理解为不重复的元素,作上述配对后,再执行"重复". 我们举一例说明,设 $n=4$,应为 $(4-1)!!=3$ 项求和,它们是

$$\langle x_1x_2x_3x_4\rangle=\langle x_1x_2\rangle\langle x_3x_4\rangle+\langle x_1x_3\rangle\langle x_2x_4\rangle+\langle x_1x_4\rangle\langle x_2x_3\rangle.\tag{1.7.34}$$

当求 $\langle x_1^2x_2^2\rangle$ 时,先按上述方法配对,再令 $x_1=x_3, x_2=x_4$,则有

$$\langle x_1^2x_2^2\rangle=\langle x_1^2\rangle\langle x_2^2\rangle+2\langle x_1x_2\rangle^2.\tag{1.7.35}$$

下面分两步证明高斯矩定理.

第一步：先假定 n 个高斯变量相互独立,用 $y_1,y_2,\cdots,y_n$ 表示．因此在求高阶矩时可进行因子分解,且任何两个变量间的关联均为零．当 n 为奇数时,n 阶积中必有一个变量为奇数阶中心矩,根据单变量高斯矩定理它等于零,则奇数 n 阶矩为零．当 n 为偶数时,如果其中仍有一个变

量为奇数阶,则等式两边均为零. 否则,所有变量均为偶数阶中心矩,(1.7.33)左边在因子分解中可以得到

$$\begin{aligned}\left\langle(\Delta y_{i_1})^{2n_{i_1}}(\Delta y_{i_2})^{2n_{i_2}}\cdots\right\rangle &= \left\langle(\Delta y_{i_1})^{2n_{i_1}}\right\rangle\left\langle(\Delta y_{i_2})^{2n_{i_2}}\right\rangle\cdots \\ &= (2n_{i_1}-1)!!\left\langle(\Delta y_{i_1})^2\right\rangle^{n_{i_1}}(2n_{i_2}-1)!!\left\langle(\Delta y_{i_2})^2\right\rangle^{n_{i_2}}\cdots,\end{aligned}\tag{1.7.36}$$

在计算偶数阶中心矩时,用到(1.5.35)式. 再看(1.7.33)右边,在考虑对这些变量执行配对时,由于不同变量的联合矩均为零,只能配成

$$\left\langle(\Delta y_{i_1})^2\right\rangle^{n_{i_1}}\left\langle(\Delta y_{i_2})^2\right\rangle^{n_{i_2}}\cdots$$

的形式. 根据上面介绍的配对原则,对于变量 y_{i_1} 有 $2n_{i_1}$ 阶,应有 $(2n_{i_1}-1)!!$ 倍的重复,对 y_{i_2} 应有 $(2n_{i_2}-1)!!$ 倍的重复,即为(1.7.36)式等式的右边,因而定理成立. 而(1.7.36)式正是在这种特定情况下应用定理的一个具体形式.

第二步: 如果这组高斯变量$(x_1,x_2,\cdots,x_m)$相互不独立,它的协方差矩阵为$\boldsymbol{\mu}$. 可以通过一个正交变换 $\boldsymbol{U}$ 将协方差矩阵对角化,从而变换到一组相互独立的高斯变量$(y_1,y_2,\cdots,y_m)$,变换为

$$x_i = \sum_j U_{ij}y_j.\tag{1.7.37}$$

因此有

$$\left\langle \Delta x_{i_1}\Delta x_{i_2}\cdots\Delta x_{i_n}\right\rangle = \sum_{j_1\cdots j_n} U_{i_1j_1}U_{i_2j_2}\cdots U_{i_nj_n}\left\langle \Delta y_{j_1}\Delta y_{j_2}\cdots\Delta y_{j_n}\right\rangle.\tag{1.7.38}$$

对独立高斯变量 y_i 可以运用高斯矩定理,当 n 为奇数时,(1.7.38)右边为零,满足定理. 当 n 为偶数时,(1.7.38)右边为

$$\begin{aligned}&\sum_{\{j_m\}} U_{i_1j_1}U_{i_2j_2}\cdots U_{i_nj_n}\sum_{(n-1)!!}\left\langle \Delta y_{j_1}\Delta y_{j_2}\right\rangle\cdots\left\langle \Delta y_{j_{n-1}}\Delta y_{j_n}\right\rangle \\ &= \sum_{(n-1)!!}\left\langle \Delta x_{i_1}\Delta x_{i_2}\right\rangle\cdots\left\langle \Delta x_{i_{n-1}}\Delta x_{i_n}\right\rangle,\end{aligned}\tag{1.7.39}$$

定理证明完毕.

高斯分布的矩定理在考虑两个高斯变量的强度关联(intensity correlation)时,有一个重要的应用形式. 由(1.7.35)式,

$$\begin{aligned}\left\langle(\Delta x)^2(\Delta y)^2\right\rangle &= \left\langle(\Delta x)^2\right\rangle\left\langle(\Delta y)^2\right\rangle + 2\left\langle \Delta x\Delta y\right\rangle^2 \\ &= \sigma_x^2\sigma_y^2 + 2\mu_{xy}^2 = \sigma_x^2\sigma_y^2(1+2\rho_{xy}^2).\end{aligned}\tag{1.7.40}$$

5. 复变量联合高斯分布

在光学问题中,电场振幅常用复数表示. 处于平衡态的热光场满足高斯统计,因此要考虑复变量的联合高斯分布. 数学上,它是实变量问题的自然推广,我们将略去相似的推导. 设 $z=\{z_1,\cdots,z_n\}$ 为一组复变量,它的联合高斯分布的形式是

$$P(z)=\frac{1}{\pi^{n}|\mu|}e^{-\Delta z^{\dagger}\mu^{-1}\Delta z}, \tag{1.7.41}$$

其中协方差矩阵为

$$\mu=\langle\Delta z\Delta z^{\dagger}\rangle, \tag{1.7.42}$$

与实变量协方差矩阵的区别是,$\Delta z^{\dagger}$ 为 Δz 的转置共轭矩阵．协方差矩阵的对角元表示对应随机变量的方差

$$\sigma_i=\mu_{ii}=\langle(z_i^*-\langle z_i^*\rangle)(z_i-\langle z_i\rangle)\rangle. \tag{1.7.43}$$

复变量高斯分布(1.7.41)式与实变量(1.7.19)式的另一区别是对复变量实行二重积分,读者可以通过本节的练习题体会.

特征函数由复变量的傅里叶变换得到

$$C(\zeta)=\int e^{z^{\dagger}\zeta-\zeta^{\dagger}z}P(z)\,d^2z=e^{\langle z^{\dagger}\rangle\zeta-\zeta^{\dagger}\langle z\rangle-\zeta^{\dagger}\mu\zeta}. \tag{1.7.44}$$

高斯矩定理可表述为

$$\langle\Delta z_{i_1}^*\Delta z_{i_2}^*\cdots\Delta z_{i_n}^*\Delta z_{j_m}\Delta z_{j_{m-1}}\cdots\Delta z_{j_1}\rangle=\begin{cases}0 & (n\neq m),\\ \sum\limits_{n!}\langle\Delta z_{i_1}^*\Delta z_{j_1}\rangle\langle\Delta z_{i_2}^*\Delta z_{j_2}\rangle\cdots\langle\Delta z_{i_n}^*\Delta z_{j_n}\rangle & \\ & (n=m),\end{cases} \tag{1.7.45}$$

其中配对方式为前面 n 个复共轭变量同后面 n 个复变量之间进行,总共有 $n!$ 种可能.

例如考虑 $n=m=2$ 的情况,设$\langle z_1\rangle=\langle z_2\rangle=\langle z_3\rangle=\langle z_4\rangle=0$,则有

$$\langle z_1^*z_2^*z_3z_4\rangle=\langle z_1^*z_3\rangle\langle z_2^*z_4\rangle+\langle z_1^*z_4\rangle\langle z_2^*z_3\rangle. \tag{1.7.46}$$

应用于两个模式的热光场复振幅 z_1 和 z_2 的强度关联,设$\langle z_1\rangle=\langle z_2\rangle=0$,

$$\begin{aligned}\langle|z_1|^2|z_2|^2\rangle&=\langle z_1^*z_2^*z_2z_1\rangle=\langle z_1^*z_1\rangle\langle z_2^*z_2\rangle+\langle z_1^*z_2\rangle\langle z_2^*z_1\rangle \\ &=\langle|z_1|^2\rangle\langle|z_2|^2\rangle(1+|\rho_{12}|^2),\end{aligned} \tag{1.7.47}$$

其中两个复随机变量的相关系数定义为

$$\rho_{12}=\frac{\langle z_1z_2^*\rangle}{\sqrt{\langle|z_1|^2\rangle\langle|z_2|^2\rangle}}, \tag{1.7.48}$$

它满足

$$\rho_{12}=\rho_{21}^*,\ |\rho_{12}|\leqslant 1. \tag{1.7.49}$$

可以证明协方差矩阵 μ 是正定的(positive definite),根据高等代数,正定矩阵的逆 μ^{-1} 也是正定

的,由正定矩阵构成的任意二次型满足$z^{\dagger}\boldsymbol{\mu}^{-1}z>0$,其中$z$为任意一组复数．我们将在本卷第四章中详细讨论(1.7.47)式在热光强度空间关联中的应用.

练　习

1. 利用高斯矩定理将实变量联合高斯分布的六阶矩$\langle x_1x_2x_3x_4x_5x_6\rangle$和$\langle x_1{}^2x_2{}^2x_3{}^2\rangle$展成二阶矩．

2. 利用高斯矩定理将复变量联合高斯分布的六阶矩$\langle |z_1|^2|z_2|^2|z_3|^2\rangle$展成二阶矩．

3. 热光场高斯分布由复变量(1.5.40a)式或实变量(1.5.40b)式表示．试求这两种表示的协变矩阵,并写出用协变矩阵表示的高斯型．

参考文献

"数学手册"(1979)．高等教育出版社,p. 567.

第二章　随机过程

对于物理系统,经常要考虑它的动力学(dynamics)行为,即系统的物理量如何随时间变化. 如果系统受统计规律的支配,这些物理量就成为随时间演化的连续随机变量,即随机过程(stochastic process). 原则上讲,任何试验都含有时间过程的因素,只不过在某些问题中时间过程并不重要,例如可以认为昨天或今天掷骰子的概率并无差别. 一般地说,定义在连续集合上(如时间和空间坐标)的随机变量都可以成为随机过程. 在物理问题中,时间变量具有特殊的重要地位.对于时间变量的随机过程,取样空间是时间轴,取样点是每一时刻. 时间轴取样空间的特征是它被自然地赋予一定的次序和方向,原则上既无起始时刻也无终止时刻.. 一般情况下,时间连续取值,但也可以考虑时间取某些分离值,成为随机序列(random series).

2.1　随机过程的一般描述

1. 统计系综和系综平均

对于随机过程 $x(t)$,人们不仅关心在整个过程中物理量 x 取某值的概率,而且要知道在某一时刻 t 物理量的取值概率,为此需要定义统计系综(statistical ensemble). 假定我们制备好大量宏观物理条件完全相同的实验装置作为一个集合,该集合中的每一个标记为 n 的样本对应一个随机过程 $x^{(n)}(t)$,这样的集合成为统计系综.

考虑在 t 时刻,x 的平均值由系综平均(ensemble average)给出

$$\langle x(t) \rangle = \lim_{N\to\infty} \frac{1}{N}\sum_{n=1}^{N} x^{(n)}(t), \tag{2.1.1}$$

不同时刻物理量之间的关联可相应定义为

$$\langle x(t_1)x(t_2) \rangle = \lim_{N\to\infty} \frac{1}{N}\sum_{n=1}^{N} x^{(n)}(t_1)x^{(n)}(t_2). \tag{2.1.2}$$

2. 随机过程的概率密度

系综的统计性质可以用概率密度来描述. 例如在 t 时刻,x 取值为 x—$x+\mathrm{d}x$ 的概率为

$P^{(1)}(x,t)\mathrm{d}x$，它是含参变量 t 的一阶概率密度，应满足归一化条件

$$\int P^{(1)}(x,t)\mathrm{d}x = 1, \tag{2.1.3}$$

也就是说对 x 所有值积分后，参量 t 应自然地消失．x 的系综平均可以通过概率密度计算：

$$\langle x(t) \rangle = \int xP^{(1)}(x,t)\mathrm{d}x. \tag{2.1.4}$$

显然，一阶概率密度远不能反映一个随机过程的全貌．例如不能用它计算随机过程中两个不同时刻之间的关联，为此需要引入二阶联合概率密度．

设在 t_1 和 t_2 时刻，随机变量 x 分别取值在 x_1—$x_1+\mathrm{d}x_1$ 和 x_2—$x_2+\mathrm{d}x_2$ 的概率为 $P^{(2)}(x_1,t_1;x_2,t_2)\mathrm{d}x_1\mathrm{d}x_2$，$P^{(2)}$ 为二阶联合概率密度．(2.1.2)式定义的双时关联为

$$\langle x(t_1)x(t_2) \rangle = \int x_1x_2P^{(2)}(x_1,t_1;x_2,t_2)\mathrm{d}x_1\mathrm{d}x_2. \tag{2.1.5}$$

以此类推，n 阶联合概率密度 $P^{(n)}(x_1,t_1;\cdots;x_n,t_n)$ 可以描述 n 个时刻之间的关联．任何低阶概率密度可以由高阶概率密度求得，例如

$$P^{(1)}(x_1,t_1) = \int P^{(2)}(x_1,t_1;x_2,t_2)\mathrm{d}x_2, \tag{2.1.6}$$

对 x_2 全空间积分后参数 t_2 应自然消失．根据以上描述，只有当任意大的 n 阶联合概率密度均可被获知时，才能真正“确定”这一随机过程，即获知它所有的统计信息．

以上介绍的两种求统计平均的方法，前一种可用于实验测量，后一种用于计算统计规律已知的系统．

2.2　平稳性和各态历经性

1. 平稳随机过程

当影响系统的各种外部物理因素长时间不改变时，系统的宏观状态和统计性质可能已不随时间变化而达到稳定，这时系统中发生的随机过程为平稳随机过程(stationary stochastic process)．平稳随机过程要求各阶联合概率密度均不随时间起点的任意平移而改变，即

$$P^{(n)}(x_1,t_1;x_2,t_2;\cdots;x_n,t_n) = P^{(n)}(x_1,t_1+\tau;x_2,t_2+\tau;\cdots;x_n,t_n+\tau). \tag{2.2.1}$$

因此，单时平均不随时间变化，而双时或多时关联仅同发生关联的时间差有关：

$$\langle x(t) \rangle = \langle x(0) \rangle, \tag{2.2.2}$$

$$\langle x(t_1)x(t_2) \rangle = \langle x(t)x(t+\tau) \rangle = \langle x(0)x(\tau) \rangle, \qquad \tau = t_2 - t_1. \tag{2.2.3}$$

尽管随机变量本身随时间涨落，在平稳随机过程中，系统的统计规律已不随时间变化，达到“静

态”(stationary state),我们在任何时刻去考察,都会得到相同的结果. 显然,它是一种最基本的随机过程. 在实际应用中,高于二阶的关联不常用到. 因此当随机过程的一阶概率密度和二阶概率密度满足时间平移不变性(time translation invariance)时,称之为广义平稳过程(generalized stationary process). 由于在实验上很难观测概率密度,也可以认为当(2.2.2)式和(2.2.3)式成立时,定义了一个广义平稳过程. 理论上,平稳过程必须要求时间既无起点也无终点,但涉及任何一个实际问题时不可能做到. 通常的考虑是,当与系统的弛豫时间(relaxation time)(从非平稳状态达到平稳状态的时间)相比,足够长的时间内保持平稳条件(2.2.1)式,就可作为平稳过程对待.

平稳随机过程的统计性质已不随时间变化,可以对某一样本函数定义时间平均:

$$\langle x \rangle_t = \lim_{T\to\infty} \frac{1}{2T}\int_{-T}^{T} x(t)\,\mathrm{d}t, \tag{2.2.4}$$

$$\langle x(0)x(\tau) \rangle_t = \lim_{T\to\infty} \frac{1}{2T}\int_{-T}^{T} x(t)x(t+\tau)\,\mathrm{d}t. \tag{2.2.5}$$

2. 各态历经过程

系综的概念在统计理论中必不可少,但在实际上要制备一个系综往往很困难,或者不可能做到,有些情况下只能得到一个样本而无法重复. 如果某一样本可以作为整个系综的“代表”,它包含系综的所有信息,就可能通过考察这一样本得到系统的统计规律. 实践表明,对于平稳过程这种情况是可行的. 据此,可以定义各态历经过程(ergodic stochastic process),它是平稳随机过程中满足系综中任一样本的时间平均等于系综平均的随机过程.

非平稳过程不可能是各态历经过程,因为它的系综平均将随时间变化,不可能与时间平均相比较. 尽管在数学上可以定义出种种平稳过程不满足各态历经条件,但对于实际的物理问题如果无明显的否定理由,可以认为平稳过程就是各态历经过程,这称为各态历经假设. 基于这一假设,在实验中可以用时间平均来代替系综平均,避免了制备系综的困难.

2.3 自关联函数和互关联函数

1. 自关联函数和互关联函数的定义

在2.1节中已定义了随机变量在两个时刻的关联. 按照这一定义方式,可以区分两种关联函数. 自关联函数(auto-correlation function)是同一随机变量在两个时刻的关联,互关联函数(cross-correlation function)是不同随机变量在两个时刻的关联. 考虑复变量随机过程,自关联函数定义为

$$G(t_1,t_2) = \langle z^*(t_1)z(t_2) \rangle, \tag{2.3.1}$$

互关联函数定义为

$$G_{12}(t_1,t_2)=\langle z_1^*(t_1)z_2(t_2)\rangle,\text{[注]} \tag{2.3.2}$$

它们可以用 2.1 节的方式测量和计算.

对于平稳随机过程,上述定义中可以消去一个时间变量,分别写为

$$G(\tau)=\langle z^*(t)z(t+\tau)\rangle=\langle z^*(0)z(\tau)\rangle, \tag{2.3.3}$$

$$G_{12}(\tau)=\langle z_1^*(t)z_2(t+\tau)\rangle=\langle z_1^*(0)z_2(\tau)\rangle. \tag{2.3.4}$$

下面只讨论平稳过程关联函数的性质.

2. 平稳随机过程自关联函数的性质

平稳随机过程的自关联函数满足以下性质

(ⅰ)

$$G(0)\geqslant 0. \tag{2.3.5}$$

$G(0)$表示随机过程的强度. 当等号成立时,随机过程实际上成为取值为零测度的函数.

(ⅱ)厄米性(Hermiticity)

$$G(-\tau)=G^*(\tau), \tag{2.3.6}$$

根据定义对时间原点作一平移即可证明.

(ⅲ)

$$|G(\tau)|\leqslant G(0). \tag{2.3.7}$$

[证明]对任意复数 λ 有

$$0\leqslant\langle(f+\lambda g)^*(f+\lambda g)\rangle=\langle f^*f\rangle+\lambda^*\lambda\langle g^*g\rangle+\lambda\langle f^*g\rangle+\lambda^*\langle g^*f\rangle, \tag{2.3.8}$$

令 $\lambda=-\langle g^*f\rangle/\langle g^*g\rangle$,代入上式得到施瓦茨不等式(Schwarz inequality)(参见(1.3.20)式),

$$|\langle f^*g\rangle|^2\leqslant\langle f^*f\rangle\langle g^*g\rangle. \tag{2.3.9}$$

令 $f=z(t)$ 和 $g=z(t+t)$,则有

$$|\langle z^*(t)z(t+\tau)\rangle|\leqslant\langle z^*(t)z(t)\rangle. \tag{2.3.10}$$

这个性质表明随机过程的强度不能小于它的时间关联.

(ⅳ)$G(t)$是非负定的(non-negative definite),它表示以下两种含义:

其一,对于任意 N 个时刻 $t_1,t_2,\cdots,t_N$ 定义了 $N\times N$ 阶非负定矩阵 $\boldsymbol{G}\equiv\{G_{ij}\}\equiv\{G(t_j-t_i)\}$,即对于由任意 N 个复数 a_i 组成的矢量 $\boldsymbol{a}=\{a_i\}$ 满足

[注] 这是复变量随机过程互相关函数的标准定义,注意也有使用定义 $G_{12}(t_1,t_2)=\langle z_1(t_1)z_2(t_2)\rangle$ 的情况.

$$\boldsymbol{a}^{\dagger}\boldsymbol{G}\boldsymbol{a}=\sum_{i,j=1}^{N}a_i^{*}a_jG(t_j-t_i)\geqslant 0\;; \tag{2.3.11}$$

其二,设 T_1 和 T_2 是任意时间,$f(t)$ 是任意复函数,则有

$$\int_{T_1}^{T_2}\int_{T_1}^{T_2}f^{*}(t)f(t')G(t'-t)\,\mathrm{d}t\mathrm{d}t'\geqslant 0. \tag{2.3.12}$$

证明并不困难,只需对随机变量 $z(t)$ 利用

$$\left\langle\left|\sum_{i=1}^{N}a_iz(t_i)\right|^2\right\rangle\geqslant 0, \tag{2.3.13}$$

$$\left\langle\left|\int_{T_1}^{T_2}f(t)z(t)\,\mathrm{d}t\right|^2\right\rangle\geqslant 0. \tag{2.3.14}$$

(ⅴ)矩阵 $\boldsymbol{G}$ 的行列式

$$\det\{G_{ij}\}\geqslant 0. \tag{2.3.15}$$

根据上面性质(ⅳ),矩阵$\{G_{ij}\}$是非负定的,由高等代数知非负定矩阵的行列式是非负定的.这一性质实际上已包含了性质(ⅰ)和性质(ⅲ),只需令 N 分别为 1 和 2.

(ⅵ)如果平稳过程 $z(t)$ 是可微的,它的"速率" $\dot{z}(t)$ 是平均值为零的广义平稳过程,它们的自关联函数满足

$$G_{\dot{z}}(\tau)=-\ddot{G}_z(\tau). \tag{2.3.16}$$

直观地看,平稳过程的$\langle z(t)\rangle$不随时间变化,它的速率随机地取正负值,平均值为零.先考虑"微分"过程的平均值

$$\langle\dot{z}(t)\rangle=\lim_{h\to 0}\frac{\langle z(t+h)-z(t)\rangle}{h}=\lim_{h\to 0}\frac{\langle z(t+h)\rangle-\langle z(t)\rangle}{h}=0,$$

再讨论它的自关联函数

$$\begin{aligned}G_{\dot{z}}(\tau)&=\langle\dot{z}^{*}(t)\dot{z}(t+\tau)\rangle=\lim_{\substack{h_1\to 0\\h_2\to 0}}\left\langle\frac{z^{*}(t+h_1)-z^{*}(t)}{h_1}\cdot\frac{z(t+\tau+h_2)-z(t+\tau)}{h_2}\right\rangle\\&=\lim_{\substack{h_1\to 0\\h_2\to 0}}\frac{1}{h_1h_2}[G_z(\tau-h_1+h_2)-G_z(\tau-h_1)+G_z(\tau)-G_z(\tau+h_2)]\\&=\lim_{h_1\to 0}\frac{1}{h_1}[\dot{G}_z(\tau-h_1)-\dot{G}_z(\tau)]=-\ddot{G}_z(\tau),\end{aligned}$$

上面计算中已假定 $G_z(\tau)$ 是一阶和二阶可微.

以上推导可以看到,"微分"过程的平均值和自关联函数均与时间的起点无关,它是一阶和二阶概率函数满足时间平移不变性的直接反映,如上一节所述,它定义一个广义平稳过程.

(ⅶ)如果平稳过程 $z(t)$ 是可微的,它与其"速率"过程 $\dot{z}(t)$ 的互关联函数是

$$\langle z^*(t)\dot{z}(t+\tau)\rangle = \frac{\mathrm{d}}{\mathrm{d}\tau}G_z(\tau) = \frac{\mathrm{d}}{\mathrm{d}\tau}\langle z^*(t)z(t+\tau)\rangle . \tag{2.3.17}$$

[证明]

$$\begin{aligned}\langle z^*(t)\dot{z}(t+\tau)\rangle &= \lim_{h\to 0}\langle z^*(t)[z(t+\tau+h)-z(t+\tau)]/h\rangle \\ &= \lim_{h\to 0}[G_z(\tau+h)-G_z(\tau)]/h = (\mathrm{d}/\mathrm{d}\tau)G_z(\tau).\end{aligned}$$

(ⅷ)实数平稳可微随机过程 $x(t)$ 满足 $\langle x(t)\dot{x}(t)\rangle = 0$.

实数平稳过程的自关联函数是偶函数,$G(-\tau)=G(\tau)$,因此在 $\tau=0$ 处的微商为零, $\dot{G}(0)=0$,再利用上一性质即可证明.

3. 互关联函数的性质

(ⅰ)
$$G_{12}(-\tau) = G_{21}^*(\tau). \tag{2.3.18}$$

(ⅱ)
$$|G_{12}(\tau)| \leqslant \sqrt{G_1(0)G_2(0)} \leqslant \frac{1}{2}[G_1(0)+G_2(0)]. \tag{2.3.19}$$

(ⅲ)两个随机过程 $u(t)$ 和 $v(t)$ 的和为 $w(t)=u(t)+v(t)$,则有

$$G_w(\tau) = G_u(\tau) + G_v(\tau) + G_{uv}(\tau) + G_{vu}(\tau), \tag{2.3.20}$$

当 u 和 v 不关联且平均值为零时

$$G_w(\tau) = G_u(\tau) + G_v(\tau). \tag{2.3.21}$$

这些性质读者可以作为练习自己证明.

(ⅳ)非负定性(non-negative definiteness)

设有 N 个平稳过程 $z_1(t), z_2(t), \cdots, z_N(t)$,它们的平均值都是零,互关联函数矩阵元

$$G_{ij}(t_j - t_i) = \langle z_i^*(t_i)z_j(t_j)\rangle \tag{2.3.22}$$

组成的 N 阶协方差矩阵(covariance matrix)是非负定的.

因为对于任意 $n\leqslant N$ 取任意一组时间 $t_1, t_2, \cdots, t_n$ 和任意复数 $a_1, a_2, \cdots, a_n$ 均有

$$\left\langle \left|\sum_{i=1}^{n} a_i z_i(t_i)\right|^2 \right\rangle = \sum_{i,j=1}^{n} a_i^* a_j G_{ij}(t_j - t_i) \geqslant 0. \tag{2.3.23}$$

它同自关联函数性质(ⅳ)可类比.

练　　习

1. 由自关联函数的性质(ⅴ)证明性质(ⅰ)和(ⅲ).

2. 证明互关联函数的性质(ⅰ)—(ⅲ).

2.4 平稳随机过程的谱和维纳-辛钦定理

1. 历史的回顾

物理变化过程的频谱是描述系统的一个重要物理属性．先避开数学上的可行性，对随机过程 $z(t)$，可以形式上用傅里叶变换定义谱．令

$$\tilde{z}(\omega)=\frac{1}{2\pi}\int_{-\infty}^{\infty}z(t)\mathrm{e}^{\mathrm{i}\omega t}\mathrm{d}t, \tag{2.4.1a}$$

$$z(t)=\int_{-\infty}^{\infty}\tilde{z}(\omega)\mathrm{e}^{-\mathrm{i}\omega t}\mathrm{d}\omega, \tag{2.4.1b}$$

$$S(\omega)=\langle\tilde{z}^{*}(\omega)\tilde{z}(\omega)\rangle_{\text{系综}}, \tag{2.4.1c}$$

$S(\omega)$称之为随机过程 $z(t)$的谱[或谱密度(spectrum density)、功率谱(power spectrum)]，它反映了随机过程各频率成分涨落的强度．上述定义方式在数学上遇到困难，因为一个非周期函数的傅里叶变换存在的条件是它在全空间绝对可积(absolutely integrable)

$$\int_{-\infty}^{\infty}|z(t)|\mathrm{d}t<\infty. \tag{2.4.2}$$

平稳随机过程具有时间平移不变性，绝对可积条件一般不能成立．这一困难在维纳(N. Wiener)和辛钦(A. Khintchine)的联合贡献后得以解决.

1930 年，维纳在一篇题为“广义谐和分析”中证明了这样一条定理：对于一个无穷大处可能不衰变的函数 $z(t)$，如果积分的极限

$$G(\tau)=\lim_{T\to\infty}\frac{1}{2T}\int_{-T}^{T}z^{*}(t)z(t+\tau)\mathrm{d}t \tag{2.4.3}$$

存在，则下列积分

$$\sigma(\omega)=\frac{1}{2\pi}\int_{-\infty}^{\infty}G(\tau)\frac{\mathrm{e}^{\mathrm{i}\omega\tau}-1}{\mathrm{i}\tau}\mathrm{d}\tau \tag{2.4.4}$$

也存在，维纳称 $\sigma(\omega)$为 $z(t)$的谱．在维纳的工作中，并没有指定讨论一个随机过程，但(2.4.3)式中的 $G(t)$实际上等价于平稳过程的自关联函数．另一方面，他所定义的谱实际上是一种积分谱，它的微分形式

$$\frac{\mathrm{d}\sigma(\omega)}{\mathrm{d}\omega}=\frac{1}{2\pi}\int_{-\infty}^{\infty}G(\tau)\mathrm{e}^{\mathrm{i}\omega\tau}\mathrm{d}\tau\equiv\widetilde{G}(\omega) \tag{2.4.5}$$

同后来定义的谱相一致．重要的是维纳解决了非衰变函数定义谱的数学基础.

1934 年辛钦证明了连续平稳随机过程的自关联函数必定可以表示为傅里叶-斯蒂尔捷思(Fourier-Stieltjes)积分形式

$$G(\tau)=\int_{-\infty}^{\infty}\mathrm{e}^{-\mathrm{i}\omega\tau}\mathrm{d}\sigma(\omega),\tag{2.4.6}$$

其中 $\sigma(\omega)$ 是一个实的非递减的有界函数(bounded function). 虽然辛钦的表述与维纳很不相同,但维纳所定义的积分谱(2.4.4)式满足辛钦公式(2.4.6)式,利用狄拉克 δ 函数很容易验证. 他们两人的工作都只涉及证明积分谱的存在,而避开了(2.4.5)式的谱密度,其原因也许是谱密度有可能奇异. 但是对于具有明确物理内容的函数,它的奇异程度不会超过 δ 函数,因此可以定义(2.4.5)形式的谱. 如果不避讳缺乏数学的严密性,下面将给出维纳-辛钦定理的形式表述方法.

2. 维纳-辛钦定理

一般平稳随机过程中,两个时刻相距很远时,随机事件不再存在关联,它的自关联函数随时间衰变到零,因此可以对它执行傅里叶变换. 变换后的函数能否反映随机过程的谱,是维纳-辛钦定理(Wiener-Khintchine theorem)所要阐明的. 维纳-辛钦定理可以表述为:平稳随机过程的自关联函数与该过程的谱密度(或称功率谱)构成一对傅里叶变换. 实际上这个定理告诉我们,自关联函数的傅里叶变换式可以表示随机过程的谱密度. 根据谱密度的定义的不同,我们以两种方式来描述此定理.(我们避免使用数学含义的"证明"一词,因为推导过程中缺乏数学严密性之处是没有考虑所用极限的收敛性.)

第一种方式:

对随机过程 $z(t)$ 定义一个截断函数(cutoff function)

$$z_T(t)\equiv\begin{cases}z(t) & |t|\leqslant T\\ 0 & |t|>T,\end{cases}\tag{2.4.7}$$

它可以执行傅里叶变换:

$$\tilde{z}_T(\omega)=\frac{1}{2\pi}\int_{-\infty}^{\infty}z_T(t)\mathrm{e}^{\mathrm{i}\omega t}\mathrm{d}t.\tag{2.4.8}$$

定义谱函数

$$S(\omega)=\lim_{T\to\infty}\frac{\pi}{T}\left\langle\tilde{z}_T^*(\omega)\tilde{z}_T(\omega)\right\rangle_{\text{系综}},\tag{2.4.9}$$

将(2.4.8)式代入(2.4.9)式后

$$\begin{aligned}S(\omega)&=\lim_{T\to\infty}\frac{\pi}{T}\cdot\frac{1}{(2\pi)^2}\int_{-\infty}^{\infty}\int_{-\infty}^{\infty}\left\langle z_T^*(t)z_T(t')\right\rangle_{\text{系综}}\mathrm{e}^{\mathrm{i}\omega(t'-t)}\mathrm{d}t\mathrm{d}t'\\&=\lim_{T\to\infty}\frac{1}{2T\cdot2\pi}\int_{-T}^{T}\int_{-T}^{T}G_T(\tau)\mathrm{e}^{\mathrm{i}\omega\tau}\mathrm{d}\tau\mathrm{d}t'=\frac{1}{2\pi}\int_{-\infty}^{\infty}G(\tau)\mathrm{e}^{\mathrm{i}\omega\tau}\mathrm{d}\tau,\end{aligned}\tag{2.4.10}$$

上式表明了由(2.4.9)式定义的谱密度是自关联函数的傅里叶变换. 推导过程中缺乏数学严密性,是因为认为代表物理实在的这些极限总是存在的.

第二种方式:

这种方式不使用截断函数,而承认广义傅里叶变换,即随机过程的傅里叶变换可以是一广义函数. 由(2.4.1a)式

$$\tilde{z}^*(\omega)\tilde{z}(\omega')=\frac{1}{(2\pi)^2}\int_{-\infty}^{\infty}\int_{-\infty}^{\infty}z^*(t)z(t')\mathrm{e}^{\mathrm{i}(\omega't'-\omega t)}\mathrm{d}t\mathrm{d}t',$$

对系综求平均后

$$\begin{aligned}\langle \tilde{z}^*(\omega)\tilde{z}(\omega')\rangle_{系综}&=\frac{1}{(2\pi)^2}\int_{-\infty}^{\infty}\int_{-\infty}^{\infty}G(t'-t)\mathrm{e}^{\mathrm{i}(\omega't'-\omega t)}\mathrm{d}t\mathrm{d}t'\\&=\frac{1}{(2\pi)^2}\int_{-\infty}^{\infty}\mathrm{d}t\mathrm{e}^{\mathrm{i}(\omega'-\omega)t}\int_{-\infty}^{\infty}G(\tau)\mathrm{e}^{\mathrm{i}\omega'\tau}\mathrm{d}\tau=\tilde{G}(\omega')\delta(\omega'-\omega).\end{aligned}\tag{2.4.11}$$

现定义谱密度

$$S(\omega)=\lim_{\Delta\omega\to 0}\int_{\omega-\Delta\omega/2}^{\omega+\Delta\omega/2}\langle \tilde{z}^*(\omega)\tilde{z}(\omega')\rangle_{系综}\mathrm{d}\omega',\tag{2.4.12}$$

将(2.4.11)代入后,即有

$$S(\omega)=\tilde{G}(\omega)=\frac{1}{2\pi}\int_{-\infty}^{\infty}G(\tau)\mathrm{e}^{\mathrm{i}\omega\tau}\mathrm{d}\tau.\tag{2.4.13}$$

因此由(2.4.12)式定义的谱密度与第一种方式(2.4.9)式定义的谱密度相同,都等于自关联函数的傅里叶变换. 在第二种方式中,(2.4.11)式还告诉我们,平稳随机过程中属于不同频率的广义傅里叶分量是不相关联的,因此也可以根据(2.4.11)式直接定义谱密度

$$\langle \tilde{z}^*(\omega)\tilde{z}(\omega')\rangle_{系综}\equiv S(\omega')\delta(\omega'-\omega).\tag{2.4.14}$$

3. 谱密度的性质

(i)谱密度是非负实数.

这由(2.4.9)式定义可知,它代表各频率成分的强度.

(ii)由谱密度可计算自关联函数

$$G(\tau)=\int_{-\infty}^{\infty}S(\omega)\mathrm{e}^{-\mathrm{i}\omega\tau}\mathrm{d}\omega,\tag{2.4.15}$$

$$G(0)=\langle z^*(t)z(t)\rangle=\int_{-\infty}^{\infty}S(\omega)\mathrm{d}\omega.\tag{2.4.16}$$

(2.4.16)式表示随机过程的总强度为各频率强度之和,即 $S(\omega)$ 下的面积,因此 $S(\omega)$ 也可称为功率谱.

(iii)当平稳随机过程的平均值不为零时,谱密度在零频处出现 δ 函数.

设平稳随机过程 $z(t)$ 的平均值不为零,现重新定义一个对应的随机过程 $\Delta z=z-\langle z\rangle$,它的自关联函数

$$G_{\Delta z}(\tau)=\left\langle\left[z^*(t)-\langle z\rangle^*\right]\left[z(t+\tau)-\langle z\rangle\right]\right\rangle=G_z(\tau)-\left|\langle z\rangle\right|^2,\tag{2.4.17}$$

其中 $G_z(\tau)$ 为 $z(t)$ 的自关联函数．对上式两边作傅里叶变换后

$$S_z(\omega)=S_{\Delta z}(\omega)+\left|\langle z\rangle\right|^2\delta(\omega),\tag{2.4.18}$$

S_z 和 $S_{\Delta z}$ 分别是随机过程 $z(t)$ 和 $\Delta z(t)$ 的谱密度．(2.4.17)式和(2.4.18)式给出了扣除了平均值前和后随机过程的自关联函数和谱密度的关系．为避免谱密度出现 δ 函数,通常可考虑扣除了平均值后的谱密度.

(ⅳ)当自关联函数包含某些单色频率成分时,

$$G(\tau)=G_0(\tau)+\left|\langle z\rangle\right|^2+\sum_j A_j\mathrm{e}^{-\mathrm{i}\omega_j\tau},\tag{2.4.19a}$$

对应的谱密度中含有线状分离谱

$$S(\omega)=S_0(\omega)+\left|\langle z\rangle\right|^2\delta(\omega)+\sum_j A_j\delta(\omega-\omega_j).\tag{2.4.19b}$$

(ⅴ)设有若干个平均值为零且相互独立的广义平稳随机过程 $z_i(t)$ 调制在载频(carrier frequency) ω_i 上, $G_i(\tau)$ 和 $S_i(\omega)$ 分别是 $z_i(t)$ 的自关联函数和谱密度,则它们的和

$$z(t)=\sum z_i(t)\mathrm{e}^{-\mathrm{i}\omega_i t}\tag{2.4.20a}$$

仍是广义平稳过程,并有

$$\begin{aligned}&\langle z(t)\rangle=0,\\&G(\tau)=\sum_i G_i(\tau)\mathrm{e}^{-\mathrm{i}\omega_i\tau},\\&S(\omega)=\sum_i S_i(\omega-\omega_i).\end{aligned}\tag{2.4.20b}$$

这一性质可以描述不同频率光场模式叠加后的光谱．$z_i(t)$ 为光场第 i 模的复振幅,由于存在无规则噪声(irregular noise),它是一随机过程．对应谱线位于频率 ω_i 处,谱线形状反映该模式光场的统计涨落,如图 2.4-1 所示.

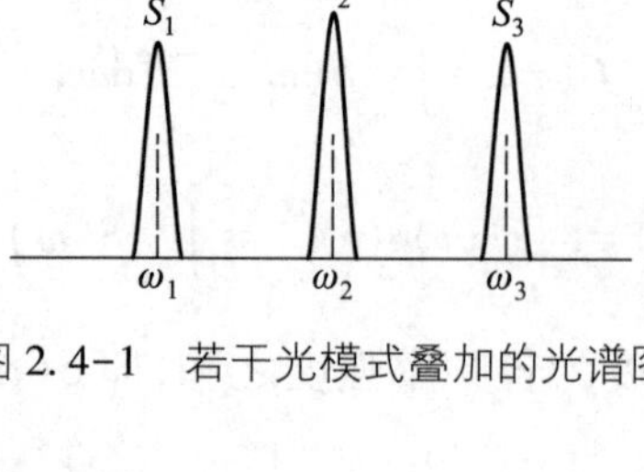

图 2.4-1　若干光模式叠加的光谱图

4. 归一化自关联函数和谱密度

对于任意平稳随机过程 $z(t)$,它的自关联函数为 $G(\tau)$,谱密度为 $S(\omega)$,归一化自关联函数定义为

$$g(\tau) \equiv \frac{\langle \Delta z^*(t)\Delta z(t+\tau) \rangle}{\langle \Delta z^* \Delta z \rangle} = \frac{G(\tau) - |\langle z \rangle|^2}{G(0) - |\langle z \rangle|^2}. \tag{2.4.21}$$

显然,它是归一化随机过程 $\Delta z / \sqrt{\langle |\Delta z|^2 \rangle}$ 的自关联函数,满足

$$0 \leqslant |g(\tau)| \leqslant g(0) = 1. \tag{2.4.22}$$

归一化的谱密度是归一化自关联函数的傅里叶变换

表 **2.4-1**　几种常见类型的自关联函数和对应的功率谱

名　称	功率谱　$S(\omega)$	自关联函数　$G(\tau)$
洛伦兹型	$\frac{\gamma/\pi}{\gamma^2+\omega^2}$ 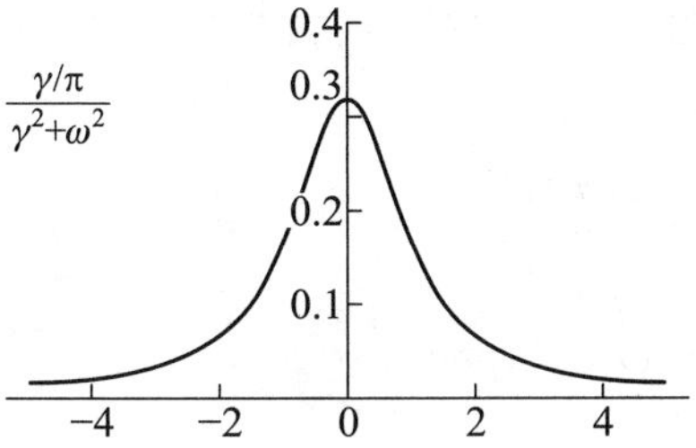	$e^{-\gamma\lvert\tau\rvert}$ 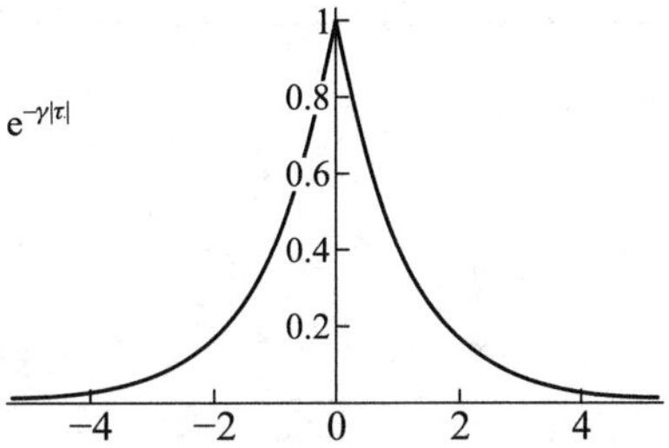
高斯型	$\frac{1}{\gamma\sqrt{2\pi}}e^{-\frac{\omega^2}{2\gamma^2}}$ 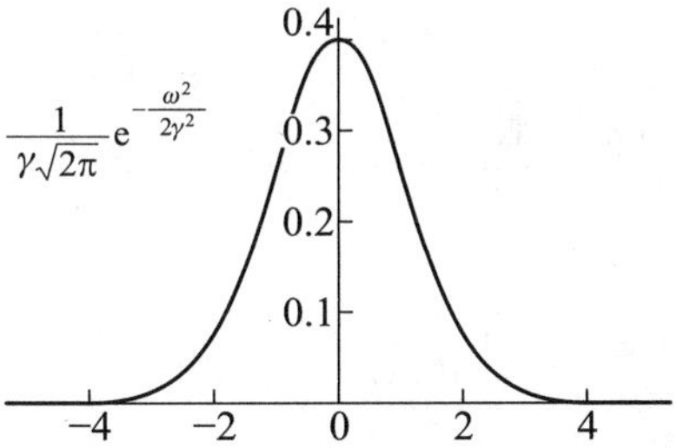	$e^{-\frac{1}{2}\gamma^2\tau^2}$ 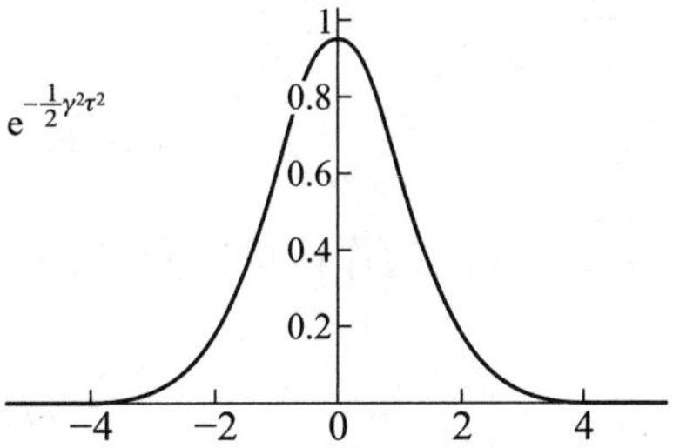
方型	$\begin{cases} \frac{1}{2\pi\gamma}, & \lvert\omega\rvert \leqslant \pi\gamma \\ 0, & \lvert\omega\rvert \leqslant \pi\gamma \end{cases}$ 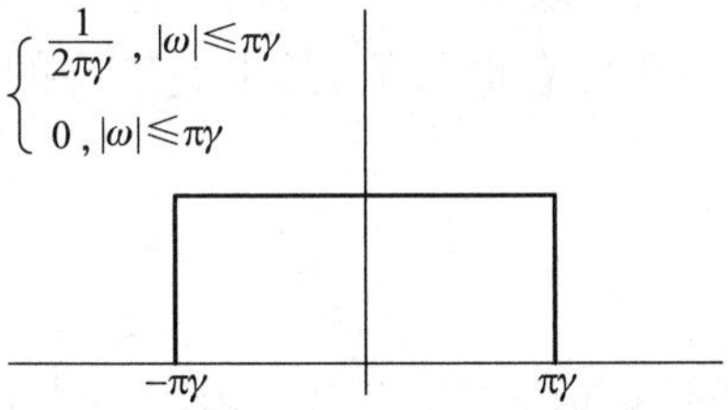	$\frac{\sin(\pi\gamma\tau)}{\pi\gamma\tau}$ 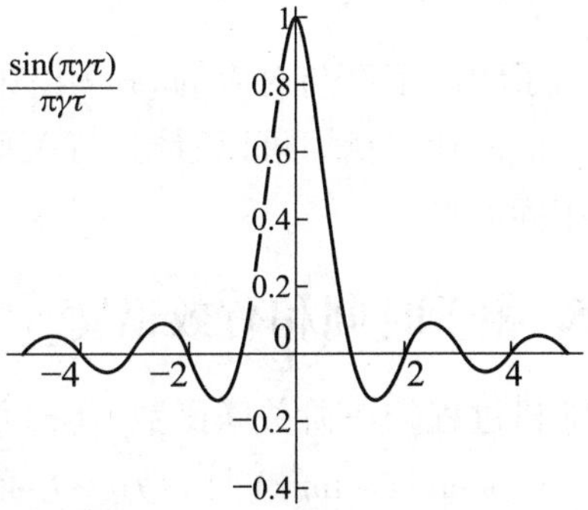
白噪声	$\frac{1}{2\pi}$ 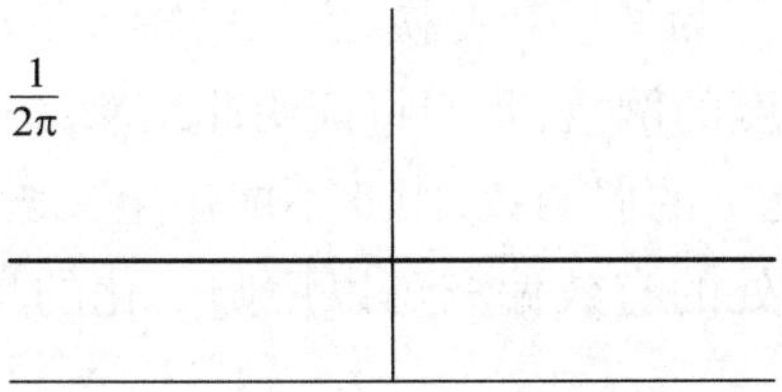	$\delta(\tau)$ 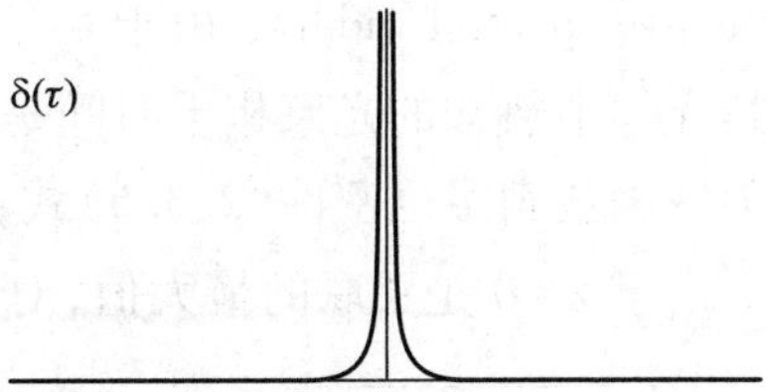

续表

名　称	功率谱　$S(\omega)$	自关联函数　$G(\tau)$
带通 洛伦兹型	$\dfrac{\gamma/(2\pi)}{\gamma^2+(\omega-\omega_0)^2}+\dfrac{\gamma/(2\pi)}{\gamma^2+(\omega+\omega_0)^2}$ 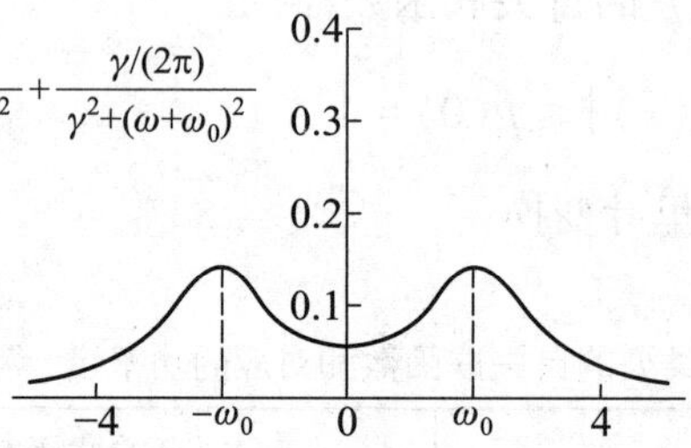	$e^{-\gamma\lvert\tau\rvert}\cos(\omega_0\tau)$ 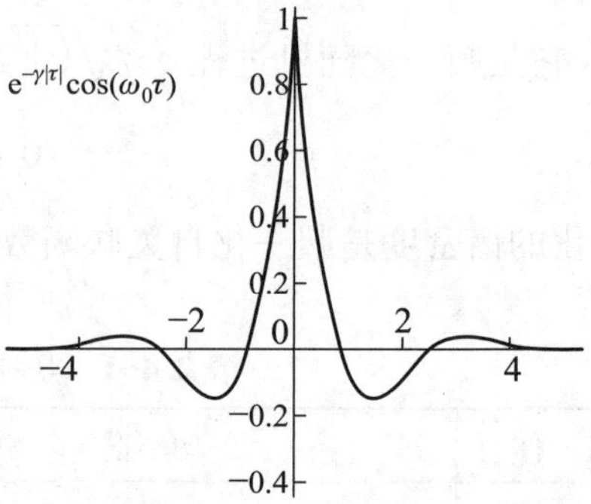

$$s(\omega)=\frac{1}{2\pi}\int_{-\infty}^{\infty}g(\tau)\,e^{i\omega\tau}\,d\tau, \tag{2.4.23a}$$

$$g(\tau)=\int_{-\infty}^{\infty}s(\omega)\,e^{-i\omega\tau}\,d\omega. \tag{2.4.23b}$$

由此可见

$$\int_{-\infty}^{\infty}s(\omega)\,d\omega=1. \tag{2.4.24}$$

对(2.4.21)式两边作傅里叶变换,

$$s(\omega)=\frac{S(\omega)-\left|\langle z\rangle\right|^2\delta(\omega)}{G(0)-\left|\langle z\rangle\right|^2}, \tag{2.4.25}$$

它给出了频谱密度与对应的归一化频谱密度的关系．表 2.4-1 给出了几种常见类型的自关联函数和对应的功率谱．可以看出,自关联函数在 $\tau=0$ 处有最大值,其中高斯型的谱和自关联函数具有相同的形式.

5. 相干时间和有效谱宽

随机过程的一阶关联函数 $G(\tau)$ 可以用一个特征值来表征关联实际发生的时间范围,称为相干时间(coherence time)[注]．另一方面,随机过程的谱 $S(\omega)$ 也可以定义一个特征值,称为有效谱宽(effective spectral width)．由于 $G(\tau)$ 和 $S(\omega)$ 互为傅里叶变换,它们的特征值满足一定的关系,这就是光学中熟知的光束相干时间是光谱线宽度的倒数,我们将证明此结果.

关联函数满足厄密性(2.3.6)式,$|G(\tau)|$ 是 τ 的偶函数,因此不能用定义 τ 的平均值作为特征值．由于 $\tau=0$ 是关联的最大值,对最大关联处的有效偏离可以用归一化的均方值表示,因此

[注] 也可以一般地称为关联时间(correlation time),而对于光场称为相干时间.

相干时间定义为

$$(\Delta\tau)^2=\frac{\int_{-\infty}^{\infty}\tau^2\ |G(\tau)|^2\mathrm{d}\tau}{\int_{-\infty}^{\infty}\ |G(\tau)|^2\mathrm{d}\tau}. \tag{2.4.26}$$

有效谱宽可以类似地定义．先定义平均谱线的位置

$$\bar{\omega}=\frac{\int_{0}^{\infty}\omega S^2(\omega)\mathrm{d}\omega}{\int_{0}^{\infty}S^2(\omega)\mathrm{d}\omega}, \tag{2.4.27}$$

有效谱宽定义为

$$(\Delta\omega)^2=\frac{\int_{0}^{\infty}(\omega-\bar{\omega})^2S^2(\omega)\mathrm{d}\omega}{\int_{0}^{\infty}S^2(\omega)\mathrm{d}\omega}. \tag{2.4.28}$$

在上面谱宽的定义中，已经假定谱的主体分布在正频部分，在下面的证明中将继续援用这一假定.

现定义一对函数替代 $S(\omega)$ 和 $G(\tau)$，由傅里叶变换(2.4.13)式，

$$\begin{aligned}S(\omega)&=\frac{1}{2\pi}\int_{-\infty}^{\infty}G(\tau)\mathrm{e}^{\mathrm{i}\bar{\omega}\tau}\mathrm{e}^{\mathrm{i}(\omega-\bar{\omega})\tau}\mathrm{d}\tau=\frac{1}{2\pi}\int_{-\infty}^{\infty}\Psi(\tau)\mathrm{e}^{\mathrm{i}\xi\tau}\mathrm{d}\tau\\&=S(\xi+\bar{\omega})\equiv\Phi(\xi),\end{aligned} \tag{2.4.29}$$

其中 $\xi=\omega-\bar{\omega}$，

$$\Phi(\xi)\equiv S(\xi+\bar{\omega}), \tag{2.4.30}$$

$$\Psi(\tau)\equiv G(\tau)\mathrm{e}^{\mathrm{i}\bar{\omega}\tau}. \tag{2.4.31}$$

如图 2.4-2 所示，前式是作一坐标平移，将坐标原点平移到 $\bar{\omega}$ 处，相应地后式消除了频率为 $\bar{\omega}$ 的分量，它们满足互为傅里叶变换.

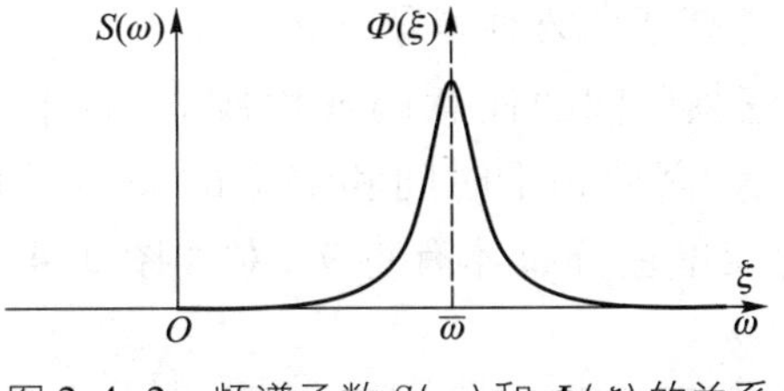

图 2.4-2　频谱函数 $S(\omega)$ 和 $\Phi(\xi)$ 的关系

用 $\Psi(\tau)$ 可以直接替代 $G(\tau)$ 来计算相干时间．由 $\Phi(\xi)$ 来计算谱宽需要考虑上面提到的假定，将积分下限拓展到负无穷，例如

$$\int_0^{\infty}(\omega-\bar{\omega})^2 S^2(\omega)\mathrm{d}\omega=\int_{-\bar{\omega}}^{\infty}\xi^2\Phi^2(\xi)\mathrm{d}\xi\approx\int_{-\infty}^{\infty}\xi^2\Phi^2(\xi)\mathrm{d}\xi. \tag{2.4.32}$$

因此有

$$(\Delta\tau)^2(\Delta\omega)^2=\frac{\int_{-\infty}^{\infty}\tau^2|\Psi(\tau)|^2\mathrm{d}\tau}{\int_{-\infty}^{\infty}|\Psi(\tau)|^2\mathrm{d}\tau}\cdot\frac{\int_{-\infty}^{\infty}\xi^2\Phi^2(\xi)\mathrm{d}\xi}{\int_{-\infty}^{\infty}\Phi^2(\xi)\mathrm{d}\xi}. \tag{2.4.33}$$

由于 $\Psi(\tau)$ 和 $\Phi(\xi)$ 满足互为傅里叶变换,容易证明

$$\frac{1}{2\pi}\int_{-\infty}^{\infty}|\Psi(\tau)|^2\mathrm{d}\tau=\int_{-\infty}^{\infty}\Phi^2(\xi)\mathrm{d}\xi, \tag{2.4.34}$$

$$\begin{aligned}\int_{-\infty}^{\infty}\xi^2\Phi^2(\xi)\mathrm{d}\xi&=\int_{-\infty}^{\infty}\xi^2\Phi(\xi)\frac{1}{2\pi}\int_{-\infty}^{\infty}\Psi(\tau)\mathrm{e}^{\mathrm{i}\xi\tau}\mathrm{d}\tau\mathrm{d}\xi=\frac{-1}{2\pi}\int_{-\infty}^{\infty}\Psi(\tau)\frac{\mathrm{d}^2}{\mathrm{d}\tau^2}\int_{-\infty}^{\infty}\Phi(\xi)\mathrm{e}^{\mathrm{i}\xi\tau}\mathrm{d}\tau\mathrm{d}\xi\\&=\frac{-1}{2\pi}\int_{-\infty}^{\infty}\Psi(\tau)\frac{\mathrm{d}^2}{\mathrm{d}\tau^2}\Psi^*(\tau)\mathrm{d}\tau=\frac{1}{2\pi}\int_{-\infty}^{\infty}\left|\frac{\mathrm{d}\Psi}{\mathrm{d}\tau}\right|^2\mathrm{d}\tau,\end{aligned} \tag{2.4.35}$$

最后一步用到了分部积分法(考虑到关联函数在无穷大时间关联为零). 最后得到

$$(\Delta\tau)^2(\Delta\omega)^2=\frac{\int_{-\infty}^{\infty}\tau^2|\Psi(\tau)|^2\mathrm{d}\tau\cdot\int_{-\infty}^{\infty}\left|\frac{\mathrm{d}\Psi}{\mathrm{d}\tau}\right|^2\mathrm{d}\tau}{\left(\int_{-\infty}^{\infty}|\Psi(\tau)|^2\mathrm{d}\tau\right)^2}. \tag{2.4.36}$$

在本章的附录中证明上式右边满足

$$4\int_{-\infty}^{\infty}\tau^2|\Psi(\tau)|^2\mathrm{d}\tau\cdot\int_{-\infty}^{\infty}\left|\frac{\mathrm{d}\Psi}{\mathrm{d}\tau}\right|^2\mathrm{d}\tau\geqslant\left(\int_{-\infty}^{\infty}|\Psi(\tau)|^2\mathrm{d}\tau\right)^2, \tag{2.4.37}$$

从而有

$$(\Delta\tau)(\Delta\omega)\geqslant\frac{1}{2}. \tag{2.4.38}$$

附录中证明还表明只有 $\Psi(\tau)$ 为高斯函数时等号成立.

上述证明对频谱分布在正频区间的任意函数均成立,在下一章第一节我们将看到正频分布的光场构成场的复数表示,因此相干时间和谱宽的关系对光场完全适用. 有效谱宽的定义只对如图 2.4-2 所示的准单色分布才有意义,对如图 2.4-1 所示的多频率中心频谱并不适用.

相干时间也有用归一化自关联函数的积分来定义

$$\Delta\tau'=\int_{-\infty}^{\infty}|g(\tau)|^2\mathrm{d}\tau. \tag{2.4.39}$$

由(2.4.23)式,相干时间用归一化谱函数表示:

$$\Delta\tau' = \int_{-\infty}^{\infty} \mathrm{d}\tau \int_{-\infty}^{\infty} \mathrm{d}\omega \int_{-\infty}^{\infty} \mathrm{d}\omega' s(\omega) s(\omega') \mathrm{e}^{\mathrm{i}(\omega'-\omega)\tau} = 2\pi \int_{-\infty}^{\infty} s^2(\omega) \mathrm{d}\omega. \tag{2.4.40}$$

根据前面的数学证明,当频谱分布在正频区间时,有效谱宽可定义为

$$\Delta\omega' = \left(4\pi \int_0^{\infty} s^2(\omega) \mathrm{d}\omega\right)^{-1}, \tag{2.4.41}$$

从而有关系

$$(\Delta\tau')(\Delta\omega') = \frac{1}{2}. \tag{2.4.42}$$

练　　习

1. 计算表 2.4-1 所列关联函数的相干时间.

2. 利用 $\Phi(\xi)$ 和 $\Psi(\tau)$ 互为傅里叶变换证明(2.4.34)式.

2.5 互谱密度,广义维纳-辛钦定理

1. 互谱密度

仿照上一节讨论谱密度的方法,可以建立两个随机过程相关联的互谱密度(cross-spectral density),为此需要广义维纳-辛钦定理. 仿照上节建立自谱密度(auto-spectral density)定义(2.4.14)式的方法,两个随机过程 $z_i(t)$ 和 $z_j(t)$ 的互谱密度 $W_{ij}(\omega)$ 可定义为

$$\langle \tilde{z}_i^*(\omega)\tilde{z}_j(\omega') \rangle = W_{ij}(\omega')\delta(\omega-\omega'). \tag{2.5.1}$$

由广义维纳-辛钦定理(generalized Wiener-Khintchine theorem),它是互关联函数的傅里叶变换式

$$W_{ij}(\omega) = \frac{1}{2\pi}\int_{-\infty}^{\infty} G_{ij}(\tau)\mathrm{e}^{\mathrm{i}\omega\tau}\mathrm{d}\tau, \tag{2.5.2}$$

$$G_{ij}(\tau) = \int_{-\infty}^{\infty} W_{ij}(\omega)\mathrm{e}^{-\mathrm{i}\omega\tau}\mathrm{d}\omega. \tag{2.5.3}$$

对于 N 个随机过程,$\{W_{ij}\}$ 构成 $N\times N$ 阶互谱密度协变矩阵,随机过程 $z_i(t)$ 的谱密度(也可称为自谱密度)是互谱密度的对角元:

$$S_i(\omega) = W_{ii}(\omega). \tag{2.5.4}$$

(2.5.1)式还表明两个随机变量在不同频率之间互不关联.

2. 互谱密度有以下性质

(i)厄米性
$$W_{ji}(\omega) = W_{ij}^*(\omega). \tag{2.5.5}$$

由定义(2.5.1)式或由(2.5.2)式和(2.3.18)式均可推出上式. 因此互谱密度协变矩阵是

厄米矩阵(Hermitian matrix).

(ⅱ)非负定性,它同2.3节互关联函数的非负定性完全类似:

$$\sum_{i,j=1}^{n} a_i^* a_j W_{ij}(\omega) \geqslant 0, \tag{2.5.6}$$

其中 $a_1, a_2, \cdots, a_n$ 是任意复数.

[证明]设 ω_0 为任意频率, ε_1 和 ε_2 为任意正数,

$$\begin{aligned} 0 \leqslant \left\langle \left| \int_{\omega_0-\varepsilon_1}^{\omega_0+\varepsilon_2} \sum_{i=1}^{n} a_i \tilde{z}_i(\omega) \mathrm{d}\omega \right|^2 \right\rangle &= \left\langle \int_{\omega_0-\varepsilon_1}^{\omega_0+\varepsilon_2} \sum_{i=1}^{n} a_i^* \tilde{z}_i^*(\omega) \mathrm{d}\omega \int_{\omega_0-\varepsilon_1}^{\omega_0+\varepsilon_2} \sum_{j=1}^{n} a_j \tilde{z}_j(\omega') \mathrm{d}\omega' \right\rangle \\ &= \int_{\omega_0-\varepsilon_1}^{\omega_0+\varepsilon_2} \sum_{i,j=1}^{n} a_i^* a_j \int_{\omega_0-\varepsilon_1}^{\omega_0+\varepsilon_2} W_{ij}(\omega') \delta(\omega - \omega') \mathrm{d}\omega \mathrm{d}\omega' = \int_{\omega_0-\varepsilon_1}^{\omega_0+\varepsilon_2} \sum_{i,j=1}^{n} a_i^* a_j W_{ij}(\omega) \mathrm{d}\omega, \end{aligned} \tag{2.5.7}$$

由于积分在任意 ω_0 的邻域均非负,被积函数也是非负的.

(ⅲ)
$$|W_{ij}(\omega)| \leqslant \sqrt{S_i(\omega) S_j(\omega)}. \tag{2.5.8}$$

因为上一节已指出,非负定矩阵的行列式是非负的,

$$\begin{vmatrix} S_i(\omega) & W_{ij}(\omega) \\ W_{ji}(\omega) & S_j(\omega) \end{vmatrix} \geqslant 0. \tag{2.5.9}$$

这一性质将表明下面定义的归一化互谱密度不大于1.

3. 归一化互关联函数和互谱密度

设两个随机过程 $z_i(t)$ 和 $z_j(t)$ 的自关联函数分别为 $G_i(t)$ 和 $G_j(t)$,互关联函数为 $G_{ij}(t)$,它们的归一化互关联函数定义为对应的归一化变量的互关联:

$$g_{ij}(\tau) \equiv \frac{\langle \Delta z_i^*(t) \Delta z_j(t+\tau) \rangle}{[\langle |\Delta z_i|^2 \rangle \langle |\Delta z_j|^2 \rangle]^{1/2}}. \tag{2.5.10}$$

不难证明

$$g_{ij}(\tau) = \frac{G_{ij}(\tau) - \langle z_i^* \rangle \langle z_j \rangle}{\left[\left(G_i(0) - \left|\langle z_i \rangle\right|^2\right)\left(G_j(0) - \left|\langle z_j \rangle\right|^2\right)\right]^{1/2}}, \tag{2.5.11}$$

$g_{ij}(\tau)$ 又称为互关联系数(cross-correlation coefficient). 类似于(1.3.18)式,

$$0 \leqslant |g_{ij}(\tau)| \leqslant 1. \tag{2.5.12}$$

归一化互谱密度有两种定义方式:

(ⅰ)
$$w_{ij}(\omega) \equiv \frac{1}{2\pi} \int_{-\infty}^{\infty} g_{ij}(\tau) \mathrm{e}^{\mathrm{i}\omega\tau} \mathrm{d}\tau; \tag{2.5.13}$$

(ii)
$$\mu_{ij}(\omega)=\frac{W_{ij}(\omega)}{[S_i(\omega)S_j(\omega)]^{1/2}}, \tag{2.5.14}$$

在计算谱密度时要求已扣除平均值，即 $S_i(\omega)$ 是 Δz_i 的谱密度，$W_{ij}(\omega)$ 是 Δz_i 和 Δz_j 的互谱密度．对于前一种定义，由逆傅里叶变换，

$$\left|\int_{-\infty}^{\infty} w_{ij}(\omega)\mathrm{d}\omega\right| = |g_{ij}(0)| \leqslant 1. \tag{2.5.15}$$

对于后一种定义，由(2.5.8)式，

$$0 \leqslant |\mu_{ij}(\omega)| \leqslant 1. \tag{2.5.16}$$

当已计算出互谱密度协变矩阵时，第二种定义使用比较方便.

练　习

1. 利用互谱密度协变矩阵非负定性证明它的对角元 $W_{ii}(\omega)$ 是非负实函数.

2.6 随机过程的分类

1. 条件概率密度

引入条件概率密度可以方便地描述一个随机过程的“过去”、“现在”和“将来”时间进程中统计行为的联系．设时间排序为 $t_1 \leqslant t_2 \leqslant t_3 \leqslant \cdots$，对一个任意随机过程 $x(t)$，当 t_1 时刻取值为 $x_1,\cdots,t_k$ 时刻取值为 x_k 的条件下，t_{k+1} 时刻取值为 $x_{k+1},\cdots,t_{k+n}$ 时刻取值为 x_{k+n} 的 n 重条件概率密度记为

$$P_{\mathrm{c}}^{(n,k)}(x_{k+n},t_{k+n};\cdots;x_{k+1},t_{k+1} \mid x_k,t_k;\cdots;x_1,t_1)$$

根据(1.2.9)式，该 n 重条件概率密度等于 $k+n$ 重和 k 重联合概率密度之比

$$P_{\mathrm{c}}^{(n,k)}(x_{k+n},t_{k+n};\cdots;x_{k+1},t_{k+1} \mid x_k,t_k;\cdots;x_1,t_1)=\frac{P^{(k+n)}(x_{k+n},t_{k+n};\cdots;x_1,t_1)}{P^{(k)}(x_k,t_k;\cdots;x_1,t_1)}. \tag{2.6.1}$$

注意上述条件概率密度的归一化是对所有 $x_{k+1},\cdots,x_{k+n}$ 作积分，而 $x_1,\cdots,x_k$ 是作为参数形式出现.当 $k=n=1$ 时，(2.6.1)式成为

$$P^{(2)}(x_2,t_2;x_1,t_1)=P_{\mathrm{c}}^{(1,1)}(x_2,t_2 \mid x_1,t_1)P^{(1)}(x_1,t_1), \tag{2.6.2}$$

两边对 x_1 作积分后

$$P^{(1)}(x_2,t_2)=\int P_{\mathrm{c}}^{(1,1)}(x_2,t_2 \mid x_1,t_1)P^{(1)}(x_1,t_1)\mathrm{d}x_1. \tag{2.6.3}$$

这表明当已知条件概率密度时，后一时刻的概率分布可以由前一时刻的概率分布求出．在上式中，若令 $t_1=t_2=t$，则可判断

$$P_{\mathrm{c}}^{(1,1)}(x_2,t\mid x_1,t)=\delta(x_2-x_1).\tag{2.6.4}$$

很明显,在 t 时刻取 x_1 值的条件下,t 时刻不可能再取其他值.

前面已提到过,要完全确定一个随机过程,必须知道任意大的 n 重联合概率密度,因此讨论一般情况的随机过程是十分困难的. 而对某些特殊的相对简单的随机过程,如果 n 重联合概率密度可以用低阶概率表示,将使问题大为简化. 下面介绍几种最常见的随机过程.

2. 完全随机过程

完全随机过程(completely stochastic process)是指随机变量后来时刻的取值完全同以前时刻的取值无关,即有

$$P_{\mathrm{c}}^{(n,k)}(x_{k+n},t_{k+n};\cdots;x_{k+1},t_{k+1}\mid x_k,t_k;\cdots;x_1,t_1)=P^{(n)}(x_{k+n},t_{k+n};\cdots;x_{k+1},t_{k+1}),\tag{2.6.5}$$

条件概率密度与“条件”无关. 利用(2.6.1)式和(2.6.5)式,取 $k=1$,得到

$$P^{(n+1)}(x_{n+1},t_{n+1};\cdots;x_1,t_1)=P^{(n)}(x_{n+1},t_{n+1};\cdots;x_2,t_2)P^{(1)}(x_1,t_1).\tag{2.6.6}$$

(2.6.6)式构成一个递推的因子分解关系,对右边 $P^{(n)}$ 继续使用这一关系,

$$P^{(n)}(x_{n+1},t_{n+1};\cdots;x_2,t_2)=P^{(n-1)}(x_{n+1},t_{n+1};\cdots;x_3,t_3)P^{(1)}(x_2,t_2),\tag{2.6.7}$$

这样反复进行递推,最后得 n 重联合概率密度的完全因子分解式:

$$P^{(n)}(x_n,t_n;\cdots;x_1,t_1)=P^{(1)}(x_n,t_n)\cdots P^{(1)}(x_1,t_1).\tag{2.6.8}$$

这样完全随机过程的 n 重联合概率密度可以完全分解为 n 个一重概率密度之积,这表明完全随机过程不同时刻的取值概率是完全独立的,它由一重概率密度完全确定.

3. 一阶马尔科夫过程

完全随机过程在时间的进程中前后完全独立,这是一种最简单且最易描述的随机过程. 一般情况下,随机过程的“过去”、“现在” 和 “将来” 之间总存在某种联系. 先考虑一种最简单的联系,随机过程在某一时刻的取值概率只同前面(任意)一个时刻有关,即只能对前面一个时刻保持记忆,而不能记得更多,称为一阶马尔科夫过程(First-order Markov process),其条件概率密度应满足

$$\begin{aligned}&P_{\mathrm{c}}^{(n,k)}(x_{k+n},t_{k+n};\cdots;x_{k+1},t_{k+1}\mid x_k,t_k;\cdots;x_1,t_1)\\&=P_{\mathrm{c}}^{(n,1)}(x_{k+n},t_{k+n};\cdots;x_{k+1},t_{k+1}\mid x_k,t_k).\end{aligned}\tag{2.6.9}$$

此式表示在给定“过去”诸多时刻的条件中,条件概率密度只对最邻近时刻的条件保持记忆. 结合(2.6.1)式和(2.6.9)式,可以递推得到

$$
\begin{aligned}
P^{(n)}(x_n,t_n;\cdots;x_1,t_1) &= P_{\mathrm{c}}^{(1,n-1)}(x_n,t_n \mid x_{n-1},t_{n-1};\cdots x_1,t_1)\cdot \\
&\quad P^{(n-1)}(x_{n-1},t_{n-1};\cdots;x_1,t_1) \\
&= P_{\mathrm{c}}^{(1,1)}(x_n,t_n \mid x_{n-1}t_{n-1})P^{(n-1)}(x_{n-1},t_{n-1};\cdots;x_1,t_1) \\
&\quad\cdots\cdots\cdots\cdots \\
&= P_{\mathrm{c}}^{(1,1)}(x_n,t_n \mid x_{n-1},t_{n-1})P_{\mathrm{c}}^{(1,1)}(x_{n-1},t_{n-1} \mid x_{n-2},t_{n-2})\cdots \\
&\quad P_{\mathrm{c}}^{(1,1)}(x_2,t_2 \mid x_1,t_1)P^{(1)}(x_1,t_1).
\end{aligned}
\tag{2.6.10}
$$

因此一阶马尔科夫过程的 n 重联合概率密度可以用二重概率密度表示之

$$
\begin{aligned}
P^{(n)}(x_n,t_n;\cdots;x_1,t_1) &= \frac{P^{(2)}(x_n,t_n;x_{n-1},t_{n-1})}{P^{(1)}(x_{n-1},t_{n-1})}\times\frac{P^{(2)}(x_{n-1},t_{n-1};x_{n-2},t_{n-2})}{P^{(1)}(x_{n-2},t_{n-2})}\times\cdots\times \\
&\quad \frac{P^{(2)}(x_2,t_2;x_1,t_1)}{P^{(1)}(x_1,t_1)}\times P^{(1)}(x_1,t_1).
\end{aligned}
\tag{2.6.11}
$$

条件概率密度 $P_{\mathrm{c}}{}^{(1,1)}(x_2,t_2|x_1,t_1)$ 有时称为跃迁概率密度，因为它表示当 t_1 时刻系统处在 x_1 值时，t_2 时刻它变化到 x_2 的概率.

一阶马尔科夫过程的跃迁概率要满足 Smoluchowski-Chapman-Kolmogorov(SCK)关系，因为

$$
\begin{aligned}
P^{(2)}(x_3,t_3;x_1,t_1) &= \int P^{(3)}(x_3,t_3;x_2,t_2;x_1,t_1)\,\mathrm{d}x_2 \\
&= \int P_{\mathrm{c}}^{(1,1)}(x_3,t_3 \mid x_2,t_2)P_{\mathrm{c}}^{(1,1)}(x_2,t_2 \mid x_1,t_1)\cdot \\
&\quad P^{(1)}(x_1,t_1)\,\mathrm{d}x_2,
\end{aligned}
\tag{2.6.12}
$$

将上式两边除以 $P^{(1)}(x_1,t_1)$ 后得到跃迁概率密度的 SCK 关系：

$$
P_{\mathrm{c}}^{(1,1)}(x_3,t_3 \mid x_1,t_1) = \int P_{\mathrm{c}}^{(1,1)}(x_3,t_3 \mid x_2,t_2)P_{\mathrm{c}}^{(1,1)}(x_2,t_2 \mid x_1,t_1)\,\mathrm{d}x_2. \tag{2.6.13}
$$

对一阶马尔科夫过程最简单的近似，可以定义一个记忆时间 τ_{c}，在记忆时间内，后一时刻对前一时刻保持记忆，且取相同的值，而在记忆时间之外，完全失去记忆．由此，条件概率可写为

$$
P_{\mathrm{c}}^{(1,1)}(x_n,t_n \mid x_{n-1},t_{n-1}) = \begin{cases} \delta(x_n - x_{n-1}) & t_n - t_{n-1} < \tau_{\mathrm{c}} \\ P(x_n,t_n) & t_n - t_{n-1} > \tau_{\mathrm{c}}. \end{cases} \tag{2.6.14}
$$

当该随机过程的平均值为零时，作为练习读者可以计算出它的归一化自关联函数为

$$
g(\tau) = \begin{cases} 1 & 0 < \tau < \tau_{\mathrm{c}} \\ 0 & \tau > \tau_{\mathrm{c}}. \end{cases} \tag{2.6.15}
$$

在记忆时间内完全关联，否则完全独立．由上式可知，τ_{c}就是(2.4.26)式定义的相干时间.

4. 高阶马尔科夫过程[注]

当随机过程具有更多的记忆时,便称为高阶马尔科夫过程(high-order Markov process). 例如二阶马尔科夫过程只对以前两个时刻的事件保持记忆,它的条件概率满足

$$\begin{aligned}&P_{c}^{(n,k)}(x_{k+n},t_{k+n};\cdots;x_{k+1},t_{k+1}\mid x_k,t_k;\cdots;x_1,t_1)\\=\;&P_{c}^{(n,2)}(x_{k+n},t_{k+n};\cdots;x_{k+1},t_{k+1}\mid x_k,t_k;x_{k-1},t_{k-1}).\end{aligned}\tag{2.6.16}$$

因此 n 重联合概率密度可以因子分解为

$$\begin{aligned}P^{(n)}(x_n,t_n;\cdots;x_1,t_1)=&P_{c}^{(1,2)}(x_n,t_n\mid x_{n-1},t_{n-1};x_{n-2},t_{n-2})\times\\&P_{c}^{(1,2)}(x_{n-1},t_{n-1}\mid x_{n-2},t_{n-2};x_{n-3},t_{n-3})\times\cdots\times\\&P_{c}^{(1,2)}(x_3,t_3\mid x_2,t_2;x_1,t_1)\times P^{(2)}(x_2,t_2;x_1,t_1),\end{aligned}\tag{2.6.17}$$

由三重联合概率密度可以完全确定二阶马尔科夫过程. SCK 关系为

$$\begin{aligned}P_{c}^{(1,2)}(x_4,t_4\mid x_2,t_2;x_1,t_1)=\int&P_{c}^{(1,2)}(x_4,t_4\mid x_3,t_3;x_2,t_2)\times\\&P_{c}^{(1,2)}(x_3,t_3\mid x_2,t_2;x_1,t_1)\,\mathrm{d}x_3.\end{aligned}\tag{2.6.18}$$

更高阶的马尔科夫过程可按此命名法类推.

练　　习

1. 证明(2.6.15)式.

2.7　朗之万方程

1. 系统和库

随机过程的发生是有其物理原因的,通常是由于物理模型存在大数目的自由度,例如气体分子的热运动(thermal motion). 采用牛顿力学(Newtonian mechanics)的方法,列出并求解所有分子的运动方程既是不现实也是不必要的,因此需要统计力学(statistical mechanics)的方法.

在大自由度的物理模型中,有时我们只关心其中少数自由度的情况. 例如将一微粒放在液体中,微粒受液体分子的碰撞发生布朗运动(Brownian motion). 假定我们只对微粒的运动感兴趣,可将这些感兴趣的对象(微粒)称为系统(system),而对其余的大自由度的部分——液体分子称为库(reservoir). 问题将归纳为小自由度的系统同大自由度的库之间的相互作用,并且只关心库对系统的影响. 在下面的内容中,将介绍在库的影响下,描述系统随机变量动力学的方法.

[注] 有的作者将高阶马尔科夫过程称为非马尔科夫过程.

2. 布朗粒子的朗之万方程

我们仍以布朗粒子为例,讨论在系统和库相互作用时,系统的动力学方程. 布朗粒子在液体中受两类力的作用,一是阻尼力(damping force)或摩擦力,另一是随机力(random force). 阻尼力是库对布朗粒子的平均作用的宏观效果,它的规律是确定的,其大小同布朗粒子的速率成正比,方向相反. 因此布朗粒子速率 v 的运动方程可以写为

$$m\dot{v} = -m\gamma v + F(t), \tag{2.7.1}$$

其中 γ 是阻尼系数,$F(t)$是随机力. 由于随机力的变化是不确定的,不可能写出任何具体的形式.受随机力的影响,布朗粒子的速率也是随机变量,具有这种形式的方程称为朗之万方程(Langevin equation),它属于随机微分方程(random differential equation). 由于方程中存在不确定的项,显然不能用通常求解确定性(没有随机项)微分方程方法来求它的解析或数值解.

尽管随机力没有确定的形式,但它满足某些最基本的统计性质:

(i)随机力遵从高斯概率统计分布,且系综平均为零

$$\langle F(t) \rangle = 0. \tag{2.7.2}$$

我们在 1.5 节已经介绍过,当产生随机现象的因素互相独立且足够多时,随机变量满足高斯统计.实际上,系综平均不为零的部分可以作为方程中的确定性项,例如阻尼力.

(ii)随机力在不同时刻的关联满足

$$\langle F(t)F(t') \rangle = 0, \qquad |t-t'| \geqslant \tau_0, \tag{2.7.3}$$

它表示超过一定时间后,两个时间的随机力不再关联.

在大多数随机问题的研究中,都考虑一种简化近似. 当系统的弛豫时间 $1/\gamma$ 远大于随机力退关联(de-correlation)的特征时间(characteristic time)

$$1/\gamma \gg \tau_0, \tag{2.7.4}$$

随机力的关联可以近似为 δ 函数

$$\langle F(t)F(t') \rangle = D\delta(t-t'), \tag{2.7.5}$$

D 称为扩散系数(diffusion coefficient)(参见后面 2.9 节). 上式表示不同时刻的随机力是完全独立的,具有此关联性质的随机作用称为白噪声(white noise),因为它的谱是完全均匀的. 白噪声存在任意高频率的成分,涨落的时间变化是非常快的. 当时间关联不是 δ 函数时,称为色噪声(color noise).

3. 一般形式的朗之万方程

一般形式的朗之万方程可以写为

$$\dot{\boldsymbol{x}} = \boldsymbol{A}(\boldsymbol{x},t) + \boldsymbol{q}(t), \tag{2.7.6}$$

其中$\boldsymbol{x}(t)=\{x_i(t)\}$是一组系统变量,$\boldsymbol{A}(\boldsymbol{x},t)=\{A_i(\boldsymbol{x},t)\}$称为漂移项(drift term)．由上式可看出,漂移项决定$\boldsymbol{x}$平均值的运动．$\boldsymbol{q}(t)=\{q_i(t)\}$是一组随机力,或称朗之万力．对于随机力的统计性质仍采用上面的假定,它们是平均值为零的高斯随机过程,其双时关联满足

$$\langle q_i(t)q_j(t')\rangle = D_{ij}(\boldsymbol{x},t)\delta(t-t'), \tag{2.7.7}$$

D_{ij}为扩散系数．当$D_{ij}=D_i\delta_{ij}$时,称为各向同性情况．此外,由于前面时刻的系统变量不会受到后面时刻随机力的影响,它们之间没有关联:

$$\langle A_i(\boldsymbol{x},t)q_j(t')\rangle = 0, \qquad (t'>t). \tag{2.7.8}$$

具有如(2.7.7)式δ函数关联的朗之万方程所描述的$\boldsymbol{x}(t)$属于一阶马尔科夫过程．一方面,这是因为对于微分方程给定t_0时刻的初始条件,就可以通过解随机微分方程得到t时刻系统变量的随机值．另一方面,方程中的随机力具有δ函数关联,t_0时刻及以后的随机力同以前的没有关联,因此系统变量t时刻的取值概率,只同前一时刻t_0有关,而同更前时刻无关,这正是一阶马尔科夫过程的特征.

2.8　主　方　程

对于朗之万方程,系统变量的演化没有确定形式的解,它是随机过程,需要用概率函数描写.因此可以换另一角度,考虑系统变量的概率密度遵从的方程,称为主方程(master equation).

1. 积分-微分形式主方程

设$P(x,t)$是描述随机过程$x(t)$的一阶概率密度,由(2.6.3)式,后一时刻的概率分布可以由前一时刻的概率分布通过条件概率密度求出

$$P(x,t+\Delta t) = \int P(x,t+\Delta t \mid x_1,t)P(x_1,t)\,\mathrm{d}x_1, \tag{2.8.1}$$

在上式中,我们省略了标志阶数的上标和标志条件概率的下标 c. $P(x,t)$的时间变化率

$$\begin{aligned}\frac{\partial P(x,t)}{\partial t} &= \lim_{\Delta t\to 0}\frac{1}{\Delta t}[P(x,t+\Delta t)-P(x,t)]\\ &= \lim_{\Delta t\to 0}\frac{1}{\Delta t}\Big[\int P(x,t+\Delta t\mid x_1,t)P(x_1,t)\,\mathrm{d}x_1 - \\ &\qquad \int P(x_1,t+\Delta t\mid x,t)P(x,t)\,\mathrm{d}x_1\Big],\end{aligned} \tag{2.8.2}$$

上式第二项用到条件概率密度的归一化．由同时条件概率(2.6.4)式

$$P(x,t\mid x_1,t) = \delta(x-x_1) = P(x_1,t\mid x,t), \tag{2.8.3}$$

(2.8.2)式成为

$$\frac{\partial P(x,t)}{\partial t}=\lim_{\Delta t\to 0}\frac{1}{\Delta t}\int\{[P(x,t+\Delta t\mid x_1,t)-P(x,t\mid x_1,t)]P(x_1,t)-[P(x_1,t+\Delta t\mid x,t)-P(x_1,t\mid x,t)]P(x,t)\}\mathrm{d}x_1. \tag{2.8.4}$$

现定义条件概率变化率

$$A(x,x_1,t)\equiv\lim_{\Delta t\to 0}\frac{1}{\Delta t}[P(x,t+\Delta t\mid x_1,t)-P(x,t\mid x_1,t)], \tag{2.8.5}$$

由于条件概率可称为跃迁概率,它的变化率称为跃迁速率(transition rate). 利用这一定义和(2.8.4)式,主方程的积分-微分形式为

$$\frac{\partial P(x,t)}{\partial t}=\int[A(x,x_1,t)P(x_1,t)-A(x_1,x,t)P(x,t)]\mathrm{d}x_1. \tag{2.8.6}$$

跃迁速率具有一些简单的特征. 首先,当 $x\neq x_1$ 时,$A(x,x_1,t)\geqslant 0$. 因为这时(2.8.5)式右边第二项为零,而第一项是非负的(因果性关系要求 $\Delta t>0$). 其次,由条件概率的归一化得到:

$$\int A(x,x_1,t)\mathrm{d}x=0. \tag{2.8.7}$$

利用这一性质,对称形式的主方程(2.8.6)式化为

$$\frac{\partial P(x,t)}{\partial t}=\int A(x,x_1,t)P(x_1,t)\mathrm{d}x_1. \tag{2.8.8}$$

2. Kramers-Moyal 方程

主方程还可以用微分方程描述. 在(2.8.2)式中,令

$$\Delta x\equiv x-x_1, \tag{2.8.9}$$

得到

$$\frac{\partial P(x,t)}{\partial t}=\lim_{\Delta t\to 0}\frac{1}{\Delta t}\left[\int P(x+\Delta x-\Delta x,t+\Delta t\mid x-\Delta x,t)\cdot P(x-\Delta x,t)\mathrm{d}(\Delta x)-P(x,t)\right]. \tag{2.8.10}$$

利用展开式

$$F(x-\Delta x)=\sum_{n=0}^{\infty}\frac{(-\Delta x)^n}{n!}\frac{\partial^n}{\partial x^n}F(x), \tag{2.8.11}$$

将(2.8.10)式中的被积函数运用上述展开

$$\begin{aligned}\frac{\partial P(x,t)}{\partial t} &= \lim_{\Delta t\to 0}\frac{1}{\Delta t}\Big[\int\sum_{n=0}^{\infty}\frac{(-\Delta x)^n}{n!}\frac{\partial^n}{\partial x^n}[P(x+\Delta x,t+\Delta t\mid x,t)P(x,t)]\mathrm{d}(\Delta x) - \\ &\quad P(x,t)\Big] \\ &= \lim_{\Delta t\to 0}\frac{1}{\Delta t}\Big[\sum_{n=1}^{\infty}\frac{(-1)^n}{n!}\frac{\partial^n}{\partial x^n}\int(\Delta x)^n P(x+\Delta x,t+\Delta t\mid x,t)\cdot \\ &\quad P(x,t)\mathrm{d}(\Delta x)\Big],\end{aligned} \tag{2.8.12}$$

注意求和中 $n=0$ 的项已同后一项抵消.

定义随机过程 $x(t)$ 的 n 阶跃迁矩(transition moment)

$$\begin{aligned}D_n(x,t) &\equiv \lim_{\Delta t\to 0}\frac{1}{\Delta t}\int(\Delta x)^n P(x+\Delta x,t+\Delta t\mid x,t)\mathrm{d}(\Delta x) \\ &\equiv \lim_{\Delta t\to 0}\frac{1}{\Delta t}\langle(\Delta x)^n\rangle_{(x,t)},\quad n=1,2,\cdots,\end{aligned} \tag{2.8.13}$$

其中$\langle\rangle_{(x,t)}$表示在 t 时刻取 x 值条件下的平均．最后得到 Kramers-Moyal 方程

$$\frac{\partial P(x,t)}{\partial t} = \sum_{n=1}^{\infty}\frac{(-1)^n}{n!}\frac{\partial^n}{\partial x^n}[D_n(x,t)P(x,t)]. \tag{2.8.14}$$

需要指出的是,虽然在推导上述主方程的过程中,并没有使用任何近似考虑,但主方程只对一阶马尔科夫过程有效,这是因为在推导过程中要求条件概率密度 $P(x,t+\Delta t|x_1,t)$ 存在．在高阶马尔科夫过程中,$t+\Delta t$ 时刻取 x 的概率不仅与 t 时刻有关,而且同 t 以前时刻有关,单时条件下的概率密度没有意义,因此也无法计算跃迁矩.

根据一阶马尔科夫过程的 SCK 关系(2.6.13)式

$$P(x,t+\Delta t\mid x_0,t_0) = \int P(x,t+\Delta t\mid x_1,t)P(x_1,t\mid x_0,t_0)\mathrm{d}x_1, \tag{2.8.15}$$

$P(x,t+\Delta t|x_0,t_0)$ 如同(2.8.1)式中 $P(x,t+\Delta t)$ 有相同的展开方法,因为(x_0,t_0)只起参数的作用．上述相同的推导过程完全适用于条件概率密度 $P(x,t|x_0,t_0)$,因此 Kramers-Moyal 方程也适用于条件概率密度.

2.9 福克-普朗克方程

1. 福克-普朗克方程

Kramers-Moyal 方程的右边是无穷级数和,如果只考虑一阶和二阶跃迁矩,显然 Kramers-Moyal 方程成为福克-普朗克方程(Fokker-Planck equation)

$$\frac{\partial}{\partial t}P(x,t) = -\frac{\partial}{\partial x}[D_1(x,t)P(x,t)] + \frac{1}{2}\frac{\partial^2}{\partial x^2}[D_2(x,t)P(x,t)], \tag{2.9.1}$$

其中一阶矩称为漂移系数(drift coefficient),二阶矩称为扩散系数(diffusion coefficient). 福克-普朗克方程是描述随机过程最常用的方程. 一方面,这是由于一阶二阶矩反映了概率密度演化最主要的特征. 另一方面,如果假定非零跃迁矩是任意有限阶,可以证明其最高阶只能是二阶,这时 Kramers-Moyal 方程等价于福克-普朗克方程.

利用施瓦茨不等式不难证明[参见(1.3.20)式]

$$\left[\left\langle(\Delta x)^{m+n}\right\rangle_{(x,t)}\right]^2 \leqslant \left\langle(\Delta x)^{2m}\right\rangle_{(x,t)}\left\langle(\Delta x)^{2n}\right\rangle_{(x,t)}, \tag{2.9.2}$$

即

$$(D_{m+n})^2 \leqslant D_{2m}D_{2n}. \tag{2.9.3}$$

假定非零跃迁矩截断在有限的最高阶 N,且 $N\geqslant 3$,因而有 $2N-2\geqslant N+1$,则 $D_{2N-2}=0$. 由 $D_N=D_{N-1+1}$ 和(2.9.3)式可得到 $D_N=0$,与前提矛盾. 这样证明了有限的最高阶不能超过二阶.

多随机变量 $\boldsymbol{x}=\{x_i\}$ 的福克-普朗克方程的形式为

$$\frac{\partial}{\partial t}P(\boldsymbol{x},t)=-\sum_{i=1}^{N}\frac{\partial}{\partial \boldsymbol{x}_i}[D_i(\boldsymbol{x},t)P(x,t)]+\frac{1}{2}\sum_{i,j=1}^{N}\frac{\partial^2}{\partial x_i\,\partial x_j}[D_{ij}(\boldsymbol{x},t)P(\boldsymbol{x},t)], \tag{2.9.4}$$

D_i 和 D_{ij} 分别为漂移矢量(drift vector)和扩散矩阵(diffusion matrix). 同样,这一方程也适用于条件概率密度.

2. 漂移系数和扩散系数

我们以单变量福克-普朗克方程为例,说明漂移和扩散系数的物理意义. 由福克-普朗克方程(2.9.1)式求随机变量 x 的平均值的变化率

$$\begin{aligned}\frac{\mathrm{d}}{\mathrm{d}t}\langle x\rangle &= \frac{\mathrm{d}}{\mathrm{d}t}\int xP(x,t)\,\mathrm{d}x=\int x\frac{\partial}{\partial t}P(x,t)\,\mathrm{d}x\\ &=\int -x\frac{\partial}{\partial x}[D_1(x,t)P(x,t)]\,\mathrm{d}x+\int\frac{1}{2}x\frac{\partial^2}{\partial x^2}[D_2(x,t)P(x,t)]\,\mathrm{d}x.\end{aligned} \tag{2.9.5}$$

对于实际的随机变量可以假定其概率密度及各阶导数在无穷远为零,利用分部积分可以分别计算这两个积分,并得到第二个积分为零. 最后得到

$$\frac{\mathrm{d}}{\mathrm{d}t}\langle x\rangle=\int D_1(x,t)P(x,t)\,\mathrm{d}x=\langle D_1(x,t)\rangle, \tag{2.9.6}$$

可见漂移系数决定系统变量平均值的运动. 然后计算

$$\begin{aligned}\frac{\mathrm{d}}{\mathrm{d}t}\langle x^2\rangle &=\int x^2\frac{\partial}{\partial t}P(x,t)\,\mathrm{d}x=\int -x^2\frac{\partial}{\partial x}[D_1P]\,\mathrm{d}x+\int\frac{1}{2}x^2\frac{\partial^2}{\partial x^2}[D_2P]\,\mathrm{d}x\\ &=\int 2xD_1P\,\mathrm{d}x-\int x\frac{\partial}{\partial x}[D_2P]\,\mathrm{d}x=2\langle xD_1\rangle+\langle D_2\rangle,\end{aligned} \tag{2.9.7}$$

和随机变量的方差的导数

$$\frac{\mathrm{d}}{\mathrm{d}t}\langle \Delta x^2 \rangle = \frac{\mathrm{d}}{\mathrm{d}t}\left(\langle x^2 \rangle - \langle x \rangle^2\right) = 2\langle xD_1 \rangle + \langle D_2 \rangle - 2\langle x \rangle\langle D_1 \rangle. \tag{2.9.8}$$

当 D_1 是常数,或 D_1 与 x 没有关联时,

$$\langle D_2 \rangle = \frac{\mathrm{d}}{\mathrm{d}t}\langle \Delta x^2 \rangle, \tag{2.9.9}$$

扩散系数决定方差的变化率.

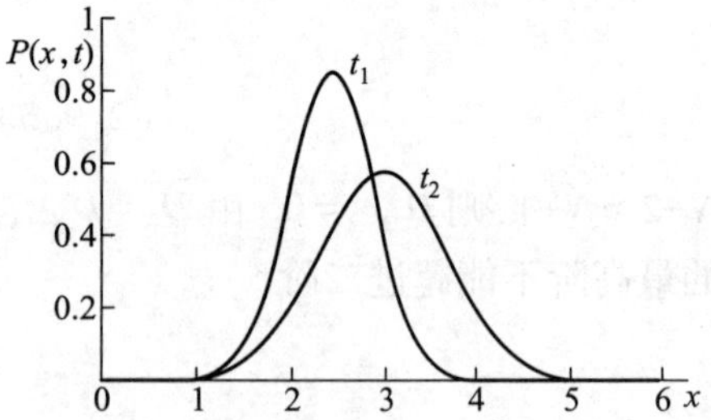

图 2.9-1 概率密度的演化($t_2>t_1$)

假如漂移系数是线性衰变 $D_1=-\gamma x$(例如溶液中的布朗粒子),

$$\frac{\mathrm{d}}{\mathrm{d}t}\langle \Delta x^2 \rangle = -2\gamma\langle \Delta x^2 \rangle + \langle D_2 \rangle, \tag{2.9.10}$$

方差随时间指数衰变直至达到稳态值

$$\langle \Delta x^2 \rangle = \langle D_2 \rangle / 2\gamma, \tag{2.9.11}$$

即扩散系数是方差与系统弛豫时间之比. 图 2.9-1 描述了概率密度的演化过程,漂移系数决定了概率密度整体的移动(当 $D_1>0$ 时曲线正向移动),扩散系数($D_2>0$)使得概率密度变宽.

3. 福克-普朗克方程与朗之万方程的对应

(2.9.6)式的推导已经表明,福克-普朗克方程中的漂移系数决定系统变量平均值的变化,与朗之万方程(2.7.6)式比较可以看出

$$D_i(\boldsymbol{x},t) = A_i(\boldsymbol{x},t). \tag{2.9.12}$$

由(2.7.6)式,在 t 时刻取 $\{x_i\}$ 的初条件下,x_i 的增量

$$\Delta x_i(t) \equiv x_i(t+\Delta t) - x_i(t) = A_i(\boldsymbol{x},t)\Delta t + \int_t^{t+\Delta t} q_i(t')\mathrm{d}t', \tag{2.9.13}$$

上式第二项用积分是因为 $q_i(t)$ 具有 δ 函数性质关联,在 Δt 时间内它也是迅速变化的. 利用上式和类似于定义(2.8.13)式来计算扩散系数

$$\begin{aligned} D_{ij} &\equiv \lim_{\Delta t\to 0}\frac{1}{\Delta t}\langle \Delta x_i \Delta x_j \rangle_{(x,t)} = \lim_{\Delta t\to 0}\frac{1}{\Delta t}\left\langle \left[A_i(\boldsymbol{x},t)\Delta t + \int_t^{t+\Delta t} q_i(t')\mathrm{d}t'\right]\cdot \right. \\ &\quad \left. \left[A_j(\boldsymbol{x},t)\Delta t + \int_t^{t+\Delta t} q_j(t')\mathrm{d}t'\right]\right\rangle_{(x,t)} \\ &= \lim_{\Delta t\to 0}\left[\langle A_i(\boldsymbol{x},t)A_j(\boldsymbol{x},t)\rangle_{(x,t)}\Delta t + \int_t^{t+\Delta t}\langle A_i(\boldsymbol{x},t)q_j(t')\rangle_{(x,t)}\mathrm{d}t' + \right. \\ &\quad \left. \int_t^{t+\Delta t}\langle A_j(\boldsymbol{x},t)q_i(t')\rangle_{(x,t)}\mathrm{d}t' + \frac{1}{\Delta t}\int_t^{t+\Delta t}\mathrm{d}t'\int_t^{t+\Delta t}\langle q_i(t')q_j(t'')\rangle_{(x,t)}\mathrm{d}t''\right]. \end{aligned} \tag{2.9.14}$$

上式第一项是无穷小量,第二、三项由(2.7.8)式也是零. 由(2.7.7)式

$$D_{ij}=\lim_{\Delta t\to 0}\frac{1}{\Delta t}\int_{t}^{t+\Delta t}\mathrm{d}t'\int_{t}^{t+\Delta t}D_{ij}(\boldsymbol{x},t')\delta(t'-t'')\mathrm{d}t''=D_{ij}(\boldsymbol{x},t),\tag{2.9.15}$$

因此朗之万力定义中的扩散系数就是福克-普朗克方程中的扩散系数.

福克-普朗克方程是描述连续宏观随机变量动力学的最常用的方程,它可以考虑系统远离平衡态(equilibrium state)的情况,例如描述激光.

4. 维纳过程和 Ornstein-Uhlenbeck 过程

只有极少数的福克-普朗克方程可以得到精确解,我们给出两个有精确解的例子.

(ⅰ)维纳过程(Wiener process)

当福克-普朗克方程中的漂移系数为零而扩散系数为常数时,描述的是维纳过程,显然这是形式最简单的福克-普朗克方程

$$\frac{\partial P}{\partial t}=D\frac{\partial^2 P}{\partial x^2}.\tag{2.9.16}$$

我们已经知道福克-普朗克方程也适用于条件概率密度,而条件概率密度有确定的初始条件

$$P(x,t_0\mid x_0,t_0)=\delta(x-x_0),\tag{2.9.17}$$

满足该初始条件的(2.9.16)方程的解为

$$P(x,t\mid x_0,t_0)=\frac{1}{\sqrt{4\pi D(t-t_0)}}\exp\left[-\frac{(x-x_0)^2}{4D(t-t_0)}\right].\tag{2.9.18}$$

这是以初始值x_0为中心的高斯分布,中心值不漂移,高斯分布的宽度随时间增加.由(2.6.3)式,t时刻的概率分布可以由初始概率分布$P(x_0,t_0)$计算:

$$P(x,t)=\int P(x,t\mid x_0,t_0)P(x_0,t_0)\mathrm{d}x_0.\tag{2.9.19}$$

(ⅱ)Ornstein-Uhlenbeck 过程

如同布朗粒子,这一过程的漂移系数为线性衰变,扩散系数保持为常数,

$$\frac{\partial P}{\partial t}=\gamma\frac{\partial}{\partial x}(xP)+D\frac{\partial^2 P}{\partial x^2},\tag{2.9.20}$$

以(2.9.17)式为初始值,它的条件概率密度解为

$$P(x,t\mid x_0,t_0)=\sqrt{\frac{\gamma}{2\pi D(1-\mathrm{e}^{-2\gamma(t-t_0)})}}\exp\left[-\frac{\gamma(x-\mathrm{e}^{-2\gamma(t-t_0)}x_0)^2}{2D(1-\mathrm{e}^{-2\gamma(t-t_0)})}\right].\tag{2.9.21}$$

当$\gamma<0$时,概率密度的演化如图 2.9-1 所示.

练　习

1. 验证(2.9.18)式是满足方程(2.9.16)式和初条件(2.9.17)式的解.

2. 写出二维 $\boldsymbol{x}=\{x_1,x_2\}$ 形式的福克-普朗克方程,并利用它计算 $(\mathrm{d}/\mathrm{d}t)\langle x_1\rangle$, $(\mathrm{d}/\mathrm{d}t)\langle x_1x_2\rangle$ 和 $(\mathrm{d}/\mathrm{d}t)\langle x_2^2\rangle$ 的方程.

附　录　A

证明不等式

$$4\int_{-\infty}^{\infty}\tau^2\,|\Psi(\tau)|^2\mathrm{d}\tau\cdot\int_{-\infty}^{\infty}\left|\frac{\mathrm{d}\Psi}{\mathrm{d}\tau}\right|^2\mathrm{d}\tau\geqslant\left(\int_{-\infty}^{\infty}|\Psi(\tau)|^2\mathrm{d}\tau\right)^2. \tag{2.A.1}$$

[证]:利用

$$\begin{aligned}\int_{-\infty}^{\infty}|f+\lambda g|^2\mathrm{d}\tau&=\int_{-\infty}^{\infty}f\cdot f^*\mathrm{d}\tau+\lambda\int_{-\infty}^{\infty}(fg^*+f^*g)\mathrm{d}\tau+\\&\quad\lambda^2\int_{-\infty}^{\infty}g\cdot g^*\mathrm{d}\tau\geqslant 0,\end{aligned} \tag{2.A.2}$$

其中 τ 为实变量,λ 为实参数. 欲使上式对任何实数 λ 成立,则要求判别式

$$4\int_{-\infty}^{\infty}f\cdot f^*\mathrm{d}\tau\times\int_{-\infty}^{\infty}g\cdot g^*\mathrm{d}\tau\geqslant\left(\int_{-\infty}^{\infty}(fg^*+f^*g)\mathrm{d}\tau\right)^2. \tag{2.A.3}$$

令

$$f=\tau\Psi(\tau),\qquad g=\frac{\mathrm{d}\Psi}{\mathrm{d}\tau}, \tag{2.A.4}$$

不等式右边的积分为

$$\int_{-\infty}^{\infty}\tau\left(\Psi\frac{\mathrm{d}\Psi^*}{\mathrm{d}\tau}+\Psi^*\frac{\mathrm{d}\Psi}{\mathrm{d}\tau}\right)\mathrm{d}\tau=\int_{-\infty}^{\infty}\tau\frac{\mathrm{d}(\Psi\Psi^*)}{\mathrm{d}\tau}\mathrm{d}\tau=-\int_{-\infty}^{\infty}|\Psi|^2\mathrm{d}\tau, \tag{2.A.5}$$

最后一步用到了分部积分法(假定 Ψ 在无穷大处为零). 将(2.A.4)式和(2.A.5)式代入(2.A.3)式就得到(2.A.1)式.

当(2.A.3)式等号成立时 $f+\lambda g=0$,即有

$$\tau\Psi(\tau)+\lambda\frac{\mathrm{d}\Psi}{\mathrm{d}\tau}=0, \tag{2.A.6}$$

由此解出

$$\Psi(\tau)=A\exp\left(-\frac{\tau^2}{2\lambda}\right). \tag{2.A.7}$$

由于假定 Ψ 在无穷大处为零,因此 $\lambda>0$,它是高斯函数.

第三章　电磁场的经典统计理论

3.1　实数场的复数表示

一个可实施直接测量的物理量的原始定义需采用实数表示,例如电流、电压、电场和磁场等. 但有时将实数表示拓展成对应的复数表示,在数学计算和物理描述两个方面可能更为简洁和方便. 例如对于简谐振荡(harmonic oscillation),指数函数描述比之三角函数在数学处理上更为轻巧. 在电磁振荡问题中,复数表示有更重要的含义. 在经典理论中,复数表示能更简洁地描述电磁场的“强度”. 在量子理论中,复数表示能够实现经典理论与量子理论的直接对应.

电场的实数单频振荡可以写成

$$E^{(r)}(t)=|E_0|\cos(\omega t+\phi_0)=\frac{1}{2}(E_0\mathrm{e}^{-\mathrm{i}\omega t}+E_0^*\mathrm{e}^{\mathrm{i}\omega t}),\ E_0=|E_0|\mathrm{e}^{-\mathrm{i}\phi_0},\tag{3.1.1}$$

在上述展开中,复数形式正频部分(positive frequency component)[注] $\frac{1}{2}E_0\mathrm{e}^{-\mathrm{i}\omega t}$ 已包含了实数表示的全部信息——频率、初相位和实振幅. 这样可以将单频振荡的实数表示与一个完全等价的复数表示相缔合

$$E^{(r)}(t)\leftrightarrow E(t)=E_0\mathrm{e}^{-\mathrm{i}\omega t},\tag{3.1.2}$$

E_0 是(3.1.1)式中正频成分的二倍. 相比于实数表示,复数表示可以较方便地表示电磁振荡的强度 $E^*(t)E(t)=|E_0|^2$. 基于这一想法,下面将给出对任意实数信号缔合为等价的复数表示的一般方法.

1. 复解析信号

设一个实数信号 $E^{(r)}(t)$ 可以作傅里叶展开:

$$\widetilde{E}(\omega)=\frac{1}{2\pi}\int_{-\infty}^{\infty}E^{(r)}(t)\mathrm{e}^{\mathrm{i}\omega t}\mathrm{d}t,\tag{3.1.3}$$

[注] 也可称为正频分量或正频组分.

$\tilde{E}(\omega)$ 构成实数信号 $E^{(r)}(t)$ 的频谱，它一般是复函数，并满足交越关系［参见卷Ⅰ(1.3.1)式］

$$\tilde{E}(\omega)=\tilde{E}^{*}(-\omega). \tag{3.1.4}$$

频谱中正频与负频部分互为复共轭，这说明正频部分（或负频部分）已包含有该信号的全部信息．若不采用对 $\tilde{E}(\omega)$ 的逆傅里叶变换回到原实数信号，代之于只用 $\tilde{E}(\omega)$ 的正频部分的积分的二倍，可定义一个复解析信号（complex analytic signal）：

$$E(t)=2\int_{0}^{\infty}\tilde{E}(\omega)\mathrm{e}^{-\mathrm{i}\omega t}\mathrm{d}\omega, \tag{3.1.5}$$

它应包含原实数信号的全部信息，$E(t)$ 构成与原实数信号相缔合的复解析信号．一般地说，我们可以定义信号频谱中负频成分恒为零的信号为复解析信号．$E(t)$ 的复共轭正好就是 $\tilde{E}(\omega)$ 负频部分的积分变换：

$$E^{*}(t)=2\int_{0}^{\infty}\tilde{E}^{*}(\omega)\mathrm{e}^{\mathrm{i}\omega t}\mathrm{d}\omega=2\int_{0}^{\infty}\tilde{E}(-\omega)\mathrm{e}^{\mathrm{i}\omega t}\mathrm{d}\omega=2\int_{-\infty}^{0}\tilde{E}(\omega)\mathrm{e}^{-\mathrm{i}\omega t}\mathrm{d}\omega, \tag{3.1.6}$$

因而有

$$E^{(r)}(t)=\int_{-\infty}^{\infty}\tilde{E}(\omega)\mathrm{e}^{-\mathrm{i}\omega t}\mathrm{d}\omega=\frac{1}{2}[E(t)+E^{*}(t)]=\mathrm{Re}[E(t)], \tag{3.1.7}$$

复解析信号的实部就是原实数信号.

2. 希尔伯特变换

由上述定义可以看出，复解析信号并不比原实数信号增加信息，因此复解析信号的虚部原则上应该由实部确定．类似于卷Ⅰ-1.3节极化率频率关系的讨论，将(3.1.5)式中的时间变量 t 换成一个复变量 $u=t+\mathrm{i}s$，得到复变量 u 的复函数

$$E(u)=2\int_{0}^{\infty}\tilde{E}(\omega)\mathrm{e}^{-\mathrm{i}\omega t}\mathrm{e}^{s\omega}\mathrm{d}\omega. \tag{3.1.8}$$

只要 $\tilde{E}(\omega)$ 是好行为函数，当 $s<0$ 时，上述积分是正常且解析的．因此 $E(u)$ 在下半复平面完全解析，这是名称“复解析信号”的来由．这样类似于卷Ⅰ-1.3节K-K关系的推导，对于复解析信号

$$E(t)=E^{(r)}(t)+\mathrm{i}E^{(i)}(t), \tag{3.1.9}$$

其实部和虚部满足的希尔伯特变换（Hilbert transformation）关系：

$$E^{(i)}(t)=\frac{1}{\pi}\mathscr{P}\int_{-\infty}^{\infty}\frac{E^{(r)}(t')}{t'-t}\mathrm{d}t', \tag{3.1.10a}$$

$$E^{(r)}(t)=-\frac{1}{\pi}\mathscr{P}\int_{-\infty}^{\infty}\frac{E^{(i)}(t')}{t'-t}\mathrm{d}t'. \tag{3.1.10b}$$

在物理学中，上述变换又称为色散关系(dispersion relation)，这在卷 I-1.3 节已讨论过.

3. 实数与复数表示关联函数的联系

上述复解析信号的定义可以推广到对实数随机过程产生相缔合的复解析信号随机过程，所面临数学上的麻烦仍是傅里叶积分的可行性．我们假定可以无条件使用广义函数这一概念，认为这些积分在广义函数的范围内均是可行的．藉助于这一说明，对于实数随机过程 $E^{(r)}(t)$ 可以定义相缔合的复数随机过程 $E(t)$. 不妨假定

$$\langle E^{(r)}(t) \rangle = 0, \tag{3.1.11}$$

由(3.1.9)式和(3.1.10)式，可以得到

$$\langle E(t) \rangle = 0. \tag{3.1.12}$$

下面列举复解析信号随机过程的有关性质．设 $E_1(t)$ 和 $E_2(t)$ 是两个平均值为零的复解析信号，则有

(i)两个复解析信号随机过程的互关联函数也是复解析信号.

复解析信号的谱中负频分量恒为零，由互谱密度定义(2.5.1)式，$E_1(t)$ 和 $E_2(t)$ 的互谱密度满足

$$\langle \tilde{E}_1^*(\omega)\ \tilde{E}_2(\omega') \rangle = W_{12}(\omega')\delta(\omega-\omega'), \tag{3.1.13a}$$

$$W_{12}(\omega') = 0,\ 当\ \omega' < 0. \tag{3.1.13b}$$

由广义维纳-辛钦定理(2.5.3)式，互关联函数

$$G_{12}(\tau) = \int_{-\infty}^{\infty} W_{12}(\omega)\mathrm{e}^{-\mathrm{i}\omega\tau}\mathrm{d}\omega = \int_0^{\infty} W_{12}(\omega)\mathrm{e}^{-\mathrm{i}\omega\tau}\mathrm{d}\omega, \tag{3.1.14}$$

它构成一个复解析信号，并且也满足希尔伯特变换：

$$G_{12}^{(i)}(\tau) = \frac{1}{\pi}\mathscr{P}\int_{-\infty}^{\infty} \frac{G_{12}^{(r)}(\tau')}{\tau'-\tau}\mathrm{d}\tau', \tag{3.1.15a}$$

$$G_{12}^{(r)}(\tau) = -\frac{1}{\pi}\mathscr{P}\int_{-\infty}^{\infty} \frac{G_{12}^{(i)}(\tau')}{\tau'-\tau}\mathrm{d}\tau'. \tag{3.1.15b}$$

(ii)

$$\langle E_1(t)E_2(t+\tau) \rangle \equiv 0. \tag{3.1.16}$$

由 $E_1(t)$ 定义对应的复共轭随机过程 $\bar{E}_1(t) \equiv E_1^*(t)$，由(3.1.5)式容易看出 $\bar{E}_1(t)$ 的谱只有负频成分．现写出 $\bar{E}_1(t)$ 与 $E_2(t)$ 的互谱密度：

$$\langle \tilde{\bar{E}}_1^*(\omega)\ \tilde{E}_2(\omega') \rangle = \overline{W}_{12}(\omega')\delta(\omega-\omega'). \tag{3.1.17}$$

由于 $E_2(t)$ 的谱只有正频成分，而 $\bar{E}_1(t)$ 的谱只有负频成分，因此只有当 $\omega=\omega'=0$ 时，才可能有非

零的关联值．即 $\omega'\neq 0$ 时，$\overline{W}_{12}(\omega')\equiv 0$．由它的傅里叶变换得到互关联函数也应为零：

$$\langle \bar{E}_1^*(t)E_2(t+\tau)\rangle=\langle E_1(t)E_2(t+\tau)\rangle=0. \tag{3.1.18}$$

（ⅲ）
$$\langle E_1^{(r)}(t)E_2^{(r)}(t+\tau)\rangle=\langle E_1^{(i)}(t)E_2^{(i)}(t+\tau)\rangle, \tag{3.1.19a}$$

$$\langle E_1^{(r)}(t)E_2^{(i)}(t+\tau)\rangle=-\langle E_1^{(i)}(t)E_2^{(r)}(t+\tau)\rangle. \tag{3.1.19b}$$

由(3.1.16)式可立即得到上式.

（ⅳ）
$$\langle [E^{(r)}(t)]^2\rangle=\langle [E^{(i)}(t)]^2\rangle, \tag{3.1.20a}$$

$$\langle E^{(r)}(t)E^{(i)}(t)\rangle=0. \tag{3.1.20b}$$

将(3.1.19)式用到自关联情况，并令 $\tau=0$ 即可得到．它表明复解析信号实部和虚部的方差相等且单时（即同时刻）一阶无关．由电场的实部与虚部的希尔伯特变换也可以证明这一性质．

（ⅴ）设
$$G_{12}(\tau)=G_{12}^{(r)}(\tau)+\mathrm{i}G_{12}^{(i)}(\tau)=\langle E_1^*(t)E_2(t+\tau)\rangle, \tag{3.1.21}$$

则有

$$G_{12}^{(r)}(\tau)=2\langle E_1^{(r)}(t)E_2^{(r)}(t+\tau)\rangle, \tag{3.1.22a}$$

$$G_{12}^{(i)}(\tau)=2\langle E_1^{(r)}(t)E_2^{(i)}(t+\tau)\rangle. \tag{3.1.22b}$$

利用(3.1.19)式即可推得．(3.1.22a)式给出了实数表示与复数表示互关联函数的关系.

练　　习

1. 由电场的实部与虚部的希尔伯特变换证明(3.1.20a)式和(3.1.20b)式.

3.2　电磁场的经典统计描述

一个实际的光场可能处于由大量原子和分子组成的物质影响之中，另一方面，产生电磁场的光源本身也是由大量原子和分子组成的，因此实际的辐射场应是一随机过程，要用统计系综来描述．给定电场统计系综，即确立了一系列的概率密度．例如 $P[E(\boldsymbol{r},t)]$ 表示在位置 $\boldsymbol{r}$ 处时刻 t 电场取值为 E 的概率密度．$P[E_1(\boldsymbol{r}_1,t_1),E_2(\boldsymbol{r}_2,t_2)]$ 表示在 t_1 时刻 $\boldsymbol{r}_1$ 位置处电场取值为 E_1 和在 t_2 时刻 $\boldsymbol{r}_2$ 位置处电场取值为 E_2 的联合概率密度，其他更高阶的概率密度可以依此类推．一般说来，当宏观条件在较长时间不发生变化时，电磁场已处于“静态”，即是平稳各态历经过程．电场统计系综用于理论描述，在实际测量时可用时间平均代替系综平均．下面介绍几种典型光场的统计描述，为简单起见，设电场为某一方向的线偏振光(linear polarized light)，可以用标量描述.

1. 经典确定波

经典确定波(classically deterministic wave)是指完全确定的没有任何统计性质的辐射场,在统计系综中的任何一次取样都是一个确定的函数 $E(\boldsymbol{r},t)$. 经典确定波可以是单色平面波(monochromatic plane wave),也可以是任意多色波.

2. 理想单色激光

在理想单色激光(ideal monochromatic laser light)的统计系综中,每一个样本都是同一频率 ω 的单色平面波

$$E(\boldsymbol{r},t)=E_0\mathrm{e}^{\mathrm{i}(\boldsymbol{k}\cdot\boldsymbol{r}-\omega t)}=|E_0|\mathrm{e}^{\mathrm{i}\phi_0}\mathrm{e}^{\mathrm{i}(\boldsymbol{k}\cdot\boldsymbol{r}-\omega t)}. \tag{3.2.1}$$

对于不同的样本,相位 ϕ_0取值的概率在 0—2π 内均匀随机分布,而振幅大小 $|E_0|$ 取确定值 $|E_s|$,如图 3.2-1 所示. 用极坐标表示,复振幅 E_0的概率密度为

$$P(|E_0|,\phi)=\frac{1}{2\pi|E_0|}\delta(|E_0|-|E_s|). \tag{3.2.2}$$

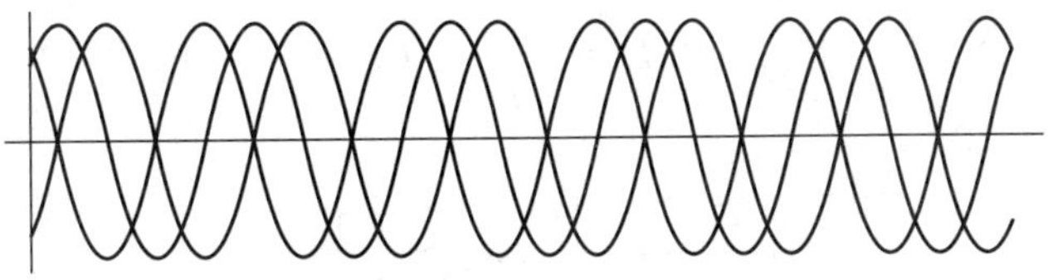

图 3.2-1　理想单色激光系综中的三个样本,它们的相位不同

3. 理想单色热光

在理想单色热光(ideal monochromatic thermal light)的统计系综中,每个样本仍是同一频率 ω 的单色平面波(3.2.1)式,相位 ϕ 在 0—2π 内取值概率均匀分布,而振幅大小 $|E_0|$ 的概率为高斯分布. 复振幅 E_0的概率密度如(1.5.40)式,

$$P(|E_0|,\phi)=\frac{1}{2\pi\sigma^2}\mathrm{e}^{-|E_0|^2/(2\sigma^2)}. \tag{3.2.3}$$

(3.2.2)式和(3.2.3)式中复数变量 E_0 使用极坐标表示,它的归一化条件为

$$\int_0^{2\pi}\mathrm{d}\phi\int_0^{\infty}P(|E_0|,\phi)|E_0|\cdot\mathrm{d}|E_0|=1. \tag{3.2.4}$$

这两个例子表明,即使对于同一频率的平面波,由于统计性质的差别而形成完全不同类型的光场. 我们可以建立简单的模型来说明形成统计性质差别的物理原因. 设光源由 N 个相同的原子组成,每个原子发射相同频率相同振幅大小的单色平面波,

$$E_n(\boldsymbol{r},t)=E_{n0}\mathrm{e}^{\mathrm{i}(\boldsymbol{k}\cdot\boldsymbol{r}-\omega t)}=\varepsilon_0\mathrm{e}^{\mathrm{i}\phi_n}\mathrm{e}^{\mathrm{i}(\boldsymbol{k}\cdot\boldsymbol{r}-\omega t)}, \tag{3.2.5}$$

总的叠加场

$$E(\boldsymbol{r},t)=\sum_n E_n(\boldsymbol{r},t)=\varepsilon_0 e^{i(\boldsymbol{k}\cdot\boldsymbol{r}-\omega t)}\sum_n e^{i\phi_n}. \tag{3.2.6}$$

如果这 N 个原子协同地辐射(cooperative radiation),即它们彼此之间有确定的相位关系 $\phi_n=\phi_0+n\Delta\phi$,且 $\Delta\phi$ 很小,如图 3.2-2 所示.(3.2.6)式中的相位叠加部分可写成

$$\sum_n e^{i\phi_n}=e^{i\phi_0}\sum_n e^{in\Delta\phi}\equiv\beta e^{i\phi_0},\qquad \beta=\sum_n e^{in\Delta\phi}. \tag{3.2.7}$$

每个样本的 β 相同而 ϕ_0 可以取任意值,总叠加场仅表现为初相位不同,这就形成了理想单色激光场. 如果 N 个原子的辐射彼此独立,它们之间无确定的相位关系,如图 3.2-3 所示. 对于系综中每一次取样,有一个叠加值 $ae^{i\phi}$,这时振幅和相位将随机取值. 那么取值(a,ϕ)的概率密度是什么呢? 这一问题完全等价于经典统计中的随机行走问题:有一盲人在广场上无目的地行走,他的步长是 Δl,而方向完全随机,问经过 $N(N\gg1)$步后,[注]他处在位置(a,ϕ)的概率是什么? 随机行走问题可以用二维维纳(Wiener)过程描述,N 表示时间,步长 Δl 相当于扩散系数. 由(2.9.18)式可知,盲人所处位置的概率是形如(3.2.3)式的高斯分布. 这一分布形式不依赖于相位 ϕ,因此可以直接写出强度分布的形式

$$P(I)=\frac{1}{\langle I\rangle}e^{-\frac{I}{\langle I\rangle}}. \tag{3.2.8}$$

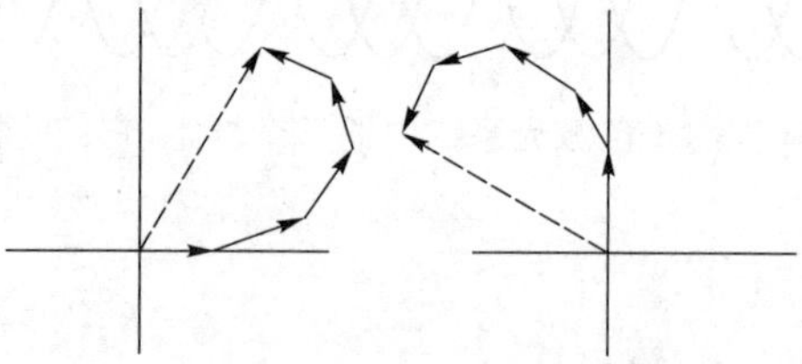

图 3.2-2　形成理想激光的集合原子系综中的两个样本

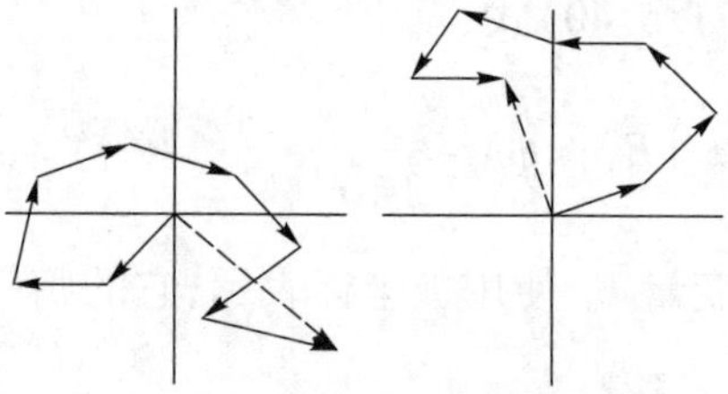

图 3.2-3　形成理想热光的集合原子系综中的两个样本

[注] $N\gg1$ 表示 $N\to\infty$ 和 $\Delta l\to0$,而 $N\Delta l$ 保持有限定值.

上面两个例子中系综的每一个样本都不是一个随机过程，而是理想的平面单色波，显然它不是各态历经过程．由于每一个样本都是相同频率的平面波，理想单色激光和热光的谱线宽度为零，相干时间(coherence time)为无穷大．自然，平面波只是一个理想模型，实际的光场应该是一随机过程，下面我们给出两个典型的随机光场.

4. 准单色激光

准单色激光(quasi-monochromatic laser)描述一个实际的激光场，其振幅大小基本上不随时间涨落，而相位随机地涨落．系综中每个样本由一系列频率相同的平面波串组成，它的相位 $\phi=\phi(t)$ 是随机变量，如图 3.2-4 所示．相位保持不变的平均时间为相干时间 τ_c．激光器相干时间的典型值为微秒量级．$1/\tau_c$ 是 $\phi(t)$ 的平均变化频率，它是激光频率的谱线宽度.

5. 准单色热光

准单色热光(quasi-monochromatic thermal light)描述一个实际热光场，其振幅大小和相位都是随机变量．系综中每一个样本为 $E(\boldsymbol{r},t)=E_0(t)\mathrm{e}^{\mathrm{i}(\boldsymbol{k}\cdot\boldsymbol{r}-\omega t)}$，它不是(3.2.1)式描述的平面波，因为 $E_0(t)$ 是一个复随机变量，它满足(3.2.3)式的高斯概率分布．一般振幅 $E_0(t)$ 的变化频率远远小于光频 ω. 尽管热光场已达到静态，它的强度涨落仍是较大的，如图 3.2-5 所示．热光相干时间的典型值为纳秒量级，比激光要小几个数量级，因此谱线相对较宽．准单色激光和准单色热光场满足各态历经假设.

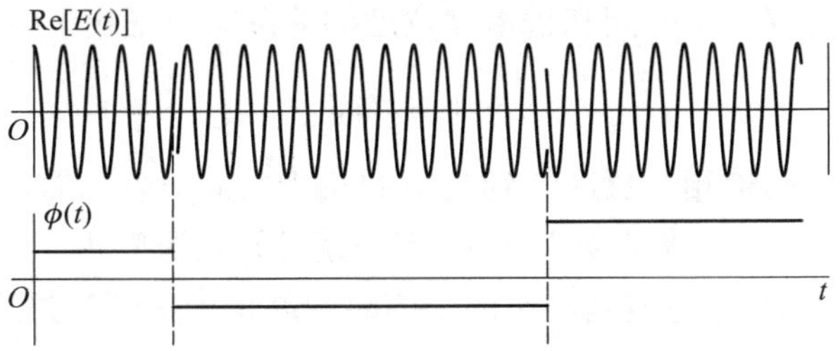

图 3.2-4　准单色激光场的一个样本

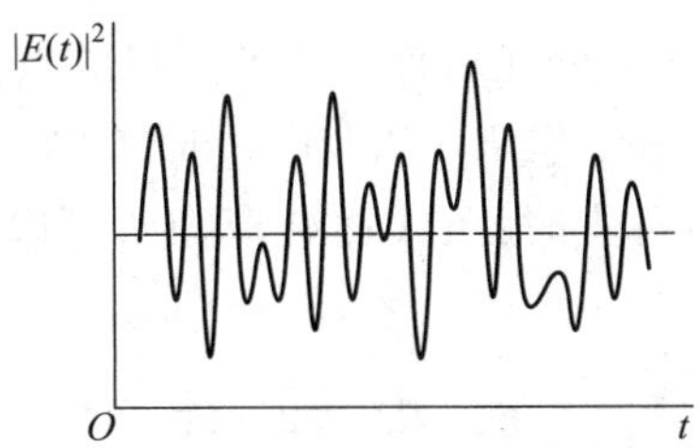

图 3.2-5　准单色热光的强度涨落

3.3　时间相干和空间相干的基本实验

光场的统计涨落是普遍存在的,实验上是通过两个时空点光场涨落关联的信息来展现统计性质. 我们简要复述普通物理光学中的有关内容,是为了在新的角度重新认识光的相干性.

1. 迈克耳孙干涉仪和时间相干

设光源为一准单色点光源,它的光强已稳定. 准单色表示光束的谱宽 $\Delta\nu$ 远小于光频 ν

$$\Delta\nu \ll \nu. \tag{3.3.1}$$

在图 3.3-1 所示的迈克耳孙干涉仪(Michelson interferometer)中,分束器 BS(beam splitter)将入射光束分为两束,沿两臂分别传播到两镜面,经反射后再由分束器会合叠加,由探测器 D 测量光强. 由于两臂的臂长不同,分束后的两束光存在光程(optical path)差

$$\Delta l = c\Delta t, \tag{3.3.2}$$

Δt 为延迟时间. D 探测到的光强随 Δl 的变化,形成明暗干涉条纹(interference fringe). 实验表明,干涉条纹可见的条件为 $\Delta t\Delta\nu \lesssim 1$,因此可定义相干时间

$$\tau_c = 1/\Delta\nu. \tag{3.3.3}$$

这一定义实际上是随机过程相干时间和谱密度宽度的关系. 根据相干时间定义对应的相干长度

$$l_c = c\tau_c = c/\Delta\nu. \tag{3.3.4}$$

迈克耳孙干涉仪通过测量相干长度得到光束的相干时间,这一现象实际上反映了光束的时间相干性(temporal coherence). 从光场的统计行为来解释,光源发出一串串波列,在一个波列时间内两个时刻的场发生相干,这些波列经历的平均时间就是光束随机过程的相干时间.

2. 杨氏双缝干涉实验和空间相干

如图 3.3-2 所示,由准单色光源 S 发出的光经过两狭缝 P_1 和 P_2 后,达到屏上 Q 点相叠加,结果在屏上形成干涉条纹. 如果 S 是处在对称轴上的严格的点光源,狭缝足够窄,在 Q 点两光束的光程差为 R_2-R_1. 根据前面的分析,当 $|R_2-R_1|/c<\tau_c$ 时,应观察到干涉条纹. 因此,干涉条纹出现在屏上的对称点附近,而远离对称点时,条纹逐渐模糊. 可以算出条纹的间距(即两极大值之间的距离)(赵凯华,2004)

$$\delta = R\lambda/(2l), \tag{3.3.5}$$

R 为缝中心到屏的距离,$2l$ 为双缝间距,λ 为光波长. 为了得到肉眼能分辨的条纹宽度,应减小屏上点对双缝的张角 $2l/R$.

在杨氏双缝干涉(Young's double-slit interference)实验中,还要考虑形成可见条纹的另一个因素,就是光场的空间相干性(spatial coherence). 设热光源不是严格的点源而有一定的尺寸,大

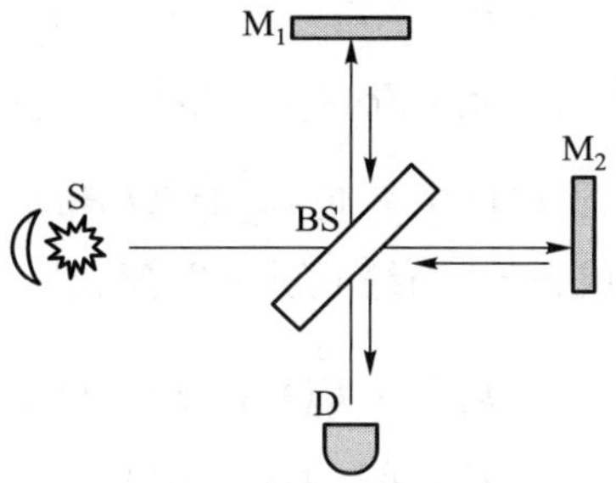

图 3.3-1　迈克耳孙干涉仪示意图

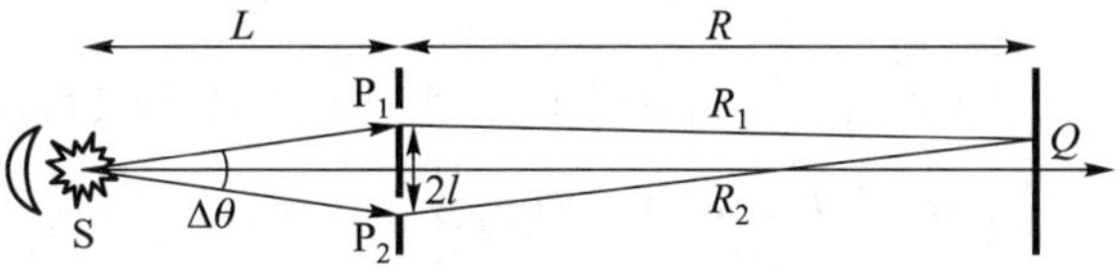

图 3.3-2　杨氏干涉实验示意图

量独立发光的原子将产生空间非相干光场,在光的传播过程中空间相干性可以获得改善. 设 Δs 为光源尺寸,经传播距离 L 后光场的相干面积为

$$\Delta A = L^2\lambda^2/(\Delta s)^2, \tag{3.3.6}$$

当双缝尺度 $2l$ 处于相干面积之内时可以发生空间干涉. 因此形成双缝干涉条纹的条件为

$$\Delta\theta\Delta s \lesssim \lambda, \tag{3.3.7}$$

其中 $\Delta\theta$ 为光源对双缝的张角.

在实验研究中,不仅对于光子,其他粒子如电子、中子和原子也都观测到它们的双缝干涉现象. 在量子理论的整个发展过程中,双缝实验中的波动性和粒子性问题是一个持久的讨论话题.

练　　习

1. 利用(3.3.6)式证明(3.3.7)式.

3.4　一阶相干性

干涉是波的基本特征,辐射场的统计涨落使得干涉效应出现在一定的时间和空间范围内,因此干涉现象可以用辐射场的时空关联函数定量地描述. 以杨氏双缝干涉实验为例,设双缝 P_1 和 P_2 的位矢分别为 $\boldsymbol{r}_1$ 和 $\boldsymbol{r}_2$,它们的电场为 $E(\boldsymbol{r}_1,t)$ 和 $E(\boldsymbol{r}_2,t)$,屏上 Q 点的位矢为 $\boldsymbol{r}$,电场为 $E(\boldsymbol{r},t)$. Q 点的电场可以看做是 P_1 和 P_2 的电场传播到 Q 点的叠加

$$E(\boldsymbol{r},t) = u_1E(\boldsymbol{r}_1,t_1) + u_2E(\boldsymbol{r}_2,t_2), \tag{3.4.1}$$

其中

$$t_i = t - | \boldsymbol{r} - \boldsymbol{r}_i | / c = t - R_i / c \quad (i = 1,2), \tag{3.4.2}$$

u_1 和 u_2 是子波场贡献的加权因子．根据惠更斯-菲涅耳（Huygens-Fresnel）衍射理论，u_1 和 u_2 是纯虚数 $u_j = \mathrm{i}|u_j|$，$|u_j|$ 与缝的面积成正比，与缝到屏的距离成反比（Born，1999）．Q 点的瞬时光强

$$\begin{aligned} I(\boldsymbol{r},t) \equiv | E(\boldsymbol{r},t) |^2 = | u_1 |^2 | E(\boldsymbol{r}_1,t_1) |^2 + | u_2 |^2 | E(\boldsymbol{r}_2,t_2) |^2 + \\ [u_1^* u_2 E^*(\boldsymbol{r}_1,t_1) E(\boldsymbol{r}_2,t_2) + \text{c. c.}]. \end{aligned} \tag{3.4.3}$$

在 Q 点实际观测到应是统计平均值

$$\begin{aligned} \langle I(\boldsymbol{r},t) \rangle = \left| u_1 \right|^2 \left\langle \left| E(\boldsymbol{r}_1,t_1) \right|^2 \right\rangle + \left| u_2 \right|^2 \left\langle \left| E(\boldsymbol{r}_2,t_2) \right|^2 \right\rangle + \\ [u_1^* u_2 \langle E^*(\boldsymbol{r}_1,t_1) E(\boldsymbol{r}_2,t_2) \rangle + \text{c. c.}]. \end{aligned} \tag{3.4.4}$$

对于平稳过程，上式中的第一和第二项与时间无关，分别表示每条缝独立存在时在屏上产生的光强，记为

$$\langle I_i(\boldsymbol{r}_i) \rangle = \left| u_i \right|^2 \left\langle \left| E(\boldsymbol{r}_i) \right|^2 \right\rangle \quad (i = 1,2). \tag{3.4.5}$$

（3.4.4）式中的第三项关联函数反映干涉情况，当它恒为零时无干涉图样．

类似于（2.5.10）式归一化互关联函数的定义，定义一阶复相干度

$$g^{(1)}(\boldsymbol{r}_1,\boldsymbol{r}_2,\tau) = \frac{\langle E^*(\boldsymbol{r}_1,t) E(\boldsymbol{r}_2,t+\tau) \rangle}{\sqrt{\left\langle \left| E(\boldsymbol{r}_1) \right|^2 \right\rangle \left\langle \left| E(\boldsymbol{r}_2) \right|^2 \right\rangle}}, \tag{3.4.6}$$

$$\tau = t_2 - t_1 = (R_1 - R_2)/c. \tag{3.4.7}$$

考虑到 $u_1^* u_2 = \left| u_1 \right| \left| u_2 \right|$，（3.4.4）式可写成

$$\langle I(\boldsymbol{r},t) \rangle = \langle I_1(\boldsymbol{r}_1) \rangle + \langle I_2(\boldsymbol{r}_2) \rangle + 2\sqrt{\langle I_1(\boldsymbol{r}_1) \rangle \langle I_2(\boldsymbol{r}_2) \rangle} \operatorname{Re}[g^{(1)}(\boldsymbol{r}_1,\boldsymbol{r}_2,\tau)]. \tag{3.4.8}$$

由于两狭缝相距很近，不妨设

$$\langle I_1(\boldsymbol{r}_1) \rangle = \langle I_2(\boldsymbol{r}_2) \rangle = I_{\mathrm{P}}, \tag{3.4.9}$$

并令

$$g^{(1)}(\boldsymbol{r}_1,\boldsymbol{r}_2,\tau) = \left| g^{(1)}(\boldsymbol{r}_1,\boldsymbol{r}_2,\tau) \right| \mathrm{e}^{\mathrm{i}\phi(r_1,r_2,\tau)}, \tag{3.4.10}$$

（3.4.8）式为

$$\langle I(\boldsymbol{r},t) \rangle = 2I_{\mathrm{P}}(1 + \left| g^{(1)} \right| \cos\phi). \tag{3.4.11}$$

1890 年迈克耳孙曾定义干涉条纹的清晰度(visibility)为

$$\mathscr{V}=\frac{\langle I\rangle_{\max}-\langle I\rangle_{\min}}{\langle I\rangle_{\max}+\langle I\rangle_{\min}}, \tag{3.4.12}$$

满足 $0\leqslant\mathscr{V}\leqslant1$. 考虑(3.4.11)式后,可计算出

$$\mathscr{V}=\frac{(1+|g^{(1)}|)-(1-|g^{(1)}|)}{(1+|g^{(1)}|)+(1-|g^{(1)}|)}=|g^{(1)}|. \tag{3.4.13}$$

因此一阶复相干度的模是干涉条纹清晰度的量度. 对于绝大多数现实的经典电磁场,相位取值的概率均匀分布,因而有$\langle E\rangle=0$,$g^{(1)}$如同(2.5.10)式,满足$|g^{(1)}|\leqslant1$. 当$|g^{(1)}|\equiv1$时称光场为完全一阶相干,$|g^{(1)}|\equiv0$为一阶不相干,而当$0<|g^{(1)}|<1$时称为部分一阶相干.

如果光场为准单色场,

$$E(\boldsymbol{r},t)=E_0(\boldsymbol{r},t)\mathrm{e}^{\mathrm{i}\omega t}, \tag{3.4.14}$$

ω 为光频,$E_0(\boldsymbol{r},t)$的变化相对于光频 ω 是缓变量. 将(3.4.14)式代入(3.4.6)式,

$$\begin{aligned}g^{(1)}(\boldsymbol{r}_1,\boldsymbol{r}_2,\tau)&=\frac{\langle E_0^*(\boldsymbol{r}_1,t)E_0(\boldsymbol{r}_2,t+\tau)\rangle\mathrm{e}^{\mathrm{i}\omega\tau}}{\sqrt{\langle|E_0(\boldsymbol{r}_1)|^2\rangle\langle|E_0(\boldsymbol{r}_2)|^2\rangle}}\\&=\frac{|\langle E_0^*(\boldsymbol{r}_1,t)E_0(\boldsymbol{r}_2,t+\tau)\rangle|}{\sqrt{\langle|E_0(\boldsymbol{r}_1)|^2\rangle\langle|E_0(\boldsymbol{r}_2)|^2\rangle}}\mathrm{e}^{\mathrm{i}\phi(\boldsymbol{r}_1,\boldsymbol{r}_2,\tau)}\mathrm{e}^{\mathrm{i}\omega\tau},\end{aligned} \tag{3.4.15}$$

其中 $\boldsymbol{\phi}(\boldsymbol{r}_1,\boldsymbol{r}_2,\tau)$ 也是缓变量. (3.4.8)式干涉条纹的强度分布由

$$\cos(\phi+\omega\tau)=\cos[\phi+\omega(R_1-R_2)/c] \tag{3.4.16}$$

决定,其中 $\omega(R_1-R_2)/c$ 的依赖关系决定了条纹的空间分布. 如将上述讨论用到迈克耳孙干涉仪,可以用同一位置不同时刻的自关联函数$\langle E^*(\boldsymbol{r},t_1)E(\boldsymbol{r},t_2)\rangle$描述.

现在考虑 3.2 节中描述的典型光场的一阶相干性. 例如,我们有

(ⅰ)经典确定波是完全一阶相干的.

(ⅱ)理想单色场是完全一阶相干的. 这里的理想单色场可以具有任意统计性质,只要在系综中的每次取样场是单色平面波 $E(\boldsymbol{r},t)=E_0\mathrm{e}^{\mathrm{i}(\boldsymbol{k}\cdot\boldsymbol{r}-\omega t)}$. 一阶相干度

$$|g^{(1)}|=\left|\langle E_0^*E_0\mathrm{e}^{\mathrm{i}[\boldsymbol{k}\cdot(\boldsymbol{r}_2-\boldsymbol{r}_1)-\omega(t_2-t_1)]}\rangle\right|/\langle E_0^*E_0\rangle=1. \tag{3.4.17}$$

(ⅲ)准单色光是部分一阶相干的. 设准单色光的频谱为洛伦兹型(Lorentzian type)

$$S(\omega)=\frac{\gamma\pi}{\gamma^2+(\omega-\omega_0)^2}, \tag{3.4.18}$$

ω_0 为中心光频,且准单色光要求频宽 $\gamma\ll\omega_0$. 经过傅里叶变换后可得到

$$g^{(1)}(\tau)=e^{i\omega_0\tau-\gamma|\tau|},\tag{3.4.19}$$

γ 的大小反映部分相干的程度.

这些例子可以看到,光场的一阶相干性同光场的统计类型——激光型、热光型或其他类型并无直接联系,而只同单色性的好坏有关. 由于实际的激光比热光有更好的单色性,因此说激光有好的相干性. 但这种区分仅体现在量的方面,而不体现质的方面. 原则上热光场也可以有很好的单色性. 从这个角度说,光场的一阶相干性不能对光场统计性质作质的区分,这需要通过高阶相干性来描述.

练　习

1. 试说明为什么经典确定波是完全一阶相干的.

2. 由(3.4.16)式计算干涉条纹间隔(3.3.5)式.

3.5　汉伯里-布朗和特威斯实验,二阶相干性和高阶相干性

1. 汉伯里-布朗和特威斯(简称 HBT)实验

星体发出的光属于非相干光,在经过远距离传播抵达地球后具有一定的空间相干性,其相干长度与星体的角直径成反比. 通常可用迈克耳孙干涉仪测量相干长度,从而获得星体的角直径. 1956 年汉伯里-布朗(Hanbury-Brown)和特威斯(Twiss)提出使用强度关联(intensity correlation)方法测量可见星体角直径,他们设计了一个实验来证明该方法的可行性(Hanbury,1956a),实验装置如图 3.5-1 所示.

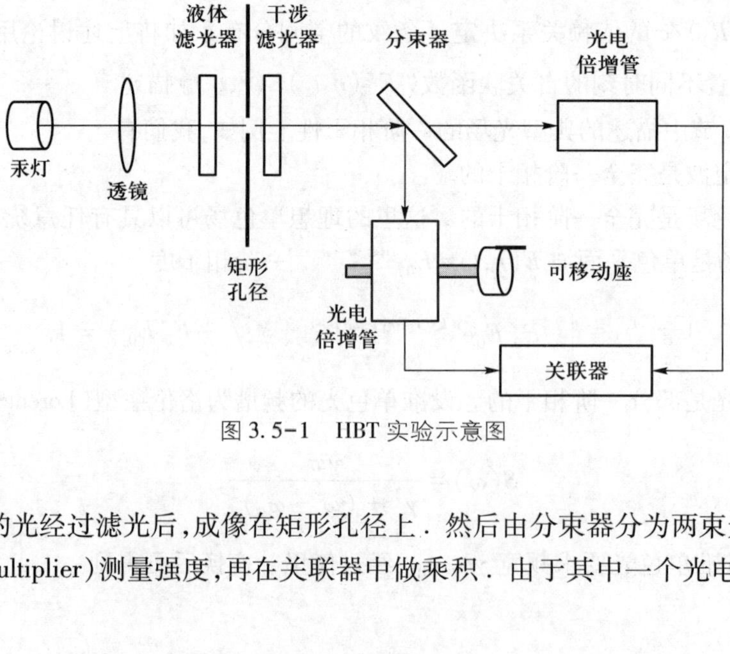

图 3.5-1　HBT 实验示意图

由汞灯发出的光经过滤光后,成像在矩形孔径上. 然后由分束器分为两束光,分别用两个光电倍增管(photomultiplier)测量强度,再在关联器中做乘积. 由于其中一个光电倍增管安装在可

调滑座上,因此可以改变两个倍增管相对于分束器的横向位置由重合到分离．在汉伯里-布朗和特威斯的原始文章中表明,当两个光电倍增管重合和分离时观察到不同的强度关联值,从而可估算出横向相干长度．与此同时,他们用类似的户外装置成功地测量了天狼星(Sirius)的角尺寸(Hanbury,1956b).

HBT实验在物理学发展中起了里程碑的作用,它开拓了新学科——量子光学(quantum optics).我们知道单束光的强度测量并不能获得它的相位信息,然而HBT实验证明了分离的两束光的强度关联测量也可以如同迈克耳孙干涉仪那样获得光的相干信息.HBT实验的发表受到了许多质疑,因为当时对光的高阶关联性质所知无几．尤其是从量子力学的角度,对光的量子属性的理解都是基于光的一阶干涉效应．两个时空点的强度关联的一般形式为

$$\langle I(\boldsymbol{r}_1,t_1)I(\boldsymbol{r}_2,t_2)\rangle, \tag{3.5.1}$$

实际上是属于在多维空间观察,需要两个以上的探测器同时操作完成．从量子理论的角度,反映了光子之间的时空统计关联性质．光子作为波色子具有堆积在一起的光子群聚(photon bunching)效应,群聚光子处在相同的量子态,因而存在时空关联.

2. 二阶相干性

光场的二阶相干性可以用二阶关联函数来描述:

$$\langle E^*(\boldsymbol{r}_1,t_1)E^*(\boldsymbol{r}_2,t_2)E(\boldsymbol{r}_2,t_2)E(\boldsymbol{r}_1,t_1)\rangle, \tag{3.5.2}$$

它实际上是两个时空点的强度关联．将它归一化后,就定义了二阶相干度(second-order coherence degree)

$$g^{(2)}(\boldsymbol{r}_1,t_1,\boldsymbol{r}_2,t_2;\boldsymbol{r}_2,t_2,\boldsymbol{r}_1,t_1)=\frac{\langle E^*(\boldsymbol{r}_1,t_1)E^*(\boldsymbol{r}_2,t_2)E(\boldsymbol{r}_2,t_2)E(\boldsymbol{r}_1,t_1)\rangle}{\langle |E(\boldsymbol{r}_1,t_1)|^2\rangle\langle |E(\boldsymbol{r}_2,t_2)|^2\rangle}. \tag{3.5.3}$$

由(3.5.2)式和(3.5.3)式定义的函数都是正实数．但需注意的是与一阶相干度不同,二阶相干度一般不满足 $g^{(2)}\leqslant 1$. 这是因为电场的二阶相干度的定义不同于强度的一阶关联: 前者为 $g^{(2)}\equiv\langle I_1I_2\rangle/(\langle I_1\rangle\langle I_2\rangle)$, 后者为 $g_I\equiv\langle I_1I_2\rangle/\sqrt{\langle I_1^2\rangle\langle I_2^2\rangle}$, 满足 $g_I\leqslant 1$. 它们的差别仅表现为归一化的方式不同,为此二阶相干度也常称为二阶强度关联．在讨论光场相干性问题时,应使用 $g^{(2)}$ 而不是 g_I.

考虑同一地点不同时间的强度自关联函数

$$g^{(2)}(\tau)=\langle I(t)I(t+\tau)\rangle/\langle I(t)\rangle^2. \tag{3.5.4}$$

$g^{(2)}(\tau)$ 可以是任何正实数,但它满足下列两个限制条件:

(ⅰ) $$g^{(2)}(0)\geqslant 1,\text{或}\ \langle I^2\rangle\geqslant\langle I\rangle^2. \tag{3.5.5}$$

这是因为

$$0 \leqslant \left\langle (\Delta I)^2 \right\rangle = \left\langle (I - \langle I \rangle)^2 \right\rangle = \left\langle I^2 \right\rangle - \left\langle I \right\rangle^2. \tag{3.5.6}$$

(ⅱ)与一阶关联类似,同时关联的值最大,

$$g^{(2)}(\tau) \leqslant g^{(2)}(0), \text{或} \left\langle I(t)I(t+\tau) \right\rangle \leqslant \left\langle I^2(t) \right\rangle. \tag{3.5.7}$$

利用$\left\langle [I(t)-I(t+\tau)]^2 \right\rangle \geqslant 0$即可证明.

(ⅲ)通常在$\tau\to\infty$时失去强度关联,

$$g^{(2)}(\infty)=1. \tag{3.5.8}$$

3. 完全二阶相干场

如果对于场中任意时空点均满足

$$|g^{(1)}|=|g^{(2)}|=1, \tag{3.5.9}$$

则光场为完全二阶相干场.[注]与完全一阶相干场不同的是,$|g^{(2)}|=1$不是二阶相干度的极大值,相反它却表示强度完全不关联,因为$\left\langle I(t)I(t+\tau) \right\rangle = \left\langle I(t) \right\rangle^2$.

在3.2节典型光场的例子中,经典稳定波和理想单色激光场是完全二阶相干场. 例如对于理想单色激光,利用(3.2.1)式,

$$|g^{(2)}| = \left\langle |E_0|^4 \right\rangle \Big/ \left\langle |E_0|^2 \right\rangle^2 = \left\langle I^2 \right\rangle \Big/ \left\langle I \right\rangle^2 = 1, \tag{3.5.10}$$

因为理想激光场的强度完全没有涨落.

现在再考虑理想单色热光场,它的强度涨落为指数分布(3.2.8)式,由此可计算出

$$\left\langle I^2 \right\rangle = \int_0^\infty \frac{I^2}{\left\langle I \right\rangle} e^{-I/\langle I \rangle} dI = 2\left\langle I \right\rangle^2, \tag{3.5.11}$$

所以

$$|g^{(2)}| = \left\langle I^2 \right\rangle \Big/ \left\langle I \right\rangle^2 = 2. \tag{3.5.12}$$

单色热光场已不满足二阶相干性,因此可以说,二阶相干性可以反映出光场统计性质的区别. 由(3.5.10)式和(3.5.12)式可算出激光场和热光场的强度涨落的方差:

$$\left\langle (\Delta I)^2 \right\rangle \equiv \left\langle (I - \langle I \rangle)^2 \right\rangle = \left\langle I^2 \right\rangle - \left\langle I \right\rangle^2 = \begin{cases} 0 & \text{激光}, \\ \left\langle I \right\rangle^2 & \text{热光}, \end{cases} \tag{3.5.13}$$

理想激光无强度涨落,而热光的强度涨落随强度增加.

[注]在(3.5.9)式的定义中,我们保留对二阶相干度取模量,因为在(3.5.25)式的普遍定义中它是复数.

4. 多模热光场 $g^{(2)}$ 与 $g^{(1)}$ 的关系

对于单色热光场,可以写出

$$g^{(2)} = |g^{(1)}|^2 + 1. \tag{3.5.14}$$

这一关系式可以推广到任意多模组成的热光场. 设多模场为

$$E(\boldsymbol{r},t) = \sum_{\boldsymbol{k}} E_{\boldsymbol{k}} \mathrm{e}^{\mathrm{i}(\boldsymbol{k}\cdot\boldsymbol{r}-\omega_k t)}, \tag{3.5.15}$$

多模热光场要满足:

(ⅰ)每一个波矢 $\boldsymbol{k}$ 频率 ω_k 的单模满足热光统计,由于热光场模的相位概率分布的均匀性,

$$\langle E_{\boldsymbol{k}} \rangle = 0, \qquad \langle E_{\boldsymbol{k}}^2 \rangle = 0. \tag{3.5.16}$$

(ⅱ)多模热光的不同的模之间相互统计独立.

对于上述多模热光场,我们将证明其任意二阶关联函数可以降阶为一阶关联函数:

$$\begin{aligned}&\langle E^*(\boldsymbol{r}_1,t_1)E^*(\boldsymbol{r}_2,t_2)E(\boldsymbol{r}_3,t_3)E(\boldsymbol{r}_4,t_4) \rangle\\ =&\langle E^*(\boldsymbol{r}_1,t_1)E(\boldsymbol{r}_3,t_3) \rangle\langle E^*(\boldsymbol{r}_2,t_2)E(\boldsymbol{r}_4,t_4) \rangle +\\ &\langle E^*(\boldsymbol{r}_1,t_1)E(\boldsymbol{r}_4,t_4) \rangle\langle E^*(\boldsymbol{r}_2,t_2)E(\boldsymbol{r}_3,t_3) \rangle,\end{aligned} \tag{3.5.17}$$

它等价于多维复高斯随机变量的(1.7.46)式.

[证]:多模场(3.5.15)式的二阶关联函数为

$$\begin{aligned}&\langle E^*(\boldsymbol{r}_1,t_1)E^*(\boldsymbol{r}_2,t_2)E(\boldsymbol{r}_3,t_3)E(\boldsymbol{r}_4,t_4) \rangle\\ =&\sum_{\boldsymbol{k}_1\boldsymbol{k}_2\boldsymbol{k}_3\boldsymbol{k}_4} \langle E_{\boldsymbol{k}_1}^* E_{\boldsymbol{k}_2}^* E_{\boldsymbol{k}_3} E_{\boldsymbol{k}_4} \rangle \mathrm{e}^{-\mathrm{i}(\boldsymbol{k}_1\cdot\boldsymbol{r}_1-\omega_{k_1}t_1)-\mathrm{i}(\boldsymbol{k}_2\cdot\boldsymbol{r}_2-\omega_{k_2}t_2)+\mathrm{i}(\boldsymbol{k}_3\cdot\boldsymbol{r}_3-\omega_{k_3}t_3)+\mathrm{i}(\boldsymbol{k}_4\cdot\boldsymbol{r}_4-\omega_{k_4}t_4)}.\end{aligned} \tag{3.5.18}$$

在对 $\boldsymbol{k}_1 \to \boldsymbol{k}_4$ 的求和中的每一项,只要有一个模的波矢不同于其他模,由各模之间的统计独立性,该项为零. 对于 $\boldsymbol{k}_1 = \boldsymbol{k}_2$ 和 $\boldsymbol{k}_3 = \boldsymbol{k}_4$ 情况,由(3.5.16)式,这些项也为零. 非零项只有三种组合(ⅰ) $\boldsymbol{k}_1 = \boldsymbol{k}_2 = \boldsymbol{k}_3 = \boldsymbol{k}_4$,(ⅱ) $\boldsymbol{k}_1 = \boldsymbol{k}_3$ 和 $\boldsymbol{k}_2 = \boldsymbol{k}_4$,(ⅲ) $\boldsymbol{k}_1 = \boldsymbol{k}_4$ 和 $\boldsymbol{k}_2 = \boldsymbol{k}_3$,它们分别为

(ⅰ) $$\sum_{\boldsymbol{k}_1} \langle |E_{\boldsymbol{k}_1}|^4 \rangle \mathrm{e}^{-\mathrm{i}\boldsymbol{k}_1\cdot(\boldsymbol{r}_1+\boldsymbol{r}_2-\boldsymbol{r}_3-\boldsymbol{r}_4)+\mathrm{i}\omega_{k_1}(t_1+t_2-t_3-t_4)},$$

(ⅱ) $$\sum_{\boldsymbol{k}_1\boldsymbol{k}_2(\boldsymbol{k}_1\neq\boldsymbol{k}_2)} \langle |E_{\boldsymbol{k}_1}|^2 |E_{\boldsymbol{k}_2}|^2 \rangle \mathrm{e}^{-\mathrm{i}\boldsymbol{k}_1\cdot(\boldsymbol{r}_1-\boldsymbol{r}_3)+\mathrm{i}\omega_{k_1}(t_1-t_3)-\mathrm{i}\boldsymbol{k}_2\cdot(\boldsymbol{r}_2-\boldsymbol{r}_4)+\mathrm{i}\omega_{k_2}(t_2-t_4)},$$

(ⅲ) $$\sum_{\boldsymbol{k}_1\boldsymbol{k}_2(\boldsymbol{k}_1\neq\boldsymbol{k}_2)} \langle |E_{\boldsymbol{k}_1}|^2 |E_{\boldsymbol{k}_2}|^2 \rangle \mathrm{e}^{-\mathrm{i}\boldsymbol{k}_1\cdot(\boldsymbol{r}_1-\boldsymbol{r}_4)+\mathrm{i}\omega_{k_1}(t_1-t_4)-\mathrm{i}\boldsymbol{k}_2\cdot(\boldsymbol{r}_2-\boldsymbol{r}_3)+\mathrm{i}\omega_{k_2}(t_2-t_3)}.$$

由于每个模都是热光,满足(3.5.12)式,

$$\langle |E_{\boldsymbol{k}_1}|^4 \rangle = 2\langle |E_{\boldsymbol{k}_1}|^2 \rangle^2. \tag{3.5.19}$$

(ⅰ)可以化为

$$2\sum_{k_1}\langle|E_{k_1}|^2\rangle^2\mathrm{e}^{-\mathrm{i}\boldsymbol{k}_1\cdot(\boldsymbol{r}_1+\boldsymbol{r}_2-\boldsymbol{r}_3-\boldsymbol{r}_4)+\mathrm{i}\omega_{k_1}(t_1+t_2-t_3-t_4)}. \tag{3.5.20}$$

一阶关联函数为

$$\langle E^*(\boldsymbol{r}_1,t_1)E(\boldsymbol{r}_2,t_2)\rangle=\sum_{k_1}\langle|E_{k_1}|^2\rangle\mathrm{e}^{\mathrm{i}[\boldsymbol{k}_1\cdot(\boldsymbol{r}_2-\boldsymbol{r}_1)-\omega_{k_1}(t_2-t_1)]}. \tag{3.5.21}$$

(3.5.17)式的右边为

$$\begin{aligned}&\langle E^*(\boldsymbol{r}_1,t_1)E(\boldsymbol{r}_3,t_3)\rangle\langle E^*(\boldsymbol{r}_2,t_2)E(\boldsymbol{r}_4,t_4)\rangle+\\&\langle E^*(\boldsymbol{r}_1,t_1)E(\boldsymbol{r}_4,t_4)\rangle\langle E^*(\boldsymbol{r}_2,t_2)E(\boldsymbol{r}_3,t_3)\rangle\\=&\sum_{k_1}\langle|E_{k_1}|^2\rangle\mathrm{e}^{\mathrm{i}[\boldsymbol{k}_1\cdot(\boldsymbol{r}_3-\boldsymbol{r}_1)-\omega_{k_1}(t_3-t_1)]}\sum_{k_2}\langle|E_{k_2}|^2\rangle\mathrm{e}^{\mathrm{i}[\boldsymbol{k}_2\cdot(\boldsymbol{r}_4-\boldsymbol{r}_2)-\omega_{k_2}(t_4-t_2)]}+\\&\sum_{k_1}\langle|E_{k_1}|^2\rangle\mathrm{e}^{\mathrm{i}[\boldsymbol{k}_1\cdot(\boldsymbol{r}_4-\boldsymbol{r}_1)-\omega_{k_1}(t_4-t_1)]}\sum_{k_2}\langle|E_{k_2}|^2\rangle\mathrm{e}^{\mathrm{i}[\boldsymbol{k}_2\cdot(\boldsymbol{r}_3-\boldsymbol{r}_2)-\omega_{k_2}(t_3-t_2)]}.\end{aligned} \tag{3.5.22}$$

比较上式和(ⅰ)—(ⅲ)项后不难看出两者相等.

将(3.5.17)式运用到两个时空点的光场强度关联,

$$\begin{aligned}&\langle E^*(\boldsymbol{r}_1,t_1)E^*(\boldsymbol{r}_2,t_2)E(\boldsymbol{r}_2,t_2)E(\boldsymbol{r}_1,t_1)\rangle\\=&\left|\langle E^*(\boldsymbol{r}_1,t_1)E(\boldsymbol{r}_2,t_2)\rangle\right|^2+\langle E^*(\boldsymbol{r}_1,t_1)E(\boldsymbol{r}_1,t_1)\rangle\cdot\\&\langle E^*(\boldsymbol{r}_2,t_2)E(\boldsymbol{r}_2,t_2)\rangle,\end{aligned} \tag{3.5.23}$$

它等价于高斯矩定理的结果(1.7.47)式. 由一阶和二阶关联系数的定义(3.4.6)式和(3.5.3)式,最后我们得到

$$g^{(2)}(\boldsymbol{r}_1,t_1;\boldsymbol{r}_2,t_2)=|g^{(1)}(\boldsymbol{r}_1,t_1;\boldsymbol{r}_2,t_2)|^2+1. \tag{3.5.24}$$

(3.5.23)式表明了热光场两个时空点的强度涨落关联等于一阶关联函数的模的二次方,HBT 实验就是通过此方法测量光场的相干长度 l_c,从而获得星体的角直径 $1.22\lambda/l_c$,其中 λ 为星体光通过滤波器的光波长.

5. n 阶相干度和完全相干场

普遍地,n 阶相干度定义为

$$\begin{aligned}&g^{(n)}(\boldsymbol{r}_1,t_1;\cdots;\boldsymbol{r}_n,t_n;;\boldsymbol{r}_{n+1},t_{n+1};\cdots;\boldsymbol{r}_{2n},t_{2n})\\=&\frac{\langle E^*(\boldsymbol{r}_1,t_1)\cdots E^*(\boldsymbol{r}_n,t_n)E(\boldsymbol{r}_{n+1},t_{n+1})\cdots E(\boldsymbol{r}_{2n},t_{2n})\rangle}{[\langle|E(\boldsymbol{r}_1,t_1)|^2\rangle\cdots\langle|E(\boldsymbol{r}_n,t_n)|^2\rangle\langle|E(\boldsymbol{r}_{n+1},t_{n+1})|^2\rangle\cdots\langle|E(\boldsymbol{r}_{2n},t_{2n})|^2\rangle]^{1/2}}.\end{aligned} \tag{3.5.25}$$

在此定义下的二阶相干度与(3.5.3)式不同,它一般是复数.

对于经典确定波和理想单色激光,容易证明对任意 n 均满足

$$g^{(n)}(\boldsymbol{r}_1,t_1;\cdots;\boldsymbol{r}_n,t_n;;\boldsymbol{r}_n,t_n;\cdots;\boldsymbol{r}_1,t_1)=1, \tag{3.5.26}$$

具有这种性质的光场称为完全相干场(completely coherent field). 对于满足高斯概率分布的多模热光场,利用高斯矩定理(1.7.45)式,可以证明对同一时空点

$$g^{(n)}(\boldsymbol{r},t;\cdots;\boldsymbol{r},t;;\boldsymbol{r},t;\cdots;\boldsymbol{r},t)=n!\ . \tag{3.5.27}$$

练　　习

1. 证明理想单色激光满足(3.5.26)式.

2. 利用高斯矩定理(1.7.45)式证明(3.5.27)式.

3. 证明星体的角直径等于 $1.22\lambda/l_c$,其中 λ 为星体光通过滤波器的光波长,l_c 为该星体光在地球上的相干长度.

3.6 广义时间-空间关联和频率-空间关联

1. 广义时间-空间关联函数

时间-空间关联的理论描述可以自由地推广,例如定义(m,n)阶时间-空间关联函数

$$\begin{aligned}&G^{(m,n)}(\boldsymbol{r}_1,t_1;\cdots;\boldsymbol{r}_m,t_m;;\boldsymbol{r}_{m+1},t_{m+1};\cdots;\boldsymbol{r}_{m+n},t_{m+n})\\&=\langle E^*(\boldsymbol{r}_1,t_1)\cdots E^*(\boldsymbol{r}_m,t_m)E(\boldsymbol{r}_{m+1},t_{m+1})\cdots E(\boldsymbol{r}_{m+n},t_{m+n})\rangle\end{aligned} \tag{3.6.1}$$

当 $m=n$ 时,就回到前面定义的 n 阶关联函数.[注]定义记号

$$x_i=(\boldsymbol{r}_i,t_i)\quad(i=1,\cdots,m+n), \tag{3.6.2}$$

(3.6.1)式可简化为

$$\begin{aligned}G^{(m,n)}&=(x_1,\cdots,x_m;x_{m+1},\cdots,x_{m+n})\\&=\langle E^*(x_1)\cdots E^*(x_m)E(x_{m+1})\cdots E(x_{m+n})\rangle.\end{aligned} \tag{3.6.3}$$

(m,n)阶时间-空间关联函数满足

$$\begin{aligned}&|G^{(m,n)}(x_1,\cdots,x_m;x_{m+1},\cdots,x_{m+n})|^2\\&\leqslant G^{(m,m)}(x_1,\cdots,x_m;x_1,\cdots,x_m)G^{(n,n)}(x_{m+1},\cdots,x_{m+n};x_{m+1},\cdots,x_{m+n}).\end{aligned} \tag{3.6.4}$$

[证]:利用施瓦茨不等式(2.3.9)式可以证明,只需令

[注] 由于命名不同,也可称之为 $2n$ 阶关联函数.

$$f^* = E^*(x_1)\cdots E^*(x_m), \qquad g = E(x_{m+1})\cdots E(x_{m+n}).$$

在经典理论中,由于不存在对易关系(commutation relation)的限制,(3.6.4)式右边的 $G^{(m,m)}$ 实际上是 m 阶强度关联函数

$$G^{(m,m)}(x_1,\cdots,x_m;x_1,\cdots,x_m) = \langle I(x_1)\cdots I(x_m) \rangle, \tag{3.6.5}$$

其中

$$I(x_j) = E^*(x_j)E(x_j), \quad (j=1,\cdots,m). \tag{3.6.6}$$

在2.3节中曾指出,双时互关联函数是非负定的. 这一性质可以推广到高阶时空关联函数 $G^{(m,m)}$,它也是一个非负定的函数. 它的含义是对任意正整数 N、任意复常数组 $\{a_j\}$ 和任意时空点组 $(x_1{}^{(i)},\cdots,x_m{}^{(i)})$ 均满足

$$\sum_{i=1}^{N}\sum_{j=1}^{N} a_i^* a_j G^{(m,m)}(x_1^{(i)},\cdots,x_m^{(i)};x_1^{(j)},\cdots,x_m^{(j)}) \geqslant 0. \tag{3.6.7}$$

[证]:令 $F = \sum_{i=1}^{N} a_i E(x_1^{(i)})\cdots E(x_m^{(i)})$,并利用 $\langle F^*F \rangle \geqslant 0$ 即可.

2. 广义频率-空间关联函数

与2.4节讨论谱密度的第二种方法相同,在广义函数的背景下,可以自由地进行傅里叶变换:

$$\tilde{E}(\boldsymbol{r},\omega) = \frac{1}{2\pi}\int_{-\infty}^{\infty} E(\boldsymbol{r},t)\mathrm{e}^{\mathrm{i}\omega t}\mathrm{d}t, \tag{3.6.8a}$$

$$E(\boldsymbol{r},t) = \int_{-\infty}^{\infty} \tilde{E}(\boldsymbol{r},\omega)\mathrm{e}^{-\mathrm{i}\omega t}\mathrm{d}\omega. \tag{3.6.8b}$$

如果 $E(\boldsymbol{r},t)$ 是复解析信号, $\tilde{E}(\boldsymbol{r},\omega)$ 只含有正频部分. 由广义维纳-辛钦定理,(m,n) 阶互关联谱函数定义可表示为

$$\begin{aligned}
&S^{(m,n)}(\boldsymbol{r}_1,\omega_1;\cdots;\boldsymbol{r}_m,\omega_m;;\boldsymbol{r}_{m+1},\omega_{m+1};\cdots;\boldsymbol{r}_{m+n},\omega_{m+n})\\
&\equiv \langle \tilde{E}^*(\boldsymbol{r}_1,\omega_1)\cdots \tilde{E}^*(\boldsymbol{r}_m,\omega_m)\, \tilde{E}(\boldsymbol{r}_{m+1},\omega_{m+1})\cdots \tilde{E}(\boldsymbol{r}_{m+n},\omega_{m+n}) \rangle\\
&= \frac{1}{(2\pi)^{m+n}}\int_{-\infty}^{\infty}\mathrm{d}t_1\int_{-\infty}^{\infty}\mathrm{d}t_2\cdots\int_{-\infty}^{\infty}\mathrm{d}t_{m+n}\times\\
&\quad G^{(m,n)}(\boldsymbol{r}_1,t_1;\cdots;\boldsymbol{r}_m,t_m;;\boldsymbol{r}_{m+1},t_{m+1};\cdots;\boldsymbol{r}_{m+n},t_{m+n})\mathrm{e}^{-\mathrm{i}(\omega_1t_1+\cdots+\omega_mt_m)+\mathrm{i}(\omega_{m+1}t_{m+1}+\cdots+\omega_{m+n}t_{m+n})}.
\end{aligned} \tag{3.6.9}$$

如果所考虑的涨落场是静态场,$G^{(m,n)}$ 具有时间起点的平移不变性(translation invariant). 令 $\tau_j = t_j - t_1$, $(j=2,\cdots,m+n)$,上式右边的积分为

$$
\begin{aligned}
&\frac{1}{(2\pi)^{m+n}}\int_{-\infty}^{\infty}\mathrm{d}\tau_1\int_{-\infty}^{\infty}\mathrm{d}\tau_2\cdots\int_{-\infty}^{\infty}\mathrm{d}\tau_{m+n}\times\\
&G^{(m,n)}(\boldsymbol{r}_1,0;\boldsymbol{r}_2,\tau_2;\cdots;\boldsymbol{r}_m,\tau_m;;\boldsymbol{r}_{m+1},\tau_{m+1};\cdots;\boldsymbol{r}_{m+n},\tau_{m+n})\times\\
&\mathrm{e}^{-\mathrm{i}(\omega_2\tau_2+\cdots+\omega_m\tau_m)+\mathrm{i}(\omega_{m+1}\tau_{m+1}+\cdots+\omega_{m+n}\tau_{m+n})}\mathrm{e}^{-\mathrm{i}(\omega_1+\cdots+\omega_m)t_1+\mathrm{i}(\omega_{m+1}+\cdots+\omega_{m+n})t_1}\\
&=\delta(\omega_1+\cdots+\omega_m-\omega_{m+1}-\cdots-\omega_{m+n})\frac{1}{(2\pi)^{m+n-1}}\int_{-\infty}^{\infty}\mathrm{d}\tau_2\cdots\int_{-\infty}^{\infty}\mathrm{d}\tau_{m+n}\times\\
&G^{(m+n)}(\boldsymbol{r}_1,0;\boldsymbol{r}_2,\tau_2;\cdots;\boldsymbol{r}_m,\tau_m;;\boldsymbol{r}_{m+1},\tau_{m+1};\cdots;\boldsymbol{r}_{m+n},\tau_{m+n})\times\\
&\mathrm{e}^{-\mathrm{i}(\omega_2\tau_2+\cdots+\omega_m\tau_m)+\mathrm{i}(\omega_{m+1}\tau_{m+1}+\cdots+\omega_{m+n}\tau_{m+n})}.
\end{aligned}
\tag{3.6.10}
$$

因此静态光场(m,n)阶互关联谱密度函数为

$$
\begin{aligned}
&\left\langle\tilde{E}^*(\boldsymbol{r}_1,\omega_1)\cdots\tilde{E}^*(\boldsymbol{r}_m,\omega_m)\tilde{E}(\boldsymbol{r}_{m+1},\omega_{m+1})\cdots\tilde{E}(\boldsymbol{r}_{m+n},\omega_{m+n})\right\rangle\\
&=W^{(m,n)}(\boldsymbol{r}_1,\cdots,\boldsymbol{r}_{m+n};\omega_2,\cdots,\omega_{m+n})\delta(\omega_1+\cdots+\omega_m-\omega_{m+1}-\cdots-\omega_{m+n}),
\end{aligned}
\tag{3.6.11}
$$

其中

$$
\begin{aligned}
&W^{(m,n)}(\boldsymbol{r}_1,\cdots,\boldsymbol{r}_{m+n};\omega_2,\cdots,\omega_{m+n})\\
&=\frac{1}{(2\pi)^{m+n-1}}\int_{-\infty}^{\infty}\mathrm{d}\tau_2\cdots\int_{-\infty}^{\infty}\mathrm{d}\tau_{m+n}\times\\
&G^{(m,n)}(\boldsymbol{r}_1,0;\boldsymbol{r}_2,\tau_2;\cdots;\boldsymbol{r}_m,\tau_m;;\boldsymbol{r}_{m+1},\tau_{m+1};\cdots;\boldsymbol{r}_{m+n},\tau_{m+n})\times\\
&\mathrm{e}^{-\mathrm{i}(\omega_2\tau_2+\cdots+\omega_m\tau_m)+\mathrm{i}(\omega_{m+1}\tau_{m+1}+\cdots+\omega_{m+n}\tau_{m+n})},
\end{aligned}
\tag{3.6.12}
$$

上式对应的傅里叶逆变换为

$$
\begin{aligned}
&G^{(m,n)}(\boldsymbol{r}_1,0;\boldsymbol{r}_2,\tau_2;\cdots;\boldsymbol{r}_m,\tau_m;;\boldsymbol{r}_{m+1},\tau_{m+1};\cdots;\boldsymbol{r}_{m+n},\tau_{m+n})\\
&=\int_{-\infty}^{\infty}\mathrm{d}\omega_2\cdots\int_{-\infty}^{\infty}\mathrm{d}\omega_{m+n}\times\\
&W^{(m,n)}(\boldsymbol{r}_1,\cdots,\boldsymbol{r}_{m+n};\omega_2,\cdots,\omega_{m+n})\mathrm{e}^{\mathrm{i}(\omega_2\tau_2+\cdots+\omega_m\tau_m)-\mathrm{i}(\omega_{m+1}\tau_{m+1}+\cdots+\omega_{m+n}\tau_{m+n})}.\ \rrbracket
\end{aligned}
\tag{3.6.13}
$$

类似于 2.5 节互谱密度的讨论,(3.6.11)式可看成(m,n)阶互谱密度的定义,而(3.6.12)式和(3.6.13)式为广义维纳-辛钦定理.(3.6.11)式告诉我们,一个静态随机场量具有 δ 函数关联的性质,只有当 $m+n$ 个频率满足

$$
\omega_1+\cdots+\omega_m-\omega_{m+1}-\cdots-\omega_{m+n}=0 \tag{3.6.14}
$$

时,它们在频率域的关联才不为零.

3. 高斯统计的互关联函数和互关联谱

假定场满足$\langle E(\boldsymbol{r},t)\rangle=0$,并且任意多个时间-空间点的场随机变量 $z=\{E(x_1),\cdots,E(x_{m+n})\}$ 完全遵从联合高斯分布(1.7.41)式,根据 1.7 节的高斯矩定理(1.7.45)式,

$$
G^{(m,n)}(x_1,\cdots,x_m;x_{m+1},\cdots,x_{m+n})=0\quad(m\neq n), \tag{3.6.15}
$$

$$
\begin{aligned}
&G^{(m,m)}(x_1,\cdots,x_m;x_{m+1},\cdots,x_{2m}) \\
&= \sum_{\text{所有}m!\text{ 项}} G^{(1,1)}(x_{i_1},x_{j_1})G^{(1,1)}(x_{i_2},x_{j_2})\cdots G^{(1,1)}(x_{i_m},x_{j_m}),
\end{aligned}
\tag{3.6.16}
$$

其中求和号中的每一项是对左边 m 个坐标与右边 m 个坐标进行一一配对的一阶关联函数之积，共有 $m!$ 种配对方式．这两个公式说明当 $m\neq n$ 时，(m,n) 阶关联恒为零，而 m 阶关联可以用一阶关联来表示．对于 $m=2$，

$$
\begin{aligned}
G^{(2,2)}(x_1,x_2;x_3,x_4) = {} & G^{(1,1)}(x_1,x_3)G^{(1,1)}(x_2,x_4) + \\
& G^{(1,1)}(x_1,x_4)G^{(1,1)}(x_2,x_3).
\end{aligned}
\tag{3.6.17}
$$

若令 $x_1=x_3$ 和 $x_2=x_4$，上式为

$$
G^{(2,2)}(x_1,x_2;x_1,x_2) = \langle I(x_1)\rangle\langle I(x_2)\rangle + |G^{(1,1)}(x_1,x_2)|^2.
\tag{3.6.18}
$$

对于静态场令 $\tau=t_2-t_1$，(3.6.18)式成为高斯统计场普遍的二阶相干度与一阶相干度的关系式．

$$
g^{(2)}(\boldsymbol{r}_1,\boldsymbol{r}_2,\tau) = 1 + |g^{(1)}(\boldsymbol{r}_1,\boldsymbol{r}_2,\tau)|^2,
\tag{3.6.19}
$$

这一关系在上一节理想单模和多模热光中已经得到.

将(3.6.15)式和(3.6.16)式代入(3.6.9)式，可以得到高斯统计场的互关联谱：

$$
S^{(m,n)}(\boldsymbol{r}_1,\omega_1;\cdots;\boldsymbol{r}_m,\omega_m;;\boldsymbol{r}_{m+1},\omega_{m+1};\cdots;\boldsymbol{r}_{m+n},\omega_{m+n}) = 0 \quad m\neq n,
\tag{3.6.20}
$$

$$
\begin{aligned}
&S^{(m,m)}(\boldsymbol{r}_1,\omega_1;\cdots;\boldsymbol{r}_m,\omega_m;;\boldsymbol{r}_{m+1},\omega_{m+1};\cdots;\boldsymbol{r}_{2m},\omega_{2m}) \\
&= \sum_{\text{所有}m!\text{ 项}} S^{(1,1)}(\boldsymbol{r}_{i_1},\omega_{i_1};\boldsymbol{r}_{j_1},\omega_{j_1})S^{(1,1)}(\boldsymbol{r}_{i_2},\omega_{i_2};\boldsymbol{r}_{j_2},\omega_{j_2})\cdots S^{(1,1)}(\boldsymbol{r}_{i_m},\omega_{i_m};\boldsymbol{r}_{j_m},\omega_{j_m}).
\end{aligned}
\tag{3.6.21}
$$

当 $m=2$ 时，

$$
\begin{aligned}
&S^{(2,2)}(\boldsymbol{r}_1,\omega_1;\boldsymbol{r}_2,\omega_2;;\boldsymbol{r}_3,\omega_3;\boldsymbol{r}_4,\omega_4) \\
&= S^{(1,1)}(\boldsymbol{r}_1,\omega_1;\boldsymbol{r}_3,\omega_3)S^{(1,1)}(\boldsymbol{r}_2,\omega_2;\boldsymbol{r}_4,\omega_4) + \\
&\quad S^{(1,1)}(\boldsymbol{r}_1,\omega_1;\boldsymbol{r}_4,\omega_4)S^{(1,1)}(\boldsymbol{r}_2,\omega_2;\boldsymbol{r}_3,\omega_3).
\end{aligned}
\tag{3.6.22}
$$

对于静态场，利用(3.6.11)式，上式可变为

$$
\begin{aligned}
&W^{(2,2)}(\boldsymbol{r}_1,\boldsymbol{r}_2,\boldsymbol{r}_3,\boldsymbol{r}_4;\omega_2,\omega_3,\omega_4)\delta(\omega_1+\omega_2-\omega_3-\omega_4) \\
&= W^{(1,1)}(\boldsymbol{r}_1,\boldsymbol{r}_3;\omega_3)W^{(1,1)}(\boldsymbol{r}_2,\boldsymbol{r}_4;\omega_4)\delta(\omega_1-\omega_3)\delta(\omega_2-\omega_4) + \\
&\quad W^{(1,1)}(\boldsymbol{r}_1,\boldsymbol{r}_4;\omega_4)W^{(1,1)}(\boldsymbol{r}_2,\boldsymbol{r}_3;\omega_3)\delta(\omega_1-\omega_4)\delta(\omega_2-\omega_3).
\end{aligned}
\tag{3.6.23}
$$

参 考 文 献

Born M. and Wolf E. (1999). Principles of Optics, § 8.2 and § 8.3, (7th edition, Cambridge).

Hanbury-Brown R. and Twiss R. (1956a). Nature **177**, 27.

Hanbury-Brown R. and Twiss R. (1956b). Nature **178**, 1 046.

赵凯华 (2004). 新概念物理教程——光学. 北京：高等教育出版社，p. 106.

第四章　非相干光场的空间干涉

4.1　引　　言

在激光器出现之前，自然界的光源几乎都是非相干光源，光的干涉现象不容易在自然形态的光源条件下明显地发生，物理学的奠基人之一牛顿曾提出光是由微粒组成的．直至1801年托马斯·杨(Thomas Young)观察到光的双缝干涉现象，从而确立了光的波动本性．杨用太阳光通过一个针孔光阑后照射到双缝上，在观察屏上出现了彩色的干涉条纹．针孔光阑极大地改善了双缝面上光的空间相干性，是发生干涉的关键．1948年丹尼斯·伽伯(Dennis Gabor)利用光的干涉制作成第一张全息照片(Gabor，1948)．在激光器出现后全息技术得到广泛的应用，1971年伽伯获得了诺贝尔物理学奖．在他的诺贝尔演讲中，他回顾当年全息实验中的光源时指出："……但是为了获得空间相干性，我们用一根汞谱线来照射3微米直径的针孔．"(Gabor，1972)

历史上这些重要的实验带给我们的经验是，实现光的空间干涉需要满足时间和空间相干性条件．激光束的波前具有很好的空间相干性，很容易实现空间干涉．热光源由许多独立的原子分子发光单元组成，属于非相干光源．当用热光源来执行干涉实验时，可以通过在光路中加针孔光阑的方法，使照射物体的光束波阵面的空间相干长度大于物体尺度，从而满足空间相干性条件．

我们已知的光的干涉实验对相干性的要求是否具有普适性？最新的研究表明，在适当的安排下，或者通过改变观察方式，空间非相干光也可以实现空间干涉．实际上对这个问题的正确认识经历了一个曲折的历程，下面简要介绍其发展过程．

自20世纪80年代以来，对非线性晶体的自发参量下转换过程产生的双光子纠缠态的理论和实验研究中，发现了一些奇特的光学现象，如"鬼"干涉(ghost interference)、"鬼"成像(ghost imaging)和亚波长干涉(subwavelength interference)等．在下转换过程中产生的纠缠双光子对之间具有空间动量关联，其中每个光子的动量取向随机变化，属于空间非相干光源，用传统光学的方式不会发生干涉．如果将纠缠光子对中的一个光子照射双缝(信号光子)，另一个光子自由传播(参考光子)，当对两个光子作符合计数测量(coincidence counting measurement)时(即两个探测器同时各测到一个光子作为一次记录)，观察到双缝的干涉条纹．由于在符合测量中一个探测器在固定位置测量信号光子，而另一个探测器对没有通过双缝的参考光子进行空间扫描测量以观察干涉条纹，这一现象被形象地称为"鬼"干涉(Strekalov，1995)．用同样的方法在光路中增加一透镜还可以用于物体的光学成像,称为“鬼”成像(Pittman,1995).

纠缠双光子态还可以实现双缝的亚波长干涉效应.由激光泵浦 BBO(BaB_2O_4偏硼酸钡)晶体产生的纠缠双光子对通过双缝后,如上所述在观察屏上使用普通探测器测量光强分布不存在干涉条纹.如果使用双光子探测器(同时吸收两个光子产生一个光电子)测量时,可以观察到干涉条纹.条纹间距为相当于 1/2 波长的相干光双缝干涉条纹,故称为亚波长干涉(Fonseca,1999).

这些与光子纠缠态相联系的奇特效应更新了经典光学描述的光现象的传统观念,也为开拓新的光信息技术提供了可能.由于在非线性晶体的自发参量下转换过程产生的双光子态与 Einstein-Podolsky-Rosen(EPR)在他们著名的文章提出的 EPR 纠缠态十分类似(Einstein,1935),人们自然地将这些光学效应归诸于量子纠缠态的非定域性(nonlocality).

自 2002 年以来的一系列的研究结果表明,鬼成像、鬼干涉和亚波长干涉也可以用普通的热光源通过强度涨落关联来实现(Bennink,2002,2004;Cheng,2004;Gatti,2004a,2004b;Cai,2004;Wang,2004;Cao,2004,2005a,2005b;Xiong,2005;Ferri,2005;Zhang,2005;Zhai,2005,2006;Wang,2006;Scarcelli,2006;Basano,2006;Cao,2007,2008;Gao,2008;汪凯戈,2008;Cao,2010;Song,2010).由于热光场中不存在光子纠缠,这种相似性使得对这些奇特光学现象的量子非定域性解释受到质疑.实际上光束波前两个空间位置的强度关联的方法可以归诸于汉伯里-布朗和特威斯(HBT)效应(Hanbury,1956a,1956b).基于强度涨落关联的光学现象可称为关联光学,有些学者称其为双光子像或量子像(quantum imaging).

在热光量子像问题的原创性研究中,意大利学者 Gatti 等首先提出用热光源可以实现鬼成像(Gatti,2004a,2004b).同时我国科技工作者的贡献十分瞩目,Cheng 和 Han 提出用非相干光源可实现无透镜傅里叶变换成像(Cheng,2004).Cai 等利用黑体辐射理论研究了非相干光的鬼干涉(Cai,2004).Wang 等详细分析比较了热光和双光子纠缠两种光源的关联性质,提出使用热光源也可以模拟双光子纠缠源实现类似的亚波长干涉(Wang,2004;Cao,2004,2005a;Xiong,2005;Wang,2006).2005 年 Cao 等在热光鬼成像的研究中首次指出对热光源的分束类似于一个相位共轭镜,可以实现无透镜成像(Cao,2005b;Scarcelli,2006;Basano,2006).在早期的热光关联实验中,热光源是采用激光照射旋转毛玻璃形成的赝热光源(pseudo thermal light source),不久 Zhang 和 Zhai 等采用真热光源(true thermal light source)实现了这些实验(Zhang,2005;Zhai,2005,2006).

上述关联成像的研究可能支持这样一种观点:非相干光的干涉效应需要通过强度关联测量来观察.但 2009 年研究发现,在非平衡干涉仪(unbalanced interferometer)中非相干光场也能够像相干光一样通过直接观察强度空间分布实现光的干涉(Zhang,2009a,2009b;Gao,2009;Gan,2009b).本章在经典光学的基础上描述非相干热光源的强度关联效应和一阶干涉效应.有关纠缠光的双光子空间关联效应将在卷Ⅲ第 6 章和第 10 章介绍.

4.2　两个独立点光源的二阶干涉

为了理解在热光的强度关联中实现干涉和 HBT 效应的物理原理,我们先考虑两个独立点光源的干涉效应(Fano,1961). 如图 4.2-1 所示设 S_1 和 S_2 是两个相互统计独立的单色点光源,它们发出的光有相同的波长和偏振,场强分别为 E_1 和 E_2. 在探测器 D_j的叠加场为

$$E(D_1) = (E_1/r_{11})\exp(ikr_{11}) + (E_2/r_{21})\exp(ikr_{21}), \tag{4.2.1a}$$

$$E(D_2) = (E_1/r_{12})\exp(ikr_{12}) + (E_2/r_{22})\exp(ikr_{22}), \tag{4.2.1b}$$

其中 r_{ij}是从光源 S_i到探测器 D_j的距离,k 为波数. 这个模型需要的时间相干性要求是,假定每个源到两个探测器的传播时间差在相干时间之内,因此在上式中两个探测器的场来自于同一点源,可以用同一电场值表示. 每个探测器测量的强度为

$$\begin{aligned} I(D_1) = {} & E_1^* E_1/r_{11}^2 + E_2^* E_2/r_{21}^2 + \\ & \{[E_1^* E_2/(r_{21}r_{11})]\exp[ik(r_{21} - r_{11})] + \text{c.c.}\}, \end{aligned} \tag{4.2.2a}$$

$$\begin{aligned} I(D_2) = {} & E_1^* E_1/r_{12}^2 + E_2^* E_2/r_{22}^2 + \\ & \{[E_2^* E_1/(r_{12}r_{22})]\exp[ik(r_{12} - r_{22})] + \text{c.c.}\}. \end{aligned} \tag{4.2.2b}$$

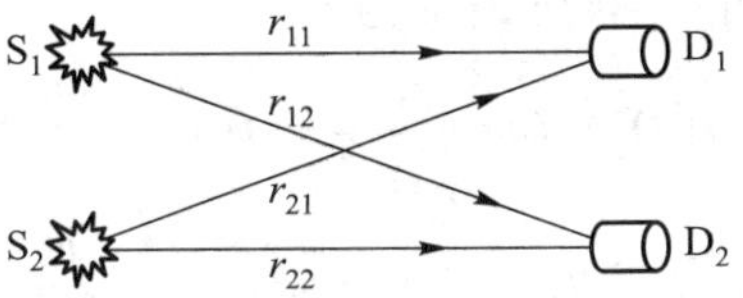

图 4.2-1 两个独立点光源的二阶干涉示意图

由于两个光源的场相互独立,而每个场都存在相位随机涨落,故有 $\langle E_1^* E_2 \rangle = \langle E_1^* \rangle \langle E_2 \rangle = 0$. 平均强度分布为

$$\langle I(D_1) \rangle = \langle E_1^* E_1 \rangle / r_{11}^2 + \langle E_2^* E_2 \rangle / r_{21}^2, \tag{4.2.3a}$$

$$\langle I(D_2) \rangle = \langle E_1^* E_1 \rangle / r_{12}^2 + \langle E_2^* E_2 \rangle / r_{22}^2. \tag{4.2.3b}$$

因此两个独立光源不能发生一阶干涉.

我们计算探测器记录的强度涨落. 例如对 D_1

$$\begin{aligned} \langle \Delta I^2(D_1) \rangle = \langle I^2(D_1) \rangle - \langle I(D_1) \rangle^2 = {} & \frac{\langle |E_1|^4 \rangle - \langle |E_1|^2 \rangle^2}{r_{11}^4} + \\ & \frac{\langle |E_2|^4 \rangle - \langle |E_2|^2 \rangle^2}{r_{21}^4} + \frac{2\langle |E_1|^2 \rangle \langle |E_2|^2 \rangle}{r_{11}^2 r_{21}^2}. \end{aligned} \tag{4.2.4}$$

即使两个光源都是没有强度涨落的相干光源,单个探测器将记录到叠加场的强度涨落

$$\langle \Delta I^2(D_1) \rangle = 2\langle |E_1|^2 \rangle \langle |E_2|^2 \rangle / (r_{11}^2 r_{21}^2). \tag{4.2.5}$$

这是因为两个场的随机相位独立地涨落,使得叠加后的场的强度产生涨落．如果两个源的涨落都满足热光涨落特征,容易得到我们熟知的热光强度涨落结果$\langle \Delta I^2(D_1)\rangle = \langle I(D_1)\rangle^2$.

现在我们计算两个探测器的强度关联

$$\langle I(D_1)I(D_2)\rangle = \frac{\langle |E_1|^4\rangle}{r_{11}^2 r_{12}^2} + \frac{\langle |E_2|^4\rangle}{r_{21}^2 r_{22}^2} + \langle |E_1|^2\rangle\langle |E_2|^2\rangle\left(\frac{1}{r_{11}^2 r_{22}^2} + \frac{1}{r_{12}^2 r_{21}^2}\right) + 2\times\frac{\langle |E_1|^2\rangle\langle |E_2|^2\rangle}{r_{11}r_{21}r_{22}r_{12}}\cos[k(r_{12}-r_{11}+r_{21}-r_{22})]. \tag{4.2.6}$$

上式表明两个探测器测量的强度关联中包含有空间干涉项,由两个光源各自相对于两个探测器的光程差$(r_{12}-r_{11})$和$(r_{21}-r_{22})$组成．这说明两个探测器在不同的空间位置测量时可以记录两个独立源的光的干涉信息．根据上一章的定义,在强度分布中出现的干涉称为一阶空间干涉,而两个光场的强度关联测量中发生的干涉称为二阶空间干涉.

两个探测器测量的强度涨落的关联可表示为

$$\begin{aligned}\langle \Delta I(D_1)\Delta I(D_2)\rangle &= \langle I(D_1)I(D_2)\rangle - \langle I(D_1)\rangle\langle I(D_2)\rangle \\ &= |\langle E^*(D_1)E(D_2)\rangle|^2 + \frac{\langle |E_1|^4\rangle - 2\langle |E_1|^2\rangle^2}{r_{11}^2 r_{12}^2} + \\ &\quad \frac{\langle |E_2|^4\rangle - 2\langle |E_2|^2\rangle^2}{r_{21}^2 r_{22}^2},\end{aligned} \tag{4.2.7}$$

其中干涉项

$$|\langle E^*(D_1)E(D_2)\rangle|^2 = \frac{\langle |E_1|^2\rangle^2}{r_{11}^2 r_{12}^2} + \frac{\langle |E_2|^2\rangle^2}{r_{21}^2 r_{22}^2} + \frac{2\langle |E_1|^2\rangle\langle |E_2|^2\rangle}{r_{11}r_{21}r_{22}r_{12}}\cos[k(r_{12}-r_{11}+r_{21}-r_{22})]. \tag{4.2.8}$$

(4.2.7)式和(4.2.8)式表明相干信息包含在强度涨落的关联中．并且(4.2.8)式中的干涉项是每个独立点源的场在两探测器处的一阶关联函数之积.当两个独立光源满足热光涨落时,(4.2.7)式的后两项为零,其强度关联公式回到我们在上一章得到的热光场的关联公式(3.5.23)式,

$$\langle I(D_1)I(D_2)\rangle = \langle I(D_1)\rangle\langle I(D_2)\rangle + |\langle E^*(D_1)E(D_2)\rangle|^2. \tag{4.2.9}$$

两个独立源的二阶干涉现象也属于类 HBT 效应．它可以推广到两粒子量子系统,在粒子物理和核物理方面有重要的应用．一般的面热源可以看成由许多相互独立的点源组成,通过两个独立源模型可以较容易地理解热光场的二阶空间干涉是如何发生的．需要指出的是,当考虑两个空间点的二阶干涉效应时,仍要求每个独立光源相对于两个空间点满足时间相干性要求.

练　　习

1. 证明当两个源的涨落都满足热光涨落特征，在探测器记录的强度涨落也满足热光强度涨落$\langle \Delta I^2(D_1) \rangle = \langle I(D_1) \rangle^2$.

2. 思考题：当两个光源的偏振方向正交时，二阶干涉能否发生？

3. 证明(4.2.8)式中的干涉项是每个独立点源的场在两探测器处的一阶关联函数之积.

4.3　光束的时间相干性和空间相干性，热光的空间 HBT 效应

1. 光束的时间相干性和空间相干性

我们已经知道光的相干性反映其实现干涉的能力．光的时间相干性是单色性的体现，相干时间 τ 是光频展宽的倒数．在光的传播方向上可以定义一个纵向相干长度(longitudinal coherence length) l，它是光速 c 与相干时间之积：

$$l = c\tau. \tag{4.3.1}$$

很明显，纵向相干长度与相干时间表达相同的物理内容．同一束光的两个波面的传播时间差小于相干时间，或它们的距离小于纵向相干长度是发生干涉的必要条件.

现在考虑垂直于光束传播方向的平面上的空间相干性．在许多光学问题中，可以使用近轴近似(paraxial approximation)．设光轴为 z 轴，准单色的近轴光场可表示为 $E(x,y,z,t)\exp[\mathrm{i}(kz-\omega t)]$，其中 ω 是中心频率，$k=\omega/c$ 是波数．统计光场 $E(x,y,z,t)$ 是 t 的随机过程，同样也可以考虑光场是横向空间变量(x,y)的随机“过程”．为简化记号，我们固定变量 t 和 z，并只考虑一维空间变量 x 的场 $E(x)$．横截面上的场的空间相干性可以用一阶相干度的模来量度：

$$|g^{(1)}(x,\Delta x)| = \frac{|\langle E^*(x)E(x+\Delta x)\rangle|}{[\langle |E(x)|^2\rangle\langle |E(x+\Delta x)|^2\rangle]^{1/2}}. \tag{4.3.2}$$

我们考虑一个面扩展光源，在理想情况下可以假定光源是一个无穷大的均匀发光平面，位于 $z=0$ 处．假如光源处的场 $E_0(x)$ 满足空间完全非相干性，它的一阶关联函数的形式为

$$\langle E_0^*(x_1)E_0(x_2)\rangle = I_0\delta(x_1 - x_2), \tag{4.3.3}$$

它表示光源面上任意两点的场相互独立．[注]上述完全非相干光的理想模型易于理论上处理，获得解析结果．一般情况下，光源的一阶关联函数可以假设为

[注] 当一阶关联函数具有分离值 δ 函数时，其物理量纲与连续一阶关联函数(4.3.4)式不同，它们相差一长度量纲．在下面的讨论中，使用(4.3.3)式和(4.3.4)式会产生量纲的区别．

$$\langle E_0^*(x_1)E_0(x_2)\rangle = I_0\exp\left[-\frac{x_1^2+x_2^2}{4\sigma_0{}^2}-\frac{(x_1-x_2)^2}{2\xi_0{}^2}\right]. \tag{4.3.4}$$

光源的强度分布为$\langle E_0^*(x)E_0(x)\rangle = I_0\exp[-x^2/(2\sigma_0^2)]$，$\sigma_0$ 表示光源尺寸.

在场关联函数(4.3.4)式中令 $x_1=0$ 和 $x_2=x$，则有

$$G_0(x)\equiv\langle E_0^*(0)E_0(x)\rangle = I_0\exp\left[-\left(\frac{1}{4\sigma_0{}^2}+\frac{1}{2\xi_0{}^2}\right)x^2\right].$$

利用(2.4.26)式计算相干时间的定义，得到横向相干长度 Δx 满足

$$(\Delta x)^2=\frac{\int_{-\infty}^{\infty}x^2\,|G(x)|^2\mathrm{d}x}{\int_{-\infty}^{\infty}|G(x)|^2\mathrm{d}x}=\frac{\sigma_0^2\xi_0^2}{2\sigma_0^2+\xi_0^2}. \tag{4.3.5}$$

对于非相干光源要求 $\xi_0\ll\sigma_0$，即有 $\Delta x=\xi_0/\sqrt{2}$. ξ_0表示非相干光源的横向相干长度，它远小于光源尺寸.

空间关联函数在光束的衍射过程中会发生变化，其相干长度将随传播距离而增加．近轴光(paraxial ray)传播时光场横向分布的演化满足

$$E(x)=\int E_0(x_0)h(x,x_0)\mathrm{d}x_0, \tag{4.3.6}$$

$E_0(x_0)$和 $E(x)$分别是传播起点和终点处的电场，$h(x,x_0)$称为脉冲响应函数(impulse response function)．传播后光场的一阶关联为

$$\langle E^*(x_1)E(x_2)\rangle = \int h^*(x_1,x_0')h(x_2,x_0)\langle E_0^*(x_0')E(x_0)\rangle\,\mathrm{d}x_0'\mathrm{d}x_0. \tag{4.3.7}$$

近轴光在自由传播距离 z 时的脉冲响应函数为

$$H(x,x_0,z)=\sqrt{\frac{k}{\mathrm{i}2\pi z}}\exp\left[\mathrm{i}kz+\mathrm{i}k\frac{(x-x_0)^2}{2z}\right]. \tag{4.3.8}$$

将(4.3.8)式代入(4.3.7)式可以计算光场的一阶关联(4.3.4)式，它通过自由传播距离 z 后变为

$$\langle E^*(x_1)E(x_2)\rangle = \frac{I_0\xi_0}{\xi}\exp\left[\frac{\mathrm{i}k}{2z}\left(1-\frac{\xi_0^2}{\xi^2}\right)(x_1^2-x_2^2)\right]\exp\left[-\frac{x_1^2+x_2^2}{4\sigma^2}-\frac{(x_1-x_2)^2}{2\xi^2}\right], \tag{4.3.9}$$

其中

$$\xi=\sqrt{\xi_0^2+\frac{z^2}{k^2\sigma_0^2}\left(1+\frac{\xi_0^2}{4\sigma_0^2}\right)}, \tag{4.3.10}$$

$$\sigma=\sigma_0(\xi/\xi_0)=\sqrt{\sigma_0^2+\frac{z^2}{k^2}\left(\frac{1}{\xi_0^2}+\frac{1}{4\sigma_0^2}\right)}. \tag{4.3.11}$$

上面的结果表明,由于近轴光在自由传播过程中的衍射,光束的横向相干长度和光斑尺寸将增大,但它们之比保持不变. 即使光源的相干长度为无穷小($\xi_0 \to 0$),只要光源具有有限的尺寸,横向相干长度在传播中也将增大为 $\xi = z/(k\sigma_0)$. 著名的范西泰特-策尼克(van Cittert-Zernike)定理(顾德门,1992)普遍地描述非相干光场一阶关联函数在自由传播过程中的变化,这里的结果实际上是范西泰特-策尼克定理运用到近轴光的情况.

光束的横向相干长度反映光束波面的空间干涉能力. 在双缝干涉实验中(3.3 节),我们已经知道只有当双缝处的光场的横向相干长度大于双缝间隔时,才能发生干涉. 以往的其他干涉实验也似乎表明,光场横向相干长度大于物体尺寸是实现空间干涉的条件. 但是在下面介绍的最新研究中,我们将表明这一说法的局限性.

2. 多模热光场两个空间位置强度关联的 HBT 效应

我们考虑一个面扩展热光源,它具有空间非相干性. 假设准单色热光沿 z 方向近轴传播,用 $E(\boldsymbol{x},z,t)\exp[\mathrm{i}(kz-\omega t)]$ 描述. 在相同的 t 和 z 考虑两个位置 $\boldsymbol{x}_1=(x_1,y_1)$ 和 $\boldsymbol{x}_2=(x_2,y_2)$ 的强度关联,由热光强度关联的一般表达式(3.5.23)式可以得到

$$\langle E^*(\boldsymbol{x}_1)E^*(\boldsymbol{x}_2)E(\boldsymbol{x}_2)E(\boldsymbol{x}_1)\rangle = \langle E^*(\boldsymbol{x}_1)E(\boldsymbol{x}_1)\rangle\langle E^*(\boldsymbol{x}_2)E(\boldsymbol{x}_2)\rangle + |\langle E^*(\boldsymbol{x}_1)E(\boldsymbol{x}_2)\rangle|^2, \tag{4.3.12}$$

或者

$$\langle \Delta I(\boldsymbol{x}_1)\Delta I(\boldsymbol{x}_2)\rangle = |\langle E^*(\boldsymbol{x}_1)E(\boldsymbol{x}_2)\rangle|^2, \tag{4.3.13}$$

其中强度 $I(\boldsymbol{x})=E^*(\boldsymbol{x})E(\boldsymbol{x})$,强度涨落 $\Delta I(\boldsymbol{x})=I(\boldsymbol{x})-\langle I(\boldsymbol{x})\rangle$. 上式表示光场一阶关联函数的模量可以通过强度涨落的关联测量获得.

设面热光源足够大,使得在传播距离 z 时光场的横向相干长度仍远小于光场横向强度分布大小 $\xi \ll \sigma$. 根据(4.3.9)式,由强度涨落关联测量可以得到 HBT 曲线,

$$\langle \Delta I(0)\Delta I(x)\rangle \sim \exp[-x^2/\xi^2], \tag{4.3.14}$$

由此可得到横向相干长度 ξ. 热光源的相干时间为 $10^{-10} \sim 10^{-12}$ s,要测量它的强度涨落需要超快响应时间的探测器. 目前光电探测器的响应时间在纳秒量级,因此实验上测量热光强度涨落信号的效率很低.

20 世纪 60 年代,实验中采用一种赝热光源(pseudo thermal light source)装置,它由激光照射旋转毛玻璃组成. 当毛玻璃旋转不太快时,赝热光的相干时间与激光源相同,具有很好的时间相干性. 旋转毛玻璃对激光的无规则散射形成空间非相干性. 赝热光的强度涨落快慢由毛玻璃的运动速度决定,因此可由普通的探测器记录. 赝热光的这些优点使其能方便地用于热光关联问题的实验研究.

练　习

1. 设有限尺寸的非相干光源满足 $\langle E_0^*(x_1)E_0(x_2)\rangle = I_0\exp[-(x_1^2+x_2^2)/(4\sigma_0{}^2)]\,\delta(x_1 -$

x_2)，在近轴近似下计算自由传播距离 z 后的 $\langle E^*(x_1)E(x_2)\rangle$.

2. 设非相干光源满足 $\langle E_0^*(x_1)E_0(x_2)\rangle = I_0\delta(x_1 - x_2)$，在近轴近似下计算自由传播距离 z 后的 $\langle E^*(x_1)E(x_2)\rangle$，并给出物理解释.

3. 试计算光场的一阶关联(4.3.4)式通过自由传播距离 z 后成为(4.3.9)式，在推导中可运用积分公式 $\int_{-\infty}^{\infty}\exp[\mathrm{i}(ax^2 + bx)]\mathrm{d}x = \sqrt{\pi/(-\mathrm{i}a)}\exp[-\mathrm{i}b^2/(4a)]$.

4. 利用(4.3.8)式证明平面波在近轴衍射后仍保持为平面波.

4.4　热光的二阶双缝干涉

在 3.3 节杨氏双缝实验中，我们已经知道发生干涉的空间相干性条件．当光场的横向相干长度小于双缝间隔时，通过两个缝的光束有相互独立的相位，使干涉不能发生．那么非相干光照射物体后，是否相干信息完全消失了呢？

2004 年，研究发现在热光的双缝实验中，当空间相干性的条件不满足时，通过两个空间位置的强度关联测量，可以再现双缝干涉条纹(Wang，2004；Wang，2006)．理论研究很快被赝热光的双缝干涉实验证实(Xiong，2005)．

实验装置示意图如图 4.4-1(a)所示．赝热光源由氦氖激光照射旋转毛玻璃组成，毛玻璃对激光束的随机散射产生空间非相干光．在照射双缝后，在干涉屏上的光强度分布不能观察到干涉条纹．我们用两个探测器分别记录两个位置的强度涨落值并作关联运算，结果再现了双缝的干涉信息．图 4.4-2(a)是测量一对对称位置的强度涨落关联 $\langle \Delta I(x)\Delta I(-x)\rangle$ 所显示的干涉

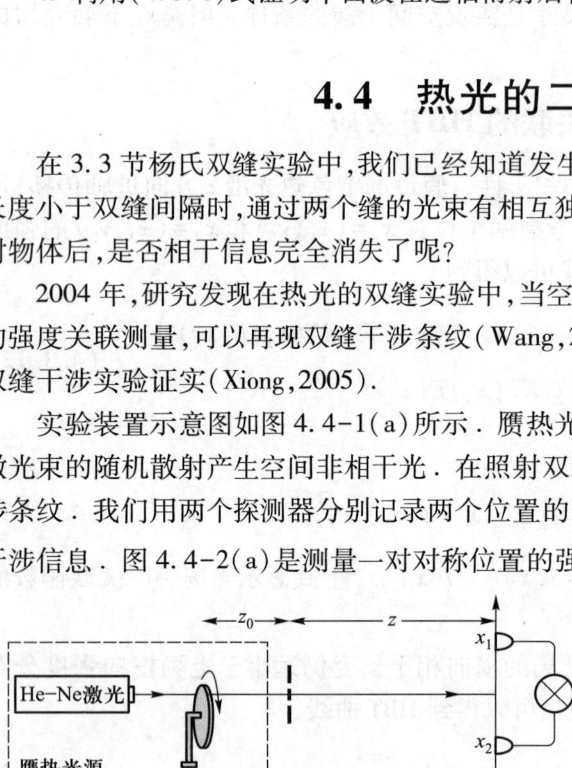

图 4.4-1　二阶双缝干涉：(a)实验示意图；(b)原理图

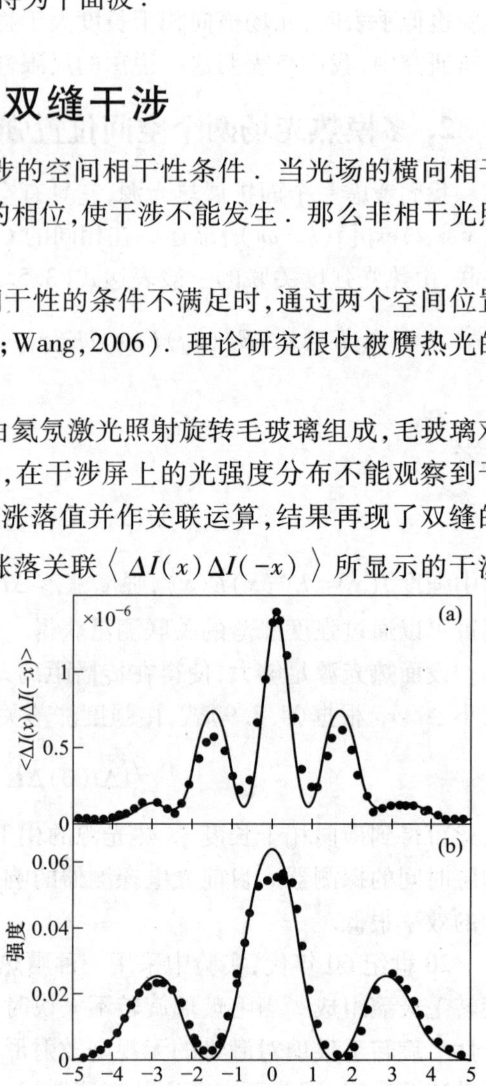

图 4.4-2　(a)赝热光照射双缝后的二阶干涉条纹，由测量在 x 和 $-x$ 位置的强度涨落关联得到．(b)激光照射双缝后的一阶干涉条纹，由测量强度分布得到(Xiong，2005)

条纹，与相干光的干涉条纹图 4.4-2(b) 相比较，条纹间隔减小一半．同样，如果在关联测量中固定一个探测器的位置并扫描另一个探测器，则得到与相干光相同的干涉图，如图 4.4-3 所示.

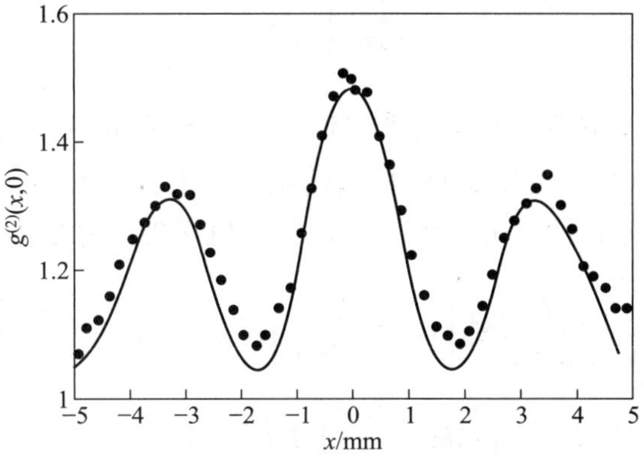

图 4.4-3　赝热光照射双缝后的二阶干涉条纹，在强度关联测量中，扫描一个探测器的位置而固定另一个探测器（Wang，2006）

这一现象可以用 4.2 节的理论来解释．我们将双缝看成两个独立的光源，在观察面上两个位置作强度涨落关联测量，应包含有干涉项(4.2.8)式．由图 4.4-1b 可以计算

$$\begin{aligned} r_{12}-r_{11} &= \sqrt{z^2+(x_2-d/2)^2}-\sqrt{z^2+(x_1-d/2)^2} \\ &\approx [x_2^2-x_1^2+(x_1-x_2)d]/(2z), \end{aligned} \tag{4.4.1a}$$

$$\begin{aligned} r_{21}-r_{22} &= \sqrt{z^2+(x_1+d/2)^2}-\sqrt{z^2+(x_2+d/2)^2} \\ &\approx [x_1^2-x_2^2+(x_1-x_2)d]/(2z), \end{aligned} \tag{4.4.1b}$$

代入(4.2.8)式后得到

$$\cos[k(r_{12}-r_{11}+r_{21}-r_{22})] = \cos[k(x_1-x_2)d/z]. \tag{4.4.2}$$

由此可见在强度涨落关联测量中可以再现干涉条纹，并且当两个探测器处在对称位置同步扫描时 $x_1=-x_2=x$，条纹形状由 $\cos[2kxd/z]$ 描述，其条纹间隔与相同波长相干光一阶干涉相比较减小了一半．或者说，干涉条纹与波长减半的相干光一阶干涉相同，因此又可称为亚波长干涉.

下面我们用光照射物体的衍射理论来解释这一现象．双缝透射函数为

$$D(x) = \mathrm{rect}[(x-d/2)/b] + \mathrm{rect}[(x+d/2)/b], \tag{4.4.3}$$

其中 b 是缝宽，d 是缝间距，$\mathrm{rect}(x)=\begin{cases}1 & |x|\leqslant 1/2\\ 0 & |x|>1/2\end{cases}$ 是矩形函数．设在双缝处的场为 $E_0(x)$，在近轴近似下双缝的菲涅耳衍射（Fresnel diffraction）为

$$E(x) = \int E_0(x_0)D(x_0)H(x,x_0,z)\,\mathrm{d}x_0, \tag{4.4.4}$$

其中脉冲响应函数 $H(x,x_0,z)$ 已由(4.3.8)定义．如果 $E_0(x_0)$ 是空间相干场，有确定的空间

相位分布,形成的衍射场 $E(x)$ 也有确定的空间分布．假如观察平面距离双缝足够远,满足远场条件

$$z \gg \frac{1}{2}kd^2, \tag{4.4.5}$$

在(4.4.4)式的积分中,由于双缝函数具有非零值的坐标 x_0 限定在双缝尺度 d 内,$H(x,x_0,z)$ 中的二次相位项 $\exp[-ikx_0^2/(2z)]$ 可以忽略,从而满足夫琅禾费衍射(Fraunhofer diffraction)条件．在相干光入射的情况下,不妨设 $E_0(x_0)$ 为平面波,衍射斑图为衍射物体的傅里叶变换,

$$\begin{aligned} E(x) &= \sqrt{\frac{k}{\mathrm{i}2\pi z}}\exp\left[\mathrm{i}kz + \frac{\mathrm{i}kx^2}{2z}\right]\int D(x_0)\exp\left[-\frac{\mathrm{i}kxx_0}{z}\right]\mathrm{d}x_0 \\ &= \sqrt{\frac{k}{\mathrm{i}z}}\exp\left[\mathrm{i}kz + \frac{\mathrm{i}kx^2}{2z}\right]\widetilde{D}\left(\frac{kx}{z}\right), \end{aligned} \tag{4.4.6}$$

其中

$$\widetilde{D}(q) = (2b/\sqrt{2\pi})\,\mathrm{sinc}(qb/2)\cos(qd/2) \tag{4.4.7}$$

是 $D(x)$ 的傅里叶空间谱.

现在考虑照射双缝的光场是空间非相干的,$E_0(x_0)$ 随位置随机涨落,衍射场 $E(x)$ 也随之涨落．由(4.3.7)式,在观察平面上的一阶场关联函数为

$$\begin{aligned} \langle E^*(x_1)E(x_2)\rangle = \int & D^*(x_0')D(x_0)H^*(x_1,x_0',z)\cdot \\ & H(x_2,x_0,z)\langle E_0^*(x_0')E(x_0)\rangle\,\mathrm{d}x_0'\mathrm{d}x_0. \end{aligned} \tag{4.4.8}$$

如果照射双缝的场是满足(4.3.3)式的完全非相干场,代入上式后得到

$$\begin{aligned} \langle E^*(x_1)E(x_2)\rangle &= I_0\int D^*(x_0)D(x_0)H^*(x_1,x_0,z)H(x_2,x_0,z)\,\mathrm{d}x_0 \\ &= \frac{I_0k}{2\pi z}\int|D(x_0)|^2\exp\left\{\frac{\mathrm{i}k}{2z}[(x_2-x_0)^2-(x_1-x_0)^2]\right\}\mathrm{d}x_0 \\ &= \frac{I_0k}{2\pi z}\exp\left[\frac{\mathrm{i}k}{2z}(x_2^2-x_1^2)\right]\int|D(x_0)|^2\exp\left[-\frac{\mathrm{i}k}{z}(x_2-x_1)x_0\right]\mathrm{d}x_0. \end{aligned} \tag{4.4.9}$$

衍射场的平均强度 $\langle I(x)\rangle = \langle E^*(x)E(x)\rangle \propto \int|D(x_0)|^2\mathrm{d}x_0$ 是空间均匀分布,这正是非相干光的特征．然而(4.4.9)式还表示在衍射场中物体的相干信息并没有被抹去,它存在于两个不同位置的一阶场关联之中．对于多模热光场,该关联函数的模量可以通过强度涨落的关联测量获得．如果物体的透射函数只有 0 和 1 两个值,则有 $|D(x)|^2=D(x)$．由(4.3.13)式得到

$$\langle \Delta I(x_1)\Delta I(x_2)\rangle \propto |\widetilde{D}[k(x_2-x_1)/z]|^2, \tag{4.4.10}$$

在两个空间位置的强度涨落关联中再现了衍射物体的傅里叶空间谱．上述理论公式解释了实验结果．

相干光照射物体在近场(near field)为菲涅耳衍射,在远场(far field)得到物体的傅里叶空间谱,只有使用透镜才能在近处实现傅里叶谱. 值得注意的是在(4.4.9)式的推导中,并没有使用远场近似,两个脉冲响应函数中的二次相位项被自动消去. 因此在热光的强度关联中,在近场和远场都能得到物体的傅里叶空间谱,可以看成是无透镜傅里叶变换.

4.5 热光的鬼干涉和鬼成像

利用热光的强度关联性质,可以实现奇特的鬼干涉和鬼成像. 鬼干涉和鬼成像源于 20 世纪 90 年代对双光子纠缠态的研究,其基本原理如图 4.5-1 所示. 由光源发出的光被分为两束(对于双光子纠缠源,每束光包含一个光子),一束照射物体后被探测器记录,称为取样系统(test system). 另一束经自由传播后抵达探测器,称为参考系统(reference system). 显然,参考系统的光子不携带物体的任何信息. 当光源具有空间非相干性时,取样系统中探测器记录的强度分布也不显示物体的相干信息. 虽然两个探测器单独测量均不能获得物体的信息,但它们的双光子符合测量或强度关联测量有可能再现物体的相干信息. 尤其是在符合测量中,可以通过固定取样系统中的探测器的位置而只对参考系统中的探测器作空间扫描获得物体的干涉-衍射斑图,因此这些现象称为鬼干涉和鬼成像. 本章介绍热光的鬼干涉和鬼成像.

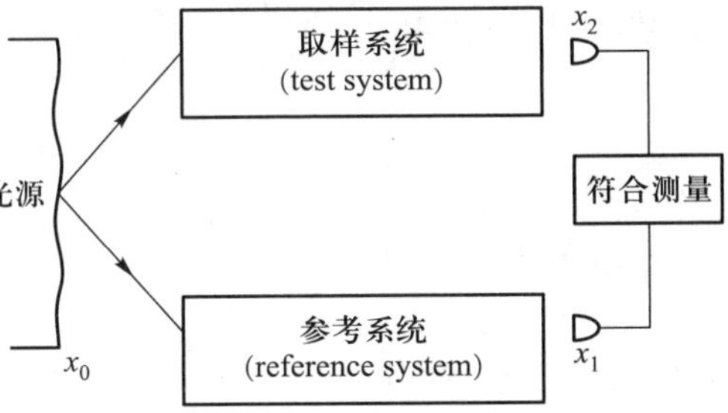

图 4.5-1 鬼干涉和鬼成像原理图

1. 脉冲响应函数

在近轴条件下光束自由传播的脉冲响应函数 $H(x,x_0,z)$ 已由(4.3.8)式描述,下面再给出两个最常用的脉冲响应函数. 考虑一个用透射函数 $T(x)$ 描述的物体,对应的脉冲响应函数为

$$h_T(x,x_0) = T(x_0)\delta(x - x_0). \tag{4.5.1}$$

$T(x)$一般是一个复函数. $|T(x)|^2$ 表示光的强度透射率,$\arg[T(x)]$表示光通过物体的相位改变.对于纯振幅调制物体,$T(x)$是实函数,而对于纯相位调制物体,$|T(x)|=1$. 一个焦距为 f 的薄透镜在近轴近似下的脉冲响应函数为

$$h_f(x,x_0) = \exp(\mathrm{i}k\Delta_0) \times \exp[-\mathrm{i}kx_0^2/(2f)]\delta(x - x_0), \tag{4.5.2}$$

其中 Δ_0 是透镜轴心处的光程. 在这里所讨论的问题中,可以不计由 Δ_0 引入的相移.

当光束连续通过脉冲响应函数分别为 $h_1(x,x_0)$ 和 $h_2(x,x_0)$ 的两个区域时,容易证明描述两

个区域级联的脉冲响应函数为

$$h(x,x_0)=\int h_2(x,x')h_1(x',x_0)\,\mathrm{d}x'.\tag{4.5.3}$$

利用这一公式,我们计算下列情况下的脉冲响应函数.

(1)光束自由传播 z_1 后,透过物体 $T(x)$,再自由传播 z_2.

$$\begin{aligned}h(x,x_0)&=\int H(x,x_2,z_2)h_T(x_2,x_1)H(x_1,x_0,z_1)\,\mathrm{d}x_1\mathrm{d}x_2\\&=\frac{k}{\mathrm{i}2\pi\sqrt{z_1z_2}}\exp[\mathrm{i}k(z_1+z_2)]\times\\&\quad\int T(x')\exp\left\{\mathrm{i}k\left[\frac{(x-x')^2}{2z_2}+\frac{(x'-x_0)^2}{2z_1}\right]\right\}\mathrm{d}x'.\end{aligned}\tag{4.5.4}$$

(2)光束自由传播 z_1 后,通过焦距为 f 的透镜,再自由传播 z_2.

当薄透镜成像公式不满足时,即 $1/z_1+1/z_2\neq 1/f$,

$$\begin{aligned}h(x,x_0)&=\int H(x,x_2,z_2)h_f(x_2,x_1)H(x_1,x_0,z_1)\,\mathrm{d}x_1\mathrm{d}x_2\\&=\sqrt{\frac{k}{\mathrm{i}2\pi R}}\exp[\mathrm{i}k(z_1+z_2)]\exp\left\{\frac{\mathrm{i}k}{2R}\left[x^2\left(1-\frac{z_1}{f}\right)+x_0^2\left(1-\frac{z_2}{f}\right)-2x_0x\right]\right\},\end{aligned}\tag{4.5.5}$$

其中

$$R=z_1z_2\left(\frac{1}{z_1}+\frac{1}{z_2}-\frac{1}{f}\right).\tag{4.5.6}$$

当满足薄透镜成像公式时,即 $1/z_1+1/z_2=1/f$,

$$h(x,x_0)=\frac{1}{\mathrm{i}}\sqrt{\frac{z_2}{z_1}}\exp[\mathrm{i}k(z_1+z_2)]\exp\left[\frac{\mathrm{i}kx_0^2}{2(z_1-f)}\right]\delta\left(x+\frac{z_2}{z_1}x_0\right).\tag{4.5.7}$$

当 $z_1=z_2=f$ 时,

$$h(x,x_0)=F(x,x_0,f)\equiv\sqrt{k/(\mathrm{i}2\pi f)}\exp(\mathrm{i}2kf)\exp(-\mathrm{i}kxx_0/f).\tag{4.5.8}$$

2. 鬼干涉

鬼干涉方案如图 4.5-2 所示. 由热光源发出的光被分束器分为两路,在一路中光束通过双缝后抵达探测器(取样系统),在另一路中光束自由传播(参考系统). 在参考系统中,光源到探测器的距离为 z_1. 在取样系统中,双缝到光源和探测器的距离分别为 z_2 和 z_3.

设光源处的场为 $E_0(x_0)$,在探测器 D_1 和 D_2 处的场分别为 $E_1(x_1)$ 和 $E_2(x_2)$. 取样系统的脉冲响应函数 $h(x,x_0)$ 由(4.5.4)式计算,参考系统的脉冲响应函数 $H(x,x_0,z_1)$ 由(4.3.8)式定义. 假设热光源是满足(4.3.3)式空间完全非相干源,并且两个探测器到光源的光程差小于纵向相干长度,则在两个探测器处的场的一阶互关联函数为

$$\begin{aligned}\langle E_1^*(x_1)E_2(x_2)\rangle &= \int H^*(x_1,x_0,z_1)h(x_2,x_0')\langle E_0^*(x_0)E(x_0')\rangle \mathrm{d}x_0'\mathrm{d}x_0 \\ &= I_0\int H^*(x_1,x_0,z_1)h(x_2,x_0)\mathrm{d}x_0 = \frac{I_0 k}{\mathrm{i}2\pi}\sqrt{\frac{\mathrm{i}k}{2\pi z_1 z_2 z_3}}\times \\ &\quad \exp[\mathrm{i}k(z_2+z_3-z_1)]\int D(x')\times \\ &\quad \exp\left\{\frac{\mathrm{i}k}{2}\left[\frac{(x_2-x')^2}{z_3}+\frac{(x'-x_0)^2}{z_2}-\frac{(x_1-x_0)^2}{z_1}\right]\right\}\mathrm{d}x_0\mathrm{d}x'.\end{aligned} \tag{4.5.9}$$

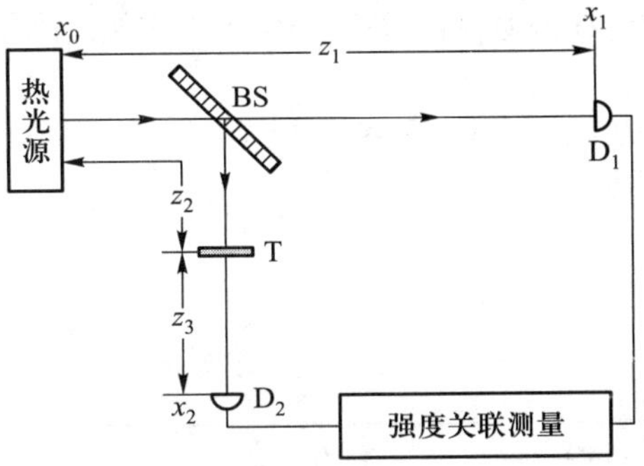

图 4.5-2 热光鬼干涉方案示意图,其中 BS 是分束器,T 是双缝

测量两个探测器记录的强度涨落的关联,根据(4.3.13)式就能得到上述一阶关联函数的模量.

下面分两种情况讨论.

1. $z_1=z_2+z_3$

$$\langle E_1^*(x_1)E_2(x_2)\rangle = \frac{I_0 k}{\mathrm{i}2\pi z_3}\exp\left[\frac{\mathrm{i}k}{2z_3}(x_2^2-x_1^2)\right]\int D(x')\exp\left[\frac{\mathrm{i}k}{z_3}(x_1-x_2)\,x'\right]\mathrm{d}x', \tag{4.5.10}$$

因此有

$$\langle \Delta I(x_1)\Delta I(x_2)\rangle = |\langle E_1^*(x_1)E_2(x_2)\rangle|^2 \propto |\tilde{D}[k(x_2-x_1)/z_3]|^2, \tag{4.5.11}$$

其中双缝函数 D 和它的傅里叶谱 $\tilde{D}$ 分别由(4.4.3)式和(4.4.7)式定义. 根据上式,物体的傅里叶谱可以通过固定取样系统探测器的位置 $x_2=0$ 和扫描参考系统探测器的位置 x_1 的强度关联测量获得. 在这种情况下,无论是近场还是远场条件都严格地得到物体的傅里叶谱,而在近场时实现了无透镜傅里叶变换.

2. $z_1\neq z_2+z_3$ 并且 $z_1\neq z_2$

$$\begin{aligned}\langle E_1^*(x_1)E_2(x_2)\rangle &= \frac{I_0 k\exp[\mathrm{i}k(z_2+z_3-z_1)]}{\mathrm{i}2\pi\sqrt{z_3(z_1-z_2)}}\exp\left[\frac{\mathrm{i}k\,(x_2-x_1)^2}{2(z_2+z_3-z_1)}\right]\times \\ &\quad \int D(x')\exp\left\{\frac{\mathrm{i}k}{2Z}\left[x'-\frac{(z_2-z_1)x_2+z_3x_1}{z_3+z_2-z_1}\right]^2\right\}\mathrm{d}x',\end{aligned} \tag{4.5.12}$$

其中

$$\frac{1}{Z}=\frac{1}{z_3}+\frac{1}{z_2-z_1}. \tag{4.5.13}$$

当 $z_2<z_1<z_2+z_3$ 满足时,有效衍射长度 Z 为负值．固定取样系统探测器的位置 $x_2=0$ 和扫描参考系统探测器的位置 x_1 作强度涨落关联测量,

$$\langle \Delta I(x_1)\Delta I(0)\rangle \propto \left|\int D(x')\exp\left[\frac{\mathrm{i}k}{2Z}\left(x'-\frac{x_1}{1+(z_2-z_1)/z_3}\right)^2\right]\mathrm{d}x'\right|^2. \tag{4.5.14}$$

当 Z 远大于物体尺度时即满足远场近似,可以忽略积分中二次相位因子的贡献,(4.5.14)式近似为

$$\langle \Delta I(x_1)\Delta I(0)\rangle \propto |\widetilde{D}[kx_1/(z_2-z_1)]|^2, \tag{4.5.15}$$

亦即物体的傅里叶谱.

3. 鬼成像

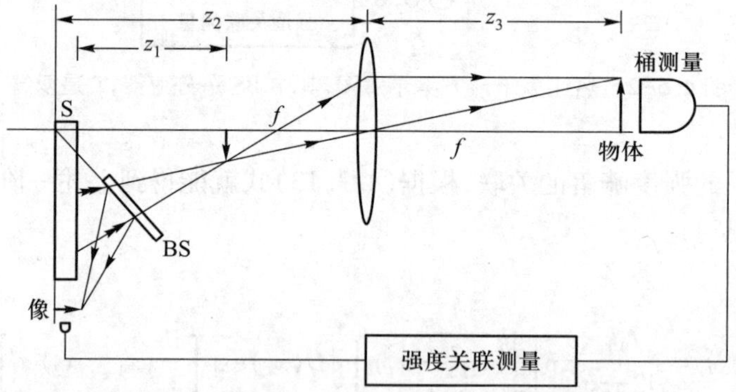

图 4.5-3　热光鬼成像方案示意图,其中 S 是热光源,BS 是分束器(Cao,2005b)

热光鬼成像方案如图 4.5-3 所示．在取样系统中,焦距为 f 的透镜距光源 S 为 z_2,距物体为 z_3. 光束通过透镜后照射物体,经过物体的光全部被一个桶探测器(bucket detector)记录,称为桶测量．在参考系统中,光束自由传播 z_1,抵达探测器．取样系统的脉冲响应函数由(4.5.1)式和(4.5.5)式级联组成

$$h_2(x_2,x_0)=\sqrt{\frac{k}{\mathrm{i}2\pi R}}\exp[\mathrm{i}k(z_2+z_3)]\times \exp\left\{\frac{\mathrm{i}k}{2R}\left[x_2^2\left(1-\frac{z_2}{f}\right)+x_0^2\left(1-\frac{z_3}{f}\right)-2x_0x_2\right]\right\}T(x_2), \tag{4.5.16}$$

其中 $T(x_2)$ 是描述物体的透射函数．参考系统的脉冲响应函数 $H(x_1,x_0,z_1)$ 由(4.3.8)式定义．在理想非相干源条件下,取样和参考系统的一阶互关联函数为

$$\langle E_1^*(x_1)E_2(x_2)\rangle = I_0\int H^*(x_1,x_0,z_1)h_2(x_2,x_0)\,\mathrm{d}x_0$$

$$= \frac{I_0 k\exp[\mathrm{i}k(z_2+z_3-z_1)]}{\mathrm{i}2\pi\sqrt{z_1 R}}\times$$

$$\int T(x_2)\exp\left\{\frac{\mathrm{i}k}{2R}\left[x_2^2\left(1-\frac{z_2}{f}\right)+x_0^2\left(1-\frac{z_3}{f}\right)-2x_0x_2\right]-\frac{\mathrm{i}k}{2z_1}(x_1-x_0)^2\right\}\mathrm{d}x_0 \qquad (4.5.17)$$

$$= \frac{I_0 k\exp[\mathrm{i}k(z_2+z_3-z_1)]}{\mathrm{i}2\pi\sqrt{z_1 R}}\exp\left\{\frac{\mathrm{i}k}{2}\left[\frac{x_2^2}{R}\left(1-\frac{z_2}{f}\right)-\frac{x_1^2}{z_1}\right]\right\}T(x_2)\times$$

$$\int\exp\left\{\frac{\mathrm{i}k}{2}x_0^2\left[\frac{1}{R}\left(1-\frac{z_3}{f}\right)-\frac{1}{z_1}\right]\right\}\exp\left[\mathrm{i}k\left(\frac{x_1}{z_1}-\frac{x_2}{R}\right)x_0\right]\mathrm{d}x_0.$$

令积分中的二次相位因子为零,

$$\frac{1}{R}\left(1-\frac{z_3}{f}\right)-\frac{1}{z_1}=0,\qquad R=z_2+z_3-\frac{z_2z_3}{f},$$

由此得到成像公式

$$\frac{1}{z_3}+\frac{1}{z_2-z_1}=\frac{1}{f}. \qquad (4.5.18)$$

在上式满足时,一阶互关联函数(4.5.17)式为

$$\langle E_1^*(x_1)E_2(x_2)\rangle = \frac{I_0\exp[\mathrm{i}k(z_2+z_3-z_1)]}{\mathrm{i}\sqrt{2\pi z_1 R}}\exp\left\{\frac{\mathrm{i}k}{2}\left[\frac{x_2^2}{R}\left(1-\frac{z_2}{f}\right)-\frac{x_1^2}{z_1}\right]\right\}\times$$
$$T(x_2)\delta\left(\frac{x_2}{R}-\frac{x_1}{z_1}\right). \qquad (4.5.19)$$

在鬼成像的强度涨落关联测量中,对取样系统执行桶测量,(4.3.13)式成为

$$\left\langle \Delta I(x_1)\int\Delta I(x_2)\,\mathrm{d}x_2\right\rangle = \int\langle\Delta I(x_1)\Delta I(x_2)\rangle\,\mathrm{d}x_2 = \int\left|\langle E^*(x_1)E(x_2)\rangle\right|^2\mathrm{d}x_2. \qquad (4.5.20)$$

将(4.5.19)式代入后得到

$$\left\langle \Delta I(x_1)\int\Delta I(x_2)\,\mathrm{d}x_2\right\rangle \propto \left|T\left(\frac{R}{z_1}x_1\right)\right|^2 = \left|T\left(\frac{z_3}{z_2-z_1}x_1\right)\right|^2. \qquad (4.5.21)$$

在扫描参考系统探测器与取样系统桶探测器的关联中,再现了物体的像.

我们看到在鬼成像中,取样系统和参考系统关联成一体. 成像公式(4.5.18)式表明,像距由透镜至光源与光源至像两段距离之差组成. 在图 4.5-3 中,我们用几何光学的方法解释这种关联. 由热光源发出具有相同波矢的光线经分束器分开后仍存在关联,使得关联像等同地处在与分束器对称的位置(图中虚线所示),并满足物体的透镜成像条件.

4. 无透镜鬼成像

当 $z_1=z_2+z_3$ 时，(4.5.18)式给出 $f\to\infty$．这表明当物体和像相对于热光源有相同距离时，成像可以不需要透镜．这也可以从图 4.5-2 看出来，当 $z_1=z_2=z$ 和 $z_3=0$ 时，(4.5.12)式为

$$\begin{aligned}\langle E_1^*(x_1)E_2(x_2)\rangle &\propto \int D(x_2)\exp\left\{\frac{\mathrm{i}k}{2z}[(x_2-x_0)^2-(x_1-x_0)^2]\right\}\mathrm{d}x_0\\&\propto D(x_2)\delta(x_1-x_2).\end{aligned} \tag{4.5.22}$$

当对物体臂的探测器作桶测量时，强度关联就得到与物体等大的像．

热光的无透镜鬼成像(lensless ghost imaging)反映了热光关联中一个重要的物理效应．当热光束被分束器分为两部分时，热光源犹如一个相位共轭镜(phase conjugate mirror)，通过强度关联发生相位共轭效应．图 4.5-4 用几何光学的方法展现热光关联发生在一对相同波矢的光线中，它们被分开后形成共轭关系．热光的无透镜成像和相位共轭镜效应是 Cao 等人首先在理论上提出的(Cao，2005b)，一年后得到实验验证(Scarcelli，2006；Basano，2006)．Cao 等还指出纠缠双光子源中两个光子的关联效应等价于一个普通平面镜，不用透镜只能形成虚像．

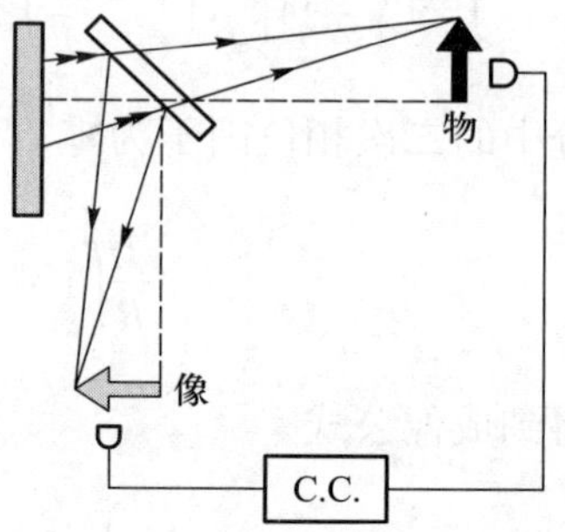

图 4.5-4 热光无透镜成像几何光学原理图．热光源如同一个相位共轭镜

5. 热光鬼干涉和鬼成像同时发生

热光关联成像效应发现后，人们试图找出它与纠缠光子对关联成像的某些本质差异．2004 年 D'Angelo 等报道了用纠缠光子源可以同时观察鬼成像和鬼干涉，其物理缘由是纠缠光子对满足 EPR 不等式(D'Angelo，2004)．然而后来的实验表明热光也可以同时实现鬼干涉和鬼成像(Ferri，2005；汪凯戈，2008)．

在图 4.5-5 的实验装置中，氦氖激光照射旋转毛玻璃形成赝热光源．热光束被分为三部分，一束通过双缝被探测器 CCD1 记录，另外两束自由传播．探测器 CCD2 与双缝距毛玻璃有相同的距离(9 cm)，另外两个探测器距毛玻璃均为 45 cm. 很明显，CCD1 与 CCD3 之间的强度关联呈现双缝的干涉条纹，而 CCD1 与 CCD2 之间的强度关联再现双缝等同的像，如图 4.5-6 所示．实验结果表明，热光源与双光子纠缠源一样也可以同时实现干涉和成像．有关物理解释将在卷Ⅲ-10.6 节中介绍．

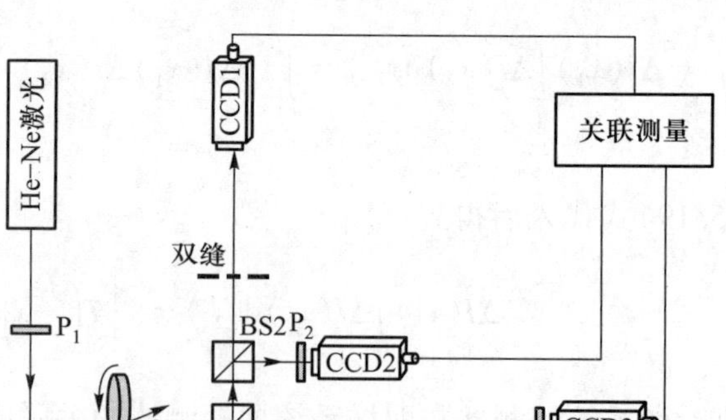

图 4.5-5 热光的同时成像和干涉实验装置图(汪凯戈，2008)

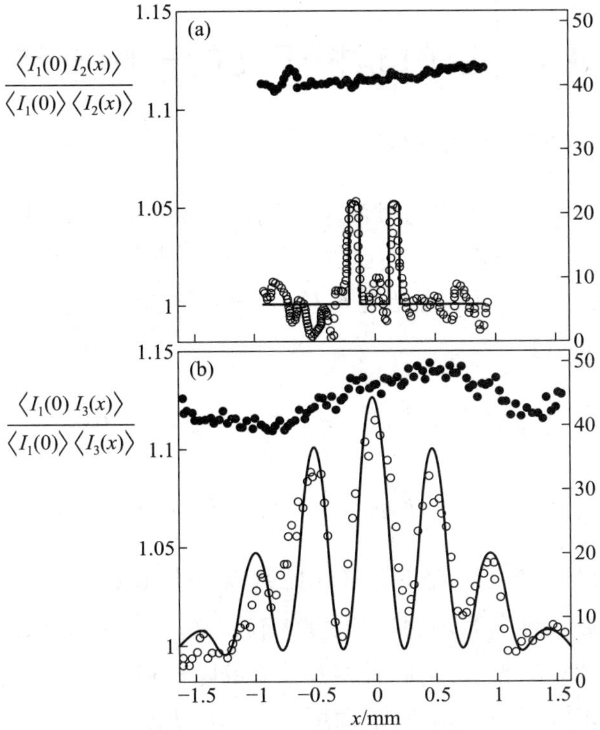

图 4.5-6 热光的同时成像(a)和干涉(b)的实验结果．强度关联测量实验数据由圆圈表示，黑点为单臂强度分布，实线为理论拟合(汪凯戈，2008)

在本方案的无透镜成像中，取样系统中的探测器没有作桶测量，而是与鬼干涉相同，测量某固定点的强度涨落．当探测器离物体较远时，物体的整体信息可以被远处的点探测记录．理论上不难证明这一点，在鬼干涉的(4.5.9)式中令 $z_1=z_2$ 得到

$$\langle E_1^*(x_1)E_2(x_2)\rangle=\frac{I_0}{\mathrm{i}2\pi}\sqrt{\frac{\mathrm{i}k}{z_3}}\exp(\mathrm{i}kz_3)\exp\left[\frac{\mathrm{i}k}{2z_3}(x_1-x_2)^2\right]T(x_1), \tag{4.5.23}$$

其中 x_1 为参考系统探测器的位置.

练　　习

1. 试推导(4.5.4)式、(4.5.5)式、(4.5.7)式和(4.5.8)式．

2. 试由(4.5.9)式推导(4.5.10)式和(4.5.12)式．

3. 试推导(4.5.17)式、(4.5.18)式和(4.5.19)式．

4. 试推导(4.5.23)式.

4.6　空间非相干光的一阶干涉

1. 需要空间相干性的干涉实验

我们已经看到空间非相干光可以通过两个探测器的强度关联实现二阶干涉,那么能否用空间非相干光实现普通的一阶干涉呢?我们以伽博的全息干涉术为例来分析这一问题.

在全息实验中,考虑在记录面上物光场 $E_T(x,t)$ 和参考光场 $E_R(x,t)$ 的干涉,它们分别来自于源场 $E_{01}(x_0,t)$ 和 $E_{02}(x_0,t)$:

$$E_T(x,t)=\int E_{01}(x_0,t-z_T/c)h_T(x,x_0)\mathrm{d}x_0, \tag{4.6.1a}$$

$$E_R(x,t)=\int E_{02}(x_0,t-z_R/c)h_R(x,x_0)\mathrm{d}x_0, \tag{4.6.1b}$$

其中 h_T 和 h_R 分别是物光路和参考光路的脉冲响应函数,z_T 和 z_R 是它们的光程. 很明显,物光与参考光发生干涉的一个必要条件是源场的一阶关联函数 $\langle E_{02}^*(x_0',t-z_R/c)E_{01}(x_0,t-z_T/c)\rangle$ 不为零. 如果两个场来自于相互独立的光源,它们有相互独立的随机相位,则该一阶关联函数恒为零. 因此发生干涉的光场必须来源于同一光源,下面用 $E_0(x_0,t)$ 表示.

干涉发生的另一个必要条件是参与干涉的两束光的光程差要小于纵向相干长度

$$|z_R-z_T|<c\tau, \tag{4.6.2}$$

其中 c 是光速,τ 是光束的相干时间. 如果上述条件不满足,$\langle E_0^*(x_0',t-z_R/c)E_0(x_0,t-z_T/c)\rangle$ 为零. 时间相干性要求也是上面介绍的热光的二阶关联效应的必要条件. 为此我们总是要求参与干涉的两光束来自于同一光源,并且它们的光程差远小于纵向相干长度,使得 $E_0(x_0,t-z_T/c)\approx E_0(x_0,t-z_R/c)\exp[-\mathrm{i}\omega(z_R-z_T)/c]$,其中 ω 是光的中心频率. 在相干时间内的两光束之间只发生一个固定的相移,它不影响干涉场的空间分布,故在计算中可以不考虑. 在该假定下,我们可以忽略光场的时间变量,干涉项表示为

$$\langle E_R^*(x)E_T(x)\rangle=\int h_R^*(x,x_0')h_T(x,x_0)\langle E_0^*(x_0')E_0(x_0)\rangle\mathrm{d}x_0\mathrm{d}x_0'. \tag{4.6.3}$$

如果光源的场具有空间完全相干性,光场任意两个空间点之间有确定的相位差,从而满足退关联 $\langle E_0^*(x_0')E_0(x_0)\rangle\to E_0^*(x_0')E_0(x_0)$. 在记录面上,两光场形成有确定空间分布的干涉项

$$E_R^*(x)E_T(x)=\int h_R^*(x,x_0')E_0^*(x_0')\mathrm{d}x_0'\times\int h_T(x,x_0)E_0(x_0)\mathrm{d}x_0. \tag{4.6.4}$$

这是我们熟知的相干光场可以发生干涉的缘由. 举一简单的例子,设光源发射理想的相干平面波,$\langle E_0^*(x_0')E_0(x_0)\rangle=E_0^*E_0$. 假定物体 $T(x_0)$ 紧邻光源,光通过物体后自由传播距离 z_T,物光路脉冲响应函数 $h_T(x,x_0)=T(x_0)H(x,x_0,z_T)$. 参考光自由传播距离 z_R,脉冲响应函数为 $H(x,x_0,$

z_{R}). 由(4.6.4)式

$$E_{\mathrm{R}}^{*}(x)E_{\mathrm{T}}(x)=\int h_{\mathrm{R}}^{*}(x,x_0')E_0^{*}\mathrm{d}x_0'\times\int h_{\mathrm{T}}(x,x_0)E_0\mathrm{d}x_0$$
$$=E_0^{*}E_0\sqrt{\frac{k}{\mathrm{i}2\pi z_{\mathrm{T}}}}\exp[\mathrm{i}k(z_{\mathrm{T}}-z_{\mathrm{R}})]\int T(x_0)\exp\left[\frac{\mathrm{i}k(x-x_0)^2}{2z_{\mathrm{T}}}\right]\mathrm{d}x_0. \quad (4.6.5)$$

干涉记录了物体的菲涅耳衍射图,在远场时,它是物体的傅里叶空间谱.

现在考虑光源的场具有空间完全非相干性,满足(4.3.3)式. 则(4.6.3)式成为

$$\langle E_{\mathrm{R}}^{*}(x)E_{\mathrm{T}}(x)\rangle=I_0\int h_{\mathrm{R}}^{*}(x,x_0)h_{\mathrm{T}}(x,x_0)\mathrm{d}x_0, \quad (4.6.6)$$

从表式本身还不能判断干涉能否发生. 我们计算上述具体例子的干涉项

$$\langle E_{\mathrm{R}}^{*}(x)E_{\mathrm{T}}(x)\rangle=I_0\int H^{*}(x,x_0,z_{\mathrm{R}})H(x,x_0,z_{\mathrm{T}})T(x_0)\mathrm{d}x_0. \quad (4.6.7)$$

如果物光和参考光有相同的衍射长度 $z_{\mathrm{T}}=z_{\mathrm{R}}$,两个脉冲响应函数的相位部分正好抵消,从而有

$$\langle E_{\mathrm{R}}^{*}(x)E_{\mathrm{T}}(x)\rangle\propto\int T(x_0)\mathrm{d}x_0. \quad (4.6.8)$$

物体的空间分布被积分消去,在干涉面上不能记录物体的全息干涉图.

通常为了满足时间相干性条件,在全息干涉中总是安排物光和参考光等光程. 在此条件下,光源的空间相干性也就同时成为发生全息干涉的条件了.请注意(4.6.8)式中的积分一般不为零,说明在空间非相干光的情况下,干涉是存在的,但不能记录物体的空间分布信息.

2. 非平衡干涉仪中的空间非相干光干涉

我们仍考虑光源具有空间完全非相干性,但假定光源有足够长的相干时间. 这样我们可以安排物光和参考光不等光程 $z_{\mathrm{T}}\neq z_{\mathrm{R}}$,但仍满足时间相干性,即 $|z_{\mathrm{T}}-z_{\mathrm{R}}|/c$ 远小于光束的相干时间. 由(4.6.7)式计算干涉项

$$\langle E_{\mathrm{R}}^{*}(x)E_{\mathrm{T}}(x)\rangle=\frac{I_0k}{2\pi\sqrt{z_{\mathrm{R}}z_{\mathrm{T}}}}\exp[\mathrm{i}k(z_{\mathrm{T}}-z_{\mathrm{R}})]\int T(x_0)\exp\left[\frac{\mathrm{i}k(x-x_0)^2}{2Z}\right]\mathrm{d}x_0, \quad (4.6.9)$$

其中有效衍射长度 Z 定义为

$$\frac{1}{Z}=\frac{1}{z_{\mathrm{T}}}-\frac{1}{z_{\mathrm{R}}}. \quad (4.6.10)$$

我们看到当物光和参考光之间有适当的光程差时,空间完全非相干光源仍能够执行干涉,并得到与(4.6.5)式类似的菲涅耳衍射,不同的是以有效衍射长度 Z 代替了物体与干涉面之间的物理距离.

非相干光干涉的实验报道首次发表在 2009 年初(Zhang,2009a),实验方案如图 4.6-1 所示. 干涉仪的输出端可由两个 CCD 探测器记录输出强度分布 $\langle I_1\rangle$ 和 $\langle I_2\rangle$

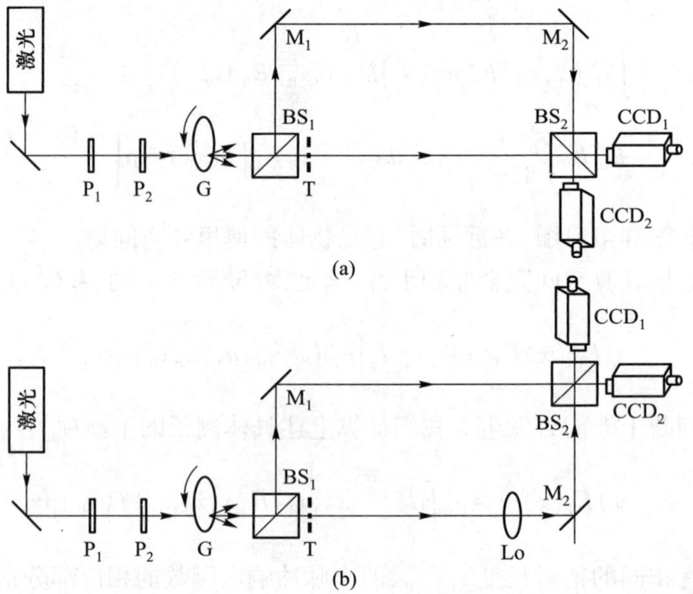

图 4.6-1　空间非相干光干涉的实验方案:(a)不等臂长的干涉仪;(b)等臂长而两臂衍射方式不同的干涉仪(Zhang,2009a)

$$\begin{aligned}\langle I_{1,2}\rangle &= \langle \mid E_{\mathrm{R}}(x) \pm E_{\mathrm{T}}(x)\mid^2\rangle \\ &= \langle \mid E_{\mathrm{R}}(x)\mid^2\rangle + \langle \mid E_{\mathrm{T}}(x)\mid^2\rangle \pm \{\langle E_{\mathrm{R}}^*(x)E_{\mathrm{T}}(x)\rangle + \mathrm{c.\,c.}\},\end{aligned} \tag{4.6.11}$$

它们包含的干涉项存在 π 相位差．因此它们之和给出物光和参考光自身的强度和,而它们之差给出净干涉项.

在图 4.6-1(a)的方案中,干涉仪由两个不相等的臂长组成,双缝放在短臂光路的近输入端.赝热光源由氦氖激光束照射旋转毛玻璃组成,它保留了激光的时间相干性,而毛玻璃的无规则散射制造了空间非相干性．如上所述,方案安排光在两臂传播的时间差小于光束的相干时间．实验结果如图 4.6-2,图 4.6-3 和图 4.6-4 所示．在图 4.6-2 中我们看到 CCD 采集单帧的干涉图呈现不规则斑图,毛玻璃的移动产生光束波前的涨落,使得各帧记录的斑图无规则涨落．当对这些不规则斑图作多次平均后,再现了双缝的全息干涉图．图 4.6-3 是经多次平均的一维干涉图.(a)和(b)是干涉仪的两个输出端的探测器分别记录的干涉条纹,它们呈现 π 相位差.而它们之和为两臂的强度分布之和,均匀的强度背景正是非相干光的特征．它们之差可以消去强度背景,提高干涉条纹的可见度．实验结果同非相干光干涉的理论模拟曲线相符合．为了进行比较,在该实验中将毛玻璃移走就得到相干光干涉的结果,如图 4.6-4 所示．显然,在相同的装置中,空间相干光和非相干光产生了不同的干涉图,这是因为空间非相干光的干涉结果是以有效衍射长度来量度.

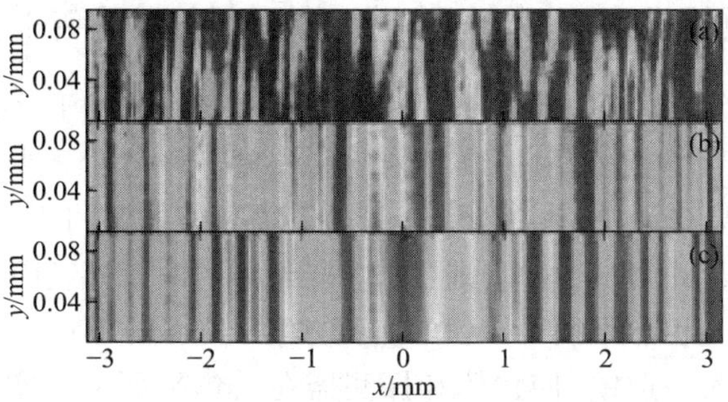

图 4.6-2 CCD 记录的二维干涉图:(a)一帧的干涉图;(b)100 帧平均的干涉图;(c)10 000 帧平均的干涉图(Zhang,2009a)

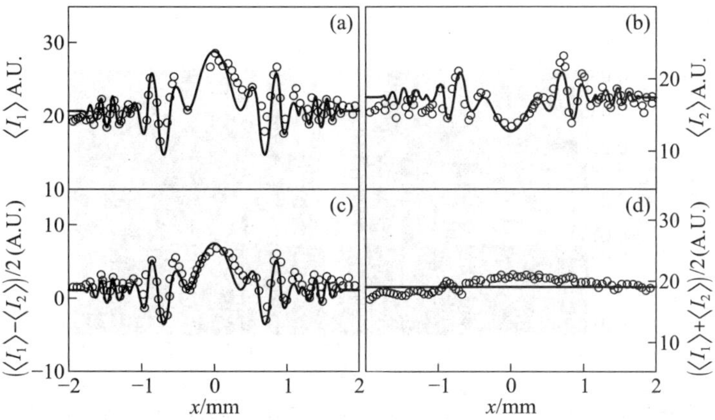

图 4.6-3 CCD 记录的一维干涉图:(a)和(b)分别为 CCD_1 和 CCD_2 记录的干涉图;(c)和(d)是它们的差与和. 圆圈为实验数据,实线为理论模拟曲线(Zhang,2009a)

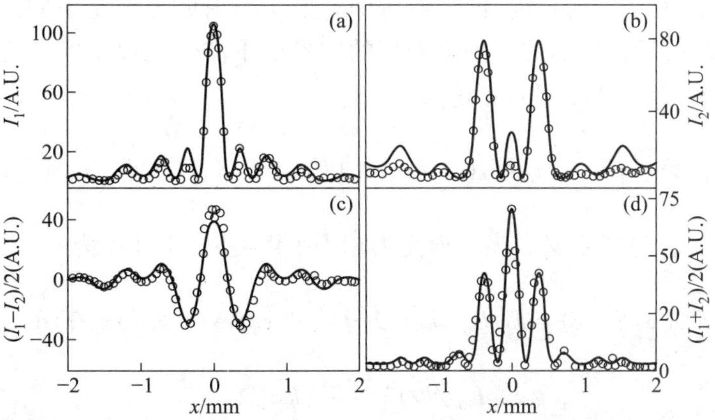

图 4.6-4 在相干光驱动情况下 CCD 记录的一维干涉图:(a)和(b)分别为 CCD_1 和 CCD_2 记录的干涉图;(c)和(d)是它们的差与和. 圆圈为实验数据,实线为理论模拟曲线(Zhang,2009a)

3. 使用真热光源的非相干光干涉——等光程非平衡干涉仪

在上述实验中使用了赝热光源,它具有时间相干性和空间非相干性,因此该非相干干涉方案并不能真正脱离相干光源．能否使用一个真热光源来实现非相干干涉呢？或者说,我们能否设计一个干涉方案,既不需要光源具有空间相干性,也不需要好的时间相干性.

由于真热光源具有很小的相干时间,则要求参与干涉的两束光经历相同的光程,为此设计了如图 4.6-1(b)所示的等光程非平衡干涉仪的实验方案．在该方案中,干涉仪的两臂具有相同的光程,但在物光臂中间放入一透镜,使物体和探测器在其焦平面上．实验中使用了三种光源照射:(a)采用氦-氖激光的赝热光源,(b)真热光源-钠灯,(c)钠灯的光束通过针孔光栏后改善了空间相干性．实验结果如图 4.6-5 所示．我们看到赝热光和真热光的干涉图十分相似,条纹间隔的微小区别是由于氦-氖激光和钠光波长不同引起的．而在同一装置中,相干光干涉图完全不同,且条纹间隔减小了一半.

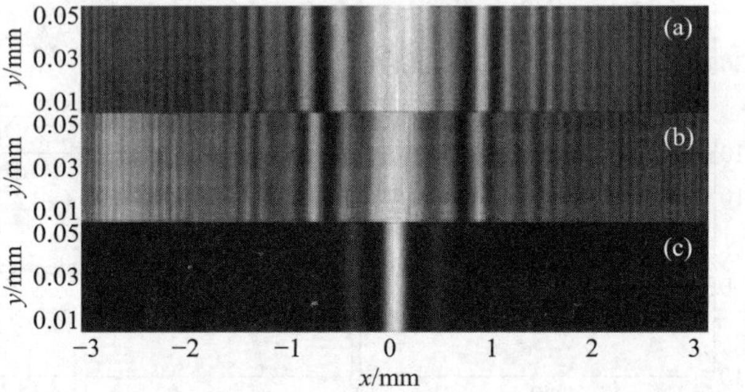

图 4.6-5　采用三种不同光源的等光程非平衡干涉仪的实验结果:(a)采用氦-氖激光的赝热光源;(b)真热光源-钠灯,无光栏遮拦;(c)钠灯,通过针孔光栏(Zhang,2009a)

上述实验证明了使用具有时间和空间非相干性的真热光源来执行非相干干涉是可行的．在本方案中,干涉仪两臂有相同的长度,但光通过两臂发生衍射的方式是不同的,一臂是自由传播衍射,另一臂是通过透镜衍射,构成一种等光程的非平衡干涉仪．以本实验为例,物体和探测器处在透镜的焦平面上,在干涉面上的光场为

$$E_{\mathrm{T}}(x)=\int h_{\mathrm{T}}(x,x_0)E_0(x_0)\,\mathrm{d}x_0=\int T(x_0)F(x,x_0,f)E_0(x_0)\,\mathrm{d}x_0, \tag{4.6.12}$$

其中 $F(x,x_0,f)$ 由(4.5.8)式定义．当入射光为相干平面波时,干涉项为

$$\begin{aligned}E_{\mathrm{R}}^*(x)E_{\mathrm{T}}(x)&=E_0^*E_0\sqrt{k/(\mathrm{i}2\pi f)}\int T(x_0)\exp(-\mathrm{i}kxx_0/f)\,\mathrm{d}x_0\\&=E_0^*E_0\sqrt{k/(\mathrm{i}f)}\ \tilde{T}(kx/f),\end{aligned} \tag{4.6.13}$$

其中 $\tilde{T}(kx/f)$ 是 $T(x)$ 的傅里叶谱.

当光源的场具有满足(4.3.3)式的空间完全非相干性时,则由(4.6.6)式,

$$\begin{aligned}\langle E_R^*(x)E_T(x)\rangle &= I_0\int H^*(x,x_0,2f)F(x,x_0,f)T(x_0)\mathrm{d}x_0 \\ &= \frac{I_0k}{2\pi f\sqrt{2}}\int T(x_0)\exp\left[-\frac{\mathrm{i}k}{4f}(x+x_0)^2\right]\mathrm{d}x_0.\end{aligned} \tag{4.6.14}$$

因此该装置可以再现物体的非涅耳衍射,衍射长度 $2f$ 恰好是物体到干涉面的距离. 上式积分中二次相位因子前的负号表示为相位反演的衍射(在下一节将详细讨论),而圆括弧中的加号(与减号比较)表示衍射斑图旋转了 180°. 在远场条件下,(4.6.14)式近似为

$$\langle E_R^*(x)E_T(x)\rangle \approx \frac{I_0k}{f\sqrt{4\pi}}\exp\left(-\frac{\mathrm{i}k}{4f}x^2\right)\tilde{T}\left(\frac{kx}{2f}\right). \tag{4.6.15}$$

与相干光结果(4.6.13)式比较,双缝傅里叶谱的条纹间隔增加了一倍.

由上述两种方案我们可以看出,实现空间非相干光干涉,关键之处是使参与干涉的两束光经历不同的衍射. 后续的研究又提出几种可行方案(Zhang,2009b;Gao,2009;Gan,2009b),下一节介绍其中之一.

4.7　空间非相干光干涉中的相位反演衍射

1. 光在几个介质中自由传播的级联衍射

近轴光在均匀介质中自由传播的菲涅耳衍射的脉冲响应函数可以表示为

$$H(x,x_0;nz,z/n) = \sqrt{\frac{k_0}{\mathrm{i}2\pi(z/n)}}\exp\left[\mathrm{i}k_0(nz)+\mathrm{i}k_0\frac{(x-x_0)^2}{2(z/n)}\right], \tag{4.7.1}$$

其中 k_0 是真空中的波矢,n 是介质的折射率. 与真空中的衍射相比较,在介质中的光程增加 n 倍,而衍射长度增加($1/n$)倍. 这一特征是构成本节非平衡干涉仪的关键所在.

现在考虑光束相继通过折射率为 n_1 和 n_2 的均匀介质的衍射,设光轴与介质的界面垂直,并不考虑界面反射效应. 由(4.5.3)式,可以计算在 n_1 介质中传播 z_1 距离再在 n_2 介质中传播 z_2 距离的脉冲响应函数

$$\begin{aligned}&\int H(x,x';n_2z_2,z_2/n_2)H(x',x_0;n_1z_1,z_1/n_1)\mathrm{d}x' \\ &= H(x,x_0;n_1z_1+n_2z_2,z_1/n_1+z_2/n_2).\end{aligned} \tag{4.7.2}$$

因此当光束自由地通过若干个均匀介质时,将各介质的光程和衍射长度分别求和,得到相同形式的总脉冲响应函数.

2. 使用介质的等光程非平衡干涉仪

根据介质中近轴光的光程与衍射长度不一致的特征,我们设计了另一种等光程非平衡干涉仪如图 4.7-1 所示. 物光臂和参考光臂有不同的物理长度,但在较短的参考臂放入一适当长度

玻璃棒使得两臂的光程相等,因此它适用于真热光源(例如钠灯). 由于在一个干涉臂引入了介质,物光和参考光将有不相等的衍射长度,使得它可以实现非相干光干涉.

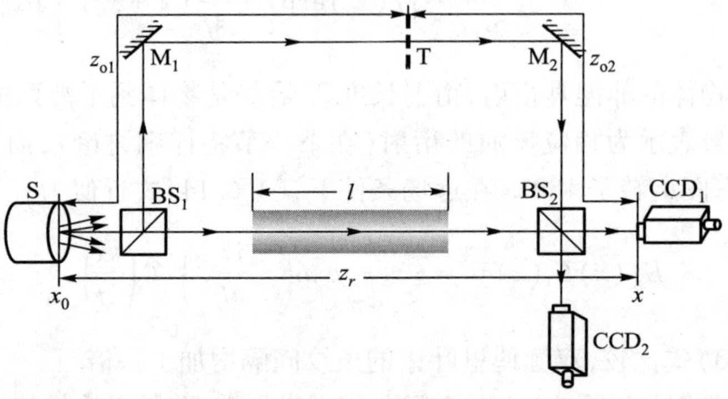

图 4.7-1 介质等光程非平衡干涉仪. S 是热光源,分束器 BS_1 和 BS_2 与平面镜 M_1 和 M_2 组成干涉仪. 物体 T 在物光臂(上臂),参考光臂(下臂)放一长为 l 的透明介质棒. 输出干涉图可以用两个 CCD 探测器分别记录(Zhang,2009b)

设 z_{o1} 和 z_{o2} 分别是物体 T 到光源和探测器的距离,z_r 和 l 分别是参考光臂和介质棒的长度. 物光臂和参考光臂的光程分别为 $z_o=z_{o1}+z_{o2}$ 和 $Z=z_r-l+nl$,其中 n 是介质折射率. 根据近轴光在级联介质中衍射的(4.7.2)式,参考光臂的脉冲相应函数为 $h_R(x,x_0)=H(x,x_0;Z,\bar{Z})$,其中 $\bar{Z}=z_r-l+l/n$是参考光臂的衍射长度. 物光臂的脉冲响应函数为

$$h_T(x,x_0)=\int H(x,x';z_{o2},z_{o2})T(x')H(x',x_0;z_{o1},z_{o1})\mathrm{d}x'. \tag{4.7.3}$$

由(4.6.6)式,干涉项为

$$\begin{aligned}\langle E_R^*(x)E_T(x)\rangle &= I_0\int H^*(x,x_0;Z,\bar{Z})H(x,x';z_{o2},z_{o2})T(x')H(x',x_0;z_{o1},z_{o1})\mathrm{d}x'\mathrm{d}x_0\\ &= I_0\int H(x,x';z_{o2},z_{o2})T(x')H(x,x';z_{o1}-Z,z_{o1}-\bar{Z})\mathrm{d}x'\\ &= I_0\sqrt{\frac{k_0}{\mathrm{i}2\pi(z_o-\bar{Z})}}\int T(x_0)H(x,x_0;z_o-Z,Z_{\mathrm{eff}})\mathrm{d}x_0,\end{aligned} \tag{4.7.4}$$

其中非平衡干涉仪的有效衍射长度 Z_{eff}定义为

$$\frac{1}{Z_{\mathrm{eff}}}=\frac{1}{z_{o2}}+\frac{1}{z_{o1}-\bar{Z}}. \tag{4.7.5}$$

当干涉仪两臂等光程时,$z_o=Z$,(4.7.4)式表示为

$$\langle E_R^*(x)E_T(x)\rangle = I_0\sqrt{\frac{k_0}{\mathrm{i}2\pi(n-1/n)l}}\int T(x_0)H(x,x_0;0,Z_{\mathrm{eff}})\mathrm{d}x_0. \tag{4.7.6}$$

当干涉仪两臂的衍射长度不相等时，$z_o \neq \bar{Z}$，Z_{eff}为有限值，(4.7.4)式和(4.7.6)式表明干涉仪在非相干光照射下可以再现物体的菲涅耳衍射．物体放在干涉仪不同的位置时，有效衍射长度 Z_{eff}可以是正值也可以是负值，分别对应于正向衍射($Z_{eff}>0$)和相位反演的衍射($Z_{eff}<0$)．当 $Z_{eff}=0$ 时，即 $z_{o1}=\bar{Z}$，意味着衍射没有发生，在干涉面上呈现物体等大的像，物体处的波面在干涉仪输出端被完全复制．

在图 4.7-1 的装置中，热光源是一个真热源钠灯，$z_o=41.8$ cm，$z_r=33.8$ cm，$l=15.5$ cm，玻璃棒的折射率 $n=1.5163$，容易验证它满足等光程条件．实验结果见图 4.7-2．当物体从远离光源处向光源逐步移动时，有效衍射长度 Z_{eff}从正值（图 4.7-2a）减小到零（图 4.7-2b），再变成负值（图 4.7-2c—e 图），我们可以看到从双缝成像，到近场衍射和远场衍射的过程．对于像双缝这样的对称物体，绝对值相同而符号相反的衍射长度其衍射图差别并不大．在图 4.7-3 中，将双缝放在非平衡干涉仪的成像位置 $z_{o1}=28.5$ cm 时，实验比较了空间非相干光和空间相干光（在钠灯前加一个针孔光栏）照射相同的干涉仪观察到完全不同的结果．实际上在相干干涉的情况下，无论物体放在什么位置都不能发生成像．

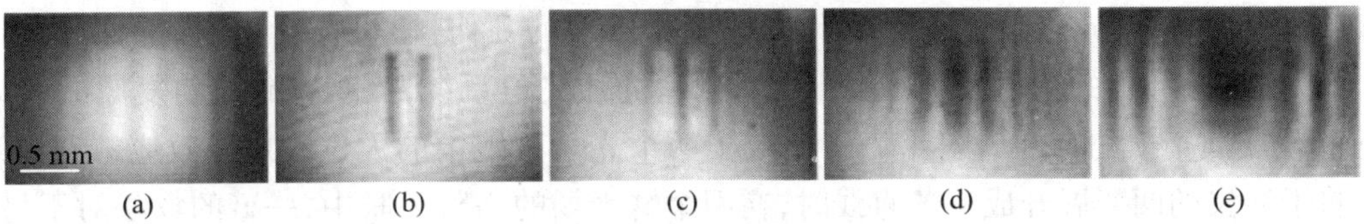

图 4.7-2 当双缝物体放在距光源 $z_{o1}=31.0, 28.5, 24.2, 20.0$ 和 10.6 cm 位置时，分别对应于 $Z_{eff}=2.0, 0, -5.7, -13.9$ 和 -42.0 cm，观察到的干涉图分别记录在(a)—(e)，其中(b)是双缝的像(Zhang, 2009b)

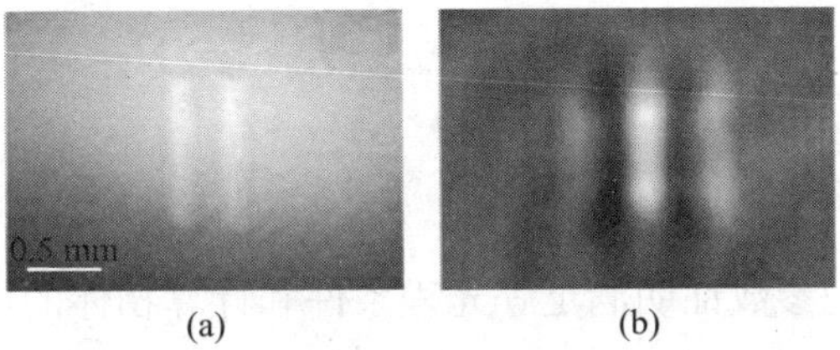

图 4.7-3 当双缝放在非平衡干涉仪的成像位置 $z_{o1}=28.5$ cm 时，(a) 用空间非相干光照射后得到双缝的像；(b) 用空间相干光照射得到双缝的干涉图(Zhang, 2009b)

3. 在非相干干涉中的相位反演的衍射

光波在几种平面型均匀介质中传播时，光的衍射使其波前不断变化，但不可能自行复原．通常藉助于曲面透镜会聚波前，实现物体的成像．最新的研究表明，有可能人工制造具有负折射率($n<0$)的材料(Veselago, 1968; Pendry, 2000)．2000 年英国学者潘德利提出，一块负折射率平板材料可以如同透镜一样使光束发生会聚和成像(Pendry, 2000)．潘德利进一步指出，光在负折射率介质(negatively refracting media)中的传播经历了时间或相位反演的衍射(phase-reversal diffraction),因此当光相继通过正折射和负折射率材料时,可能发生波前完全复原．这一现象可以用(4.7.2)式来解释,当光波相继通过一块正折射率和一块负折射率介质,并满足 $z_1/n_1+z_2/n_2=0$ 时,它的波前完全复原,如图 4.7-4a 所示．在负折射率介质中,脉冲响应函数中的负衍射长度表征了波前的时间反演或相位反演过程.

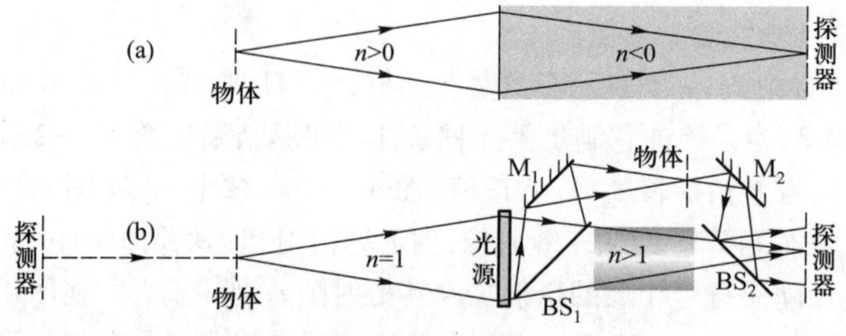

图 4.7-4　(a)负折射率介质和(b)介质非平衡干涉仪两种方案中物体成像的原理性类比(Zhang,2009b)

在上面介绍的三种非相干干涉方案中,在计算一阶干涉项时,物体的有效衍射长度都可能出现负值．尤其是在本节介绍的方案中,无须改变干涉仪的几何,通过选择物体在干涉仪中的位置,就可以实现正和负的衍射长度．类比负折射率介质光学系统,当观察到波前复原的效应时,证明了相位反演衍射的存在．图 4.7-4 比较了两个光学系统中的无透镜成像效应．在图 4.7-4b 中,将干涉仪的两臂展开成一条直线时,在两个臂光场的一阶关联中,一臂的场相对于另一臂的场是相位反演的[参见(4.6.6)式]．但与负折射率介质不同的是,关联中的每个光场自身在传播中并没有发生任何相位反演．利用相位反演衍射效应,可以创造出十分有趣的物体的光学屏蔽(optical cloaking)和幻像变换(Zhang,2010;Gan,2011).

练　　习

1. 试证明(4.7.2)式.

2. 试证明(4.7.4)式和(4.7.5)式.

3. 试用实验中干涉仪的参数证明满足等光程条件和计算物体的成像位置.

4.8　非相干空间干涉的物理特征

本章介绍的非相干光的空间干涉是传统的相干光学理论尚未涉及的新现象,我们对它们的主要物理特征作一总结.

空间干涉现象是两束光发生叠加后产生的强度分布斑图不同于这两束光单独产生的强度斑图之和．这是源于光场的时空分布具有相位属性,因此空间干涉是波的特征．对于 3.2 节定义的经典确定波,干涉将必定发生．但实际的光场都具有统计属性,只有在特定条件下才会发生干涉．我们已经知道两个光场的干涉可以用一阶关联函数 $\langle E_1^*(x,t)E_2(x,t)\rangle$ 来描述,只有当该一阶关联函数不为零时,才会发生干涉．由于两个独立光源产生的光场具有独立的相位,发生干涉的两个光场必须来自于同一光源．此外，这两个光场距光源的光程差要小于纵向相干长度，即满足时间相干性的要求．这是发生干涉的必要条件.

相干空间干涉(coherently spatial interference)指参与干涉的两个随机光场有确定的相位差，尽管每个场自身的相位随机变化．通常能发生相干空间干涉的光源有点热光源和平面相干光源.点源指光场传播的距离已远大于光源的尺度，经过长距离传播后光场的空间相干性大为改善，故有

$$\langle E_1^*(x,t)E_2(x,t)\rangle = \langle |E_1^*(x,t)E_2(x,t)|\rangle \exp[\mathrm{i}\varphi_2(x,t) - \mathrm{i}\varphi_1(x,t)], \quad (4.8.1)$$

其中 $\varphi_1(x,t)$ 和 $\varphi_2(x,t)$ 为两个场的相位分布，它们之差已不是随机变量，确定了干涉斑图．尽管点热光源存在强度涨落，但经过长距离传播后光场的强度涨落在空间分布上变化已十分平缓，它不会影响每次观察的干涉斑图的基本结构．当参与干涉的两个光场来自于同一平面相干光源时，它们有确定的相位差，同时没有强度涨落，满足完全一阶相干性

$$\langle E_1^*(x,t)E_2(x,t)\rangle = E_1^*(x,t)E_2(x,t). \quad (4.8.2)$$

因此相干空间干涉的斑图形状是完全确定的，即每一次“瞬时”观察都能获得干涉斑图确定的结构.

在本章第 6 节和第 7 节讨论的空间非相干光的一阶干涉中，参与干涉的两个光场不存在确定的相位差，(4.8.1)式和(4.8.2)式均不成立．每次单独的观察都是随机的散斑图，只有经过足够多次测量的统计平均才能得到干涉斑图，如图 4.6－2 所示．这是非相干空间干涉(incoherently spatial interference)的基本物理特征.

对于本章第 2 节—第 5 节讨论的空间非相干光的二阶干涉效应也有相同的特征，每次测量两个光场的强度之积只能看到无规则的散斑，干涉斑图出现在强度积的统计叠加中．此外在本章第 1 节引言中提到的量子纠缠双光子光源的二阶干涉也具有这种非相干干涉的特征．因此可以认为这是空间非相干光发生干涉的普遍特征.

在上述研究中已经可以看出，非相干光干涉中观察到的现象表现出比相干光更丰富的物理内容．尽管激光器已不再是奢侈品，但也尽限于某些光学波段．物理学仍需面对形形色色非相干源，例如我们期待这些方案可以运用到 X 射线全息和电子全息技术中(Gan，2009a)．如果说 20 世纪后半叶基本上是激光挑战热光，在 21 世纪初对热光关联和非相干光空间干涉问题的研究或许给我们带来新的思考和更多的应用.

参考文献

Basano L. and Ottonelloa P. (2006). Appl. Phys. Lett. **89**, 091109.

Bennink R. S., Bentley S. J., and Boyd R. W. (2002). Phys. Rev. Lett. **89**, 113601.

Bennink R. S., Bentley S. J., Boyd R. W., and Howell J. C. (2004). Phys. Rev. Lett. **92**, 033601.

Cai Y. and Zhu S. Y. (2004). Opt. Lett. **29**, 2716.

Cao D. Zh., Ge G. J., and Wang K. (2010). Appl. Phys. Lett. **97**, 051105.

"Two-photon subwavelength lithography with thermal light"

Cao D. Zh., Li Z., Zhai Y. H., and Wang K. (2005a). Eur. Phys. J. D **33**, 137.

Cao D. Zh. and Wang K. (2004). Physical Letter A **333**, 23.

Cao D. Zh., Xiong J., Tang H., Lin L. F., Zhang S. H., and Wang K. G. (2007). Phys. Rev. A **76**, 032109.

Cao D. Zh., Xiong J., and Wang K. (2005b). Phys. Rev. A **71**, 013801.

Cao D. Zh., Xiong J., Zhang S. H., Lin L. F., Gao L., and Wang K. G. (2008). Appl. Phys. Lett. **92**, 201102.

Cheng J. and Han S. S. (2004). Phys. Rev. Lett. **92**, 093903.

D' Angelo M., Kim Y. -H., Kulik S. P., and Shih Y. (2004). Phys. Rev. Lett. **92**, 233601.

Einstein A., Podolsky B., and Rosen N. (1935). Phys. Rev. **47**, 777.

Fano N. (1961). American Journal of Physics **29**, 539.

Ferri F., Magatti D., Gatti A., Bache M., Brambilla E., and Lugiato L. A. (2005). Phys. Rev. Lett. **94**, 183602.

Fonseca E. J. S., Monken C. H., and Pádua S. (1999). Phys. Rev. Lett. **82**, 2868.

Gabor D. (1948). Nature **161**, 777.

Gabor D. (1972). Science, New Series, Vol. **177**, No. 4046. (Jul. 28, 1972), pp. 299—313.

Gan Sh., Cao D. Zh., and Wang K. (2009a). Phys. Rev. A **80**, 043809.
"Dark quantum imaging with fermions"

Gan Sh., Zhang S. H., Xiong J., and Wang K. (2009b). Optics Express **17**, 23672.

Gan Sh., Zhang S. H., Zhao T., Xiong J., Zhang X., and Wang K. (2011). Appl. Phys. Lett. **98**, 111102."Cloaking of a phase object in ghost imaging"

Gao L., Xiong J., Lin L. F., Wang W., Zhang S. H., and Wang K. (2008). Opt Commun. **281**, 2838.

Gao L., Zhang S. H., Xiong J., Gan Sh., Feng L. J., Cao D. Zh., and Wang K. (2009). Phys. Rev. A **80**, 021806R.

Gatti A., Brambilla E., Bache M., and Lugiato L. A. (2004a). Phys. Rev. A **70**, 013802.

Gatti A., Brambilla E, Bache M., and Lugiato L. A. (2004b). Phys. Rev. Lett. **93**, 093602.

Hanbury-Brown R. and Twiss R. (1956a). Nature **177**, 27.

Hanbury-Brown R. and Twiss R. (1956b). Nature **178**, 1046.

Pendry J. B. (2000). Phys. Rev. Lett. **85**, 3966.

Pendry J. B. (2008) Science **322**, 71.

Pittman T. B., Shih Y. H., Strecalov D. V., and Sergienko A. V. (1995). Phys. Rev. A **52**, R3429.

Scarcelli G., Berardi V., and Shih Y. (2006). Appl. Phys. Lett. **88**, 061106.

Song X. B., Xiong J., Zhang X., and Wang K. (2010). Phys. Rev. A **82**, 033823.
"Second-order Talbot self-imaging with pseudothermal light"

Strekalov D. V., Sergienko A. V., Klyshko D. N., and Shih Y. H. (1995). Phys. Rev. Lett. **74**, 3600.

Veselago V. G. (1968). Sov. Phys. Usp. **10**, 509.

Wang K. and Cao D. Z. (2004). Phys. Rev. A **70**, 041801R.

Wang K. G., Xiong J., Gao L. (2006). Frontiers of Physics in China Vol. **1**, No. 1, 54.

Xiong J., Cao D. Z., Huang F., Li H. G., Sun X. J. and Wang K. (2005). Phys. Rev. Lett. **94**, 173601.

Zhai Y. H., Chen X. H., and Wu L. A. (2006). Phys. Rev. A **74**, 053807.

Zhai Y. H., Chen X. H., Zhang D., and Wu L. A. (2005). Phys. Rev. A **72**, 043805.

Zhang D., Zhai Y. H., Wu L. A., and Chen X. H. (2005). Opt. Lett. **30**, 2354.

Zhang S. H., Gan Sh., Cao D. Zh., Xiong J., Zhang X. and Wang K. (2009b). Phys. Rev. A **80**, 031895R.
Zhang S. H., Gan Sh., Xiong J., Zhang X., and Wang K. (2010). Phys. Rev. A **82**, 021804R.
"Illusion optics in chaotic light"
Zhang S. H., Gao L., Xiong J., Feng L. J., Cao D. Zh., and Wang K. (2009a). Phys. Rev. Lett. **102**, 073904.
顾德门,J. W. (1992).统计光学.北京:科学出版社. p. 190.
汪凯戈,曹德忠,熊俊(2008). 物理 第 37 卷,第 4 期,p. 223—232.

卷Ⅲ

光与物质相互作用的全量子理论

第一章　电磁场的量子化

在卷Ⅰ和卷Ⅱ的章节中，电磁场是用经典理论描述的，同它相互作用的原子系统则采用量子理论处理，这种方法称为半经典理论.在半经典理论甚至经典理论中，也可以使用光子的概念.在处理光和物质相互作用的大多数问题中，半经典理论是十分成功的，而且显示出朴素的物理“直观性”.辐射场同其他物质一样，要遵从量子规律，因此半经典理论不能解决光和物质作用的所有问题，如原子的自发辐射(spontaneous radiation)、兰姆移动(Lamb shift)、共振荧光(resonance fluorescence)，以及同辐射场量子噪声有关的许多问题.因此需要对辐射场也运用量子理论，这种方法称为全量子理论.近年来，理论上提出，同时实验上发现了许多辐射场的非经典行为.一方面，这些研究大大推动了全量子理论的发展，另一方面，也使人们对物质世界的量子本性的认识更为深入.应该指出，全量子理论不应该排斥半经典理论，正如电磁场的两重性——波动性和粒子性——不是互相排斥，而是互相补充.在大多数不涉及电磁场量子特征的问题中，半经典理论仍是首选方法.

1.1　经典电磁场的势，库仑规范

1. 电磁场的矢势和标势

在经典电磁理论中引入势，可以使由四个一阶方程组成的麦克斯韦方程组[卷Ⅰ(1.1.1)式]化为两个二阶方程.在适当的规范下，可使这两个方程互相独立，因而求解比较方便.由于磁感应强度 $\boldsymbol{B}$ 满足 $\nabla\cdot\boldsymbol{B}=0$，引入矢势(vector potential) $\boldsymbol{A}$，

$$\boldsymbol{B}=\nabla\times\boldsymbol{A}. \tag{1.1.1}$$

由于

$$\nabla\times\boldsymbol{E}=-\frac{\partial\boldsymbol{B}}{\partial t}=-\nabla\times\frac{\partial\boldsymbol{A}}{\partial t},\quad \nabla\times\left(\boldsymbol{E}+\frac{\partial\boldsymbol{A}}{\partial t}\right)=0, \tag{1.1.2}$$

其中 $\boldsymbol{E}$ 为电场强度.引入标势(scalar potential) ϕ，

$$\nabla\phi=-\boldsymbol{E}-\frac{\partial\boldsymbol{A}}{\partial t}, \tag{1.1.3}$$

或

$$\boldsymbol{E}=-\nabla\phi-\frac{\partial \boldsymbol{A}}{\partial t}. \tag{1.1.4}$$

将(1.1.4)式代入$\nabla\cdot\boldsymbol{E}=\rho/\varepsilon_0$得

$$-\varepsilon_0\nabla^2\phi-\varepsilon_0\nabla\cdot\left(\frac{\partial \boldsymbol{A}}{\partial t}\right)=\rho, \tag{1.1.5}$$

其中ρ为电荷密度,ε_0为真空介电常量.将(1.1.1)式代入卷Ⅰ的(1.1.1d)式,并利用卷Ⅰ的矢量公式(1.1.9)式得到

$$\nabla(\nabla\cdot\boldsymbol{A})-\nabla^2\boldsymbol{A}+\frac{1}{c^2}\frac{\partial}{\partial t}\nabla\phi+\frac{1}{c^2}\frac{\partial^2\boldsymbol{A}}{\partial t^2}=\mu_0\boldsymbol{j}, \tag{1.1.6}$$

其中$\boldsymbol{j}$为电荷密度,μ_0为真空导磁率.(1.1.5)式和(1.1.6)式是一组标势和矢势的二阶微分方程.

2. 库仑规范

(1.1.5)式和(1.1.6)式中ϕ和$\boldsymbol{A}$仍不相互独立,利用规范变换(gauge transformation)可以使方程进一步简化.由定义(1.1.1)式及(1.1.3)式,$\boldsymbol{A}$和ϕ不是唯一的,规范变换为

$$\boldsymbol{A}'=\boldsymbol{A}-\nabla\Lambda,\quad \phi'=\phi+\frac{\partial\Lambda}{\partial t}. \tag{1.1.7}$$

其中$\Lambda(\boldsymbol{r},t)$是任意函数.由(1.1.1)式和(1.1.4)式容易验证$(\boldsymbol{A},\phi)$和$(\boldsymbol{A}',\phi')$对应于相同的电场和磁场,即场满足规范变换不变性.常用的规范变换有洛伦兹规范(Lorentzian gauge)和库仑规范(Coulomb gauge).

洛伦兹规范要求$\boldsymbol{A}$和ϕ满足洛伦兹条件:

$$\nabla\cdot\boldsymbol{A}+\frac{1}{c^2}\frac{\partial\phi}{\partial t}=0, \tag{1.1.8}$$

这时(1.1.5)式和(1.1.6)式可化为互相独立且十分对称的形式:

$$\nabla^2\phi-\frac{1}{c^2}\frac{\partial^2\phi}{\partial t^2}=-\frac{\rho}{\varepsilon_0}, \tag{1.1.9}$$

$$\nabla^2\boldsymbol{A}-\frac{1}{c^2}\frac{\partial^2\boldsymbol{A}}{\partial t^2}=-\mu_0\boldsymbol{j}. \tag{1.1.10}$$

库仑规范又称辐射规范或横向规范,这是量子电动力学(quantum electrodynamics)中对辐射场量子化所采用的规范.库仑规范要求矢势满足条件

$$\nabla\cdot\boldsymbol{A}=0. \tag{1.1.11}$$

设$\boldsymbol{A}_0$是场的矢势,它不满足库仑规范条件,只要找到一个规范函数Ξ,它满足

$$\nabla^2 \Xi = \nabla \cdot \boldsymbol{A}_0. \tag{1.1.12}$$

则令

$$\boldsymbol{A} = \boldsymbol{A}_0 - \nabla \Xi, \tag{1.1.13}$$

$\boldsymbol{A}$ 就满足库仑规范条件.满足库仑规范的矢势仍不能唯一确定,如果 $\boldsymbol{A}$ 满足库仑规范,任取一个满足$\nabla^2 \Lambda=0$ 的函数 Λ 作规范变换

$$\boldsymbol{A}' = \boldsymbol{A} - \nabla \Lambda, \tag{1.1.14}$$

显然 $\boldsymbol{A}'$也满足库仑规范条件.

假如矢势 $\boldsymbol{A}$ 已满足库仑规范条件,(1.1.5)式和(1.1.6)式可以简化为

$$-\nabla^2 \phi = \rho / \varepsilon_0, \tag{1.1.15}$$

$$-\nabla^2 \boldsymbol{A} + \frac{1}{c^2}\frac{\partial}{\partial t}\nabla\phi + \frac{1}{c^2}\frac{\partial^2 \boldsymbol{A}}{\partial t^2} = \mu_0 \boldsymbol{j}. \tag{1.1.16}$$

(1.1.15)式是静电场(electrostatic field)方程,它的形式解为

$$\phi(\boldsymbol{r},t) = \frac{1}{4\pi\varepsilon_0}\int \frac{\rho(\boldsymbol{r}',t)}{|\boldsymbol{r}-\boldsymbol{r}'|}\mathrm{d}^3\boldsymbol{r}', \tag{1.1.17}$$

这是十分熟悉的库仑势表示.因此在库仑规范下的标势就是库仑势,这正是其名称的来由.上式还表明,库仑标势是瞬时建立的,不存在传播效应.

根据亥姆霍兹(Helmholtz)定理(张宗燧,1957),任何矢量场可以写为横场(transverse field)和纵场(longitudinal field)之和,横场的散度为零,而纵场的旋度为零.因此电流场可写为

$$\boldsymbol{j} = \boldsymbol{j}_{\mathrm{T}} + \boldsymbol{j}_{\mathrm{L}}, \tag{1.1.18}$$

$$\nabla \cdot \boldsymbol{j}_{\mathrm{T}} = 0, \tag{1.1.19}$$

$$\nabla \times \boldsymbol{j}_{\mathrm{L}} = 0, \tag{1.1.20}$$

$\boldsymbol{j}_{\mathrm{T}}$ 为横向电流,$\boldsymbol{j}_{\mathrm{L}}$ 为纵向电流.电流连续性方程(current continuity equation)为

$$\nabla \cdot \boldsymbol{j} = \nabla \cdot \boldsymbol{j}_{\mathrm{L}} = -\frac{\partial \rho}{\partial t}. \tag{1.1.21}$$

由(1.1.20)式,

$$\boldsymbol{j}_{\mathrm{L}} = \nabla \psi, \tag{1.1.22}$$

$$\nabla^2 \psi = \nabla \cdot \boldsymbol{j}_{\mathrm{L}} = -\frac{\partial \rho}{\partial t}, \tag{1.1.23}$$

上式和(1.1.15)式比较后可写出

$$\psi = \varepsilon_0 \frac{\partial \phi}{\partial t}, \tag{1.1.24}$$

因而纵向电流直接同标势相联系：

$$\boldsymbol{j}_{\mathrm{L}}=\varepsilon_0\nabla\frac{\partial\phi}{\partial t}=\varepsilon_0\frac{\partial}{\partial t}\nabla\phi. \tag{1.1.25}$$

将它代入矢势的方程(1.1.16)式正好可消去标势，得到独立的矢势波动方程

$$-\nabla^2\boldsymbol{A}+\frac{1}{c^2}\frac{\partial^2\boldsymbol{A}}{\partial t^2}=\mu_0\boldsymbol{j}_{\mathrm{T}}. \tag{1.1.26}$$

它的形式解为

$$\boldsymbol{A}(\boldsymbol{r},t)=\frac{\mu_0}{4\pi}\int\frac{\boldsymbol{j}_{\mathrm{T}}(\boldsymbol{r}',t')}{|\boldsymbol{r}-\boldsymbol{r}'|}\mathrm{d}^3\boldsymbol{r}', \tag{1.1.27}$$

其中

$$t'=t-|\boldsymbol{r}-\boldsymbol{r}'|/c. \tag{1.1.28}$$

由(1.1.26)式可以看出横向电流是矢势的源，矢势不像库仑标势那样瞬时产生，它存在传播效应.采用库仑规范后，原则上由场源 ρ 和 $\boldsymbol{j}$ 就可以求出 ϕ 和 $\boldsymbol{A}$，再求出 $\boldsymbol{E}$ 和 $\boldsymbol{B}$.

3. 纵场和横场

将电场和磁场也分为横场和纵场，分别用下标 T 和 L 表示.对于电场

$$\boldsymbol{E}=\boldsymbol{E}_{\mathrm{T}}+\boldsymbol{E}_{\mathrm{L}}, \tag{1.1.29}$$

$$\nabla\cdot\boldsymbol{E}_{\mathrm{T}}=\nabla\times\boldsymbol{E}_{\mathrm{L}}=0. \tag{1.1.30}$$

假定 $\boldsymbol{A}$ 满足库仑规范条件，$\boldsymbol{A}$ 本身是横场，$\boldsymbol{A}=\boldsymbol{A}_{\mathrm{T}}$.由(1.1.4)式可以立即写出电场的横场和纵场为

$$\boldsymbol{E}_{\mathrm{T}}=-\frac{\partial\boldsymbol{A}}{\partial t}, \tag{1.1.31}$$

$$\boldsymbol{E}_{\mathrm{L}}=-\nabla\phi, \tag{1.1.32}$$

容易验证它们满足(1.1.30)式.对于磁场，由于 $\nabla\cdot\boldsymbol{B}=0$，它就是横场

$$\boldsymbol{B}=\boldsymbol{B}_{\mathrm{T}}=\nabla\times\boldsymbol{A}, \tag{1.1.33}$$

$$\boldsymbol{B}_{\mathrm{L}}=0. \tag{1.1.34}$$

采用库仑规范后，得到一些十分对称的结果：电场和磁场的横向部分只同矢势相联系，它们是由电流源的横向部分引起的；电场的纵向部分（注意 $\boldsymbol{B}_{\mathrm{L}}=0$）只同标势相联系，它们是电荷源引起的.电磁场的波动效应只同横场相联系，纵场对应于静电场.因此在库仑规范下，矢势成为描述电磁运动本质的物理量.库仑规范的主要结果列于表 1.1-1.

表 1.1-1 库仑规范下的纵场和横场

	纵场(旋度为零)	横场(散度为零)
源	ρ	$\boldsymbol{j}_{\mathrm{T}}$
场方程	$-\nabla^2\phi=\rho/\varepsilon_0$	$-\nabla^2\boldsymbol{A}+(1/c^2)(\partial^2/\partial t^2)\boldsymbol{A}=\mu_0\boldsymbol{j}_{\mathrm{T}}$
场方程的解	$\phi(\boldsymbol{r},t)=\dfrac{1}{4\pi\varepsilon_0}\int\dfrac{\rho(\boldsymbol{r}',t)\mathrm{d}^3\boldsymbol{r}'}{\lvert\boldsymbol{r}-\boldsymbol{r}'\rvert}$	$\boldsymbol{A}(\boldsymbol{r},t)=\dfrac{\mu_0}{4\pi}\int\dfrac{\boldsymbol{j}_{\mathrm{T}}(\boldsymbol{r}',t')\mathrm{d}^3\boldsymbol{r}'}{\lvert\boldsymbol{r}-\boldsymbol{r}'\rvert}$, $t'=t-\dfrac{\lvert\boldsymbol{r}-\boldsymbol{r}'\rvert}{c}$
矢势	$\boldsymbol{A}_{\mathrm{L}}=0$	$\boldsymbol{A}=\boldsymbol{A}_{\mathrm{T}}$, $\nabla\cdot\boldsymbol{A}=\nabla\cdot\boldsymbol{A}_{\mathrm{T}}=0$
电场	$\boldsymbol{E}_{\mathrm{L}}=-\nabla\phi$	$\boldsymbol{E}_{\mathrm{T}}=-(\partial/\partial t)\boldsymbol{A}$
磁场	$\boldsymbol{B}_{\mathrm{L}}=0$	$\boldsymbol{B}_{\mathrm{T}}=\nabla\times\boldsymbol{A}$
电流	$\boldsymbol{j}_{\mathrm{L}}=\varepsilon_0(\partial/\partial t)\nabla\phi=-\varepsilon_0(\partial/\partial t)\boldsymbol{E}_{\mathrm{L}}$	$\boldsymbol{j}_{\mathrm{T}}$
麦克斯韦方程	$\nabla\cdot\boldsymbol{E}_{\mathrm{L}}=\rho/\varepsilon_0$ $\nabla\times\boldsymbol{E}_{\mathrm{L}}=0$ $\boldsymbol{B}_{\mathrm{L}}=0$	$\nabla\cdot\boldsymbol{E}_{\mathrm{T}}=0$ $\nabla\times\boldsymbol{E}_{\mathrm{T}}=-(\partial/\partial t)\boldsymbol{B}_{\mathrm{T}}$ $\nabla\cdot\boldsymbol{B}_{\mathrm{T}}=0$ $\nabla\times\boldsymbol{B}_{\mathrm{T}}=(1/c^2)(\partial/\partial t)\boldsymbol{E}_{\mathrm{T}}+\mu_0\boldsymbol{j}_{\mathrm{T}}$

1.2 电磁场的量子化

1. 无源腔中的经典电磁场

在本节中介绍狄拉克提出的电磁场量子化(quantization of electromagnetic field)方法(Dirac, 1927;Fermi,1932).考虑一个无源腔(passive cavity)中的自由电磁场(或称真空电磁场)(free electro-magnetic field),在腔内

$$\boldsymbol{j}_{\mathrm{T}}=0,\quad \rho=0. \tag{1.2.1}$$

在库仑规范下,矢势的方程为

$$-\nabla^2\boldsymbol{A}+\frac{1}{c^2}\frac{\partial^2\boldsymbol{A}}{\partial t^2}=0. \tag{1.2.2}$$

我们不必去关心标势,因为它如同静电场.

假定腔是边长为 L 的立方区域,并设 $\boldsymbol{A}$ 满足周期性边界条件.其实腔的形状和边界条件的具体形式并不重要,只要能比较方便地得到一组简正模(normal modes),同时在 $L\to\infty$ 时,对分离模

(separate mode)的求和变成对连续模(continuous mode)的积分(参见卷Ⅰ-2.1节).在上述假定下,矢势的一般解可以写为

$$\boldsymbol{A}(\boldsymbol{r},t)=\sum_{\boldsymbol{k}}\left[\boldsymbol{A}_{\boldsymbol{k}}(t)\mathrm{e}^{\mathrm{i}\boldsymbol{k}\cdot\boldsymbol{r}}+\boldsymbol{A}_{\boldsymbol{k}}^{*}(t)\mathrm{e}^{-\mathrm{i}\boldsymbol{k}\cdot\boldsymbol{r}}\right], \tag{1.2.3}$$

其中波矢

$$\boldsymbol{k}=(k_x,k_y,k_z),$$
$$k_x=2\pi n_x/L,\quad k_y=2\pi n_y/L,\quad k_z=2\pi n_z/L,\quad (n_x,n_y,n_z=0,\ \pm1,\ \pm2,\cdots). \tag{1.2.4}$$

将库仑规范条件$\nabla\cdot\boldsymbol{A}=0$用于(1.2.3)式后得到

$$\boldsymbol{k}\cdot\boldsymbol{A}_{\boldsymbol{k}}(t)=\boldsymbol{k}\cdot\boldsymbol{A}_{\boldsymbol{k}}^{*}(t)=0, \tag{1.2.5}$$

因此库仑规范下所定义的横场规定了简正模是横波.在给定的波矢$\boldsymbol{k}$下,$\boldsymbol{A}_{\boldsymbol{k}}$仍有两个互相独立的偏振方向.将(1.2.3)式代入(1.2.2)式,利用简正模的正交性

$$\frac{1}{V}\int\mathrm{e}^{\mathrm{i}\boldsymbol{k}_1\cdot\boldsymbol{r}}\mathrm{e}^{-\mathrm{i}\boldsymbol{k}_2\cdot\boldsymbol{r}}\mathrm{d}^3\boldsymbol{r}=\delta_{\boldsymbol{k}_1\boldsymbol{k}_2},$$

对每个简正模有

$$(\mathrm{d}^2/\mathrm{d}t^2)\boldsymbol{A}_{\boldsymbol{k}}(t)+\omega_{\boldsymbol{k}}^2\boldsymbol{A}_{\boldsymbol{k}}(t)=0, \tag{1.2.6}$$

其中

$$\omega_{\boldsymbol{k}}=c|\boldsymbol{k}|=ck. \tag{1.2.7}$$

三维谐振子方程(1.2.6)式可解出

$$\boldsymbol{A}_{\boldsymbol{k}}(t)=\boldsymbol{A}_{\boldsymbol{k}}\mathrm{e}^{-\mathrm{i}\omega_{\boldsymbol{k}}t}. \tag{1.2.8}$$

因此对于波矢为$\boldsymbol{k}$偏振为$\sigma(\sigma=1,2)$的模的矢势为

$$\boldsymbol{A}_{\boldsymbol{k},\sigma}(\boldsymbol{r},t)=\boldsymbol{A}_{\boldsymbol{k},\sigma}\mathrm{e}^{-\mathrm{i}\omega_{\boldsymbol{k}}t+\mathrm{i}\boldsymbol{k}\cdot\boldsymbol{r}}+\boldsymbol{A}_{\boldsymbol{k},\sigma}^{*}\mathrm{e}^{\mathrm{i}\omega_{\boldsymbol{k}}t-\mathrm{i}\boldsymbol{k}\cdot\boldsymbol{r}}, \tag{1.2.9}$$

腔内总矢势

$$\boldsymbol{A}(\boldsymbol{r},t)=\sum_{\boldsymbol{k}}\sum_{\sigma=1}^{2}\boldsymbol{A}_{\boldsymbol{k},\sigma}(\boldsymbol{r},t). \tag{1.2.10}$$

为了书写的简便,下面不写描述偏振的下标σ,而认为它已包含在下标$\boldsymbol{k}$之中,即$\boldsymbol{k}\to(\boldsymbol{k},\sigma)$.(1.2.10)式成为

$$\boldsymbol{A}(\boldsymbol{r},t)=\sum_{\boldsymbol{k}}\left(\boldsymbol{A}_{\boldsymbol{k}}\mathrm{e}^{-\mathrm{i}\omega_{\boldsymbol{k}}t+\mathrm{i}\boldsymbol{k}\cdot\boldsymbol{r}}+\boldsymbol{A}_{\boldsymbol{k}}^{*}\mathrm{e}^{\mathrm{i}\omega_{\boldsymbol{k}}t-\mathrm{i}\boldsymbol{k}\cdot\boldsymbol{r}}\right). \tag{1.2.11}$$

由模$\boldsymbol{k}$的矢势表式(1.2.9)式,通过(1.1.31)式和(1.1.33)式,可以写出该模的电场和磁场的表式

$$\boldsymbol{E}_{\boldsymbol{k}}(\boldsymbol{r},t)=-(\partial/\partial t)\boldsymbol{A}_{\boldsymbol{k}}(\boldsymbol{r},t)=\mathrm{i}\omega_{\boldsymbol{k}}\left(\boldsymbol{A}_{\boldsymbol{k}}\mathrm{e}^{-\mathrm{i}\omega_{\boldsymbol{k}}t+\mathrm{i}\boldsymbol{k}\cdot\boldsymbol{r}}-\boldsymbol{A}_{\boldsymbol{k}}^{*}\mathrm{e}^{\mathrm{i}\omega_{\boldsymbol{k}}t-\mathrm{i}\boldsymbol{k}\cdot\boldsymbol{r}}\right), \tag{1.2.12}$$

$$\boldsymbol{H}_k(\boldsymbol{r},t)=\frac{1}{\mu_0}\boldsymbol{B}_k(\boldsymbol{r},t)=\frac{1}{\mu_0}\nabla\times\boldsymbol{A}_k(\boldsymbol{r},t)=\frac{\mathrm{i}}{\mu_0}\boldsymbol{k}\times(\boldsymbol{A}_k\mathrm{e}^{-\mathrm{i}\omega_k t+\mathrm{i}\boldsymbol{k}\cdot\boldsymbol{r}}-\boldsymbol{A}_k^*\mathrm{e}^{\mathrm{i}\omega_k t-\mathrm{i}\boldsymbol{k}\cdot\boldsymbol{r}}).\quad(1.2.13)$$

这里的电场是指横场,与标势相联系的纵场是静态场,不必去关心,而磁场完全是横场.

2. 同一组无穷多谐振子集合的等价性

(1.2.6)式已表明,$\boldsymbol{A}_k(t)$所满足的方程是一个谐振子运动方程.不过我们要从更普遍的角度来证明自由电磁场与谐振子的等价性.

波矢为 $\boldsymbol{k}$ 的电磁波模式在腔中的能量

$$\mathscr{H}_k=\frac{1}{2}\int_V[\varepsilon_0\boldsymbol{E}_k^*(\boldsymbol{r},t)\cdot\boldsymbol{E}_k(\boldsymbol{r},t)+\mu_0\boldsymbol{H}_k^*(\boldsymbol{r},t)\cdot\boldsymbol{H}_k(\boldsymbol{r},t)]\mathrm{d}^3\boldsymbol{r},\quad(1.2.14)$$

其中电场部分的能量在利用(1.2.12)式后得到

$$\varepsilon_0\boldsymbol{E}_k^*(\boldsymbol{r},t)\cdot\boldsymbol{E}_k(\boldsymbol{r},t)=\varepsilon_0\omega_k^2\{2\boldsymbol{A}_k^*\cdot\boldsymbol{A}_k-2\mathrm{Re}[\boldsymbol{A}_k\cdot\boldsymbol{A}_k\mathrm{e}^{2(-\mathrm{i}\omega_k t+\mathrm{i}\boldsymbol{k}\cdot\boldsymbol{r})}]\}.\quad(1.2.15)$$

Re[ ]是迅速变化项,根据周期性边界条件要求的(1.2.4)式,它的空间积分为零.同样磁场部分积分不为零的项为

$$\mu_0\boldsymbol{H}_k^*(\boldsymbol{r},t)\cdot\boldsymbol{H}_k(\boldsymbol{r},t)\to(2/\mu_0)|\boldsymbol{k}\times\boldsymbol{A}_k|^2=(2/\mu_0)k^2\boldsymbol{A}_k^*\cdot\boldsymbol{A}_k,\quad(1.2.16)$$

上式用到(1.2.5)式波矢与场振幅正交.容易看出,磁场能量与电场能量完全相同,最后得到腔中模 $\boldsymbol{k}$ 的能量

$$\mathscr{H}_k=2\varepsilon_0V\omega_k^2\boldsymbol{A}_k^*\cdot\boldsymbol{A}_k,\quad(1.2.17)$$

V 是腔体积.

现在定义模式 $\boldsymbol{k}$ 的广义坐标(generalized coordinate) q_k 和广义动量(generalized momentum) p_k,

$$\begin{aligned}\boldsymbol{A}_k&=(4\varepsilon_0V\omega_k^2)^{-1/2}(\omega_kq_k+\mathrm{i}p_k)\boldsymbol{e}_k,\\ \boldsymbol{A}_k^*&=(4\varepsilon_0V\omega_k^2)^{-1/2}(\omega_kq_k-\mathrm{i}p_k)\boldsymbol{e}_k,\end{aligned}\quad(1.2.18)$$

$\boldsymbol{e}_k$为模 $\boldsymbol{k}$ 的偏振方向的单位矢量.在这样的定义下,可以实现自由电磁场和一组无穷多谐振子的等价.将(1.2.18)式代入(1.2.17)式[注],

$$\mathscr{H}_k=\frac{1}{2}(p_k^2+\omega_k^2q_k^2),\quad(1.2.19)$$

腔内的总电磁能

$$\mathscr{H}=\sum_k\mathscr{H}_k=\frac{1}{2}\sum_k(p_k^2+\omega_k^2q_k^2).\quad(1.2.20)$$

[注]在与谐振子的对应中,我们没有刻意引入质量,可看成单位质量谐振子.

在经典力学中，$\mathscr{H}$称为系统的哈密顿量，系统的运动遵从正则方程.实际上由正则方程和哈密顿量(1.2.19)式，可以还原到原来的运动方程(1.2.6)式.因此，上述推导证明了自由电磁场的运动可以正则化，其哈密顿量完全等同于一组无穷多谐振子的集合.在经典力学中，哈密顿量相同的系统是完全等价的.

3. 场量子化的方法

我们已完成了量子化步骤中的经典处理，即找到了经典哈密顿量.下面的工作是将经典物理量换成量子力学中的算符，$q_k\to$算符 q_k 和 $p_k\to$算符 p_k，并规定这些算符所遵从的对易关系(commutation relation).我们将对算符使用相同的记号，对于熟悉量子力学的人这不会发生混淆.现在定义另外一对共轭算符来代替 p_k 和 q_k，令湮没算符(annihilation operator) a_k 和产生算符(creation operator) $a_k^\dagger$ 定义为

$$a_k = \frac{1}{\sqrt{2\hbar\omega_k}}(\omega_k q_k + \mathrm{i}p_k), \tag{1.2.21a}$$

$$a_k^\dagger = \frac{1}{\sqrt{2\hbar\omega_k}}(\omega_k q_k - \mathrm{i}p_k), \tag{1.2.21b}$$

或

$$q_k = \sqrt{\hbar/(2\omega_k)}\,(a_k^\dagger + a_k), \tag{1.2.22a}$$

$$p_k = \mathrm{i}\sqrt{\hbar\omega_k/2}\,(a_k^\dagger - a_k). \tag{1.2.22b}$$

比较(1.2.21)式与(1.2.18)式可以看出，a_k与矢势算符 $\boldsymbol{A}_k$ 相对应.由(1.2.19)式和(1.2.22)式，模式 $\boldsymbol{k}$ 的哈密顿量

$$\mathscr{H}_k = \frac{1}{2}\hbar\omega_k(a_k^\dagger a_k + a_k a_k^\dagger). \tag{1.2.23}$$

现规定对易关系

$$[q_k, p_{k'}] = \mathrm{i}\hbar\delta_{kk'},\ [q_k, q_{k'}] = [p_k, p_{k'}] = 0, \tag{1.2.24}$$

或等价地

$$[a_k, a_{k'}^\dagger] = \delta_{kk'},\ [a_k, a_{k'}] = [a_k^\dagger, a_{k'}^\dagger] = 0. \tag{1.2.25}$$

因此有

$$\mathscr{H}_k = \hbar\omega_k\left(a_k^\dagger a_k + \frac{1}{2}\right), \tag{1.2.26}$$

$$\mathscr{H} = \sum_k \mathscr{H}_k = \sum_k \hbar\omega_k\left(a_k^\dagger a_k + \frac{1}{2}\right). \tag{1.2.27}$$

由(1.2.18)式和(1.2.21)式可得到对应的矢势算符

$$A_k = \left(\frac{\hbar}{2\varepsilon_0 V\omega_k}\right)^{1/2} a_k \boldsymbol{e}_k,\ \boldsymbol{A}_k^\dagger = \left(\frac{\hbar}{2\varepsilon_0 V\omega_k}\right)^{1/2} a_k^\dagger \boldsymbol{e}_k \tag{1.2.28}$$

将它代入(1.2.9)式、(1.2.12)式和(1.2.13)式得到模式 $\boldsymbol{k}$ 的矢势、电场和磁场算符分别为

$$\boldsymbol{A}_k(\boldsymbol{r},t) = \boldsymbol{A}_k^{(+)}(\boldsymbol{r},t) + \boldsymbol{A}_k^{(-)}(\boldsymbol{r},t) = \left(\frac{\hbar}{2\varepsilon_0 V\omega_k}\right)^{1/2}(a_k \mathrm{e}^{-\mathrm{i}\omega_k t + \mathrm{i}\boldsymbol{k}\cdot\boldsymbol{r}} + a_k^\dagger \mathrm{e}^{\mathrm{i}\omega_k t - \mathrm{i}\boldsymbol{k}\cdot\boldsymbol{r}})\boldsymbol{e}_k, \tag{1.2.29}$$

$$\boldsymbol{E}_k(\boldsymbol{r},t) = \boldsymbol{E}_k^{(+)}(\boldsymbol{r},t) + \boldsymbol{E}_k^{(-)}(\boldsymbol{r},t) = \mathrm{i}\left(\frac{\hbar\omega_k}{2\varepsilon_0 V}\right)^{1/2}(a_k \mathrm{e}^{-\mathrm{i}\omega_k t + \mathrm{i}\boldsymbol{k}\cdot\boldsymbol{r}} - a_k^\dagger \mathrm{e}^{\mathrm{i}\omega_k t - \mathrm{i}\boldsymbol{k}\cdot\boldsymbol{r}})\boldsymbol{e}_k, \tag{1.2.30}$$

$$H_k(\boldsymbol{r},t) = H_k^{(+)}(\boldsymbol{r},t) + H_k^{(-)}(\boldsymbol{r},t) = \mathrm{i}\left(\frac{\hbar c^2}{2\mu_0 V\omega_k}\right)^{1/2}(a_k \mathrm{e}^{-\mathrm{i}\omega_k t + \mathrm{i}\boldsymbol{k}\cdot\boldsymbol{r}} - a_k^\dagger \mathrm{e}^{\mathrm{i}\omega_k t - \mathrm{i}\boldsymbol{k}\cdot\boldsymbol{r}})(\boldsymbol{k}\times\boldsymbol{e}_k). \tag{1.2.31}$$

这些式子中的第一项为正频分量(positive frequency component),第二项为负频分量(negative frequency component).这些算符显含时间,因此实际上是在海森伯绘景中自由电磁场的演化.自由场是指不同任何物质发生相互作用时的电磁场.若要换成薛定谔绘景,只要令 $t=0$ 即可.令

$$\mathscr{E}_k \equiv \left(\frac{\hbar\omega_k}{2\varepsilon_0 V}\right)^{1/2}, \tag{1.2.32}$$

它具有电场强度的量纲,从(1.2.30)式可看出,它表示(湮没或产生)一个光子所具有的场强.有些书和文献上将电场(或磁场)算符表示为

$$\boldsymbol{E}_k = \boldsymbol{E}_k^{(+)} + \boldsymbol{E}_k^{(-)} = \mathscr{E}_k(a_k \mathrm{e}^{-\mathrm{i}\omega_k t + \mathrm{i}\boldsymbol{k}\cdot\boldsymbol{r}} + a_k^\dagger \mathrm{e}^{\mathrm{i}\omega_k t - \mathrm{i}\boldsymbol{k}\cdot\boldsymbol{r}})\boldsymbol{e}_k, \tag{1.2.33}$$

也是完全等价的,实际上将上式中的 a_k 换成 $\mathrm{i}a_k$ 就得到(1.2.30)式的形式.这两种表示的电场算符有 $\pi/2$ 的相位差.

上面的场算符均采用行波模(travelling-wave mode)表示,在法布里-珀罗腔中驻波模(stationary-wave mode)表示为

$$E_k = \mathscr{E}_k^{(\mathrm{S})}(a_k + a_k^\dagger)\sin kz, \qquad \mathscr{E}_k^{(\mathrm{S})} \equiv \sqrt{2}\mathscr{E}_k, \tag{1.2.34}$$

$\mathscr{E}_k^{(\mathrm{S})}$ 为驻波模的每个光子场强.

自由场的量子化问题解决后,就容易写出有源场的哈密顿量

$$\mathscr{H} = \mathscr{H}_{\mathrm{F}} + \mathscr{H}_{\mathrm{A}} + \mathscr{H}_{\mathrm{I}}, \tag{1.2.35}$$

其中 $\mathscr{H}_{\mathrm{F}}$ 是真空场的哈密顿量,$\mathscr{H}_{\mathrm{A}}$ 是源(例如原子)的哈密顿量,$\mathscr{H}_{\mathrm{I}}$ 是它们相互作用的哈密顿量.

4. 连续模的对易关系

上面在有限空间的光学腔中定义的电磁场模是分离模.腔的引入只是提供一种数学表示手段,场量子化方法也可在自由空间进行,电磁场模成为连续模.实际上令腔的尺寸趋于无穷大,分离模应趋于连续模表示.为此,我们可以采用卷 I 2.1 节中的模式密度公式(2.1.14)式,电磁场(给定偏振方向)展开为

$$
\begin{aligned}
E(\boldsymbol{r},t) &= \sum_{\boldsymbol{k}} E_{\boldsymbol{k}}(\boldsymbol{r},t) \rightarrow \left(\frac{L}{2\pi}\right)^3 \int E_{\boldsymbol{k}}(\boldsymbol{r},t)\,\mathrm{d}^3\boldsymbol{k} \\
&= \mathrm{i}\left(\frac{L}{2\pi}\right)^3 \left(\frac{1}{V}\right)^{1/2} \int \left(\frac{\hbar\omega_{\boldsymbol{k}}}{2\varepsilon_0}\right)^{1/2} \left(a_{\boldsymbol{k}}\mathrm{e}^{-\mathrm{i}\omega_{\boldsymbol{k}}t+\mathrm{i}\boldsymbol{k}\cdot\boldsymbol{r}} - a_{\boldsymbol{k}}^{\dagger}\mathrm{e}^{\mathrm{i}\omega_{\boldsymbol{k}}t-\mathrm{i}\boldsymbol{k}\cdot\boldsymbol{r}}\right)\mathrm{d}^3\boldsymbol{k} \\
&= \frac{\mathrm{i}}{(2\pi)^{3/2}} \left(\frac{L}{2\pi}\right)^{3/2} \int \left(\frac{\hbar\omega_{\boldsymbol{k}}}{2\varepsilon_0}\right)^{1/2} \left(a_{\boldsymbol{k}}\mathrm{e}^{-\mathrm{i}\omega_{\boldsymbol{k}}t+\mathrm{i}\boldsymbol{k}\cdot\boldsymbol{r}} - a_{\boldsymbol{k}}^{\dagger}\mathrm{e}^{\mathrm{i}\omega_{\boldsymbol{k}}t-\mathrm{i}\boldsymbol{k}\cdot\boldsymbol{r}}\right)\mathrm{d}^3\boldsymbol{k}.
\end{aligned}
\tag{1.2.36}
$$

现定义有量纲的连续模场湮没和产生算符:

$$
\left(\frac{L}{2\pi}\right)^{3/2} a_{\boldsymbol{k}} \rightarrow a_{\boldsymbol{k}}, \quad \left(\frac{L}{2\pi}\right)^{3/2} a_{\boldsymbol{k}}^{\dagger} \rightarrow a_{\boldsymbol{k}}^{\dagger}, \tag{1.2.37}
$$

对易关系(1.2.25)式成为

$$
[a_{\boldsymbol{k}}, a_{\boldsymbol{k}'}^{\dagger}] = \delta(\boldsymbol{k}-\boldsymbol{k}'), \tag{1.2.38a}
$$

$$
[a_{\boldsymbol{k}}, a_{\boldsymbol{k}'}] = [a_{\boldsymbol{k}}^{\dagger}, a_{\boldsymbol{k}'}^{\dagger}] = 0. \tag{1.2.38b}
$$

电磁场展开(1.2.36)式为

$$
E(\boldsymbol{r},t) = \frac{\mathrm{i}}{(2\pi)^{3/2}} \int \left(\frac{\hbar\omega_{\boldsymbol{k}}}{2\varepsilon_0}\right)^{1/2} \left(a_{\boldsymbol{k}}\mathrm{e}^{-\mathrm{i}\omega_{\boldsymbol{k}}t+\mathrm{i}\boldsymbol{k}\cdot\boldsymbol{r}} - a_{\boldsymbol{k}}^{\dagger}\mathrm{e}^{\mathrm{i}\omega_{\boldsymbol{k}}t-\mathrm{i}\boldsymbol{k}\cdot\boldsymbol{r}}\right)\mathrm{d}^3\boldsymbol{k}, \tag{1.2.39}
$$

它不依赖于腔尺寸.

练　习

1. 利用(1.2.17)式和(1.2.18)式推导(1.2.19)式.

1.3 粒子数态

1. 一维简谐振子

上一节表明自由电磁场同一组无穷多谐振子集合的等价性.由(1.2.27)式,不同模式的谐振子之间无相互作用,是完全独立的.因此只需讨论一个振子的情况,下面将省略模式指标 $\boldsymbol{k}$.一维谐振子问题在量子力学基础中已详尽讨论过,我们引用其主要结果.

令粒子数算符

$$
N = a^{\dagger}a, \tag{1.3.1}
$$

谐振子的哈密顿量为

$$
H = \hbar\omega\left(N + \frac{1}{2}\right), \tag{1.3.2}
$$

它的能量本征态,也就是粒子数算符的本征态,称为粒子数态(number state)

$$H|n\rangle = E_n|n\rangle, \tag{1.3.3}$$

$$E_n = \hbar\omega\left(n + \frac{1}{2}\right), \tag{1.3.4}$$

$$N|n\rangle = n|n\rangle, \tag{1.3.5}$$

E_n是能量本征值. $|0\rangle$是谐振子的基态,即真空态(vacuum state),对应的能量本振值为$\frac{1}{2}\hbar\omega$,称为真空态的零点能.这是经典理论和量子理论的重要区别,在量子描述中,谐振子不可能处在绝对静止的能量为零的状态,它存在真空涨落.

当用湮没算符和产生算符作用于粒子数态时,得到湮没和产生一个粒子的作用:

$$a|n\rangle = \sqrt{n}|n-1\rangle, \tag{1.3.6}$$

$$a^{\dagger}|n\rangle = \sqrt{n+1}|n+1\rangle. \tag{1.3.7}$$

湮没算符作用于真空态,得到希尔伯特空间(Hilbert space)中的零矢量

$$a|0\rangle = 0. \tag{1.3.8}$$

重复使用(1.3.7)式,由真空态生成粒子数态

$$|n\rangle = \frac{1}{\sqrt{n!}}(a^{\dagger})^n|0\rangle. \tag{1.3.9}$$

粒子数态$|n\rangle$是正交归一的,其全体构成完备集(complete set)

$$\langle n|m\rangle = \delta_{nm}, \quad \sum_n |n\rangle\langle n| = 1. \tag{1.3.10}$$

任何态矢或算符可用它展开

$$|\psi\rangle = \sum_n |n\rangle\langle n|\psi\rangle, \tag{1.3.11}$$

$$A = \sum_{m,n} |m\rangle\langle m|A|n\rangle\langle n| = \sum_{m,n} A_{mn}|m\rangle\langle n|, \tag{1.3.12}$$

$A_{mn}=\langle m|A|n\rangle$是算符$A$在粒子数态表示中的矩阵元.对于湮没和产生算符,非零矩阵元中只有

$$\langle n-1|a|n\rangle = \sqrt{n}, \tag{1.3.13}$$

$$\langle n+1|a^{\dagger}|n\rangle = \sqrt{n+1}. \tag{1.3.14}$$

2. 福克态空间

粒子数态作为基组成的空间在量子场论中称为福克态空间,粒子数态又称福克态(Fock state).由

于自由电磁场的模是相互独立的,场的总哈密顿量的本征态可以写成各模本征态的直积形式

$$\left|n_{k_1}\right\rangle\left|n_{k_2}\right\rangle\cdots=\left|n_{k_1},n_{k_2}\cdots\right\rangle\equiv\left|\{n_k\}\right\rangle, \tag{1.3.15}$$

表示 $\boldsymbol{k}_1$ 模有 n_{k_1} 个光子,$\boldsymbol{k}_2$ 模有 n_{k_2} 个光子….显然它是总粒子数算符

$$N=\sum N_k=\sum a_k^{\dagger}a_k \tag{1.3.16}$$

的本征态,

$$N\left|\{n_k\}\right\rangle=\left(\sum n_k\right)\cdot\left|\{n_k\}\right\rangle, \tag{1.3.17}$$

$\sum n_k$ 是所有模的总占有粒子数.能量本征态的基态称为真空态

$$\left|0\right\rangle\equiv\left|\{0_k\}\right\rangle, \tag{1.3.18}$$

其中所有模的占有数均为零.

$\boldsymbol{k}_i$ 模湮没和产生算符对福克态作用后

$$a_{k_i}\left|n_{k_1},n_{k_2},\cdots,n_{k_i},\cdots\right\rangle=\sqrt{n_{k_i}}\left|n_{k_1},n_{k_2},\cdots,(n_{k_i}-1),\cdots\right\rangle, \tag{1.3.19}$$

$$a_{k_i}^{\dagger}\left|n_{k_1},n_{k_2},\cdots,n_{k_i},\cdots\right\rangle=\sqrt{n_{k_i}+1}\left|n_{k_1},n_{k_2},\cdots,(n_{k_i}+1),\cdots\right\rangle. \tag{1.3.20}$$

仿照(1.3.9)式有

$$\left|\{n_k\}\right\rangle=\prod_k\frac{1}{\sqrt{n_k!}}(a_k^{\dagger})^{n_k}\left|0\right\rangle. \tag{1.3.21}$$

福克态的全体构成完备集

$$\sum_{\{n_k\}}\left|\{n_k\}\right\rangle\left\langle\{n_k\}\right|=1, \tag{1.3.22}$$

按照(1.3.11)式和(1.3.12)式的方法,任何电磁场的态和物理量算符可以用福克态展开.

对于单模电磁场,每个能量本征态对应一个能量,没有能量简并.而对多模电磁场,可能存在能量简并,即多个状态对应同一能量值.当由分离模趋于连续模时,简并数趋于无穷.

福克态表示在量子场论中被广泛用于少数光子同其他基本粒子的相互作用.对于福克态,电磁场的能量值完全确定,而相位信息完全丧失.容易看出,电场算符(1.2.30)式在福克态中的期望值为零:

$$\left\langle\{n_k\}\right|E\left|\{n_k\}\right\rangle=0, \tag{1.3.23}$$

因为湮没和产生算符在福克态表示中的对角元为零,

$$\left\langle n\right|a\left|n\right\rangle=\left\langle n\right|a^{\dagger}\left|n\right\rangle=0. \tag{1.3.24}$$

自然,这并不意味着不存在电场,因为电磁能量的期望值不为零.实际上它反映了福克态的相位

完全不确定，对于每次测量，有一个可能的电场值，但其系综平均值为零．在后面将会看到，在量子光学中涉及大量光子的问题更适合使用含有相位信息的表示——相干态表示．

3．"光子"概念和零点能的发散

电磁场量子化得到能量的分离值称为光量子，简称光子．光子是在频率-波矢空间中定义的，具有非定域性，谈不上位置和速度．当将"光子"想象成具有光速运动的"粒子"时，有时会得到错误的结论，因为你使用了经典粒子的概念．

能量本征态的基态称为真空态，对应的能量本征值称为零点能．当由分离模过渡到连续模时，可以用卷Ⅰ(2.1.11)式给出的单位体积的模式密度来计算零点能，

$$\sum_k \frac{1}{2}\hbar\omega_k \to \int \frac{V\hbar\omega^3}{2\pi^2 c^3}\mathrm{d}\omega. \tag{1.3.25}$$

因 ω 无上界，积分是高度发散的．零点能的发散问题是量子电动力学理论的一个缺陷．尽管如此，在实际使用时，它没有引起问题，因为与实验测量相联系的是能量的改变值．即使能直接测量零点能本身，由于任何探测装置都只有有限的带宽，也不可能测出无穷大的结果．

场的零点起伏可以解释原子的自发辐射现象．处于激发态的原子可看成处在场的真空态中，由于真空态的零点起伏，使激发态不能稳定而发生衰变，详细的理论将在第4章第6节讨论．

练　习

1. 写出 a 和 $a^\dagger$ 在福克态空间中的矩阵表示．

参 考 文 献

Dirac P. A. M. (1927). Proc. Roy. Soc. A **114**, p. 243.

Fermi E. (1932). Rev. Mod. Phys. **4**, p. 87.

张宗燧 (1957). 电动力学和狭义相对论. 北京：科学出版社. p. 39.

第二章　相干态表示

在经典理论中,可以使用复数描述电磁场,复数的模和幅角分别表示场的振幅和相位.如上一章所述,在量子理论中当电磁场处在粒子数态时,粒子数可以表示场的强度,即振幅的平方.但粒子数态的相位完全不确定,因此粒子数态不可能同经典描述相对应.能否在量子理论中也构造这样一个量子态,它的特征参数是复数,可以同经典场描述对应?这个问题在量子光学发展的早期已经解决,并发展成一套完整的理论体系——相干态表示(coherent state representation).

相干态(coherent state)问题的研究可以追溯到量子力学建立的早期,1926 年薛定谔提出了"最小不确定态"(the minimum uncertainty state)的问题(Schördinger,1926),它实际上就是相干态.由于缺乏进一步发展的基础,它被搁置了近 40 年.直到 60 年代激光出现后,促使了光相干量子理论的发展.1963 年,格劳勃(Glauber)和苏达善(Sudarshan)将最小不确定态引申为相干态(Glauber,1963;Sudarshan,1963),它可以充分反映出场的相位信息,使得一个量子化场可以同经典场进行类比和对应.格劳勃由于对光的相干理论的贡献,于 2005 年获诺贝尔物理学奖.

2.1 相　干　态

1. 最小不确定态

不确定关系是量子力学基本原理之一.如果有两个不对易的算符,例如位置和动量,遵从对易关系

$$[q,p]=i\hbar, \tag{2.1.1}$$

则有不确定关系

$$\langle(\Delta q)^2\rangle\langle(\Delta p)^2\rangle\geqslant\frac{1}{4}\hbar^2, \tag{2.1.2}$$

其中偏差

$$\Delta q=q-\langle q\rangle,\quad \Delta p=p-\langle p\rangle. \tag{2.1.3}$$

不确定关系反映了量子力学同经典力学的基本区别.由于 $\hbar$ 是一个很小的量,对于宏观物体的运动,不确定关系几乎不起作用,因此可以用经典力学描述.但对于微观粒子的运动,就必须考虑这

一关系.可以想象,如果令 $\hbar\to 0$,则量子力学也就趋于经典力学.

不确定关系式对任意量子态都成立.如果有一个态,使不确定关系取极小,即(2.1.2)式取等号,这个态就称为最小不确定态.根据上面的理解,可以认为这是最接近经典情况的量子态.为求最小不确定态的波函数,先回顾不确定关系的推导过程.令

$$I(\xi)=\int\left|\xi(\Delta q)\psi+\mathrm{i}(\Delta p)\psi\right|^2\mathrm{d}\boldsymbol{v}\geqslant 0, \tag{2.1.4}$$

ξ 是实参数,经展开后

$$I(\xi)=\left\langle(\Delta q)^2\right\rangle\xi^2-\hbar\xi+\left\langle(\Delta p)^2\right\rangle\geqslant 0, \tag{2.1.5}$$

其中用到对易关系式(2.1.1).欲使上式对所有的实数 ξ 成立,必有判别式

$$\hbar^2-4\langle(\Delta q)^2\rangle\langle(\Delta p)^2\rangle\leqslant 0, \tag{2.1.6}$$

即为不确定关系.若有一波函数 ψ 使上式取等号,方程 $I(\xi)=0$ 有两个相同的实根 ξ.根据(2.1.4)式,该波函数一定满足

$$\xi(\Delta q)\psi+\mathrm{i}(\Delta p)\psi=0, \tag{2.1.7}$$

或

$$(p-\langle p\rangle)\psi=\mathrm{i}\xi(q-\langle q\rangle)\psi. \tag{2.1.8}$$

在波函数的 Q 表示中,上式为

$$-\mathrm{i}\hbar\frac{\mathrm{d}}{\mathrm{d}q}\psi(q)=\left[\mathrm{i}\xi(q-\langle q\rangle)+\langle p\rangle\right]\psi(q). \tag{2.1.9}$$

若令复数

$$\alpha=\frac{1}{\sqrt{2\hbar\xi}}(\xi\langle q\rangle+\mathrm{i}\langle p\rangle), \tag{2.1.10}$$

(2.1.9)式化为

$$\frac{\mathrm{d}}{\mathrm{d}q}\psi(q)=\left(-\frac{\xi}{\hbar}q+\sqrt{\frac{2\xi}{\hbar}}\alpha\right)\psi(q). \tag{2.1.11}$$

这个方程容易求积

$$\psi(q)=N\mathrm{e}^{-\frac{\xi}{2\hbar}q^2+\sqrt{\frac{2\xi}{\hbar}}\alpha q}, \tag{2.1.12}$$

N 是归一化常量.这是最小不确定态在 Q 表示中的波函数,将它代入(2.1.2)式可以验证不确定关系中等号成立.位置变量 q 的概率密度

$$\left|\psi(q)\right|^2=\left|N\right|^2\mathrm{e}^{-\frac{\xi}{\hbar}q^2+\sqrt{\frac{2\xi}{\hbar}}(\alpha+\alpha^*)q}=\left|N\right|^2\mathrm{e}^{-\frac{\xi}{\hbar}q^2+2\frac{\xi}{\hbar}\langle q\rangle q}=\left|N'\right|^2\mathrm{e}^{-\frac{\xi}{\hbar}(q-\langle q\rangle)^2}, \tag{2.1.13}$$

它表明最小不确定态的概率分布是一个中心位于$\langle q\rangle$处、宽度与ξ有关的高斯型波包.

2. 相干态——湮没算符的本征态

最小不确定态满足(2.1.7)式,它可写为

$$(\xi q+\mathrm{i}p)\psi=(\xi\langle q\rangle+\mathrm{i}\langle p\rangle)\psi, \tag{2.1.14}$$

ψ是算符$\xi q+\mathrm{i}p$的本征态,本征值为$\xi\langle q\rangle+\mathrm{i}\langle p\rangle$.该算符与谐振子湮没算符(1.2.21)式有相同的形式,当最小不确定态的参数ξ等于谐振子的频率时

$$a=\frac{1}{\sqrt{2\hbar\omega}}(\omega q+\mathrm{i}p), \tag{2.1.15}$$

$$a\psi=\frac{1}{\sqrt{2\hbar\omega}}(\omega\langle q\rangle+\mathrm{i}\langle p\rangle)\psi. \tag{2.1.16}$$

因此,满足$\xi=\omega$的最小不确定态是频率为ω的谐振子湮没算符的本征态.现在令

$$\alpha=\frac{1}{\sqrt{2\hbar\omega}}(\omega\langle q\rangle+\mathrm{i}\langle p\rangle), \tag{2.1.17}$$

(2.1.16)式可简写为

$$a|\alpha\rangle=\alpha|\alpha\rangle. \tag{2.1.18}$$

相干态定义为谐振子湮没算符a的本征态$|\alpha\rangle$,它也是一个最小不确定态,对应的本征值α在复数域.在电磁场的量子描述中,a表示电场算符的正频分量.但因为a不是厄米算符,在量子力学中,它不属于物理上的可观测量.因此当电磁场处于相干态时,我们不能说电场振幅有确定的值α.实际上构成非厄米算符a的两个厄密算符是不对易的,两者不可能同时有精确的值.此外需要注意的是,参数$\xi\neq\omega$的最小不确定态,不是频率为ω的谐振子湮没算符的本振态,因而不能成为上述定义下的相干态,因此有人将最小不确定态统称为广义相干态(generalized coherent state).

3. 相干态在简谐势作用下的时间演化

设系统哈密顿量为频率ω的简谐势

$$H=\hbar\omega\left(a^{\dagger}a+\frac{1}{2}\right). \tag{2.1.19}$$

在海森伯绘景(Heisenberg picture)(H 绘景)中的算符与薛定谔绘景(Schördinger picture)(S 绘景)中算符的关系为

$$a_{\mathrm{H}}(t)=\mathrm{e}^{\mathrm{i}Ht/\hbar}a\mathrm{e}^{-\mathrm{i}Ht/\hbar}, \tag{2.1.20}$$

a_H遵从海森伯运动方程

$$i\hbar\dot{a}_H = [a_H, H] = \hbar\omega\left[a_H, a_H^\dagger a_H + \frac{1}{2}\right] = \hbar\omega a_H.^{[注]} \tag{2.1.21}$$

如果想象将这一算符方程在某表示(例如福克态表示)中展开,它可以如同C数方程一样求解

$$a_H(t) = a_H(0)e^{-i\omega t} = ae^{-i\omega t}. \tag{2.1.22}$$

在H绘景中,谐振子的湮没算符在作简谐振动.[由(2.1.20)式和下面2.3节的算符公式也容易得到上式.]

现在回到S绘景讨论态矢的运动,设系统初态是相干态$|\alpha_0\rangle$满足

$$a|\alpha_0\rangle = \alpha_0|\alpha_0\rangle, \tag{2.1.23}$$

薛定谔方程的一般解可以写为

$$|\psi(t)\rangle = e^{-iHt/\hbar}|\psi(0)\rangle = e^{-iHt/\hbar}|\alpha_0\rangle, \tag{2.1.24}$$

将湮没算符作用于上式,并利用(2.1.20)式和(2.1.22)式,

$$\begin{aligned} a|\psi(t)\rangle &= ae^{-iHt/\hbar}|\alpha_0\rangle = e^{-iHt/\hbar}a_H(t)|\alpha_0\rangle \\ &= e^{-iHt/\hbar}ae^{-i\omega t}|\alpha_0\rangle = \alpha_0 e^{-i\omega t}|\psi(t)\rangle. \end{aligned} \tag{2.1.25}$$

可见$|\psi(t)\rangle$也是一个相干态,对应的本征值为$\alpha_0 e^{-i\omega t}$,即可写为

$$|\psi(t)\rangle = |\alpha(t)\rangle = |\alpha_0 e^{-i\omega t}\rangle. \tag{2.1.26}$$

因此得到一个重要的结论:相干态在相应的简谐势作用下仍保持为相干态,其本征值在作简谐振荡.

4. 相干态在Q表示中的波函数

相干态在Q表示中的波函数我们上面已经得到,只需将(2.1.12)式中的ξ换成ω

$$\langle q|\alpha\rangle = \psi(q) = Ne^{-\frac{\omega}{2\hbar}q^2+\sqrt{\frac{2\omega}{\hbar}}\alpha q}. \tag{2.1.27}$$

由归一化条件可以求出归一化常量

$$N = \left(\frac{\omega}{\pi\hbar}\right)^{1/4} e^{-\frac{1}{4}(\alpha+\alpha^*)^2} = \left(\frac{\omega}{\pi\hbar}\right)^{1/4} e^{-\frac{\omega}{2\hbar}\langle q\rangle^2}. \tag{2.1.28}$$

因此相干态在Q表示中的波函数

$$\langle q|\alpha\rangle = \left(\frac{\omega}{\pi\hbar}\right)^{1/4} e^{-\frac{\omega}{2\hbar}q^2+\sqrt{\frac{2\omega}{\hbar}}\alpha q-\frac{\omega}{2\hbar}\langle q\rangle^2} = \left(\frac{\omega}{\pi\hbar}\right)^{1/4} e^{-\frac{\omega}{2\hbar}(q-\langle q\rangle)^2+i\frac{\langle p\rangle}{\hbar}q}, \tag{2.1.29}$$

[注] 由量子力学,海森伯绘景中等时算符的对易关系等同于薛定谔绘景.

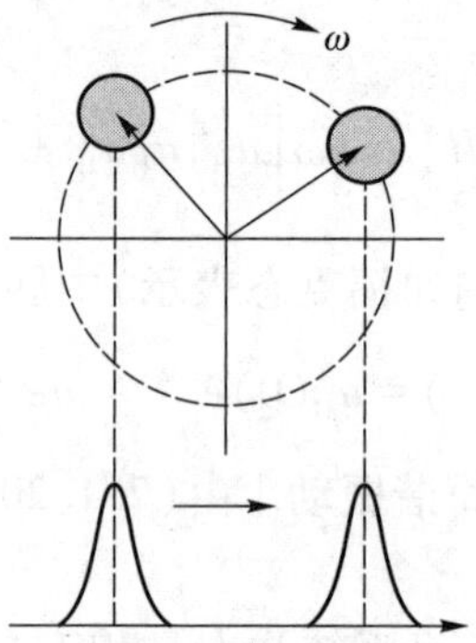

图 2.1-1　相干态在简谐势作用下的演化，高斯型波包作简谐振荡并保持形状不变

测量 q 的概率密度分布是一高斯波包

$$\left|\langle q|\alpha\rangle\right|^2=\left(\frac{\omega}{\pi\hbar}\right)^{1/2}\mathrm{e}^{-\frac{\omega}{\hbar}(q-\langle q\rangle)^2}. \tag{2.1.30}$$

由前面的讨论，如果系统初态为相干态 $|\alpha_0\rangle$，在简谐势作用下，态矢演化仍为相干态 $|\alpha(t)=\alpha_0\mathrm{e}^{-\mathrm{i}\omega t}\rangle$. 与之对应，由(2.1.17)式 $\langle q\rangle$ 的演化为

$$\langle\alpha(t)|q|\alpha(t)\rangle=\sqrt{2\hbar/\omega}\,\mathrm{Re}[\alpha(t)]=\sqrt{2\hbar/\omega}\,|\alpha_0|\cos(\omega t-\phi_0), \tag{2.1.31}$$

其中 ϕ_0 为 α_0 的幅角.(2.1.30)式和(2.1.31)式表明，在坐标表象中，高斯概率波包的中心位置 $\langle q\rangle$ 在作简谐振动，而保持其形状不变，这个图像完全同一个经典粒子的简谐振动相对应. 与经典振子不同的是，高斯概率波包表示粒子最可能的位置取值范围，如图 2.1-1 所示.

类似地，对于自由电磁场，电场算符(1.2.30)式在相干态中的期望值

$$\begin{aligned}\langle\alpha_0|E(0,t)|\alpha_0\rangle&=\mathrm{i}\mathscr{E}\langle\alpha_0|a\mathrm{e}^{-\mathrm{i}\omega t}-a^\dagger\mathrm{e}^{\mathrm{i}\omega t}|\alpha_0\rangle=\mathrm{i}\mathscr{E}(\alpha_0\mathrm{e}^{-\mathrm{i}\omega t}-\alpha_0^*\mathrm{e}^{\mathrm{i}\omega t})\\&=2\mathscr{E}|\alpha_0|\sin(\omega t-\phi_0),\end{aligned} \tag{2.1.32}$$

电场的期望值如同经典量一样作简谐振动.

5. 相干态在福克态空间中展开

将相干态按福克态展开

$$|\alpha\rangle=\sum_n|n\rangle\langle n|\alpha\rangle=\sum_n c_n(\alpha)|n\rangle,\ c_n(\alpha)=\langle n|\alpha\rangle. \tag{2.1.33}$$

为求出展开系数，将 a 作用于上式

$$\begin{aligned}a|\alpha\rangle&=\sum_{n=0}^{\infty}c_n(\alpha)a|n\rangle=\sum_{n=1}^{\infty}c_n(\alpha)\sqrt{n}\,|n-1\rangle\\&=\sum_{n=0}^{\infty}c_{n+1}(\alpha)\sqrt{n+1}\,|n\rangle=\alpha\sum_{n=0}^{\infty}c_n(\alpha)|n\rangle,\end{aligned} \tag{2.1.34}$$

以$\langle m|$左乘上式最后一个等式,得到一个递推关系

$$c_{n+1}(\alpha)\sqrt{n+1}=\alpha c_n(\alpha). \tag{2.1.35}$$

由此得到

$$c_1=\frac{\alpha}{\sqrt{1}}c_0,\ c_2=\frac{\alpha}{\sqrt{2}}c_1=\frac{\alpha^2}{\sqrt{2!}}c_0,\ \cdots,\ c_n=\frac{\alpha^n}{\sqrt{n!}}c_0\ , \tag{2.1.36}$$

代入(2.1.33)式后,

$$|\alpha\rangle=c_0\sum_n\frac{\alpha^n}{\sqrt{n!}}|n\rangle. \tag{2.1.37}$$

由归一化条件$\langle\alpha|\alpha\rangle=1$,

$$1=|c_0|^2\sum_n\sum_m\frac{\alpha^{*m}\alpha^n}{\sqrt{n!\ m!}}\langle m\mid n\rangle=|c_0|^2\sum_n\frac{(\alpha^*\alpha)^n}{n!}=|c_0|^2\mathrm{e}^{|\alpha|^2},$$

得到

$$|c_0|=\mathrm{e}^{-|\alpha|^2/2}.$$

最后有

$$\left\langle n\middle|\alpha\right\rangle=\mathrm{e}^{-|\alpha|^2/2}\frac{\alpha^n}{\sqrt{n!}}, \tag{2.1.38}$$

$$\left|\alpha\right\rangle=\mathrm{e}^{-|\alpha|^2/2}\sum_{n=0}^{\infty}\frac{\alpha^n}{\sqrt{n!}}\left|n\right\rangle, \tag{2.1.39}$$

$$P(n)=|\langle n|\alpha\rangle|^2=\mathrm{e}^{-|\alpha|^2}\frac{|\alpha|^{2n}}{n!}. \tag{2.1.40}$$

相干态是无穷多粒子数态的叠加态,(2.1.40)式表示场处于相干态时,测得n个光子的概率$P(n)$遵从泊松分布(参见卷Ⅱ的1.5节).相干态的平均光子数等于其本征值的模方

$$\left\langle\alpha\middle|n\middle|\alpha\right\rangle=\left\langle\alpha\middle|a^\dagger a\middle|\alpha\right\rangle=\left|\alpha\right|^2, \tag{2.1.41}$$

它表示相干态的强度.

在粒子数态时,电磁场的光子数确定,而相位完全不确定,电场的期望值恒为零.在相干态时则相反,粒子数不确定(遵从泊松分布),但含有确定相位的信息,电场的期望值与经典描述相同.相干态的这一特性使得量子化的光场可以同经典理论进行类比和对应.

练　习

1. 验证由(2.1.12)式定义的波函数满足最小不确定关系.

2. 计算相干态的粒子数涨落.

3. 证明 $e^{i\beta a^\dagger a}|\alpha\rangle = |\alpha e^{i\beta}\rangle$.

4. 由相干态的光子数分布(2.1.40)式计算平均光子数.

2.2 场算符的正交分量,挤压态和挤压效应

1. 场算符的正交分量

当用复数来描述一个物理量时,它有两个实元素:振幅和幅角,或实部和虚部.由复数及其复共轭很容易重构对应的振幅和幅角,或实部和虚部,这一方法也可对算符来实施.a 和 $a^\dagger$ 是一对共轭的非厄米算符,它们的期望值在复数域中,不能直接与一个可观测物理量相对应.实际上由场算符 a 和 $a^\dagger$ 也可以重构一对厄米算符,它们对应的电场互相正交(相位差 90°),称为正交分量(quadrature).在量子理论中,用 a 和 $a^\dagger$ 也可以构造"振幅"和"相位"算符,但实际使用并不方便(参见 9.2 节).

由一对共轭的非厄米算符 a 和 $a^\dagger$,定义一对正交的厄米算符

$$a_1 = \frac{1}{2}(a + a^\dagger), \quad a_2 = \frac{1}{2i}(a - a^\dagger), \tag{2.2.1}$$

$$a = a_1 + ia_2, \quad a^\dagger = a_1 - ia_2, \tag{2.2.2}$$

a_1 和 a_2 称为正交分量.习惯上将(2.2.1)式定义的 a_1 称为振幅分量(amplitude quadrature),a_2 称为相位分量(phase quadrature).与(2.1.15)式相比较可以看出

$$a_1 = \sqrt{\frac{\omega}{2\hbar}}q, \quad a_2 = \frac{1}{\sqrt{2\hbar\omega}}p, \tag{2.2.3}$$

谐振子的位置和动量算符是一对正交分量.根据定义不难得到 a_1 和 a_2 满足的对易关系和不确定关系[注]

$$[a_1, a_2] = i/2, \tag{2.2.4}$$

$$\langle(\Delta a_1)^2\rangle\langle(\Delta a_2)^2\rangle \geqslant \frac{1}{16}. \tag{2.2.5}$$

根据基本对易关系,读者可以练习推导下列公式:

$$[a_1, a_2^n] = \frac{i}{2}na_2^{n-1}, \quad [a_2, a_1^n] = -\frac{i}{2}na_1^{n-1}, \tag{2.2.6}$$

$$[a_1, f(a_2)] = \frac{i}{2}\frac{\partial f}{\partial a_2}, \quad [a_2, f(a_1)] = -\frac{i}{2}\frac{\partial f}{\partial a_1}, \tag{2.2.7}$$

[注] 根据量子力学,不确定关系为 $\langle\Delta A\rangle\langle\Delta B\rangle \geqslant (1/2)|\langle[A,B]\rangle|$.

$$[a_1, e^{-i\xi a_2}] = \frac{\xi}{2} e^{-i\xi a_2}, \quad [a_2, e^{i\xi a_1}] = \frac{\xi}{2} e^{i\xi a_1}. \tag{2.2.8}$$

下面我们来看在电磁场问题中正交分量算符代表的物理含义.当单模电磁场处在相干态时,正交分量的期望值

$$\langle \alpha | a_1 | \alpha \rangle = \frac{1}{2}(\alpha + \alpha^*) = \mathrm{Re}(\alpha), \tag{2.2.9a}$$

$$\langle \alpha | a_2 | \alpha \rangle = \frac{1}{2i}(\alpha - \alpha^*) = \mathrm{Im}(\alpha). \tag{2.2.9b}$$

在简谐势下,态矢运动保持为相干态,其本征值演化为

$$\alpha(t) = \alpha_0 e^{-i\omega t} = |\alpha_0| e^{-i(\omega t - \phi_0)}. \tag{2.2.10}$$

将它代入(2.2.9)式

$$\langle \alpha | a_1 | \alpha \rangle = \mathrm{Re}(\alpha_0 e^{-i\omega t}) = |\alpha_0| \cos(\omega t - \phi_0), \tag{2.2.11}$$

$$\langle \alpha | a_2 | \alpha \rangle = \mathrm{Im}(\alpha_0 e^{-i\omega t}) = -|\alpha_0| \sin(\omega t - \phi_0) = |\alpha_0| \cos\left(\omega t - \phi_0 + \frac{\pi}{2}\right). \tag{2.2.12}$$

由此看出,在简谐势下 a_1和 a_2的期望值为三角函数变化,两者有 $\pi/2$ 的相位差,即处于相位"正交"状态,如图 2.2-1 所示.

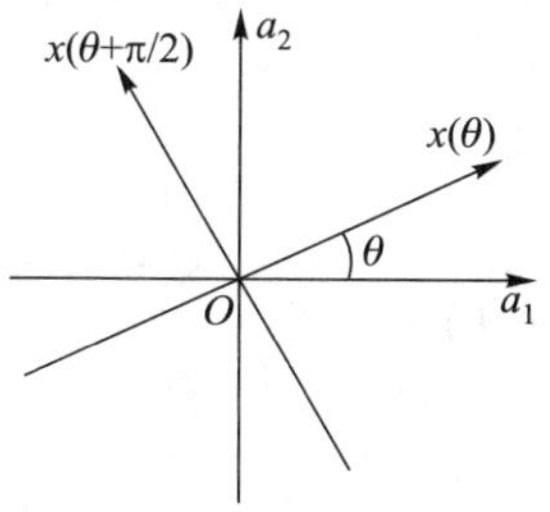

图 2.2-1 正交分量的旋转

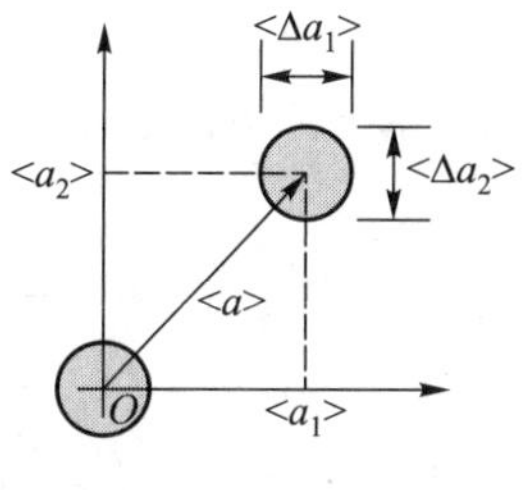

图 2.2-2 在复平面上湮没算符和对应的正交分量期望值的关系

为了同经典相对应,我们换到 H 绘景.在自由场情况,电场算符由(1.2.33)式描述.考虑单模电磁场,并令 $\boldsymbol{r}=0$,电场算符为

$$E(t) = \mathscr{E}(a e^{-i\omega t} + a^\dagger e^{i\omega t}), \tag{2.2.13}$$

a 和 $a^\dagger$为 S 绘景的算符.将(2.2.2)式代入上式得到

$$E(t) = 2\mathscr{E}[a_1 \cos(\omega t) + a_2 \sin(\omega t)]. \tag{2.2.14}$$

因此电场算符也可由两个正交分量叠加组成,a_1 表示相位 ωt 取 $n\pi$ 时的电场,而 a_2表示 ωt 取 $n\pi+\pi/2$ 时的电场,两者的相位差 $\pi/2$.

上面定义的正交分量代表场取特定相位(ωt 取 $\pi/2$ 的整数倍)时的电场算符.如果作一相位

平移,就可以推广为任意相位的普遍正交分量的定义

$$x(\theta)=\frac{1}{2}(a\mathrm{e}^{-\mathrm{i}\theta}+a^{\dagger}\mathrm{e}^{\mathrm{i}\theta}). \tag{2.2.15}$$

显然 a_1 和 a_2 是上式取特定 θ 值的情况: $a_1=x(0)$ 和 $a_2=x(\pi/2)$.如果用 a_1 和 a_2 表示(2.2.15)式,

$$x(\theta)=a_1\cos\theta+a_2\sin\theta, \tag{2.2.16}$$

而与 $x(\theta)$ 正交的分量为

$$x(\theta+\pi/2)=-a_1\sin\theta+a_2\cos\theta. \tag{2.2.17}$$

由此可见,在相平面上 $x(\theta)$ 和 $x(\theta+\pi/2)$ 分别是 a_1 和 a_2 逆时针旋转了 θ 角,如图 2.2-1 所示.两个任意相位正交分量的对易关系为

$$[x(\theta_1),x(\theta_2)]=\frac{\mathrm{i}}{2}\sin(\theta_2-\theta_1), \tag{2.2.18}$$

只有当 $\theta_2-\theta_1=\pi/2$ 时,两者成为一对正交的正交分量.

2. 相干态时正交分量的方差

我们计算在相干态时任意相位正交分量的方差:

$$\langle\alpha|x(\theta)|\alpha\rangle=\frac{1}{2}(\alpha\mathrm{e}^{-\mathrm{i}\theta}+\alpha^{*}\mathrm{e}^{\mathrm{i}\theta}), \tag{2.2.19}$$

$$\begin{aligned}\langle\alpha|x^2(\theta)|\alpha\rangle&=\langle\alpha|a^2\mathrm{e}^{-2\mathrm{i}\theta}+a^{\dagger2}\mathrm{e}^{2\mathrm{i}\theta}+a^{\dagger}a+aa^{\dagger}|\alpha\rangle\\&=\frac{1}{4}(\alpha^2\mathrm{e}^{-2\mathrm{i}\theta}+\alpha^{*2}\mathrm{e}^{2\mathrm{i}\theta}+2\alpha^{*}\alpha+1),\end{aligned} \tag{2.2.20}$$

$$\langle\alpha|[\Delta x(\theta)]^2|\alpha\rangle=\frac{1}{4}. \tag{2.2.21}$$

这个方差与相干态的本征值 α 无关,也与 θ 取值无关.在相空间中,某个相干态的位置可以用它的本征值 α 表示,测量任意相位的正交分量的涨落均相等.因此可以用一个误差圆来表示涨落的范围,它不随相干态的移动而改变,如图 2.2-2 所示.

对于两个互相正交的分量,例如 a_1 和 a_2 有

$$\langle\alpha|(\Delta a_1)^2|\alpha\rangle=\langle\alpha|(\Delta a_2)^2|\alpha\rangle=\frac{1}{4}, \tag{2.2.22}$$

$$\langle\alpha|(\Delta a_1)^2|\alpha\rangle\cdot\langle\alpha|(\Delta a_2)^2|\alpha\rangle=\frac{1}{16}. \tag{2.2.23}$$

由(2.2.5)式表明它满足最小不确定关系,这正是相干态的特征.

3. 真空态和真空涨落

在1.3节中已表明真空态(vacuum state)具有零点能,它解释为来自真空涨落(vacuum fluctuation).现在我们来计算真空态时场正交分量的涨落

$$\left\langle 0 \middle| x(\theta) \middle| 0 \right\rangle = 0, \tag{2.2.24}$$

$$\left\langle 0 \middle| [\Delta x(\theta)]^2 \middle| 0 \right\rangle = \left\langle 0 \middle| x^2(\theta) \middle| 0 \right\rangle = \frac{1}{4}\left\langle 0 \middle| a^2 e^{-2i\theta} + a^{\dagger 2} e^{2i\theta} + a^\dagger a + a a^\dagger \middle| 0 \right\rangle = \frac{1}{4}. \tag{2.2.25}$$

因此,(2.2.22)式和(2.2.23)式对真空态同样成立.真空态也是一个最小不确定态,不仅两个正交分量的方差相等,而且在任意相位时的方差均为1/4.真空态具有和相干态完全相同的涨落特征,在相空间中表示涨落大小误差圆与相干态相同(图2.2-2).在下一节将会看到,相干态是对真空态施行平移变换而形成,电磁场在相干态的涨落也可称为真空涨落.

4. 挤压态和挤压效应

当辐射场处在真空态和相干态时,正交分量的方差为1/4,这成为真空涨落的一个标准,称为散粒噪声(shot noise).由于真空存在固有的量子涨落,一种所谓推广的半经典理论是在经典电磁场的基础上附加上固有的真空涨落,它大大地扩展了半经典理论的应用范围,适用于除真空涨落外电磁场的量子本性并不显著的系统.显然,推广的半经典理论不能解释下面所描述的小于真空涨落的现象.

由不确定关系,某一个正交分量的涨落小于真空涨落是完全可能的.例如,一般情况的最小不确定态(2.1.12)式,在Q表示中具有高斯型概率波包(2.1.13)式,容易计算出q的方差为

$$\left\langle (\Delta q)^2 \right\rangle = \frac{\hbar}{2\xi}. \tag{2.2.26}$$

再由正交分量a_1与q的关系(2.2.3)式,可转换成a_1的方差

$$\left\langle (\Delta a_1)^2 \right\rangle = \frac{\omega}{2\hbar}\left\langle (\Delta q)^2 \right\rangle = \frac{1}{4}\frac{\omega}{\xi}. \tag{2.2.27}$$

当$\xi=\omega$时,该最小不确定态就是相干态.当$\xi\neq\omega$时,(2.1.12)式定义的波函数已不是相干态.当$\xi>\omega$时,正交分量a_1的涨落小于真空涨落,而正交分量a_2的涨落

$$\left\langle (\Delta a_2)^2 \right\rangle = \left(\frac{1}{16}\right)\frac{1}{\left\langle (\Delta a_1)^2 \right\rangle} = \frac{1}{4}\frac{\xi}{\omega} \tag{2.2.28}$$

大于真空涨落.量度其涨落的误差范围是一椭圆,因此将这种最小不确定态称为挤压态(squeezed state).[注]如图2.2-3所示,涨落减小发生在沿振幅方向和垂直于振幅方向分别称为振幅挤压态

[注] 习惯上也称为压缩态.

和相位挤压态.

挤压态是某一正交分量的量子涨落小于散粒噪声(真空涨落)的最小不确定态.实际上,只要辐射场的某正交分量的涨落满足

$$\langle [\Delta x(\theta)]^2 \rangle < \frac{1}{4}, \tag{2.2.29}$$

称为挤压效应(squeezing effect),它不一定是最小不确定态.由于不确定关系的限制,它必定以增大 $\theta+\pi/2$ 相位处的正交分量的涨落作为代价.挤压效应不可能用推广的半经典理论解释,所以它是一种非经典效应.由于挤压效应能克服散粒噪声极限,甚至对某个分量可以达到完全无噪声的状况,因此在未来的高精度测量和低噪声通信等方面可能会有潜在的应用前景.实现一个具有良好挤压效应的光源,和研究挤压光与物质相互作用等,是近年来在量子光学领域中理论和实验的一个重要课题.

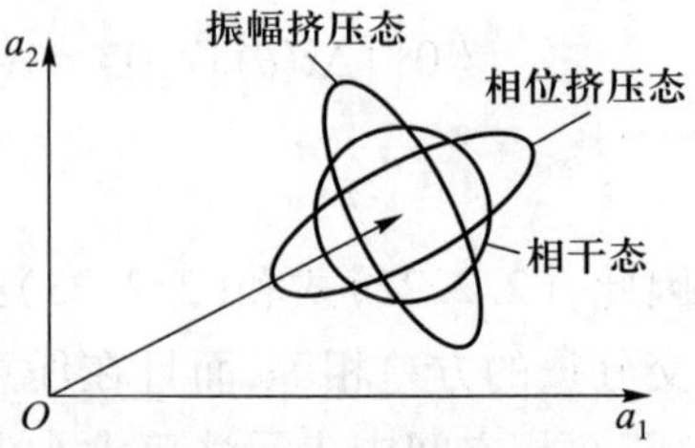

图 2.2-3　相干态和挤压态的误差圈

练　习

1. 推导(2.2.6)—(2.2.8)式.

2. 证明(2.2.18)式.

3. 计算高斯型波包(2.1.13)式中 q 的方差为(2.2.26)式.

4. 对于非厄米算符定义方差 $\langle |\Delta a|^2 \rangle \equiv \frac{1}{2}\langle aa^\dagger + a^\dagger a \rangle - \langle a^\dagger \rangle \langle a \rangle$, 证明 $\langle |\Delta a|^2 \rangle = \langle \Delta a_1^2 \rangle + \langle \Delta a_2^2 \rangle$.

2.3　算符代数

1. 一般算符的代数性质

在本节中,我们给出有关两个不对易算符 A 和 B 的一些常用运算公式.由于要考虑到 A 和 B 的对易法则,对于涉及对易的代数运算需要重新考虑,一个最明显的例子是 $e^{A+B} \neq e^A e^B$.下面我们假定算符函数 $F(A)$ 可用幂级数展开.

(i)
$$AB^n A^{-1} = (ABA^{-1})^n, \tag{2.3.1}$$

$$AF(B)A^{-1} = F(ABA^{-1}). \tag{2.3.2}$$

证:
$$AB^n A^{-1} = ABA^{-1}ABA^{-1}\cdots ABA^{-1} = (ABA^{-1})^n,$$

$$AF(B)A^{-1} = \sum_n c_n AB^n A^{-1} = \sum_n c_n (ABA^{-1})^n = F(ABA^{-1}).$$

(ii)
$$e^{\xi A}B^n e^{-\xi A} = (e^{\xi A}Be^{-\xi A})^n, \tag{2.3.3}$$

$$e^{\xi A}F(B)e^{-\xi A} = F(e^{\xi A}Be^{-\xi A}). \tag{2.3.4}$$

这是上面两式的推论.

(iii)算符展开定理

$$e^{\xi A}Be^{-\xi A} = B + \xi[A,B] + \frac{\xi^2}{2!}[A,[A,B]] + \cdots. \tag{2.3.5}$$

证：定义参数 ξ 的函数 $f(\xi)=e^{\xi A}Be^{-\xi A}$，$f(0)=B$，对参数作微商

$$\frac{df}{d\xi} = Ae^{\xi A}Be^{-\xi A} + e^{\xi A}B(-A)e^{-\xi A} = [A,f(\xi)], \quad \left.\frac{df}{d\xi}\right|_{\xi=0} = [A,B],$$

$$\frac{d^2f}{d\xi^2} = \frac{d}{d\xi}[A,f(\xi)] = \left[A,\frac{df}{d\xi}\right] = [A,[A,f(\xi)]], \quad \left.\frac{d^2f}{d\xi^2}\right|_{\xi=0} = [A,[A,B]],$$

$$\frac{d^3f}{d\xi^3} = [A,[A,\frac{df}{d\xi}]] = [A,[A,[A,f(\xi)]]], \quad \left.\frac{d^3f}{d\xi^3}\right|_{\xi=0} = [A,[A,[A,B]]], \cdots,$$

将它们代入 $f(\xi) = \sum_n \frac{\xi^n}{n!}\left.\frac{d^nf}{d\xi^n}\right|_{\xi=0}$ 后，即为(2.3.5)式.

(iv)作为上述定理的推论，当 $[A,B]=c$，c 是 C 数(C-number，表示普通的常数，不是算符)时，

$$e^{\xi A}Be^{-\xi A} = B + c\xi. \tag{2.3.6}$$

对于位置和动量算符 q 和 p

$$e^{i\xi p/\hbar}qe^{-i\xi p/\hbar} = q + \xi. \tag{2.3.7}$$

(v)利用上述性质可以得到 C 数变量 x 的微分算符的公式：

$$e^{\frac{1}{2}\xi x^2}\frac{d}{dx}e^{-\frac{1}{2}\xi x^2} = \frac{d}{dx} - \xi x, \tag{2.3.8}$$

$$e^{\frac{1}{2}\xi x^2}\frac{d^n}{dx^n}e^{-\frac{1}{2}\xi x^2} = \left(\frac{d}{dx} - \xi x\right)^n, \tag{2.3.9}$$

微分应理解为对它后面的函数发生作用.利用 $[x^2,d/dx]=-2x$、(2.3.6)式和(2.3.1)式即可证明.

(vi)在算符代数中，有一个十分有用的公式，它可将指数上两个不对易算符之和的函数化为两个指数函数之积(Cambell-Bake-Hausdorff 定理).如果

$$[A,[A,B]] = [B,[A,B]] = 0, \tag{2.3.10a}$$

则有

$$e^{A+B} = e^A e^B e^{-\frac{1}{2}[A,B]} = e^B e^A e^{\frac{1}{2}[A,B]}. \tag{2.3.10b}$$

当 $[A,B]=c$ (c 是 C 数)时，

$$e^{A+B}=e^{-\frac{1}{2}c}e^{A}e^{B}=e^{\frac{1}{2}c}e^{B}e^{A}. \tag{2.3.11}$$

运用到坐标动量算符 q 和 p

$$e^{\lambda p+\mu q}=e^{\lambda p}e^{\mu q}e^{\frac{1}{2}i\hbar\lambda\mu}=e^{\mu q}e^{\lambda p}e^{-\frac{1}{2}i\hbar\lambda\mu}. \tag{2.3.12}$$

证：令 $f(\xi)=e^{\xi A}e^{\xi B}$，有 $f(0)=1$ 和 $f(1)=e^{A}e^{B}$.

$$df/d\xi=Ae^{\xi A}e^{\xi B}+e^{\xi A}Be^{\xi B}=(A+e^{\xi A}Be^{-\xi A})f(\xi),$$

由(2.3.5)式，$e^{\xi A}Be^{-\xi A}=B+\xi[A,B]$，上式为

$$df/d\xi=(A+B+\xi[A,B])f(\xi).$$

由于在上式中 $A+B$ 与 $[A,B]$ 对易，把 $A+B$ 和 $[A,B]$ 分别看作整体时，该微分方程不存在对易性问题，可以在对易代数框架内作积分.利用初始条件 $f(0)=1$ 得到

$$f(\xi)=e^{(A+B)\xi+\frac{1}{2}\xi^2[A,B]}=e^{(A+B)\xi}e^{\frac{1}{2}\xi^2[A,B]}.$$

在上式中取 $\xi=1$ 就得到(2.3.10b)式.

(vii)
$$[A,BC]=[A,B]C+B[A,C]. \tag{2.3.13}$$

2. 玻色子(boson)算符 a 和 $a^\dagger$ 的代数性质

(i)
$$[a,(a^\dagger)^n]=n(a^\dagger)^{n-1}=\frac{\partial}{\partial a^\dagger}(a^\dagger)^n, \tag{2.3.14a}$$

$$[a^\dagger,a^n]=-na^{n-1}=-\frac{\partial}{\partial a}a^n, \tag{2.3.14b}$$

可用数学归纳法证明.

(ii)
$$[a,f(a,a^\dagger)]=\frac{\partial}{\partial a^\dagger}f(a,a^\dagger), \tag{2.3.15a}$$

$$[a^\dagger,f(a,a^\dagger)]=-\frac{\partial}{\partial a}f(a,a^\dagger), \tag{2.3.15b}$$

将 $f(a,a^\dagger)$ 按幂级数展开，并利用(2.3.14)式.作为一个常用的特例，有

$$[a,e^{\beta a^\dagger}]=\beta e^{\beta a^\dagger}, \tag{2.3.16a}$$

$$[a^\dagger,e^{\beta a}]=-\beta e^{\beta a}, \tag{2.3.16b}$$

其中 β 是 C 数(下同).

需要注意的是，对包含有不对易算符的函数作微分时应特别小心次序问题，例如有

$$\frac{\partial}{\partial a^\dagger}[a(a^\dagger)^2]=2aa^\dagger,\quad \frac{\partial}{\partial a^\dagger}[(a^\dagger)^2a]=2a^\dagger a,$$

$$\frac{\partial}{\partial a^{\dagger}}[(a^{\dagger}a)^2]=\frac{\partial}{\partial a^{\dagger}}[(a^{\dagger}a)(a^{\dagger}a)]=[\frac{\partial}{\partial a^{\dagger}}(a^{\dagger}a)](a^{\dagger}a)+(a^{\dagger}a)\frac{\partial}{\partial a^{\dagger}}(a^{\dagger}a)=a(a^{\dagger}a)+(a^{\dagger}a)a,$$

$$\frac{\partial}{\partial a^{\dagger}}[e^{\beta a^{\dagger}a}]\neq e^{\beta a^{\dagger}a}\beta a \text{ 或 } \beta a e^{\beta a^{\dagger}a}.$$

在上面最后一式中需要对指数函数作幂级数展开后,再作微分.

(iii)
$$e^{\beta a}a^{\dagger}e^{-\beta a}=a^{\dagger}+\beta, \tag{2.3.17a}$$

$$e^{-\beta a^{\dagger}}ae^{\beta a^{\dagger}}=a+\beta, \tag{2.3.17b}$$

利用(2.3.6)式即可证.

(iv)
$$e^{\beta a}f(a,a^{\dagger})e^{-\beta a}=f(a,a^{\dagger}+\beta), \tag{2.3.18a}$$

$$e^{-\beta a^{\dagger}}f(a,a^{\dagger})e^{\beta a^{\dagger}}=f(a+\beta,a^{\dagger}). \tag{2.3.18b}$$

证:利用(2.3.4)式和(2.3.17)式

$$e^{\beta a}f(a,a^{\dagger})e^{-\beta a}=f(a,e^{\beta\xi}a^{\dagger}e^{-\beta\xi})=f(a,a^{\dagger}+\beta).$$

(v)
$$e^{\beta a^{\dagger}a}ae^{-\beta a^{\dagger}a}=ae^{-\beta}, \tag{2.3.19a}$$

$$e^{\beta a^{\dagger}a}a^{\dagger}e^{-\beta a^{\dagger}a}=a^{\dagger}e^{\beta}. \tag{2.3.19b}$$

证:仿照(2.3.10)公式的证明方法,定义一个函数 $f(\beta)=e^{\beta a^{\dagger}a}ae^{-\beta a^{\dagger}a}$, 故有 $f(0)=a$,

$$df/d\beta=e^{\beta a^{\dagger}a}a^{\dagger}aae^{-\beta a^{\dagger}a}+e^{\beta a^{\dagger}a}a(-a^{\dagger}a)e^{-\beta a^{\dagger}a}=-e^{\beta a^{\dagger}a}ae^{-\beta a^{\dagger}a}=-f(\beta).$$

对上式求积分,并利用初条件

$$f(\beta)=f(0)e^{-\beta}=ae^{-\beta}.$$

(vi)
$$e^{\beta a^{\dagger}a}f(a,a^{\dagger})e^{-\beta a^{\dagger}a}=f(ae^{-\beta},a^{\dagger}e^{\beta}). \tag{2.3.20}$$

将 $f(a,a^{\dagger})$ 展成幂级数,在各因子之间插入 $e^{-\beta a^{\dagger}a}e^{\beta a^{\dagger}a}=1$, 利用(2.3.19)式就可证明.这一性质给出了谐振子系统的玻色子算符由 S 绘景变换到 H 绘景的运算关系.[参见(2.1.20)式]

练　　习

1. 推导 $[x^2,d/dx]=-2x$,并利用它证明(2.3.8)式和(2.3.9)式.

2. 利用数学归纳法证明(2.3.14)式.

2.4 平移算符

由(2.1.39)式和(1.3.9)式

$$|\alpha\rangle=e^{-|\alpha|^2/2}\sum_{n=0}^{\infty}\frac{\alpha^n}{\sqrt{n!}}|n\rangle=e^{-|\alpha|^2/2}\sum_{n}\frac{(\alpha a^{\dagger})^n}{n!}|0\rangle=e^{-|\alpha|^2/2+\alpha a^{\dagger}}|0\rangle. \tag{2.4.1}$$

上式表明,可由真空态经平移变换产生相干态,“平移”缘于真空态和相干态有相同的量子涨落.为此我们定义一个与之等价且形式对称的幺正平移算符(displacement operator)$D(\alpha)$

$$D(\alpha)=\mathrm{e}^{\alpha a^{\dagger}-\alpha^{*}a}. \tag{2.4.2}$$

它有如下性质:

(i)非厄米性
$$D^{\dagger}(\alpha)=D(-\alpha), \tag{2.4.3}$$

因为根据定义

$$D^{\dagger}(\alpha)=\mathrm{e}^{\alpha^{*}a-\alpha a^{\dagger}}=\mathrm{e}^{-\alpha a^{\dagger}+\alpha^{*}a}=D(-\alpha).$$

(ii)幺正性
$$D^{\dagger}(\alpha)D(\alpha)=1, \tag{2.4.4}$$

由于平移算符及其共轭的指数部分可以对易$[\alpha^{*}a-\alpha a^{\dagger},\alpha a^{\dagger}-\alpha^{*}a]=0$,它们的积可由指数部分相加得到.结合(2.4.3)式有

$$D^{\dagger}(\alpha)=D^{-1}(\alpha)=D(-\alpha). \tag{2.4.5}$$

(iii)正序(normal order)和反序(anti-normal order)形式

产生算符在湮没算符前面称为正序,反之为反序(详见2.8节).

$$D(\alpha)=\mathrm{e}^{-|\alpha|^{2}/2}\mathrm{e}^{\alpha a^{\dagger}}\mathrm{e}^{-\alpha^{*}a}=\mathrm{e}^{|\alpha|^{2}/2}\mathrm{e}^{-\alpha^{*}a}\mathrm{e}^{\alpha a^{\dagger}}. \tag{2.4.6}$$

利用(2.3.10)式和对易关系$[\alpha a^{\dagger},-\alpha^{*}a]=|\alpha|^{2}$容易验证.

(iv)平移操作
$$|\alpha\rangle=D(\alpha)|0\rangle, \tag{2.4.7}$$

平移算符将真空态“平移”到相干态(图2.4-1).这是因为

$$D(\alpha)|0\rangle=\mathrm{e}^{-|\alpha|^{2}/2}\mathrm{e}^{\alpha a^{\dagger}}\mathrm{e}^{-\alpha^{*}a}|0\rangle=\mathrm{e}^{-|\alpha|^{2}/2}\mathrm{e}^{\alpha a^{\dagger}}|0\rangle,$$

其中$\mathrm{e}^{-\alpha^{*}a}|0\rangle=[1+(-\alpha^{*}a)+\cdots]|0\rangle=|0\rangle$,再利用(2.4.1)式即可得到.

(v)逆平移操作
$$D(-\alpha)|\alpha\rangle=|0\rangle. \tag{2.4.8}$$

利用(2.4.3)式和(2.4.4)式可证.

(vi)
$$[a,D(\alpha)]=\alpha D(\alpha). \tag{2.4.9}$$

$$D^{-1}(\alpha)aD(\alpha)=a+\alpha, \tag{2.4.10a}$$

$$D^{-1}(\alpha)a^{\dagger}D(\alpha)=a^{\dagger}+\alpha^{*}. \tag{2.4.10b}$$

利用上一节的算符代数公式,读者可以练习证明.

(vii)
$$D^{-1}(\alpha)f(a,a^{\dagger})D(\alpha)=f(a+\alpha,a^{\dagger}+\alpha^{*}), \tag{2.4.11}$$

这与证明(2.3.20)式的方法雷同.

(viii)级联平移

$$D(\alpha)D(\beta)=\mathrm{e}^{(\alpha\beta^*-\alpha^*\beta)/2}D(\alpha+\beta)=\mathrm{e}^{\mathrm{i}\mathrm{Im}(\alpha\beta^*)}D(\alpha+\beta),\tag{2.4.12}$$

这个性质表明了相干态 $\left|\alpha+\beta\right\rangle$ 也可以由 $D(\beta)$ 和 $D(\alpha)$ 级联平移真空态得到,它同 $D(\alpha+\beta)$ 直接平移真空态得到的仅相差一个相位因子,如图 2.4-1 所示.

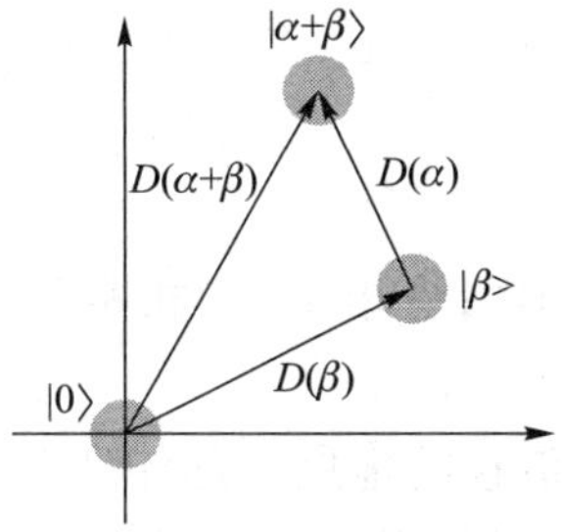

图 2.4-1 平移算符的级联平移

证：先计算 $D(\alpha)$ 和 $D(\beta)$ 指数部分的对易关系

$$[\alpha a^\dagger-\alpha^* a,\ \ \beta a^\dagger-\beta^* a]=\alpha\beta^*-\alpha^*\beta,\tag{2.4.13}$$

再利用公式(2.3.10)式即可.由(2.4.12)式可立即得到

$$D(-\alpha-\beta)D(\alpha)D(\beta)=\mathrm{e}^{\mathrm{i}\mathrm{Im}(\alpha\beta^*)}.\tag{2.4.14}$$

它表示从任意相干态出发经一环路回到原态时,相差一相位因子,该相位恰好等于环路的代数面积(指根据环路旋转方向带有正负号)的两倍.

练　　习

1. 证明平移算符 $D(\alpha)$ 的正序和反序形式(2.4.6)式.

2. 证明(2.4.9)式和(2.4.10)式.

2.5　相干态作为基矢：非正交性和超完备性

相干态在量子光学中的重要性主要在于它是一组完备的连续基矢,使场的任何量子态可以用相干态展开.相干态基矢有一些特殊的性质,除了它是连续基矢外,还具有非正交性和超完备性(over-completeness).

1. 相干态的非正交性

根据量子力学,厄米算符属于不同本征值的本征态是相互正交的.相干态是非厄米算符的本征态,不具有此性质.实际上

$$\begin{aligned}\langle \beta | \alpha \rangle &= e^{-\frac{1}{2}(|\alpha|^2+|\beta|^2)} \sum_{n,m=0}^{\infty} \frac{(\beta^*)^n}{\sqrt{n!}} \frac{\alpha^m}{\sqrt{m!}} \langle n | m \rangle \\ &= e^{-\frac{1}{2}(|\alpha|^2+|\beta|^2)} \sum_{n=0}^{\infty} \frac{(\alpha\beta^*)^n}{n!} \\ &= e^{-\frac{1}{2}(|\alpha|^2+|\beta|^2)+\alpha\beta^*} \\ &= e^{-\frac{1}{2}|\alpha-\beta|^2} e^{\frac{1}{2}(\alpha\beta^*-\alpha^*\beta)},\end{aligned} \tag{2.5.1}$$

$$\left| \langle \alpha | \beta \rangle \right|^2 = e^{-|\alpha-\beta|^2}. \tag{2.5.2}$$

任何两个相干态之间均无正交关系,但两个相干态“相距”较远时,$|\alpha-\beta|$有较大的值,可看作近似正交.

相干态的波函数是高斯型波包,波包的拖尾可延伸到无穷远.两个相干态的波函数之间总是互相交迭,因此相干态之间不正交.另一方面,高斯波包峰衰变很快,两个波包相距一定距离时,交迭部分只占很少比重,可以看作近似正交(图 2.5-1).

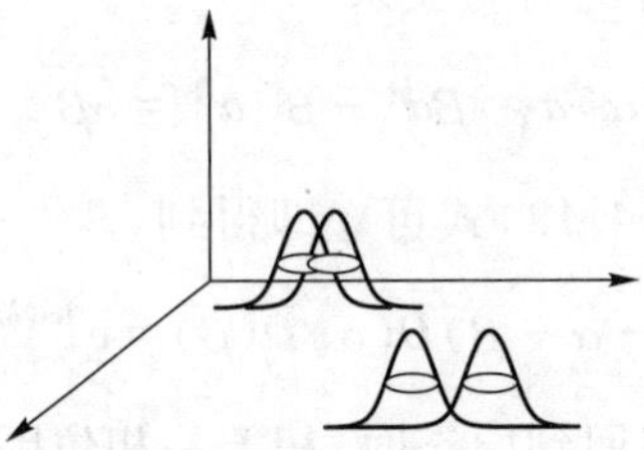

图 2.5-1 相干态之间的不正交和近似正交示意图

2. 完备性关系

相干态的全体集合构成一组完备的基矢,使希尔伯特空间中任何一个态矢都可以用这组基矢表示.完备性关系(completeness)为

$$\frac{1}{\pi}\int |\alpha\rangle\langle\alpha| d^2\alpha = 1, \tag{2.5.3}$$

下面利用福克态的完备性关系来证明.由(2.1.39)式

$$\frac{1}{\pi}\int |\alpha\rangle\langle\alpha| d^2\alpha = \frac{1}{\pi}\sum_{n,m=0}^{\infty} \frac{|n\rangle\langle m|}{\sqrt{n!\ m!}} \int e^{-|\alpha|^2} \alpha^{*m}\alpha^n d^2\alpha,$$

其中积分

$$\begin{aligned}\int e^{-|\alpha|^2}\alpha^{*m}\alpha^n d^2\alpha &= \iint e^{-r^2} r^{m+n} e^{i(n-m)\phi} r dr d\phi = \int_0^{\infty} e^{-r^2} r^{m+n+1} dr \int_0^{2\pi} e^{i(n-m)\phi} d\phi \\ &= \int_0^{\infty} 2\pi\delta_{nm} e^{-r^2} r^{m+n+1} dr = \pi\delta_{nm}\int_0^{\infty} 2e^{-r^2} r^{2n+1} dr = \pi n!\ \delta_{nm},\end{aligned} \tag{2.5.4}$$

代入后得到

$$\frac{1}{\pi}\int|\alpha\rangle\langle\alpha|\mathrm{d}^2\alpha=\sum_n|n\rangle\langle n|=1. \tag{2.5.5}$$

由于完备性关系，任何态矢可以用相干态展开

$$|\psi\rangle=\frac{1}{\pi}\int|\alpha\rangle\langle\alpha|\psi\rangle\mathrm{d}^2\alpha, \tag{2.5.6}$$

内积$\langle\alpha|\psi\rangle$是态矢$|\psi\rangle$在相干态表示中的波函数.

3. 线性相关和超完备性

福克态基是正交完备集.由完备性，任何态矢可以用福克态展开$|\psi\rangle=\sum|n\rangle\langle n|\psi\rangle$，其中$\langle n|\psi\rangle$是态矢$|\psi\rangle$在福克态表示中的波函数.反之，如果态矢可以用福克态展开$|\psi\rangle=\sum c_n|n\rangle$，由于正交性，展开系数必定是$c_n=\langle n|\psi\rangle$.因此正交完备性保证了态矢展开的唯一性.相干态不具有正交性，态矢在相干态表示中展开也就不具有唯一性.

根据完备性关系(2.5.5)式，任意一个相干态自身可以在相干态表示中展开为

$$|\beta\rangle=\frac{1}{\pi}\int|\alpha\rangle\langle\alpha|\beta\rangle\mathrm{d}^2\alpha=\frac{1}{\pi}\int\mathrm{e}^{-|\alpha-\beta|^2/2}\mathrm{e}^{(\alpha^*\beta-\alpha\beta^*)/2}|\alpha\rangle\mathrm{d}^2\alpha. \tag{2.5.7}$$

由于相干态的非正交性，$\langle\alpha|\beta\rangle$不是δ函数，即一个基矢可以用其他基矢表示，这对于完备正交基是不可能的.实际上，$|\beta\rangle$作为基矢自然可以用自身表示

$$|\beta\rangle=\int\delta^{(2)}(\alpha-\beta)|\alpha\rangle\mathrm{d}^2\alpha, \tag{2.5.8}$$

因此相干态表示就不具有唯一性了.结合(2.5.7)式和(2.5.8)式有

$$0=\int[(1/\pi)\mathrm{e}^{-|\alpha-\beta|^2/2}\mathrm{e}^{(\alpha^*\beta-\alpha\beta^*)/2}-\delta^{(2)}(\alpha-\beta)]|\alpha\rangle\mathrm{d}^2\alpha. \tag{2.5.9}$$

此外，对任意函数F

$$\int F(|\alpha|)\alpha^m|\alpha\rangle\mathrm{d}^2\alpha=0\quad(m=1,2,\cdots), \tag{2.5.10}$$

这是因为幅角部分积分为零.这些关系表明相干态基矢是线性相关(linear dependence)的(存在一组不全为零系数，使全体相干态的叠加为零).

将(2.5.9)式或(2.5.10)式加到(2.5.7)式，可见态矢的相干态展开可以有无穷多种形式，相干态基矢的这一特性称为超完备性.这是由于完备性加非正交性，使得基矢线性相关，而形成不唯一的表示.在运用相干态表示时，必须注意这一特性.任意态矢$|\psi\rangle$在相干态表示的展开系数，并非肯定是波函数$\langle\alpha|\psi\rangle$，例如(2.5.7)式是波函数展开，而(2.5.8)式则不是.

2.6 态矢和算符的相干态表示

上一节的分析表明,态矢按相干态展开不是唯一的.根据量子力学的基本要求,在这些展开式中,只有(2.5.6)式的波函数形式的展开有物理意义,它表示概率幅.其他展开式不具有波函数特征.为了不引起混乱,应该将展开方式限定为(2.5.6)式那种展开.本节要解决的基本问题是,如何判断相干态表示下的展开是波函数形式.

1. 态矢与完全解析函数的对应

在复变函数论中完全解析函数(entire analytic function)又称整函数(entire function),是在整个复平面上解析的函数.当复变量函数的幂级数绝对收敛时,它是整函数.我们将表明,通过相干态表示,希尔伯特空间中的态矢可以和整函数建立一一对应.

设任意一态矢$|f\rangle$在相干态表示中的波函数

$$\begin{aligned}\langle\alpha|f\rangle&=\langle\alpha|\sum_n|n\rangle\langle n|f\rangle=\sum_n\langle n|f\rangle\langle\alpha|n\rangle\\&=\mathrm{e}^{-|\alpha|^2/2}\sum_{n=0}^{\infty}\frac{\langle n|f\rangle}{\sqrt{n!}}(\alpha^*)^n=\mathrm{e}^{-|\alpha|^2/2}f(\alpha^*),\end{aligned}\tag{2.6.1}$$

其中

$$f(z)\equiv\sum_{n=0}^{\infty}\frac{f_n}{\sqrt{n!}}z^n,\quad f_n=\langle n|f\rangle.\tag{2.6.2}$$

$f(z)$是整函数,我们要证明它的幂级数是绝对收敛的.

$$\because\ \langle f|f\rangle=\sum_n\langle f|n\rangle\langle n|f\rangle=\sum_n|f_n|^2,\quad\therefore\ |f_n|\leqslant\sqrt{\langle f|f\rangle},\tag{2.6.3}$$

$$\sum_n\frac{|f_n|}{\sqrt{n!}}|z|^n\leqslant\sqrt{\langle f|f\rangle}\sum_{n=0}^{\infty}\frac{|z|^n}{\sqrt{n!}},\tag{2.6.4}$$

上式右边级数中后项对前项之比

$$\frac{|z|^{n+1}}{\sqrt{(n+1)!}}\Big/\frac{|z|^n}{\sqrt{n!}}=\frac{|z|}{\sqrt{n+1}},$$

无论对于多大的$|z|$,在一定的项数n之后,上述比值小于一.由绝对收敛的比值判别法,(2.6.2)式是绝对收敛的,因此$f(z)$是整函数.

上述推导表明任意态矢在相干态表示的波函数对应一整函数,由(2.5.6)式

$$|f\rangle=\frac{1}{\pi}\int\mathrm{e}^{-|\beta|^2/2}f(\beta^*)\,|\beta\rangle\,\mathrm{d}^2\beta,\tag{2.6.5}$$

整函数$f(z)$由(2.6.2)式表示.重要的是它的逆命题：如果态矢有上述展开形式,并且$f(z)$是整函数,则展开系数一定是该态矢在相干态表示中的波函数(2.6.1)式和(2.6.2)式.
证：先由(2.6.5)式的态矢表示来计算波函数

$$\langle \alpha | f \rangle = \frac{1}{\pi}\int e^{-|\beta|^2/2} f(\beta^*) \langle \alpha | \beta \rangle d^2\beta = \frac{1}{\pi} e^{-|\alpha|^2/2} \int e^{\alpha^*\beta-|\beta|^2} f(\beta^*) d^2\beta, \quad (2.6.6)$$

$f(\beta^*)$是整函数,可以展开成幂级数.由积分公式(证明见附录A)

$$\frac{1}{\pi}\int e^{\alpha^*\beta-|\beta|^2} (\beta^*)^n d^2\beta = (\alpha^*)^n, \quad (2.6.7)$$

因而有

$$\frac{1}{\pi}\int e^{\alpha^*\beta-|\beta|^2} f(\beta^*) d^2\beta = f(\alpha^*), \quad (2.6.8)$$

$$\langle \alpha | f \rangle = e^{-|\alpha|^2/2} f(\alpha^*), \quad (2.6.9)$$

上式与(2.6.1)式相同.然后证明(2.6.2)式,由(2.6.5)式和(2.1.38)式,

$$\langle n | f \rangle = \frac{1}{\pi}\int e^{-|\beta|^2/2} f(\beta^*) \langle n | \beta \rangle d^2\beta = \frac{1}{\pi}\int e^{-|\beta|^2} f(\beta^*) \frac{\beta^n}{\sqrt{n!}} d^2\beta, \quad (2.6.10)$$

将$f(\beta^*)$展成形式

$$f(\beta^*) = \sum_m \frac{f_m}{\sqrt{m!}} (\beta^*)^m, \quad (2.6.11)$$

代入(2.6.10)式

$$\begin{aligned} \langle n | f \rangle &= \frac{1}{\pi\sqrt{n!}} \sum_m \frac{f_m}{\sqrt{m!}} \int e^{-|\beta|^2} (\beta^*)^m \beta^n d^2\beta \\ &= \frac{1}{\pi\sqrt{n!}} \sum_m \frac{f_m}{\sqrt{m!}} \pi m! \, \delta_{nm} = f_n, \end{aligned} \quad (2.6.12)$$

其中用到公式(2.5.4)式.因此(2.6.11)式和(2.6.12)式证明了(2.6.2)式,逆命题成立.

根据逆命题,我们有了一个方法来判断态矢的相干态展开是否为波函数展开.同时,正逆定理建立了态矢同整函数之间的一一对应关系,每一个态矢对应一个整函数,每一个整函数也对应一个态矢.

2. 两态矢的内积

由(2.6.5)式和(2.5.1)式

$$\begin{aligned}\langle g|f\rangle &= \frac{1}{\pi^2}\iint d^2\alpha d^2\beta \cdot e^{-(|\alpha|^2+|\beta|^2)/2}\,[g(\alpha^*)]^* f(\beta^*)\langle\alpha|\beta\rangle \\ &= \frac{1}{\pi^2}\int d^2\alpha\cdot e^{-|\alpha|^2}\,[g(\alpha^*)]^*\int e^{\alpha^*\beta-|\beta|^2} f(\beta^*)\,d^2\beta \\ &= \frac{1}{\pi}\int d^2\alpha\cdot e^{-|\alpha|^2}\,[g(\alpha^*)]^* f(\alpha^*),\end{aligned} \tag{2.6.13}$$

最后一步用了(2.6.8)式.上式表示两态矢的内积就是其对应的整函数的内积.

3. 算符的相干态表示

在福克态表示中,任意算符 F 可作展开

$$F=\sum_{m,n} f_{mn}|m\rangle\langle n|\quad,\quad f_{mn}=\langle m|F|n\rangle, \tag{2.6.14}$$

这种展开是唯一的.对于相干态表示由于它的超完备性,算符的展开与态矢相同也是不唯一的.类比上式的展开方式,

$$F=(1/\pi^2)\int d^2\alpha\int d^2\beta\,\langle\beta|F|\alpha\rangle\,|\beta\rangle\langle\alpha|, \tag{2.6.15}$$

$\langle\beta|F|\alpha\rangle$ 是两个复数自变量 β 和 α 的连续矩阵元.利用福克态表示(2.6.14)式,它可以表示为

$$\begin{aligned}\langle\beta|F|\alpha\rangle &= \langle\beta|\sum_{mn} f_{mn}|m\rangle\langle n|\alpha\rangle = \sum_{m,n} f_{mn}\langle\beta|m\rangle\langle n|\alpha\rangle \\ &= e^{-(|\beta|^2+|\alpha|^2)/2}\sum_{m,n} f_{mn}\frac{(\beta^*)^m\alpha^n}{\sqrt{m!\ n!}} \\ &= e^{-(|\beta|^2+|\alpha|^2)/2} F(\beta^*,\alpha),\end{aligned} \tag{2.6.16}$$

其中

$$F(\beta^*,\alpha)=\sum_{m,n} f_{mn}\frac{(\beta^*)^m\alpha^n}{\sqrt{m!\ n!}},\quad f_{mn}=\langle m|F|n\rangle. \tag{2.6.17}$$

如果 F 是有界算符,即对于任意大的 n 和 m,$|f_{mn}|$ 不超过某个正数.用上面相同的方法,容易证明 $F(\beta^*,\alpha)$ 是 β^* 和 α 的整函数.[对于有些无界算符,它们所对应的 $F(\beta^*,\alpha)$ 也可能是整函数.]同样可以证明,只要算符 F 展开为

$$F=\frac{1}{\pi^2}\int d^2\alpha\ d^2\beta\cdot e^{-(|\beta|^2+|\alpha|^2)/2}F(\beta^*,\alpha)\,|\beta\rangle\langle\alpha| \tag{2.6.18}$$

的形式,并且 $F(\beta^*,\alpha)$ 是整函数,则必有(2.6.16)式和(2.6.17)式.这样可以建立算符和整函数之间的一一对应.

密度算符是有界算符,因为

$$\rho^2 = \sum_{m,n,m',n'} \rho_{mn}\rho_{m'n'} \left| m \right\rangle \left\langle n \middle| m' \right\rangle \left\langle n' \right| = \sum_{m,n,n'} \rho_{mn}\rho_{nn'} \left| m \right\rangle \left\langle n' \right| , \tag{2.6.19}$$

上式中的对角元为 $n'=m$，由卷 I 的(3.5.10)式 $\mathrm{Tr}(\rho^2) \leqslant 1$，

$$\mathrm{Tr}(\rho^2) = \sum_{m,n} \rho_{mn}\rho_{nm} = \sum_{m,n} \left| \rho_{mn} \right|^2 \leqslant 1, \quad \therefore \left| \rho_{mn} \right| \leqslant 1 \tag{2.6.20}$$

因此密度算符可以建立同整函数的一一对应.

2.7 密度算符的对角表示

在卷 I -3.5 节已提到，态矢不能描述混合态，而密度算符既能描述纯态又能描述混合态.实际的光场大多是混合态，需要用密度算符描述.在量子光学中，由于相干态具有明显的相位特征，相干态表示常用于描述光场的密度算符.相干态基矢的超完备性，使得表示不唯一，作为这一缺点的补偿，它带来富于变化的表达手段.对于态矢，我们愿意使用(2.5.6)式的展开方式，因为展开系数是具有物理意义的波函数，并且可以同整函数一一对应.对于密度算符情况则不同，如果采用(2.6.15)式和(2.6.18)式的展开方式

$$\begin{aligned} \rho &= \frac{1}{\pi^2}\iint \mathrm{d}^2\beta \cdot \mathrm{d}^2\alpha \cdot \left\langle \beta \middle| \rho \middle| \alpha \right\rangle \left| \beta \right\rangle \left\langle \alpha \right| \\ &= \frac{1}{\pi^2}\iint \mathrm{d}^2\beta \cdot \mathrm{d}^2\alpha \cdot \mathrm{e}^{-(|\beta|^2+|\alpha|^2)/2} R(\beta^*,\alpha) \left| \beta \right\rangle \left\langle \alpha \right| , \end{aligned} \tag{2.7.1}$$

$R(\beta^*,\alpha)$是整函数，可以建立密度算符与整函数的一一对应.但它不是最佳表示方式，至少它有两个缺点：一是物理意义不明显，二是它含有两个复变量.我们总是希望采用既有物理意义又形式简单的表示，利用相干态的超完备性，可以实现这一目标.

1. 对角元表示

复平面上定义的解析函数是“内部结构性很强”的函数.根据复变函数论的定理，设两个复自变量的函数 $F(z,w)$ 在原点($z=0,w=0$)的邻域内对 z 和 w 解析，且对于 $w=z^*$ 有 $F(z,z^*)\equiv 0$，则有 $F(z,w)\equiv 0$.根据这个定理，我们完全可以用对角元函数$\langle\alpha|\rho|\alpha\rangle$来描述密度算符而不会发生混乱.由(2.6.16)式和(2.7.1)式定义的记号，单个复变量的函数

$$\left\langle \alpha \middle| \rho \middle| \alpha \right\rangle = \mathrm{e}^{-|\alpha|^2} R(\alpha^*,\alpha) \tag{2.7.2}$$

就可以同算符 ρ 建立一一对应的联系.为了证明这一点，设有两个任意密度算符 ρ_1 和 ρ_2 满足

$$\left\langle \alpha \middle| \rho_1 \middle| \alpha \right\rangle \equiv \left\langle \alpha \middle| \rho_2 \middle| \alpha \right\rangle, \quad 即 \left\langle \alpha \middle| \rho_1 - \rho_2 \middle| \alpha \right\rangle \equiv 0, \tag{2.7.3}$$

由于 $R(\beta^*,\dot{\alpha})$ 是整函数，根据上述定理，则有

$$\left\langle \beta \middle| \rho_1 - \rho_2 \middle| \alpha \right\rangle \equiv 0, \quad 即 \left\langle \beta \middle| \rho_1 \middle| \alpha \right\rangle \equiv \left\langle \beta \middle| \rho_2 \middle| \alpha \right\rangle, \quad \rho_1 = \rho_2. \tag{2.7.4}$$

由卷Ⅰ(3.5.4)式密度算符的定义

$$\langle \alpha | \rho | \alpha \rangle = \sum_i p_i \langle \alpha | \psi_i \rangle \langle \psi_i | \alpha \rangle = \sum_i p_i \left| \langle \psi_i | \alpha \rangle \right|^2, \tag{2.7.5}$$

由此可以看出对角元是正实数.密度算符的对角元表示光场统计状态中取相干态 $|\alpha\rangle$ 的"准概率".为什么叫"准"概率?因为所有相干态是交迭在一起相互不排一的,不可能像经典统计那样定义为取某个复振幅值的概率.另一方面,在经典统计中,只能有一种概率密度定义.下面将会看到,对量子化光场可以定义若干个准概率密度(quasi-probability density)描述,对角元表示(diagonal element representation)是其中之一.

2. 格劳勃-苏达善 P 表示

既然对角元表示可以和密度矩阵一一对应,能否替代(2.7.1)式实现在相干态表示中的对角展开

$$\rho = \int \mathrm{d}^2\alpha \cdot P(\alpha) \, |\alpha\rangle\langle\alpha|, \tag{2.7.6}$$

它不仅形式简单,而且物理意义明确.$P(\alpha)$称为格劳勃-苏达善 P 表示(Glauber-Sudarshan P representation),简称 P 表示.由密度算符的厄米性,可知 $P(\alpha)$ 是复变量 α 的实函数.[注] 对于量子化辐射场,并非每一个状态 ρ 都可以对应一个好行为的 P 表示函数,只有藉助于广义函数,才能实现对应.

为了求 $P(\alpha)$,显然不能在(2.7.1)式中直接令 $\beta=\alpha$ 使 $\langle\alpha|\rho|\alpha\rangle \to P(\alpha)$,这在数学上是不合理的.不过既然 $P(\alpha)$ 和 $\langle\alpha|\rho|\alpha\rangle$ 两者都能表示同一状态,它们之间必存在联系.对(2.7.6)式取相干态对角元

$$\langle \alpha | \rho | \alpha \rangle = \int \mathrm{d}^2\alpha' \cdot P(\alpha') \left| \langle \alpha' | \alpha \rangle \right|^2 = \int \mathrm{d}^2\alpha' \cdot P(\alpha') \mathrm{e}^{-|\alpha-\alpha'|^2}. \tag{2.7.7}$$

上式可由 $P(\alpha)$ 求出 $\langle\alpha|\rho|\alpha\rangle$,它是 P 表示的高斯平均的变换关系.反变换如何求?由于(2.7.7)式右边是卷积形式,可以用傅里叶变换的卷积定理,分离出 $P(\alpha)$ 的傅里叶变换式,再用傅里叶逆变换得到 $P(\alpha)$.

复变量的傅里叶变换及其逆变换已经由卷Ⅱ(1.4.35)式和(1.4.36)式给出.设 $\langle\alpha|\rho|\alpha\rangle$ 和 $P(\alpha)$ 的傅里叶变换分别为 $\mathscr{F}[\langle\alpha|\rho|\alpha\rangle]$ 和 $\mathscr{F}[P(\alpha)]$,高斯函数 $\exp[-\alpha^*\alpha]$ 的傅里叶变换为(参见卷Ⅱ-1.4 节练习)

$$\int \mathrm{e}^{-|\alpha|^2} \mathrm{e}^{z\alpha^* - z^*\alpha} \mathrm{d}^2\alpha = \pi \mathrm{e}^{-|z|^2}. \tag{2.7.8}$$

傅里叶变换的卷积定理为

$$\mathscr{F}[g_1(t) * g_2(t)] = \mathscr{F}[g_1(t)] \cdot \mathscr{F}[g_2(t)], \tag{2.7.9}$$

[注] $P(\alpha)$ 也可表示为 $P(\alpha,\alpha^*)$,参见卷Ⅱ(1.4.27)式.

其中

$$g_1(t)*g_2(t)=\int g_1(\lambda)g_2(t-\lambda)\mathrm{d}\lambda=\int g_1(t-\lambda)g_2(\lambda)\mathrm{d}\lambda. \tag{2.7.10}$$

现对(2.7.7)式两边作傅里叶变换,右边卷积用卷积定理

$$\mathscr{F}\ [\langle\alpha|\rho|\alpha\rangle]=\pi\mathrm{e}^{-|z|^2}\mathscr{F}\ [P(\alpha)], \tag{2.7.11}$$

即

$$\mathscr{F}\ [P(\alpha)]=\frac{1}{\pi}\mathrm{e}^{|z|^2}\mathscr{F}\ [\langle\alpha|\rho|\alpha\rangle], \tag{2.7.12}$$

P 表示可由对上式作傅里叶逆变换得到.

1967 年 Mehta 提出了一个简单的方法计算 P 表示(Mehta,1967).该方法先计算密度算符 ρ 在相干态 $|\beta\rangle$ 和 $|-\beta\rangle$ 的矩阵元

$$\langle-\beta|\rho|\beta\rangle=\int\mathrm{d}^2\alpha\cdot P(\alpha)\langle-\beta|\alpha\rangle\langle\alpha|\beta\rangle=\int\mathrm{d}^2\alpha\cdot P(\alpha)\mathrm{e}^{-|\alpha|^2-|\beta|^2}\mathrm{e}^{\alpha^*\beta-\alpha\beta^*}, \tag{2.7.13}$$

上式用到(2.5.1)式.整理后有

$$\langle-\beta|\rho|\beta\rangle\mathrm{e}^{|\beta|^2}=\int\mathrm{d}^2\alpha\cdot P(\alpha)\mathrm{e}^{-|\alpha|^2}\mathrm{e}^{\beta\alpha^*-\beta^*\alpha}, \tag{2.7.14}$$

实际上这是对函数 $P(\alpha)\exp[-\alpha^*\alpha]$ 的傅里叶变换.由逆变换得到密度算符 ρ 的 P 表示

$$P(\alpha)=\frac{1}{\pi^2}\mathrm{e}^{|\alpha|^2}\int\mathrm{d}^2\beta\cdot\langle-\beta|\rho|\beta\rangle\mathrm{e}^{|\beta|^2}\mathrm{e}^{\beta^*\alpha-\alpha^*\beta}. \tag{2.7.15}$$

复变量函数的傅里叶变换及其逆变换参见卷Ⅱ(1.4.35)式和(1.4.36)式.

P 表示是否好行为函数取决于(2.7.12)式右边傅里叶逆变换的收敛性.由于 $\mathscr{F}[P(\alpha)]$ 比 $\mathscr{F}[\langle\alpha|\rho|\alpha\rangle]$ 大一个 $\exp[z^*z]$ 因子,逆变换可能发散.但在广义函数的范畴,可以认为逆变换总是可能的.因此(2.7.7)式和(2.7.12)式表明,P 表示同对角元表示可以建立一一对应,从而它同密度算符也可以建立一一对应.在有的教科书上,将对角元表示称为 Q 表示.

与对角元类似,P 表示也可以看成光场统计状态取相干态 $|\alpha\rangle$ 的另一种"准概率"分布,而且它更适合与场的经典统计描述进行类比.在下一章将会看到,在考虑电磁场的相干性时,量子理论与经典理论有相同的表式,当 P 表示是正定的好行为函数时(含 δ 函数),表示量子光场具有经典类比,否则它是不存在经典对应的所谓"非经典光场".

2.8　三个准概率密度和特征函数

1. 密度算符的特征函数

在考虑量子辐射场问题中,经常用到若干个湮没算符和产生算符的乘积形式.现定义三种特殊的算符乘积排列的形式:正序(normal order)、反序(anti-normal order)和对称序(symmetric order).正序是指所有产生算符总在湮没算符的左边,反序则正好相反.对称序是指给定算符乘积各因子所有可能排列的算术平均值,记作$\{\ \}_S$.例如

$$\{a^2a^\dagger\}_S=\frac{1}{3}(a^2a^\dagger+aa^\dagger a+a^\dagger a^2).\tag{2.8.1}$$

如果 a 和 b 是两个互不对易的算符,它们的二项式展开是对称序的形式为

$$(a+b)^n=a^n+n\{a^{n-1}b\}_S+\cdots+\frac{n(n-1)\cdots(n-k+1)}{k!}\{a^{n-k}b^k\}_S+\cdots+b^n,\tag{2.8.2}$$

前面的系数正好是对称序中的项数.

在量子化辐射场问题中,正序是最常用的排列.记号$:F(a,a^\dagger):$是指对双冒号中的算符执行直接交换次序的正序化操作,例如

$$:aa^\dagger a^2(a^\dagger)^2:=(a^\dagger)^3a^3.\tag{2.8.3}$$

显然上式左边去掉双冒号,等式并不成立,试比较

$$aa^\dagger a^2(a^\dagger)^2=(a^\dagger)^3a^3+7(a^\dagger)^2a^2+10a^\dagger a+2.\tag{2.8.4}$$

由(2.4.2)式定义的平移算符 $D(z)=\exp(za^\dagger-z^*a)$ 作指数的幂级数展开,它的每项是 a 和 $a^\dagger$ 的二项式对称排列,因此是对称序形式.平移算符的正序和反序的形式见(2.4.6)式.

在卷Ⅱ(1.4.35)式定义了复变量概率密度的特征函数(characteristic function)是其傅里叶变换$\langle\exp(z\alpha^*-z^*\alpha)\rangle$.仿照这一定义和考虑指数算符的序,对描述量子态的密度算符可定义三个特征函数:

对称序特征函数
$$C(z)=\langle e^{za^\dagger-z^*a}\rangle=\mathrm{Tr}(\rho e^{za^\dagger-z^*a})=\langle D(z)\rangle,\tag{2.8.5}$$

正序特征函数
$$C_N(z)=\langle e^{za^\dagger}e^{-z^*a}\rangle=\mathrm{Tr}(\rho e^{za^\dagger}e^{-z^*a}),\tag{2.8.6}$$

反序特征函数
$$C_A(z)=\langle e^{-z^*a}e^{za^\dagger}\rangle=\mathrm{Tr}(\rho e^{-z^*a}e^{za^\dagger}).\tag{2.8.7}$$

由(2.4.6)式容易看出三个特征函数的关系为

$$C(z)=e^{-|z|^2/2}C_N(z)=e^{|z|^2/2}C_A(z).\tag{2.8.8}$$

2. 三个特征函数对应的准概率密度

求算符 F 在态矢 $|\alpha\rangle$ 的期望值可用公式

$$\mathrm{Tr}(|\alpha\rangle\langle\alpha|F)=\langle\alpha|F|\alpha\rangle. \tag{2.8.9}$$

在密度算符的正序特征函数式中采用 P 表示

$$\begin{aligned}C_{\mathrm{N}}(z)&=\mathrm{Tr}(\rho \mathrm{e}^{za^{\dagger}}\mathrm{e}^{-z^{*}a})=\int \mathrm{d}^2\alpha\cdot P(\alpha)\mathrm{Tr}(|\alpha\rangle\langle\alpha|\mathrm{e}^{za^{\dagger}}\mathrm{e}^{-z^{*}a})\\&=\int \mathrm{d}^2\alpha\cdot P(\alpha)\langle\alpha|\mathrm{e}^{za^{\dagger}}\mathrm{e}^{-z^{*}a}|\alpha\rangle\\&=\int \mathrm{d}^2\alpha\cdot P(\alpha)\mathrm{e}^{z\alpha^{*}-z^{*}\alpha},\end{aligned} \tag{2.8.10}$$

它就是 P 表示准概率密度的傅里叶变换式.由卷Ⅱ (1.4.36)式,逆变换为

$$P(\alpha)=\frac{1}{\pi^2}\int C_{\mathrm{N}}(z)\mathrm{e}^{z^{*}\alpha-z\alpha^{*}}\mathrm{d}^2z. \tag{2.8.11}$$

在反序特征函数式中插入完备性关系(2.5.3)式

$$\begin{aligned}C_{\mathrm{A}}(z)&=\mathrm{Tr}(\rho \mathrm{e}^{-z^{*}a}\mathrm{e}^{za^{\dagger}})=\mathrm{Tr}\left(\rho \mathrm{e}^{-z^{*}a}\frac{1}{\pi}\int|\alpha\rangle\langle\alpha|\mathrm{d}^2\alpha\cdot \mathrm{e}^{za^{\dagger}}\right)\\&=\frac{1}{\pi}\int \mathrm{d}^2\alpha\cdot\mathrm{Tr}(\rho \mathrm{e}^{-z^{*}a}|\alpha\rangle\langle\alpha|\mathrm{e}^{za^{\dagger}})\\&=\frac{1}{\pi}\int \mathrm{d}^2\alpha\cdot\mathrm{Tr}(\rho \mathrm{e}^{-z^{*}\alpha+z\alpha^{*}}|\alpha\rangle\langle\alpha|)\\&=\frac{1}{\pi}\int \mathrm{d}^2\alpha\cdot\langle\alpha|\rho|\alpha\rangle\mathrm{e}^{z\alpha^{*}-z^{*}\alpha},\end{aligned}$$

即有

$$C_{\mathrm{A}}(z)=\int\frac{1}{\pi}\langle\alpha|\rho|\alpha\rangle\mathrm{e}^{z\alpha^{*}-z^{*}\alpha}\mathrm{d}^2\alpha, \tag{2.8.12}$$

它同对角元表示准概率密度对应.逆变换为

$$\frac{1}{\pi}\langle\alpha|\rho|\alpha\rangle=\frac{1}{\pi^2}\int C_{\mathrm{A}}(z)\mathrm{e}^{z^{*}\alpha-z\alpha^{*}}\mathrm{d}^2z. \tag{2.8.13}$$

最后,将对称序特征函数的逆傅里叶变换定义为维格纳函数(Wigner function)准概率密度

$$C(z)=\int W(\alpha)\,\mathrm{e}^{z\alpha^{*}-z^{*}\alpha}\mathrm{d}^2\alpha, \tag{2.8.14}$$

$$W(\alpha)=\frac{1}{\pi^2}\int C(z)\mathrm{e}^{z^{*}\alpha-z\alpha^{*}}\mathrm{d}^2z. \tag{2.8.15}$$

这样，三个特征函数分别同三个准概率密度对应，它们的作用如同概率密度.首先，它们皆满足概率密度所要求的归一化条件

$$\int P(\alpha)\mathrm{d}^2\alpha = C_{\mathrm{N}}(0) = \mathrm{Tr}(\rho) = 1, \tag{2.8.16a}$$

$$\frac{1}{\pi}\int \langle \alpha | \rho | \alpha \rangle \mathrm{d}^2\alpha = C_{\mathrm{A}}(0) = \mathrm{Tr}(\rho) = 1, \tag{2.8.16b}$$

$$\int W(\alpha)\mathrm{d}^2\alpha = C(0) = \mathrm{Tr}(\rho) = 1. \tag{2.8.16c}$$

其次，下面将表明用它们可以如同普通概率密度一样计算对应的 a 和 $a^\dagger$ 排序的期望值：$P(\alpha)$、$\langle\alpha|\rho|\alpha\rangle/\pi$ 和 $W(\alpha)$ 可以分别计算正序、反序和对称序算符的期望值.尤其是量子关联函数是按正序算符定义的，用 $P(\alpha)$ 计算量子关联函数就如同经典关联函数一样，这使量子化光场可以找到它的经典对应.因此 P 表示作为准概率密度的物理含义表现得更为突出.

应该指出，这三个函数又不能完全等同于经典概率密度，因此冠以“准”字.因为经典概率密度可以计算任何物理量的期望值，而这里对不同的算符排列的期望值需用不同的准概率密度计算.其次，某些函数可能不正定，甚至可能奇异，这种情况使它们不能解释为“概率”.这些特点说明了量子系统的统计描述不能等同于经典系统.

3. 计算 a 和 $a^\dagger$ 排序算符的期望值

α 和 $a^\dagger$ 正序算符的期望值可以用 P 表示计算，

$$\begin{aligned}\langle (a^\dagger)^m a^n \rangle &= \mathrm{Tr}[\rho\,(a^\dagger)^m a^n] = \int P(\alpha)\mathrm{Tr}[\,|\alpha\rangle\langle\alpha|(a^\dagger)^m a^n\,]\mathrm{d}^2\alpha \\ &= \int P(\alpha)\langle\alpha|(a^\dagger)^m a^n|\alpha\rangle \mathrm{d}^2\alpha = \int (\alpha^*)^m \alpha^n P(\alpha)\mathrm{d}^2\alpha.\end{aligned} \tag{2.8.17}$$

将 $a^\dagger$ 和 a 换成 α^* 和 α，犹如经典统计中的期望值计算

$$\langle :O(a^\dagger,a):\rangle = \mathrm{Tr}(\rho :O(a^\dagger,a):) = \int O(\alpha^*,\alpha)P(\alpha)\mathrm{d}^2\alpha. \tag{2.8.18}$$

a 和 $a^\dagger$ 反序算符的期望值可以用对角元 $\langle\alpha|\rho|\alpha\rangle/\pi$ 计算，

$$\begin{aligned}\langle a^m (a^\dagger)^n \rangle &= \mathrm{Tr}[\rho a^m (a^\dagger)^n] = \mathrm{Tr}[(a^\dagger)^n \rho a^m] \\ &= \mathrm{Tr}[\frac{1}{\pi}\int \mathrm{d}^2\alpha \cdot |\alpha\rangle\langle\alpha|(a^\dagger)^n\rho a^m] \\ &= \frac{1}{\pi}\int \mathrm{d}^2\alpha \cdot \langle\alpha|(a^\dagger)^n\rho a^m|\alpha\rangle \\ &= \int \mathrm{d}^2\alpha \cdot \frac{1}{\pi}\langle\alpha|\rho|\alpha\rangle(\alpha^*)^n\alpha^m.\end{aligned} \tag{2.8.19}$$

对称序算符的期望值可以用维格纳函数计算，证明过程与上面不同.

$$C(z)=\left\langle e^{za^{\dagger}-z^{*}a}\right\rangle=\sum_{n}\frac{1}{n!}\left\langle (za^{\dagger}-z^{*}a)^{n}\right\rangle$$

$$=\sum_{n}\frac{1}{n!}\left\{z^{n}\left\langle (a^{\dagger})^{n}\right\rangle+\cdots+\frac{n(n-1)\cdots(n-k+1)}{k!}z^{n-k}(-z^{*})^{k}\left\langle\left\{(a^{\dagger})^{n-k}a^{k}\right\}_{S}\right\rangle\right.$$

$$\left.+\cdots+(-z^{*})^{n}\left\langle a^{n}\right\rangle\right\},$$

故有

$$\frac{\partial^{n}}{\partial z^{n-k}\partial(-z^{*})^{k}}C(z)\Big|_{z=0}=\left\langle\left\{(a^{\dagger})^{n-k}a^{k}\right\}_{S}\right\rangle,$$

或等价地写成

$$\frac{\partial^{n+m}}{\partial z^{n}\partial(-z^{*})^{m}}C(z)\Big|_{z=0}=\left\langle\left\{(a^{\dagger})^{n}a^{m}\right\}_{S}\right\rangle.$$

上式左边等于

$$\frac{\partial^{n+m}}{\partial z^{n}\partial(-z^{*})^{m}}\int W(\alpha)e^{z\alpha^{*}-z^{*}\alpha}d^{2}\alpha\Big|_{z=0}=\int(\alpha^{*})^{n}\alpha^{m}W(\alpha)d^{2}\alpha,$$

因而有

$$\left\langle\left\{(a^{\dagger})^{n}a^{m}\right\}_{S}\right\rangle=\int(\alpha^{*})^{n}\alpha^{m}W(\alpha)d^{2}\alpha. \tag{2.8.20}$$

用这种方法也可以证明(2.8.17)式和(2.8.19)式.

4. 特征函数的上界

设有一组基可以使密度算符对角化

$$\rho=\sum_{n}\rho_{nn}\left|\phi_{n}\right\rangle\left\langle\phi_{n}\right|, \tag{2.8.21}$$

$$\begin{aligned}C(z)&=\mathrm{Tr}[\rho D(z)]=\mathrm{Tr}\Big[\sum_{n}\rho_{nn}\left|\phi_{n}\right\rangle\left\langle\phi_{n}\right|D(z)\Big]\\&=\sum_{n}\rho_{nn}\mathrm{Tr}\big[\left|\phi_{n}\right\rangle\left\langle\phi_{n}\right|D\big]=\sum_{n}\rho_{nn}D_{nn}.\end{aligned} \tag{2.8.22}$$

因为 D 是幺正算符 $D^{\dagger}D=I$,可以证明幺正算符的每一个矩阵元的模都小于 1.

[证] $\because\ (D^{\dagger}D)_{mn}=\sum_{k}(D^{\dagger})_{mk}D_{kn}=\sum_{k}(D_{km})^{*}D_{kn}$,

单位矩阵$(D^{\dagger}D)$的任意对角元

$$1=(D^{\dagger}D)_{mm}=\sum_{k}\left|D_{km}\right|^{2}, \tag{2.8.23}$$

所以 $\left|D_{km}\right|\leqslant 1$.根据这一性质和(2.8.22)式

$$\left| C(z) \right| \leqslant \sum_{n} \rho_{nn} = 1, \tag{2.8.24}$$

再由(2.8.8)式

$$\left| C_{\mathrm{N}}(z) \right| \leqslant \mathrm{e}^{|z|^2/2}, \tag{2.8.25}$$

$$\left| C_{\mathrm{A}}(z) \right| \leqslant \mathrm{e}^{-|z|^2/2}. \tag{2.8.26}$$

反序和对称序特征函数都是有界函数，只有正序特征函数才可能是无界函数.经傅里叶逆变换后，$\langle\alpha|\rho|\alpha\rangle/\pi$ 是收敛的，而 P 表示 $P(\alpha)$ 最有可能发散.

5. 三个准概率密度之间的关系

在上一节(2.7.7)式，已经给出了密度算符的 P 表示和对角元表示之间的积分变换关系.实际上这三个准概率密度相互之间都存在类似的关系，它们可由三个特征函数之间的关系(2.8.8)式得到.先计算 $\exp(-z^*z/2)$ 的傅里叶逆变换式

$$\mathscr{F}^{-1}(\mathrm{e}^{-|z|^2/2}) = \frac{1}{\pi^2}\int \mathrm{e}^{-|z|^2/2}\mathrm{e}^{z^*\alpha - z\alpha^*}\mathrm{d}^2 z = \frac{2}{\pi}\mathrm{e}^{-2|\alpha|^2}, \tag{2.8.27}$$

再利用卷积定理(2.7.9)式，

$$C(z) = \mathrm{e}^{-|z|^2/2}C_{\mathrm{N}}(z) = \mathscr{F}\left[\frac{2}{\pi}\mathrm{e}^{-2|\alpha|^2}\right]\cdot\mathscr{F}\left[P(\alpha)\right] = \frac{2}{\pi}\mathscr{F}\left[\mathrm{e}^{-2|\alpha|^2} * P(\alpha)\right], \tag{2.8.28}$$

其中卷积由(2.7.10)式定义

$$\mathrm{e}^{-2|\alpha|^2} * P(\alpha) = \int \mathrm{e}^{-2|\alpha-\alpha'|^2}P(\alpha')\mathrm{d}^2\alpha'. \tag{2.8.29}$$

因此对(2.8.28)式的两边作傅里叶逆变换可得到

$$W(\alpha) = \frac{2}{\pi}\int \mathrm{e}^{-2|\alpha-\alpha'|^2}P(\alpha')\mathrm{d}^2\alpha'. \tag{2.8.30}$$

用同样的方法可证明

$$\frac{1}{\pi}\left\langle \alpha \middle| \rho \middle| \alpha \right\rangle = \frac{2}{\pi}\int \mathrm{e}^{-2|\alpha-\alpha'|^2}W(\alpha')\mathrm{d}^2\alpha', \tag{2.8.31}$$

$$\frac{1}{\pi}\left\langle \alpha \middle| \rho \middle| \alpha \right\rangle = \frac{1}{\pi}\int \mathrm{e}^{-|\alpha-\alpha'|^2}P(\alpha')\mathrm{d}^2\alpha', \tag{2.8.32}$$

最后一式我们在上一节已经得到.

三个准概率密度之间的关系可以概括为

$$P(\alpha) \xrightarrow{\text{取高斯平均}} W(\alpha) \xrightarrow{\text{取高斯平均}} \frac{1}{\pi}\left\langle \alpha \middle| \rho \middle| \alpha \right\rangle,$$

$P(\alpha)$ 可能奇异或非正定，$W(\alpha)$ 也可能非正定，通过取高斯平均的过程，$\langle\alpha|\rho|\alpha\rangle$ 总是平滑非

奇异并且恒为正值.

练 习

1. 用推导对称排列平均值(2.8.20)式类似的方法推导正序排列平均值公式(2.8.17)式和(2.8.19)式.

2. 证明对角元表示与 Wigner 函数的变换关系(2.8.31)式.

2.9 量子辐射场的例子

量子辐射场的状态由密度算符描述,密度算符可以用福克态表示,也可以用相干态表示.前一种表示强调辐射场的"粒子性质",无法同经典描述实现对应;后一种表示强调辐射场的"相干性质",可以同光场的经典描述相对应.

1. 热光场

由平衡态量子统计,当辐射场达到热平衡后,辐射场的密度算符为

$$\rho = \mathrm{e}^{-H/(k_B T)} / \mathrm{Tr}(\mathrm{e}^{-H/(k_B T)}), \tag{2.9.1}$$

k_B是玻尔兹曼常量,T 是温度,H 是自由场哈密顿量.为了简单起见,考虑单模情况:

$$H = \hbar\omega(a^\dagger a + \frac{1}{2}) = \hbar\omega(n + \frac{1}{2}). \tag{2.9.2}$$

在福克表示中计算

$$\left\langle m \left| \mathrm{e}^{-\frac{H}{k_B T}} \right| n \right\rangle = \mathrm{e}^{-\frac{\hbar\omega}{k_B T}(n+\frac{1}{2})}\delta_{mn},$$

$$\mathrm{Tr}(\mathrm{e}^{-\frac{H}{k_B T}}) = \sum_n \mathrm{e}^{-\frac{\hbar\omega}{k_B T}(n+\frac{1}{2})} = \mathrm{e}^{-\frac{\hbar\omega}{2k_B T}}(1 - \mathrm{e}^{-\frac{\hbar\omega}{k_B T}})^{-1},$$

$$\mathrm{e}^{-\frac{H}{k_B T}} = \sum_{n,m} \left| m \right\rangle \left\langle n \right| \left\langle m \left| \mathrm{e}^{-\frac{H}{k_B T}} \right| n \right\rangle = \sum_n \mathrm{e}^{-\frac{\hbar\omega}{k_B T}(n+\frac{1}{2})} \left| n \right\rangle \left\langle n \right|.$$

根据以上计算,可求出福克表示中热光场(thermal light field)的密度算符是对角矩阵:

$$\rho = (1 - \mathrm{e}^{-\frac{\hbar\omega}{k_B T}}) \sum_n \mathrm{e}^{-\frac{n\hbar\omega}{k_B T}} \left| n \right\rangle \left\langle n \right|. \tag{2.9.3}$$

光子数概率分布为

$$P(n) = \left\langle n \left| \rho \right| n \right\rangle = (1 - \mathrm{e}^{-\frac{\hbar\omega}{k_B T}})\mathrm{e}^{-\frac{n\hbar\omega}{k_B T}}, \tag{2.9.4}$$

这就是普朗克用经典统计加分离能量假设得到的黑体辐射的能谱公式[卷 I(2.2.3)式].欲将上式用平均光子数表示[参见卷 I(2.2.5)式]

$$\langle n \rangle = \sum_n nP(n) = (\mathrm{e}^{\hbar\omega/(k_B T)} - 1)^{-1}, \tag{2.9.5}$$

光子数概率分布(2.9.4)式化为

$$P(n)=\frac{\langle n\rangle^{n}}{(1+\langle n\rangle)^{n+1}},\tag{2.9.6}$$

称为玻色-爱因斯坦分布(Bose-Einstein distribution)(参见卷Ⅱ(1.5.25)式).

热光密度算符的相干态 P 表示,可以用上一节的公式来计算.先用(2.9.3)式求相干态对角元

$$\begin{aligned}\langle\alpha|\rho|\alpha\rangle&=(1-\mathrm{e}^{-\xi})\sum_{n}\mathrm{e}^{-\xi n}\left|\langle\alpha|n\rangle\right|^{2}\\&=(1-\mathrm{e}^{-\xi})\sum_{n}\mathrm{e}^{-\xi n}\frac{|\alpha|^{2n}}{n!}\mathrm{e}^{-|\alpha|^{2}}\\&=(1-\mathrm{e}^{-\xi})\mathrm{e}^{(\mathrm{e}^{-\xi}-1)|\alpha|^{2}}\\&=\frac{1}{1+\langle n\rangle}\mathrm{e}^{-\frac{|\alpha|^{2}}{1+\langle n\rangle}},\end{aligned}\tag{2.9.7}$$

其中

$$\xi\equiv\hbar\omega/(k_{\mathrm{B}}T).\tag{2.9.8}$$

再用(2.8.12)式求反序特征函数.利用复变量函数的傅里叶变换[卷Ⅱ (1.4.37)式和(1.4.38)式],

$$\alpha=(q+\mathrm{i}p)/\sqrt{2},\quad z=(x+\mathrm{i}y)/\sqrt{2},\tag{2.9.9}$$

$$C_{\mathrm{A}}(x,y)=\frac{1}{2\pi}\int\mathrm{e}^{\mathrm{i}(qy-px)}\langle q,p|\rho|q,p\rangle\,\mathrm{d}q\mathrm{d}p.\tag{2.9.10}$$

将(2.9.7)式代入,

$$C_{\mathrm{A}}(x,y)=\frac{1}{2\pi}(1-\mathrm{e}^{-\xi})\int\mathrm{e}^{\mathrm{i}(qy-px)}\mathrm{e}^{-(1-\mathrm{e}^{-\xi})\frac{q^{2}+p^{2}}{2}}\mathrm{d}q\mathrm{d}p=\mathrm{e}^{-\frac{x^{2}+y^{2}}{2(1-\mathrm{e}^{-\xi})}}=\mathrm{e}^{-\frac{1}{2}(1+\langle n\rangle)(x^{2}+y^{2})},\tag{2.9.11}$$

或

$$C_{\mathrm{A}}(z)=\mathrm{e}^{-(1+\langle n\rangle)|z|^{2}}.\tag{2.9.12}$$

正序特征函数为

$$C_{\mathrm{N}}(z)=\mathrm{e}^{-\langle n\rangle|z|^{2}}.\tag{2.9.13}$$

对上式作傅里叶逆变换(2.8.11)式,得到热光场的 P 表示,

$$P(\alpha)=\frac{1}{\pi\langle n\rangle}\mathrm{e}^{-|\alpha|^{2}/\langle n\rangle},\tag{2.9.14}$$

它同热光场的经典描述完全相同[参见卷Ⅱ(3.2.3)式和(1.5.40)式].作为练习,读者可以计算

热光场的 Wigner 函数

$$W(\alpha)=\frac{2}{\pi(2\langle n\rangle+1)}e^{-\frac{2|\alpha|^2}{2\langle n\rangle+1}}. \tag{2.9.15}$$

如果考虑多模热光场,P 表示为

$$P(\{\alpha_k\})=\prod_k\frac{1}{\pi\langle n_k\rangle}e^{-|\alpha_k|^2/\langle n_k\rangle}. \tag{2.9.16}$$

2. 激光场(laser field)

考虑单模情况,在自由场情况下,纯相干态$|\alpha_0\rangle$演化如$|\alpha_0 e^{-i\omega t}\rangle$.容易看出纯相干态的 P 表示为 δ 函数

$$|\alpha_0\rangle\langle\alpha_0|=\int\delta^{(2)}(\alpha-\alpha_0)|\alpha\rangle\langle\alpha|d^2\alpha. \tag{2.9.17}$$

由于准概率密度是 δ 函数,它不存在经典含义的涨落,可以同一个确定的经典单色平面波对应,但相干态存在量子涨落——真空涨落.

纯相干态光场很难在实际光学系统中设计产生.与实际激光器相接近的激光模型可以用混合相干态描述,它由纯相干态等概率混合叠加.这些相干态的本征值的模量相同,而相位等概率随机取值,如图 2.9-1 所示.根据该描述,混合相干态的密度算符可记为

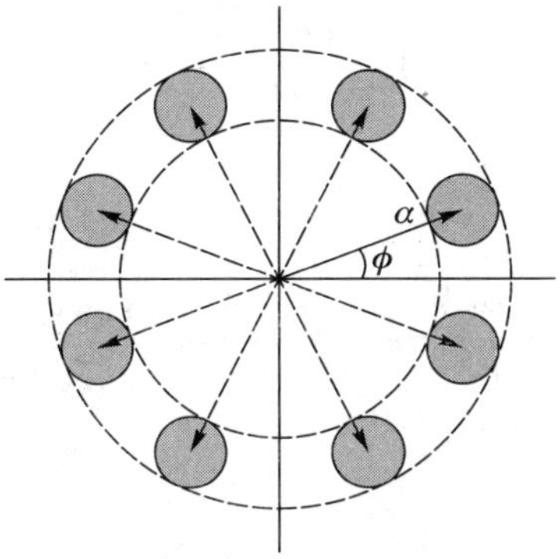

图 2.9-1 混合相干态示意图

$$\rho=\sum_{|\alpha|=|\alpha_0|}|\alpha\rangle\langle\alpha|\equiv\big||\alpha_0|\big\rangle\big\langle|\alpha_0|\big|.^{[注]} \tag{2.9.18}$$

P 表示为

$$\rho=\int\frac{1}{2\pi|\alpha_0|}\delta(|\alpha|-|\alpha_0|)|\alpha\rangle\langle\alpha|d^2\alpha, \tag{2.9.19}$$

[注] 这是混合相干态的记号,它不表示纯态.

它与卷Ⅱ(3.2.2)式经典描述的理想单色激光相对应,满足归一化:

$$1=\int_0^{2\pi}\mathrm{d}\phi\int_0^{\infty}\frac{1}{2\pi|\alpha_0|}\delta(r-|\alpha_0|)r\mathrm{d}r. \tag{2.9.20}$$

在福克态表示中,纯相干态密度算符为

$$|\alpha\rangle\langle\alpha|=\sum_{n,m}\langle n|\alpha\rangle\langle\alpha|m\rangle|n\rangle\langle m|=\sum_{n,m}\mathrm{e}^{-|\alpha|^2}\frac{\alpha^n(\alpha^*)^m}{\sqrt{n!\,m!}}|n\rangle\langle m|. \tag{2.9.21}$$

将上式代入(2.9.19)式,可计算混合相干态的福克表示

$$\begin{aligned}||\alpha_0|\rangle\langle|\alpha_0||&=\sum_{n,m}\frac{|n\rangle\langle m|}{\sqrt{n!\,m!}}\int\frac{1}{2\pi|\alpha_0|}\delta(|\alpha|-|\alpha_0|)\alpha^n(\alpha^*)^m\mathrm{e}^{-|\alpha|^2}\mathrm{d}^2\alpha\\&=\sum_{n,m}\frac{|n\rangle\langle m|}{\sqrt{n!\,m!}}\frac{1}{2\pi|\alpha_0|}\int_0^{\infty}\delta(r-|\alpha_0|)r^{n+m}\mathrm{e}^{-r^2}r\mathrm{d}r\int_0^{2\pi}\mathrm{e}^{\mathrm{i}(n-m)\phi}\mathrm{d}\phi\\&=\sum_n\frac{|\alpha_0|^{2n}\mathrm{e}^{-|\alpha_0|^2}}{n!}|n\rangle\langle n|.\end{aligned} \tag{2.9.22}$$

在福克表示中,纯相干态的密度矩阵是非对角的,而混合相干态是对角的(与热光相同),但两者的粒子数概率分布都是泊松分布[参见(2.1.40)式和卷Ⅱ(1.5.13)式]:

$$P(n)=\frac{|\alpha_0|^{2n}}{n!}\mathrm{e}^{-|\alpha_0|^2}. \tag{2.9.23}$$

平均光子数

$$\langle n\rangle=\sum_n nP(n)=\sum_n n\frac{|\alpha_0|^{2n}}{n!}\mathrm{e}^{-|\alpha_0|^2}=|\alpha_0|^2\sum_n\frac{|\alpha_0|^{2(n-1)}}{(n-1)!}\mathrm{e}^{-|\alpha_0|^2}=|\alpha_0|^2, \tag{2.9.24}$$

因此泊松分布可写为

$$P(n)=\frac{\langle n\rangle^n}{n!}\mathrm{e}^{-\langle n\rangle}. \tag{2.9.25}$$

混合相干态描述的激光模型与前面的量子热光场相同仍属于有经典对应的光源之列,也可称为经典光源.但经典统计理论不能描述光场量子涨落和光的粒子性.例如在本章第2节介绍的相干态含有真空涨落,真空涨落是测量电场两个正交分量时的涨落.除真空涨落外,上面的论述表明处于相干态的激光的光子数满足泊松统计分布,该光子数的涨落又称为散粒噪声(shot noise).散粒噪声是1918年肖特基(Walter Schottky)在研究真空管中电子流涨落时提出的(Schottky,1918).

3. 任意光场的光子数分布和涨落

设一个任意多模光场的密度算符的 P 表示为

$$\rho = \int P(\{\alpha_k\}) \left| \{\alpha_k\} \right\rangle \left\langle \{\alpha_k\} \right| \mathrm{d}^2 \{\alpha_k\}. \tag{2.9.26}$$

它的光子数分布 $P(\{n_k\})$ 为找到各模光子数分布 $\{n_k\}$ 的概率,可用上述 P 表示来计算

$$\begin{aligned} P(\{n_k\}) &= \left\langle \{n_k\} \right| \rho \left| \{n_k\} \right\rangle \\ &= \int P(\{\alpha_k\}) \left\langle \{n_k\} \middle| \{\alpha_k\} \right\rangle \left\langle \{\alpha_k\} \middle| \{n_k\} \right\rangle \mathrm{d}^2\{\alpha_k\} \\ &= \int P(\{\alpha_k\}) \left| \left\langle \{\alpha_k\} \middle| \{n_k\} \right\rangle \right|^2 \mathrm{d}^2\{\alpha_k\} \\ &= \int P(\{\alpha_k\}) \prod_k \left| \left\langle \alpha_k \middle| n_k \right\rangle \right|^2 \mathrm{d}^2\{\alpha_k\} \\ &= \int P(\{\alpha_k\}) \prod_k \frac{\left| \alpha_k \right|^{2n_k}}{n_k!} \mathrm{e}^{-|\alpha_k|^2} \mathrm{d}^2\{\alpha_k\}, \end{aligned} \tag{2.9.27}$$

单模情况下有

$$P(n) = \int P(\alpha) \frac{\left| \alpha \right|^{2n}}{n!} \mathrm{e}^{-|\alpha|^2} \mathrm{d}^2 \alpha. \tag{2.9.28}$$

上面两式给出了由 P 表示计算光子数分布的公式.

下面讨论一类相位完全随机的光场,即 $P(\alpha)$ 不依赖于 α 的幅角,前面介绍的热光场和混合相干态都属此类.令强度 $I = |\alpha|^2$,上式变为

$$P(n) = \int P(I) \frac{I^n}{n!} \mathrm{e}^{-I} \mathrm{d}I = \left\langle \frac{I^n}{n!} \mathrm{e}^{-I} \right\rangle, \tag{2.9.29}$$

其中 $\langle\,\rangle$ 表示用概率函数 $P(I)$ 对 I 求平均.它的物理意义很清楚,对于没有强度涨落的混合相干态光场,光子数分布为泊松分布.否则光子数泊松分布还应对强度概率分布 $P(I)$ 取统计平均.

作为例子,下面计算相位随机的任意光场粒子数涨落的方差.平均光子数为

$$\langle n \rangle = \sum_n nP(n) = \left\langle \sum_n n \frac{I^n}{n!} \mathrm{e}^{-I} \right\rangle = \langle I \rangle, \tag{2.9.30}$$

量子化光场的平均光子数等于其强度的平均值.光子数平方的平均为

$$\langle n^2 \rangle = \left\langle \sum_n n^2 \frac{I^n}{n!} \mathrm{e}^{-I} \right\rangle = \left\langle \sum_n \frac{I^n}{(n-2)!} \left(1 + \frac{1}{n-1}\right) \mathrm{e}^{-I} \right\rangle = \langle I^2 \rangle + \langle I \rangle, \tag{2.9.31}$$

$$\langle (\Delta n)^2 \rangle = \langle n^2 \rangle - \langle n \rangle^2 = \langle I^2 \rangle + \langle I \rangle - \langle I \rangle^2 = \langle (\Delta I)^2 \rangle + \langle n \rangle. \tag{2.9.32}$$

任何相位完全随机的光场的光子数涨落的方差可以分为两部分,一部分是同经典统计对应的强

度涨落引起的噪声$\langle(\Delta I)^2\rangle$，由$P(I)$来计算，另一部分$\langle n\rangle$属于量子噪声.应该注意只有$P(I)$正定时，才有$\langle(\Delta I)^2\rangle>0$.如果$P(I)$不正定或不是好行为函数，场就不具有经典对应.

练　习

1. 按下述步骤计算相干态$|\alpha_0\rangle$的(i)对角元表示，(ii)$C_A(z)$，(iii)$C_N(z)$，(iv)由$C_N(z)$的傅里叶逆变换求出$P(\alpha)$.

2. 推导热光场的 Wigner 函数(2.9.15)式.

3. 利用单模混合相干态的 P 表示求它的平均光子数$\langle n\rangle$和光子数涨落$\langle(\Delta n)^2\rangle$.

4. 求单模热光场两个正交分量的方差$\langle(\Delta a_1)^2\rangle$和$\langle(\Delta a_2)^2\rangle$.

5. 利用(2.9.29)式，由热光场 P 表示(2.9.14)式计算光子数分布.

6. 证明相位完全随机的光场的密度算符在福克态表示中一定是对角的.

2.10　双光子相干态和挤压态

我们在 2.2 节中介绍了挤压态的基本性质，在本节中将进一步描述有关挤压态的理论.在建立挤压态理论模型时存在两种理论体系，一种称之为双光子相干态(two-photon coherent state)(Yuan,1976)，另一种直接称为挤压态(squeezed state)(Caves,1981).两种体系之间存在等价的联系.在本节中我们考虑单模情况，关于双模情况下的挤压效应将在 8.4 节中讨论.

1. 双光子相干态

定义一个挤压算符(squeeze operator)

$$S(\zeta)=\mathrm{e}^{\frac{1}{2}[\zeta^*a^2-\zeta(a^\dagger)^2]},\tag{2.10.1}$$

其中a和$a^\dagger$是一对场湮没产生算符，$\zeta=r\mathrm{e}^{\mathrm{i}\varphi}$是复参数.容易证明$S^\dagger(\zeta)=S(-\zeta)=S^{-1}(\zeta)$，挤压算符满足幺正变换条件.现在用挤压算符对场湮没产生算符作幺正变换

$$b\equiv S(\zeta)aS^\dagger(\zeta),\tag{2.10.2a}$$

$$b^\dagger\equiv S(\zeta)a^\dagger S^\dagger(\zeta).\tag{2.10.2b}$$

由变换的幺正性，$[b,b^\dagger]=1$.在薛定谔绘景中，b和$b^\dagger$可以看作一对赝湮没产生算符.利用算符展开定理(2.3.5)式，可以得到b和$b^\dagger$的展开式

$$b=a\cosh r+a^\dagger\mathrm{e}^{\mathrm{i}\varphi}\sinh r,\tag{2.10.3a}$$

$$b^\dagger=a^\dagger\cosh r+a\mathrm{e}^{-\mathrm{i}\varphi}\sinh r.\tag{2.10.3b}$$

由此解得

$$a=b\cosh r-b^\dagger\mathrm{e}^{\mathrm{i}\varphi}\sinh r,\tag{2.10.4a}$$

$$a^\dagger=b^\dagger\cosh r-b\mathrm{e}^{-\mathrm{i}\varphi}\sinh r.\tag{2.10.4b}$$

现定义双光子相干态为挤压算符作用于相干态 $|\alpha\rangle$ 后的变换态

$$|\zeta,\alpha\rangle_{\mathrm{C}} \equiv S(\zeta)|\alpha\rangle, \tag{2.10.5}$$

根据幺正变换,容易证明双光子相干态是赝湮没算符的本征态

$$b|\zeta,\alpha\rangle_{\mathrm{C}} = bS(\zeta)|\alpha\rangle = S(\zeta)aS^{\dagger}(\zeta)S(\zeta)|\alpha\rangle = \alpha S(\zeta)|\alpha\rangle = \alpha|\zeta,\alpha\rangle_{\mathrm{C}}, \tag{2.10.6}$$

本征值与对应的相干态相同.由相干态的完备性立即得到双光子相干态的完备性.

2. 双光子相干态的挤压性质

我们计算双光子相干态在任意正交分量 $x(\theta)$ 的涨落.由正交分量定义(2.2.15)式可计算

$$\begin{aligned}
{}_{\mathrm{C}}\langle\zeta,\alpha|x(\theta)|\zeta,\alpha\rangle_{\mathrm{C}} &= {}_{\mathrm{C}}\langle\zeta,\alpha|\frac{1}{2}(a\mathrm{e}^{-\mathrm{i}\theta}+a^{\dagger}\mathrm{e}^{\mathrm{i}\theta})|\zeta,\alpha\rangle_{\mathrm{C}} \\
&= {}_{\mathrm{C}}\langle\zeta,\alpha|\frac{1}{2}[(b\cosh r-b^{\dagger}\mathrm{e}^{\mathrm{i}\varphi}\sinh r)\mathrm{e}^{-\mathrm{i}\theta}+ \\
&\quad (b^{\dagger}\cosh r-b\mathrm{e}^{-\mathrm{i}\varphi}\sinh r)\mathrm{e}^{\mathrm{i}\theta}]|\zeta,\alpha\rangle_{\mathrm{C}} \\
&= \frac{1}{2}[(\alpha\cosh r-\alpha^{*}\mathrm{e}^{\mathrm{i}\varphi}\sinh r)\mathrm{e}^{-\mathrm{i}\theta}+ \\
&\quad (\alpha^{*}\cosh r-\alpha\mathrm{e}^{-\mathrm{i}\varphi}\sinh r)\mathrm{e}^{\mathrm{i}\theta}],
\end{aligned} \tag{2.10.7}$$

$$\begin{aligned}
{}_{\mathrm{C}}\langle\zeta,\alpha|x^{2}(\theta)|\zeta,\alpha\rangle_{\mathrm{C}} &= {}_{\mathrm{C}}\langle\zeta,\alpha|\frac{1}{4}(a\mathrm{e}^{-\mathrm{i}\theta}+a^{\dagger}\mathrm{e}^{\mathrm{i}\theta})^{2}|\zeta,\alpha\rangle_{\mathrm{C}} \\
&= {}_{\mathrm{C}}\langle\zeta,\alpha|\frac{1}{4}[(b\cosh r-b^{\dagger}\mathrm{e}^{\mathrm{i}\varphi}\sinh r)\mathrm{e}^{-\mathrm{i}\theta}+ \\
&\quad (b^{\dagger}\cosh r-b\mathrm{e}^{-\mathrm{i}\varphi}\sinh r)\mathrm{e}^{\mathrm{i}\theta}]^{2}|\zeta,\alpha\rangle_{\mathrm{C}} \\
&= \frac{1}{4}[(\alpha\cosh r-\alpha^{*}\mathrm{e}^{\mathrm{i}\varphi}\sinh r)^{2}\mathrm{e}^{-\mathrm{i}2\theta}+ \\
&\quad (\alpha^{*}\cosh r-\alpha\mathrm{e}^{-\mathrm{i}\varphi}\sinh r)^{2}\mathrm{e}^{\mathrm{i}2\theta}+ \\
&\quad 2(\alpha\cosh r-\alpha^{*}\mathrm{e}^{\mathrm{i}\varphi}\sinh r)(\alpha^{*}\cosh r- \\
&\quad \alpha\mathrm{e}^{-\mathrm{i}\varphi}\sinh r)-\cosh r\cdot\sinh r(\mathrm{e}^{-\mathrm{i}(2\theta-\varphi)}+ \\
&\quad \mathrm{e}^{\mathrm{i}(2\theta-\varphi)})+\cosh^{2}r+\sinh^{2}r].
\end{aligned} \tag{2.10.8}$$

从而有

$$\begin{aligned}
{}_{\mathrm{C}}\langle\zeta,\alpha|\Delta^{2}x(\theta)|\zeta,\alpha\rangle_{\mathrm{C}} &= {}_{\mathrm{C}}\langle\zeta,\alpha|x^{2}(\theta)|\zeta,\alpha\rangle_{\mathrm{C}} - {}_{\mathrm{C}}\langle\zeta,\alpha|x(\theta)|\zeta,\alpha\rangle_{\mathrm{C}}^{2} \\
&= \frac{1}{4}[\cosh^{2}r+\sinh^{2}r-2\cosh r\cdot\sinh r\cdot\cos(2\theta-\varphi)].
\end{aligned} \tag{2.10.9}$$

此结果与参数 α 无关,说明挤压算符对任意相干态产生相同的挤压效应.当正交分量方位角

$\theta=\varphi/2$时，其涨落有最小值且小于真空涨落

$$ {}_{\mathrm{C}}\left\langle \zeta,\alpha \middle| \Delta^2 x\left(\theta=\frac{\varphi}{2}\right) \middle| \zeta,\alpha \right\rangle_{\mathrm{C}} = \frac{1}{4}(\cosh r-\sinh r)^2 = \frac{1}{4}\mathrm{e}^{-2r} < \frac{1}{4}, \qquad (2.10.10) $$

其中挤压算符中的复参数ζ的模量$r=|\zeta|$称为挤压系数，幅角$\varphi=\arg(\zeta)$表示在正交分量的幅角$\theta=\varphi/2$处观察到涨落的极小值.对应的另一正交分量$\theta=(\varphi+\pi)/2$的涨落有最大值且大于真空涨落

$$ {}_{\mathrm{C}}\left\langle \zeta,\alpha \middle| \Delta^2 x\left(\theta=\frac{\varphi+\pi}{2}\right) \middle| \zeta,\alpha \right\rangle_{\mathrm{C}} = \frac{1}{4}(\cosh r+\sinh r)^2 = \frac{1}{4}\mathrm{e}^{2r} > \frac{1}{4}, \qquad (2.10.11) $$

从而有

$$ {}_{\mathrm{C}}\left\langle \zeta,\alpha \middle| \Delta^2 x\left(\theta=\frac{\varphi+\pi}{2}\right) \middle| \zeta,\alpha \right\rangle_{\mathrm{C}} \times {}_{\mathrm{C}}\left\langle \zeta,\alpha \middle| \Delta^2 x\left(\theta=\frac{\varphi}{2}\right) \middle| \zeta,\alpha \right\rangle_{\mathrm{C}} = \frac{1}{16}, \qquad (2.10.12) $$

按照2.2节挤压态的定义，上式表明了双光子相干态$|\zeta,\alpha\rangle_{\mathrm{C}}$是挤压态.

3. 挤压真空态

我们在2.2节已表明真空态可以看做本征值为零的相干态，将挤压算符作用于真空态，同样得到本征值为零的双光子相干态

$$ |\zeta,0\rangle_{\mathrm{C}} \equiv S(\zeta)|0\rangle, \quad b|\zeta,0\rangle_{\mathrm{C}}=0. \qquad (2.10.13) $$

显然它也是满足上述挤压特征的挤压态，称为挤压真空态(squeezed vacuum state).注意挤压真空态已不是真空态，后面将表明它的光子数期望值不等于零.

4. 标准挤压态的产生及与双光子相干态的关系

运用2.4节中的平移算符(2.4.2)式，双光子相干态可以表示为先将真空态平移到某一相干态，再经挤压算符作用后获得

$$ |\zeta,\alpha\rangle_{\mathrm{C}} \equiv S(\zeta)D(\alpha)|0\rangle. \qquad (2.10.14) $$

另一种产生挤压态的产生方法正好与之相反，先挤压真空态，再平移挤压真空态，

$$ |\alpha,\zeta\rangle_{\mathrm{S}} \equiv D(\alpha)S(\zeta)|0\rangle. \qquad (2.10.15) $$

由于$D(\alpha)$和$S(\zeta)$不对易，$|\alpha,\zeta\rangle_{\mathrm{S}}$和$|\zeta,\alpha\rangle_{\mathrm{C}}$不相等.为了便于区分，我们称为标准挤压态(standard squeezed state).[注]

尽管如此，由于双光子相干态也是挤压态，它与(2.10.15)式定义的标准挤压态之间必然存在某种对应关系.由(2.10.2)式和(2.10.3)式

[注]在文献中两种理论体系产生的挤压态在命名和符号方面并不统一.例如定义(2.10.15)式有的称为“挤压态”或“挤压相干态”.这里采用“标准挤压态”以区分“双光子相干态”类型的挤压态，两者统称为挤压态.记号的下标分别用特征字符s(standard)和c(coherent)区分.此外态矢符号中挤压参数ζ和平移参数α的次序对应于挤压算符和平移算符的次序.

$$
\begin{aligned}
S(\zeta)D(\alpha)S^{\dagger}(\zeta) &= S(\zeta)\exp(\alpha a^{\dagger}-\alpha^{*}a)S^{\dagger}(\zeta)\\
&=\exp(\alpha b^{\dagger}-\alpha^{*}b)\\
&=\exp[\alpha(a^{\dagger}\cosh r+a\mathrm{e}^{-\mathrm{i}\varphi}\sinh r)-\\
&\quad \alpha^{*}(a\cosh r+a^{\dagger}\mathrm{e}^{\mathrm{i}\varphi}\sinh r)]\\
&=\exp[a^{\dagger}(\alpha\cosh r-\alpha^{*}\mathrm{e}^{\mathrm{i}\varphi}\sinh r)-\\
&\quad a(\alpha^{*}\cosh r-\alpha\mathrm{e}^{-\mathrm{i}\varphi}\sinh r)]\\
&=\exp(\alpha_{-}a^{\dagger}-\alpha_{-}^{*}a)=D(\alpha_{-}),
\end{aligned}
\tag{2.10.16}
$$

其中

$$
\alpha_{-}\equiv\alpha\cosh r-\alpha^{*}\mathrm{e}^{\mathrm{i}\varphi}\sinh r. \tag{2.10.17}
$$

由此得出

$$
S(\zeta)D(\alpha)=D(\alpha_{-})S(\zeta). \tag{2.10.18}
$$

在上式右边用 α 替换 α_{-}，左边用 α_{+} 替换 α，则可以得到

$$
D(\alpha)S(\zeta)=S(\zeta)D(\alpha_{+}), \tag{2.10.19}
$$

其中 α_{+} 待求.在(2.10.17)式中采用同样的替换后得到

$$
\alpha\equiv\alpha_{+}\cosh r-\alpha_{+}^{*}\mathrm{e}^{\mathrm{i}\varphi}\sinh r, \tag{2.10.20}
$$

即可求出

$$
\alpha_{+}\equiv\alpha\cosh r+\alpha^{*}\mathrm{e}^{\mathrm{i}\varphi}\sinh r. \tag{2.10.21}
$$

(2.10.18)式和(2.10.19)式作用于真空态，可以得到标准挤压态和双光子相干态之间的对应关系：

$$
|\zeta,\alpha\rangle_{\mathrm{C}}=|\alpha_{-},\zeta\rangle_{\mathrm{S}}, \tag{2.10.22a}
$$

$$
|\alpha,\zeta\rangle_{\mathrm{S}}=|\zeta,\alpha_{+}\rangle_{\mathrm{C}}. \tag{2.10.22b}
$$

每个双光子相干态都可以对应一个标准挤压态，反之亦然.两者之间有相同的挤压系数，表示它们有相同的挤压属性，但另一个平移参数不相等.唯一的例外是挤压真空态，两种表示都只有挤压没有平移作用

$$
|\zeta,0\rangle_{\mathrm{C}}=|0,\zeta\rangle_{\mathrm{S}}=|0,\zeta\rangle, \tag{2.10.23}
$$

挤压真空态是两种表示共同的“坐标原点”，下标可以略去.

5. 在两种挤压态表示下电场和光子数的期望值

先考虑电场的期望值，它正比于 $\langle a\rangle$.在双光子相干态表示下的期望值为

$$
{}_{\mathrm{C}}\langle \zeta,\alpha | a | \zeta,\alpha \rangle_{\mathrm{C}} = {}_{\mathrm{C}}\langle \zeta,\alpha | b\cosh r - b^{\dagger}\mathrm{e}^{\mathrm{i}\varphi}\sinh r | \zeta,\alpha \rangle_{\mathrm{C}}
= \alpha\cosh r - \alpha^{*}\mathrm{e}^{\mathrm{i}\varphi}\sinh r = \alpha_{-}. \tag{2.10.24}
$$

在标准挤压态表示下，利用(2.10.22b)和(2.10.21)式得到

$$
{}_{\mathrm{S}}\langle \alpha,\zeta | a | \alpha,\zeta \rangle_{\mathrm{S}} = {}_{\mathrm{C}}\langle \zeta,\alpha_{+} | b\cosh r - b^{\dagger}\mathrm{e}^{\mathrm{i}\varphi}\sinh r | \zeta,\alpha_{+} \rangle_{\mathrm{C}}
= \alpha_{+}\cosh r - \alpha_{+}^{*}\mathrm{e}^{\mathrm{i}\varphi}\sinh r = \alpha. \tag{2.10.25}
$$

同样不难得到

$$
{}_{\mathrm{S}}\langle \alpha_{-},\zeta | a | \alpha_{-},\zeta \rangle_{\mathrm{S}} = \alpha_{-}, \tag{2.10.26}
$$

$$
{}_{\mathrm{C}}\langle \zeta,\alpha_{+} | a | \zeta,\alpha_{+} \rangle_{\mathrm{C}} = \alpha. \tag{2.10.27}
$$

由此可见标准挤压态的电场期望值就是它的平移参数，而双光子相干态的电场期望值与两个参数都有关.

再考虑光子数的期望值$\langle a^{\dagger}a\rangle$.利用(2.10.4)式

$$
a^{\dagger}a = b^{\dagger}b(\cosh^{2}r + \sinh^{2}r) - [b^{2}\mathrm{e}^{-\mathrm{i}\varphi} + (b^{\dagger})^{2}\mathrm{e}^{\mathrm{i}\varphi}]\cosh r\cdot\sinh r + \sinh^{2}r. \tag{2.10.28}
$$

在双光子相干态表示下

$$
\begin{aligned}
{}_{\mathrm{C}}\langle \zeta,\alpha | a^{\dagger}a | \zeta,\alpha \rangle_{\mathrm{C}} &= |\alpha|^{2}(\cosh^{2}r + \sinh^{2}r) - [\alpha^{2}\mathrm{e}^{-\mathrm{i}\varphi} + (\alpha^{*})^{2}\mathrm{e}^{\mathrm{i}\varphi}]\cdot \\
&\quad \cosh r\cdot\sinh r + \sinh^{2}r \\
&= |\alpha_{-}|^{2} + \sinh^{2}r = |\langle a\rangle_{\mathrm{C}}|^{2} + \sinh^{2}r.
\end{aligned} \tag{2.10.29}
$$

在标准挤压态表示下

$$
\begin{aligned}
{}_{\mathrm{S}}\langle \alpha,\zeta | a^{\dagger}a | \alpha,\zeta \rangle_{\mathrm{S}} &= {}_{\mathrm{C}}\langle \zeta,\alpha_{+} | a^{\dagger}a | \zeta,\alpha_{+} \rangle_{\mathrm{C}} = |\alpha_{+}|^{2}(\cosh^{2}r + \sinh^{2}r) - \\
&\quad [\alpha_{+}^{2}\mathrm{e}^{-\mathrm{i}\varphi} + (\alpha_{+}^{*})^{2}\mathrm{e}^{\mathrm{i}\varphi}]\cosh r\cdot\sinh r + \sinh^{2}r \\
&= |\alpha|^{2} + \sinh^{2}r = |\langle a\rangle_{\mathrm{S}}|^{2} + \sinh^{2}r.
\end{aligned} \tag{2.10.30}
$$

对于挤压真空态

$$
{}_{\mathrm{C}}\langle \zeta,0 | a^{\dagger}a | \zeta,0 \rangle_{\mathrm{C}} = {}_{\mathrm{S}}\langle 0,\zeta | a^{\dagger}a | 0,\zeta \rangle_{\mathrm{S}} = \sinh^{2}r. \tag{2.10.31}
$$

我们看到挤压真空态不是真空态，挤压效应贡献了光子，平均光子数量随挤压参数指数增长.对任意双光子相干态和标准挤压态，其平均光子数是场模强度加上挤压引起的光子数.根据这些关系，我们可以图示具有相同参数的两种表示$|\alpha,\zeta\rangle_{\mathrm{S}}$和$|\zeta,\alpha\rangle_{\mathrm{C}}$的产生方式，如图2.10-1所示.

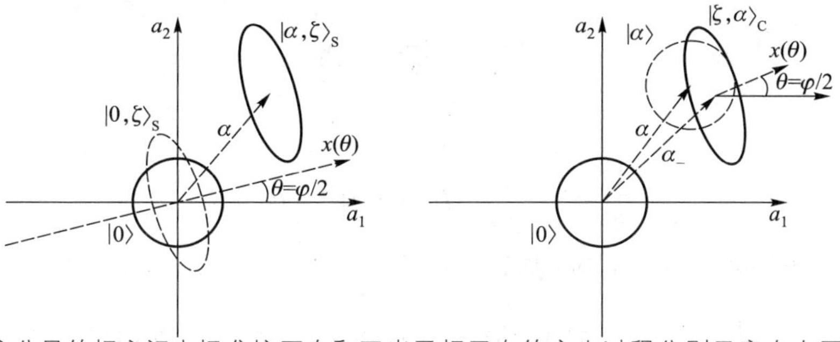

图 2.10-1　在正交分量的相空间中标准挤压态和双光子相干态的产生过程分别示意在左图和右图中.在左图中,真空态先变换成挤压真空态(虚线),再经平移到标准挤压态.在右图中,真空态先平移成相干态(虚线),再经挤压成为双光子相干态,这时态矢中心发生位移

6. 在光学非线性相互作用中产生挤压效应

当较强的光场 E 照射一个空的谐振腔时,外场与谐振腔中的腔模发生相互作用.通常强的外场可以看作经典场,腔模场用 a 表示,相互作用哈密顿量可写为

$$H = \mathrm{i}\hbar(Ea^\dagger - E^* a). \tag{2.10.32}$$

腔模量子态的演化算符 $\exp(-\mathrm{i}Ht/\hbar)$ 即为平移算符,它可以将光场从真空态平移到相干态.因此平移算符与线性相互作用或单光子过程有关.

在光学非线性相互作用中,非线性介质表现为二阶或三阶极化效应(见卷 I 第 7 章).我们将在 4.7 节中表明在量子理论中非线性相互作用属于多光子过程.例如在光学参量下转换(optical parametric down-conversion)非线性过程中,当泵浦光 E_p 照射非线性晶体时,一个泵浦光子转化为一对简并或非简并光子.通常泵浦光十分强,可以用经典量描述,在简并情况下的相互作用哈密顿量为

$$H = \frac{1}{2}\mathrm{i}\hbar[\chi E_p (a^\dagger)^2 - \chi^* E_p^* a^2], \tag{2.10.33}$$

其中 χ 正比于二阶极化率.该相互作用属于双光子过程,对应的演化算符 $\exp(-\mathrm{i}Ht/\hbar)$ 类似于挤压算符,双光子相干态的名称来源也与此有关.因此挤压态和挤压效应可以在光学非线性相互作用中产生,第一次挤压态实验报道是采用光参量下转换过程(Wu,1986).

练　　习

1. 证明挤压算符满足幺正变换条件 $S^\dagger(\zeta) = S(-\zeta) = S^{-1}(\zeta)$.

2. 利用算符展开定理(2.3.5)式推导 b 和 $b^\dagger$ 的展开式(2.10.3)式.

3. 由相干态的完备性证明双光子相干态的完备性.

4. 推导(2.10.7)式和(2.10.8)式并得到(2.10.9)式.

5. 证明(2.10.26)式和(2.10.27)式.

附 录 A

证明等式

$$\frac{1}{\pi}\int e^{\alpha^*\beta-|\beta|^2}(\beta^*)^n d^2\beta=(\alpha^*)^n. \tag{2. A. 1}$$

将复数积分变量用极坐标$\beta=r\exp(i\theta)$表示

$$\begin{aligned}\frac{1}{\pi}\int e^{\alpha^*\beta-|\beta|^2}(\beta^*)^n d^2\beta&=\frac{1}{\pi}\int_0^\infty dr\cdot e^{-r^2}r^{n+1}\int_0^{2\pi}d\theta\cdot e^{\alpha^* re^{i\theta}}e^{-in\theta}\\&=\frac{1}{\pi}\int_0^\infty dr\cdot e^{-r^2}r^{n+1}\oint_{|w|=1}\frac{e^{\alpha^* rw}dw}{iw^{n+1}},\end{aligned} \tag{2. A. 2}$$

其中 $w=\exp(i\theta)$, $dw=iwd\theta$,环路积分在$|w|=1$ 的圆周上进行.

设$f(z)$是定义在某域 G 上的解析函数,C 是 G 的正向边界,由柯西积分公式(郭敦仁,1978)

$$\frac{d^n}{dw^n}f(w)=\frac{n!}{i2\pi}\oint_C\frac{f(z)dz}{(z-w)^{n+1}}. \tag{2. A. 3}$$

现令

$$f(w)=e^{\alpha^* rw}, \tag{2. A. 4}$$

则有

$$\frac{d^n}{dw^n}f(w)\Big|_{w=0}=(\alpha^*)^n r^n=\frac{n!}{i2\pi}\oint_C\frac{e^{\alpha^* rz}dz}{z^{n+1}}, \tag{2. A. 5}$$

因此原积分为

$$\frac{1}{\pi}\int e^{\alpha^*\beta-|\beta|^2}(\beta^*)^n d^2\beta=\frac{2}{n!}(\alpha^*)^n\int_0^\infty e^{-r^2}r^{2n+1}dr=(\alpha^*)^n. \tag{2. A. 6}$$

参 考 文 献

Caves C. M. (1981). Phys. Rev. D **23**, 1693.

Glauber R. J. (1963). Phys. Rev. **130**, 2529.

Mehta C. L. (1967). Phys. Rev. Lett. **18**, 752-754."Diagonal coherent-state representation of quantum operators"

Schördinger E. (1926). Naturwissenschaften **14**, 664.

Schottky W. (1918). Annalen der Physik (in German) **57**, p. 541—567. "Über spontane Stromschwankungen in verschiedenen Elektrizitätsleitern".

Sudarshan E. C. G. (1963). Phys. Rev. Lett. **10**, 277.

Yuan H. P. (1976). Phys. Rev. A **13**, 2226.

Wu L. A., Kimble H. J., Hall J. L. and Wu H. (1986). Phys. Rev. Lett. **57**, 2520. "Generation of squeezed states by parametric down conversion"

郭敦仁(1978). 数学物理方法. 北京:人民教育出版社,p. 72.

第三章　电磁场的量子关联理论

在卷Ⅱ第3章中，电磁场的经典统计理论可以成功地描述电磁场的时间和空间的干涉现象.20世纪60年代以来，干涉现象中出现的一些新的特征已不能用经典理论解释，需要建立相应的量子理论，它们是经典描述的补充和发展.

3.1　量子关联函数的定义和性质

经典关联函数是建立在经典概率统计分布上的.在量子力学中，系统的状态都具有统计性质，它们既可来自于与经典统计相同的原由——与大自由度系统的相互作用，也可来自于量子不确定性原理.经典关联的定义可以直接拓展到量子系统，用相应的算符表示物理量，观测值为物理量算符在系统状态下的期望值.

1. 电磁场量子关联函数的定义

在经典统计理论中，电磁场变量用复解析信号表示.由卷Ⅱ(3.1.5)式和(3.1.6)式，$E(\boldsymbol{r},t)$表示电场振荡的正频部分，它是所有$\exp(-\mathrm{i}\omega t)$振荡分量的叠加；而$E^*(\boldsymbol{r},t)$表示负频部分，代表$\exp(\mathrm{i}\omega t)$形式的振荡分量.关联函数由这两部分乘积的平均值定义.

在电磁场量子理论中，厄米电场算符可表示为正频和负频分量之和，分别对应于场的湮没和产生算符，如(1.2.30)式或(1.2.33)式.对于自由场，湮没和产生算符的时间演化为简谐振荡.对于非自由场，电场算符的一般形式为

$$E(\boldsymbol{r},t)=E^{(+)}(\boldsymbol{r},t)+E^{(-)}(\boldsymbol{r},t)=\sum_k\left(\frac{\hbar\omega_k}{2\varepsilon_0V}\right)^{1/2}\left[a_k(t)\mathrm{e}^{\mathrm{i}\boldsymbol{k}\cdot\boldsymbol{r}}+a_k^\dagger(t)\mathrm{e}^{-\mathrm{i}\boldsymbol{k}\cdot\boldsymbol{r}}\right].\quad(3.1.1)$$

最基本的电场量子关联函数(quantum correlation function)定义为

$$\langle E^{(-)}(\boldsymbol{r}_1,t_1)E^{(+)}(\boldsymbol{r}_2,t_2)\rangle=\mathrm{Tr}\left[\rho E^{(-)}(\boldsymbol{r}_1,t_1)E^{(+)}(\boldsymbol{r}_2,t_2)\right].\quad(3.1.2)$$

由于在定义中算符随时间变化，它们应理解为在海森伯绘景(H绘景)中的算符，而密度算符是初态密度算符，不依赖于时间.

为了书写方便，令空时坐标$x\equiv(\boldsymbol{r},t)$.一般形式的$(m,n)$阶量子关联函数定义为

$$G^{(m,n)}(x_1,\cdots,x_m;x_{m+1},\cdots,x_{m+n}) = \langle E^{(-)}(x_1)\cdots E^{(-)}(x_m)E^{(+)}(x_{m+1})\cdots E^{(+)}(x_{m+n})\rangle$$
$$= \mathrm{Tr}[\rho E^{(-)}(x_1)\cdots E^{(-)}(x_n)E^{(+)}(x_{m+1})\cdots E^{(+)}(x_{m+n})]. \quad (3.1.3)$$

常用 $m=n$ 情况,也可称为 n 阶关联函数.

2. 量子关联函数的性质

(i) $$G^{(m,n)\,*}(x_1,\cdots,x_m;x_{m+1},\cdots,x_{m+n}) = G^{(n,m)}(x_{m+n},\cdots,x_{m+1};x_m,\cdots,x_1). \quad (3.1.4)$$

这是因为 $[E^{(+)}(x)]^{\dagger} = E^{(-)}(x)$.

(ii) $$G^{(n,n)}(x_1,\cdots,x_n;x_n,\cdots,x_1) \geqslant 0. \quad (3.1.5)$$

由性质(i)可以判断,$G^{(n,n)}$ 是一实数.利用任意算符均满足 $\langle A^{\dagger}A\rangle \geqslant 0$,令 $A=E^{(+)}(x_n)\cdots E^{(+)}(x_1)$ 即可证明上式.

(iii) $$|G^{(m,n)}(x_1,\cdots,x_m;x_{m+1},\cdots,x_{m+n})|^2$$
$$\leqslant G^{(m,m)}(x_1,\cdots,x_m;x_m,\cdots,x_1)G^{(n,n)}(x_{m+1},\cdots,x_{m+n};x_{m+n},\cdots,x_{m+1}). \quad (3.1.6)$$

这是施瓦茨不等式的又一种形式[参见卷Ⅱ(1.3.20)式和(2.3.9)式],它同卷Ⅱ(3.6.4)式经典高阶关联函数的性质相同.[注] 与经典表式证明相同,令

$$f^* = E^{(-)}(x_1)\cdots E^{(-)}(x_m), \quad g = E^{(+)}(x_{m+1})\cdots E^{(+)}(x_{m+n}), \quad (3.1.7)$$

$|\langle f^* g\rangle|^2 \leqslant \langle f^* f\rangle\langle g^* g\rangle$, 即证明了(3.1.6)式.

(iv)作为性质(iii)的最简单的特例,

$$|G^{(1,1)}(x_1;x_2)|^2 \leqslant G^{(1,1)}(x_1;x_1)G^{(1,1)}(x_2;x_2), \quad (3.1.8)$$

其中 $G^{(1,1)}(x;x)$ 为 x 处的强度.

(v)时间平移(time displacement)公式

$$G^{(m,n)}(\boldsymbol{r}_1,t_1+\tau;\cdots;\boldsymbol{r}_{m+n},t_{m+n}+\tau) = \mathrm{Tr}[\rho(0)E^{(-)}(\boldsymbol{r}_1,t_1+\tau)\cdots E^{(+)}(\boldsymbol{r}_{m+n},t_{m+n}+\tau)]$$
$$= \mathrm{Tr}[\rho(\tau)E^{(-)}(\boldsymbol{r}_1,t_1)\cdots E^{(+)}(\boldsymbol{r}_{m+n},t_{m+n})], \quad (3.1.9)$$

其中

$$\rho(\tau) = \mathrm{e}^{-\mathrm{i}H\tau/\hbar}\rho(0)\mathrm{e}^{\mathrm{i}H\tau/\hbar}, \quad (3.1.10)$$

H 是系统的哈密顿量.

[注] 经典关联函数中,正频(或负频)部分坐标的次序可以任意交换,使卷Ⅱ(3.6.4)式与这里的(3.1.6)式完全相同.对于量子关联函数,只有在自由场情况下可以作这样的交换.

利用(3.1.10)式和算符演化公式

$$A(t+\tau)=\mathrm{e}^{\mathrm{i}H(t+\tau)/\hbar}A(0)\mathrm{e}^{-\mathrm{i}H(t+\tau)/\hbar}=\mathrm{e}^{\mathrm{i}H\tau/\hbar}A(t)\mathrm{e}^{-\mathrm{i}H\tau/\hbar},\tag{3.1.11}$$

即可证明(3.1.9)式.这表明量子关联函数的时间平移可以用密度算符的时间演化来计算.

(vi)重构定理(reconstruction theorem)

在经典统计理论中,系统的统计性质由概率密度函数描述,概率函数与生成函数(或特征函数)之间以某种变换相联系.矩是生成函数的幂级数的展开系数,因此由各阶矩可以构成生成函数,就可以求出概率分布.对量子系统也有同样的性质,由各阶关联矩,可以构成特征函数,原则上也就可以求出系统的密度算符.

将密度算符的正序特征函数作下述幂级数展开

$$C_{\mathrm{N}}(z,z^*)=\sum_{m,n}\frac{\widetilde{G}_{mn}}{n!\ m!}z^m(-z^*)^n,\tag{3.1.12}$$

其中

$$\widetilde{G}_{mn}=\frac{\partial^m}{\partial z^m}\frac{\partial^n}{\partial(-z^*)^n}C_{\mathrm{N}}(z,z^*)\big|_{z=z^*=0}.\tag{3.1.13}$$

根据定义(2.8.6)式

$$\begin{aligned}C_{\mathrm{N}}(z,z^*)&=\mathrm{Tr}(\rho\mathrm{e}^{za^\dagger}\mathrm{e}^{-z^*a})=\mathrm{Tr}\left[\rho\sum_m\frac{a^{\dagger m}z^m}{m!}\sum_n\frac{a^n(-z^*)^n}{n!}\right]\\&=\sum_{m,n}\frac{z^m(-z^*)^n}{n!\ m!}\mathrm{Tr}(\rho a^{\dagger m}a^n),\end{aligned}\tag{3.1.14}$$

所以有

$$\widetilde{G}_{mn}=\mathrm{Tr}(\rho a^{\dagger m}a^n).\tag{3.1.15}$$

如果已知任意阶的关联函数,则可求出$\widetilde{G}_{mn}$:

$$\widetilde{G}_{mn}=\left(\frac{2\varepsilon_0V}{\hbar\omega}\right)^{(m+n)/2}G^{(m,n)}(x_1,\cdots,x_m;x_{m+1},\cdots,x_{m+n})\Bigg|_{\{x_i\}=0},\tag{3.1.16}$$

因此也就可以求出 $C_{\mathrm{N}}(z,z^*)$,重构系统的密度算符.

3. 静态场量子关联函数

量子系统的静态是指系统的状态不再随时间演化.确切地说,在薛定谔绘景(S 绘景)中,系统的密度算符满足

$$\mathrm{i}\hbar(\mathrm{d}/\mathrm{d}t)\rho=[H,\rho]\equiv 0,\tag{3.1.17}$$

或

$$\rho(t)=\rho(0). \tag{3.1.18}$$

这时系统的统计性质也就不再发生变化，它可以同经典统计中的平稳过程相类比.我们将证明电磁场系统达到静态场的充要条件是它的任意(m,n)阶量子关联函数满足时间平移不变性.

［证］：必要性：对(m,n)阶关联函数作时间平移，由(3.1.10)式

$$\begin{aligned}&G^{(m,n)}(\boldsymbol{r}_1,t_1+\tau;\cdots;\boldsymbol{r}_{m+n},t_{m+n}+\tau)\\&=\mathrm{Tr}[\rho(\tau)E^{(-)}(\boldsymbol{r}_1,t_1)\cdots E^{(+)}(\boldsymbol{r}_{m+n},t_{m+n})]\\&=G^{(m,n)}(\boldsymbol{r}_1,t_1;\cdots;\boldsymbol{r}_{m+n},t_{m+n}),\end{aligned} \tag{3.1.19}$$

后一等式用到静态场条件(3.1.18)式，这证明了静态场的关联函数具有平移不变性.

充分性：如果对任意时间τ、任意(m,n)阶关联函数具有平移不变性，即有

$$\mathrm{Tr}[\rho(\tau)E^{(-)}(\boldsymbol{r}_1,t_1)\cdots E^{(+)}(\boldsymbol{r}_{m+n},t_{m+n})]=\mathrm{Tr}[\rho(0)E^{(-)}(\boldsymbol{r}_1,t_1)\cdots E^{(+)}(\boldsymbol{r}_{m+n},t_{m+n})], \tag{3.1.20}$$

由重构定理，上式两边可分别重构出相等的密度算符$\rho(\tau)=\rho(0)$.

3.2 量子一阶相干度

1. 一阶相干度

量子一阶相干度(first-order degree of coherence)的定义与经典一阶相干度相同，只要用量子关联函数代替经典关联函数.我们重新写出

$$\begin{aligned}g^{(1)}(x_1,x_2)&=\frac{G^{(1,1)}(x_1,x_2)}{\sqrt{G^{(1,1)}(x_1,x_1)G^{(1,1)}(x_2,x_2)}}\\&=\frac{\langle E^{(-)}(\boldsymbol{r}_1,t_1)E^{(+)}(\boldsymbol{r}_2,t_2)\rangle}{[\langle E^{(-)}(\boldsymbol{r}_1,t_1)E^{(+)}(\boldsymbol{r}_1,t_1)\rangle\langle E^{(-)}(\boldsymbol{r}_2,t_2)E^{(+)}(\boldsymbol{r}_2,t_2)\rangle]^{1/2}}.\end{aligned} \tag{3.2.1}$$

根据(3.1.8)式有

$$|g^{(1)}(x_1,x_2)|\leqslant 1, \tag{3.2.2}$$

这一性质与经典一阶相干度相同.量子一阶相干度的物理意义也与经典相干度相同，表示杨氏干涉实验中条纹的清晰度(visibility).

在经典电磁理论中，电磁场的能量是连续变化的，因此不管干涉光多么弱，都会在屏上出现干涉条纹.而量子理论对它有不同的解释.当光子逐个地通过双缝时，也会发生干涉，它表现为光子落到屏上干涉极大处的概率较大，经过足够长时间的积累后，记录显示出干涉条纹.当光子参与干涉时，不可能知道该光子通过哪一条缝；而一旦探测到某光子通过哪一条缝时，该光子就不可能发生干涉.量子理论的奠基人狄拉克对光子干涉有一个著名的解释：“每一个光子只同它自己干涉，不同光子之间干涉不可能发生.”(Dirac，1930)

2. 完全一阶相干性

当$|g^{(1)}|=1$时,称为完全一阶相干(complete first-order coherence).如果它对所有时空点都成立,则为完全一阶相干场.由(3.2.1)式,完全一阶相干性等价于因子分解式

$$\left|G^{(1,1)}(x_1,x_2)\right|^2=G^{(1,1)}(x_1,x_1)G^{(1,1)}(x_2,x_2). \tag{3.2.3}$$

同时,完全一阶相干性的充要条件是关联函数本身的直接因子分解

$$G^{(1,1)}(x_1,x_2)=V^*(x_1)V(x_2). \tag{3.2.4}$$

[证]: 充分性: 由(3.2.4)式成立容易得到(3.2.3)式.

必要性: 先证明一个预备公式.对算符A,如果在某一状态ρ满足

$$\langle A^\dagger A\rangle=\mathrm{Tr}(\rho A^\dagger A)=0, \tag{3.2.5a}$$

则有

$$\rho A^\dagger=A\rho=0. \tag{3.2.5b}$$

这是因为当

$$\mathrm{Tr}(\rho A^\dagger A)=\sum_\psi p_\psi\langle\psi|A^\dagger A|\psi\rangle=0,$$

对$p_\psi\neq 0$的态$|\psi\rangle$,必有$\langle\psi|A^\dagger A|\psi\rangle=0$,即态矢$A|\psi\rangle=0$.故有

$$A\rho=\sum_\psi p_\psi A|\psi\rangle\langle\psi|=0.$$

现选一强度不为零的时空点$G^{(1,1)}(x_0,x_0)\neq 0$,令

$$A=E^{(+)}(x)-\frac{G^{(1,1)}(x_0,x)}{G^{(1,1)}(x_0,x_0)}E^{(+)}(x_0), \tag{3.2.6}$$

对任意密度算符

$$\begin{aligned}\mathrm{Tr}(\rho A^\dagger A)&=\left\langle\left[E^{(-)}(x)-\frac{G^{(1,1)}(x_0,x)^*}{G^{(1,1)}(x_0,x_0)}E^{(-)}(x_0)\right]\times\right.\\&\qquad\left.\left[E^{(+)}(x)-\frac{G^{(1,1)}(x_0,x)}{G^{(1,1)}(x_0,x_0)}E^{(+)}(x_0)\right]\right\rangle\\&=G^{(1,1)}(x,x)-\frac{G^{(1,1)}(x_0,x)^*}{G^{(1,1)}(x_0,x_0)}G^{(1,1)}(x_0,x)-\\&\qquad\frac{G^{(1,1)}(x_0,x)}{G^{(1,1)}(x_0,x_0)}G^{(1,1)}(x,x_0)+\frac{|G^{(1,1)}(x_0,x)|^2}{G^{(1,1)}(x_0,x_0)}\\&=G^{(1,1)}(x,x)-\frac{|G^{(1,1)}(x_0,x)|^2}{G^{(1,1)}(x_0,x_0)}.\end{aligned} \tag{3.2.7}$$

由完全一阶相干性条件(3.2.3)式,上式必为零.再由(3.2.5b)式和(3.2.6)式,

$$E^{(+)}(x)\rho=\frac{G^{(1,1)}(x_0,x)}{G^{(1,1)}(x_0,x_0)}E^{(+)}(x_0)\rho, \tag{3.2.8}$$

$$\rho E^{(-)}(x)=\rho E^{(-)}(x_0)\frac{G^{(1,1)}(x,x_0)}{G^{(1,1)}(x_0,x_0)}, \tag{3.2.9}$$

$$\begin{aligned}G^{(1,1)}(x_1,x_2)&=\mathrm{Tr}[\rho E^{(-)}(x_1)E^{(+)}(x_2)]\\&=\mathrm{Tr}\left[\rho E^{(-)}(x_0)\frac{G^{(1,1)}(x_1,x_0)}{G^{(1,1)}(x_0,x_0)}E^{(+)}(x_2)\right]\\&=\frac{G^{(1,1)}(x_1,x_0)}{G^{(1,1)}(x_0,x_0)}G^{(1,1)}(x_0,x_2).\end{aligned} \tag{3.2.10}$$

现令

$$V_{x_0}(x)\equiv\frac{G^{(1,1)}(x_0,x)}{\sqrt{G^{(1,1)}(x_0,x_0)}}, \tag{3.2.11}$$

(3.2.10)式成为

$$G^{(1,1)}(x_1,x_2)=V_{x_0}^*(x_1)V_{x_0}(x_2), \tag{3.2.12}$$

必要性得以证明.

由(3.2.11)式定义的函数依赖于 x_0,因此因子分解不是唯一的,不同的 $V(x)$ 可以相差一个相因子.在(3.2.10)式中令 $x_1=x_0'$ 和 $x_2=x$,得到

$$G^{(1,1)}(x_0',x)=\frac{G^{(1,1)}(x_0',x_0)}{G^{(1,1)}(x_0,x_0)}G^{(1,1)}(x_0,x). \tag{3.2.13}$$

由参考点 x_0' 定义的函数

$$\begin{aligned}V_{x_0'}(x)&=\frac{G^{(1,1)}(x_0',x)}{\sqrt{G^{(1,1)}(x_0',x_0')}}=\frac{G^{(1,1)}(x_0',x_0)G^{(1,1)}(x_0,x)}{G^{(1,1)}(x_0,x_0)\sqrt{G^{(1,1)}(x_0',x_0')}}\\&=\frac{G^{(1,1)}(x_0',x_0)}{\sqrt{G^{(1,1)}(x_0',x_0')G^{(1,1)}(x_0,x_0)}}\frac{G^{(1,1)}(x_0,x)}{\sqrt{G^{(1,1)}(x_0,x_0)}}\\&=g^{(1)}(x_0',x_0)V_{x_0}(x).\end{aligned} \tag{3.2.14}$$

由于 $|g^{(1)}|=1$, $g^{(1)}(x_0',x_0)$ 代表一相位因子.

3. 单色自由电磁场具有完全一阶相干性

运用因子分解判据来考虑自由电磁场的一阶相干性是很方便的.作为一个例子,考虑单模场的关联函数.由(1.2.33)式,

$$
\begin{aligned}
G^{(1,1)}(x_1,x_2) &= \mathrm{Tr}[\rho E^{(-)}(x_1)E^{(+)}(x_2)] \\
&= \left(\frac{\hbar\omega}{2\varepsilon_0 V}\right)\mathrm{e}^{\mathrm{i}\omega t_1-\mathrm{i}\boldsymbol{k}\cdot\boldsymbol{r}_1}\mathrm{e}^{-\mathrm{i}\omega t_2+\mathrm{i}\boldsymbol{k}\cdot\boldsymbol{r}_2}\mathrm{Tr}(\rho a^{\dagger}a) \\
&= V^{*}(x_1)V(x_2),
\end{aligned}
\tag{3.2.15}
$$

其中

$$
V(x) = \left(\frac{\hbar\omega}{2\varepsilon_0 V}\right)^{1/2}\mathrm{e}^{-\mathrm{i}\omega t+\mathrm{i}\boldsymbol{k}\cdot\boldsymbol{r}}\langle n\rangle^{1/2}. \tag{3.2.16}
$$

单色自由电磁场的任何状态都具有完全一阶相干性，这一结论与电磁场的经典统计理论的结果完全一致.由光的量子理论，电磁场既可处在有经典对应的状态，如热光场和激光场等，也可处在完全没有经典对应的量子态，如粒子数态和挤压态等，它们均具有完全一阶相干性.

3.3 量子二阶相干度

一阶相干度的经典描述与量子描述并没有实质性的区别，它们都描述干涉条纹的清晰度，并且模量都不会超过一.对于单模场无论系统处于什么状态，都具有完全一阶相干性.在卷Ⅱ的3.5节曾提到经典二阶相干度可以区分单色场是热光场还是激光场.本节讨论量子二阶相干度，它不仅可以区分单色场的热光和激光状态，而且更重要的是它所反映的量子特征：量子化电磁场具有经典类比和不具有经典类比(非经典场)的一个标志.

1. 二阶相干度的定义

仿照卷Ⅱ(3.5.3)式，二阶相干度(second-order degree of coherence)的狭义定义表示两个时空点的高阶关联性质

$$
\begin{aligned}
g^{(2)}(x_1,x_2;x_2,x_1) &= \frac{G^{(2,2)}(x_1,x_2;x_2,x_1)}{G^{(1,1)}(x_1,x_1)G^{(1,1)}(x_2,x_2)} \\
&= \frac{\langle E^{(-)}(\boldsymbol{r}_1,t_1)E^{(-)}(\boldsymbol{r}_2,t_2)E^{(+)}(\boldsymbol{r}_2,t_2)E^{(+)}(\boldsymbol{r}_1,t_1)\rangle}{\langle E^{(-)}(\boldsymbol{r}_1,t_1)E^{(+)}(\boldsymbol{r}_1,t_1)\rangle\langle E^{(-)}(\boldsymbol{r}_2,t_2)E^{(+)}(\boldsymbol{r}_2,t_2)\rangle},
\end{aligned}
\tag{3.3.1}
$$

由(3.1.5)式可知它是非负实数.二阶相干度的广义定义应是四个时空点之间的关联，我们把它们归入3.5节普遍的高阶相干度定义中.当对任意时空点均满足 $|g^{(1)}|=|g^{(2)}|=1$ 时，称为完全二阶相干(complete second-order coherence)场.

二阶相干度的经典定义表示两个时空点间的强度关联，当讨论同一空间点的时间关联时，满足[参见卷Ⅱ(3.5.5)式和(3.5.7)式]

$$
g^{(2)}(0) \geqslant 1, \tag{3.3.2}
$$

$$
g^{(2)}(\tau) \leqslant g^{(2)}(0). \tag{3.3.3}
$$

在量子二阶相干度中，(3.3.2)式和(3.3.3)式已不能普遍地成立.当违背的情况发生时，反映了

场已成为不具有经典对应的非经典态.

2. 单模自由场的二阶相干度

将描述单模自由场的场算符(1.2.33)式代入定义(3.3.1)式后得到

$$g^{(2)} = \langle a^{\dagger}a^{\dagger}aa\rangle \diagup \langle a^{\dagger}a\rangle^{2}, \tag{3.3.4}$$

它与具体的时空点无关.由上式可以看出,由于存在对易关系,分子并不能直接代表强度关联的形式,这是它同经典描述的区别.如果改写成光子数(强度)关联的形式

$$g^{(2)} = \frac{\langle a^{\dagger}aa^{\dagger}a - a^{\dagger}a\rangle}{\langle a^{\dagger}a\rangle^{2}} = \frac{\langle n^{2}\rangle}{\langle n\rangle^{2}} - \frac{1}{\langle n\rangle}. \tag{3.3.5}$$

对于纯相干态 $|\alpha\rangle$,由(3.3.4)式容易计算出

$$g^{(2)} = |\alpha|^{4} \diagup |\alpha|^{4} = 1, \tag{3.3.6}$$

这满足完全二阶相干场的要求.由于(3.3.4)式是正序形式,可以用电磁场的P表示来计算.如果P表示是正定的好行为函数,可以同经典场统计函数对应,应满足(3.3.2)式.例如对于由混合相干态表示的激光场,其P表示是由(2.9.19)式定义的δ函数,它如同卷Ⅱ的3.2节描述的理想单色激光,是完全二阶相干场.对于热光场,P表示(2.9.14)式如同经典热光场,因而有

$$g^{(2)} \equiv 2. \tag{3.3.7}$$

以上例子与经典场完全可以对应,且满足(3.3.2)式.现在考虑没有经典对应的态,例如粒子数态 $|n\rangle$,由(3.3.5)式计算 $g^{(2)}$ 为

$$g^{(2)} = 1 - (1/n), \tag{3.3.8}$$

它总是小于1,不能满足(3.3.2)式.对于单光子粒子数态有 $g^{(2)} = 0$.

3.4　光学分束器

分束器(beam splitter)是光学实验中最常见的光学元件,它可同时透射和反射入射光束.通常它有三种用途:(i)将一束光分为两束互相关联的光;(ii)通过分束衰减光束强度;(iii)将两束光重新进行线性组合.质量好的分束器对光的吸收很小,因此可以采用无损耗的理想分束器模型来描述,它满足能量守恒律.

1. 分束器的经典描述

如图3.4-1所示,当用一束光 E 入射到分束器时,透射光 E_{t} 和反射光 E_{r} 为

$$E_{t} = tE, \quad E_{r} = rE, \tag{3.4.1}$$

t 和 r 分别为分束器(某一侧)的振幅透射率(transmissivity)和反射率(reflectivity).由能量守恒它

们满足

$$|r|^2 + |t|^2 = 1, \tag{3.4.2}$$

这是我们已熟知的关系.

现在我们要考虑有两束光分别从分束器的两侧入射,如图 3.4-2 所示.一方面这是为了考虑两束光的重新线性组合.另一方面,下面将看到对于分束器的量子描述这又是必需的——在没有光束入射的另一侧,要考虑为真空场入射.设从分束器的另一侧入射的光 E_2 的透射率和反射率分别为 t' 和 r',两束输出光 E_1' 和 E_2' 为输入光 E_1 和 E_2 的线性组合

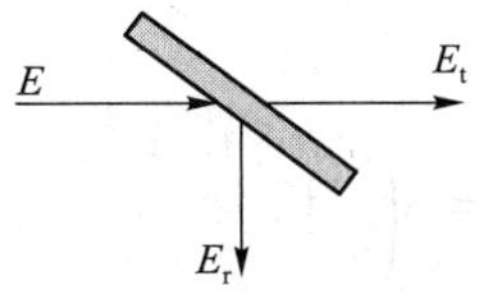

图 3.4-1 单束光的分束

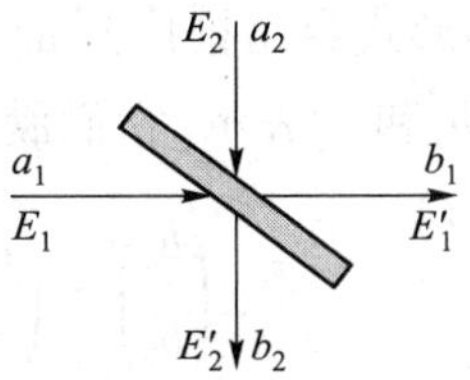

图 3.4-2 双束光的分束

$$\begin{pmatrix} E_1' \\ E_2' \end{pmatrix} = \begin{pmatrix} t & r' \\ r & t' \end{pmatrix} \begin{pmatrix} E_1 \\ E_2 \end{pmatrix} = S \begin{pmatrix} E_1 \\ E_2 \end{pmatrix}. \tag{3.4.3}$$

根据能量守恒,

$$(E_1'^*, E_2'^*) \begin{pmatrix} E_1' \\ E_2' \end{pmatrix} = (E_1^*, E_2^*) S^\dagger S \begin{pmatrix} E_1 \\ E_2 \end{pmatrix} = (E_1^*, E_2^*) \begin{pmatrix} E_1 \\ E_2 \end{pmatrix}, \tag{3.4.4}$$

要求

$$S^\dagger S = \begin{pmatrix} |t|^2 + |r|^2 & t^* r' + r^* t' \\ tr'^* + rt'^* & |t'|^2 + |r'|^2 \end{pmatrix} = I, \tag{3.4.5}$$

即 S 为幺正矩阵.因此上式的矩阵元满足

$$|t|^2 + |r|^2 = 1, \quad |t'|^2 + |r'|^2 = 1, \tag{3.4.6}$$

$$tr'^* + rt'^* = 0. \tag{3.4.7}$$

由(3.4.7)式可得到

$$|t/t'| = |r/r'|, \tag{3.4.8}$$

结合(3.4.6)式和(3.4.8)式,可得到

$$|r| = |r'|, \quad |t| = |t'|, \tag{3.4.9}$$

分束器两侧的透射率和反射率的大小是一样的.由(3.4.7)式

$$tr'^*r'r^* + rt'^*r'r^* = |r'|^2 tr^* + |r|^2 t'^*r' = 0,$$

因而有

$$tr^* + r't'^* = 0. \tag{3.4.10}$$

(3.4.6)—(3.4.10)式是无能量损耗分束器双侧反射和透射率所满足的基本关系.

2. 分束器的量子描述

分束器的经典描述形式容易推广到量子描述,只要将物理量用算符来表示.设两个输入场用 a_1 和 a_2 表示,输出场用 b_1 和 b_2 表示,它们满足

$$\begin{pmatrix} b_1 \\ b_2 \end{pmatrix} = \begin{pmatrix} t & r' \\ r & t' \end{pmatrix} \begin{pmatrix} a_1 \\ a_2 \end{pmatrix} = S\begin{pmatrix} a_1 \\ a_2 \end{pmatrix}. \tag{3.4.11}$$

对于无能量损耗分束器,可写出光子数守恒条件

$$(b_1^\dagger, b_2^\dagger)\begin{pmatrix} b_1 \\ b_2 \end{pmatrix} = (a_1^\dagger, a_2^\dagger)\begin{pmatrix} a_1 \\ a_2 \end{pmatrix}, \tag{3.4.12}$$

输出的总光子数等于输入的总光子数.同样,(3.4.6)—(3.4.10)式应成立.

与经典描述不同的是,现在光子数产生和湮没算符应满足对易关系.对于输入场

$$[a_i, a_i^\dagger] = 1, \quad (i = 1,2). \tag{3.4.13}$$

要使输出场也满足这一对易关系,必须假定两个输入场算符满足

$$[a_1, a_2^\dagger] = [a_1^\dagger, a_2] = 0. \tag{3.4.14}$$

根据变换关系(3.4.11)式,可以计算

$$[b_1, b_1^\dagger] = |t|^2 + |r'|^2 + r'^*t(a_1a_2^\dagger - a_2^\dagger a_1) + r't^*(a_2a_1^\dagger - a_1^\dagger a_2) = 1, \tag{3.4.15a}$$

$$[b_2, b_2^\dagger] = |r|^2 + |t'|^2 + t'^*r(a_1a_2^\dagger - a_2^\dagger a_1) + t'r^*(a_2a_1^\dagger - a_1^\dagger a_2) = 1, \tag{3.4.15b}$$

$$[b_1, b_2^\dagger] = tr^* + r't'^* + r'r^*(a_2a_1^\dagger - a_1^\dagger a_2) - tt'^*(a_1a_2^\dagger - a_2^\dagger a_1) = 0. \tag{3.4.15c}$$

在这些计算中要用到(3.4.11)式、(3.4.13)式和(3.4.14)式,以及上述透射反射率关系式.

两个输入光束有不同的传播方向属于两个不同的模式,它们可以对易.因此不仅有(3.4.14)式,而且有

$$[a_1, a_2] = [a_1^\dagger, a_2^\dagger] = 0. \tag{3.4.16}$$

根据这一关系,可以证明

$$[b_1, b_2] = [b_1^\dagger, b_2^\dagger] = 0, \tag{3.4.17}$$

这样两个输出光束的算符之间也相互对易.

在量子描述中,即使只有一束光 a_1 入射到分束器,我们不能简单地令 $a_2=0$,否则会有

$$[b_1,b_1^\dagger]=|t|^2,\quad [b_2,b_2^\dagger]=|r|^2, \tag{3.4.18}$$

这样两个输出场算符的玻色子对易关系不能兼顾.因此在这种情况下,应将第二个入射光束的空端理解为真空场入射,记作 a_0,它表示算符 a_0 和 $a_0^\dagger$ 只对真空态 $|0\rangle$ 作用,并且真空模算符与另一个非真空模算符对易.

下面我们讨论理想分束器输入输出场幺正变换矩阵 S 的更有用的表示式.令

$$t=\left|t\right|e^{i\psi_t},\quad t'=\left|t'\right|e^{i\psi_t'},\quad r=\left|r\right|e^{i\psi_r},\quad r'=\left|r'\right|e^{i\psi_r'},$$

由(3.4.7)式,透射反射率的相位满足

$$\psi_t+\psi_t'=\psi_r+\psi_r'+\pi. \tag{3.4.19}$$

这说明四个相位中只有三个是独立的,现令 ϕ_0、ϕ_τ 和 ϕ_ρ 满足

$$\psi_t+\psi_t'=2\phi_0,\quad \psi_t=\phi_0+\phi_\tau,\quad \psi_r'=\phi_0+\phi_\rho,$$

由此可求出 $\psi_t'=\phi_0-\phi_\tau$ 和 $\psi_r=\phi_0-\phi_\rho-\pi$.分束器的变换矩阵可表示为

$$S=e^{i\phi_0}\begin{pmatrix} e^{i\phi_\tau}\cos\theta & e^{i\phi_\rho}\sin\theta \\ -e^{-i\phi_\rho}\sin\theta & e^{-i\phi_\tau}\cos\theta \end{pmatrix}, \tag{3.4.20}$$

其中 $\cos\theta=|t|$,$\sin\theta=|r|$.当 $\theta=\pi/4$ 时,反射率与透射率相同,称为 50/50 平衡分束器(balanced beam splitter).常用的平衡分束器的表式有

$$\frac{1}{2}\begin{pmatrix} 1 & -1 \\ 1 & 1 \end{pmatrix},\quad \frac{1}{2}\begin{pmatrix} 1 & i \\ i & 1 \end{pmatrix},\quad \frac{1}{2}\begin{pmatrix} 1 & -i \\ 1 & i \end{pmatrix}.$$

在实际应用中,上述分束器的具体表示形式并不影响其物理结果.

3. 汉勃雷-布朗和特威斯(HBT)实验的量子描述

在卷Ⅱ的 3.5 节中介绍了 HBT 实验,一束入射光经分束器后分成两束出射光,实验测量两束出射光在不同位置的强度关联(intensity correlation).现在以分束器的量子理论出发,来分析 HBT 实验测量的两束出射光的强度关联代表什么.

设入射光为 a_1,分束器的另一侧不存在入射光.因此可令 $a_2=a_0$,即真空场入射,入射端的联合态为 $|\psi_1,0\rangle$.经分束器的出射光分别为 b_1 和 b_2,它们的强度(光子数)分别为

$$b_1^\dagger b_1=(a_1^\dagger e^{-i\phi_\tau}\cos\theta+a_0^\dagger e^{-i\phi_\rho}\sin\theta)(a_1 e^{i\phi_\tau}\cos\theta+a_0 e^{i\phi_\rho}\sin\theta), \tag{3.4.21}$$

$$b_2^\dagger b_2=(-a_1^\dagger e^{i\phi_\rho}\sin\theta+a_0^\dagger e^{i\phi_\tau}\cos\theta)(-a_1 e^{-i\phi_\rho}\sin\theta+a_0 e^{-i\phi_\tau}\cos\theta), \tag{3.4.22}$$

其中真空场满足

$$a_0\left|0\right\rangle=0,\quad \left\langle 0\right|a_0^\dagger=0. \tag{3.4.23}$$

为简单起见,不考虑两束光的时空变量,在 HBT 实验中测量两束出射光的强度关联正比于 $\langle b_1^\dagger b_1 b_2^\dagger b_2\rangle$,在计算中(3.4.21)式在(3.4.22)式的左边,因此(3.4.21)式中的 $a_0^\dagger$ 和(3.4.22)式中的 a_0 项可以删去

$$\begin{aligned}\langle b_1^\dagger b_1 b_2^\dagger b_2\rangle &= \langle a_1^\dagger \mathrm{e}^{-\mathrm{i}\phi_\tau}\cos\theta(a_1\mathrm{e}^{\mathrm{i}\phi_\tau}\cos\theta + a_0\mathrm{e}^{\mathrm{i}\phi_\rho}\sin\theta)\\ &\times(-a_1^\dagger\mathrm{e}^{\mathrm{i}\phi_\rho}\sin\theta + a_0^\dagger\mathrm{e}^{\mathrm{i}\phi_\tau}\cos\theta)(-a_1\mathrm{e}^{-\mathrm{i}\phi_\rho}\sin\theta)\rangle = \cos^2\theta\sin^2\theta\langle a_1^\dagger a_1^\dagger a_1 a_1\rangle\end{aligned}\tag{3.4.24}$$

上式用到 a_0 和 a_1 可以对易以及(3.4.23)式.

经分束器后,两输出光的强度关联即代表输入光场的二阶关联函数.由(3.4.21)式和(3.4.22)式可计算每一束输出光的强度

$$\langle b_1^\dagger b_1\rangle = \cos^2\theta\langle a_1^\dagger a_1\rangle,\quad \langle b_2^\dagger b_2\rangle = \sin^2\theta\langle a_1^\dagger a_1\rangle.\tag{3.4.25}$$

当两输出光的强度关联用每束光本身的强度归一化后,它正好代表了输入光场的二阶相干度

$$g^{(2)} = \frac{\langle b_1^\dagger b_1 b_2^\dagger b_2\rangle}{\langle b_1^\dagger b_1\rangle\langle b_2^\dagger b_2\rangle} = \frac{\langle a_1^\dagger a_1^\dagger a_1 a_1\rangle}{\langle a_1^\dagger a_1\rangle^2},\tag{3.4.26}$$

它与(3.3.4)式相同.因此 HBT 实验可以通过强度关联的方法测量光场的量子二阶相干度,并可据此判断它是否属于非经典光场.

练　习

1. 由分束器两个输入场相互对易证明两个输出场也对易.

3.5　量子高阶相干度

1. *n* 阶相干度和 *n* 阶完全相干性的定义

如同卷Ⅱ的 3.5 节,一般地定义 n 阶相干度表示 $2n$ 个时空点的关联性质(Glauber,1963)

$$g^{(n,n)}(x_1,\cdots,x_n;x_{n+1},\cdots,x_{2n}) = \frac{G^{(n,n)}(x_1,\cdots,x_n;x_{n+1},\cdots,x_{2n})}{\sqrt{G^{(1,1)}(x_1,x_1)}\cdots\sqrt{G^{(1,1)}(x_{2n},x_{2n})}}.\tag{3.5.1}$$

它也适用于二阶相干度,3.3 节的定义可以看作狭义形式.n 阶完全相干场定义为对任意选择的时空点,对所有 m $(1\leqslant m\leqslant n)$ 均满足

$$\left|g^{(m,m)}(x_1,\cdots,x_m;x_{m+1},\cdots x_{2m})\right| = 1.\tag{3.5.2}$$

这一定义似乎是完全一阶相干性定义的自然推广,然而甚至对于二阶相干度,(3.5.2)式所传达的物理意义并不像一阶相干度那样清楚,相干度为 1 既不是极大也不是极小值.

另一种与之基本等价的定义是所有 m 阶$(1\leqslant m\leqslant n)$关联函数可以一致地因子分解,

$$G^{(m,m)}(x_1,\cdots,x_m;x_{m+1},\cdots,x_{2m}) = V^*(x_1)\cdots V^*(x_m)V(x_{m+1})\cdots V(x_{2m}), \tag{3.5.3}$$

函数 V 的形式与 m 无关.由一阶完全相干性

$$G^{(1,1)}(x,x) = V^*(x)V(x), \tag{3.5.4}$$

因此有

$$G^{(m,m)}(x_1,\cdots,x_m;x_m,\cdots,x_1) = G^{(1,1)}(x_1,x_1)\cdots G^{(1,1)}(x_m,x_m). \tag{3.5.5}$$

这一式子的左边同 m 个时空点的强度关联相联系,而右边为 m 个时空点独立的强度平均值的乘积.这一定义较好地表达了完全相干场的关联函数的数学结构及它所代表的物理意义.英文单词"coherence"具有"相干"和"一致"的含义,从数学形式上(3.5.5)式表达了因子分解的一致性(与 m 无关).一个典型的例子如 HBT 实验,当输入光完全二阶相干时,由(3.4.26)式两束输出光光子数乘积可以退关联

$$\langle n_1 n_2 \rangle = \langle n_1 \rangle \langle n_2 \rangle. \tag{3.5.6}$$

因此高阶相干性(high-order coherence)表达了与一阶相干性完全不同的物理内容.

高阶相干度除格劳勃(Glauber)的定义(3.5.1)式外,还有其他一些定义方法,可参见文献(Mehta,1966,1967;Klander,1968;Sudarshan,1969).

2. 两种完全相干性定义的关系

在 3.2 节中已证明,对于一阶相干度,两种定义是完全等价的.但对于高阶相干性两者略有区别.由第二种定义(3.5.3)式,可以直接得到第一种定义(3.5.2)式.这可以由对(3.5.3)式取模方再利用(3.5.4)式即可.而由第一种定义推得第二种定义则要求自由场条件.根据量子关联函数的定义

$$G^{(m,m)}(x_1,\cdots,x_m;x_{m+1},\cdots,x_{2m}) \equiv \mathrm{Tr}[\rho E^{(-)}(x_1)\cdots E^{(-)}(x_m)E^{(+)}(x_{m+1})\cdots E^{(+)}(x_{2m})]. \tag{3.5.7}$$

当完全一阶相干性根据定义(3.2.3)式成立时,已经证明了(3.2.8)式和(3.2.9)式成立.将(3.2.9)式先用于上式中 $E^{(-)}(x_1)$,

$$G^{(m,m)} = \frac{G^{(1,1)}(x_1,x_0)}{G^{(1,1)}(x_0,x_0)}\mathrm{Tr}[\rho E^{(-)}(x_0)E^{(-)}(x_2)\cdots E^{(-)}(x_m)E^{(+)}(x_{m+1})\cdots E^{(+)}(x_{2m})].$$

由于是自由场,在正频分量算符之间可以交换次序.将 $E^{(-)}(x_2)$ 与 $E^{(-)}(x_0)$ 交换次序后再运用(3.2.9)式,并依次对所有正频算符运行后得到

$$G^{(m,m)} = \frac{G^{(1,1)}(x_1,x_0)}{G^{(1,1)}(x_0,x_0)}\cdots\frac{G^{(1,1)}(x_m,x_0)}{G^{(1,1)}(x_0,x_0)}\mathrm{Tr}[E^{(-)}(x_0)\cdots E^{(-)}(x_0)E^{(+)}(x_{m+1})\cdots E^{(+)}(x_{2m})\rho],$$

其中由求迹的循环不变性改变了 ρ 的位置.然后对负频场算符依次运用式(3.2.8)式,

$$G^{(m,m)} = \frac{G^{(1,1)}(x_1,x_0)}{G^{(1,1)}(x_0,x_0)}\cdots\frac{G^{(1,1)}(x_m,x_0)}{G^{(1,1)}(x_0,x_0)}\frac{G^{(1,1)}(x_0,x_{m+1})}{G^{(1,1)}(x_0,x_0)}\cdots\frac{G^{(1,1)}(x_0,x_{2m})}{G^{(1,1)}(x_0,x_0)}\times$$
$$\mathrm{Tr}\{\rho[E^{(-)}(x_0)]^m[E^{(+)}(x_0)]^m\},$$

上式中最后一项

$$\mathrm{Tr}\{\rho\ [E^{(-)}(x_0)]^m\ [E^{(+)}(x_0)]^m\} = G^{(m,m)}(x_0,\cdots,x_0) = g^{(m,m)}(x_0,\cdots,x_0)\ [G^{(1,1)}(x_0,x_0)]^m.$$

由于 $g^{(m,m)}(x_0,\cdots,x_0)$ 是非负实数，且满足定义(3.5.2)式，故

$$g^{(m,m)}(x_0,\cdots,x_0) = 1. \tag{3.5.8}$$

令

$$V(x) = \frac{G^{(1,1)}(x_0,x)}{\sqrt{G^{(1,1)}(x_0,x_0)}}, \tag{3.5.9}$$

最后得到第二定义(3.5.3)式，而(3.5.9)式给出了 $V(x)$ 的具体形式.

3. 完全相干场(complete coherence field)

完全相干场是指对所有 n ($n\to\infty$)，均有 n 阶完全相干性.假定电磁场为纯态，(n,n) 阶关联为

$$G^{(n,n)}(x_1,\cdots,x_n;x_{n+1},\cdots,x_{2n}) = \langle\psi|E^{(-)}(x_1)\cdots E^{(-)}(x_n)E^{(+)}(x_{n+1})\cdots E^{(+)}(x_{2n})|\psi\rangle. \tag{3.5.10}$$

当 $|\psi\rangle$ 是场算符的本征态时，设

$$E^{(+)}(x)\,|\psi\rangle = V(x)\,|\psi\rangle, \tag{3.5.11}$$

则有(3.5.3)式对任何 n 成立，因此电场算符的本征态是完全相干场.我们知道，对于多模自由场和多模相干态，(3.5.11)式成立，

$$E^{(+)}(x)\,|\{\alpha_k\}\rangle = \sum_k \mathrm{i}\left(\frac{\hbar\omega_k}{2\varepsilon_0 V}\right)^{1/2} a_k \mathrm{e}^{-\mathrm{i}\omega_k t+\mathrm{i}\boldsymbol{k}\cdot\boldsymbol{r}}\,|\{\alpha_k\}\rangle = V(x)\,|\{\alpha_k\}\rangle, \tag{3.5.12}$$

$$V(x) = \sum_k \mathrm{i}\left(\frac{\hbar\omega_k}{2\varepsilon_0 V}\right)^{1/2} \alpha_k \mathrm{e}^{-\mathrm{i}\omega_k t+\mathrm{i}\boldsymbol{k}\cdot\boldsymbol{r}}, \tag{3.5.13}$$

实际上多模相干态 $\{\alpha_k\}$ 的各模之间有确定的相位，因此自由电磁场下的多模相干态满足完全相干性.

对于自由电磁场的混合态，用 P 表示计算关联函数是最方便的.因为这时关联函数是正序排列，在积分中可用 α 代替算符 a，

$$\begin{aligned}\langle E^{(-)}(x_1)\cdots E^{(-)}(x_n)E^{(+)}(x_{n+1})\cdots E^{(+)}(x_{2n})\rangle &= \langle V^*(x_1)\cdots V^*(x_n)V(x_{n+1})\cdots V(x_{2n})\rangle \\ &= \int P(\{\alpha_k\})V^*(x_1)\cdots V^*(x_n)V(x_{n+1})\cdots V(x_{2n})\,\mathrm{d}^2\{\alpha_k\},\end{aligned} \tag{3.5.14}$$

其中 $V(x)$ 就是(3.5.13)式.

现考虑单模混合相干态(mixed coherent state)，由(2.9.19)式的 P 表示代入(3.5.14)式，可得到(3.5.3)式，其中的 V 函数为

$$V(x) = \mathrm{i}\left(\frac{\hbar\omega}{2\varepsilon_0 V}\right)^{1/2} |\alpha_0|\,\mathrm{e}^{-\mathrm{i}\omega t+\mathrm{i}\boldsymbol{k}\cdot\boldsymbol{r}}. \tag{3.5.15}$$

因此单模自由场下的混合相干态也具有完全相干性.

在量子光学领域中,除了上面举的两个完全相干场的例子外,尚未见到其他形式的电磁场满足完全相干性.

练　　习

1. 计算单模粒子数态的一阶和二阶相干度.

参考文献

Dirac P. A. M. (1930). The Principles of Quantum Mechanics. Clarendon, Oxford University Press, p. 15.

Glanber R. J. (1963). Phys. Rev. **130**, 2529.

Mehta C. L. (1966). Nuovo Cimento **45**. 280; (1967) J. Math. Phys. **8**, 1798.

Mehta C. L. (1967). Phys. Rev. Lett. **18**, 752.

Klander R. J., and Sudarshan E. C. G. (1968). Fundamentals of Quantum Optics, (Benjamin, New York).

Sudarshan E. C. G. (1969). J. Math. and Phys. Science (Madras, India) **3**, 121.

第四章　辐射场与原子相互作用的全量子理论

4.1　辐射场与原子相互作用系统的哈密顿量

在卷 I 第 3 章中介绍了辐射场与原子相互作用的半经典理论，其中辐射场没有被量子化.本章讨论这种相互作用系统的全量子理论，我们将在一个较完整的理论框架中展开，从该物理系统的经典正则运动方程(canonical equation of motion)出发，得到系统的哈密顿量，再对应为量子哈密顿量.

1. 拉格朗日量和正则运动方程

设描述辐射场的物理量为电场 $\boldsymbol{E}$、磁场强度 $\boldsymbol{H}$、标势 ϕ 和矢势 $\boldsymbol{A}$.辐射场中有若干个荷电粒子，它们的质量为 m_j，分别处在位置 $\boldsymbol{r}_j$处，这些荷电粒子形成的电荷分布和电流密度分别为 ρ 和 $\boldsymbol{j}$.整个相互作用系统的非相对论拉格朗日量(Lagrangian)为

$$L = \sum_j \frac{1}{2} m_j \dot{\boldsymbol{r}}_j^2 + \frac{1}{2}\int (\varepsilon_0 \boldsymbol{E}^2 - \mu_0 \boldsymbol{H}^2)\,\mathrm{d}v - \int \rho\phi \,\mathrm{d}v + \int \boldsymbol{j}\cdot\boldsymbol{A}\,\mathrm{d}v. \tag{4.1.1}$$

第 j 个粒子的运动方程为

$$\frac{\mathrm{d}}{\mathrm{d}t}\frac{\partial L}{\partial \dot{\boldsymbol{r}}_j} - \frac{\partial L}{\partial \boldsymbol{r}_j} = 0, \tag{4.1.2}$$

$\partial \boldsymbol{r}_j$表示上述方程要对每个坐标分量求偏导，得到坐标分量的方程.

现在我们限于讨论辐射场与单个原子的相互作用.设坐标原点在原子核上，原子有 z 个电子，质量为 m，分别处在坐标 $\boldsymbol{r}_j$.电荷和电流密度为

$$\rho(\boldsymbol{r}) = -\sum_{j=1}^{z} e\delta(\boldsymbol{r} - \boldsymbol{r}_j) + ze\delta(\boldsymbol{r}), \quad (e > 0), \tag{4.1.3}$$

$$\boldsymbol{j}(\boldsymbol{r}) = -\sum_{j=1}^{z} e\dot{\boldsymbol{r}}_j\delta(\boldsymbol{r} - \boldsymbol{r}_j). \tag{4.1.4}$$

由此可计算出

$$\int \rho\phi\,\mathrm{d}v = -e\sum_j \phi(\boldsymbol{r}_j) + ze\phi(0), \tag{4.1.5}$$

$$\int \boldsymbol{j} \cdot \boldsymbol{A} \mathrm{d}v = -e \sum_{j} \dot{\boldsymbol{r}}_{j} \cdot \boldsymbol{A}(\boldsymbol{r}_{j}). \tag{4.1.6}$$

我们仍采用库仑规范

$$\nabla \cdot \boldsymbol{A} = 0. \tag{4.1.7}$$

为了得到电磁场的运动方程,我们将场变量转换成用势表示.由(1.1.4)式和(1.1.1)式,

$$\boldsymbol{E}^{2} = (-\dot{\boldsymbol{A}} - \nabla\phi)^{2} = \dot{\boldsymbol{A}}^{2} + (\nabla\phi)^{2} + 2\dot{\boldsymbol{A}} \cdot \nabla\phi, \tag{4.1.8}$$

$$\boldsymbol{B}^{2} = (\mu_{0}\boldsymbol{H})^{2} = (\nabla \times \boldsymbol{A})^{2}. \tag{4.1.9}$$

利用

$$\nabla \cdot (\phi\dot{\boldsymbol{A}}) = (\nabla\phi) \cdot \dot{\boldsymbol{A}} + \phi(\nabla \cdot \dot{\boldsymbol{A}}) = (\nabla\phi) \cdot \dot{\boldsymbol{A}}. \tag{4.1.10}$$

设在无穷远处的辐射场为零,由高斯积分定理,上式对整个空间积分应为零

$$0 = \int \nabla \cdot (\phi\dot{\boldsymbol{A}}) \mathrm{d}v = \int (\nabla\phi) \cdot \dot{\boldsymbol{A}} \mathrm{d}v. \tag{4.1.11}$$

因此自由场的拉格朗日量为

$$L_{\mathrm{f}} = \frac{1}{2}\int (\varepsilon_{0}\boldsymbol{E}^{2} - \mu_{0}\boldsymbol{H}^{2}) \mathrm{d}v = \frac{1}{2}\varepsilon_{0}\int [(\nabla\phi)^{2} + \dot{\boldsymbol{A}}^{2} - c^{2}(\nabla \times \boldsymbol{A})^{2}] \mathrm{d}v. \tag{4.1.12}$$

利用

$$\nabla \cdot (\dot{\phi}\boldsymbol{A}) = (\nabla\dot{\phi}) \cdot \boldsymbol{A} + \dot{\phi}(\nabla \cdot \boldsymbol{A}) = (\nabla\dot{\phi}) \cdot \boldsymbol{A}, \tag{4.1.13}$$

由纵向电流公式(1.1.25)式和高斯积分公式

$$\int \boldsymbol{j}_{\mathrm{L}} \cdot \boldsymbol{A} \mathrm{d}v = \varepsilon_{0}\int (\nabla\dot{\phi}) \cdot \boldsymbol{A} \mathrm{d}v = \varepsilon_{0}\int \nabla \cdot (\dot{\phi}\boldsymbol{A}) \mathrm{d}v = 0, \tag{4.1.14}$$

因此只需考虑横向电流$\boldsymbol{j}_{\mathrm{T}}$的作用.最后得到用势表示的拉格朗日量

$$L = \sum_{j} \frac{1}{2} m \dot{\boldsymbol{r}}_{j}^{2} + \int \mathscr{L} \mathrm{d}v, \tag{4.1.15}$$

其中拉格朗日密度定义为

$$\mathscr{L} = \frac{1}{2}\varepsilon_{0}[(\nabla\phi)^{2} + \dot{\boldsymbol{A}}^{2} - c^{2}(\nabla \times \boldsymbol{A})^{2}] - \rho\phi + \boldsymbol{j}_{\mathrm{T}} \cdot \boldsymbol{A}. \tag{4.1.16}$$

场变量是空间分布的函数,应由拉格朗日密度计算场的正则运动方程

$$\frac{\partial}{\partial t} \frac{\partial \mathscr{L}}{\partial \dot{A}_{\mu}} + \sum_{i=1}^{3} \frac{\partial}{\partial x_{i}} \frac{\partial \mathscr{L}}{\partial (\partial A_{\mu} / \partial x_{i})} - \frac{\partial \mathscr{L}}{\partial A_{\mu}} = 0, \tag{4.1.17}$$

其中$\{A_{\mu}\} = (\boldsymbol{A}, \mathrm{i}\phi)$.由(4.1.16)式和(4.1.17)式可得到库仑规范下的场的标势和矢势运动方程(1.1.15)式和(1.1.26)式.由此可确认(4.1.15)式是所需要的拉格朗日量.

2. 经典哈密顿量

辐射场与原子相互作用系统的广义坐标为所有电子的位矢 $\boldsymbol{r}_j$ 和辐射场的标势和矢势.由分析力学,与系统的广义坐标相对应的广义动量(或动量密度)为

$$\boldsymbol{r}_j \leftrightarrow \boldsymbol{p}_j = \frac{\partial L}{\partial \dot{\boldsymbol{r}}_j} = m\dot{\boldsymbol{r}}_j - e\boldsymbol{A}(\boldsymbol{r}_j), \tag{4.1.18}$$

$$\phi \leftrightarrow p_\phi = \frac{\partial \mathscr{L}}{\partial \dot{\phi}} = 0, \tag{4.1.19}$$

$$\boldsymbol{A} \leftrightarrow \boldsymbol{p}_A = \frac{\partial \mathscr{L}}{\partial \dot{\boldsymbol{A}}} = \varepsilon_0 \dot{\boldsymbol{A}}, \tag{4.1.20}$$

在计算(4.1.18)式中用到(4.1.6)式.系统的哈密顿量

$$\begin{aligned} H &= \sum_j \boldsymbol{p}_j \cdot \dot{\boldsymbol{r}}_j + \int (\boldsymbol{p}_A \cdot \dot{\boldsymbol{A}} + p_\phi \cdot \dot{\phi})\mathrm{d}v - L \\ &= \frac{1}{m}\sum_j \boldsymbol{p}_j[\boldsymbol{p}_j + e\boldsymbol{A}(\boldsymbol{r}_j)] + \varepsilon_0 \int \dot{\boldsymbol{A}}^2 \mathrm{d}v - L. \end{aligned} \tag{4.1.21}$$

将(4.1.15)式代入,并考虑到(4.1.6)式

$$\begin{aligned} H = &\frac{1}{m}\sum_j \boldsymbol{p}_j \cdot [\boldsymbol{p}_j + e\boldsymbol{A}(\boldsymbol{r}_j)] + \varepsilon_0 \int \dot{\boldsymbol{A}}^2 \mathrm{d}v - \frac{1}{2m}\sum_j [\boldsymbol{p}_j + e\boldsymbol{A}(\boldsymbol{r}_j)]^2 - \\ &\frac{1}{2}\int \varepsilon_0 [(\nabla\phi)^2 + \dot{\boldsymbol{A}}^2 - c^2(\nabla \times \boldsymbol{A})^2]\mathrm{d}v + \\ &\int \rho\phi \mathrm{d}v + \frac{e}{m}\sum_j [\boldsymbol{p}_j + e\boldsymbol{A}(\boldsymbol{r}_j)] \cdot \boldsymbol{A}(\boldsymbol{r}_j). \end{aligned} \tag{4.1.22}$$

经简化后得到

$$H = \frac{1}{2m}\sum_j [\boldsymbol{p}_j + e\boldsymbol{A}(\boldsymbol{r}_j)]^2 + \frac{1}{2}\int \varepsilon_0 [\dot{\boldsymbol{A}}^2 - (\nabla\phi)^2 + c^2(\nabla \times \boldsymbol{A})^2]\mathrm{d}v + \int \rho\phi \mathrm{d}v. \tag{4.1.23}$$

利用 $\boldsymbol{E}_\mathrm{T} = -\dot{\boldsymbol{A}}$ 和 $\boldsymbol{E}_\mathrm{L} = -\nabla\phi$[见(1.1.31)式和(1.1.32)式],(4.1.5)式和(4.1.9)式,哈密顿量还可以写为

$$\begin{aligned} H = &\frac{1}{2m}\sum_j [\boldsymbol{p}_j + e\boldsymbol{A}(\boldsymbol{r}_j)]^2 + \frac{1}{2}\int (\varepsilon_0 \boldsymbol{E}_\mathrm{T}^2 + \mu_0 \boldsymbol{H}^2)\mathrm{d}v - \\ &\frac{1}{2}\int \varepsilon_0 \boldsymbol{E}_\mathrm{L}^2 \mathrm{d}v - e\sum_j \phi(\boldsymbol{r}_j) + ze\phi(0). \end{aligned} \tag{4.1.24}$$

上式的第一项为电子的动能和电子与场的相互作用能.第二项为辐射场能,它仅与矢势有关.最后三项为电子与原子核的静态库仑势(纵向电场分量 $\boldsymbol{E}_\mathrm{L}$ 也只与标势 ϕ 有关).

由微分公式

$$\nabla\cdot(\phi\,\nabla\phi)=\phi\,\nabla^2\phi+(\nabla\phi)^2, \tag{4.1.25}$$

它的左边对全空间积分为零.因此

$$\frac{1}{2}\varepsilon_0\int \boldsymbol{E}_{\mathrm{L}}^2\mathrm{d}v=\frac{1}{2}\varepsilon_0\int(\nabla\phi)^2\mathrm{d}v=-\frac{1}{2}\varepsilon_0\int\phi\,\nabla^2\phi\mathrm{d}v=\frac{1}{2}\int\rho\phi\mathrm{d}v, \tag{4.1.26}$$

最后一步用到库仑势方程.(4.1.24)式的最后三项可以写为

$$-\frac{1}{2}\int\varepsilon_0\,\boldsymbol{E}_{\mathrm{L}}^2\mathrm{d}v+\int\rho\phi\mathrm{d}v=\frac{1}{2}\int\rho\phi\mathrm{d}v=-\frac{1}{2}e\sum_j\phi(\boldsymbol{r}_j)+\frac{1}{2}ze\phi(0). \tag{4.1.27}$$

考虑到原子核对电子的库仑势应等于电子对原子核的库仑势

$$-e\sum_j\phi(\boldsymbol{r}_j)=ze\phi(0), \tag{4.1.28}$$

最后哈密顿量简化为

$$H=\frac{1}{2m}\sum_j\left[\boldsymbol{p}_j+e\boldsymbol{A}(\boldsymbol{r}_j)\right]^2+\frac{1}{2}\int(\varepsilon_0\,\boldsymbol{E}_{\mathrm{T}}^2+\mu_0\,\boldsymbol{H}^2)\mathrm{d}v-e\sum_j\phi(\boldsymbol{r}_j), \tag{4.1.29}$$

其中电子电荷 $e>0$.

3. 量子哈密顿量

将经典哈密顿量中的物理量对应于算符即成为量子哈密顿量.对于库仑规范,存在微分公式

$$\nabla\cdot(\boldsymbol{A}f)=\boldsymbol{A}\cdot\nabla f+(\nabla\cdot\boldsymbol{A})f=\boldsymbol{A}\cdot\nabla f, \tag{4.1.30}$$

因此电子的动量算符与矢势算符可以对易

$$\boldsymbol{p}_j\cdot\boldsymbol{A}=\boldsymbol{A}\cdot\boldsymbol{p}_j. \tag{4.1.31}$$

(4.1.29)式中的第二项为自由场哈密顿量,它在第 1 章已重点讨论过.现将哈密顿量分类为原子哈密顿量 H_{A}、自由场哈密顿量 H_{F}和相互作用哈密顿量 H_{I}:

$$H=H_{\mathrm{A}}+H_{\mathrm{F}}+H_{\mathrm{I}}, \tag{4.1.32}$$

$$H_{\mathrm{A}}=\frac{1}{2m}\sum_j\boldsymbol{p}_j^2-e\sum_j\phi(\boldsymbol{r}_j), \tag{4.1.33}$$

$$H_{\mathrm{F}}=\frac{1}{2}\int(\varepsilon_0\,\boldsymbol{E}_{\mathrm{T}}^2+\mu_0\,\boldsymbol{H}^2)\mathrm{d}v=\sum_{\boldsymbol{k}}\hbar\omega_{\boldsymbol{k}}\left(a_{\boldsymbol{k}}^{\dagger}a_{\boldsymbol{k}}+\frac{1}{2}\right), \tag{4.1.34}$$

$$H_{\mathrm{I}}=\sum_j\frac{e}{m}\boldsymbol{A}(\boldsymbol{r}_j)\cdot\boldsymbol{p}_j+\sum_j\frac{e^2}{2m}\boldsymbol{A}^2(\boldsymbol{r}_j). \tag{4.1.35}$$

在上式中我们假定原子核静止,原子哈密顿量是由电子的动能和势能组成.当场不太强时,一般将相互作用项中的第二项场的非线性作用忽略.

4.2　电偶极近似和多极展开

对于量子光学中讨论的辐射场与原子相互作用系统,实际上我们感兴趣的对象是辐射场,而不是电子在原子中的空间分布.直接使用上节的哈密顿量(4.1.29)式是不方便的,因为矢势 $\boldsymbol{A}$ 中含有电子的位矢.因此需要对哈密顿量作近似处理.

1. 电偶极近似

在量子光学涉及的绝大多数问题中,均采用电偶极近似(electric dipole approximation).只有当原子电偶极矩(electric dipole moment)为零时,才考虑更高阶的如磁偶极矩(magnetic dipole moment)和电四极矩(electric quadrupole moment)辐射.

电偶极矩近似的条件是,辐射场的波长远大于原子的玻尔半径:

$$\lambda \gg a_0 = 0.53\text{Å}. \tag{4.2.1}$$

对于通常的光波长范围,这一条件总是成立的.这时在原子所处的场环境中,可以用 $\boldsymbol{A}(0)$ 代替 $\boldsymbol{A}(\boldsymbol{r}_j)$[$\phi(\boldsymbol{r}_j)$ 对辐射无贡献].在下面介绍的哈密顿量的多极展开中,将明显看到这一点.

2. 规范变换式

让我们暂时回到经典哈密顿量,为了对它作多极展开,需要借助于一个特定的规范变换(gauge transformation),然后将新的标势和矢势在原点展开.设一任意函数可以在原点展开

$$\Lambda(\boldsymbol{r}) = \Lambda(0) + (\boldsymbol{r}\cdot\nabla)\Lambda(0) + \frac{1}{2}(\boldsymbol{rr}:\nabla\nabla)\Lambda(0) + \cdots, \tag{4.2.2}$$

并矢 $\boldsymbol{rr}$ 和 $\nabla\nabla$ 是二阶张量(second order tensor).两个二阶张量的二次点乘定义为先作一次点乘(即两个矩阵相乘),然后再求迹

$$\boldsymbol{rr}:\nabla\nabla \equiv \sum_{ij} x_i x_j \frac{\partial}{\partial x_j}\frac{\partial}{\partial x_i}. \tag{4.2.3}$$

在微分算符后面的 $\Lambda(0)$ 理解为先对函数作微分运算再取 $\boldsymbol{r}=0$.设在坐标原点 $\Lambda(\boldsymbol{r})$ 满足

$$\boldsymbol{A}(0) = \nabla\Lambda(0), \tag{4.2.4}$$

将它代入(4.2.2)式后,定义我们所需的规范函数

$$\Lambda(\boldsymbol{r}) = \boldsymbol{r}\cdot\boldsymbol{A}(0) + \frac{1}{2}\boldsymbol{rr}:\nabla\boldsymbol{A}(0) + \cdots, \tag{4.2.5}$$

(4.2.2)式中常数项无贡献,可将它删去.

现对(4.2.5)式求梯度,第一项容易看出

$$\nabla[\boldsymbol{r}\cdot\boldsymbol{A}(0)] = \boldsymbol{A}(0). \tag{4.2.6}$$

第二项的梯度为

$$\frac{1}{2}\nabla[\boldsymbol{rr}:\nabla\boldsymbol{A}(0)]=(\boldsymbol{r}\cdot\nabla)\boldsymbol{A}(0)+\frac{1}{2}\boldsymbol{r}\times[\nabla\times\boldsymbol{A}(0)], \tag{4.2.7}$$

这一式子的证明作为习题留给读者.因此有

$$\nabla\Lambda(\boldsymbol{r})=\boldsymbol{A}(0)+(\boldsymbol{r}\cdot\nabla)\boldsymbol{A}(0)+\frac{1}{2}\boldsymbol{r}\times[\nabla\times\boldsymbol{A}(0)]+\cdots. \tag{4.2.8}$$

经(4.2.5)式定义的规范函数作规范变换后,新的标势为

$$\begin{aligned}\phi'(\boldsymbol{r})&=\phi(\boldsymbol{r})+\frac{\partial}{\partial t}\Lambda(\boldsymbol{r})=\phi(\boldsymbol{r})+\boldsymbol{r}\cdot\frac{\partial}{\partial t}\boldsymbol{A}(0)+\frac{1}{2}\boldsymbol{rr}:\nabla\frac{\partial}{\partial t}\boldsymbol{A}(0)+\cdots\\&=\phi(\boldsymbol{r})-\boldsymbol{r}\cdot\boldsymbol{E}_{\mathrm{T}}(0)-\frac{1}{2}\boldsymbol{rr}:\nabla\boldsymbol{E}_{\mathrm{T}}(0)+\cdots,\end{aligned} \tag{4.2.9}$$

其中物理量 $\boldsymbol{A}(0)$ 中含的时间变量未标出.新的矢势为

$$\begin{aligned}\boldsymbol{A}'(\boldsymbol{r})&=\boldsymbol{A}(\boldsymbol{r})-\nabla\Lambda(\boldsymbol{r})=\boldsymbol{A}(0)+(\boldsymbol{r}\cdot\nabla)\boldsymbol{A}(0)-\Big[\boldsymbol{A}(0)+\\&\quad(\boldsymbol{r}\cdot\nabla)\boldsymbol{A}(0)+\frac{1}{2}\boldsymbol{r}\times(\nabla\times\boldsymbol{A}(0))\Big]+\cdots\\&\approx-\frac{1}{2}\boldsymbol{r}\times[\nabla\times\boldsymbol{A}(0)]=-\frac{1}{2}\boldsymbol{r}\times[\mu_0\boldsymbol{H}(0)],\end{aligned} \tag{4.2.10}$$

在上述展开中只保留到 $\boldsymbol{r}$ 的一次项.新的矢势仍满足库仑规范,因为对(4.2.8)式求散度,右边第一项常数项散度为零.其余两项为

$$\begin{aligned}\nabla\cdot[\nabla\Lambda(\boldsymbol{r})]&=\nabla\cdot[(\boldsymbol{r}\cdot\nabla)\boldsymbol{A}(0)]+\frac{1}{2}\nabla\cdot\{\boldsymbol{r}\times[\nabla\times\boldsymbol{A}(0)]\}\\&=\nabla\cdot\boldsymbol{A}(0)+\frac{1}{2}(\nabla\times\boldsymbol{r})\cdot[\mu_0\boldsymbol{H}(0)]=0.\end{aligned} \tag{4.2.11}$$

前一项因为原矢势应满足库仑规范,后一项因为 $\nabla\times\boldsymbol{r}=0$.

新的标势中增加了两项,分别贡献于电偶极和电四极相互作用.新的矢势中 $\boldsymbol{A}(0)$ 和 $(\boldsymbol{r}\cdot\nabla)\boldsymbol{A}(0)$ 被消去[实际上移至标势中,参见(4.2.9)式],剩下 $\boldsymbol{r}\times[\mu_0\boldsymbol{H}(0)]$ 项为磁偶极相互作用贡献.

3. 多极相互作用哈密顿量

将规范变换后的矢势和标势代入(4.1.29)式后,新的哈密顿量表式为

$$\begin{aligned}H=&\frac{1}{2m}\sum_j\left[\boldsymbol{p}_j-\frac{e\mu_0}{2}\boldsymbol{r}_j\times\boldsymbol{H}(0)\right]^2+\frac{1}{2}\int(\varepsilon_0\boldsymbol{E}_{\mathrm{T}}^2+\mu_0\boldsymbol{H}^2)\mathrm{d}v-e\sum_j\phi(\boldsymbol{r}_j)+\\&e\sum_j\boldsymbol{r}_j\cdot\boldsymbol{E}_{\mathrm{T}}(0)+\frac{1}{2}e\sum_j\boldsymbol{r}_j\boldsymbol{r}_j:\nabla\boldsymbol{E}_{\mathrm{T}}(0).\end{aligned} \tag{4.2.12}$$

量子哈密顿量应将上式中的物理量理解为算符.现考虑(4.2.12)式中右边第一项展开式中的二

个交叉项中的一项，

$$\begin{aligned}\boldsymbol{p}_j\cdot[\boldsymbol{r}_j\times\boldsymbol{H}(0)]&=-\mathrm{i}\hbar\nabla_j\cdot[\boldsymbol{r}_j\times\boldsymbol{H}(0)]\\&=-\mathrm{i}\hbar\{(\nabla_j\times\boldsymbol{r}_j)\cdot\boldsymbol{H}(0)-\boldsymbol{r}_j\cdot[\nabla_j\times\boldsymbol{H}(0)]\}\\&=-\boldsymbol{r}_j\cdot[\boldsymbol{p}_j\times\boldsymbol{H}(0)].\end{aligned}\tag{4.2.13}$$

上式利用了微分矢量公式

$$\nabla\cdot(\boldsymbol{A}\times\boldsymbol{B})=(\nabla\times\boldsymbol{A})\cdot\boldsymbol{B}-\boldsymbol{A}\cdot(\nabla\times\boldsymbol{B}),\tag{4.2.14}$$

并考虑了$\nabla\times\boldsymbol{r}=0$.(4.1.12)式第一项展开中两个交叉项可以合并

$$\begin{aligned}&-\frac{e\mu_0}{4m}\{\boldsymbol{p}_j\cdot[\boldsymbol{r}_j\times\boldsymbol{H}(0)]+[\boldsymbol{r}_j\times\boldsymbol{H}(0)]\cdot\boldsymbol{p}_j\}\\&=-\frac{e\mu_0}{4m}\{-\boldsymbol{r}_j\cdot[\boldsymbol{p}_j\times\boldsymbol{H}(0)]+\boldsymbol{r}_j\cdot[\boldsymbol{H}(0)\times\boldsymbol{p}_j]\}\\&=\frac{e\mu_0}{2m}\boldsymbol{r}_j\cdot[\boldsymbol{p}_j\times\boldsymbol{H}(0)]=\frac{e\mu_0}{2m}(\boldsymbol{r}_j\times\boldsymbol{p}_j)\cdot\boldsymbol{H}(0),\end{aligned}\tag{4.2.15}$$

$e\boldsymbol{p}_j/m$ 表示电子运动产生的电流，$\boldsymbol{r}_j\times(e\boldsymbol{p}_j/m)$表示该电子运动所形成的磁偶极矩，因此(4.2.15)式是电子在磁场中运动的磁偶极矩相互作用能.

令原子中所有电子的总角动量算符

$$\boldsymbol{M}=\sum_j\boldsymbol{r}_j\times\boldsymbol{p}_j,\tag{4.2.16}$$

总电偶极矩

$$\boldsymbol{P}=\sum_j(-e)\boldsymbol{r}_j,\tag{4.2.17}$$

总电四极矩

$$\boldsymbol{Q}=\frac{1}{2}\sum_j(-e)(\boldsymbol{r}_j\boldsymbol{r}_j),\tag{4.2.18}$$

多极相互作用哈密顿量可以分类为

$$H=H_{\mathrm{A}}+H_{\mathrm{F}}+H_{\mathrm{ED}}+H_{\mathrm{QD}}+H_{\mathrm{MD}}+H_{\mathrm{NL}},\tag{4.2.19}$$

其中自由哈密顿量 H_{A}和 H_{F}如同上一节，电偶极、电四极和磁偶极哈密顿量分别为

$$H_{\mathrm{ED}}=-\boldsymbol{P}\cdot\boldsymbol{E}_{\mathrm{T}}(0)=\sum_j e\boldsymbol{r}_j\cdot\boldsymbol{E}_{\mathrm{T}}(0),\tag{4.2.20}$$

$$H_{\mathrm{QD}}=-\boldsymbol{Q}:\nabla\boldsymbol{E}_{\mathrm{T}}(0)=\frac{1}{2}\sum_j e(\boldsymbol{r}_j\boldsymbol{r}_j):\nabla\boldsymbol{E}_{\mathrm{T}}(0),\tag{4.2.21}$$

$$H_{\mathrm{MD}}=\frac{e\mu_0}{2m}\boldsymbol{M}\cdot\boldsymbol{H}(0)=\frac{e\mu_0}{2m}\sum_j(\boldsymbol{r}_j\times\boldsymbol{p}_j)\cdot\boldsymbol{H}(0).\tag{4.2.22}$$

最后一项为非线性哈密顿量

$$H_{\mathrm{NL}} = \frac{e^2\mu_0^2}{8m}\sum_j \left[\boldsymbol{r}_j \times \boldsymbol{H}(0) \right]^2. \tag{4.2.23}$$

多极展开在辐射场波长远大于带电体尺寸时成立，如(4.2.1)式.对原子系统来说，磁偶极和电四极作用有相同的量级，比电偶极作用约小一个精细结构(fine structure)1/137 的量级.因此当电偶极矩存在时，不需考虑电四极和磁偶极作用.在一般情况下的光场强度时，也不需要考虑非线性作用项.

练　　习

1. 推导(4.2.7)式.

2. 推导(4.2.11)式.

4.3　原子哈密顿量的二次量子化，两能级近似和泡利自旋算符

1. 原子哈密顿量的二次量子化

如上节所述，我们并不关心原子中电子运动的空间波函数，因此可以对原子哈密顿作二次量子化(second quantization).这里所说的二次量子化是指先由通常的量子力学的方法确定原子哈密顿量的本征态，然后将原子算符用其能量本征态的形式表示.设原子哈密顿量 H_{A} 的本征态为 $|i\rangle$

$$H_{\mathrm{A}} |i\rangle = \hbar\omega_i |i\rangle, \tag{4.3.1}$$

$\hbar\omega_i$ 为能量本征值.所有本征态构成完备系，使原子系统的任何态矢可用 $|i\rangle$ 的线性组合表示.由完备性关系

$$\sum_i |i\rangle\langle i| = 1, \tag{4.3.2}$$

原子哈密顿量可以表示为

$$H_{\mathrm{A}} = \sum_{i,j} |i\rangle\langle i| H_{\mathrm{A}} |j\rangle\langle j| = \sum_{i,j} \hbar\omega_i \delta_{ij} |i\rangle\langle j| = \sum_i \hbar\omega_i |i\rangle\langle i|, \tag{4.3.3}$$

它是对角的.

两态矢的外积 $|i\rangle\langle j|$ 可作为算符，当它作用于 $|j\rangle$ 态时，消灭 $|j\rangle$ 态产生 $|i\rangle$ 态，而作用于其他态时为零

$$|i\rangle\langle j|l\rangle = \delta_{jl} |i\rangle. \tag{4.3.4}$$

采用下列记号来表述该操作

$$b_i^\dagger b_j \equiv \left| i \right\rangle \left\langle j \right|, \tag{4.3.5}$$

但记号 $b_i^\dagger b_j$ 不可拆开.(4.3.3)式为

$$H_A = \sum_i \hbar\omega_i b_i^\dagger b_i. \tag{4.3.6}$$

任何原子算符 D 都可用 $b_i^\dagger b_j$ 来表示

$$D = \sum_{i,j} |i\rangle\langle i|D|j\rangle\langle j| = \sum_{i,j} D_{ij} b_i^\dagger b_j, \tag{4.3.7}$$

$$D_{ij} = \langle i|D|j\rangle. \tag{4.3.8}$$

电场算符已有湮没产生算符表示的二次量子化的形式(1.2.30)式,在薛定谔绘景中它不依赖于时间(取 $t=0$).电偶极相互作用哈密顿量的二次量子化的形式为

$$H_{ED} = e\sum_j \boldsymbol{r}_j \cdot \boldsymbol{E}_T(0) = e\boldsymbol{D} \cdot \boldsymbol{E}_T(0) = \mathrm{i}e\sum_{\boldsymbol{k}} \sum_{i,j} \left(\frac{\hbar\omega_{\boldsymbol{k}}}{2\varepsilon_0 V}\right)^{1/2} \boldsymbol{e}_{\boldsymbol{k}} \cdot \boldsymbol{D}_{ij}(a_{\boldsymbol{k}} - a_{\boldsymbol{k}}^\dagger) b_i^\dagger b_j, \tag{4.3.9}$$

其中 $\boldsymbol{e}_k$ 为模式 $\boldsymbol{k}$ 偏振方向的单位矢量,位矢算符

$$\boldsymbol{D} \equiv \sum_j \boldsymbol{r}_j \tag{4.3.10}$$

表示所有电子位矢的矢量和.

2. 两能级近似和泡利自旋算符

与卷Ⅰ半经典理论的考虑相同,大多数问题只涉及原子某两个能级差与光频相接近的两个能级.设下能级为基态 $|1\rangle$,激发态为 $|2\rangle$.可以近似地认为原子系统由这两个能级组成,这时完备性关系为

$$|1\rangle\langle 1| + |2\rangle\langle 2| = 1. \tag{4.3.11}$$

在二次量子化表示中,两能级原子系统完全等价于只有两个自旋状态的电子自旋系统.两能级原子只能有两种转换形式,从 $|1\rangle$ 到 $|2\rangle$,从 $|2\rangle$ 到 $|1\rangle$.定义上升算符(raising operator)和下降算符(lowering operator)分别为

$$\sigma_+ = b_2^\dagger b_1, \quad \sigma_- = b_1^\dagger b_2, \tag{4.3.12}$$

显然有

$$\sigma_+^\dagger = \sigma_-, \quad \sigma_-^\dagger = \sigma_+. \tag{4.3.13}$$

完备性关系(4.3.11)式可写为

$$\sigma_+\sigma_- + \sigma_-\sigma_+ = 1, \tag{4.3.14}$$

并且有

$$\sigma_+^2 = \sigma_-^2 = 0. \tag{4.3.15}$$

上两式的证明中用到态矢的正交归一关系

$$b_i b_j^\dagger = \langle i | j \rangle = \delta_{ij}. \tag{4.3.16}$$

由上升和下降算符可以定义泡利算符(Pauli operator)

$$\boldsymbol{\sigma} = \{\sigma_x, \sigma_y, \sigma_z\}, \tag{4.3.17}$$

$$\sigma_x = \sigma_+ + \sigma_-, \quad \sigma_y = -\mathrm{i}(\sigma_+ - \sigma_-), \quad \sigma_z = \sigma_+\sigma_- - \sigma_-\sigma_+. \tag{4.3.18}$$

由(4.3.13)式和(4.3.18)式可以看出,$\boldsymbol{\sigma}$ 是厄米算符,并且有

$$\sigma_+ = \frac{1}{2}[\sigma_x + \mathrm{i}\sigma_y], \quad \sigma_- = \frac{1}{2}[\sigma_x - \mathrm{i}\sigma_y], \tag{4.3.19}$$

$$\sigma_+\sigma_- = \frac{1}{2}(1 + \sigma_z), \quad \sigma_-\sigma_+ = \frac{1}{2}(1 - \sigma_z). \tag{4.3.20}$$

根据定义和关系式(4.3.13)—(4.3.16),可以验证泡利算符的所有性质,如对易关系

$$\begin{aligned} \sigma_x\sigma_y - \sigma_y\sigma_x &= 2\mathrm{i}\sigma_z, \\ \sigma_y\sigma_z - \sigma_z\sigma_y &= 2\mathrm{i}\sigma_x, \\ \sigma_z\sigma_x - \sigma_x\sigma_z &= 2\mathrm{i}\sigma_y, \end{aligned} \tag{4.3.21}$$

简记为

$$\boldsymbol{\sigma} \times \boldsymbol{\sigma} = 2\mathrm{i}\boldsymbol{\sigma}. \tag{4.3.22}$$

反对易关系

$$\begin{aligned} \sigma_x\sigma_y + \sigma_y\sigma_x &= 0, \\ \sigma_y\sigma_z + \sigma_z\sigma_y &= 0, \\ \sigma_z\sigma_x + \sigma_x\sigma_z &= 0, \end{aligned} \tag{4.3.23}$$

以及

$$\sigma_x^2 = \sigma_y^2 = \sigma_z^2 = 1, \tag{4.3.24}$$

$$\boldsymbol{\sigma}^2 = \sigma_x^2 + \sigma_y^2 + \sigma_z^2 = 3. \tag{4.3.25}$$

(4.3.23)式和(4.3.24)式可简记为

$$\{\sigma_i, \sigma_j\} \equiv \sigma_i\sigma_j + \sigma_j\sigma_i = 2\delta_{ij}, \quad (i,j = x,y,z), \tag{4.3.26}$$

记号{ }表示反对易关系(anti-commutation relation).由对易关系和反对易关系可立即得到“循环积关系”

$$\sigma_x\sigma_y = \mathrm{i}\sigma_z, \quad \sigma_y\sigma_z = \mathrm{i}\sigma_x, \quad \sigma_z\sigma_x = \mathrm{i}\sigma_y. \tag{4.3.27}$$

泡利算符的分量与上升下降算符的对易关系为

$$[\sigma_\pm,\sigma_x] = \pm\sigma_z, \quad [\sigma_\pm,\sigma_y] = \mathrm{i}\sigma_z, \quad [\sigma_\pm,\sigma_z] = \mp 2\sigma_\pm, \tag{4.3.28}$$

$$\{\sigma_\pm,\sigma_x\} = 1, \quad \{\sigma_\pm,\sigma_y\} = \pm\mathrm{i}, \quad \{\sigma_\pm,\sigma_z\} = 0. \tag{4.3.29}$$

自旋算符(spin operator)$\boldsymbol{s}$ 与泡利算符的关系为

$$\boldsymbol{s} = \hbar\boldsymbol{\sigma}/2. \tag{4.3.30}$$

自旋算符等价于泡利算符,因此也可以用来描述两能级原子,类似的性质可以相应地写出.

利用泡利算符表示两能级原子的哈密顿量

$$\begin{aligned} H_{\mathrm{A}} &= \hbar\omega_2 b_2^\dagger b_2 + \hbar\omega_1 b_1^\dagger b_1 = \hbar\omega_2\sigma_+\sigma_- + \hbar\omega_1\sigma_-\sigma_+ \\ &= \frac{1}{2}\hbar\omega_2(1+\sigma_z) + \frac{1}{2}\hbar\omega_1(1-\sigma_z) \\ &= \frac{1}{2}\hbar(\omega_2-\omega_1)\sigma_z + \frac{1}{2}\hbar(\omega_2+\omega_1). \end{aligned} \tag{4.3.31}$$

如果将原子系统的能量零点选择在两能级的中心,即令

$$\frac{1}{2}\hbar(\omega_1+\omega_2) = 0, \tag{4.3.32}$$

则有

$$H_{\mathrm{A}} = \frac{1}{2}\hbar\omega_{21}\sigma_z, \tag{4.3.33}$$

其中 $\omega_{21}=\omega_2-\omega_1$ 为原子跃迁频率.相互作用哈密顿量(4.3.9)式表示为

$$\begin{aligned} H_{\mathrm{I}} &= \mathrm{i}e\sum_k \left(\frac{\hbar\omega_k}{2\varepsilon_0 V}\right)^{1/2}(a_k - a_k^\dagger)(\boldsymbol{D}_{12}\sigma_- + \boldsymbol{D}_{21}\sigma_+)\cdot\boldsymbol{e}_k \\ &= \mathrm{i}\hbar\sum_k (a_k - a_k^\dagger)(g_k\sigma_- + g_k^*\sigma_+), \end{aligned} \tag{4.3.34}$$

$$g_k = \frac{e}{\hbar}\left(\frac{\hbar\omega_k}{2\varepsilon_0 V}\right)^{1/2}\boldsymbol{D}_{12}\cdot\boldsymbol{e}_k. \tag{4.3.35}$$

由于电场算符可以用(1.2.33)式的形式表示,相互作用哈密顿量也可以写为

$$H_{\mathrm{I}} = \hbar\sum_k (a_k + a_k^\dagger)(g_k\sigma_- + g_k^*\sigma_+). \tag{4.3.36}$$

3. 旋波近似

相互作用哈密顿量中存在四种形式的作用:

(i) $a_k\sigma_+$ 表示原子吸收一个光子并从基态跃迁到激发态;

(ii) $a_k^\dagger\sigma_-$ 表示原子从激发态跃到基态同时辐射一光子;

(iii) $a_k\sigma_-$ 表示原子吸收一个光子但却从激发态跃迁到基态;

(iv) $a_k^\dagger\sigma_+$表示原子从基态跃迁到激发态但却辐射一个光子.

后两个过程不满足能量守恒原理,与前两个过程相比,它们发生的概率十分小,因此通常可以不考虑.(4.3.36)式可简化为

$$H_{\mathrm{I}}=\hbar\sum_k(g_k^*a_k\sigma_++g_ka_k^\dagger\sigma_-). \tag{4.3.37}$$

这一方法称为旋波近似(rotating wave approximation),它同半经典理论的旋波近似具有相同的物理含义(参见卷Ⅰ的3.1节).

如果设无相互作用哈密顿量

$$H_0=H_{\mathrm{F}}+H_{\mathrm{A}}, \tag{4.3.38}$$

在相互作用绘景中

$$a_k(t)=\mathrm{e}^{\mathrm{i}H_0t/\hbar}a_k\mathrm{e}^{-\mathrm{i}H_0t/\hbar}=\mathrm{e}^{\mathrm{i}H_{\mathrm{F}}t/\hbar}a_k\mathrm{e}^{-\mathrm{i}H_{\mathrm{F}}t/\hbar}=a_k\mathrm{e}^{-\mathrm{i}\omega_kt}, \tag{4.3.39}$$

$$\sigma_-(t)=\mathrm{e}^{\mathrm{i}H_{\mathrm{A}}t/\hbar}\sigma_-\mathrm{e}^{-\mathrm{i}H_{\mathrm{A}}t/\hbar}=\sigma_-\mathrm{e}^{-\mathrm{i}\omega_{21}t}. \tag{4.3.40}$$

读者可练习用2.3节中的算符代数公式和这些算符的对易关系来证明.由此可看出,在相互作用绘景中不满足能量守恒的作用项随时间迅速振荡,与半经典理论旋波近似相同的理由,这些项可以忽略.实际上原子跃迁矩阵元$\boldsymbol{D}_{12}$的相位具有任意性,因此在理论模型中,常令$g_k=g_k^*$.这一假定可以使推导简化,而不影响最后的结果,因为最后结果总是以乘积$g_kg_k^*$的形式出现.

练　　习

1. 试推导(4.3.21)—(4.3.25)式.
2. 试推导(4.3.27)—(4.3.29)式.
3. 试推导(4.3.39)式和(4.3.40)式.

4.4 Jaynes-Cummings 模型

单个两能级原子同单模电磁场组成的相互作用系统在旋波近似下用全量子理论是可以精确求解的.早在20世纪60年代杰纳斯(Edwin Jaynes)和卡明斯(Fred Cummings)曾最早研究过这个模型(Jaynes,1963;Cummings,1965),因此称为Jaynes-Cummings模型(Jaynes-Cummings model),简称J-C模型.这个模型在量子光学中是最基本的和最重要的模型之一,也是少数可以精确求解的成功例子.在早期的研究中杰纳斯和卡明斯仍试图将J-C模型的主要结果纳入与半经典理论可以类比的框架.直到80年代,人们才对J-C模型的量子特性有较全面深刻的理解.各种推广的J-C模型的研究应运而生,如多能级原子J-C模型,多光子相互作用J-C模型等.

1. J-C 模型的哈密顿量

由上一节的讨论,在电偶极近似和旋波近似下,单个两能级原子同单模电磁场相互作用哈密顿量为

$$H = H_0 + H_{\mathrm{I}}, \tag{4.4.1}$$

$$H_0 = \hbar\omega\left(a^\dagger a + \frac{1}{2}\right) + \frac{1}{2}\hbar\omega_{21}\sigma_z, \tag{4.4.2}$$

$$H_{\mathrm{I}} = \hbar g(a\sigma_+ + a^\dagger\sigma_-). \tag{4.4.3}$$

利用(4.3.39)式和(4.3.40)式,可以写出在相互作用绘景中的哈密顿量

$$V = \hbar g(a\sigma_+ \mathrm{e}^{\mathrm{i}\Delta t} + a^\dagger\sigma_- \mathrm{e}^{-\mathrm{i}\Delta t}), \tag{4.4.4}$$

其中失谐量

$$\Delta = \omega_{21} - \omega. \tag{4.4.5}$$

2. 波函数解

设在相互作用绘景中系统的波函数为$|\psi\rangle$,它遵从运动方程

$$\mathrm{i}\hbar\frac{\partial|\psi\rangle}{\partial t} = V|\psi\rangle. \tag{4.4.6}$$

现将原子的本征态——基态和激发态——分别记为$|g\rangle$和$|e\rangle$,电磁场用粒子数态$|n\rangle$表示.我们可以用$|g,n\rangle$和$|e,n\rangle$作为该联合系统的完备基矢,它们是自由哈密顿量H_0的本征态.任何态矢可以展开为

$$|\psi(t)\rangle = \sum_n [C_{g,n}(t)|g,n\rangle + C_{e,n}(t)|e,n\rangle]. \tag{4.4.7}$$

将(4.4.7)式代入(4.4.6)式后,得到概率振幅的运动方程

$$\dot{C}_{g,n+1}(t) = -\mathrm{i}g\mathrm{e}^{-\mathrm{i}\Delta t}\sqrt{n+1}\,C_{e,n}(t), \tag{4.4.8a}$$

$$\dot{C}_{e,n}(t) = -\mathrm{i}g\mathrm{e}^{\mathrm{i}\Delta t}\sqrt{n+1}\,C_{g,n+1}(t). \tag{4.4.8b}$$

作为练习,读者可用上一节关于原子上升下降算符的基本性质自行推导出这一结果.这一方程形式上等价于半经典理论中原子能级概率振幅的方程[参见卷Ⅰ(3.1.20)式],它可化为一个二阶微分方程

$$\ddot{C}_{e,n} - \mathrm{i}\Delta\dot{C}_{e,n} + g^2(n+1)C_{e,n} = 0. \tag{4.4.9}$$

它是一个常系数二阶微分方程,有两个本征根

$$\mu_\pm = \mathrm{i}(\Delta \pm \Omega_n)/2, \tag{4.4.10}$$

其中量子拉比拍频(quantum Rabi flopping frequency)

$$\Omega_n = \sqrt{\Delta^2 + 4g^2(n+1)}, \tag{4.4.11}$$

它与半经典理论得到的拉比拍频形式相同[参见卷Ⅰ(3.4.5a)式].由(4.4.9)式和(4.4.8)式可

得到波函数解

$$C_{e,n}(t)=\mathrm{e}^{\mathrm{i}\Delta t/2}\left\{C_{e,n}(0)\left(\cos\frac{\Omega_n t}{2}-\mathrm{i}\frac{\Delta}{\Omega_n}\sin\frac{\Omega_n t}{2}\right)-\frac{2\mathrm{i}g\sqrt{n+1}}{\Omega_n}C_{g,n+1}(0)\sin\frac{\Omega_n t}{2}\right\},\quad(4.4.12)$$

$$C_{g,n+1}(t)=\mathrm{e}^{-\mathrm{i}\Delta t/2}\left\{C_{g,n+1}(0)\left(\cos\frac{\Omega_n t}{2}+\mathrm{i}\frac{\Delta}{\Omega_n}\sin\frac{\Omega_n t}{2}\right)-\frac{2\mathrm{i}g\sqrt{n+1}}{\Omega_n}C_{e,n}(0)\sin\frac{\Omega_n t}{2}\right\}.\quad(4.4.13)$$

它是两能级原子与单模电磁场相互作用系统的精确解,系统的所有物理性质都可以从波函数解得到.波函数解的演化完全封闭在两个态$|e,n\rangle$和$|g,n+1\rangle$构成的子空间中.

3. 量子拉比振荡

在半经典理论中电磁场是经典量,一旦电场振幅给定,它有确定的能量.从能量具有确定值的角度,它应同量子化电磁场的能量本征态对应.在考虑原子的拉比振荡现象时,它恰好需要这种对应(这时它们的相干性质完全不能对应).试比较两种理论不难发现它们的拉比频率有以下对应

$$|\wp|E_0/\hbar\leftrightarrow 2g\sqrt{n+1},\quad(4.4.14)$$

它们的运动方程完全一致.

现考虑联合系统初态处在$|g,n+1\rangle$,即有$C_{g,n+1}(0)=1$,其余全为零.波函数解为

$$C_{e,n}(t)=-\mathrm{i}\frac{2g\sqrt{n+1}}{\Omega_n}\mathrm{e}^{\mathrm{i}\Delta t/2}\sin\frac{\Omega_n t}{2},\quad(4.4.15)$$

$$C_{g,n+1}(t)=\mathrm{e}^{-\mathrm{i}\Delta t/2}\left(\cos\frac{\Omega_n t}{2}+\mathrm{i}\frac{\Delta}{\Omega_n}\sin\frac{\Omega_n t}{2}\right).\quad(4.4.16)$$

令共振拉比频率

$$\Omega_n^{(0)}=2g\sqrt{n+1},\quad(4.4.17)$$

在t时刻,原子处于激发态而场处在粒子数态$|n\rangle$的概率为

$$|C_{e,n}(t)|^2=(\Omega_n^{(0)}/\Omega_n)^2\sin^2(\Omega_n t/2),\quad(4.4.18)$$

它同半经典理论计算的原子受激吸收概率完全相同(参见卷 I (3.4.11)式).当共振时$\Delta=0$,$\Omega_n=\Omega_n^{(0)}$,则有

$$|C_{e,n}(t)|^2=\sin^2(\Omega_n^{(0)}t/2),\quad(4.4.19)$$

$$|C_{g,n+1}(t)|^2=\cos^2(\Omega_n^{(0)}t/2).\quad(4.4.20)$$

如同半经典理论预示的完全一样,原子处在基态和激发态的概率以拉比拍频振荡.在半经典理论中,拉比频率随光场强度连续变化.现在拉比频率是与光场粒子数n有关的分离值,只有g很小时,拉比频率准连续变化.

量子拉比拍频具有一个明显的量子特性:在真空态时也存在一个最小的拉比频率

$$\Omega_0^{(0)} = 2g, \tag{4.4.21}$$

它反映了电磁场的量子效应.电磁场在真空态时存在真空涨落和零点能,它对激发态原子有相互作用,并形成原子的真空拉比振荡.设系统的初态为$|e,0\rangle$,即$C_{e,0}(0)=1$,其余均为零.在共振时,由(4.4.12)式和(4.4.13)式

$$|C_{e,0}(t)|^2 = \cos^2(\Omega_0^{(0)}t/2) = \cos^2 gt, \tag{4.4.22}$$

$$|C_{g,1}(t)|^2 = \sin^2(\Omega_0^{(0)}t/2) = \sin^2 gt. \tag{4.4.23}$$

真空拉比振荡中反映出另一个重要量子效应是自发辐射(spontaneous emission).在半经典理论中,当不存在外场时,处在激发态的原子是定态.但在量子理论中,由于真空态存在涨落,激发态不再是定态,它辐射电磁能并跃变到基态,这一过程称为自发辐射.在J-C模型中出现的自发辐射是一种特殊的单模自发辐射,它发生在封闭的单模谐振腔内.激发态自发辐射后,辐射能量又被原子吸收形成周而复始的拉比振荡.如果激发态原子处在开放的空间,它将同一组连续模谱相互作用,这一过程不可逆转,这时处在激发态的概率指数衰变.

4. 崩塌与复苏

由(4.4.17)式可看出不同的粒子数态有不同的量子拉比频率.如果初态是若干粒子数态的叠加,原子布居的时间演化也由若干不同的拉比频率组成.联合系统态的时间演化(4.4.7)式写成形式

$$|\psi(t)\rangle = \sum_n [C_{e,n}(t)|e,n\rangle + C_{g,n+1}(t)|g,n+1\rangle], \tag{4.4.24}$$

其中$C_{e,n}(t)$和$C_{g,n+1}(t)$分别由(4.4.12)式和(4.4.13)式给出.原子处在基态和激发态的概率为

$$P_g = \sum_n |C_{g,n+1}(t)|^2, \tag{4.4.25a}$$

$$P_e = \sum_n |C_{e,n}(t)|^2. \tag{4.4.25b}$$

设联合系统的初态原子处在激发态

$$|\psi(0)\rangle = \sum_n C_{e,n}(0)|e,n\rangle. \tag{4.4.26}$$

为简单起见,设单模场与原子处在共振状态,由(4.4.12)式和(4.4.13)式

$$P_e = \sum_n |C_{e,n}(0)|^2 \cos^2\left(\frac{1}{2}\Omega_n^{(0)}t\right) = \sum_n |C_{e,n}(0)|^2 \cos^2(gt\sqrt{n+1}), \tag{4.4.27a}$$

$$P_g = \sum_n |C_{e,n}(0)|^2 \sin^2\left(\frac{1}{2}\Omega_n^{(0)}t\right) = \sum_n |C_{e,n}(0)|^2 \sin^2(gt\sqrt{n+1}). \tag{4.4.27b}$$

它们是初态叠加的粒子数态各自对应的不同拉比频率振荡的叠加.

假定场初态处在相干态

$$\left|\psi(0)\right\rangle = \left|e,\alpha\right\rangle = \sum_n \mathrm{e}^{-|\alpha|^2/2}\frac{\alpha^n}{\sqrt{n!}}\left|e,n\right\rangle, \tag{4.4.28}$$

原子处在激发态的概率为

$$P_e(t) = \mathrm{e}^{-|\alpha|^2}\sum_n \frac{|\alpha|^{2n}}{n!}\cos^2(gt\sqrt{n+1}). \tag{4.4.29}$$

上式的时间演化呈现奇特的“崩塌”(collapse)和“复苏”(revival)现象(Eberly,1980),如图 4.4-1 所示.在开始时刻,处在激发态的原子出现振幅递减的拉比振荡,直至振荡几乎消失,这个过程称为“崩塌”.然后振荡又逐渐恢复并增强,这是“复苏”过程.这两个过程交替出现但并不具有周期性特征.当 $t \ll |\alpha|/g$ 时,崩塌过程的时间约为 $t_c \sim 1/g$,复苏过程约为 $t_r \sim 2\pi|\alpha|/g$.崩塌过程可以用许多不同的拉比频率振荡叠加后使关联互相抵消来解释.而对相消后的振荡的复苏过程的解释较为困难,通常认为它反映了场的“粒子”(grain)本性.因为如果令 $g\to 0$,拉比频率呈连续变化,崩塌时间为无穷大,没有复苏现象.

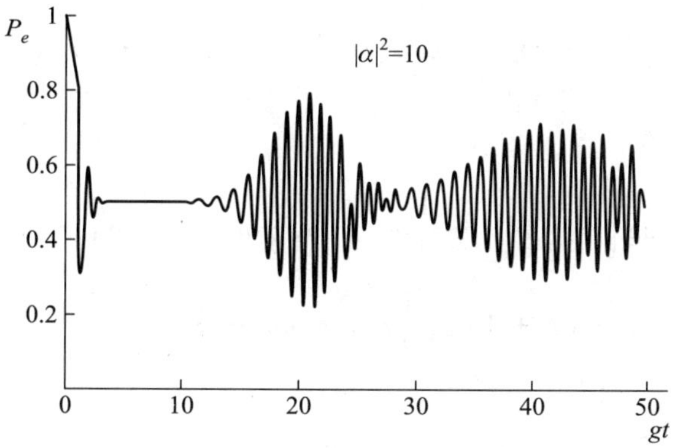

图 4.4-1 当相干态光场与两能级原子相互作用时,原子布居发生崩塌和复苏现象

在 J-C 模型中,令人惊讶的事实是,当电磁场处在能量确定而位相完全不确定的粒子数态时,所表现的现象同半经典理论一致.而场处在最具经典对应的相干态时,反而同经典场的结果背道而驰.确定的拉比振荡同电磁场确定的强度相联系,一旦强度具有某种不确定的程度时,拉比振荡将会“弥散”.J-C 模型理论中所预言的崩塌和复苏现象已经在微波腔的实验中观测到(Rempe,1987).

练　习

1. 试推导(4.4.8)式,并求出它的解(4.4.12)式和(4.4.13)式.

4.5 缀饰原子态

在考虑原子和光场相互作用的全量子理论中,有一种十分有用的方法——缀饰原子态(dressed-atom state).缀饰原子态是原子和光场联合系统哈密顿量的本征态.原则上,在全量子理论中,两个子系统的相互作用应该作为一个整体来考虑.只有相互作用比较弱,各子系统原有的特性改变不大时,可以用无相互作用时的状态来描述.对于原子和场的系统的这种描述称为裸原子态(bare-atom state).与之相反,缀饰原子态犹如给原子穿上了"场"的外衣,两者合为一体.通常在有第三个子系统参与相互作用时,我们需要考虑在它面前出现的是裸原子或是缀饰原子.

1. 裸原子和场耦合时系统哈密顿量的矩阵表示

考虑上一节定义的哈密顿量(4.4.1)—(4.4.3)式,将原子能级的能量零点定义在两能级的中点,忽略场的零点能,自由哈密顿量 H_0 的本征态满足

$$H_0|g,n\rangle=\hbar\left(-\frac{1}{2}\omega_{21}+n\omega\right)|g,n\rangle, \tag{4.5.1a}$$

$$H_0|e,n\rangle=\hbar\left(\frac{1}{2}\omega_{21}+n\omega\right)|e,n\rangle. \tag{4.5.1b}$$

为了写出哈密顿量的矩阵表示,我们将基矢按下面次序排列:

$$\{|g,0\rangle,|g,1\rangle,|e,0\rangle,|g,2\rangle,|e,1\rangle,\cdots,|g,(n+1)\rangle,|e,n\rangle,\cdots\}. \tag{4.5.2}$$

在此基矢下,对角矩阵 H_0 为

$$\begin{aligned}H_0=\hbar\cdot\mathrm{diag}\Big\{&-\frac{1}{2}\omega_{21},-\frac{1}{2}\omega_{21}+\omega,\frac{1}{2}\omega_{21},-\frac{1}{2}\omega_{21}+2\omega,\frac{1}{2}\omega_{21}+\omega,\cdots,\\&-\frac{1}{2}\omega_{21}+(n+1)\omega,\frac{1}{2}\omega_{21}+n\omega,\cdots\Big\}.\end{aligned} \tag{4.5.3}$$

H_{I} 的非零矩阵元只有

$$\begin{aligned}\langle e,n|H_{\mathrm{I}}|g,(n+1)\rangle&=\hbar g\langle e,n|a\sigma_+|g,(n+1)\rangle\\&=\hbar g\sqrt{n+1},\quad(n=0,1,2,\cdots),\end{aligned} \tag{4.5.4a}$$

$$\begin{aligned}\langle g,(n+1)|H_{\mathrm{I}}|e,n\rangle&=\hbar g\langle g,(n+1)|a^{\dagger}\sigma_-|e,n\rangle\\&=\hbar g\sqrt{n+1},\quad(n=0,1,2,\cdots).\end{aligned} \tag{4.5.4b}$$

因此总哈密顿量的矩阵表示为

$$H=\hbar\begin{pmatrix}-\frac{1}{2}\omega_{21}&0&0&0&\cdots\\0&V_0&0&0&\cdots\\0&0&\ddots&0&\cdots\\0&0&0&V_n&\cdots\\\cdots&\cdots&\cdots&\cdots&\ddots\end{pmatrix}, \tag{4.5.5}$$

其中 V_n 为 2×2 矩阵

$$V_n = \hbar\begin{pmatrix} -\frac{1}{2}\omega_{21} + (n+1)\omega & g\sqrt{n+1} \\ g\sqrt{n+1} & \frac{1}{2}\omega_{21} + n\omega \end{pmatrix}$$
$$= \left(n + \frac{1}{2}\right)\hbar\omega\begin{pmatrix}1 & 0\\ 0 & 1\end{pmatrix} + \frac{\hbar}{2}\begin{pmatrix} -\Delta & \Omega_n^{(0)} \\ \Omega_n^{(0)} & \Delta \end{pmatrix}, \quad (n = 0,1,2,\cdots), \tag{4.5.6}$$

式中的失谐 $\Delta=\omega_{21}-\omega$ 由(4.4.5)式定义.显然 H 是非对角的.

2. 哈密顿量的对角化

要实现哈密顿量(4.5.5)式的对角化,只需将(4.5.6)式的第二项对角化,它的本征值为 $\pm\Omega_n$.我们可以定义

$$\cos\theta_n = \frac{\Omega_n - \Delta}{\sqrt{(\Omega_n - \Delta)^2 + (\Omega_n^{(0)})^2}}, \tag{4.5.7a}$$

$$\sin\theta_n = \frac{\Omega_n^{(0)}}{\sqrt{(\Omega_n - \Delta)^2 + (\Omega_n^{(0)})^2}}. \tag{4.5.7b}$$

V_n是在子基矢空间$|g,(n+1)\rangle$和$|e,n\rangle$上定义的子矩阵,因此对应本征值$\pm\Omega_n$的两个本征态即缀饰原子态,它们分别为

$$|+,n\rangle = \cos\theta_n\,|g,(n+1)\rangle + \sin\theta_n\,|e,n\rangle, \tag{4.5.8a}$$
$$|-,n\rangle = -\sin\theta_n\,|g,(n+1)\rangle + \cos\theta_n\,|e,n\rangle. \tag{4.5.8b}$$

考虑(4.5.6)式的第一项后,对应于这两个缀饰态的能量本征值为

$$|+,n\rangle: \qquad E_{+n} = \hbar\left(n + \frac{1}{2}\right)\omega + \frac{1}{2}\hbar\Omega_n, \tag{4.5.9a}$$

$$|-,n\rangle: \qquad E_{-n} = \hbar\left(n + \frac{1}{2}\right)\omega - \frac{1}{2}\hbar\Omega_n. \tag{4.5.9b}$$

它们的差

$$E_{+n} - E_{-n} = \hbar\Omega_n. \tag{4.5.10}$$

当共振时 $\Delta=0$,两个缀饰态为

$$|+,n\rangle = \frac{1}{\sqrt{2}}(|g,(n+1)\rangle + |e,n\rangle), \tag{4.5.11a}$$

$$|-,n\rangle = \frac{1}{\sqrt{2}}(-|g,(n+1)\rangle + |e,n\rangle). \tag{4.5.11b}$$

它们的能量本征值之差 $\hbar\Omega_n^{(0)}$ 最小.

3. 裸原子态和缀饰原子态能量本征值与失谐的关系

我们重写裸原子态的能量本征值

$$E_{g,(n+1)} = \hbar\left[\left(n + \frac{1}{2}\right)\omega - \frac{1}{2}\Delta\right], \tag{4.5.12a}$$

$$E_{e,n} = \hbar\left[\left(n + \frac{1}{2}\right)\omega + \frac{1}{2}\Delta\right], \tag{4.5.12b}$$

和缀饰原子态的能量本征值

$$E_{+n} = \hbar\left[\left(n + \frac{1}{2}\right)\omega + \frac{1}{2}\sqrt{\Delta^2 + 4g^2(n+1)}\right], \tag{4.5.13a}$$

$$E_{-n} = \hbar\left[\left(n + \frac{1}{2}\right)\omega - \frac{1}{2}\sqrt{\Delta^2 + 4g^2(n+1)}\right]. \tag{4.5.13b}$$

图 4.5-1 画出了裸原子和缀饰原子的能量本征值对失谐的关系.在共振时,裸原子态存在能级简并,而对强耦合的缀饰原子态,该能量简并解除.

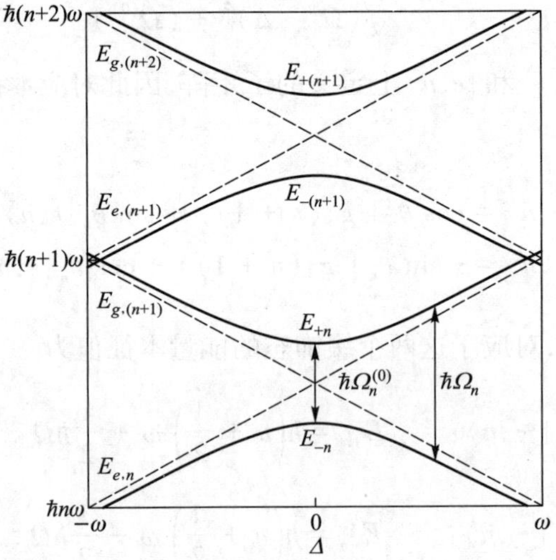

图 4.5-1　裸原子态(虚线)和缀饰原子态(实线)的能谱图

从数学角度来看,裸原子态和缀饰原子态应是两种等价的表示方法.根据面临的具体问题合适的选择会使问题变得简明.例如裸原子态表示能较容易地引入衰变,而缀饰原子态更适合原子和场耦合较强的情况,表现它们成为一个整体时的物理特征.

4.6　在自由空间原子自发辐射的韦斯科普夫-维格纳(Weisskopf-Wigner)理论

在 4.4 节中我们已经介绍了激发态原子同真空单模电磁场相互作用所发生的自发辐射现象,这时原子布居发生拉比振荡.实际上该系统在实验中是很难长时间维持的,因为光腔都存在“泄漏”.原子面临同自由空间连续模相互作用,原子能量将耗散到无穷多个模中而使原子布居指数衰变.

考虑一个原子处在自由空间中,自由空间的场由无穷多个相互独立的模组成,联合系统的哈密顿量是单模情况的叠加[参见(4.4.1)—(4.4.3)式]

$$H = H_0 + H_{\mathrm{I}}, \tag{4.6.1}$$

$$H_0 = \sum_k \hbar\omega_k a_k^\dagger a_k + \frac{1}{2}\hbar\omega_{21}\sigma_z, \tag{4.6.2}$$

$$H_{\mathrm{I}} = \sum_k \hbar g_k(a_k\sigma_+ + a_k^\dagger\sigma_-). \tag{4.6.3}$$

在相互作用绘景中的算符由变换

$$A(t) = \mathrm{e}^{\mathrm{i}H_0t/\hbar}A\mathrm{e}^{-\mathrm{i}H_0t/\hbar} \tag{4.6.4}$$

得到,其中 A 是薛定谔绘景的对应算符.由此可得

$$a_k(t) = a_k\mathrm{e}^{-\mathrm{i}\omega_kt}, \tag{4.6.5}$$

$$\sigma_+(t) = \sigma_+\mathrm{e}^{\mathrm{i}\omega_{21}t}. \tag{4.6.6}$$

在相互作用绘景中的相互作用哈密顿为

$$V_{\mathrm{I}} = \hbar\sum_k g_k(\sigma_+ a_k\mathrm{e}^{\mathrm{i}(\omega_{21}-\omega_k)t} + \mathrm{h.\,c.}). \tag{4.6.7}$$

H_0的本征态为

$$|g(e), n_{k_1}, n_{k_2}, \cdots\rangle = |g(e), \{n_k\}\rangle, \tag{4.6.8}$$

联合系统的态可展开为

$$|\psi(t)\rangle = \sum_{\{n_k\}}[C_{g,\{n_k\}}(t)\,|g,\{n_k\}\rangle + C_{e,\{n_k\}}(t)\,|e,\{n_k\}\rangle]. \tag{4.6.9}$$

在相互作用绘景中,上式态矢的展开系数已是缓变量.将它代入薛定谔方程后,

$$\begin{aligned}
&\mathrm{i}\hbar\sum_{\{n_k\}}[\dot{C}_{g,\{n_k\}}|g,\{n_k\}\rangle + \dot{C}_{e,\{n_k\}}|e,\{n_k\}\rangle]\\
&= \sum_{\{n_k\}}V_{\mathrm{I}}[C_{g,\{n_k\}}|g,\{n_k\}\rangle + C_{e,\{n_k\}}|e,\{n_k\}\rangle]\\
&= \hbar\sum_{\{n_k\}}\sum_k[C_{g,\{n_k\}}g_k\sigma_+ a_k\mathrm{e}^{\mathrm{i}(\omega_{21}-\omega_k)t}|g,\{n_k\}\rangle +\\
&\quad C_{e,\{n_k\}}g_k\sigma_- a_k^\dagger\mathrm{e}^{-\mathrm{i}(\omega_{21}-\omega_k)t}|e,\{n_k\}\rangle].
\end{aligned} \tag{4.6.10}$$

利用

$$\langle e,\{m_k\}|\sigma_+ a_k|g,\{n_k\}\rangle = \sqrt{n_k}\,\delta_{m_{k_1},n_{k_1}}\cdots\delta_{m_k,(n_k-1)}\cdots, \tag{4.6.11a}$$

$$\left\langle g,\{m_k\}\left|\sigma_- a_k^\dagger\right|e,\{n_k\}\right\rangle=\sqrt{n_k+1}\,\delta_{m_{k_1},n_{k_1}}\cdots\delta_{m_k,(n_k+1)}\cdots, \tag{4.6.11b}$$

将$\langle e,\{m_k\}|$和$\langle g,\{m_k\}|$分别左乘(4.6.10)式后得到运动方程

$$\dot{C}_{g,\{m_k\}}=-\mathrm{i}\sum_k C_{e,\{m_{k_1},\cdots,m_k-1\}}g_k\sqrt{m_k}\,\mathrm{e}^{-\mathrm{i}(\omega_{21}-\omega_k)t}, \tag{4.6.12}$$

$$\dot{C}_{e,\{m_k\}}=-\mathrm{i}\sum_k C_{g,\{m_{k_1},\cdots,m_k+1\}}g_k\sqrt{m_k+1}\,\mathrm{e}^{\mathrm{i}(\omega_{21}-\omega_k)t}. \tag{4.6.13}$$

设初始时刻原子处在激发态,场处在真空态$|e,\{0\}\rangle$,即$C_{e,\{0\}}(0)=1$,其他系数均为零.由(4.6.13)式可考虑系统的演化

$$\dot{C}_{e,\{0\}}=-\mathrm{i}\sum_k C_{g,\{1_k\}}g_k\mathrm{e}^{\mathrm{i}(\omega_{21}-\omega_k)t}, \tag{4.6.14}$$

其中$\{1_k\}$记作第k模有1个光子,其余所有的模没有光子.然后由(4.6.12)式考虑$C_{g,\{1_k\}}$的运动方程

$$\dot{C}_{g,\{1_k\}}=-\mathrm{i}g_k C_{e,\{0\}}\,\mathrm{e}^{-\mathrm{i}(\omega_{21}-\omega_k)t}, \tag{4.6.15}$$

$\mathrm{C}_{e,\{0\}}$和$\mathrm{C}_{g,\{1_k\}}$这些系数在方程中形成一个封闭的子空间,相互作用只涉及这些态之间的转换.(4.6.15)式的形式解

$$C_{g,\{1_k\}}(t)=-\mathrm{i}g_k\int_0^t C_{e,\{0\}}(t')\,\mathrm{e}^{-\mathrm{i}(\omega_{21}-\omega_k)t'}\mathrm{d}t', \tag{4.6.16}$$

将它代入(4.6.14)式得到

$$\dot{C}_{e,\{0\}}=-\sum_k\left|g_k\right|^2\int_0^t C_{e,\{0\}}(t')\,\mathrm{e}^{\mathrm{i}(\omega_{21}-\omega_k)(t-t')}\mathrm{d}t'. \tag{4.6.17}$$

在(4.3.35)式中,设$\boldsymbol{D}_{12}$为z轴方向,

$$\left|g_k\right|^2=\frac{\omega_k e^2}{2\varepsilon_0\hbar V}\left|\boldsymbol{D}_{12}\right|^2\cos^2\theta=\frac{\omega_k}{2\varepsilon_0\hbar V}\left|\wp_{12}\right|^2\cos^2\theta, \tag{4.6.18}$$

θ为波矢$\boldsymbol{k}$与z轴的夹角,$\wp_{12}=e|\boldsymbol{D}_{12}|$.(4.6.17)式中对所有模式求和可以用对波矢空间的态密度的积分代替[参见卷Ⅰ的2.1节]

$$\sum_k\rightarrow\frac{V}{2\pi^2}\int_0^\pi\sin\theta\mathrm{d}\theta\int_0^\infty k^2\mathrm{d}k=\frac{V}{2\pi^2c^3}\int_0^\pi\sin\theta\mathrm{d}\theta\int_0^\infty\omega_k^2\mathrm{d}\omega_k, \text{[注]} \tag{4.6.19}$$

由于g_k含有方向角θ,计算$\boldsymbol{k}$空间态密度积分时须保留对θ的积分.经上述转换后,(4.6.17)式化为

$$\dot{C}_{e,\{0\}}=-\frac{|\wp_{12}|^2}{6\varepsilon_0\hbar\pi^2c^3}\int_0^\infty\omega_k^3\mathrm{d}\omega\int_0^t C_{e,\{0\}}(t')\,\mathrm{e}^{\mathrm{i}(\omega_{21}-\omega_k)(t-t')}\mathrm{d}t'. \tag{4.6.20}$$

在计算右边积分时,韦斯科普夫-维格纳理论采用了如下近似:一是$C_{e,\{0\}}(t')$是慢变量,对其取$t'=t$时的值提出积分号外;二是令时间积分的上限趋于无穷.只要热库频谱的带宽远大于系统的

[注]由于具有相同模量$k=|\boldsymbol{k}|$的波矢$\boldsymbol{k}$有相同的频率$\omega_k=kc$,故ω的下标可用标量k表示.

弛豫常量，上述近似成立.实际上该近似意味着马尔科夫近似，系统变量的演化对"过去"$t'<t$ 没有记忆.根据积分公式(见练习 1)

$$\lim_{t\to\infty}\int_0^t \mathrm{e}^{\mathrm{i}(\omega_{21}-\omega_k)(t-t')}\,\mathrm{d}t' = \pi\delta(\omega_k-\omega_{21}) - \mathrm{i}\mathscr{P}\left(\frac{1}{\omega_k-\omega_{21}}\right), \tag{4.6.21}$$

其中$\mathscr{P}$ 表示柯西主值.只应用上式的实部 δ 函数代入(4.6.20)式后得到

$$\dot{C}_{e,\{0\}} = -\frac{1}{2}\Gamma C_{e,\{0\}}, \tag{4.6.22}$$

其中自发辐射系数

$$\Gamma = \frac{|\wp_{12}|^2\omega_{21}^3}{3\pi\varepsilon_0\hbar c^3}, \tag{4.6.23}$$

它表示激发态原子布居不可逆的指数衰变律

$$|C_{e,\{0\}}(t)|^2 = |C_{e,\{0\}}(0)|^2\mathrm{e}^{-\Gamma t}. \tag{4.6.24}$$

(4.6.21)式虚部可以解释原子能级的兰姆移动(Lamb shift)，但在对频率积分时遇到如同零点能一样的发散困难.这是量子电动力学中的典型问题，需要用狄拉克的相对论性电子理论来消除发散.

激发态原子在单模环境下将能量转移给场，尔后场又将能量返回给原子，形成周期性的真空拉比振荡.韦斯科普夫-维格纳理论预言了激发态原子在自由空间中发生不可逆的衰变.在自由空间无穷多连续模的环境下，原子将能量转移给某个电磁场模，虽然对这个模来说，它有一个有限的概率振幅值欲将能量返回给原子，但这些无穷多模的概率振幅的相干叠加产生完全抵消的作用，使该原子衰变不可逆转.如果将原子放在一些特殊的环境中，例如在微腔中，原子的自发辐射不遵从韦斯科普夫-维格纳理论.在这些环境下，空间模的态密度完全不同于自由空间，可能发生自发辐射增强，而对某些原子频率来说，也可能发生自发辐射完全截止.

练　　习

1. 利用积分公式 $\int_0^\infty \mathrm{e}^{\pm\mathrm{i}\omega t}\mathrm{d}t = \pi\delta(\omega)\pm\mathrm{i}\mathscr{P}\left(\frac{1}{\omega}\right)$ 推导(4.6.21)式.

2. (开放型思考题)韦斯科普夫-维格纳理论的出发点是薛定谔方程，而薛定谔方程是可逆的，为什么韦斯科普夫-维格纳理论得出不可逆的结果.

4.7 光学非线性相互作用哈密顿量

1. 介质中的电磁场能

在本章开始我们讨论了光场与原子系统的相互作用哈密顿量，其中原子假设为由原子核和若干电子组成.在许多实际应用中，相互作用发生在由大量原子组成的介质中.在非线性光学问题研究中,我们经常对原子发生什么情况并不感兴趣,如同麦克斯韦理论,原子介质的情况可以用介质参数来描述.根据经典电磁场理论,介质中的电磁场能为

$$\mathscr{H}=\frac{1}{2}\int(\boldsymbol{B}\cdot\boldsymbol{H}+\boldsymbol{E}\cdot\boldsymbol{D})\mathrm{d}v,\tag{4.7.1}$$

除 $\boldsymbol{D}$ 外的其他量在本卷 1.1 和 4.1 节中已定义.电位移矢量(electric displacement vector)$\boldsymbol{D}$ 定义为

$$\boldsymbol{D}=\varepsilon_0\boldsymbol{E}+\boldsymbol{P},\tag{4.7.2}$$

其中 $\boldsymbol{P}$ 是介质中的极化矢量(参见卷 I 的 7.1 节).对于非磁性介质有(4.1.9)式 $\boldsymbol{B}=\mu_0\boldsymbol{H}$,因此(4.7.1)式化为

$$\mathscr{H}=\frac{1}{2}\int(\mu_0H^2+\varepsilon_0E^2+\boldsymbol{E}\cdot\boldsymbol{P})\mathrm{d}v,\tag{4.7.3}$$

第一和第二项的电磁能与介质的极化没有直接的关系,第三项可考虑为由介质极化相互作用产生的电磁场能.

极化矢量与电场的依赖关系如卷 I(7.1.1)式,将它展开成分量形式

$$P_i(\omega)=P_i^{(1)}(\omega)+P_i^{(2)}(\omega)+P_i^{(3)}(\omega)+\cdots,\quad(i=x,y,z),\tag{4.7.4}$$

其中线性极化项

$$P_i^{(1)}(\omega)=\varepsilon_0\sum_j\int\chi_{ij}^{(1)}(\omega;\omega_1)E_j(\omega_1)\delta(\omega_1-\omega)\mathrm{d}\omega_1,\quad(i,j=x,y,z),\tag{4.7.5}$$

二阶极化项

$$\begin{aligned}P_i^{(2)}(\omega)=\varepsilon_0\sum_{jk}\int\chi_{ijk}^{(2)}(\omega;\omega_1,\omega_2)E_j(\omega_1)E_k(\omega_2)\delta(\omega_1+\omega_2-\omega)\mathrm{d}\omega_1\mathrm{d}\omega_2,\\(i,j,k=x,y,z),\end{aligned}\tag{4.7.6}$$

三阶极化项

$$\begin{aligned}P_i^{(3)}(\omega)=\varepsilon_0\sum_{jkl}\int\chi_{ijkl}^{(3)}(\omega;\omega_1,\omega_2,\omega_3)E_j(\omega_1)E_k(\omega_2)\cdot\\E_l(\omega_3)\delta(\omega_1+\omega_2+\omega_3-\omega)\mathrm{d}\omega_1\mathrm{d}\omega_2\mathrm{d}\omega_3,\quad(i,j,k,l=x,y,z).\end{aligned}\tag{4.7.7}$$

与极化有关的电磁能需对极化量所有可能的频率求和

$$\begin{aligned}\frac{1}{2}\int\boldsymbol{E}\cdot\boldsymbol{P}\mathrm{d}v&=\frac{1}{2}\int\mathrm{d}v\int\mathrm{d}\omega\sum_iE_i(\omega)P_i(\omega)\\&=\frac{1}{2}\varepsilon_0\int\mathrm{d}v\int\mathrm{d}\omega\Big\{\sum_{ij}\int\chi_{ij}^{(1)}(\omega;\omega_1)E_i(\omega)E_j(\omega_1)\delta(\omega_1-\omega)\mathrm{d}\omega_1+\\&\sum_{ijk}\int\chi_{ijk}^{(2)}(\omega;\omega_1,\omega_2)E_i(\omega)E_j(\omega_1)E_k(\omega_2)\delta(\omega_1+\omega_2-\omega)\mathrm{d}\omega_1\mathrm{d}\omega_2+\\&\sum_{ijkl}\int\chi_{ijkl}^{(3)}(\omega;\omega_1,\omega_2,\omega_3)E_i(\omega)E_j(\omega_1)E_k(\omega_2)E_l(\omega_3)\times\\&\delta(\omega_1+\omega_2+\omega_3-\omega)\mathrm{d}\omega_1\mathrm{d}\omega_2\mathrm{d}\omega_3+\cdots\Big\}.\end{aligned}\tag{4.7.8}$$

由于原子介质部分仍用宏观经典极化量描述,这些结果可以组成量子系统的有效哈密顿量.可根据分析实际问题的主要相互作用部分,从中选出最主要的一项或两项.下面介绍几种最常见的光学非线性相互作用模型.

2. 几种光学非线性相互作用模型的哈密顿量

在二阶极化非线性介质中最常见的模型是二次谐波产生(second harmonic generation)和光学参量下转换(optical parametric down-conversion).在(4.7.8)式中二阶极化项的三个电场之积可以写为 $E_i^*(-\omega)E_j(\omega_1)E_k(\omega_2)$,它们的频率满足 $\omega_1+\omega_2-\omega=0$.我们在卷 I 的 7.3 节已介绍过二次谐波产生模型,它是模式 a_1 频率为 ω_1 的光入射到介质产生模式 a_2 的倍频光 $\omega_2=2\omega_1$.二次谐波产生的哈密顿量可写为

$$H = \hbar\omega_1 a_1^\dagger a_1 + \hbar\omega_2 a_2^\dagger a_2 + \frac{1}{2}\mathrm{i}\hbar g[(a_1^\dagger)^2 a_2 - a_1^2 a_2^\dagger] + \mathrm{i}\hbar(E_1 a_1^\dagger \mathrm{e}^{-\mathrm{i}\omega_1 t} - E_1^* a_1 \mathrm{e}^{\mathrm{i}\omega_1 t}), \quad (4.7.9)$$

其中 $E_1\mathrm{e}^{-\mathrm{i}\omega_1 t}$ 为入射到介质泵浦 a_1 模的经典外场,g 正比于二阶极化率.

光学参量下转换是二次谐波产生的逆过程,这时经典外场 $E_2\mathrm{e}^{-2\mathrm{i}\omega_1 t}$ 泵浦 a_2 模,使频率为 $\omega_2=2\omega_1$ 的光产生 a_1 模式的亚频率光 ω_1,哈密顿量为

$$H = \hbar\omega_1 a_1^\dagger a_1 + \hbar\omega_2 a_2^\dagger a_2 + \frac{1}{2}\mathrm{i}\hbar g[(a_1^\dagger)^2 a_2 - a_1^2 a_2^\dagger] + \mathrm{i}\hbar(E_2 a_2^\dagger \mathrm{e}^{-\mathrm{i}\omega_2 t} - E_2^* a_2 \mathrm{e}^{\mathrm{i}\omega_2 t}). \quad (4.7.10)$$

上述哈密顿量描述的模型称为简并参量下转换(degenerate parametric down-conversion)或亚谐波产生(sub-harmonic generation).

非简并参量下转换(non-degenerate parametric down-conversion)由三个不同的模式参与,当这些模式有不同的频率时,它们满足 $\omega_1+\omega_2-\omega_0=0$,其中频率为 ω_0 的光子下转换产生两个不同频率 ω_1 和 ω_2 的光子.哈密顿量为

$$H = \sum_{i=0}^{2}\hbar\omega_i a_i^\dagger a_i + \frac{1}{2}\mathrm{i}\hbar g[a_0 a_1^\dagger a_2^\dagger - a_0^\dagger a_1 a_2] + \mathrm{i}\hbar(E_0 a_0^\dagger \mathrm{e}^{-\mathrm{i}\omega_0 t} - E_0^* a_0 \mathrm{e}^{\mathrm{i}\omega_0 t}). \quad (4.7.11)$$

该哈密顿量还可以描写两个下转换光子有相同的频率但具有不同的偏振,两个下转换光通常称为信号光和闲置光.

在参量下转换过程中如果泵浦场十分强时可以直接用经典场表示,这时非简并下转换的哈密顿量可简化为

$$H = \hbar\omega_1 a_1^\dagger a_1 + \hbar\omega_2 a_2^\dagger a_2 + \frac{1}{2}\mathrm{i}\hbar g(a_1^\dagger a_2^\dagger \mathrm{e}^{-\mathrm{i}\omega_p t} - a_1 a_2 \mathrm{e}^{\mathrm{i}\omega_p t}), \quad (4.7.12)$$

其中泵浦场的频率 $\omega_p=\omega_1+\omega_2$,$g$ 正比于二阶极化率和泵浦场强.在简并情况下,哈密顿量为

$$H = \hbar\omega a^\dagger a + \frac{1}{2}\mathrm{i}\hbar g[(a^\dagger)^2 \mathrm{e}^{-\mathrm{i}\omega_p t} - a^2 \mathrm{e}^{\mathrm{i}\omega_p t}], \quad (4.7.13)$$

其中泵浦场的频率 $\omega_p=2\omega$.光学参量下转换又可称为光参量放大(optical parametric amplification).例如(4.7.12)式描述非简并参量放大器(non-degenerate parametric amplifier),(4.7.13)式描述简并参量放大器(degenerate parametric amplifier).

在简并参量下转换中的两个腔模式的频率不能严格满足 $\omega_2=2\omega_1$ 条件时,成为失谐情况.假如泵浦外场的频率 ω_p 也与腔频有失谐,两个失谐参数定义为 $\Delta_1=\omega_1-\omega_p$ 和 $\Delta_2=\omega_2-2\omega_p$.在薛定谔表象中失谐参量下转换(detuned parametric down-conversion)的哈密顿量为

$$H=\hbar\omega_1 a_1^\dagger a_1+\hbar\omega_2 a_2^\dagger a_2+\frac{1}{2}\mathrm{i}\hbar g[(a_1^\dagger)^2 a_2-a_1^2 a_2^\dagger]+\mathrm{i}\hbar(E_p a_2^\dagger \mathrm{e}^{-\mathrm{i}\omega_p t}-E_p^* a_2 \mathrm{e}^{\mathrm{i}\omega_p t}),\tag{4.7.14}$$

其中是 E_p 泵浦场振幅.令自由哈密顿量

$$H_0=\hbar\omega_p a_1^\dagger a_1+2\hbar\omega_p a_2^\dagger a_2,\tag{4.7.15}$$

则在相互作用表象中的哈密顿量为

$$V=\hbar\Delta_1 a_1^\dagger a_1+\hbar\Delta_2 a_2^\dagger a_2+\frac{1}{2}\mathrm{i}\hbar g[(a_1^\dagger)^2 a_2-a_1^2 a_2^\dagger]+\mathrm{i}\hbar(E_p a_2^\dagger-E_p^* a_2).\tag{4.7.16}$$

在三阶极化非线性相互作用中有四个场模参与,称为四波混频(four-wave mixing)过程.例如在常见的简并四波混频过程(degenerate four-wave mixing)中,相互作用哈密顿量为

$$H=\frac{1}{2}\mathrm{i}\hbar g[(a_1^\dagger)^2 a_2^2-a_1^2(a_2^\dagger)^2].\tag{4.7.17}$$

练 习

1. 利用(4.7.14)式和(4.7.15)式,推导在相互作用表象中失谐参量下转换的哈密顿量(4.7.16)式.

参考文献

Cummings F. W. (1965). Phys. Rev. **140**, A1051—A1056. “Stimulated emission of radiation in a single mode”

Eberly J. H., Narozhny N. B., and Sanchez-Mondragon J. J. (1980). Phys. Rev. Lett. **44**, 1323—1326. “Periodic spontaneous collapse and revival in a simple quantum model”

Jaynes E. T. and Cummings F. W. (1963). Proc. IEEE. **51**, 89—109. “Comparison of quantum and semiclassical radiation theories with application to the beam maser”

Rempe G., Walther H., and Klein N. (1987). Phys. Rev. Lett. **58**, 353—356. “Observation of quantum collapse and revival in a one-atom maser”

第五章 库 理 论

在卷Ⅱ2.7节中，已经介绍了经典系统中的库理论，这一方法也可以运用于量子系统. 上一章4.6节讨论了处于激发态的原子同无穷多模式电磁场的相互作用，作为少数自由度的原子是我们关心的系统，与之相互作用的大自由度的多模自由电磁场可看做库，它们相互作用的结果使得作为系统的原子从激发态衰变. 衰变是物理系统演化中的一个基本过程，实际上它往往是不可避免的. 本章以量子理论为基础讨论库对系统的影响.

5.1 约化密度算符

1. 量子相互作用系统

设有两个物理系统 A 和 B，在没有相互作用时，它们的哈密顿量分别为 H_A 和 H_B，对应的本征态为 $|A_n\rangle$ 和 $|B_n\rangle$. 算符 F_A 和 F_B 分别表示定义在体系 A 和 B 中的物理量，它们是各自态矢空间中的一个转动，而对本系统外的态矢没有作用. 因此在薛定谔绘景中

$$[F_A, F_B] = 0, \tag{5.1.1}$$

$$[H_A, H_B] = 0. \tag{5.1.2}$$

设在 $t=t_0$ 时刻，两个系统发生相互作用，由相互作用哈密顿量 $H_\mathrm{I}=H_\mathrm{I}(\{F_A\},\{F_B\})$ 描述. 联合系统 A-B 的总哈密顿量为

$$H = H_A(\{F_A\}) + H_B(\{F_B\}) + H_\mathrm{I}(\{F_A\},\{F_B\}) \equiv H_0 + H_\mathrm{I}, \tag{5.1.3}$$

其中 $H_0=H_A+H_B$. 在没有发生相互作用的 t_0 时刻，联合系统的态矢为两个子系统态矢的直积

$$|\psi(t_0)\rangle = |\psi_A(t_0)\rangle |\psi_B(t_0)\rangle. \tag{5.1.4}$$

在 $t>t_0$ 时刻，联合系统的态矢为

$$|\psi(t)\rangle = \exp[-(\mathrm{i}/\hbar)H(t-t_0)]|\psi(t_0)\rangle. \tag{5.1.5}$$

$|\psi(t)\rangle$ 仍定义在两个子系统的直积空间 $\{|A_m\rangle\}\otimes\{|B_n\rangle\}$，但经过相互作用后，一般说来

联合系统的态矢已经不能写成子系统态矢直积的形式：

$$\left|\psi(t)\right\rangle \neq \left|\psi_A(t)\right\rangle\left|\psi_B(t)\right\rangle, \tag{5.1.6}$$

体系 A 和体系 B 纠缠在一起不可分离. 对每个子系统而言,已不存在自己独立的波函数 $\left|\psi_A(t)\right\rangle$ 和 $\left|\psi_B(t)\right\rangle$,这种情况称为纠缠态(entangled state).

2. 约化密度算符

如果用密度算符来描写系统的状态,在 $t=t_0$ 时刻,$\rho(t_0)=\rho_A(t_0)\rho_B(t_0)$. 而到了 $t>t_0$ 时刻,密度算符 $\rho(t)$ 一般不可因子分解. 由于密度算符可以描述混合态,可以定义一个约化密度算符(reduced density operator)来描写某一个子系统,例如 A 系统.

在相互作用系统中,体系 A 物理量的期望值

$$\left\langle F_A\right\rangle = \mathrm{Tr}(\rho F_A) = \sum_{m,n}\left\langle A_m B_n\left|\rho F_A\right|A_m B_n\right\rangle = \sum_m \left\langle A_m\right|\sum_n\left\langle B_n\left|\rho\right|B_n\right\rangle F_A\left|A_m\right\rangle. \tag{5.1.7}$$

定义体系 A 的约化密度算符

$$\rho_A \equiv \mathrm{Tr}_B(\rho) = \sum_n\left\langle B_n\left|\rho\right|B_n\right\rangle, \tag{5.1.8}$$

(5.1.7)式为

$$\left\langle F_A\right\rangle = \sum_m\left\langle A_m\left|\rho_A F_A\right|A_m\right\rangle = \mathrm{Tr}_A(\rho_A F_A), \tag{5.1.9}$$

约化密度算符 ρ_A 可以计算 A 体系物理量的期望值.

密度算符的矩阵表示为

$$\rho = \sum_{m,n,m',n'}\left\langle A_m B_n\left|\rho\right|A_{m'}B_{n'}\right\rangle\left|A_m B_n\right\rangle\left\langle A_{m'}B_{n'}\right|, \tag{5.1.10}$$

$$\begin{aligned}\rho_A &= \sum_{m,m'}\left\langle A_m\left|\rho_A\right|A_{m'}\right\rangle\left|A_m\right\rangle\left\langle A_{m'}\right| \\ &= \sum_{m,m'}\sum_k\left\langle A_m B_k\left|\rho\right|A_{m'}B_k\right\rangle\left|A_m\right\rangle\left\langle A_{m'}\right|,\end{aligned} \tag{5.1.11}$$

A 体系约化密度算符矩阵元是联合系统密度矩阵对 B 体系的对角元求和：

$$\left\langle A_m\left|\rho_A\right|A_{m'}\right\rangle = \sum_k\left\langle A_m B_k\left|\rho\right|A_{m'}B_k\right\rangle. \tag{5.1.12}$$

3. 约化密度算符运动方程

约化密度算符也可以定义在相互作用绘景中,只要在上面这些公式中,联合系统采用相互作用绘景中的密度算符 $\rho^{(I)}$. 在相互作用绘景中,联合系统密度算符运动方程为

$$\mathrm{i}\hbar(\mathrm{d}/\mathrm{d}t)\rho^{(\mathrm{I})} = [\mathscr{V}_{\mathrm{I}},\rho^{(\mathrm{I})}] , \tag{5.1.13}$$

其中

$$\mathscr{V}_{\mathrm{I}}(t) = \exp[(\mathrm{i}/\hbar)H_0 t]H_{\mathrm{I}}\exp[-(\mathrm{i}/\hbar)H_0 t] \tag{5.1.14}$$

是相互作用绘景中的相互作用哈密顿量. 下面我们省略密度算符上标(I),而默认它们是在相互作用绘景中. 将(5.1.13)式两边对体系 B 求迹可得到

$$\mathrm{i}\hbar(\mathrm{d}/\mathrm{d}t)\rho_A = \mathrm{Tr}_B([\mathscr{V}_{\mathrm{I}},\rho]) . \tag{5.1.15}$$

不过这个方程实际计算 ρ_A 还有困难,因为一般来说方程右边 ρ 不能约化为 ρ_A.

设在 t_0 时刻引入相互作用,对(5.1.13)式运用微扰论解方程计算到二阶项

$$\rho^{(1)}(t) = \frac{1}{\mathrm{i}\hbar}\int_{t_0}^{t}\mathrm{d}t_1[\mathscr{V}_{\mathrm{I}}(t_1-t_0),\rho(t_0)] , \tag{5.1.16}$$

$$\begin{aligned}\rho^{(2)}(t) &= \frac{1}{\mathrm{i}\hbar}\int_{t_0}^{t}\mathrm{d}t_1[\mathscr{V}_{\mathrm{I}}(t_1-t_0),\rho^{(1)}(t_1)]\\ &= \frac{1}{(\mathrm{i}\hbar)^2}\int_{t_0}^{t}\mathrm{d}t_1\int_{t_0}^{t_1}\mathrm{d}t_2\{\mathscr{V}_{\mathrm{I}}(t_1-t_0),[\mathscr{V}_{\mathrm{I}}(t_2-t_0),\rho(t_0)]\} ,\end{aligned} \tag{5.1.17}$$

$$\rho(t) \approx \rho(t_0) + \rho^{(1)}(t) + \rho^{(2)}(t) . \tag{5.1.18}$$

然后对 B 体系求迹

$$\begin{aligned}\rho_A(t) \approx{}& \rho_A(t_0) + \frac{1}{\mathrm{i}\hbar}\int_{t_0}^{t}\mathrm{d}t_1\,\mathrm{Tr}_B[\mathscr{V}_{\mathrm{I}}(t_1-t_0),\rho_A(t_0)\rho_B(t_0)] +\\ &\frac{1}{(\mathrm{i}\hbar)^2}\int_{t_0}^{t}\mathrm{d}t_1\int_{t_0}^{t_1}\mathrm{d}t_2\,\mathrm{Tr}_B\{\mathscr{V}_{\mathrm{I}}(t_1-t_0),[\mathscr{V}_{\mathrm{I}}(t_2-t_0),\rho_A(t_0)\rho_B(t_0)]\} ,\end{aligned} \tag{5.1.19}$$

上式是约化密度算符二阶微扰形式解.

5.2 主 方 程

1. 系统和库

现在回到我们在本章开始提出的问题,在两个相互作用体系中,一个有少数自由度,称为系统(system),另一个有多数自由度,称为库(reservoir). 设它们的相互作用哈密顿量为

$$H_{\mathrm{I}} = \hbar\sum S_j R_j , \tag{5.2.1}$$

其中 S_j 和 R_j 分别为系统和库中定义的物理量. 设在 t_0 时刻引入相互作用,在相互作用绘景中系统和库的物理量可以表示为

$$\begin{aligned}S_j(t-t_0) &= \exp[(\mathrm{i}/\hbar)H_0(t-t_0)]S_j\exp[-(\mathrm{i}/\hbar)H_0(t-t_0)]\\ &= \exp[(\mathrm{i}/\hbar)H_S(t-t_0)]S_j\exp[-(\mathrm{i}/\hbar)H_S(t-t_0)] ,\end{aligned} \tag{5.2.2}$$

$$R_j(t-t_0)=\exp[(\mathrm{i}/\hbar)H_R(t-t_0)]R_j\exp[-(\mathrm{i}/\hbar)H_R(t-t_0)], \tag{5.2.3}$$

其中 $H_0=H_S+H_R$ 为系统和库无相互作用时的自由哈密顿量. 容易看出在相互作用绘景中,系统和库的物理量仍处于各自的空间中,并且保持可对易,

$$[S_i(t_1-t_0),R_j(t_2-t_0)]=0. \tag{5.2.4}$$

由(5.1.14)式和(5.2.1)式,相互作用绘景中的相互作用哈密顿量为

$$\mathscr{V}_1(t-t_0)=\hbar\sum S_j(t-t_0)R_j(t-t_0). \tag{5.2.5}$$

对于量子光学研究的系统,例如原子或场模,(5.2.2)式为

$$S_j(t-t_0)=\exp[\mathrm{i}\omega_j(t-t_0)]S_j, \tag{5.2.6}$$

其中 ω_j 为原子跃迁频率或场模频率. 对于库,我们假定在没有同系统相互作用时,库密度算符不发生演化,因此满足

$$[H_R,\rho_R(t_0)]=0. \tag{5.2.7}$$

实际上库具有很大自由度数,一般假定它处在热平衡态,称为热库(heat reservoir). 本节的目的是希望在系统和库的相互作用联合体系中,将我们不关心的库变量消去,得到系统的演化方程. 在此方程中,库对系统的平均影响已经被考虑,这样的方程称为主方程(master equation).

2. 系统约化密度算符

设 $F(S)$ 和 $G(R)$ 分别是系统和库中定义的算符,根据(5.1.8)式的定义,

$$\mathrm{Tr}_R[F(S)G(R)]=\sum_n\left\langle R_n\,\middle|\,F(S)G(R)\,\middle|\,R_n\right\rangle=F(S)\,\mathrm{Tr}_R[G(R)], \tag{5.2.8}$$

由(5.1.19)式,

$$\begin{aligned}\rho_S(t)-\rho_S(t_0)=&\frac{1}{\mathrm{i}\hbar}\int_{t_0}^{t}\mathrm{d}t_1\,\mathrm{Tr}_R[\mathscr{V}_1(t_1-t_0),\rho_S(t_0)\rho_R(t_0)]+\\&\frac{1}{(\mathrm{i}\hbar)^2}\int_{t_0}^{t}\mathrm{d}t_1\int_{t_0}^{t_1}\mathrm{d}t_2\,\mathrm{Tr}_R\{\mathscr{V}_1(t_1-t_0),[\mathscr{V}_1(t_2-t_0),\rho_S(t_0)\rho_R(t_0)]\}.\end{aligned} \tag{5.2.9}$$

上式第一项被积函数为

$$\begin{aligned}\mathrm{Tr}_R[\mathscr{V}_1(t_1-t_0),\rho_S(t_0)\rho_R(t_0)]&=\hbar\sum_j\mathrm{Tr}_R[S_j(t_1-t_0)R_j(t_1-t_0),\rho_S(t_0)\rho_R(t_0)]\\&=\hbar\sum_j[S_j(t_1-t_0),\rho_S(t_0)]\,\mathrm{Tr}_R[R_j(t_1-t_0)\rho_R(t_0)],\end{aligned} \tag{5.2.10}$$

第二项被积函数

$$\begin{aligned}&\mathrm{Tr}_R\{\mathscr{V}_1(t_1-t_0),[\mathscr{V}_1(t_2-t_0),\rho_S(t_0)\rho_R(t_0)]\}\\&=\hbar^2\sum_{j,k}\{[S_j(t_1-t_0),S_k(t_2-t_0)\rho_S(t_0)]\,\mathrm{Tr}_R[R_j(t_1-t_0)R_k(t_2-t_0)\rho_R(t_0)]-\\&\quad[S_j(t_1-t_0),\rho_S(t_0)S_k(t_2-t_0)]\,\mathrm{Tr}_R[R_k(t_2-t_0)R_j(t_1-t_0)\rho_R(t_0)]\}.\end{aligned} \tag{5.2.11}$$

利用(5.2.3)式和(5.2.7)式,

$$\begin{aligned}\mathrm{Tr}_R[R_j(t_1-t_0)\rho_R(t_0)] &= \mathrm{Tr}_R[\mathrm{e}^{(\mathrm{i}/\hbar)H_R(t_1-t_0)}R_j\mathrm{e}^{-(\mathrm{i}/\hbar)H_R(t_1-t_0)}\rho_R(t_0)] \\ &= \mathrm{Tr}_R[R_j\rho_R(t_0)] \equiv \langle R_j(t_0)\rangle_R,\end{aligned} \tag{5.2.12}$$

$$\begin{aligned}&\mathrm{Tr}_R[R_j(t_1-t_0)R_k(t_2-t_0)\rho_R(t_0)] \\ &= \mathrm{Tr}_R[\mathrm{e}^{(\mathrm{i}/\hbar)H_R(t_1-t_2)}R_j\mathrm{e}^{-(\mathrm{i}/\hbar)H_R(t_1-t_2)}R_k\rho_R(t_0)] \\ &= \mathrm{Tr}_R[R_j(t_1-t_2)R_k\rho_R(t_0)] \equiv \langle R_j(t_1-t_2)R_k\rangle_R.\end{aligned} \tag{5.2.13}$$

同样有

$$\mathrm{Tr}_R[R_k(t_2-t_0)R_j(t_1-t_0)\rho_R(t_0)] = \langle R_kR_j(t_1-t_2)\rangle_R. \tag{5.2.14}$$

然后对(5.2.9)式第二项的积分变量作如下代换:

$$\begin{cases}\tau = t_1-t_2 \\ \xi = t_2-t_0,\end{cases} \quad \begin{cases}t_1 = \tau+\xi+t_0 \\ t_2 = \xi+t_0,\end{cases} \tag{5.2.15}$$

此变换的雅可比行列式等于 1. 如图 5.2-1 所示,积分变换为

$$\int_{t_0}^{t}\mathrm{d}t_1\int_{t_0}^{t_1}\mathrm{d}t_2 \to \int_0^{t-t_0}\mathrm{d}\xi\int_0^{t-t_0-\xi}\mathrm{d}\tau. \tag{5.2.16}$$

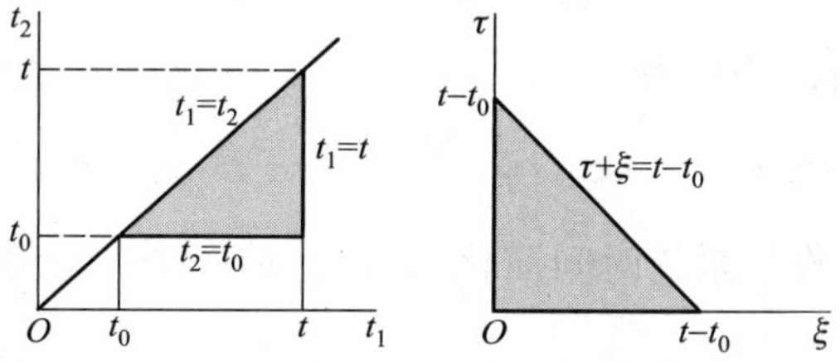

图 5.2-1 积分变换示意图,阴影部分为积分区域

利用这些关系,方程(5.2.9)式化为

$$\begin{aligned}\rho_S(t)-\rho_S(t_0) = &-\mathrm{i}\sum_j\int_{t_0}^{t}\mathrm{d}t_1[S_j(t_1-t_0),\rho_S(t_0)]\langle R_j(t_0)\rangle_R - \\ &\sum_{j,k}\int_0^{t-t_0}\mathrm{d}\xi\int_0^{t-t_0-\xi}\mathrm{d}\tau\Big\{[S_j(\tau+\xi),S_k(\xi)\rho_S(t_0)]\langle R_j(\tau)R_k\rangle_R - \\ &[S_j(\tau+\xi),\rho_S(t_0)S_k(\xi)]\langle R_kR_j(\tau)\rangle_R\Big\},\end{aligned}$$

再利用(5.2.6)式,

$$\rho_S(t)-\rho_S(t_0)=-\mathrm{i}\sum_j\left\langle R_j(t_0)\right\rangle_R[S_j,\rho_S(t_0)]\int_{t_0}^{t}\mathrm{e}^{\mathrm{i}\omega_j(t_1-t_0)}\mathrm{d}t_1-$$
$$\sum_{j,k}\int_0^{t-t_0}\mathrm{e}^{\mathrm{i}(\omega_j+\omega_k)\xi}\mathrm{d}\xi\Big\{[S_j,S_k\rho_S(t_0)]\int_0^{t-t_0-\xi}\mathrm{e}^{\mathrm{i}\omega_j\tau}\left\langle R_j(\tau)R_k\right\rangle_R\mathrm{d}\tau-\tag{5.2.17}$$
$$[S_j,\rho_S(t_0)S_k]\int_0^{t-t_0-\xi}\mathrm{e}^{\mathrm{i}\omega_j\tau}\left\langle R_kR_j(\tau)\right\rangle_R\mathrm{d}\tau\Big\}.$$

3. 一阶马尔科夫近似下的主方程

薛定谔方程是确定性方程，一个完整的量子系统（相互作用发生在系统内部）的状态，由其前面某一个时刻的状态确定. 设 $t_2>t_1$，状态 $\rho(t_2)$ 完全由 $\rho(t_1)$ 确定. 而对于相互作用体系中的一个子系统，这一规则一般不成立，即 $\rho_S(t_2)$ 不能完全由 $\rho_S(t_1)$ 确定. 因为约化消去了另一子系统（库）的信息，$\rho_S(t_1)$ 可以对应于不同的 $\rho(t_1)$，它们可能演化到不同的 $\rho_S(t_2)$. 这样系统在 t 时刻的状态，不能由 t 之前的某一个时刻确定，而可能同 t 之前的许多时刻有关. 系统算符的演化不能由系统变量自身的确定性微分方程描述. 不过当系统和库满足一定条件时，一阶马尔科夫近似成立，系统的状态可以由系统以前某一时刻的状态确定，本节开始所提出的目的仍可达到.

在系统和库的联合体系中，考虑几个特征时间常量的关系. 设 τ_c 为由（5.2.12）式和（5.2.13）式定义的库变量相干时间，$1/\gamma$ 为系统演化的特征弛豫时间，ω_j 是无相互作用时系统的特征频率. 如果它们满足条件

$$\tau_c\ll 1/\gamma,\quad \omega_j\gg\gamma,\tag{5.2.18}$$

系统时间演化的时间步长可以选择为

$$\tau_c\ll t-t_0\ll 1/\gamma,\quad 1/\omega_j\ll t-t_0\ll 1/\gamma.\tag{5.2.19}$$

后一个不等号保证 $t-t_0$ 可以作为系统时间演化的步长，前一个不等号使得在（5.2.17）式中的积分有

$$\int_0^{t-t_0-\xi}\mathrm{e}^{\mathrm{i}\omega_j\tau}\left\langle R_j(\tau)R_k\right\rangle_R\mathrm{d}\tau\approx\int_0^{\infty}\mathrm{e}^{\mathrm{i}\omega_j\tau}\left\langle R_j(\tau)R_k\right\rangle_R\mathrm{d}\tau\equiv w_{jk}^{+},\tag{5.2.20}$$

$$\int_0^{t-t_0-\xi}\mathrm{e}^{\mathrm{i}\omega_j\tau}\left\langle R_kR_j(\tau)\right\rangle_R\mathrm{d}\tau\approx\int_0^{\infty}\mathrm{e}^{\mathrm{i}\omega_j\tau}\left\langle R_kR_j(\tau)\right\rangle_R\mathrm{d}\tau\equiv w_{kj}^{-},\tag{5.2.21}$$

$$\int_0^{t-t_0}\mathrm{e}^{\mathrm{i}\omega_j\xi}\mathrm{d}\xi\approx(t-t_0)\delta_1(\omega_j),\tag{5.2.22}$$

其中

$$\delta_1(\omega)=\begin{cases}1 & \omega=0\\ 0 & \omega\neq 0,\end{cases}\tag{5.2.23}$$

w_{jk}^{+} 和 w_{kj}^{-} 称为库谱密度.

假定所有的系统变量的特征频率均不为零，由（5.2.22）式可知，（5.2.17）式右边第一项为零. 利用上面的近似，我们得到

$$\frac{\rho_S(t) - \rho_S(t_0)}{t - t_0} = -\sum_{j,k} \delta_1(\omega_j + \omega_k)\{[S_j, S_k\rho_S(t_0)]w_{jk}^{+} - [S_j, \rho_S(t_0)S_k]w_{kj}^{-}\}. \quad (5.2.24)$$

由于(5.2.19)式,在系统的弛豫时间内,$\Delta t = t - t_0$可作为无穷小量,最后得到主方程为

$$\frac{d\rho_S}{dt} = -\sum_{j,k} \delta_1(\omega_j + \omega_k)[(S_jS_k\rho_S - S_k\rho_S S_j)w_{jk}^{+} - (S_j\rho_S S_k - \rho_S S_k S_j]w_{kj}^{-}]. \quad (5.2.25)$$

回顾上面的推导过程,该主方程中的系统约化密度算符是定义在相互作用绘景中,而式中的系统变量S_j定义在薛定谔绘景中. 不过也可以将上式中的系统算符理解为在相互作用绘景中,因为

$$S_j(t - t_0)S_k(t - t_0) = S_jS_k\exp[i(\omega_j + \omega_k)(t - t_0)], \quad (5.2.26)$$

而每一项前面存在$\delta_1(\omega_j+\omega_k)$因子,只有满足$\omega_j+\omega_k=0$的$S_jS_k$项存在于求和中,这样的双积项在两个绘景中是相等的.

4. 在薛定谔绘景中的主方程

系统约化密度算符在薛定谔绘景和相互作用绘景中的关系为

$$\rho_S^{(S)} = \exp[-(i/\hbar)H_S(t - t_0)]\rho_S^{(I)}\exp[(i/\hbar)H_S(t - t_0)], \quad (5.2.27)$$

两边对t求导后得到

$$\frac{d\rho_S^{(S)}}{dt} = \frac{1}{i\hbar}[H_S, \rho_S^{(S)}] + e^{-(i/\hbar)H_S(t-t_0)}\frac{d\rho_S^{(I)}}{dt}e^{(i/\hbar)H_S(t-t_0)}. \quad (5.2.28)$$

将(5.2.25)式代入并在各因子中插入$\exp[(i/\hbar)H_S(t-t_0)]\exp[-(i/\hbar)H_S(t-t_0)]=1$后,得到薛定谔绘景中的主方程

$$\begin{aligned}\frac{d\rho_S}{dt} = {} & \frac{1}{i\hbar}[H_S, \rho_S] - \\ & \sum_{j,k} \delta_1(\omega_j + \omega_k)[(S_jS_k\rho_S - S_k\rho_S S_j)w_{jk}^{+} - (S_j\rho_S S_k - \rho_S S_k S_j]w_{kj}^{-}],\end{aligned} \quad (5.2.29)$$

上式所有算符都定义在薛定谔绘景中,上标(S)略去不写.

如果联合体系的总哈密顿量中还包括不依赖于库的其他相互作用

$$H = H_S + H_R + H_{S-R} + H_W, \quad (5.2.30)$$

其中H_W为不依赖于库的其他哈密顿量,不难将主方程推广到这种情况. 在薛定谔绘景中的主方程为

$$\begin{aligned}\frac{d\rho_S}{dt} = {} & \frac{1}{i\hbar}[H_S + H_W, \rho_S] - \\ & \sum_{j,k} \delta_1(\omega_j + \omega_k)[(S_jS_k\rho_S - S_k\rho_S S_j)w_{jk}^{+} - (S_j\rho_S S_k - \rho_S S_k S_j]w_{kj}^{-}].\end{aligned} \quad (5.2.31)$$

练 习

1. 试推导(5.2.11)式.

2. 由变量代换(5.2.15)式推导积分变换(5.2.16)式(参考变换示意图 5.2-1).

5.3 主方程的运用——量子阻尼简谐振子

1. 量子阻尼简谐振子模型

考虑一个频率为 ω 的量子简谐振子,其哈密顿量为

$$H_S = \hbar\omega a^\dagger a . \tag{5.3.1}$$

该振子处于由许多不同频率 ω_k 的谐振子所组成的热库中,热库哈密顿量为

$$H_R = \hbar \sum \omega_k b_k^\dagger b_k , \tag{5.3.2}$$

热库振子之间无相互作用. a 和 b_k 为玻色子算符,满足玻色子算符对易关系(1.2.25)式. 在弱耦合时,系统和库相互作用哈密顿量为双线性乘积的形式

$$H_1 = \hbar \sum (g_k b_k a^\dagger + g_k^* b_k^\dagger a) . \tag{5.3.3}$$

该模型可以描述一个单模电磁场同真空场模的相互作用, $b_k^\dagger a$ 表示单模场转移一个光子到某个真空场模 k,而 $b_k a^\dagger$ 表示由于热涨落或真空涨落发生一个相反的过程.

2. 热库谱密度

为运用上一节的公式,令

$$S_1 = a^\dagger , \quad S_2 = a = S_1^\dagger , \tag{5.3.4}$$

$$R_1 = \sum g_k b_k , \quad R_2 = \sum g_k^* b_k^\dagger = R_1^\dagger , \tag{5.3.5}$$

在相互作用绘景中,系统变量为

$$S_1(t-t_0) = a^\dagger e^{i\omega(t-t_0)} = S_2^\dagger(t-t_0) . \tag{5.3.6}$$

根据这一关系,系统变量 S_1 和 S_2 对应的频率为

$$\omega_1 = \omega , \quad \omega_2 = -\omega . \tag{5.3.7}$$

相互作用绘景中的库变量为

$$R_1(t-t_0) = \sum g_k b_k e^{-i\omega_k(t-t_0)} = R_2^\dagger(t-t_0) . \tag{5.3.8}$$

由上式,库变量互关联函数

$$\langle R_2(\tau) R_1 \rangle_R = \sum_{j,k} g_j^* g_k e^{i\omega_j \tau} \langle b_j^\dagger b_k \rangle_R . \tag{5.3.9}$$

假定谐振子库处在热平衡态,热库密度算符由(2.9.1)式表示. 由于热库模之间无相互作用,不同模之间无关联,且热平衡态下$\langle b_k \rangle = 0$,因此有

$$\langle b_j^\dagger b_k \rangle_R = \delta_{jk} \langle b_k^\dagger b_k \rangle_R \equiv \delta_{jk} \bar{n}_k , \tag{5.3.10}$$

其中 $\bar{n}_k$ 为由(2.9.5)式描述的模式 k 的平均热光子数.

利用这些公式,可得到热库谱密度

$$w_{21}^{+} = \int_0^\infty e^{i\omega_2 \tau} \langle R_2(\tau) R_1 \rangle_R d\tau = \sum_k |g_k|^2 \bar{n}_k \int_0^\infty e^{i(\omega_k - \omega)\tau} d\tau . \tag{5.3.11}$$

库中的模式实际上是连续或准连续分布的,上式对所有模式求和可以转换为积分,为此需要知道模式密度$\mathscr{D}(\omega_k)$. (5.3.11)式转换为

$$w_{21}^{+} = \int_0^\infty \mathscr{D}(\omega_k) |g(\omega_k)|^2 \bar{n}(\omega_k) I(\omega_k - \omega) d\omega_k , \tag{5.3.12}$$

其中积分 $I(\omega_k - \omega)$ 为

$$I(\omega_k - \omega) \equiv \int_0^\infty e^{i(\omega_k - \omega)\tau} d\tau = \pi\delta(\omega_k - \omega) + i\mathscr{P}\left(\frac{1}{\omega_k - \omega}\right) . \tag{5.3.13}$$

将上式代入(5.3.12)式得到

$$w_{21}^{+} = \pi \mathscr{D}(\omega) |g(\omega)|^2 \bar{n}(\omega) + i\mathscr{P}\int_0^\infty \frac{\mathscr{D}(\omega_k) |g(\omega_k)|^2 \bar{n}(\omega_k)}{\omega_k - \omega} d\omega_k . \tag{5.3.14}$$

令

$$\gamma = 2\pi \mathscr{D}(\omega) |g(\omega)|^2 , \tag{5.3.15}$$

$$\Delta\omega = -\frac{1}{\bar{n}(\omega)} \mathscr{P}\int_0^\infty \frac{\mathscr{D}(\omega_k) |g(\omega_k)|^2 \bar{n}(\omega_k)}{\omega_k - \omega} d\omega_k , \tag{5.3.16}$$

谱密度为

$$w_{21}^{+} = (\gamma/2 - i\Delta\omega) \bar{n} . \tag{5.3.17}$$

同样可计算

$$w_{12}^{+} = (\gamma/2 + i\Delta\omega)(1 + \bar{n}) . \tag{5.3.18}$$

此外,在本模型中,容易证明

$$w_{21}^{-} = (w_{21}^{+})^* , \quad w_{12}^{-} = (w_{12}^{+})^* . \tag{5.3.19}$$

3. 量子阻尼振子主方程

由(5.2.29)式,在薛定谔绘景中的阻尼振子的主方程为

$$
\begin{aligned}
\frac{\mathrm{d}\rho_S}{\mathrm{d}t} = \frac{1}{\mathrm{i}\hbar}[\hbar\omega a^\dagger a,\rho_S] - [(a^\dagger a\rho_S - a\rho_S a^\dagger)w_{12}^+ - (a^\dagger\rho_S a - \rho_S a a^\dagger)w_{21}^-] - \\
[(aa^\dagger\rho_S - a^\dagger\rho_S a)w_{21}^+ - (a\rho_S a^\dagger - \rho_S a^\dagger a)w_{12}^-].
\end{aligned} \tag{5.3.20}
$$

将谱密度的(5.3.17)式和(5.3.18)式代入后得到

$$
\begin{aligned}
\frac{\mathrm{d}\rho_S}{\mathrm{d}t} =& -\mathrm{i}(\omega+\Delta\omega)[a^\dagger a,\rho_S] + \frac{\gamma}{2}(2a\rho_S a^\dagger - a^\dagger a\rho_S - \rho_S a^\dagger a) + \\
& \gamma\bar{n}(a^\dagger\rho_S a + a\rho_S a^\dagger - a^\dagger a\rho_S - \rho_S a a^\dagger).
\end{aligned} \tag{5.3.21}
$$

在上式中，$\Delta\omega$ 引入谐振子振荡频率的兰姆移动. 一般这一效应很小，可以不考虑，例如可以将它吸收入振子的本征频率中. 第二项描述系统运动在热库中耗散，第三项描述热库的涨落反馈进入系统振子. 当热库在绝对零度时，$\bar{n}=0$.

练　　习

1. 证明在热平衡态下$\langle b_k\rangle=0$.

2. 试证明(5.3.18)式.

3. 试证明(5.3.19)式和(5.3.20)式.

4. 试证明在本模型中 $w_{11}^+=w_{11}^-=w_{22}^+=w_{22}^-=0$.

5.4 两能级原子的泡利方程和布洛赫方程

1. 泡利方程

作为主方程运用的第二个例子，我们讨论单个两能级原子与多模自由电磁场的相互作用，这将得到韦斯科普夫-维格纳(Weisskopf-Wigner)理论相同的结果. 模型的哈密顿量已经由(4.6.1)—(4.6.3)式描述，自由场热库在相互作用前处于平衡态(即为热光场). 令

$$S_1=\sigma_+,\quad S_2=\sigma_-, \tag{5.4.1}$$

$$R_1=\sum g_k^* a_k,\quad R_2=\sum g_k a_k^\dagger, \tag{5.4.2}$$

在相互作用绘景中

$$S_1(t)=\sigma_+\mathrm{e}^{\mathrm{i}\omega t},\quad S_2(t)=\sigma_-\mathrm{e}^{-\mathrm{i}\omega t}, \tag{5.4.3}$$

ω 为原子跃迁频率. 因此有

$$\omega_1=\omega,\quad \omega_2=-\omega. \tag{5.4.4}$$

由(5.2.29)式，在薛定谔绘景中两能级原子的主方程为

$$\frac{\mathrm{d}\rho_S}{\mathrm{d}t}=\frac{1}{\mathrm{i}\hbar}[\hbar\omega\sigma_+\sigma_-,\rho_S]-[(\sigma_+\sigma_-\rho_S-\sigma_-\rho_S\sigma_+)w_{12}^+-(\sigma_+\rho_S\sigma_--\rho_S\sigma_-\sigma_+)w_{12}^-]-[(\sigma_-\sigma_+\rho_S-\sigma_+\rho_S\sigma_-)w_{21}^+-(\sigma_-\rho_S\sigma_+-\rho_S\sigma_+\sigma_-)w_{12}^-]. \tag{5.4.5}$$

下面用原子的密度矩阵来表示方程. 利用 $\sigma_+=|2\rangle\langle 1|$ 和 $\sigma_-=|1\rangle\langle 2|$,并令 $\rho_{ij}=\langle i|\rho_S|j\rangle,(i,j=1,2)$,矩阵元方程为

$$\dot{\rho}_{22}=-\rho_{22}(w_{12}^++w_{12}^-)+\rho_{11}(w_{21}^-+w_{21}^+), \tag{5.4.6a}$$

$$\dot{\rho}_{21}=-\mathrm{i}\omega\rho_{21}-\rho_{21}(w_{12}^++w_{21}^-), \tag{5.4.6b}$$

$$\rho_{11}+\rho_{22}=1,\quad \rho_{12}=\rho_{21}^*. \tag{5.4.6c}$$

在本模型中的谱密度

$$w_{12}^+=\int_0^\infty \mathrm{e}^{\mathrm{i}\omega_1\tau}\langle R_1(\tau)R_2\rangle_R\mathrm{d}\tau=\sum_{j,k}g_j^*g_k\int_0^\infty \mathrm{e}^{\mathrm{i}\omega\tau}\langle a_j(\tau)a_k^\dagger\rangle\mathrm{d}\tau, \tag{5.4.7a}$$

$$w_{12}^-=\int_0^\infty \mathrm{e}^{\mathrm{i}\omega_2\tau}\langle R_1R_2(\tau)\rangle_R\mathrm{d}\tau=\sum_{j,k}g_j^*g_k\int_0^\infty \mathrm{e}^{-\mathrm{i}\omega\tau}\langle a_ja_k^\dagger(\tau)\rangle\mathrm{d}\tau, \tag{5.4.7b}$$

$$w_{21}^+=\int_0^\infty \mathrm{e}^{\mathrm{i}\omega_2\tau}\langle R_2(\tau)R_1\rangle_R\mathrm{d}\tau=\sum_{j,k}g_jg_k^*\int_0^\infty \mathrm{e}^{-\mathrm{i}\omega\tau}\langle a_j^\dagger(\tau)a_k\rangle\mathrm{d}\tau, \tag{5.4.7c}$$

$$w_{21}^-=\int_0^\infty \mathrm{e}^{\mathrm{i}\omega_1\tau}\langle R_2R_1(\tau)\rangle_R\mathrm{d}\tau=\sum_{j,k}g_jg_k^*\int_0^\infty \mathrm{e}^{\mathrm{i}\omega\tau}\langle a_j^\dagger a_k(\tau)\rangle\mathrm{d}\tau. \tag{5.4.7d}$$

在(5.4.7b)式的积分中,作积分变换 $\tau\to-\tau$ 后得到

$$w_{12}^-=\sum_{j,k}g_j^*g_k\int_0^{-\infty}\mathrm{e}^{\mathrm{i}\omega\tau}\langle a_ja_k^\dagger(-\tau)\rangle\mathrm{d}(-\tau)=\sum_{j,k}g_j^*g_k\int_{-\infty}^0\mathrm{e}^{\mathrm{i}\omega\tau}\langle a_j(\tau)a_k^\dagger\rangle\mathrm{d}\tau. \tag{5.4.8}$$

考虑到相互作用绘景中的场算符 $a_j(\tau)=a_j\exp(-\mathrm{i}\omega_j\tau)$,以及(5.3.10)式所表示的关系,方程(5.4.6a)式中的谱系数

$$\begin{aligned}\Gamma_2\equiv w_{12}^++w_{12}^-&=\sum_{j,k}g_j^*g_k\int_{-\infty}^\infty \mathrm{e}^{\mathrm{i}\omega\tau}\langle a_j(\tau)a_k^\dagger\rangle\mathrm{d}\tau=\sum_k|g_k|^2\langle a_ka_k^\dagger\rangle\int_{-\infty}^\infty \mathrm{e}^{\mathrm{i}(\omega-\omega_k)\tau}\mathrm{d}\tau\\&=2\pi\sum_k|g_k|^2(1+\bar{n}_k)\delta(\omega-\omega_k)=2\pi|g(\omega)|^2\mathscr{D}(\omega)[1+\bar{n}_k(\omega)],\end{aligned} \tag{5.4.9}$$

其中$\mathscr{D}(\omega)$ 是模式密度. 同样可以计算

$$\Gamma_1\equiv w_{21}^++w_{21}^-=2\pi\sum_k|g_k|^2\bar{n}_k\delta(\omega-\omega_k)=2\pi|g(\omega)|^2\mathscr{D}(\omega)\bar{n}_k(\omega). \tag{5.4.10}$$

显然,Γ_1和 Γ_2是实数. (5.4.6b)式中的谱系数

$$\begin{aligned}\Gamma_{21}^{C} \equiv w_{12}^{+} + w_{21}^{-} &= \sum_{k} \left| g_{k} \right|^{2} (1 + \bar{n}_{k}) \int_{0}^{\infty} \mathrm{e}^{\mathrm{i}(\omega - \omega_{k})\tau} \mathrm{d}\tau + \sum_{k} \left| g_{k} \right|^{2} \bar{n}_{k} \int_{0}^{\infty} \mathrm{e}^{\mathrm{i}(\omega - \omega_{k})\tau} \mathrm{d}\tau \\ &= \sum_{k} \left| g_{k} \right|^{2} (2\bar{n}_{k} + 1) \int_{0}^{\infty} \mathrm{e}^{\mathrm{i}(\omega - \omega_{k})\tau} \mathrm{d}\tau .\end{aligned} \tag{5.4.11}$$

利用积分公式(5.3.13)式后得到该复系数的实部和虚部：

$$\Gamma_{21}^{C} \equiv \Gamma_{21} + \mathrm{i}\Delta\omega , \tag{5.4.12}$$

$$\Gamma_{21} = \pi \sum_{k} \left| g_{k} \right|^{2} (2\bar{n}_{k} + 1) \delta(\omega - \omega_{k}) = \frac{1}{2}(\Gamma_{1} + \Gamma_{2}) , \tag{5.4.13}$$

$$\Delta\omega = \sum_{k} \left| g_{k} \right|^{2} (2\bar{n}_{k} + 1) \mathscr{P}\left(\frac{1}{\omega - \omega_{k}} \right) . \tag{5.4.14}$$

用这些新系数，泡利方程(Pauli equation)为

$$\dot{\rho}_{22} = - \Gamma_{2}\rho_{22} + \Gamma_{1}\rho_{11} , \tag{5.4.15}$$

$$\dot{\rho}_{21} = - [\mathrm{i}(\omega + \Delta\omega) + \Gamma_{21}]\rho_{21} . \tag{5.4.16}$$

我们由两能级原子与多模自由场相互作用的全量子模型出发，运用主方程的方法，得到了泡利方程. 在泡利方程中，Γ_2表示激发态原子的自发和受激衰变，当热库场处在真空态时，Γ_2成为原子激发态的自发衰变系数. Γ_1表示热库涨落对系统的能量反馈，使基态原子激发. $\Delta\omega$ 引入原子跃迁的兰姆位移. 原子跃迁的衰变系数 Γ_{21}与布居衰变的内在联系(5.4.13)式，与卷Ⅰ(3.5.22)式半经典理论的结果形式相同. 实际问题中，还需考虑原子间的碰撞衰变和多光子跃迁相互作用，因此有

$$\Gamma_{21} = \frac{1}{2}(\Gamma_{1} + \Gamma_{2}) + \Gamma_{\mathrm{ph}} . \tag{5.4.17}$$

我们看到主方程方法和韦斯科普夫-维格纳(Weisskopf-Wigner)理论对本模型的处理得到相同的物理结果.

2. 布洛赫方程

在上面的模型中，与原子作用的多模自由场作为热库形式存在. 如果还存在热库以外的电磁场 $\boldsymbol{E}(t)$与该原子相互作用，我们可用(5.2.30)式表示的方法.

在电偶极近似下的相互作用哈密顿量由(4.3.34)式表示. 但如果场很强(例如激光场)，可以将 $\boldsymbol{E}(t)$作为经典量. 设 $\boldsymbol{E}(t)$与原子共振或近共振，在旋波近似下的哈密顿量为

$$H_{\mathrm{w}} = \wp\sigma_{+} E^{(+)}(t) + \wp^{*}\sigma_{-} E^{(-)}(t) , \tag{5.4.18}$$

其中 $\wp = \langle 2 | e\boldsymbol{D}\cdot\boldsymbol{E}/|\boldsymbol{E}| | 1 \rangle$ (参见卷Ⅰ(3.3.13)式)，$E^{(+)}(t)$是电场正频分量缓变包络. 运用(5.2.31)式只需在泡利方程中增加$[H_{\mathrm{w}},\rho]$部分，我们得到

$$\dot{\rho}_{22} = - \Gamma_{2}\rho_{22} + \Gamma_{1}\rho_{11} - (\mathrm{i}/\hbar)[\wp E^{(+)}(t)\rho_{12} - \wp^{*} E^{(-)}(t)\rho_{21}] , \tag{5.4.19a}$$

$$\dot{\rho}_{21}=-\left[\mathrm{i}(\omega+\Delta\omega)+\Gamma_{21}\right]\rho_{21}+(\mathrm{i}/\hbar)\ \wp E^{(+)}(t)(\rho_{22}-\rho_{11}). \tag{5.4.19b}$$

原子能级的兰姆移动一般可以忽略. 当热库为真空电磁场时,$\Gamma_1=0$,上述方程与半经典理论的结果相同[参见卷 I (3.5.21)式].

采用泡利算符表示

$$\langle\sigma_+\rangle=\rho_{12},\quad \langle\sigma_-\rangle=\rho_{21},\quad \langle\sigma_z\rangle=\rho_{22}-\rho_{11}, \tag{5.4.20}$$

(5.4.19)式为

$$(\mathrm{d}/\mathrm{d}t)\langle\sigma_+\rangle=-(\Gamma_{21}-\mathrm{i}\omega)\langle\sigma_+\rangle-(\mathrm{i}/\hbar)\ \wp^* E^{(-)}(t)\langle\sigma_z\rangle, \tag{5.4.21a}$$

$$(\mathrm{d}/\mathrm{d}t)\langle\sigma_-\rangle=-(\Gamma_{21}+\mathrm{i}\omega)\langle\sigma_-\rangle+(\mathrm{i}/\hbar)\ \wp E^{(+)}(t)\langle\sigma_z\rangle, \tag{5.4.21b}$$

$$\begin{aligned}(\mathrm{d}/\mathrm{d}t)\langle\sigma_z\rangle=&-(\Gamma_1+\Gamma_2)\langle\sigma_z\rangle+\Gamma_1-\Gamma_2-\\&2(\mathrm{i}/\hbar)\left[\wp E^{(+)}(t)\langle\sigma_+\rangle-\wp^* E^{(-)}(t)\langle\sigma_-\rangle\right].\end{aligned} \tag{5.4.21c}$$

(5.4.19)式和(5.4.21)式称为布洛赫方程(Bloch equation),我们在卷 I 的 3.5 节中已经介绍过.

练　习

1. 试由(5.4.5)式推导(5.4.6)式.

2. 试推导(5.4.10)式.

3. 采用 4.6 节中所用的模式密度和耦合系数公式,计算自发辐射系数.

4. 在泡利方程的基础上,推导(5.4.19)式.

5. 由(5.4.19)式试推导(5.4.21)式.

5.5 福克-普朗克方程

在系统约化密度算符的主方程基础上,即可按照量子力学中常用的方法,或得到系统密度矩阵的微分方程,或得到系统力学量的运动方程. 例如在上一节中,我们是在两能级原子的态空间中展开主方程. 对于 5.3 节中讨论的量子阻尼振子,可以在福克态空间中展开主方程,这将会得到无穷多矩阵元的方程. 在本节中,我们采用第二章中的相干态表示,得到量子阻尼振子的福克-普朗克方程(Fokker-Planck equation).

先推导预备公式:

(i)

$$a|\alpha\rangle\langle\alpha|=\alpha|\alpha\rangle\langle\alpha|,\quad |\alpha\rangle\langle\alpha|a^\dagger=\alpha^*|\alpha\rangle\langle\alpha|. \tag{5.5.1}$$

（ⅱ）

$$a^{\dagger}\left|\alpha\right\rangle\left\langle\alpha\right| = \left(\alpha^{*} + \frac{\partial}{\partial\alpha}\right)\left|\alpha\right\rangle\left\langle\alpha\right|, \quad \left|\alpha\right\rangle\left\langle\alpha\right| a = \left(\alpha + \frac{\partial}{\partial\alpha^{*}}\right)\left|\alpha\right\rangle\left\langle\alpha\right|. \tag{5.5.2}$$

［证］利用平移算符(2.4.1)式

$$\begin{aligned} a^{\dagger}\left|\alpha\right\rangle\left\langle\alpha\right| &= \mathrm{e}^{-\alpha^{*}\alpha}a^{\dagger}\left(\mathrm{e}^{\alpha a^{\dagger}}\left|0\right\rangle\left\langle 0\right|\mathrm{e}^{\alpha^{*}a}\right) = \mathrm{e}^{-\alpha^{*}\alpha}\frac{\partial}{\partial\alpha}\left(\mathrm{e}^{\alpha a^{\dagger}}\left|0\right\rangle\left\langle 0\right|\mathrm{e}^{\alpha^{*}a}\right) \\ &= \frac{\partial}{\partial\alpha}\left[\mathrm{e}^{-\alpha^{*}\alpha}\left(\mathrm{e}^{\alpha a^{\dagger}}\left|0\right\rangle\left\langle 0\right|\mathrm{e}^{\alpha^{*}a}\right)\right] - (-\alpha^{*})\mathrm{e}^{-\alpha^{*}\alpha}\left(\mathrm{e}^{\alpha a^{\dagger}}\left|0\right\rangle\left\langle 0\right|\mathrm{e}^{\alpha^{*}a}\right) \\ &= \left(\alpha^{*} + \frac{\partial}{\partial\alpha}\right)\left[\mathrm{e}^{-\alpha^{*}\alpha}\left(\mathrm{e}^{\alpha a^{\dagger}}\left|0\right\rangle\left\langle 0\right|\mathrm{e}^{\alpha^{*}a}\right)\right] \\ &= \left(\alpha^{*} + \frac{\partial}{\partial\alpha}\right)\left|\alpha\right\rangle\left\langle\alpha\right|. \end{aligned} \tag{5.5.3}$$

（ⅲ）

$$a^{\dagger}a\left|\alpha\right\rangle\left\langle\alpha\right| = \alpha\left(\alpha^{*} + \frac{\partial}{\partial\alpha}\right)\left|\alpha\right\rangle\left\langle\alpha\right|, \tag{5.5.4a}$$

$$\left|\alpha\right\rangle\left\langle\alpha\right| a^{\dagger}a = \alpha^{*}\left(\alpha + \frac{\partial}{\partial\alpha^{*}}\right)\left|\alpha\right\rangle\left\langle\alpha\right|. \tag{5.5.4b}$$

（ⅳ）

$$aa^{\dagger}\left|\alpha\right\rangle\left\langle\alpha\right| = \left(\alpha^{*} + \frac{\partial}{\partial\alpha}\right)\left(\alpha\left|\alpha\right\rangle\left\langle\alpha\right|\right) = \left(\alpha^{*}\alpha + 1 + \alpha\frac{\partial}{\partial\alpha}\right)\left|\alpha\right\rangle\left\langle\alpha\right|, \tag{5.5.5a}$$

$$\left|\alpha\right\rangle\left\langle\alpha\right| aa^{\dagger} = \left(\alpha + \frac{\partial}{\partial\alpha^{*}}\right)\left(\alpha^{*}\left|\alpha\right\rangle\left\langle\alpha\right|\right) = \left(\alpha^{*}\alpha + 1 + \alpha^{*}\frac{\partial}{\partial\alpha^{*}}\right)\left|\alpha\right\rangle\left\langle\alpha\right|. \tag{5.5.5b}$$

［证］利用 $aa^{\dagger} = a^{\dagger}a + 1$ 和(5.5.4)式即可得到.

（ⅴ）

$$a\left|\alpha\right\rangle\left\langle\alpha\right| a^{\dagger} = \alpha\alpha^{*}\left|\alpha\right\rangle\left\langle\alpha\right|. \tag{5.5.6}$$

（ⅵ）

$$\begin{aligned} a^{\dagger}\left|\alpha\right\rangle\left\langle\alpha\right| a &= \left(\alpha^{*} + \frac{\partial}{\partial\alpha}\right)\left(\alpha + \frac{\partial}{\partial\alpha^{*}}\right)\left|\alpha\right\rangle\left\langle\alpha\right| \\ &= \left(\alpha^{*}\alpha + 1 + \alpha\frac{\partial}{\partial\alpha} + \alpha^{*}\frac{\partial}{\partial\alpha^{*}} + \frac{\partial^{2}}{\partial\alpha\partial\alpha^{*}}\right)\left|\alpha\right\rangle\left\langle\alpha\right|. \end{aligned} \tag{5.5.7}$$

简谐振子的密度算符可以用相干态 P 表示(2.7.6)式，再利用上述公式可以得到

$$a\rho a^{\dagger} = \int \mathrm{d}^{2}\alpha \cdot P(\alpha) a\left|\alpha\right\rangle\left\langle\alpha\right| a^{\dagger} = \int \mathrm{d}^{2}\alpha \cdot \alpha^{*}\alpha P\left|\alpha\right\rangle\left\langle\alpha\right|, \tag{5.5.8a}$$

$$a^{\dagger}a\rho = \int d^2\alpha \cdot P(\alpha)\left(\alpha^*\alpha + \alpha\frac{\partial}{\partial\alpha}\right)|\alpha\rangle\langle\alpha|$$
$$= \int d^2\alpha \cdot |\alpha\rangle\langle\alpha|\left(\alpha^*\alpha P - \frac{\partial}{\partial\alpha}(\alpha P)\right), \tag{5.5.8b}$$

$$\rho a^{\dagger}a = \int d^2\alpha \cdot P(\alpha)\left(\alpha^*\alpha + \alpha^*\frac{\partial}{\partial\alpha^*}\right)|\alpha\rangle\langle\alpha|$$
$$= \int d^2\alpha \cdot |\alpha\rangle\langle\alpha|\left(\alpha^*\alpha P - \frac{\partial}{\partial\alpha^*}(\alpha^* P)\right), \tag{5.5.8c}$$

$$\rho a a^{\dagger} = \int d^2\alpha \cdot P(\alpha)\left(\alpha^*\alpha + 1 + \alpha^*\frac{\partial}{\partial\alpha^*}\right)|\alpha\rangle\langle\alpha|$$
$$= \int d^2\alpha \cdot |\alpha\rangle\langle\alpha|\left(\alpha^*\alpha P + P - \frac{\partial}{\partial\alpha^*}(\alpha^* P)\right), \tag{5.5.8d}$$

$$a^{\dagger}\rho a = \int d^2\alpha \cdot P(\alpha)\left(\alpha^*\alpha + 1 + \alpha\frac{\partial}{\partial\alpha} + \alpha^*\frac{\partial}{\partial\alpha^*} + \frac{\partial^2}{\partial\alpha\partial\alpha^*}\right)|\alpha\rangle\langle\alpha|$$
$$= \int d^2\alpha \cdot |\alpha\rangle\langle\alpha|\left(\alpha^*\alpha P + P - \frac{\partial}{\partial\alpha}(\alpha P) - \frac{\partial}{\partial\alpha^*}(\alpha^* P) + \frac{\partial}{\partial\alpha\partial\alpha^*}P\right), \tag{5.5.8e}$$

在推导中用到分部积分和在无穷远处 P 函数为零.

利用(5.5.8)式,阻尼振子主方程(5.3.21)式化为福克-普朗克方程

$$\frac{\partial P}{\partial t} = \left(\frac{\gamma}{2} + i\omega\right)\left(\frac{\partial}{\partial\alpha}(\alpha P) + \text{c.c.}\right) + \gamma\bar{n}\frac{\partial^2}{\partial\alpha\partial\alpha^*}P. \tag{5.5.9}$$

设振子的初态为相干态 $|\alpha_0\rangle$,其 P 表示为[参见 (2.9.17)式]

$$P(\alpha,0) = \delta^{(2)}(\alpha - \alpha_0), \tag{5.5.10}$$

它等价于

$$P(\alpha,0) = \lim_{\sigma\to 0}\frac{1}{\pi\sigma}\exp\left[-|\alpha - \alpha_0|^2/\sigma\right]. \tag{5.5.11}$$

类似于卷Ⅱ 2.8 节讨论的一维 Ornstein-Uhlenbeck 过程的解,在此初态时阻尼振子福克-普朗克方程的解为

$$P(\alpha,t) = \frac{1}{\pi\bar{n}(1 - e^{-\gamma t})}\exp\left[-\frac{|\alpha - \alpha_0 e^{-\gamma t/2 - i\omega t}|^2}{\bar{n}(1 - e^{-\gamma t})}\right]. \tag{5.5.12}$$

振子状态的运动如图 5.5-1 所示. 当 $t\to\infty$,振子能量耗散殆尽,振子完全融入热库中,成为热平衡态

$$P(\alpha,\infty) = \frac{1}{\pi\bar{n}}e^{-|\alpha|^2/\bar{n}}. \tag{5.5.13}$$

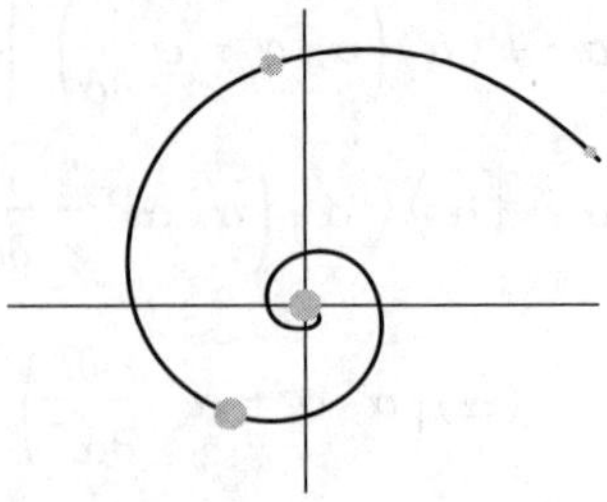

图 5.5-1　在相干态表示的相空间中振子态运动示意图

上述方法是处理量子化光场主方程的一个主要方法，我们再次看到 P 表示在福克-普朗克方程中起概率密度的作用.

练　习

1. 利用(5.5.8)式由(5.3.21)式推导(5.5.9)式.

2. 证明(5.5.12)式是(5.5.9)式的解.

5.6　朗之万方程

主方程是在薛定谔绘景或相互作用绘景中描述系统和库相互作用量子体系系统态矢(密度算符)的运动方程. 主方程在相干态表示中展开，得到福克-普朗克方程. 这一问题也可以在海森伯绘景中讨论，形成量子朗之万方程(Langevin equation). 我们以 5.3 节量子阻尼谐振子模型为例来讨论.

1. 阻尼谐振子的量子朗之万方程

运用海森伯运动方程到量子阻尼谐振子模型的哈密顿量(5.3.1)—(5.3.3)式，得到系统和库振子模算符的运动方程

$$(\mathrm{d}/\mathrm{d}t)a=-\mathrm{i}\omega a-\mathrm{i}\sum_k g_k b_k\ , \tag{5.6.1}$$

$$(\mathrm{d}/\mathrm{d}t)b_j=-\mathrm{i}\omega_k b_k-\mathrm{i}g_k^* a\ . \tag{5.6.2}$$

(5.6.2)式的形式解为

$$b_k(t)=b_k(0)\mathrm{e}^{-\mathrm{i}\omega_k t}-\mathrm{i}g_k^*\int_0^t \mathrm{d}t' a(t')\mathrm{e}^{-\mathrm{i}\omega_k(t-t')}\ , \tag{5.6.3}$$

右边第一项是方程的齐次解，反映在无相互作用时热库模的演化，第二项反映系统振子对热库振子的影响. 将上式代入(5.6.1)式得到

$$(\mathrm{d}/\mathrm{d}t)a(t)=-\mathrm{i}\omega a(t)-\mathrm{i}\sum_k g_k b_k(0)\mathrm{e}^{-\mathrm{i}\omega_k t}-\sum_k \left|g_k\right|^2\int_0^t \mathrm{d}t' a(t')\mathrm{e}^{-\mathrm{i}\omega_k(t-t')}\ . \tag{5.6.4}$$

现在转换到相互作用绘景，设缓变量算符

$$A(t)=a(t)\mathrm{e}^{\mathrm{i}\omega t}\ , \tag{5.6.5}$$

满足对易关系

$$[A(t),A^{\dagger}(t)]=1\ . \tag{5.6.6}$$

(5.6.4)式成为

$$(\mathrm{d}/\mathrm{d}t)A(t)=-\sum_{k}|g_{k}|^{2}\int_{0}^{t}\mathrm{d}t'A(t')\mathrm{e}^{-\mathrm{i}(\omega_{k}-\omega)(t-t')}+F(t)\ , \tag{5.6.7}$$

其中噪声算符 $F(t)$ 定义为

$$F(t)=-\mathrm{i}\sum_{k}g_{k}b_{k}(0)\mathrm{e}^{\mathrm{i}(\omega-\omega_{k})t}\ . \tag{5.6.8}$$

运用4.6节韦斯科普夫－维格纳理论和5.3节处理谱密度相同的方法到(5.6.7)式,忽略兰姆移动,得到量子阻尼简谐振子的朗之万方程

$$(\mathrm{d}/\mathrm{d}t)A(t)=-\frac{\gamma}{2}A(t)+F(t)\ , \tag{5.6.9}$$

其中阻尼系数 γ 由(5.3.15)式给定. 我们已经在4.6节指出了该方法属于马尔科夫近似. 噪声算符 $F(t)$ 由无相互作用时所有热库振子算符组成(但以耦合系数为权重),容易看出 $\langle F(t)\rangle=0$,它对应于布朗运动中的随机力. 耗散项源于系统和库的相互作用. 因此在海森伯绘景中,处于热库中的系统可以通过朗之万方程建立量子描述和经典描述之间的直接对应.

2. 粒子数朗之万方程

粒子数算符为 $a^{\dagger}a=A^{\dagger}A$,可利用(5.6.9)式得到粒子数朗之万方程

$$\frac{\mathrm{d}}{\mathrm{d}t}(A^{\dagger}A)=\frac{\mathrm{d}A^{\dagger}}{\mathrm{d}t}A+A^{\dagger}\frac{\mathrm{d}A}{\mathrm{d}t}=\left(-\frac{\gamma}{2}A^{\dagger}A+A^{\dagger}F\right)+\mathrm{h.c.}=-\gamma A^{\dagger}A+\mathscr{G}_{A^{\dagger}A}\ , \tag{5.6.10}$$

其中

$$\mathscr{G}_{A^{\dagger}A}=F^{\dagger}A+\mathrm{h.c.}=\mathrm{i}\sum_{k}g_{k}^{*}b_{k}^{\dagger}(0)A(t)\mathrm{e}^{-\mathrm{i}(\omega-\omega_{k})t}+\mathrm{h.c.}\ . \tag{5.6.11}$$

由于算符 $\mathscr{G}_{A^{\dagger}A}$ 的期望值不为零,(5.6.10)式还不能成为朗之万方程. 经计算可得 $\langle\mathscr{G}_{A^{\dagger}A}\rangle=\gamma\bar{n}(\omega)$ (参见练习3),其中 $\bar{n}(\omega)=\langle b^{\dagger}(\omega)b(\omega)\rangle$ 为频率 ω 的热库模的平均粒子数. 由此定义噪声算符

$$G_{A^{\dagger}A}\equiv\mathscr{G}_{A^{\dagger}A}-\gamma\bar{n}(\omega)\ , \tag{5.6.12}$$

粒子数朗之万方程为

$$\frac{\mathrm{d}}{\mathrm{d}t}(A^{\dagger}A)=-\gamma A^{\dagger}A+G_{A^{\dagger}A}\ . \tag{5.6.13}$$

3. 涨落-耗散定理

1905年爱因斯坦在研究布朗运动时提出，引起布朗粒子无规则运动的随机力，也是产生粒子受外部扰动定向运动时的阻尼力的缘由，这是涨落-耗散定理（fluctuation-dissipation theorem）的最早表述. 随后的研究表明，涨落-耗散定理反映了非平衡态统计力学涉及能量耗散进入热库不可逆过程的最基本的规律，它既适用于经典系统，也适用于量子系统.

在本节讨论的阻尼谐振子模型中，我们计算噪声算符的时间关联

$$\begin{aligned}\left\langle F^{\dagger}(t')F(t)\right\rangle_R &= \sum_{k',k} g_{k'}^{*}g_k \mathrm{e}^{-\mathrm{i}(\omega-\omega_{k'})t'}\mathrm{e}^{\mathrm{i}(\omega-\omega_k)t}\left\langle b_{k'}^{\dagger}b_k\right\rangle_R = \sum_{k',k} g_{k'}^{*}g_k \mathrm{e}^{-\mathrm{i}(\omega-\omega_{k'})t'}\mathrm{e}^{\mathrm{i}(\omega-\omega_k)t}\bar{n}_k\delta_{k'k} \\ &= \sum_k \left|g_k\right|^2\bar{n}_k \mathrm{e}^{\mathrm{i}(\omega_k-\omega)(t'-t)}.\end{aligned} \tag{5.6.14}$$

利用模式密度$\mathscr{D}(\omega_k)$将求和转化为积分

$$\begin{aligned}\left\langle F^{\dagger}(t')F(t)\right\rangle_R &= \int_0^{\infty}\mathscr{D}(\omega_k)\left|g(\omega_k)\right|^2\bar{n}(\omega_k)\mathrm{e}^{\mathrm{i}(\omega_k-\omega)(t'-t)}\mathrm{d}\omega_k \\ &\approx \mathscr{D}(\omega)\left|g(\omega)\right|^2\bar{n}(\omega)\int_0^{\infty}\mathrm{e}^{\mathrm{i}(\omega_k-\omega)(t'-t)}\mathrm{d}\omega_k \\ &\approx \mathscr{D}(\omega)\left|g(\omega)\right|^2\bar{n}(\omega)\int_{-\infty}^{\infty}\mathrm{e}^{\mathrm{i}\omega_k(t'-t)}\mathrm{d}\omega_k \\ &= 2\pi\mathscr{D}(\omega)\left|g(\omega)\right|^2\bar{n}(\omega)\delta(t'-t),\end{aligned} \tag{5.6.15}$$

上式中的近似用到被积函数中的前三项是缓慢变化的函数. 利用(5.3.15)式阻尼系数的定义得到涨落-耗散定理的表式

$$\gamma = \frac{1}{\bar{n}}\int_{-\infty}^{\infty}\left\langle F^{\dagger}(\tau)F(0)\right\rangle_R \mathrm{d}\tau, \tag{5.6.16}$$

表明阻尼系数由热库的随机力决定. 根据卷Ⅱ(2.7.5)式扩散系数的定义，容易看出扩散系数为$D=\gamma\bar{n}$，这与上一节福克-普朗克方程(5.5.9)式中的扩散系数相一致.

练　　习

1. 由(5.6.2)式推导形式解(5.6.3)式.

2. 由(5.6.7)式推导量子朗之万方程(5.6.9)式.

3. 证明$\left\langle \mathscr{G}_{A^{\dagger}A}\right\rangle = \gamma\bar{n}(\omega)$.

提示：(1)由(5.6.9)式写出形式解代入(5.6.11)式；(2)在将模式求和转换为积分后，假定模式密度$\mathscr{D}(\omega_k)$、$g(\omega_k)$和$\bar{n}(\omega_k)$是缓变量，可取$\omega_k=\omega$后提出积分号；(3)利用下列积分公式：

$$\int_{-\infty}^{\infty}\frac{\mathrm{d}x}{(\gamma/2)^2+x^2}=\frac{2\pi}{\gamma},\quad \int_{-\infty}^{\infty}\frac{\cos(xt)\mathrm{d}x}{(\gamma/2)^2+x^2}=\frac{2\pi}{\gamma}\mathrm{e}^{-\gamma|t|/2},\quad \int_{-\infty}^{\infty}\frac{x\sin(x|t|)\mathrm{d}x}{(\gamma/2)^2+x^2}=\pi\mathrm{e}^{-\gamma|t|/2},\quad (t\neq 0).$$

4. 证明 $\langle F(t')F^{\dagger}(t)\rangle_R = \gamma(\bar{n}+1)\delta(t'-t)$

5.7　多变量统计体系噪声谱的计算

在本节中我们考虑一般形式的多变量朗之万方程

$$(\mathrm{d}/\mathrm{d}t)b_i(t) = Q_i(t) + F_i(t)\ , \tag{5.7.1}$$

其中 Q_i 是漂移项. 噪声算符 F_i 的关联函数

$$\langle F_i(t)F_j(t')\rangle = D_{ij}\delta(t-t')\ , \tag{5.7.2}$$

D_{ij} 是扩散系数. 例如对于一个双模光场系统,我们可以设 $\{b_1,b_2,b_3,b_4\} = \{a_1,a_1^{\dagger},a_2,a_2^{\dagger}\}$.

1. 广义爱因斯坦关系

我们将给出一般形式朗之万方程的涨落-耗散定理. 由恒等式

$$b_i(t) = b_i(t-\Delta t) + \int_{t-\Delta t}^{t}\mathrm{d}t'\dot{b}_i(t') \tag{5.7.3}$$

和(5.7.1)式,可以得到系统算符和噪声算符的关联函数

$$\langle b_i(t)F_j(t)\rangle = \langle b_i(t-\Delta t)F_j(t)\rangle + \int_{t-\Delta t}^{t}\mathrm{d}t'\langle [Q_i(t') + F_i(t')]\,F_j(t)\rangle . \tag{5.7.4}$$

由于前一时刻的系统变量与后一时刻的噪声算符之间没有关联,上式右边第一项和积分中的第一项均为零. (5.7.4)式简化为

$$\langle b_i(t)F_j(t)\rangle = \int_{t-\Delta t}^{t}\mathrm{d}t'\langle F_i(t')F_j(t)\rangle . \tag{5.7.5}$$

将(5.7.2)式代入后得到

$$\langle b_i(t)F_j(t)\rangle = \frac{1}{2}D_{ij}\ , \tag{5.7.6a}$$

同样可以得到

$$\langle F_i(t)b_j(t)\rangle = \frac{1}{2}D_{ij} . \tag{5.7.6b}$$

系统变量之间关联的演化满足

$$\begin{aligned}\frac{\mathrm{d}}{\mathrm{d}t}\langle b_i(t)b_j(t)\rangle &= \langle \dot{b}_i(t)b_j(t)\rangle + \langle b_i(t)\dot{b}_j(t)\rangle \\ &= \langle Q_i(t)b_j(t)\rangle + \langle F_i(t)b_j(t)\rangle + \langle b_i(t)Q_j(t)\rangle + \langle b_i(t)F_j(t)\rangle .\end{aligned}$$

将(5.7.6)式代入后得到广义爱因斯坦关系

$$D_{ij} = \frac{\mathrm{d}}{\mathrm{d}t}\langle b_i(t)b_j(t)\rangle - \langle Q_i(t)b_j(t)\rangle - \langle b_i(t)Q_j(t)\rangle . \tag{5.7.7}$$

上式体现了多变量统计体系的扩散-耗散定理,表示扩散系数可由系统变量和漂移项的关联决定.

2. 量子回归定理

现在考虑系统变量之间在不同时刻 $t'<t$ 的关联函数

$$\frac{\mathrm{d}}{\mathrm{d}t}\langle b_i(t)b_j(t')\rangle = \langle Q_i(t)b_j(t')\rangle + \langle F_i(t)b_j(t')\rangle . \tag{5.7.8}$$

根据马尔科夫近似,前一时刻的系统算符 $b_j(t')$ 与后一时刻的噪声算符 $F_i(t)$ 没有关联,因此有量子回归定理(quantum regression theorem)

$$\frac{\mathrm{d}}{\mathrm{d}t}\langle b_i(t)b_j(t')\rangle = \langle Q_i(t)b_j(t')\rangle,\quad (t'<t), \tag{5.7.9a}$$

$$\frac{\mathrm{d}}{\mathrm{d}t}\langle b_i(t')b_j(t)\rangle = \langle b_i(t')Q_j(t)\rangle,\quad (t'<t). \tag{5.7.9b}$$

这个定理指出双时关联函数 $\langle b_i(t)b_j(t')\rangle$ 满足与系统变量平均值 $\langle b_i(t)\rangle$ 相同的运动方程.

3. 噪声谱的计算

利用爱因斯坦关系和量子回归定理,可以计算线性系统的噪声谱. 多变量线性系统的朗之万方程表示为

$$\frac{\mathrm{d}}{\mathrm{d}t}b_i(t) = -\sum_j M_{ij}b_j(t) + F_i(t). \tag{5.7.10}$$

通常研究的光学系统都是非线性系统,我们可以在系统变量某一静态值附近展开,其对应的系统涨落变量近似地满足上述线性方程. 运用量子回归定理得到双时关联函数运动方程

$$\frac{\mathrm{d}}{\mathrm{d}\tau}\langle b_i(\tau+t)B(t)\rangle = -\sum_j M_{ij}\langle b_j(\tau+t)B(t)\rangle,\quad (\tau>0), \tag{5.7.11a}$$

$$\frac{\mathrm{d}}{\mathrm{d}\tau}\langle B(t)b_i(\tau+t)\rangle = -\sum_j M_{ij}\langle B(t)b_j(\tau+t)\rangle,\quad (\tau>0), \tag{5.7.11b}$$

其中 B 为任意系统变量.

对上述方程两边作拉普拉斯变换,例如(5.7.11a)的左边为

$$\begin{aligned}\int_0^\infty \left[\frac{\mathrm{d}}{\mathrm{d}\tau}\langle b_i(\tau+t)B(t)\rangle\right]\mathrm{e}^{-p\tau}\mathrm{d}\tau &= \langle b_i(\tau+t)B(t)\rangle \mathrm{e}^{-p\tau}\Big|_0^\infty - \int_0^\infty \langle b_i(\tau+t)B(t)\rangle \frac{\mathrm{d}}{\mathrm{d}\tau}\mathrm{e}^{-p\tau}\mathrm{d}\tau \\ &= -\langle b_i(t)B(t)\rangle + p\int_0^\infty \langle b_i(\tau+t)B(t)\rangle \mathrm{e}^{-p\tau}\mathrm{d}\tau ,\end{aligned}$$

其中 p 为任意复数. 经拉普拉斯变换后的(5.7.11a)式为

$$\sum_j (M_{ij}+p\delta_{ij})\int_0^\infty \langle b_j(\tau+t)B(t)\rangle e^{-p\tau}d\tau = \langle b_i(t)B(t)\rangle . \qquad (5.7.12)$$

设 $\boldsymbol{b}=\{b_i\}$ 表示列矢量, $\boldsymbol{b}^T=(b_1,b_2,\cdots)$ 为行矢量, $M=\{M_{ij}\}$ 为漂移矩阵. 上述方程可表示为矩阵形式

$$(M+pI)\int_0^\infty \langle \boldsymbol{b}(\tau+t)B(t)\rangle e^{-p\tau}d\tau = \langle \boldsymbol{b}(t)B(t)\rangle , \qquad (5.7.13)$$

I 为单位矩阵. 由此解出

$$\int_0^\infty \langle \boldsymbol{b}(\tau+t)B(t)\rangle e^{-p\tau}d\tau = (M+pI)^{-1}\langle \boldsymbol{b}(t)B(t)\rangle . \qquad (5.7.14a)$$

同理,由(5.7.11b)式得到

$$\int_0^\infty \langle B(t)\boldsymbol{b}(\tau+t)\rangle e^{-p\tau}d\tau = (M+pI)^{-1}\langle B(t)\boldsymbol{b}(t)\rangle . \qquad (5.7.14b)$$

定义双时关联函数的谱矩阵元

$$S_{ik}(\omega)=\frac{1}{2\pi}\int_{-\infty}^\infty \langle b_i(\tau+t)b_k(t)\rangle e^{i\omega\tau}d\tau . \qquad (5.7.15)$$

在下面我们假设系统已经经过了开始的弛豫过程达到了静态,因此上式中的双时关联函数不依赖于时间 t. (5.7.15)式化为

$$\begin{aligned} S_{ik}(\omega) &= \frac{1}{2\pi}\left[\int_0^\infty \langle b_i(\tau+t)b_k(t)\rangle e^{i\omega\tau}d\tau + \int_{-\infty}^0 \langle b_i(\tau+t)b_k(t)\rangle e^{i\omega\tau}d\tau\right] \\ &= \frac{1}{2\pi}\left[\int_0^\infty \langle b_i(\tau+t)b_k(t)\rangle e^{i\omega\tau}d\tau + \int_0^\infty \langle b_i(-\tau+t)b_k(t)\rangle e^{-i\omega\tau}d\tau\right] \\ &= \frac{1}{2\pi}\left[\int_0^\infty \langle b_i(\tau+t)b_k(t)\rangle e^{i\omega\tau}d\tau + \int_0^\infty \langle b_i(t)b_k(\tau+t)\rangle e^{-i\omega\tau}d\tau\right] , \end{aligned} \qquad (5.7.16)$$

最后一个等式用到了静态关联函数的时间平移不变性.

在(5.7.14a)式中令 $p=-i\omega$ 和 $B=b_k$,在(5.7.14b)式中令 $p=i\omega$ 和 $B=b_i$,

$$\int_0^\infty \langle b_i(\tau+t)b_k(t)\rangle e^{i\omega\tau}d\tau = \sum_j (M-i\omega I)^{-1}_{ij}\langle b_j(t)b_k(t)\rangle , \qquad (5.7.17a)$$

$$\begin{aligned} \int_0^\infty \langle b_i(t)b_k(\tau+t)\rangle e^{-i\omega\tau}d\tau &= \sum_j (M+i\omega I)^{-1}_{kj}\langle b_i(t)b_j(t)\rangle \\ &= \sum_j \langle b_i(t)b_j(t)\rangle (M^T+i\omega I)^{-1}_{jk} , \end{aligned} \qquad (5.7.17b)$$

M^T 为 M 的转置矩阵,上式中最后一步用到矩阵的逆和转置可以交换. 因此谱矩阵元为

$$S_{ik}(\omega)=\frac{1}{2\pi}\sum_j\left[(M-\mathrm{i}\omega I)^{-1}_{ij}\left\langle b_j(t)b_k(t)\right\rangle+\left\langle b_i(t)b_j(t)\right\rangle(M^{\mathrm{T}}+\mathrm{i}\omega I)^{-1}_{jk}\right],\tag{5.7.18}$$

写成矩阵形式

$$S(\omega)=\frac{1}{2\pi}\left[(M-\mathrm{i}\omega I)^{-1}\left\langle \boldsymbol{b}(t)\,\boldsymbol{b}^{\mathrm{T}}(t)\right\rangle+\left\langle \boldsymbol{b}(t)\,\boldsymbol{b}^{\mathrm{T}}(t)\right\rangle(M^{\mathrm{T}}+\mathrm{i}\omega I)^{-1}\right],\tag{5.7.19}$$

其中 $S(\omega)=\{S_{ik}(\omega)\}$，$\boldsymbol{b}(t)=\{b_j(t)\}$.

因为系统已达到静态，广义爱因斯坦关系(5.7.7)式成为

$$\begin{aligned}D_{ij}&=-\left\langle Q_ib_j\right\rangle-\left\langle b_iQ_j\right\rangle=\sum_k M_{ik}\left\langle b_kb_j\right\rangle+\sum_k M_{jk}\left\langle b_ib_k\right\rangle\\&=\sum_k M_{ik}\left\langle b_kb_j\right\rangle+\sum_k\left\langle b_ib_k\right\rangle M^{\mathrm{T}}_{kj}.\end{aligned}\tag{5.7.20}$$

对应的矩阵表示

$$D=M\left\langle \boldsymbol{b}\,\boldsymbol{b}^{\mathrm{T}}\right\rangle+\left\langle \boldsymbol{b}\,\boldsymbol{b}^{\mathrm{T}}\right\rangle M=(M-\mathrm{i}\omega I)\left\langle \boldsymbol{b}\,\boldsymbol{b}^{\mathrm{T}}\right\rangle+\left\langle \boldsymbol{b}\,\boldsymbol{b}^{\mathrm{T}}\right\rangle(M^{\mathrm{T}}+\mathrm{i}\omega I),\tag{5.7.21}$$

结合(5.7.19)式得到系统变量关联谱矩阵

$$S(\omega)=\frac{1}{2\pi}(M-\mathrm{i}\omega I)^{-1}D\,(M^{\mathrm{T}}+\mathrm{i}\omega I)^{-1}.\tag{5.7.22}$$

计算关联谱的(5.7.22)式是一个十分重要和有用的公式，例如可以计算共振荧光谱和各种非线性光学系统的量子挤压态的谱(Lugiato, 1990; Fabre, 1990; Wang, 1993; Yang, 1997a, 1997b, 1997c; Sinatra, 1998; Wang, 1999, 2000).

练　　习

1. 试推导(5.7.6b)式.

5.8　量子系统的输入-输出公式

上面的讨论关注的是热库对量子系统的影响. 在量子光学问题中，系统常为近封闭模型，通过一个开放窗口与外界联系. 例如工作物质处在一个光学谐振腔中，通过一个有一定透射率的镜面与外界联系. 通常测量并非对腔内场而是对输入和输出谐振腔的外场进行. 为此需要建立输入和输出场与腔内场的关系，由外部测量获得腔内场的信息.

1. 光学腔的经典输入-输出公式

我们先考虑光学腔的经典输入-输出公式(input-output formula). 设谐振腔只有一个对外窗口，窗口是一个无损耗光学分束器，如图 5.8-1 所示. 设分束器的强度透射率为 T，反射率为 $R=1-T$. E_{in} 和 E_{out} 分别为处在腔外的输入和输出光场，$E(0)$ 和 $E(\Lambda)$ 为腔内场，其中 Λ 为谐振腔

的环形腔长. 根据分束器变换公式[注]

$$E(0) = -\sqrt{T}E_{\text{in}} + \sqrt{R}E(\Lambda), \tag{5.8.1a}$$

$$E_{\text{out}} = \sqrt{R}E_{\text{in}} + \sqrt{T}E(\Lambda). \tag{5.8.1b}$$

消去 $E(\Lambda)$后得到

$$\sqrt{R}E_{\text{out}} - E_{\text{in}} = \sqrt{T}E(0). \tag{5.8.2}$$

为了减少光学谐振腔的损耗,通常腔的窗镜的透射率远小于一,$T \ll 1$. 上式近似为

$$E_{\text{out}} - E_{\text{in}} = \sqrt{T}E(0). \tag{5.8.3}$$

下面将看到量子系统与热库相互作用中也有类似的关系.

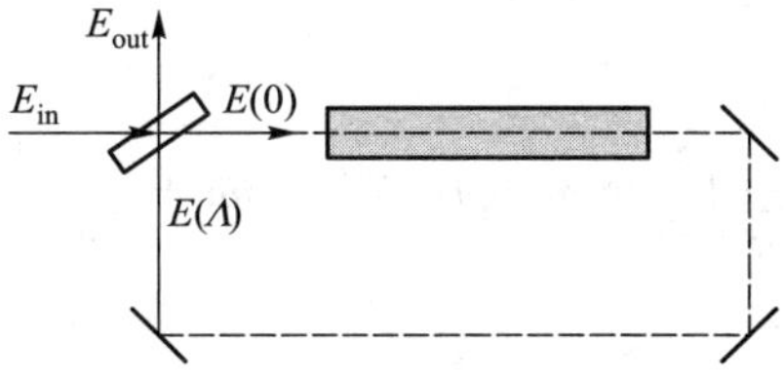

图 5.8-1 单端窗口光学谐振腔

2. 量子系统的输入-输出公式

1985 年 Gardiner 和 Collett 讨论了衰变量子系统的输入-输出公式(Gardiner,1985). 现考虑量子系统与热浴(heat bath)相互作用,设哈密顿量为

$$H = H_S + H_B + H_I, \tag{5.8.4}$$

其中 H_S为系统哈密顿量. 热浴的哈密顿量 H_B与(5.3.2)式类似

$$H_B = \hbar\int_{-\infty}^{\infty} \omega b^\dagger(\omega)b(\omega)\mathrm{d}\omega, \tag{5.8.5}$$

其中 $b(\omega)$是玻色子湮没算符,满足玻色子算符对易关系,例如真空场就是最常见的热浴. 在系统与热浴的相互作用中,假设相互作用哈密顿量 H_I 中的热浴算符是线性关系,并可采用旋波近似,如同(5.3.3)式有

$$H_I = \mathrm{i}\hbar\int_{-\infty}^{\infty} \kappa(\omega)[b^\dagger(\omega)c - c^\dagger b(\omega)]\mathrm{d}\omega, \tag{5.8.6}$$

其中 c 由系统算符组成,它可以是非线性形式.

[注] 根据 3.4 节采用不同相位的分束器变换公式将在输入-输出公式中引入不同的相移.

先考虑热浴算符运动方程,由海森伯运动方程

$$(\mathrm{d}/\mathrm{d}t)b(\omega,t) = -(\mathrm{i}/\hbar)[b(\omega,t),H_{\mathrm{B}}+H_{\mathrm{I}}] = -\mathrm{i}\omega b(\omega,t)+\kappa(\omega)c(t). \tag{5.8.7}$$

设 t_0 为初始时刻,对于 $t>t_0$ 该方程的形式解为

$$b(\omega,t) = b(\omega,t_0)\mathrm{e}^{-\mathrm{i}\omega(t-t_0)}+\kappa(\omega)\int_{t_0}^{t}\mathrm{e}^{-\mathrm{i}\omega(t-t')}c(t')\mathrm{d}t',\quad (t>t_0). \tag{5.8.8}$$

上式第一项为热浴算符的自由运动,第二项为系统对热浴算符的影响.

假设热浴的频谱是平坦的,设为

$$\kappa(\omega) = \sqrt{\gamma/(2\pi)}. \tag{5.8.9}$$

此假设称为第一马尔科夫近似,它将导致一阶马尔科夫过程. 在此假设下对(5.8.8)式作频率积分后得到

$$\frac{1}{\sqrt{2\pi}}\int_{-\infty}^{\infty}b(\omega,t)\mathrm{d}\omega = \frac{1}{\sqrt{2\pi}}\int_{-\infty}^{\infty}b(\omega,t_0)\mathrm{e}^{-\mathrm{i}\omega(t-t_0)}\mathrm{d}\omega+\frac{\sqrt{\gamma}}{2\pi}\int_{t_0}^{t}\int_{-\infty}^{\infty}\mathrm{e}^{-\mathrm{i}\omega(t-t')}c(t')\mathrm{d}\omega\mathrm{d}t'. \tag{5.8.10}$$

上式右边第一项是没有受到系统影响的初始时刻所有频率热浴玻色算符叠加场的时间演化,称为热浴对系统的输入场[注]

$$b_{\mathrm{in}}(t) = \frac{1}{\sqrt{2\pi}}\int_{-\infty}^{\infty}b(\omega,t_0)\mathrm{e}^{-\mathrm{i}\omega(t-t_0)}\mathrm{d}\omega. \tag{5.8.11}$$

利用数学公式

$$\int_{-\infty}^{\infty}\mathrm{e}^{-\mathrm{i}\omega(t-t')}\mathrm{d}\omega = 2\pi\delta(t-t'), \tag{5.8.12}$$

$$\int_{t_0}^{t}c(t')\delta(t-t')\mathrm{d}t' = \frac{1}{2}c(t), \tag{5.8.13}$$

(5.8.10)式可简化为

$$\frac{1}{\sqrt{2\pi}}\int_{-\infty}^{\infty}b(\omega,t)\mathrm{d}\omega = b_{\mathrm{in}}(t)+\frac{\sqrt{\gamma}}{2}c(t). \tag{5.8.14}$$

如果设 t_1 为热浴与系统相互作用的终止时刻,同样可以得到热浴算符运动方程在 $t<t_1$ 时的形式解. 在(5.8.8)式中以 t 替换 t_0 和 t_1 替换 t 后得到

$$b(\omega,t_1) = b(\omega,t)\mathrm{e}^{-\mathrm{i}\omega(t_1-t)}+\kappa(\omega)\int_{t}^{t_1}\mathrm{e}^{-\mathrm{i}\omega(t_1-t')}c(t')\mathrm{d}t',\quad (t_1>t), \tag{5.8.15}$$

[注] 也有人定义 b_{in} 为(5.8.11)式右边的负值,相应地输入-输出公式成为 $b_{\mathrm{out}}(t)+b_{\mathrm{in}}(t)=\sqrt{\gamma}c(t)$.

由此解出

$$b(\omega,t)=b(\omega,t_1)\mathrm{e}^{-\mathrm{i}\omega(t-t_1)}-\kappa(\omega)\int_t^{t_1}\mathrm{e}^{-\mathrm{i}\omega(t-t')}c(t')\mathrm{d}t',\quad(t_1>t).\tag{5.8.16}$$

同样的推导可得到

$$\frac{1}{\sqrt{2\pi}}\int_{-\infty}^{\infty}b(\omega,t)\mathrm{d}\omega=b_{\text{out}}(t)-\frac{\sqrt{\gamma}}{2}c(t),\tag{5.8.17}$$

其中热浴与系统相互作用终态时的热浴算符定义为输出场

$$b_{\text{out}}(t)=\frac{1}{\sqrt{2\pi}}\int_{-\infty}^{\infty}b(\omega,t_1)\mathrm{e}^{-\mathrm{i}\omega(t-t_1)}\mathrm{d}\omega.\tag{5.8.18}$$

由(5.8.14)式和(5.8.17)式可得到输入-输出公式

$$b_{\text{out}}(t)-b_{\text{in}}(t)=\sqrt{\gamma}c(t).\tag{5.8.19}$$

据此我们可以类比前面的经典光学腔系统画出量子系统与热浴相互作用的示意图 5.8-2,其中的输入输出场实际上分别代表量子系统与热浴相互作用开始与终止时刻热浴的场.

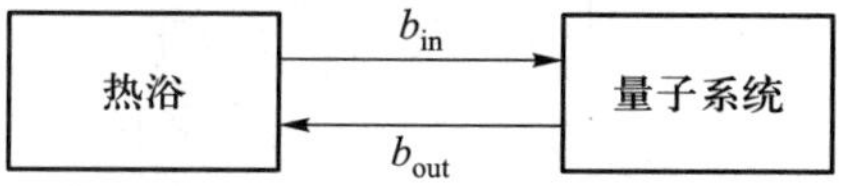

图 5.8-2　量子系统与热浴相互作用示意图

3. 量子系统算符的运动方程

设系统算符是腔模玻色算符,用 a 表示,其运动方程为

$$\begin{aligned}\frac{\mathrm{d}a}{\mathrm{d}t}&=-\frac{\mathrm{i}}{\hbar}[a,H_S+H_1]\\&=-\frac{\mathrm{i}}{\hbar}[a,H_S]+\int_{-\infty}^{\infty}\kappa(\omega)\{b^\dagger(\omega,t)[a,c]-[a,c^\dagger]b(\omega,t)\}\mathrm{d}\omega.\end{aligned}\tag{5.8.20}$$

将热浴算符的解(5.8.8)式代入后得到

$$\begin{aligned}\frac{\mathrm{d}a}{\mathrm{d}t}=&-\frac{\mathrm{i}}{\hbar}[a,H_S]+\int_{-\infty}^{\infty}\kappa(\omega)\{\mathrm{e}^{\mathrm{i}\omega(t-t_0)}b^\dagger(\omega,t_0)[a,c]-[a,c^\dagger]b(\omega,t_0)\mathrm{e}^{-\mathrm{i}\omega(t-t_0)}\}\mathrm{d}\omega+\\&\int_{-\infty}^{\infty}\mathrm{d}\omega\kappa^2(\omega)\int_{t_0}^{t}\mathrm{d}t'\{\mathrm{e}^{\mathrm{i}\omega(t-t')}c^\dagger(t')[a,c]-[a,c^\dagger]c(t')\mathrm{e}^{-\mathrm{i}\omega(t-t')}\}.\end{aligned}\tag{5.8.21}$$

采用第一马尔科夫近似(5.8.9)式和利用(5.8.12)式和(5.8.13)式,腔模 a 的运动方程为

$$\frac{\mathrm{d}a}{\mathrm{d}t}=-\frac{\mathrm{i}}{\hbar}[a,H_S]-[a,c^\dagger]\left(\frac{\gamma}{2}c+\sqrt{\gamma}b_{\text{in}}\right)+\left(\frac{\gamma}{2}c^\dagger+\sqrt{\gamma}b_{\text{in}}^\dagger\right)[a,c].\tag{5.8.22}$$

设系统为单模场 $H_S = \hbar\Omega a^\dagger a$，且设 $c=a$，系统运动方程为

$$(\mathrm{d}/\mathrm{d}t)a = -\mathrm{i}\Omega a - (\gamma/2)a - \sqrt{\gamma}\,b_{\mathrm{in}}. \tag{5.8.23}$$

这正是本章第 6 节的阻尼简谐振子的量子朗之万方程(5.6.9)式，其中$(-\gamma/2)a$为衰变项，$-\sqrt{\gamma}\,b_{\mathrm{in}}$为噪声项，它们都是一阶马尔科夫过程. 此时的输入-输出公式为

$$b_{\mathrm{out}}(t) - b_{\mathrm{in}}(t) = \sqrt{\gamma}\,a(t). \tag{5.8.24}$$

4. 输入-输出场和量子因果关系

量子因果性表示系统当前的值只受到过去输入值的影响，而未来输出的值只受到当前系统值的影响. 用公式表示为

$$[a(t), b_{\mathrm{in}}(t')] = 0,\quad (t' > t), \tag{5.8.25a}$$

$$[a(t), b_{\mathrm{out}}(t')] = 0,\quad (t' < t). \tag{5.8.25b}$$

定义阶跃函数

$$u(t) = \begin{cases} 1 & \text{当 } t > 0 \\ 1/2 & \text{当 } t = 0 \\ 0 & \text{当 } t < 0 \end{cases}, \tag{5.8.26}$$

由(5.8.25)式、(5.8.14)式、(5.8.17)式和(5.8.19)式可以得到

$$[a(t), b_{\mathrm{in}}(t')] = -u(t-t')\sqrt{\gamma}[a(t), c(t')], \tag{5.8.27a}$$

$$[a(t), b_{\mathrm{in}}^\dagger(t')] = -u(t-t')\sqrt{\gamma}[a(t), c^\dagger(t')], \tag{5.8.27b}$$

$$[a(t), b_{\mathrm{out}}(t')] = u(t'-t)\sqrt{\gamma}[a(t), c(t')], \tag{5.8.28a}$$

$$[a(t), b_{\mathrm{out}}^\dagger(t')] = u(t'-t)\sqrt{\gamma}[a(t), c^\dagger(t')], \tag{5.8.28b}$$

其中 c 是任意系统算符.

5. 双端窗口量子系统的输入-输出关系

上面讨论的量子系统只有一个对外联系窗口. 有的量子系统可能存在两个模式，例如信号模和探测模，它们分别有自己的对外联系窗口，例如有双端窗口的光学谐振腔. 假如两个窗口的输入光之间不存在关联，则可认为两个窗口的热浴相互独立. 尽管两个系统模式可能存在相互作用，上面讨论的输入－输出公式仍可以分别独立地应用到这两个系统模式.

练　习

1. 试推导(5.8.7)式[提示：(ⅰ)热浴哈密顿量中的模式 $b(\omega)=b(\omega,t_0)$；(ⅱ)同时刻的系统算符与热浴算符可以对易$[b(\omega,t),c(t)]=0$].

2. 试推导(5.8.8)式.

3. 由(5.8.16)式推导(5.8.17)式.

4. 试推导(5.8.21)式和(5.8.22)式.

5. 由(5.8.16)式推导(5.8.17)式.

6. 试推导(5.8.27)式.

参考文献

Fabre C., Giacobino E., Heidmann A., Lugiato L. A., Reynaud S., Vadacchino M., Wang Kaige (1990). Quantum Optics, Vol. **2**, p. 159—187. "Squeezing in detuned degenerate optical parametric oscillators"

Gardiner C. M. and Collett M. J. (1985). Phys. Rev. A **31**, 3761. "Input and output in damped quantum systems: Quantum stochastic differential equations and the master equation"

Lugiato L. A. and Wang Kaige (1990). Annalen del Physik **7**, Folge, Band 47, Heft 7, p. 539—554. "The spectrum of squeezing in degenerate four-wave mixing"

Sinatra A., Roch J. F., Vigneron K., Grelu Ph., Poizat J. -Ph., Wang Kaige, and Grangier P. (1998). Phys. Rev. A **57**, No. 4, 2980—2995. "Quantum-nondemolition measurements using cold trapped atoms: Comparison between theory and experiment"

Wang Kaige, Sinatra A., and Lugiato L. A. (2000). Euro. Phys. J. D **12**, 339—349. "Calculation of quantum correlation spectra using the regression theorem"

Wang Kaige and Wang Yafei (1993). J. Opt. Soc. Am. B **10**, No. 11, p. 2130—2135. "Spectrum of squeezing in detuned degenerate four-wave mixing"

Wang Kaige and Yang Guojian (1999). Commun. Theor. Phys. **31**, No. 3, 347—354. "Formulation of optical quantum nondemolition criteria in linearized systems"

Yang Guojian and Wang Kaige (1997a). J. Opt. Soc. Am. B **14**, No. 7, p. 1550—1555. "Quantum nondemolition measurement via a two-photon transition in the presence of Stark shift"

Yang Guojian and Wang Kaige (1997b). Opt. Commun. Vol. **137**, p. 151—157. "Quantum nondemolition measurement and squeezing in an effective two-level atomic system"

Yang Guojian and Wang Kaige (1997c). Commun. Theor. Phys. Vol. **28**, No. 3, p. 271—276. "Quantum nondemolition measurement in two-photon optical bistability"

第六章　双光子干涉

我们在卷Ⅰ第3章和本卷的引子部分曾经提到半经典理论可以处理辐射场与物质相互作用的许多问题，但不能解决如原子的自发辐射、兰姆移动和共振荧光等问题，因此需要建立辐射场的全量子理论.但早期的一些理论研究曾表明，在半经典理论中引入真空涨落，同样可以解释这些效应.在20世纪末量子光学学科的发展中，涌现出许多新的现象，如量子噪声减弱至低于真空涨落，双光子纠缠态（two-photon entangled state）和双光子干涉（two-photon interference）等，这些现象是无法用半经典理论加真空涨落来解决.在本章中我们介绍用光场量子理论来研究双光子干涉.

6.1　单光子态和单光子波包

我们知道实物粒子例如电子的量子效应体现在它的波动性，电磁场的量子效应体现在粒子性，称为光子.因此实物粒子的量子化与电磁场的量子化的方法是完全不相同的.在量子力学中，将描述电子的力学量——位置和动量——对应于一对不可对易的算符，并建立电子波函数的薛定谔方程.

黑体辐射实验和光电效应将辐射场的量子化问题指向能量的最小单位和分离值.在本卷第1章电磁场的量子化中，是将电场和磁场对应于算符，然后等价于一组量子谐振子集合，实现了能量量子化.在这两个等价物理系统的对比中，谐振粒子的坐标和动量对应于电场算符的两个正交分量，而并非光子的坐标和动量.实际上在此过程中并没有涉及光子波函数和薛定谔方程.

光子能否像电子一样建立波函数和对应的波方程？大多数学者认为在严格意义下的光子波函数并不存在.在研究光场的干涉和衍射问题时，无论是经典光场或量子光场，都使用经典麦克斯韦方程，不曾遇到困难.虽然有人尝试用薛定谔方程来讨论例如单光子的双缝干涉，但并没有得到更有价值的结果，而其波函数的概率解释模糊不清.看来建立严格意义上的光子波函数概念并不具有必要性，并且很可能会产生某些误导.尽管如此，波粒二象性是量子力学对物质世界统一的认识，寻求光子和电子具有类比性的描述仍具有吸引力.

1. 单光子波包

具有确定波长的平面波是理想模型，它并不存在.现实的波是由许多不同波长的平面波叠加而成，并局限在有限空间中，故称为波包.波包一般可表示为

$$E(\boldsymbol{r},t)=\int \tilde{E}(\boldsymbol{k})\mathrm{e}^{\mathrm{i}\boldsymbol{k}\cdot\boldsymbol{r}-\mathrm{i}\omega_k t}\mathrm{d}^3\boldsymbol{k}, \tag{6.1.1}$$

$\tilde{E}(\boldsymbol{k})$ 是波矢空间谱.

在量子力学中,一个有确定能量 $\mathscr{E}_e$ 和动量 $\boldsymbol{p}$ 的自由电子的态 $|\boldsymbol{p}\rangle$ 对应于一个德布罗意平面波,波函数为 $\langle\boldsymbol{x}|\boldsymbol{p}\rangle=A\exp[\mathrm{i}(\boldsymbol{p}\cdot\boldsymbol{x}-\mathscr{E}_e t)/\hbar]$.单电子的一般量子态为

$$|\psi_e\rangle=\int|\boldsymbol{p}\rangle\langle\boldsymbol{p}|\psi_e\rangle\mathrm{d}^3\boldsymbol{p}=\int|\boldsymbol{x}\rangle\langle\boldsymbol{x}|\psi_e\rangle\mathrm{d}^3\boldsymbol{x}, \tag{6.1.2}$$

在坐标空间的概率波包表示为

$$\langle\boldsymbol{x}|\psi_e\rangle=\int\langle\boldsymbol{x}|\boldsymbol{p}\rangle\langle\boldsymbol{p}|\psi_e\rangle\mathrm{d}^3\boldsymbol{p}=A\int\langle\boldsymbol{p}|\psi_e\rangle\exp[\mathrm{i}(\boldsymbol{p}\cdot\boldsymbol{x}-\mathscr{E}_e t)/\hbar]\mathrm{d}^3\boldsymbol{p}, \tag{6.1.3}$$

而 $\langle\boldsymbol{p}|\psi_e\rangle$ 为电子在动量空间的波谱.

现考虑电磁场的一个单光子纯态,由于电磁场展开为模式,光量子定义在模式之中.对应于单电子态 $|\boldsymbol{p}\rangle$,一个处在 $\boldsymbol{k}$ 模的单光子态用 $\boldsymbol{k}$ 模产生算符作用在真空态上表示,$|1(\boldsymbol{k})\rangle\equiv a^{\dagger}(\boldsymbol{k})|0\rangle$.多模单光子态的一般形式为

$$|\psi_s\rangle=\int\tilde{C}(\boldsymbol{k})a^{\dagger}(\boldsymbol{k})|0\rangle\mathrm{d}^3\boldsymbol{k}, \tag{6.1.4}$$

在形式上可以写为

$$|\psi_s\rangle=\int|1(\boldsymbol{k})\rangle\langle 1(\boldsymbol{k})|\psi_s\rangle\mathrm{d}^3\boldsymbol{k}. \tag{6.1.5}$$

对应于单电子态(6.1.2)式,$\langle 1(\boldsymbol{k})|\psi_s\rangle=\tilde{C}(\boldsymbol{k})$ 是单光子态 $|\psi_s\rangle$ 在波矢 - 动量空间的谱.因为电磁场本身就是波,在量子描述中是将波包赋予分离的光量子,例如单光子.运用(6.1.1)式到单光子态的谱 $\tilde{C}(\boldsymbol{k})$ 就可以得到在坐标空间的波包表示 $C(\boldsymbol{x})$.

下面我们将使用量子力学的表示方式描述单光子波包(single-photon wavepacket).根据(1.2.39)式,电场算符可以表示为 $E(\boldsymbol{r},t)=E^{(+)}(\boldsymbol{r},t)+E^{(-)}(\boldsymbol{r},t)$,其中正频分量为

$$E^{(+)}(\boldsymbol{r},t)=\frac{\mathrm{i}}{(2\pi)^{3/2}}\int\left(\frac{\hbar\omega_k}{2\varepsilon_0}\right)^{1/2}a(\boldsymbol{k})\mathrm{e}^{\mathrm{i}\boldsymbol{k}\cdot\boldsymbol{r}-\mathrm{i}\omega_k t}\mathrm{d}^3\boldsymbol{k}. \tag{6.1.6}$$

假定辐射场具有准单色性,忽略其频率展宽的影响,上式可近似为

$$E^{(+)}(\boldsymbol{r},t)=\frac{\mathrm{i}}{(2\pi)^{3/2}}\left(\frac{\hbar\omega}{2\varepsilon_0}\right)^{1/2}\int a(\boldsymbol{k})\mathrm{e}^{\mathrm{i}\boldsymbol{k}\cdot\boldsymbol{r}-\mathrm{i}\omega_k t}\mathrm{d}^3\boldsymbol{k}. \tag{6.1.7}$$

尽管上式与(6.1.1)式很相似,但它仅仅是量子描述中场算符记号,并不能表示特定的电磁场.为此需要将场算符与特定的态矢相结合.对于单光子态(6.1.4)式,坐标空间中的单光子波包定

义为

$$\begin{aligned}\left\langle 0\left|E^{(+)}(\boldsymbol{r},t)\right|\psi_{\mathrm{s}}\right\rangle &\propto \int \widetilde{C}(\boldsymbol{k}')\mathrm{e}^{\mathrm{i}\boldsymbol{k}\cdot\boldsymbol{r}-\mathrm{i}\omega_{\boldsymbol{k}}t}\left\langle 0\left|a(\boldsymbol{k})a^{\dagger}(\boldsymbol{k}')\right|0\right\rangle \mathrm{d}^3\boldsymbol{k}\mathrm{d}^3\boldsymbol{k}' \\ &= \int \widetilde{C}(\boldsymbol{k})\mathrm{e}^{\mathrm{i}\boldsymbol{k}\cdot\boldsymbol{r}-\mathrm{i}\omega_{\boldsymbol{k}}t}\mathrm{d}^3\boldsymbol{k} = C(\boldsymbol{r},t),\end{aligned} \tag{6.1.8}$$

单光子波包又可称为单光子振幅(single-photon amplitude),它是C数.这样定义的单光子波包与经典波包(6.1.1)式有相同的形式,因此在量子光学中考虑单光子问题时往往等同于经典光学.

定义坐标空间的光子湮没算符

$$a(\boldsymbol{r},t)=\int a(\boldsymbol{k})\mathrm{e}^{\mathrm{i}\boldsymbol{k}\cdot\boldsymbol{r}-\mathrm{i}\omega_{\boldsymbol{k}}t}\mathrm{d}^3\boldsymbol{k}. \tag{6.1.9}$$

在上述平面波模式的连续叠加中,由于 $\omega_{\boldsymbol{k}}=|\boldsymbol{k}|c$,$\omega_{\boldsymbol{k}}$ 不是独立变量,因此 $a(\boldsymbol{r},t)$ 实际上是 $a(\boldsymbol{k})\mathrm{e}^{-\mathrm{i}\omega_{\boldsymbol{k}}t}$ 的傅里叶变换.只有在准单色近似条件下,$a(\boldsymbol{r},t)=a(\boldsymbol{r})\mathrm{e}^{-\mathrm{i}\omega_{\boldsymbol{k}}t}$,其中 $a(\boldsymbol{r})$ 与 $a(\boldsymbol{k})$ 互为傅里叶变换.由(6.1.7)式则有

$$E^{(+)}(\boldsymbol{r},t)=\frac{\mathrm{i}}{(2\pi)^{3/2}}\left(\frac{\hbar\omega}{2\varepsilon_0}\right)^{1/2}a(\boldsymbol{r},t). \tag{6.1.10}$$

如果将 $a^{\dagger}(\boldsymbol{r},t)\left|0\right\rangle$ 解读为在$(\boldsymbol{r},t)$处产生一个光子,单光子波包的表式 $\left\langle 0\left|E^{(+)}(\boldsymbol{r},t)\right|\psi_{\mathrm{s}}\right\rangle$ 与单电子波包的形式 $\left\langle (\boldsymbol{x},t)\middle|\psi_{e}\right\rangle$ 可以对应.将(6.1.9)式用于(6.1.4)式,容易证明单光子态在坐标空间的表示为

$$\left|\psi_{\mathrm{s}}\right\rangle=\int C(\boldsymbol{r},t)a^{\dagger}(\boldsymbol{r},t)\left|0\right\rangle\mathrm{d}^3\boldsymbol{r}. \tag{6.1.11}$$

因此描述一个光子和一个电子的量子态在数学形式上可以建立对应,然而两者的物理意义是不同的:电子波包是概率振幅,光子波包是电磁波本身.

2. 单光子波包的一阶关联函数

我们仍考虑上面定义的单光子纯态,根据电场量子一阶关联函数的定义,在中间插入一个完备集

$$\begin{aligned}G^{(1,1)}(\boldsymbol{r}_1,t_1;\boldsymbol{r}_2,t_2)&=\left\langle\psi_{\mathrm{s}}\left|E^{(-)}(\boldsymbol{r}_1,t_1)E^{(+)}(\boldsymbol{r}_2,t_2)\right|\psi_{\mathrm{s}}\right\rangle \\ &=\left\langle\psi_{\mathrm{s}}\left|E^{(-)}(\boldsymbol{r}_1,t_1)\left\{\prod_{\boldsymbol{k}}\sum_{n_{\boldsymbol{k}}}\left|n_{\boldsymbol{k}}\right\rangle\left\langle n_{\boldsymbol{k}}\right|\right\}E^{(+)}(\boldsymbol{r}_2,t_2)\right|\psi_{\mathrm{s}}\right\rangle.\end{aligned} \tag{6.1.12}$$

由于 $\left|\psi_{\mathrm{s}}\right\rangle$ 是单光子态,插入的完备集中只有真空态可以有非零值,即对于$n_{\boldsymbol{k}}\neq 0$,$\left\langle n_{\boldsymbol{k}}\left|E^{(+)}(\boldsymbol{r}_2,t_2)\right|\psi_{\mathrm{s}}\right\rangle=0$.因此有

$$
\begin{aligned}
&G^{(1,1)}(\boldsymbol{r}_1,t_1;\boldsymbol{r}_2,t_2) \\
&= \langle \psi_s | E^{(-)}(\boldsymbol{r}_1,t_1) | 0 \rangle \langle 0 | E^{(+)}(\boldsymbol{r}_2,t_2) | \psi_s \rangle \propto C^*(\boldsymbol{r}_1,t_1)C(\boldsymbol{r}_2,t_2).
\end{aligned} \tag{6.1.13}
$$

在场的一阶关联中波包 $C(\boldsymbol{r},t)$ 直接替代了场算符.假设 $C(\boldsymbol{r},t)$ 是确定性函数,根据(3.2.4)式,单光子波包满足一阶完全相干性,这个结果使我们想起了狄拉克的名言“每个光子只同自己干涉……”(Dirac,1930).

单光子纯态有确定的单光子波包,犹如一个经典确定波包(参见卷Ⅱ的3.2节).但单光子波包只具有一阶相干性.容易证明,单光子态的任何高阶关联函数均为零,因为光场的高阶关联函数涉及多光子测量.这是量子光场粒子属性的体现.

3. 单光子混合态及其一阶关联函数

现在考虑单光子混合态,它是单光子态的非相干叠加.最简单的单光子混合态是由平面波单光子态统计混合而成.为了简化问题和记号,我们先考虑这些单光子态是有相同传播方向的平面波,但它们的频率 ω 各不相同,记为 $|1(\omega)\rangle$.对应的单光子混合态为

$$
\rho_s = \sum_{\omega} P(\omega) |1(\omega)\rangle\langle 1(\omega)|, \tag{6.1.14}
$$

$P(\omega)$ 为取 $|1(\omega)\rangle$ 态的概率.

单光子混合态不存在确定的波包形式,它是波包的统计系综表示,我们可以从光场关联函数的角度来研究.先考虑频率空间中的光场一阶关联函数,我们用湮没算符 a 来代替光场正频分量

$$
\begin{aligned}
\langle a^\dagger(\omega_1)a(\omega_2)\rangle &= \mathrm{Tr}[\rho_s a^\dagger(\omega_1)a(\omega_2)] = \sum_{\omega} P(\omega)\langle 1(\omega)|a^\dagger(\omega_1)a(\omega_2)|1(\omega)\rangle \\
&= \sum_{\omega} P(\omega)\delta(\omega-\omega_1)\delta(\omega_2-\omega_1) = P(\omega_1)\delta(\omega_2-\omega_1).
\end{aligned} \tag{6.1.15}
$$

该结果体现了量子混合态光场如同随机过程满足维纳-辛钦定理.(参见卷Ⅱ的2.4节)

双时关联函数为

$$
\begin{aligned}
\langle a^\dagger(t_1)a(t_2)\rangle &= \int \langle a^\dagger(\omega_1)a(\omega_2)\rangle \exp[\mathrm{i}(\omega_1 t_1 - \omega_2 t_2)]\mathrm{d}\omega_1\mathrm{d}\omega_2 \\
&= \int P(\omega_1)\exp[\mathrm{i}\omega_1(t_1-t_2)]\mathrm{d}\omega_1 = \tilde{P}(t_1-t_2),
\end{aligned} \tag{6.1.16}
$$

$\tilde{P}$ 是函数 P 的傅里叶变换.假如混合态具有白噪声谱 $P(\omega)=P_0$,则有

$$
\langle a^\dagger(t_1)a(t_2)\rangle = P_0\delta(t_1-t_2), \tag{6.1.17}
$$

这说明宽带频谱混合态光场具有时间非相干性.一般来说,谱宽是相干时间的倒数.(参见卷Ⅱ的2.4节)

然后考虑另一类单光子混合态,它由沿 z 方向传播的近轴光束组成,波矢 k_z 完全确定,而在垂直于传播方向的波矢 $\boldsymbol{p}$ 是随机变量.它可表示为

$$\rho_s = \sum_{\boldsymbol{p}} P(\boldsymbol{p}) \left| 1(\boldsymbol{p}) \right\rangle \left\langle 1(\boldsymbol{p}) \right|. \tag{6.1.18}$$

同理可计算空间变量一阶场关联函数

$$\left\langle a^\dagger(\boldsymbol{p}_1) a(\boldsymbol{p}_2) \right\rangle = P(\boldsymbol{p}_1)\delta(\boldsymbol{p}_1 - \boldsymbol{p}_2), \tag{6.1.19}$$

$$\left\langle a^\dagger(\boldsymbol{x}_1) a(\boldsymbol{x}_2) \right\rangle = \widetilde{P}(\boldsymbol{x}_1 - \boldsymbol{x}_2), \tag{6.1.20}$$

其中 $\boldsymbol{x}$ 是垂直于光束传播方向的横截面上的位置矢量.同样,单光子混合态的高阶关联函数为零.

练　习

1. 利用(6.1.4)式和(6.1.9)式推导单光子态坐标空间表示(6.1.11)式.

2. 证明单光子态(纯态和混合态)的二阶关联函数为零.

3. 试证明单光子混合态(6.1.18)式的一阶关联函数(6.1.19)式和(6.1.20)式.

4. 设单光子态为 $\left|\psi_s\right\rangle = \int \widetilde{C}(\omega) a^\dagger(\omega) \left|0\right\rangle \mathrm{d}\omega$,试计算场的一阶关联函数 $\left\langle a^\dagger(\omega_1) a(\omega_2) \right\rangle$ 和 $\left\langle a^\dagger(t_1) a(t_2) \right\rangle$,并与混合态的结果(6.1.15)式和(6.1.16)式相比较.

6.2 双光子态和双光子波包

在上一节中,我们看到单光子波包可以如同一个经典光场的波包模型,在本节中我们讨论如何描述一个双光子态的波包.在展开问题之前,我们仍从经典光场描述出发.假设有两个光源,每个光源分别发射一个光脉冲在自由空间中传播,当这两个光脉冲的场模可以识别时,每个脉冲单独存在的场可以分别用波包 $E_1(\boldsymbol{r},t)$ 和 $E_2(\boldsymbol{r},t)$ 表示.因为自由空间的波方程是线性的,当两个光源同时发射时,总光场可写为

$$E(\boldsymbol{r},t) = E_1(\boldsymbol{r},t) + E_2(\boldsymbol{r},t). \tag{6.2.1}$$

对于经典确定光场,上述方法足以表达两个脉冲的问题.

对于两个脉冲的情况我们还可以有另一种表示法,即它们的“并矢” $E_1(\boldsymbol{r}_1,t_1)E_2(\boldsymbol{r}_2,t_2)$.当两个脉冲不发生相互作用时,每个脉冲场都单独地满足自由波方程.当然这种方法没有直接体现出总光场.

1. 两个独立的可区分单光子组成的双光子波包

现在回到量子化光场问题,先考虑光场中有两个独立的并且可区分光子.从量子力学的角度,两个可区分光子是指它们属于不同的模式,例如常见的垂直偏振和水平偏振模,或者两个互不交叠的频率谱,或者相互正交的空间模式等,对应的场模算符 $a_1(a_1^\dagger)$ 与 $a_2(a_2^\dagger)$ 可以对易.两个独立的光子是指双光子态 $\left|\psi_t\right\rangle$ 可以表示为两个单光子态 $\left|\psi_{s1}\right\rangle$ 和 $\left|\psi_{s2}\right\rangle$ 的直积

$$
\begin{aligned}
\left|\psi_{\mathrm{t}}\right\rangle &= \left|\psi_{\mathrm{s1}}\right\rangle\left|\psi_{\mathrm{s2}}\right\rangle \\
&= \int \left|1_1(\boldsymbol{k})\right\rangle\left\langle 1_1(\boldsymbol{k})\right|\psi_{\mathrm{s1}}\rangle \mathrm{d}^3\boldsymbol{k} \int \left|1_2(\boldsymbol{k})\right\rangle\left\langle 1_2(\boldsymbol{k})\right|\psi_{\mathrm{s2}}\rangle \mathrm{d}^3\boldsymbol{k} \\
&= \int \mathrm{d}^3\boldsymbol{k}_1 \mathrm{d}^3\boldsymbol{k}_2\, \tilde{C}_1(\boldsymbol{k}_1)\, \tilde{C}_2(\boldsymbol{k}_2)\, a_1^{\dagger}(\boldsymbol{k}_1)\, a_2^{\dagger}(\boldsymbol{k}_2)\left|0\right\rangle .
\end{aligned}
\tag{6.2.2}
$$

其中两个单光子态的波矢空间谱分别为 $\langle 1_1(\boldsymbol{k})|\psi_{\mathrm{s1}}\rangle = \tilde{C}_1(\boldsymbol{k})$ 和 $\langle 1_2(\boldsymbol{k})|\psi_{\mathrm{s2}}\rangle = \tilde{C}_2(\boldsymbol{k})$. 我们下面将会看到,当双光子态中两个光子不独立时会引入十分重要的物理概念.

由于两个光子可以区分,我们将场算符(6.1.7)式按模式分别赋予每个光子.类似于(6.1.8)式,独立双光子态在坐标空间的波包可表示为

$$
\begin{aligned}
& \langle 0|\, E_1^{(+)}(\boldsymbol{r}_1,t_1) E_2^{(+)}(\boldsymbol{r}_2,t_2)\, |\psi_{\mathrm{t}}\rangle \\
& \propto \int \tilde{C}_1(\boldsymbol{k}'_1)\, \tilde{C}_2(\boldsymbol{k}'_2) \mathrm{e}^{\mathrm{i}\boldsymbol{k}_1\cdot\boldsymbol{r}_1-\mathrm{i}\omega_{k_1}t_1} \mathrm{e}^{\mathrm{i}\boldsymbol{k}_2\cdot\boldsymbol{r}_2-\mathrm{i}\omega_{k_2}t_2} \times \\
& \langle 0|\, a_1(\boldsymbol{k}_1) a_2(\boldsymbol{k}_2) a_1^{\dagger}(\boldsymbol{k}'_1) a_2^{\dagger}(\boldsymbol{k}'_2)\, |0\rangle \mathrm{d}^3\boldsymbol{k}_1 \mathrm{d}^3\boldsymbol{k}_2 \mathrm{d}^3\boldsymbol{k}'_1 \mathrm{d}^3\boldsymbol{k}'_2 \\
&= \int \tilde{C}_1(\boldsymbol{k}'_1)\, \tilde{C}_2(\boldsymbol{k}'_2) \mathrm{e}^{\mathrm{i}\boldsymbol{k}_1\cdot\boldsymbol{r}_1-\mathrm{i}\omega_{k_1}t_1} \mathrm{e}^{\mathrm{i}\boldsymbol{k}_2\cdot\boldsymbol{r}_2-\mathrm{i}\omega_{k_2}t_2} \delta(\boldsymbol{k}_1-\boldsymbol{k}'_1)\delta(\boldsymbol{k}_2-\boldsymbol{k}'_2) \mathrm{d}^3\boldsymbol{k}_1 \mathrm{d}^3\boldsymbol{k}_2 \mathrm{d}^3\boldsymbol{k}'_1 \mathrm{d}^3\boldsymbol{k}'_2 \\
&= \int \tilde{C}_1(\boldsymbol{k}_1)\, \tilde{C}_2(\boldsymbol{k}_2) \mathrm{e}^{\mathrm{i}\boldsymbol{k}_1\cdot\boldsymbol{r}_1-\mathrm{i}\omega_{k_1}t_1} \mathrm{e}^{\mathrm{i}\boldsymbol{k}_2\cdot\boldsymbol{r}_2-\mathrm{i}\omega_{k_2}t_2} \mathrm{d}^3\boldsymbol{k}_1 \mathrm{d}^3\boldsymbol{k}_2 = C_1(\boldsymbol{r}_1,t_1) C_2(\boldsymbol{r}_2,t_2).
\end{aligned}
\tag{6.2.3}
$$

双光子波包(two-photon wavepacket)又可称为双光子振幅(two-photon amplitude). 同样,独立双光子态在坐标空间的表示为

$$
\left|\psi_{\mathrm{t}}\right\rangle = \int \mathrm{d}^3\boldsymbol{r}_1 \mathrm{d}^3\boldsymbol{r}_2 C_1(\boldsymbol{r}_1,t_1) C_2(\boldsymbol{r}_2,t_2) a_1^{\dagger}(\boldsymbol{r}_1,t_1) a_2^{\dagger}(\boldsymbol{r}_2,t_2) \left|0\right\rangle , \tag{6.2.4}
$$

其中 $C_1(\boldsymbol{r}_1,t_1)C_2(\boldsymbol{r}_2,t_2)$ 构成双光子波包.不难看出两个独立光子的双光子波包是两个单光子波包之积,其中每个波包遵从波动方程.

2. 两个可区分光子组成的双光子波包的一般形式,量子纠缠态(quantum entangled state)

从数学形式上,我们可以写出双光子态的一般形式为

$$
\left|\psi_{\mathrm{t}}\right\rangle = \int \mathrm{d}^3\boldsymbol{k}_1 \mathrm{d}^3\boldsymbol{k}_2\, \tilde{C}(\boldsymbol{k}_1,\boldsymbol{k}_2) a_1^{\dagger}(\boldsymbol{k}_1) a_2^{\dagger}(\boldsymbol{k}_2) \left|0\right\rangle , \tag{6.2.5}
$$

其中 $\tilde{C}(\boldsymbol{k}_1,\boldsymbol{k}_2)$ 为波矢空间双光子谱.与(6.2.3)式推导相同,在位矢空间的双光子波包为

$$\begin{aligned}&\left\langle 0\left|E_1^{(+)}(\boldsymbol{r}_1,t_1)E_2^{(+)}(\boldsymbol{r}_2,t_2)\right|\psi_{\mathrm{t}}\right\rangle\\&\propto\int\tilde{C}(\boldsymbol{k}_1,\boldsymbol{k}_2)\mathrm{e}^{\mathrm{i}k_1\cdot r_1-\mathrm{i}\omega_{k_1}t_1}\mathrm{e}^{\mathrm{i}k_2\cdot r_2-\mathrm{i}\omega_{k_2}t_2}\mathrm{d}^3\boldsymbol{k}_1\mathrm{d}^3\boldsymbol{k}_2\\&\equiv C(\boldsymbol{r}_1,t_1;\boldsymbol{r}_2,t_2).\end{aligned}\tag{6.2.6}$$

在位矢空间的双光子态可表示为

$$\left|\psi_{\mathrm{t}}\right\rangle=\int\mathrm{d}^3\boldsymbol{r}_1\mathrm{d}^3\boldsymbol{r}_2C(\boldsymbol{r}_1,t_1;\boldsymbol{r}_2,t_2)a_1^{\dagger}(\boldsymbol{r}_1,t_1)a_2^{\dagger}(\boldsymbol{r}_2,t_2)\left|0\right\rangle.\tag{6.2.7}$$

在双光子波包的一般形式中需用两组时空坐标分别描述两个光子,波包表式中由两个电场算符的并矢和双光子态组成,其中每一个电场分别满足对应时空坐标的麦克斯韦波动方程.

假如双光子波函数满足

$$\tilde{C}(\boldsymbol{k}_1,\boldsymbol{k}_2)=\tilde{C}_1(\boldsymbol{k}_1)\tilde{C}_2(\boldsymbol{k}_2),\quad C(\boldsymbol{r}_1,t_1;\boldsymbol{r}_2,t_2)=C_1(\boldsymbol{r}_1,t_1)C_2(\boldsymbol{r}_2,t_2),\tag{6.2.8}$$

就回到两个独立光子的情况.如果上式不能满足时,双光子态称为量子纠缠态.但我们面临一个极其重要的问题是,这样的双光子纠缠态是否在物理上存在?

早在1935年,爱因斯坦、博多尔斯基和罗森(Einstein-Podolsky-Rosen,简称EPR)在一篇质疑量子力学完备性的著名理论文章里提出了类似的量子态,称为两粒子纠缠态,又称EPR态(Einstein,1935).该文章的发表立即引起了同为量子力学奠基人之一玻尔的反驳(Bohr,1935),从而引发了物理学史中最重要且历时最长的争论.在激光器出现之后,实验上已经证明通过激光泵浦非线性晶体的自发参量下转换过程可以产生双光子纠缠态.近年来,与量子纠缠态有关的物理问题越来越受到关注,同时纠缠态已成为迅速发展的量子信息论的核心.

双光子振幅表示在形式上类似于两个经典脉冲的并矢,但经典光场没有态的概念,并矢只能描述两个独立的脉冲.因此只有两个独立光子组成的双光子振幅才可能同经典并矢对应.

3. 自发参量下转换过程中产生的双光子纠缠态

20世纪70年代,研究发现当用一激光束照射某些非线性晶体时,在合适条件下会产生两低频光束:信号光(signal beam)和闲置光(idler beam),这一现象称为自发参量下转换过程(spontaneous parametric down-conversion).从下转换光的多色性和方向不确定性来看,与原子的自发辐射光有相似性.然而自发参量下转换过程最令人惊讶的物理结果是产生了双光子纠缠态(two-photon entangled state).下转换过程可以看成一个泵浦光子转换为一对信号和闲置光子,这一对光子具有量子纠缠特征,这是目前量子光学实验中最常用的量子纠缠光源.泵浦光子(p)与信号光子(s)和闲置光子(i)要满足动量守恒和能量守恒

$$\boldsymbol{k}_{\mathrm{p}}=\boldsymbol{k}_{\mathrm{s}}+\boldsymbol{k}_{\mathrm{i}},\quad\omega_{\mathrm{p}}=\omega_{\mathrm{s}}+\omega_{\mathrm{i}},\tag{6.2.9}$$

$\boldsymbol{k}_j$和ω_j分别表示光子动量和频率,下标p、s和i分别表示泵浦光子、信号和闲置光子.设波矢$\boldsymbol{k}=(\boldsymbol{p},k_z)$,$\boldsymbol{p}$和$k_z$分别为横向和纵向波矢,下转换光子满足横向动量守恒$\boldsymbol{p}_{\mathrm{s}}+\boldsymbol{p}_{\mathrm{i}}=0$.

自发参量下转换过程可以分为两类,称为Ⅰ型和Ⅱ型.对于满足Ⅰ型相位匹配的晶体,两束

下转换光具有相同的偏振.而在满足Ⅱ型相位匹配的晶体中,信号光和闲置光的偏振相互正交.对于满足Ⅰ型相位匹配的晶体,两束具有相同偏振的下转换光处在同一光锥中.光锥的截面呈现彩色的同心圆环,表示下转换光存在较宽的频谱分布.而在满足Ⅱ型相位匹配的晶体中,产生的一对偏振相互正交的下转换光处在各自的彩色光锥中,如图 6.2-1 所示 .

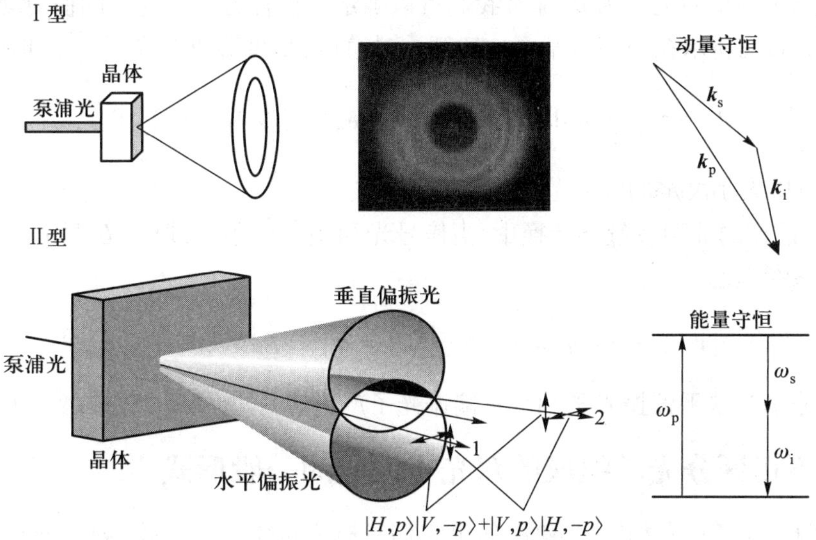

图 6.2-1 非线性晶体中Ⅰ型和Ⅱ型自发参量下转换过程.Ⅰ型过程产生的下转换光偏振相同,形成一个光锥,其截面为彩色圆环.Ⅱ型过程产生的一对下转换信号光和闲置光具有不同的偏振,形成各自的光锥和彩环.泵浦光子(p)与下转换信号光子(s)和闲置光子(i)满足动量和能量守恒.Ⅱ型下转换过程产生的纠缠光子对发生在两个下转换光圆锥截面的两个交叉点处

在Ⅰ型晶体自发参量下转换过程中可以产生双光子动量纠缠态和频率纠缠态.如图 6.2-2 所示在圆锥的截面上落在同一圆环的光子具有相同的频率,低频率光子落在内环,高频率光子落在外环.设泵浦光频率为 ω_p,它既可以产生一对频率为$(1/2)\omega_p$的简并光子,也可产生一对频率非简并光子,满足(6.2.9)式.如图 6.2-2 左图所示,如果使用滤色片将频率为$(1/2)\omega_p$的光子挑选出来,则可以构成双光子动量纠缠态

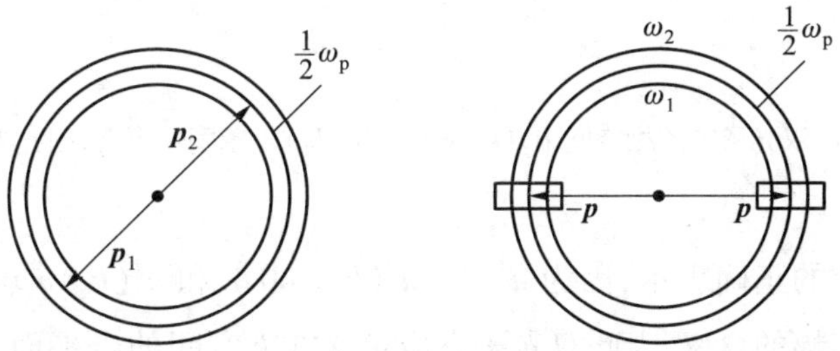

图 6.2-2 Ⅰ型晶体自发参量下转换过程产生双光子动量纠缠态(左图)和频率纠缠态示意图(右图)

$$\left|\psi_{\mathrm{t}}\right\rangle=\int \mathrm{d} \boldsymbol{p}_{\mathrm{s}} \mathrm{d} \boldsymbol{p}_{\mathrm{i}} \delta\left(\boldsymbol{p}_{\mathrm{s}}+\boldsymbol{p}_{\mathrm{i}}\right) a^{\dagger}\left(\boldsymbol{p}_{\mathrm{s}}\right) a^{\dagger}\left(\boldsymbol{p}_{\mathrm{i}}\right)|0\rangle, \tag{6.2.10}$$

两个频率简并光子的横向动量之和为零. 该纠缠态与爱因斯坦-波多尔斯基-罗森的文章(Einstein,1935)中提出的纠缠态十分接近,因此也可称为 EPR 态.在这对光子中,如果经过测量获知其中一个光子的横向动量为 $\boldsymbol{p}$,那么我们可以确定地预言另一个光子的横向动量为 $-\boldsymbol{p}$.

如图 6.2-2 右图所示在圆环上某个位置开一对窗口,则可形成双光子频率纠缠态

$$\left|\psi_{\mathrm{t}}\right\rangle=\int_{\Delta \omega} \mathrm{d} \omega_{\mathrm{s}} \mathrm{d} \omega_{\mathrm{i}} \delta\left(\omega_{\mathrm{s}}+\omega_{\mathrm{i}}-\omega_{\mathrm{p}}\right) a_{\mathrm{s}}^{\dagger}\left(\omega_{\mathrm{s}}\right) a_{\mathrm{i}}^{\dagger}\left(\omega_{\mathrm{i}}\right)|0\rangle, \tag{6.2.11}$$

其中 $\Delta\omega$ 是由窗口大小决定的频率范围.

在图 6.2-1 描述的Ⅱ型参量下转换中,当信号光和闲置光不共线时,在两个圆环交叉处的一对光子构成偏振纠缠态

$$\left|\psi_{\mathrm{t}}\right\rangle=a_{\mathrm{H}}^{\dagger}(\boldsymbol{p}) a_{\mathrm{V}}^{\dagger}(-\boldsymbol{p})|0\rangle+a_{\mathrm{H}}^{\dagger}(-\boldsymbol{p}) a_{\mathrm{V}}^{\dagger}(\boldsymbol{p})|0\rangle, \tag{6.2.12}$$

其中 $a_{\mathrm{H}}^{\dagger}$ 和 $a_{\mathrm{V}}^{\dagger}$ 分别为水平偏振光子和垂直偏振光子产生算符.上式属于分离变量形式的纠缠态.

4. 两个不可区分光子组成的双光子波包的一般形式

现在考虑两个光子具有相同的偏振.如果它们具有完全不同的频率,或者处在不同的空间模式,则它们仍是可区分的.但是两个光子的频谱或空间模式有可能存在某种程度的交叠,在交叠区发生两个光子不可区分.为简单起见,我们考虑一维情况,即光子沿 z 轴传播.先考虑两个独立单光子的情况.设有两个单光子源,它们可以独立地发射单光子态.当它们同时发射时,双光子态可表示为

$$\left|\psi_{\mathrm{t}}\right\rangle=\int \mathrm{d} k_{1} \tilde{C}_{1}\left(k_{1}\right) a^{\dagger}\left(k_{1}\right)|0\rangle \cdot \int \mathrm{d} k_{2} \tilde{C}_{2}\left(k_{2}\right) a^{\dagger}\left(k_{2}\right)|0\rangle. \tag{6.2.13}$$

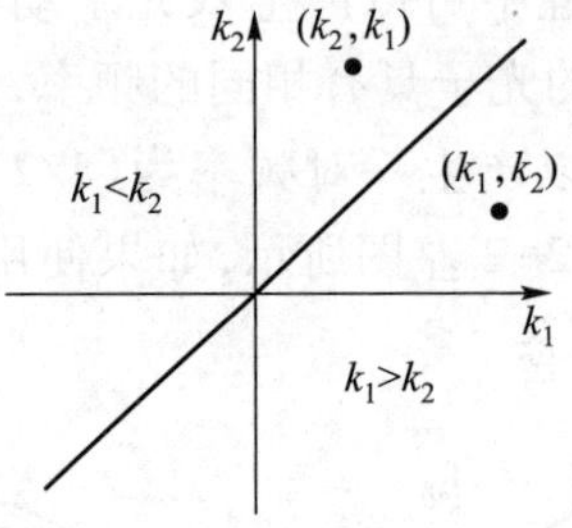

图 6.2-3　在描述相同偏振双光子态的相空间中,(k_1,k_2)与(k_2,k_1)表示同一个态,因此半平面构成完备的相空间

上式不是双光子波函数的正确表示,因为 $a^{\dagger}(k_1)a^{\dagger}(k_2)|0\rangle$ 和 $a^{\dagger}(k_2)a^{\dagger}(k_1)|0\rangle$ 是同一个态,它们的系数不具有概率幅的含义.为此双光子态应定义在 k 空间的半平面 $k_1 \geqslant k_2$(或 $k_1 \leqslant k_2$)上,如图 6.2-3 所示.当在半平面上定义时,应将相同的量子态合并

$$\left|\psi_t\right\rangle = \sum_{k_1 \geqslant k_2} [\tilde{C}_1(k_1)\ \tilde{C}_2(k_2) + \tilde{C}_1(k_2)\ \tilde{C}_2(k_1)]\ a^\dagger(k_1)a^\dagger(k_2)\left|0\right\rangle. \tag{6.2.14}$$

定义一个函数符号

$$\tilde{C}_s(k_1,k_2) = \tilde{C}_1(k_1)\ \tilde{C}_2(k_2) + \tilde{C}_1(k_2)\ \tilde{C}_2(k_1), \tag{6.2.15}$$

显然它是二维平面的对称函数,

$$\tilde{C}_s(k_1,k_2) = \tilde{C}_s(k_2,k_1). \tag{6.2.16}$$

则(6.2.14)式可表示为

$$\left|\psi_t\right\rangle = \sum_{k_1 \geqslant k_2} \tilde{C}_s(k_1,k_2)a^\dagger(k_1)a^\dagger(k_2)\left|0\right\rangle. \tag{6.2.17}$$

对于不可区分双光子的一般态可定义为

$$\left|\psi_t\right\rangle = \sum_{k_1 \geqslant k_2} \tilde{C}\ (k_1,k_2)a^\dagger(k_1)a^\dagger(k_2)\left|0\right\rangle, \tag{6.2.18}$$

$\tilde{C}\ (k_1,k_2)$ 定义在半平面上.类似于(6.2.6)式,位矢空间的双光子波包为

$$\begin{aligned}
&\left\langle 0\right| E^{(+)}(z_1,t_1)E^{(+)}(z_2,t_2)\left|\psi_t\right\rangle \propto \left\langle 0\right| a(z_1,t_1)a(z_2,t_2)\left|\psi_t\right\rangle \\
&= \left\langle 0\right| \int \mathrm{d}k'_1\mathrm{d}k'_2 a(k'_1)a(k'_2)\mathrm{e}^{\mathrm{i}k'_1(z_1-ct_1)}\mathrm{e}^{\mathrm{i}k'_2(z_2-ct_2)}\left|\psi_t\right\rangle \\
&= \int \mathrm{d}k'_1\mathrm{d}k'_2\mathrm{e}^{\mathrm{i}k'_1(z_1-ct_1)}\mathrm{e}^{\mathrm{i}k'_2(z_2-ct_2)}\sum_{k_1 \geqslant k_2}\tilde{C}\ (k_1,k_2)\left\langle 0\right| a(k'_1)a(k'_2)a^\dagger(k_1)a^\dagger(k_2)\left|0\right\rangle \\
&= \sum_{k_1 \geqslant k_2}\tilde{C}\ (k_1,k_2)\int \mathrm{d}k'_1\mathrm{d}k'_2\mathrm{e}^{\mathrm{i}k'_1(z_1-ct_1)}\mathrm{e}^{\mathrm{i}k'_2(z_2-ct_2)} \times \\
&\left[\delta(k_1-k'_1)\delta(k_2-k'_2)+\delta(k_1-k'_2)\delta(k_2-k'_1)\right] \\
&= \sum_{k_1 \geqslant k_2}\tilde{C}\ (k_1,k_2)\mathrm{e}^{\mathrm{i}k_1(z_1-ct_1)}\mathrm{e}^{\mathrm{i}k_2(z_2-ct_2)} + \sum_{k_1 \geqslant k_2}\tilde{C}\ (k_1,k_2)\mathrm{e}^{\mathrm{i}k_2(z_1-ct_1)}\mathrm{e}^{\mathrm{i}k_1(z_2-ct_2)}.
\end{aligned} \tag{6.2.19}$$

令

$$C(z_1-ct_1,z_2-ct_2) \equiv \sum_{k_1 \geqslant k_2}\tilde{C}\ (k_1,k_2)\mathrm{e}^{\mathrm{i}k_1(z_1-ct_1)}\mathrm{e}^{\mathrm{i}k_2(z_2-ct_2)}, \tag{6.2.20}$$

则有

$$\left\langle 0\right| a(z_1,t_1)a(z_2,t_2)\left|\psi_t\right\rangle = C_s(z_1-ct_1,z_2-ct_2), \tag{6.2.21}$$

它是对称函数,

$$C_s(z_1-ct_1,z_2-ct_2) \equiv C(z_1-ct_1,z_2-ct_2) + C(z_2-ct_2,z_1-ct_1). \tag{6.2.22}$$

下面我们证明上述双光子波包是位矢空间的波函数.由(6.2.18)式出发利用(6.2.20)式

$$
\begin{aligned}
\left|\psi_{\mathrm{t}}\right\rangle &= \sum_{k_1 \geqslant k_2} \tilde{C}(k_1,k_2)a^{\dagger}(k_1)a^{\dagger}(k_2)\left|0\right\rangle \\
&= \int \mathrm{d}z_1\mathrm{d}z_2 \sum_{k_1 \geqslant k_2} \tilde{C}(k_1,k_2)\mathrm{e}^{\mathrm{i}k_1(z_1-ct_1)+\mathrm{i}k_2(z_2-ct_2)}a^{\dagger}(z_1)a^{\dagger}(z_2)\left|0\right\rangle \\
&= \int \mathrm{d}z_1\mathrm{d}z_2 C(z_1-ct_1,z_2-ct_2)a^{\dagger}(z_1)a^{\dagger}(z_2)\left|0\right\rangle .
\end{aligned} \tag{6.2.23}
$$

由于 $a^{\dagger}(z_1)a^{\dagger}(z_2)\left|0\right\rangle$ 与 $a^{\dagger}(z_2)a^{\dagger}(z_1)\left|0\right\rangle$ 表示相同的态,需要执行上述合并操作,则有

$$
\left|\psi_{\mathrm{t}}\right\rangle = \sum_{z_1 \geqslant z_2} C_{\mathrm{s}}(z_1-ct_1,z_2-ct_2)a^{\dagger}(z_1)a^{\dagger}(z_2)\left|0\right\rangle , \tag{6.2.24}
$$

为了得到与可区分双光子态相一致的结果,我们将(6.2.18)式中定义在半平面上的 $\tilde{C}(k_1,k_2)$ 拓展到全空间并成为对称函数 $\tilde{C}_{\mathrm{s}}(k_1,k_2)$. 由(6.2.19)式的最后一步并考虑到 $\tilde{C}_{\mathrm{s}}(k_1,k_2)$ 的对称性得到

$$
\begin{aligned}
\left\langle 0\right| a(z_1,t_1)a(z_2,t_2)\left|\psi_{\mathrm{t}}\right\rangle &= \int \mathrm{d}k_1\mathrm{d}k_2\,\tilde{C}_{\mathrm{s}}(k_1,k_2)\mathrm{e}^{\mathrm{i}k_1(z_1-ct_1)}\mathrm{e}^{\mathrm{i}k_2(z_2-ct_2)} \\
&\equiv C_{\mathrm{s}}(z_1-ct_1,z_2-ct_2),
\end{aligned} \tag{6.2.25}
$$

其中 $C_{\mathrm{s}}(z_1-ct_1,z_2-ct_2)$ 是由(6.2.22)式定义的对称函数.

5. 双光子混合态

上面讨论的双光子纯态有确定的波包.混合双光子态是各种可能的双光子波包的统计混合,用密度算符表示.为简单起见,我们考虑两个光子是沿 z 方向传播的近轴光束,它们在 z 方向的波矢 k_z 也完全确定,在垂直于传播方向的一维波矢 q 是随机变量.对于两个可区分光子,混合态密度算符可表示为

$$
\rho_{\mathrm{t}} = \int \mathrm{d}q_1\mathrm{d}q_2 P(q_1,q_2)a_1^{\dagger}(q_1)a_2^{\dagger}(q_2)\left|0\right\rangle\left\langle 0\right| a_2(q_2)a_1(q_1), \tag{6.2.26}
$$

其中 $P(q_1,q_2)$ 为概率密度.

对于两个不可区分光子,则有混合态密度算符

$$
\rho_{\mathrm{t}} = \sum_{q_1 \geqslant q_2} P(q_1,q_2)a^{\dagger}(q_1)a^{\dagger}(q_2)\left|0\right\rangle\left\langle 0\right| a(q_2)a(q_1). \tag{6.2.27}
$$

为了方便理论计算,我们定义一个对称的概率密度

$$
P_{\mathrm{s}}(q_1,q_2) = \begin{cases} \dfrac{1}{2}P(q_1,q_2),(q_1 \geqslant q_2), \\ \dfrac{1}{2}P(q_2,q_1),(q_1 \leqslant q_2), \end{cases} \tag{6.2.28}
$$

在数学形式上(6.2.27)式可以等价地表示为

$$\rho_t = \int \mathrm{d}q_1 \mathrm{d}q_2 P_s(q_1,q_2) a^\dagger(q_1) a^\dagger(q_2) \left|0\right\rangle \left\langle 0\right| a(q_2) a(q_1). \tag{6.2.29}$$

练　　习

1. 由双光子态表示(6.2.2)式推导(6.2.4)式.
2. 由双光子态(6.2.5)式推导(6.2.6)式和(6.2.7)式.
3. 试推导(6.2.25)式.

6.3 双光子态的一阶和二阶关联函数

1. 双光子纯态的一阶关联函数

为简单起见,在关联函数中我们直接用产生和湮没算符来替代场算符的负频和正频分量.考虑两个光子分别处在可区分(可对易)模式的态(6.2.5)式中,例如水平偏振模 H(对应模式下标 1)和垂直偏振模 V(对应模式下标 2),不难计算量子一阶关联函数为

$$\left\langle \psi_t \left| a_H^\dagger(\boldsymbol{k}) a_H(\boldsymbol{k}') \right| \psi_t \right\rangle = \int \tilde{C}^*(\boldsymbol{k},\boldsymbol{k}_2)\, \tilde{C}(\boldsymbol{k}',\boldsymbol{k}_2) \mathrm{d}^3\boldsymbol{k}_2, \tag{6.3.1a}$$

$$\left\langle \psi_t \left| a_V^\dagger(\boldsymbol{k}) a_V(\boldsymbol{k}') \right| \psi_t \right\rangle = \int \tilde{C}^*(\boldsymbol{k}_1,\boldsymbol{k})\, \tilde{C}(\boldsymbol{k}_1,\boldsymbol{k}') \mathrm{d}^3\boldsymbol{k}_1, \tag{6.3.1b}$$

$$\left\langle \psi_t \left| a_H^\dagger(\boldsymbol{k}) a_V(\boldsymbol{k}') \right| \psi_t \right\rangle = \left\langle \psi_t \left| a_V^\dagger(\boldsymbol{k}) a_H(\boldsymbol{k}') \right| \psi_t \right\rangle = 0. \tag{6.3.1c}$$

上式表明,当双光子态由两个不同模式的光子组成时,光的一阶干涉只可能发生在某一个模式中,不同模式的光场之间不存在一阶干涉.

如果两个光子相互独立 $\tilde{C}(\boldsymbol{k}_1,\boldsymbol{k}_2) = \tilde{C}_H(\boldsymbol{k}_1)\, \tilde{C}_V(\boldsymbol{k}_2)$,则有

$$\left\langle \psi_t \left| a_H^\dagger(\boldsymbol{k}) a_H(\boldsymbol{k}') \right| \psi_t \right\rangle = \tilde{C}_H^*(\boldsymbol{k})\, \tilde{C}_H(\boldsymbol{k}'), \tag{6.3.2a}$$

$$\left\langle \psi_t \left| a_V^\dagger(\boldsymbol{k}) a_V(\boldsymbol{k}') \right| \psi_t \right\rangle = \tilde{C}_V^*(\boldsymbol{k})\, \tilde{C}_V(\boldsymbol{k}'). \tag{6.3.2b}$$

每个独立的光子如同单光子纯态满足一阶完全相干性.而当两个光子存在纠缠时,对每个光子来说是处在混合态,它已不满足一阶完全相干性.例如对于(6.2.10)式描述的理想双光子纠缠态,由(6.3.1a)式容易得到

$$\left\langle \psi_t \left| a_H^\dagger(\boldsymbol{p}) a_H(\boldsymbol{p}') \right| \psi_t \right\rangle = \delta(\boldsymbol{p} - \boldsymbol{p}'), \tag{6.3.3}$$

该纠缠态中的单个光子满足一阶完全非相干性.在位矢空间的一阶关联函数也有类似的表式(见练习 2).

2. 双光子纯态的二阶关联函数,纠缠双光子的 biphoton 相干性

现在考虑两个偏振模的二阶关联函数的一般形式.为了简化计算,我们援用(6.1.12)式的方法,在中间插入两个模式的粒子数态完备集

$$\begin{aligned}&\left\langle \psi_{\mathrm{t}} \middle| a_{\mathrm{H}}^{\dagger}(\boldsymbol{r}_1,t_1)a_{\mathrm{V}}^{\dagger}(\boldsymbol{r}_2,t_2)a_{\mathrm{V}}(\boldsymbol{r}_2',t_2')a_{\mathrm{H}}(\boldsymbol{r}_1',t_1') \middle| \psi_{\mathrm{t}} \right\rangle \\ &= \left\langle \psi_{\mathrm{t}} \middle| a_{\mathrm{H}}^{\dagger}(\boldsymbol{r}_1,t_1)a_{\mathrm{V}}^{\dagger}(\boldsymbol{r}_2,t_2)\left\{\prod_{\boldsymbol{k}}\left(\sum_{n_{\boldsymbol{k}}}\left|n_{\boldsymbol{k}}^{(\mathrm{H})}\right\rangle\left\langle n_{\boldsymbol{k}}^{(\mathrm{H})}\right|\right)\times\right.\right. \\ &\left.\left.\left(\sum_{n_{\boldsymbol{k}}}\left|n_{\boldsymbol{k}}^{(\mathrm{V})}\right\rangle\left\langle n_{\boldsymbol{k}}^{(\mathrm{V})}\right|\right)\right\}a_{\mathrm{V}}(\boldsymbol{r}_2',t_2')a_{\mathrm{H}}(\boldsymbol{r}_1',t_1') \middle| \psi_{\mathrm{t}} \right\rangle.\end{aligned} \tag{6.3.4}$$

同样,插入的完备集中只有真空态可以有非零值,即对于 $n_{\boldsymbol{k}}^{(\mathrm{H})}$ 和 $n_{\boldsymbol{k}'}^{(\mathrm{V})}$ 不同时为零,$\left\langle n_{\boldsymbol{k}}^{(\mathrm{H})}n_{\boldsymbol{k}'}^{(\mathrm{V})} \middle| a_{\mathrm{V}}(\boldsymbol{k}_2')a_{\mathrm{H}}(\boldsymbol{k}_1') \middle| \psi_{\mathrm{t}} \right\rangle = 0$. 因此有

$$\begin{aligned}&\left\langle \psi_{\mathrm{t}} \middle| a_{\mathrm{H}}^{\dagger}(\boldsymbol{r}_1,t_1)a_{\mathrm{V}}^{\dagger}(\boldsymbol{r}_2,t_2)a_{\mathrm{V}}(\boldsymbol{r}_2',t_2')a_{\mathrm{H}}(\boldsymbol{r}_1',t_1') \middle| \psi_{\mathrm{t}} \right\rangle \\ &= \left\langle \psi_{\mathrm{t}} \middle| a_{\mathrm{H}}^{\dagger}(\boldsymbol{r}_1,t_1)a_{\mathrm{V}}^{\dagger}(\boldsymbol{r}_2,t_2) \middle| 0 \right\rangle \left\langle 0 \middle| a_{\mathrm{V}}(\boldsymbol{r}_2',t_2')a_{\mathrm{H}}(\boldsymbol{r}_1',t_1') \middle| \psi_{\mathrm{t}} \right\rangle \\ &= C^*(\boldsymbol{r}_1,t_1;\boldsymbol{r}_2,t_2)C(\boldsymbol{r}_1',t_1';\boldsymbol{r}_2',t_2'),\end{aligned} \tag{6.3.5a}$$

其中用到双光子态在位矢空间的波包表示(6.2.6)式.

如果将双光子波包看成一个整体,上式与单光子态的一阶关联函数表示(6.1.13)式相似,满足关联函数的因式分解.我们将会看到,它具有纠缠双光子态特有的相干性,称为 biphoton 相干性(biphoton coherence).[注]

(6.3.5a)式对任意双光子纯态均成立,但在考虑双光子相干性时,我们需要区分非纠缠和纠缠双光子态两种情况.如(6.2.3)式,对于非纠缠双光子态,双光子波包可以因式分解为两个独立单光子波包之积.(6.3.5a)式成为

$$\begin{aligned}&\left\langle \psi_{\mathrm{t}} \middle| a_{\mathrm{H}}^{\dagger}(\boldsymbol{r}_1,t_1)a_{\mathrm{V}}^{\dagger}(\boldsymbol{r}_2,t_2)a_{\mathrm{V}}(\boldsymbol{r}_2',t_2')a_{\mathrm{H}}(\boldsymbol{r}_1',t_1') \middle| \psi_{\mathrm{t}} \right\rangle \\ &= C_1^*(\boldsymbol{r}_1,t_1)C_2^*(\boldsymbol{r}_2,t_2)C_2(\boldsymbol{r}_2',t_2')C_1(\boldsymbol{r}_1',t_1') \\ &= \left\langle \psi_{\mathrm{t}} \middle| a_{\mathrm{H}}^{\dagger}(\boldsymbol{r}_1,t_1)a_{\mathrm{H}}(\boldsymbol{r}_1',t_1') \middle| \psi_{\mathrm{t}} \right\rangle \left\langle \psi_{\mathrm{t}} \middle| a_{\mathrm{V}}^{\dagger}(\boldsymbol{r}_2,t_2)a_{\mathrm{V}}(\boldsymbol{r}_2',t_2') \middle| \psi_{\mathrm{t}} \right\rangle,\end{aligned} \tag{6.3.5b}$$

后一等式用到(6.3.2)式.二阶关联函数是每个光子一阶关联函数之积,十分类似于两个独立经典光源的二阶关联效应(参见卷Ⅱ4.2节).

(6.3.3)式表明纠缠双光子态不具有一阶相干性,在单光子测量时不存在光的衍射-干涉效应.(6.3.5a)式意味着衍射-干涉效应有可能通过双光子测量再现.因此只有对于纠缠双光子态,(6.3.5a)式表示的 biphoton 相干性具有重要物理意义,我们将在第 10 章详细描述.

采用双光子态在波矢空间的表示(6.2.5)式可得到

[注] biphoton 通常表示纠缠双光子对(Klyshko,1988).

$$
\begin{aligned}
&\left\langle 0\left| a_{\mathrm{V}}(\boldsymbol{k}_2')a_{\mathrm{H}}(\boldsymbol{k}_1')\right|\psi_{\mathrm{t}}\right\rangle \\
&=\int \mathrm{d}^3\boldsymbol{k}_1\mathrm{d}^3\boldsymbol{k}_2\,\tilde{C}(\boldsymbol{k}_1,\boldsymbol{k}_2)\left\langle 0\left| a_{\mathrm{V}}(\boldsymbol{k}_2')a_{\mathrm{H}}(\boldsymbol{k}_1')a_{\mathrm{H}}^{\dagger}(\boldsymbol{k}_1)a_{\mathrm{V}}^{\dagger}(\boldsymbol{k}_2)\right|0\right\rangle \\
&=\tilde{C}(\boldsymbol{k}_1',\boldsymbol{k}_2'),
\end{aligned}
\tag{6.3.6}
$$

因此有

$$
\begin{aligned}
&\left\langle \psi_{\mathrm{t}}\left| a_{\mathrm{H}}^{\dagger}(\boldsymbol{k}_1)a_{\mathrm{V}}^{\dagger}(\boldsymbol{k}_2)a_{\mathrm{V}}(\boldsymbol{k}_2')a_{\mathrm{H}}(\boldsymbol{k}_1')\right|\psi_{\mathrm{t}}\right\rangle \\
&=\left\langle \psi_{\mathrm{t}}\left| a_{\mathrm{H}}^{\dagger}(\boldsymbol{k}_1)a_{\mathrm{V}}^{\dagger}(\boldsymbol{k}_2)\right|0\right\rangle\left\langle 0\left| a_{\mathrm{V}}(\boldsymbol{k}_2')a_{\mathrm{H}}(\boldsymbol{k}_1')\right|\psi_{\mathrm{t}}\right\rangle \\
&=\tilde{C}^{*}(\boldsymbol{k}_1,\boldsymbol{k}_2)\,\tilde{C}(\boldsymbol{k}_1',\boldsymbol{k}_2').
\end{aligned}
\tag{6.3.7}
$$

在双光子问题的实验中常使用的可观察量是双光子符合计数率(coincidence counting rate),即用两个探测器同时刻分别测量到 H 光子和 V 光子的计数.根据上式,测到波矢 $\boldsymbol{k}_1$ 的 H 光子和波矢 $\boldsymbol{k}_2$ 的 V 光子的符合计数正比于

$$
\left\langle \psi_{\mathrm{t}}\left| a_{\mathrm{H}}^{\dagger}(\boldsymbol{k}_1)a_{\mathrm{V}}^{\dagger}(\boldsymbol{k}_2)a_{\mathrm{V}}(\boldsymbol{k}_2)a_{\mathrm{H}}(\boldsymbol{k}_1)\right|\psi_{\mathrm{t}}\right\rangle=\left|\tilde{C}(\boldsymbol{k}_1,\boldsymbol{k}_2)\right|^2,
\tag{6.3.8}
$$

上式为双光子符合计数的强度.

3. 双光子混合态的一阶关联函数

我们考虑由上一节定义的双光子混合态模型(6.2.26)式和(6.2.29)式.在(6.2.26)式定义的模型中,设两个光子处在正交的偏振模式.考虑光场在不同横向波矢之间的一阶关联函数

$$
\begin{aligned}
&\left\langle a_{\mathrm{H}}^{\dagger}(q_1)a_{\mathrm{H}}(q_2)\right\rangle=\mathrm{Tr}[a_{\mathrm{H}}^{\dagger}(q_1)a_{\mathrm{H}}(q_2)\rho_{\mathrm{t}}] \\
&=\int \mathrm{d}q_1'\mathrm{d}q_2'P(q_1',q_2')\left\langle 0\left| a_{\mathrm{V}}(q_2')a_{\mathrm{H}}(q_1')a_{\mathrm{H}}^{\dagger}(q_1)a_{\mathrm{H}}(q_2)a_{\mathrm{H}}^{\dagger}(q_1')a_{\mathrm{V}}^{\dagger}(q_2')\right|0\right\rangle \\
&=\int \mathrm{d}q_1'\mathrm{d}q_2'P(q_1',q_2')\delta(q_1'-q_1)\delta(q_1'-q_2) \\
&=\delta(q_1-q_2)\int P(q_1,q_2')\mathrm{d}q_2',
\end{aligned}
\tag{6.3.9a}
$$

$$
\left\langle a_{\mathrm{V}}^{\dagger}(q_1)a_{\mathrm{V}}(q_2)\right\rangle=\delta(q_1-q_2)\int P(q_1',q_2)\mathrm{d}q_1',
\tag{6.3.9b}
$$

$$
\left\langle a_{\mathrm{H}}^{\dagger}(q_1)a_{\mathrm{V}}(q_2)\right\rangle=\left\langle a_{\mathrm{V}}^{\dagger}(q_1)a_{\mathrm{H}}(q_2)\right\rangle=0.
\tag{6.3.9c}
$$

在该混合态中,每个偏振光子的场满足空间非相干性,而两个偏振模之间不存在一阶干涉.

对于(6.2.29)式定义的两个不可区分光子的混合态,光场在不同横向波矢之间的一阶关联函数为

$$
\begin{aligned}
&\left\langle a^{\dagger}(q_1)a(q_2)\right\rangle=\mathrm{Tr}[a^{\dagger}(q_1)a(q_2)\rho_{\mathrm{t}}] \\
&=\int \mathrm{d}q_1'\mathrm{d}q_2'P_{\mathrm{s}}(q_1',q_2')\left\langle 0\left| a(q_2')a(q_1')a^{\dagger}(q_1)a(q_2)a^{\dagger}(q_1')a^{\dagger}(q_2')\right|0\right\rangle.
\end{aligned}
\tag{6.3.10}
$$

由光子产生湮没算符的对易关系可以计算

$$
\begin{aligned}
&\left\langle 0 \left| a(q_2')a(q_1')a^{\dagger}(q_1)a(q_2)a^{\dagger}(q_1')a^{\dagger}(q_2') \right| 0 \right\rangle \\
&= \delta(q_1'-q_1)\delta(q_1'-q_2)+\delta(q_2'-q_1)\delta(q_2'-q_2)+ \\
&\quad \delta(q_1'-q_2')[\delta(q_1'-q_1)\delta(q_2'-q_2)+\delta(q_1'-q_2)\delta(q_2'-q_1)],
\end{aligned} \tag{6.3.11}
$$

将它代入(6.3.10)式后得到

$$
\begin{aligned}
\left\langle a^{\dagger}(q_1)a(q_2) \right\rangle = \delta(q_1-q_2)\Big[& P_s(q_1,q_2)+P_s(q_2,q_1)+ \\
& \int P_s(q_1,q_2')\mathrm{d}q_2' + \int P_s(q_1',q_2)\mathrm{d}q_1' \Big].
\end{aligned} \tag{6.3.12}
$$

由于前面 δ 函数的缘故,上式可表示为

$$
\left\langle a^{\dagger}(q_1)a(q_2) \right\rangle = \delta(q_1-q_2)\left\langle a^{\dagger}(q_1)a(q_1) \right\rangle. \tag{6.3.13}
$$

因此对于双光子混合态,每个光子所在偏振模式的光场满足非相干性.

4. 双光子混合态的二阶关联函数

现考虑可区分双光子混合态(6.2.26)式的二阶关联函数

$$
\begin{aligned}
&\left\langle a_{\mathrm{H}}^{\dagger}(q_1)a_{\mathrm{V}}^{\dagger}(q_2)a_{\mathrm{V}}(q_2')a_{\mathrm{H}}(q_1') \right\rangle = \mathrm{Tr}[a_{\mathrm{H}}^{\dagger}(q_1)a_{\mathrm{V}}^{\dagger}(q_2)a_{\mathrm{V}}(q_2')a_{\mathrm{H}}(q_1')\rho_t] \\
&= \int \mathrm{d}Q_1\mathrm{d}Q_2 P(Q_1,Q_2)\left\langle 0 \left| a_{\mathrm{V}}(Q_2)a_{\mathrm{H}}(Q_1)a_{\mathrm{H}}^{\dagger}(q_1)a_{\mathrm{V}}^{\dagger}(q_2)a_{\mathrm{V}}(q_2')a_{\mathrm{H}}(q_1')a_{\mathrm{H}}^{\dagger}(Q_1)a_{\mathrm{V}}^{\dagger}(Q_2) \right| 0 \right\rangle.
\end{aligned} \tag{6.3.14}
$$

由对易关系可计算

$$
\begin{aligned}
&\left\langle 0 \left| a_{\mathrm{V}}(Q_2)a_{\mathrm{H}}(Q_1)a_{\mathrm{H}}^{\dagger}(q_1)a_{\mathrm{V}}^{\dagger}(q_2)a_{\mathrm{V}}(q_2')a_{\mathrm{H}}(q_1')a_{\mathrm{H}}^{\dagger}(Q_1)a_{\mathrm{V}}^{\dagger}(Q_2) \right| 0 \right\rangle \\
&= \delta(Q_1-q_1)\delta(Q_2-q_2)\delta(Q_1-q_1')\delta(Q_2-q_2'),
\end{aligned} \tag{6.3.15}
$$

代入(6.3.14)式得到

$$
\left\langle a_{\mathrm{H}}^{\dagger}(q_1)a_{\mathrm{V}}^{\dagger}(q_2)a_{\mathrm{V}}(q_2')a_{\mathrm{H}}(q_1') \right\rangle = P(q_1,q_2)\delta(q_1-q_1')\delta(q_2-q_2'). \tag{6.3.16}
$$

对于两个不可区分光子的混合态(6.2.29)式,光场在波矢空间的二阶关联函数为

$$
\begin{aligned}
&\left\langle a^{\dagger}(q_1)a^{\dagger}(q_2)a(q_2')a(q_1') \right\rangle \\
&= \int \mathrm{d}Q_1\mathrm{d}Q_2 P_s(Q_1,Q_2)\left\langle 0 \left| a(Q_2)a(Q_1)a^{\dagger}(q_1)a^{\dagger}(q_2)\cdot \right.\right. \\
&\quad \left.\left. a(q_2')a(q_1')a^{\dagger}(Q_1)a^{\dagger}(Q_2) \right| 0 \right\rangle,
\end{aligned} \tag{6.3.17}
$$

其中

$$\begin{aligned}&\left\langle 0\left|a(Q_2)a(Q_1)a^{\dagger}(q_1)a^{\dagger}(q_2)a(q_2')a(q_1')a^{\dagger}(Q_1)a^{\dagger}(Q_2)\right|0\right\rangle\\&=[\delta(Q_1-q_1)\delta(Q_2-q_2)+\delta(Q_1-q_2)\delta(Q_2-q_1)]\times\\&\quad[\delta(Q_1-q_1')\delta(Q_2-q_2')+\delta(Q_1-q_2')\delta(Q_2-q_1')],\end{aligned}\tag{6.3.18}$$

从而有

$$\begin{aligned}\left\langle a^{\dagger}(q_1)a^{\dagger}(q_2)a(q_2')a(q_1')\right\rangle&=[P_{\mathrm{s}}(q_1,q_2)+P_{\mathrm{s}}(q_2,q_1)]\times\\&\quad[\delta(q_1-q_1')\delta(q_2-q_2')+\delta(q_1-q_2')\delta(q_2-q_1')].\end{aligned}\tag{6.3.19}$$

可区分双光子与不可区分双光子混合态的二阶场关联函数表现出不同的物理性质.为了展现这些特点,我们假设它们有均匀分布的概率函数,即 $P(q_1,q_2)$ 为常数.对于可区分双光子混合态,由(6.3.9)式和(6.3.16)式

$$\left\langle a_{\mathrm{H}}^{\dagger}(q_1)a_{\mathrm{V}}^{\dagger}(q_2)a_{\mathrm{V}}(q_2')a_{\mathrm{H}}(q_1')\right\rangle=\left\langle a_{\mathrm{H}}^{\dagger}(q_1)a_{\mathrm{H}}(q_1')\right\rangle\left\langle a_{\mathrm{V}}^{\dagger}(q_2)a_{\mathrm{V}}(q_2')\right\rangle.\tag{6.3.20}$$

而对于不可区分双光子混合态,由(6.3.13)式和(6.3.19)式

$$\begin{aligned}\left\langle a^{\dagger}(q_1)a^{\dagger}(q_2)a(q_2')a(q_1')\right\rangle&=\left\langle a^{\dagger}(q_1)a(q_1')\right\rangle\left\langle a^{\dagger}(q_2)a(q_2')\right\rangle+\\&\quad\left\langle a^{\dagger}(q_1)a(q_2')\right\rangle\left\langle a^{\dagger}(q_2)a(q_1')\right\rangle.\end{aligned}\tag{6.3.21}$$

这些公式表达了双光子混合态的二阶关联函数可因式分解为一阶关联函数之积.

如果对双光子作符合计数测量,可区分双光子混合态的符合计数正比于

$$\begin{aligned}\left\langle a_{\mathrm{H}}^{\dagger}(q_1)a_{\mathrm{H}}(q_1)a_{\mathrm{V}}^{\dagger}(q_2)a_{\mathrm{V}}(q_2)\right\rangle&=\left\langle a_{\mathrm{H}}^{\dagger}(q_1)a_{\mathrm{V}}^{\dagger}(q_2)a_{\mathrm{V}}(q_2)a_{\mathrm{H}}(q_1)\right\rangle\\&=\left\langle a_{\mathrm{H}}^{\dagger}(q_1)a_{\mathrm{H}}(q_1)\right\rangle\left\langle a_{\mathrm{V}}^{\dagger}(q_2)a_{\mathrm{V}}(q_2)\right\rangle.\end{aligned}\tag{6.3.22}$$

这表明两个偏振正交光子之间的符合计数可以因式分解为每个偏振模光子计数之积,在混合态中,两个可区分光子之间不存在强度关联.

不可区分双光子混合态的一阶和二阶关联函数的关系(6.3.21)式与具有经典高斯统计的多模热光场相一致[见卷Ⅱ(3.6.17)式].对不可区分双光子的两个不同模式 q_1 和 q_2 的符合计数正比于

$$\begin{aligned}&\left\langle a^{\dagger}(q_1)a(q_1)a^{\dagger}(q_2)a(q_2)\right\rangle=\left\langle a^{\dagger}(q_1)a^{\dagger}(q_2)a(q_2)a(q_1)\right\rangle\\&=\left\langle a^{\dagger}(q_1)a(q_1)\right\rangle\left\langle a^{\dagger}(q_2)a(q_2)\right\rangle+\left\langle a^{\dagger}(q_1)a(q_2)\right\rangle\left\langle a^{\dagger}(q_2)a(q_1)\right\rangle.\end{aligned}\tag{6.3.23}$$

上述表式等同于经典多模热光场的强度关联关系[见卷Ⅱ(3.5.23)].因此一些学者认为,汉勃雷-布朗和特威斯(HBT)效应(见卷Ⅱ 3.5 节)的量子解释源于两个全同粒子的不可区分性.

练　习

1. 试推导双光子纯态的一阶关联函数(6.3.1)式和(6.3.2)式.

2. 试推导(6.2.7)式表示的双光子态在位矢空间的一阶关联函数(提示: 只需考虑 $\boldsymbol{r}$ 是独立变量)

$$\left\langle \psi_t \left| a_H^\dagger(\boldsymbol{r}_1,t_1)a_H(\boldsymbol{r}_2,t_2)\right| \psi_t \right\rangle = \int C^*(\boldsymbol{r}_1,t_1;\boldsymbol{r},t)C(\boldsymbol{r}_2,t_2;\boldsymbol{r},t)\mathrm{d}^3\boldsymbol{r},$$

$$\left\langle \psi_t \left| a_V^\dagger(\boldsymbol{r}_1,t_1)a_V(\boldsymbol{r}_2,t_2)\right| \psi_t \right\rangle = \int C^*(\boldsymbol{r},t;\boldsymbol{r}_1,t_1)C(\boldsymbol{r},t;\boldsymbol{r}_2,t_2)\mathrm{d}^3\boldsymbol{r},$$

$$\left\langle \psi_t \left| a_H^\dagger(\boldsymbol{r}_1,t_1)a_V(\boldsymbol{r}_2,t_2)\right| \psi_t \right\rangle = \left\langle \psi_t \left| a_V^\dagger(\boldsymbol{r}_1,t_1)a_H(\boldsymbol{r}_2,t_2)\right| \psi_t \right\rangle = 0.$$

3. 试推导两个可区分光子混合态的一阶关联函数(6.3.9)式.

4. 试推导双光子混合态的(6.3.15)式、(6.3.16)式、(6.3.18)式和(6.3.19)式.

6.4 双光子通过分束器的干涉实验

1. 两个光子能否发生干涉

干涉现象体现了波的本性.随着光量子概念的建立,新的困惑随之产生.例如当光强十分微弱,使得光的粒子性表现明显时,这些少数光子能否发生干涉,如何干涉?早在 1909 年,G. I. Taylor 的实验(Taylor,1909)证实了极微弱的光(一烛光放在一英里外)可以实现干涉.随后的一些实验表明,即使光子逐个地通过干涉装置时,也能发生干涉.1930 年狄拉克在他的“量子力学原理”著作中写道:“每个光子只同自己干涉.两个不同光子之间的干涉不可能发生(Each photon then interferes only with itself. Interference between two different photons can never occur.)”(Dirac,1930).

在卷Ⅱ的 3.5 节中的 HBT 实验表达了一个重要的信息,热光源中两个独立的区域之间可以实现干涉(Hanbury,1956).1986 年 H. Paul 在他的一篇综述文章中写道:“……Brown 和 Twiss 的热光的空间强度关联探测提供了由不同原子自发辐射的光子之间干涉的第一个实验证据.因此上面引用的狄拉克著名论断的第二部分实际上是不正确的.”(Paul,1986).HBT 实验中的热光源涉及许多光子,其双光子特征并不明显.当自发参量下转换过程在实验上实现后,获得了一个近似的双光子源,1987 年 Hong、Ou 和 Mandel(HOM)首次报道了两个光子在分束器中干涉的实验(Hong,1987).

在本卷 3.4 节中介绍了光学分束器对电场振幅的分配方式.对于粒子束入射,分束器分配粒子透射和反射的概率.现考虑一个无损耗的平衡分束器,其透射率和反射率相等,当一个粒子入射到该分束器时,它有 50%的概率透射,50%的概率被反射,称为 50/50 分束器.如果有两个空间分离的粒子分别入射到分束器的两个面时,会发生什么情况呢?如图 6.4-1 所示我们可以看到一共有四种可能性.如果这两个粒子不会发生干涉,每个粒子选择透射和反射不受另一个粒子的影响,容易看出四种可能结果的概率各是 25%.换句话说,两个粒子从分束器的一端出射的概率(图 6.4-1 左边两种情况)与它们分别从两端出射(图 6.4-1 右边两种情况)的概率相等,各为 50%.如果两个粒子在经过该分束器后的可能状态的概率不满足上述结果,这表明两个粒子在选择透射和反射时的概率受到某种因素的影响,称为两个粒子发生干涉.

对于两个光子入射到分束器,我们可以区分两种情况:当两个光子从分束器的一端出射的概率大于它们分别从两端出射的概率,形象地说双光子喜欢结伴而行,称为双光子结合干涉(two-photon coalescence interference);反之称为双光子反结合干涉(two-photon anti-coalescence

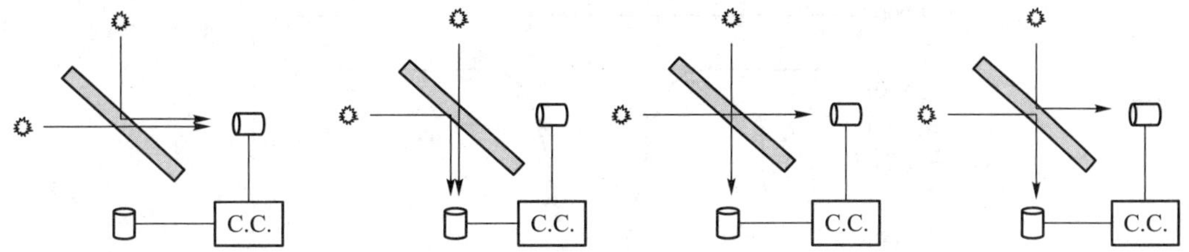

图 6.4-1 两个粒子通过分束器的四种可能性，C.C.表示符合计数测量

interference)(Grangier,2002).它们也可以称为群聚干涉(bunching interference)和反群聚干涉(anti-bunching interference).

2. Hong-Ou-Mandel(HOM)实验

1987 年，Hong、Ou 和 Mandel 在实验上首次观察到了双光子干涉现象(Hong,1987；Mandel,1999).实验装置如图 6.4-2 所示，波长为 351.1 纳米的亚皮秒紫外激光泵浦 KDP(磷酸二氢钾)非线性晶体发生自发参量下转换过程，产生一对信号和闲置光子.下转换光经过紫外滤色片消除残余泵浦光后，入射到分束器 BS.通过分束器的出射光子经过一对相同的干涉滤光片 IF1 和 IF2 后，选出相同频率的光子被两个单光子探测器 D1 和 D2 探测并在随后的装置中符合计数.实验结果如图 6.4-3 所示，可以看出当移动分束器的位置时，双光子符合计数率出现极小值，称为 HOM 下陷(HOM dip).这时通过分束器的两个光子分离的事件几乎不可能发生，表现为双光子结合干涉(或群聚干涉).下陷峰的位置出现在分束器移到实验系统的对称位置，下陷峰的宽度反映了光子波包的时间长度(50 fs)，它由干涉滤光片的带宽决定.

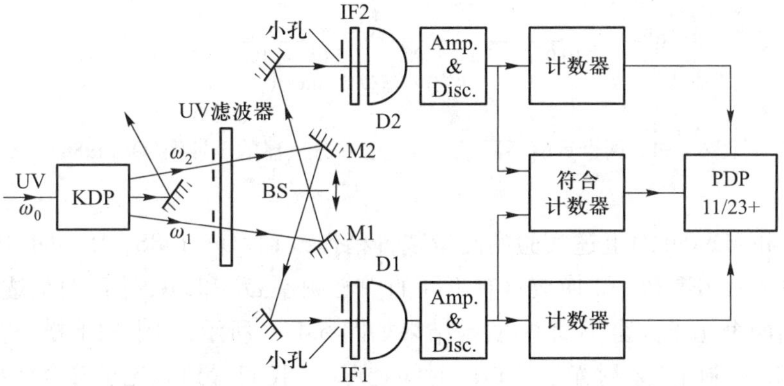

图 6.4-2 Hong-Ou-Mandel 实验装置图(Hong,1987)

实验结果告诉我们发生双光子干涉的两个条件：(i)两个光子频率简并(由相同的干涉滤光片选择出)；(ii)两个光子波包在分束器相遇(调节分束器的位置).这两个条件十分符合直观的物理理解，不过下面介绍的实验将表明，这两个条件并不是必要条件.

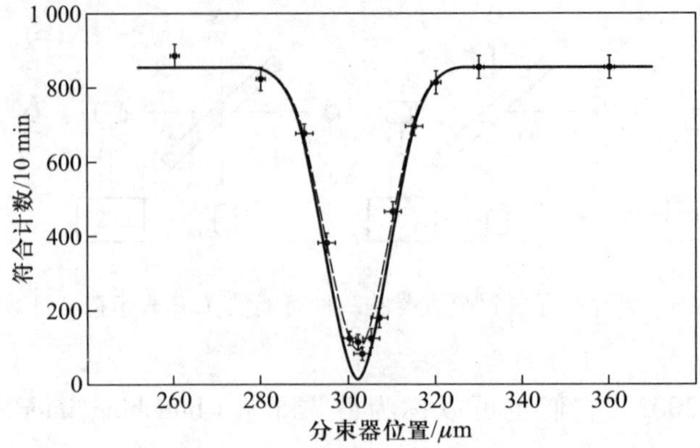

图 6.4-3　Hong-Ou-Mandel 实验的实验结果(Hong,1987)

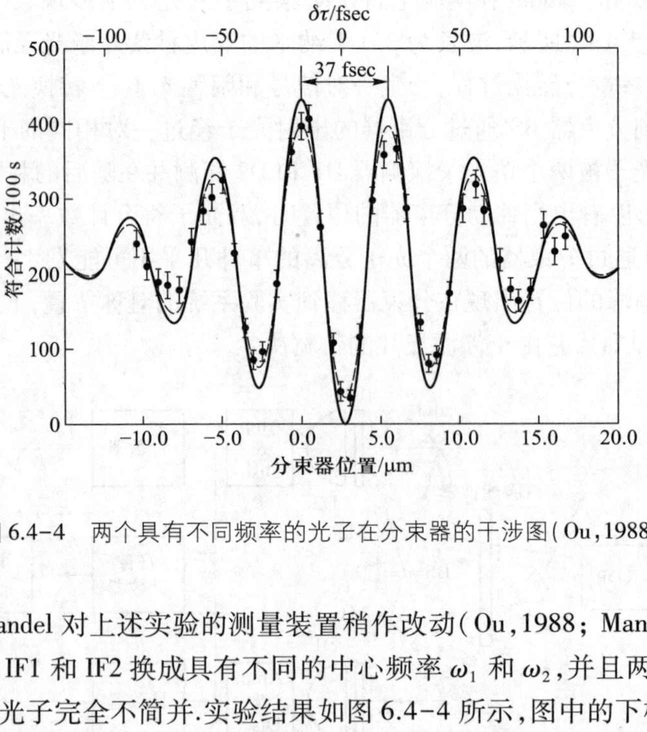

图 6.4-4　两个具有不同频率的光子在分束器的干涉图(Ou,1988)

1988 年 Ou 和 Mandel 对上述实验的测量装置稍作改动(Ou,1988; Mandel,1999),他们将探测器前的干涉滤光片 IF1 和 IF2 换成具有不同的中心频率 ω_1 和 ω_2,并且两个透光波段不交叠,这样参与干涉的两个光子完全不简并.实验结果如图 6.4-4 所示,图中的下横坐标为分束器的位置,上横坐标为对应的两个入射光子波包的时间延迟 $\delta\tau$.我们看到双光子符合计数率呈现振荡变化,振荡频率为 $\omega_1-\omega_2$,明显不同于图 6.4-3.由于在曲线的两端为不发生干涉的符合计数水平,处在该水平之下的条纹的极小值处为结合干涉,而极大值处为反结合干涉.

该实验和后来的实验(Rarity,1990; Larchuk,1990)均表明两个光子简并不是双光子干涉的必要条件.尽管记录端两个光子可以被识别,但重要的是我们不可能知道这两个光子来自于哪个入射端.在参量下转换过程中,信号光子和闲置光子都可能获得频率 ω_1 和 ω_2 的值而成为纠缠状态,使得频率 $\omega_1(\omega_2)$ 的光子落到分束器的哪一个入射端不能确定.

3. 两个光子经历不等光程时的分束器干涉实验

1993 年 Steinberg 等人设计了一个有趣的实验,测量单光子通过势垒的隧穿时间(Steinberg,1993).他们假定在参量下转换过程中信号光子和闲置光子是同时产生的,当两个光子以相同的时间到达分束器时,符合计数将出现干涉极小值.如图 6.4-5 所示在某一下转换光子的路径中插入待测势垒,与没有势垒存在时的双光子干涉结果进行比较,就可以得到光子通过势垒的隧穿时间.实验中待测的样品是由两种折射率组成的多层介质膜(multilayer coating),它具有一维光子带隙.在插入和移去介质膜时对比干涉曲线,结果得到光子通过多层介质的隧穿时间小于同长度的空气中的隧穿时间,换算成隧穿速度,为 1.7 倍真空光速.实验结果的正确与否取决于一个前提:两个光子在分束器相遇时出现干涉极小.但下面的实验表明该前提的正确性需要重新考虑.

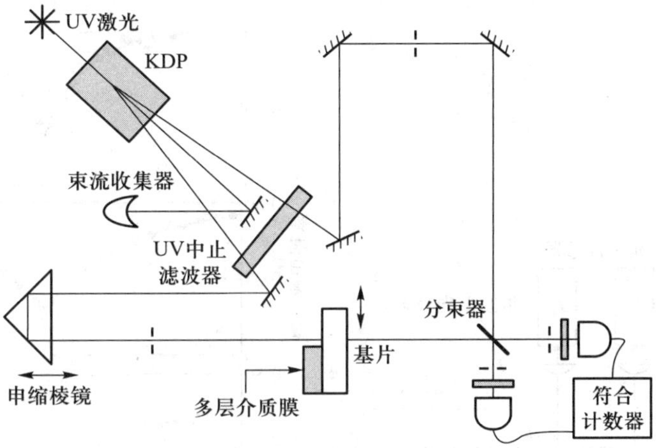

图 6.4-5　测量单光子隧穿时间的实验装置(Steinberg,1993)

1998 年 Strekalov 等人提出了光程差不相等的双光子干涉方案(Strekalov,1998).如图 6.4-6 左图所示,由 β-BBO(β 相偏硼酸钡)晶体的参量下转换产生一对光子,其中闲置光子经历光程 L_0到达分束器 BS,信号光子有两个可能的路径,光程分别为 L_1和 L_s.这三个光程各不相等,并满足

$$\Delta L \equiv L_1 - L_0 = L_0 - L_s \gg l_{coh}, \tag{6.4.1}$$

其中 l_{coh}是下转换光子波包的相干长度.当上述条件满足时,说明信号光子波包无论走长光程 L_1或短光程 L_s,都不会与光程 L_0的闲置光子在分束器相遇.定义一个相位因子 $\phi = 4\pi\Delta L/\lambda$,其中 λ 为下转换光的波长.当改变 ϕ 值时,他们观察到三种实验结果:$\phi = 0$,结合干涉(倒三角标记);$\phi = \pi/2$,没有干涉(菱形标记);以及 $\phi = \pi$,反结合干涉(空心圆标记),如图 6.4-6 右图.

根据实验结果,他们认为两个单光子波包在分束器相遇而发生干涉的解释是基于单光子图像,它对具有量子纠缠的双光子态并不适用(Shih,2007).

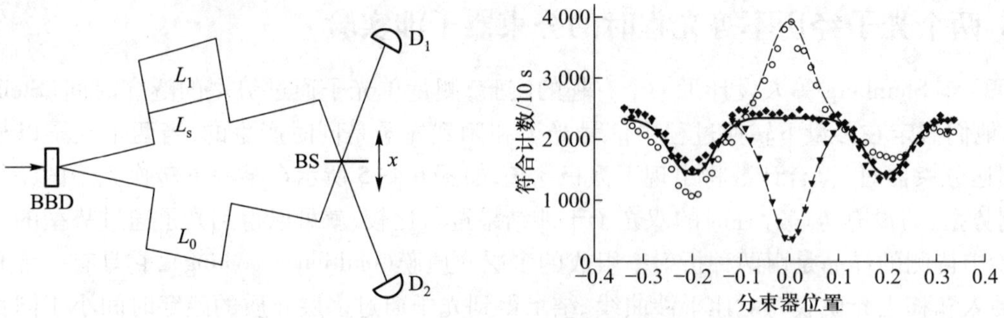

图 6.4-6 Strekalov 等人的双光子干涉实验方案图和实验结果(Strekalov,1998)

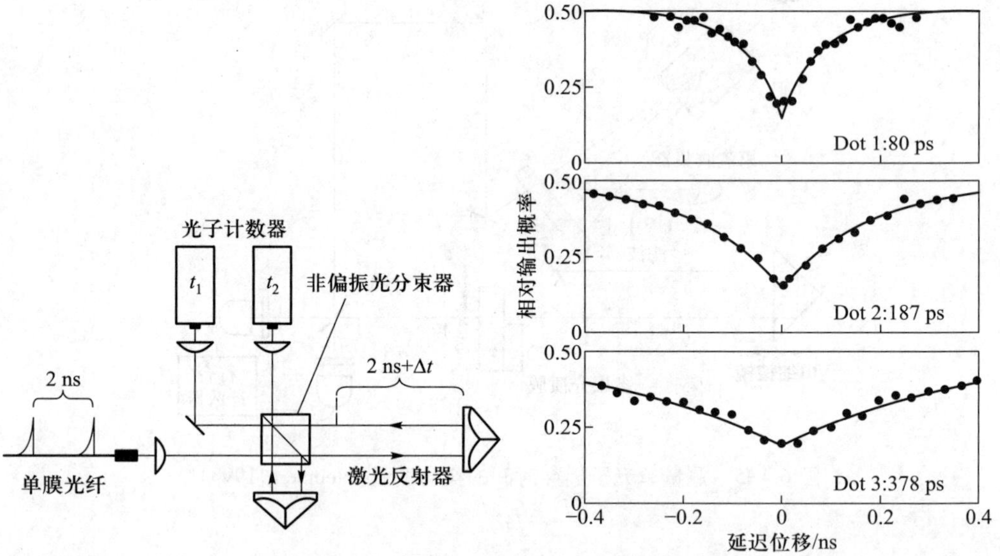

图 6.4-7 两个独立单光子干涉的实验,其中右图为三个量子点作为单光子源的实验结果(Santori,2002)

4. 两个独立单光子波包在分束器中的干涉实验

在以前的实验中,双光子态都是由参量自发下转换产生的,具有量子纠缠特征.随着半导体量子点技术的发展,有了真正的单光子源.2002 年 Santori 等报道了两个独立的单光子波包在分束器中干涉的实验,当两个波包被调整到在分束器相遇时,观察到 HOM 下陷特征的结合干涉(Santori,2002; Grangier,2002).

上面介绍的实验现象表明,两个独立的光子和两个纠缠光子发生干涉的条件和干涉图案可能不相同(图 6.4-7).自然,可以将这些不同归诸为纠缠光子态的量子非定域性,为此 biphoton 概念被提出以区分独立光子对.2006 年 Wang 在一篇综述中对这两种图像的干涉行为给出了统一认识的理论分析(Wang,2006).

6.5 双光子通过分束器干涉的理论——海森伯绘景

在本节的理论分析中采用海森伯绘景.

1. 两个独立的光子通过分束器的干涉

根据 3.4 节分束器的量子描述,在海森伯绘景中分束器(图 6.5-1)两个输出场算符(b_1,b_2)对两个输入场算符(a_1,a_2)的关系为

$$\begin{pmatrix} b_1 \\ b_2 \end{pmatrix} = S(\theta,\phi_\tau,\phi_\rho)\begin{pmatrix} a_1 \\ a_2 \end{pmatrix}, \quad S(\theta,\phi_\tau,\phi_\rho) = \begin{pmatrix} e^{i\phi_\tau}\cos\theta & e^{i\phi_\rho}\sin\theta \\ -e^{-i\phi_\rho}\sin\theta & e^{-i\phi_\tau}\cos\theta \end{pmatrix}. \tag{6.5.1}$$

两个输出场的强度为

$$b_1^\dagger b_1 = a_1^\dagger a_1\cos^2\theta + a_2^\dagger a_2\sin^2\theta + (a_1^\dagger a_2 e^{i(\phi_\rho-\phi_\tau)} + \text{h.c.})\sin\theta\cos\theta, \tag{6.5.2a}$$

$$b_2^\dagger b_2 = a_1^\dagger a_1\sin^2\theta + a_2^\dagger a_2\cos^2\theta - (a_1^\dagger a_2 e^{i(\phi_\rho-\phi_\tau)} + \text{h.c.})\sin\theta\cos\theta. \tag{6.5.2b}$$

式中 $a_1^\dagger a_2$ 反映了光场的干涉效应.当 $\langle a_1^\dagger a_2 \rangle = 0$ 时,一阶干涉不存在,但 $a_1^\dagger a_2$ 仍可能在强度关联中起作用.

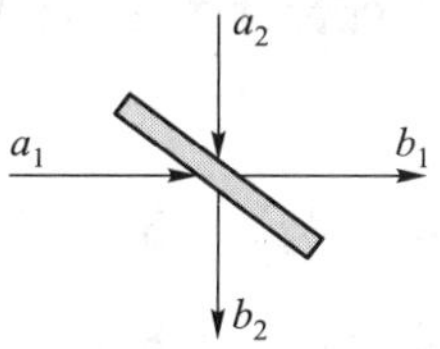

图 6.5-1 光学分束器的输入和输出场关系示意图

考虑两个输出场在各自给定频率的强度关联为 $\langle b_1^\dagger(\omega_1)b_1(\omega_1)b_2^\dagger(\omega_2)b_2(\omega_2)\rangle$,将(6.5.2)式代入后共有 16 项相加.假设两个输入场是相位相互独立的光场,16 项中有如下 10 项均为零

$$\begin{aligned}
&\langle a_1^\dagger(\omega_1)a_1(\omega_1)a_1^\dagger(\omega_2)a_2(\omega_2)\rangle, \langle a_1^\dagger(\omega_1)a_1(\omega_1)a_1(\omega_2)a_2^\dagger(\omega_2)\rangle, \\
&\langle a_2^\dagger(\omega_1)a_2(\omega_1)a_1^\dagger(\omega_2)a_2(\omega_2)\rangle, \langle a_2^\dagger(\omega_1)a_2(\omega_1)a_1(\omega_2)a_2^\dagger(\omega_2)\rangle, \\
&\langle a_1^\dagger(\omega_1)a_2(\omega_1)a_1^\dagger(\omega_2)a_1(\omega_2)\rangle, \langle a_1^\dagger(\omega_1)a_2(\omega_1)a_2^\dagger(\omega_2)a_2(\omega_2)\rangle, \\
&\langle a_1(\omega_1)a_2^\dagger(\omega_1)a_1^\dagger(\omega_2)a_1(\omega_2)\rangle, \langle a_1(\omega_1)a_2^\dagger(\omega_1)a_2^\dagger(\omega_2)a_2(\omega_2)\rangle, \\
&\langle a_1^\dagger(\omega_1)a_2(\omega_1)a_1^\dagger(\omega_2)a_2(\omega_2)\rangle, \langle a_1(\omega_1)a_2^\dagger(\omega_1)a_1(\omega_2)a_2^\dagger(\omega_2)\rangle.
\end{aligned} \tag{6.5.3}$$

强度关联由其余 6 项组成

$$
\begin{aligned}
&\langle b_1^\dagger(\omega_1)b_1(\omega_1)b_2^\dagger(\omega_2)b_2(\omega_2)\rangle \\
=&\left[\langle a_1^\dagger(\omega_1)a_1(\omega_1)a_1^\dagger(\omega_2)a_1(\omega_2)\rangle+\langle a_2^\dagger(\omega_1)a_2(\omega_1)a_2^\dagger(\omega_2)a_2(\omega_2)\rangle\right]\sin^2\theta\cos^2\theta+ \\
&\langle a_1^\dagger(\omega_1)a_1(\omega_1)a_2^\dagger(\omega_2)a_2(\omega_2)\rangle\cos^4\theta+\langle a_2^\dagger(\omega_1)a_2(\omega_1)a_1^\dagger(\omega_2)a_1(\omega_2)\rangle\sin^4\theta- \\
&\left[\langle a_1^\dagger(\omega_1)a_2(\omega_1)a_2^\dagger(\omega_2)a_1(\omega_2)\rangle+\langle a_2^\dagger(\omega_1)a_1(\omega_1)a_1^\dagger(\omega_2)a_2(\omega_2)\rangle\right]\sin^2\theta\cos^2\theta.
\end{aligned}
\tag{6.5.4}
$$

上式中的前四项是由(6.5.2)式中的非干涉项之积引起的,后两项是由(6.5.2)式中的干涉项之积引起的.因此在强度关联中是否存在波的干涉效应完全由后两项决定.

现在考虑输入端的量子态为相互独立的两个光子分别入射到分束器的两个输入端

$$
|\psi\rangle=|\Omega_1,\Omega_2\rangle=a_1^\dagger(\Omega_1)a_2^\dagger(\Omega_2)|0\rangle. \tag{6.5.5}
$$

容易验证两个独立光子态不存在如下的一阶干涉

$$
\langle\psi|a_1^\dagger(\omega)a_2(\omega)|\psi\rangle=0, \tag{6.5.6}
$$

在计算中运用了两个输入场算符可以对易.同样可以计算(6.5.3)式中各项均为零.不难看出,在场一阶关联和(6.5.3)式表示的关联项中,每个场的湮没和产生算符不是成对地出现.一般来说需要根据具体的量子态来计算,对于本节中讨论的量子态它们的期望值为零.相反在(6.5.4)式的各项中场湮没和产生算符都是成对地出现,它们对双光子符合计数有贡献.

对双光子态,强度关联测量即双光子符合计数.将双光子态(6.5.5)式代入(6.5.4)式,分别计算(6.5.4)式中的各项为

$$
\begin{aligned}
&\langle\psi|a_1^\dagger(\omega_1)a_1(\omega_1)a_1^\dagger(\omega_2)a_1(\omega_2)|\psi\rangle=\delta(\omega_2-\omega_1)\delta(\omega_1-\Omega_1)\delta(\omega_2-\Omega_1),\\
&\langle\psi|a_2^\dagger(\omega_1)a_2(\omega_1)a_2^\dagger(\omega_2)a_2(\omega_2)|\psi\rangle=\delta(\omega_2-\omega_1)\delta(\omega_1-\Omega_2)\delta(\omega_2-\Omega_2),\\
&\langle\psi|a_1^\dagger(\omega_1)a_1(\omega_1)a_2^\dagger(\omega_2)a_2(\omega_2)|\psi\rangle=\delta(\omega_1-\Omega_1)\delta(\omega_2-\Omega_2),\\
&\langle\psi|a_2^\dagger(\omega_1)a_2(\omega_1)a_1^\dagger(\omega_2)a_1(\omega_2)|\psi\rangle=\delta(\omega_1-\Omega_2)\delta(\omega_2-\Omega_1),\\
&\quad\langle\psi|a_1^\dagger(\omega_1)a_2(\omega_1)a_2^\dagger(\omega_2)a_1(\omega_2)|\psi\rangle\\
&\quad=\delta(\omega_1-\Omega_1)\delta(\omega_2-\Omega_1)[\delta(\omega_1-\Omega_2)\delta(\omega_2-\Omega_2)+\delta(\omega_2-\omega_1)],\\
&\quad\langle\psi|a_2^\dagger(\omega_1)a_1(\omega_1)a_1^\dagger(\omega_2)a_2(\omega_2)|\psi\rangle\\
&\quad=\delta(\omega_1-\Omega_2)\delta(\omega_2-\Omega_2)[\delta(\omega_1-\Omega_1)\delta(\omega_2-\Omega_1)+\delta(\omega_2-\omega_1)].
\end{aligned}
\tag{6.5.7}
$$

我们可考虑两个光子频率不简并和简并两种情况.当两个光子频率不简并时 $\Omega_1\neq\Omega_2$,只有($\omega_1=\Omega_1,\omega_2=\Omega_2$)和($\omega_1=\Omega_2,\omega_2=\Omega_1$)时双光子符合计数有非零值

$$
\langle b_1^\dagger(\Omega_1)b_1(\Omega_1)b_2^\dagger(\Omega_2)b_2(\Omega_2)\rangle=\cos^4\theta, \tag{6.5.8a}
$$

$$
\langle b_1^\dagger(\Omega_2)b_1(\Omega_2)b_2^\dagger(\Omega_1)b_2(\Omega_1)\rangle=\sin^4\theta, \tag{6.5.8b}
$$

总符合计数率为两者之和 $\cos^4\theta+\sin^4\theta$.对于 50-50 分束器 $\theta=\pi/4$,总符合计数率为 1/2.在这种情

况下两个光子不发生干涉，如同两个经典粒子.当两个光子频率简并时 $\Omega_1=\Omega_2=\Omega$，由(6.5.7)式可得到

$$\begin{aligned}\left\langle b_1^{\dagger}(\Omega)b_1(\Omega)b_2^{\dagger}(\Omega)b_2(\Omega)\right\rangle &= 2\sin^2\theta\cos^2\theta+\cos^4\theta+\sin^4\theta-4\sin^2\theta\cos^2\theta \\ &= (\cos^2\theta-\sin^2\theta)^2.\end{aligned} \tag{6.5.9}$$

对于50-50分束器，双光子符合计数率为零，这是HOM实验观察的结果.上述理论分析表明，对于(6.5.5)式表示的两个独立的光子态，只有它们频率简并时才能发生双光子干涉.

2. 两个频率纠缠的光子通过分束器的干涉

两个频率纠缠的光子可表示为

$$\begin{aligned}\left|\psi\right\rangle &= \frac{1}{\sqrt{2}}\left(\left|\Omega_1,\Omega_2\right\rangle+e^{i\varphi}\left|\Omega_2,\Omega_1\right\rangle\right) \\ &= \frac{1}{\sqrt{2}}\left[a_1^{\dagger}(\Omega_1)a_2^{\dagger}(\Omega_2)\left|0\right\rangle+e^{i\varphi}a_1^{\dagger}(\Omega_2)a_2^{\dagger}(\Omega_1)\left|0\right\rangle\right],\end{aligned} \tag{6.5.10}$$

其中 φ 是两个子态的相对相移.同样可以计算上述频率纠缠光子的一阶场关联和(6.5.3)式中各项关联均为零.

将纠缠双光子态(6.5.10)式用于(6.5.4)式，并考虑到纠缠态中 $\Omega_1\neq\Omega_2$，可分别计算(6.5.4)式中的各项为

$$\begin{aligned}&\left\langle\psi\left|a_1^{\dagger}(\omega_1)a_1(\omega_1)a_1^{\dagger}(\omega_2)a_1(\omega_2)\right|\psi\right\rangle=\left\langle\psi\left|a_2^{\dagger}(\omega_1)a_2(\omega_1)a_2^{\dagger}(\omega_2)a_2(\omega_2)\right|\psi\right\rangle \\ &=\frac{1}{2}\delta(\omega_2-\omega_1)\left[\delta(\omega_1-\Omega_1)\delta(\omega_2-\Omega_1)+\delta(\omega_1-\Omega_2)\delta(\omega_2-\Omega_2)\right], \\ &\left\langle\psi\left|a_1^{\dagger}(\omega_1)a_1(\omega_1)a_2^{\dagger}(\omega_2)a_2(\omega_2)\right|\psi\right\rangle=\left\langle\psi\left|a_2^{\dagger}(\omega_1)a_2(\omega_1)a_1^{\dagger}(\omega_2)a_1(\omega_2)\right|\psi\right\rangle \\ &=\frac{1}{2}\left[\delta(\omega_1-\Omega_1)\delta(\omega_2-\Omega_2)+\delta(\omega_1-\Omega_2)\delta(\omega_2-\Omega_1)\right], \\ &\left\langle\psi\left|a_1^{\dagger}(\omega_1)a_2(\omega_1)a_2^{\dagger}(\omega_2)a_1(\omega_2)\right|\psi\right\rangle=\left\langle\psi\left|a_2^{\dagger}(\omega_1)a_1(\omega_1)a_1^{\dagger}(\omega_2)a_2(\omega_2)\right|\psi\right\rangle^* \\ &=\frac{1}{2}\delta(\omega_2-\omega_1)\left[\delta(\omega_1-\Omega_1)\delta(\omega_2-\Omega_1)+\delta(\omega_1-\Omega_2)\delta(\omega_2-\Omega_2)\right]+ \\ &\quad\frac{1}{2}\left[e^{i\varphi}\delta(\omega_1-\Omega_1)\delta(\omega_2-\Omega_2)+e^{-i\varphi}\delta(\omega_1-\Omega_2)\delta(\omega_2-\Omega_1)\right].\end{aligned} \tag{6.5.11}$$

同样，对于输入双光子纠缠态(6.5.10)式，在输出端符合测量中只有当($\omega_1=\Omega_1,\omega_2=\Omega_2$)和($\omega_1=\Omega_2,\omega_2=\Omega_1$)时有计数值.由(6.5.4)式和(6.5.11)式得到

$$\begin{aligned}\left\langle b_1^{\dagger}(\Omega_1)b_1(\Omega_1)b_2^{\dagger}(\Omega_2)b_2(\Omega_2)\right\rangle &= \left\langle b_1^{\dagger}(\Omega_2)b_1(\Omega_2)b_2^{\dagger}(\Omega_1)b_2(\Omega_1)\right\rangle \\ &= \frac{1}{2}\left[\cos^4\theta+\sin^4\theta-2\sin^2\theta\cos^2\theta\cos\varphi\right].\end{aligned} \tag{6.5.12}$$

因此总的符合计数率为

$$R = \cos^4\theta + \sin^4\theta - 2\sin^2\theta\cos^2\theta\cos\varphi. \tag{6.5.13}$$

对于 50-50 分束器有

$$R = \frac{1}{2}(1 - \cos\varphi). \tag{6.5.14}$$

双光子干涉与纠缠态中的相位因子 φ 有关：当 $\varphi=0$ 时，$R=0$，发生双光子结合干涉；当 $\varphi=\pi$ 时，$R=1$，发生双光子反结合干涉；当 $\varphi=\pi/2$ 时，$R=1/2$，不发生双光子干涉.

在上一节介绍的 Ou 和 Mandel 实验中，我们看到这三种干涉条纹随分束器位置的移动交替地出现，条纹振荡频率为 $|\Omega_2-\Omega_1|$. 设纠缠源到分束器两个入射端 1 和 2 的光程分别为 L_1 和 L_2，态 $|\Omega_1,\Omega_2\rangle$ 表示 Ω_1 光子进入 1 端而 Ω_2 光子进入 2 端，形成的相移正比于 $\Omega_1L_1+\Omega_2L_2$. 态 $|\Omega_2,\Omega_1\rangle$ 表示 Ω_2 光子进入 1 端而 Ω_1 光子进入 2 端，形成的相移正比于 $\Omega_2L_1+\Omega_1L_2$. 两者的相移差为 $(\Omega_2-\Omega_1)(L_2-L_1)$. 因此纠缠态中的相移 φ 正比于频率差 $|\Omega_2-\Omega_1|$.

练　习

1. 试用(6.5.2)式推导(6.5.3)式和(6.5.4)式，并指出哪些项与波的干涉有关.

2. 对双光子可分离态(6.5.5)式，证明其一阶场关联(6.5.6)式和高阶场关联(6.5.3)式均为零.

3. 对双光子可分离态(6.5.5)式，试推导(6.5.7)式.

4. 对双光子可分离态(6.5.5)式，当两个光子频率不简并和简并时，试分别推导(6.5.8)式和(6.5.9)式.

5. 对双光子纠缠态(6.5.10)式，证明其一阶场关联和高阶场关联(6.5.3)式均为零.

6. 对双光子纠缠态(6.5.10)式，试推导(6.5.11)式.

7. 对双光子纠缠态(6.5.10)式，当($\omega_1=\Omega_1, \omega_2=\Omega_2$)和($\omega_1=\Omega_2, \omega_2=\Omega_1$)时，试推导(6.5.12)式.

6.6　双光子通过分束器干涉的理论——薛定谔绘景

上一节采用海森伯绘景的方法，计算分束器输出场算符在输入量子态的二阶关联函数，这种方法如同经典物理量一样运算，但看不到量子态是如何变化的. 从研究双光子干涉的物理机制的角度，我们希望看到在分束器干涉中量子态的变化，为此需要采用薛定谔绘景.

1. 利用算符变换矩阵计算态矢演化的方法

在薛定谔绘景中

$$|\psi_{\text{out}}\rangle = U|\psi_{\text{in}}\rangle, \tag{6.6.1}$$

$|\psi_{\text{in}}\rangle$ 和 $|\psi_{\text{out}}\rangle$ 分别是分束器的输入和输出态，U 是分束器的演化算符.根据量子力学角动量理论，U 是三维旋转群 SO(3) 的标准表示，它有较复杂的算符表达式(Campos,1989).这里采用一种十分简单的方法，不需要知道 U 就可以计算分束器的输出态(Wang,2006).

若输入态可以表示成

$$|\psi_{\text{in}}\rangle = f(a_1, a_1^\dagger, a_2, a_2^\dagger)|0\rangle, \tag{6.6.2}$$

考虑到在分束器中输入真空态仍然得到真空态，即 $U|0\rangle = U^{-1}|0\rangle = |0\rangle$，分束器的输出态为

$$\begin{aligned}|\psi_{\text{out}}\rangle &= Uf(a_1, a_1^\dagger, a_2, a_2^\dagger)|0\rangle \\ &= Uf(a_1, a_1^\dagger, a_2, a_2^\dagger)U^{-1}U|0\rangle = Uf(a_1, a_1^\dagger, a_2, a_2^\dagger)U^{-1}|0\rangle \\ &= f(Ua_1U^{-1}, Ua_1^\dagger U^{-1}, Ua_2U^{-1}, Ua_2^\dagger U^{-1})|0\rangle = f(\bar{b}_1, \bar{b}_1^\dagger, \bar{b}_2, \bar{b}_2^\dagger)|0\rangle,\end{aligned} \tag{6.6.3}$$

其中 $\bar{b}_i \equiv Ua_iU^{-1}$，$\bar{b}_i^\dagger \equiv Ua_i^\dagger U^{-1}$. 根据量子力学，力学量算符的演化可表示为 $b_i \equiv U^{-1}a_iU$. 注意到 $\bar{b}_i \equiv Ua_iU^{-1}$ 与 $b_i \equiv U^{-1}a_iU$ 相比较是对算符 a_i 的逆向演化，即 $U^{-1}\bar{b}_iU = a_i$，由(6.5.1)式可以写出

$$\begin{pmatrix}a_1\\a_2\end{pmatrix} = S(\theta,\phi_\tau,\phi_\rho)\begin{pmatrix}\bar{b}_1\\\bar{b}_2\end{pmatrix}, \text{或} \begin{pmatrix}\bar{b}_1\\\bar{b}_2\end{pmatrix} = S^{-1}(\theta,\phi_\tau,\phi_\rho)\begin{pmatrix}a_1\\a_2\end{pmatrix} = S(-\theta, -\phi_\tau,\phi_\rho)\begin{pmatrix}a_1\\a_2\end{pmatrix}, \tag{6.6.4}$$

其中 S 的逆为

$$S^{-1}(\theta,\phi_\tau,\phi_\rho) = S(-\theta, -\phi_\tau,\phi_\rho) = \begin{pmatrix}\mathrm{e}^{-\mathrm{i}\phi_\tau}\cos\theta & -\mathrm{e}^{\mathrm{i}\phi_\rho}\sin\theta\\ \mathrm{e}^{-\mathrm{i}\phi_\rho}\sin\theta & \mathrm{e}^{\mathrm{i}\phi_\tau}\cos\theta\end{pmatrix}. \tag{6.6.5}$$

由上两式取厄米共轭得到

$$\bar{b}_1^\dagger = a_1^\dagger\cos\theta\mathrm{e}^{\mathrm{i}\phi_\tau} - a_2^\dagger\sin\theta\mathrm{e}^{-\mathrm{i}\phi_\rho}, \tag{6.6.6a}$$

$$\bar{b}_2^\dagger = a_1^\dagger\sin\theta\mathrm{e}^{\mathrm{i}\phi_\rho} + a_2^\dagger\cos\theta\mathrm{e}^{-\mathrm{i}\phi_\tau}. \tag{6.6.6b}$$

当输入态由(6.6.2)式给出后，就可以由(6.6.3)—(6.6.6)式计算输出态.

2. 分束器中双光子干涉的物理解释

类似(6.2.5)式但只考虑频率分量，设两个偏振相同的双光子态的一般形式为

$$|\psi_{\text{in}}\rangle = \sum_{\omega_1,\omega_2} C(\omega_1,\omega_2)a_1^\dagger(\omega_1)a_2^\dagger(\omega_2)|0\rangle. \tag{6.6.7}$$

两个空间上分离分别入射到分束器的两个面的光子是可以识别的.由(6.6.3)式经过分束器后的输出态为

$$\begin{aligned}|\psi_{\text{out}}\rangle &= \sum_{\omega_1,\omega_2} C(\omega_1,\omega_2)\bar{b}_1^\dagger(\omega_1)\bar{b}_2^\dagger(\omega_2)|0\rangle \\ &= \sum_{\omega_1,\omega_2} C(\omega_1,\omega_2)\Big\{\Big[a_1^\dagger(\omega_1)a_1^\dagger(\omega_2)\mathrm{e}^{\mathrm{i}\phi} - a_2^\dagger(\omega_1)a_2^\dagger(\omega_2)\mathrm{e}^{-\mathrm{i}\phi}\Big]\cos\theta\sin\theta + \\ &\quad \Big[a_1^\dagger(\omega_1)a_2^\dagger(\omega_2)\cos^2\theta - a_2^\dagger(\omega_1)a_1^\dagger(\omega_2)\sin^2\theta\Big]\Big\}|0\rangle,\end{aligned} \tag{6.6.8}$$

其中 $\phi=\phi_\tau+\phi_\rho$. (6.6.8)式求和中的四项分别表示图 6.6-1 所示的四种可能性.

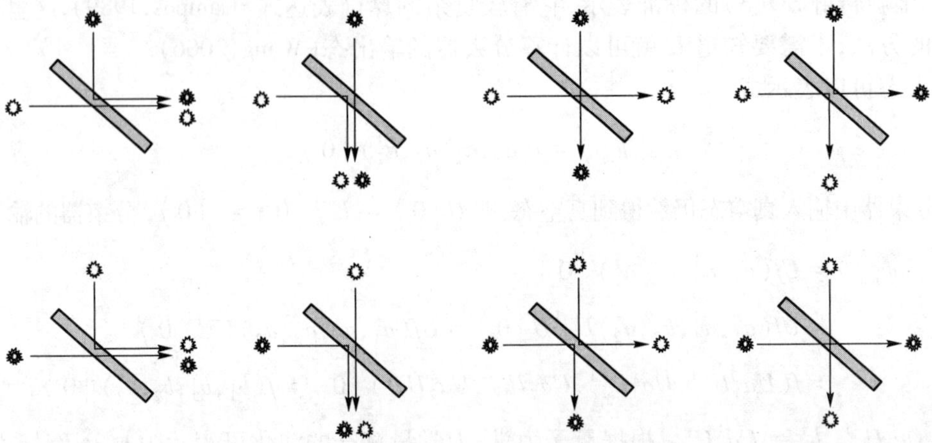

图 6.6-1 两个不同频率光子的输入态(ω_1,ω_2)和(ω_2,ω_1)通过分束器产生的输出态

在输入态(6.6.6)式中的子态 $a_1^\dagger(\omega_1)a_2^\dagger(\omega_2)\left|0\right\rangle$ 表示 ω_1 光子在输入端 1、ω_2 光子在输入端 2,子态 $a_1^\dagger(\omega_2)a_2^\dagger(\omega_1)\left|0\right\rangle$ 表示 ω_2 光子在输入端 1、ω_1 光子在输入端 2,因此在输入端这两个子态是可以区分的.由(6.6.8)式可以看出,这两个输入态通过分束器产生出不可区分的输出态,二者应该合并相加.这些物理过程形象地反映在图 6.6-1 的上图和下图中.

为此我们把(6.6.8)式中的求和分成三部分 $\sum\limits_{\omega_1,\omega_2}=\sum\limits_{\omega_1<\omega_2}+\sum\limits_{\omega_1=\omega_2}+\sum\limits_{\omega_1>\omega_2}$,在第三个求和中交换变量 ω_1 和 ω_2 后与第一个求和合并.对于一个 50-50 光学分束器, $\cos\theta=\sin\theta=1/\sqrt{2}$, (6.6.8)式为

$$\begin{aligned}\left|\psi_{\text{out}}\right\rangle=&\frac{1}{2}\sum_{\omega_1<\omega_2}\Big\{\Big[C(\omega_1,\omega_2)+C(\omega_2,\omega_1)\Big]\Big[a_1^\dagger(\omega_1)a_1^\dagger(\omega_2)\mathrm{e}^{\mathrm{i}\phi}-a_2^\dagger(\omega_1)a_2^\dagger(\omega_2)\mathrm{e}^{-\mathrm{i}\phi}\Big]+\\&\Big[C(\omega_1,\omega_2)-C(\omega_2,\omega_1)\Big]\Big[a_1^\dagger(\omega_1)a_2^\dagger(\omega_2)-a_2^\dagger(\omega_1)a_1^\dagger(\omega_2)\Big]\Big\}\left|0\right\rangle+\\&\frac{1}{2}\sum_{\omega}C(\omega,\omega)\Big\{[a_1^\dagger(\omega)]^2\mathrm{e}^{\mathrm{i}\phi}-[a_2^\dagger(\omega)]^2\mathrm{e}^{-\mathrm{i}\phi}\Big\}\left|0\right\rangle.\end{aligned}\tag{6.6.9}$$

上式中第一个求和表示频率非简并光子对$(\omega_1<\omega_2)$的干涉,其中第一项表示两个光子从分束器的同一端出射(结合),第二项表示两个光子从分束器的不同端出射(反结合).第二个求和表示频率简并光子对$(\omega_1=\omega_2=\omega)$的干涉,它只存在结合干涉.

双光子干涉由分束器的两个出射端的符合测量来量度,符合概率为第一个求和中第二项系数的模的二次方

$$P_C=\frac{1}{4}\sum_{\omega_1,\omega_2}\left|C(\omega_1,\omega_2)-C(\omega_2,\omega_1)\right|^2.\tag{6.6.10}$$

写成积分形式为

$$P_C = \frac{1}{4}\int_{-\infty}^{\infty} d\omega_1 \int_{-\infty}^{\infty} d\omega_2 \,|C(\omega_1,\omega_2) - C(\omega_2,\omega_1)|^2$$
$$= \frac{1}{2}\left\{1 - \frac{1}{2}\int_{-\infty}^{\infty} d\omega_1 \int_{-\infty}^{\infty} d\omega_2 [C(\omega_1,\omega_2)C^*(\omega_2,\omega_1) + \text{c.c.}]\right\}. \tag{6.6.11}$$

从上式可以看出,符合概率完全由干涉项$\iint d\omega_1 d\omega_2 C(\omega_1,\omega_2)C^*(\omega_2,\omega_1)+\text{c.c.}$决定.当干涉项为零时,符合概率$P_C=1/2$,两个光子之间无干涉.当干涉项为正时,$P_C<1/2$,发生结合干涉,反之发生反结合干涉.从干涉项的表式可以看出,对于纠缠态双光子干涉不是两个(单光子)场的干涉,而是双光子态自身的干涉,由双光子频谱的拓扑结构所决定.

图6.6-2画出了(a)不可能发生干涉和(b)可能发生干涉的两种双光子谱的拓扑特征.在图(a)中,谱函数满足$|C(\omega_1,\omega_2)C^*(\omega_2,\omega_1)|=0$,因此不能发生干涉.除了谱的振幅分布外,谱的相位也是影响干涉的重要因素,例如谱函数的相位满足$\arg[C(\omega_1,\omega_2)]-\arg[C(\omega_2,\omega_1)]=(n+1/2)\pi$时不发生干涉.

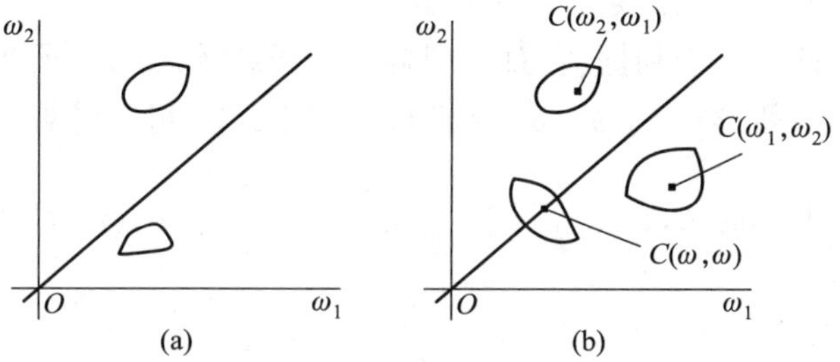

图6.6-2 双光子谱的拓扑结构决定双光子干涉:(a)不可能发生干涉的双光子谱分布;(b)可能发生干涉的双光子谱分布

3. 对称谱和反对称谱,完全结合干涉和完全反结合干涉

双光子对称谱满足

$$C(\omega_1,\omega_2) = C(\omega_2,\omega_1). \tag{6.6.12}$$

由(6.6.11)式立即得到符合计数概率$P_C=0$,两个光子离开分束器时总是结合在一起,称为完全结合干涉.双光子反对称谱满足

$$C(\omega_1,\omega_2) = -C(\omega_2,\omega_1). \tag{6.6.13}$$

由(6.6.11)式得到符合概率$P_C=1$,两个光子总是分离地离开分束器,称为完全反结合干涉.由(6.6.9)式可以得到,这时的输出态严格等于输入态.这是一个很有趣的结果,好像分束器并不存在(或不存在反射完全透明).尽管输入输出态完全相同,但我们不可能知道某一输出端的光子来自哪一个输入端,这正是干涉的特征.

谱的对称性使图6.6-1右边两个过程完全抵消,左边两个过程成为相长叠加,发生完全结合干涉.反之,左边两个过程完全抵消时发生完全反结合干涉.不难证明,完全结合干涉的充要条件是对称谱,完全反结合干涉的充要条件是反对称谱.

4. 双光子反结合干涉是量子纠缠的证据

如果两个独立的全同单光子波包 $C_1(\omega)=C_2(\omega)=C(\omega)$ 组成双光子态，显然 $C(\omega_1,\omega_2)=C(\omega_1)C(\omega_2)$ 满足对称条件，必定能发生完全结合干涉. 反之，如果已知双光子态是可分离态，且满足对称条件

$$C(\omega_1,\omega_2)=C_1(\omega_1)C_2(\omega_2)=C_1(\omega_2)C_2(\omega_1). \tag{6.6.14}$$

从而有

$$\frac{C_1(\omega_1)}{C_2(\omega_1)}=\frac{C_1(\omega_2)}{C_2(\omega_2)}=s, \tag{6.6.15}$$

其中 s 是与频率无关的常数. 再由归一化条件 $1=\int d\omega\left|C_1(\omega)\right|^2=\int d\omega\left|C_2(\omega)\right|^2$，可以得到 s 是个纯相位因子，即有 $C_1(\omega)=C_2(\omega)\exp(\mathrm{i}\theta)$，两个单光子波包全同. 因此我们得到两个独立光子波包发生完全结合干涉的充要条件是它们是全同波包.

在本章的最后我们证明一个判据，它对于理解双光子纠缠态的量子非定域性可能十分重要. 由非纠缠的双光子态的一般形式 $C(\omega_1,\omega_2)=C_1(\omega_1)C_2(\omega_2)$，可以计算(6.6.11)式中的干涉项

$$\int_{-\infty}^{\infty}d\omega_1\int_{-\infty}^{\infty}d\omega_2 C(\omega_1,\omega_2)C^*(\omega_2,\omega_1)=\left|\int_{-\infty}^{\infty}d\omega C_1(\omega)C_2^*(\omega)\right|^2. \tag{6.6.16}$$

因此符合概率满足

$$P_C=\frac{1}{2}\left[1-\left|\int_{-\infty}^{\infty}d\omega C_1(\omega)C_2^*(\omega)\right|^2\right]\leqslant\frac{1}{2}, \tag{6.6.17}$$

它表明非纠缠态不存在反结合干涉. 因此双光子在分束器中的“反结合干涉”可以作为检验双光子纠缠的一个判据. 如同贝尔不等式(Bell inequality)，这个判据是充分的，但不是必要的.

练　习

1. 证明(6.6.5)式是(6.5.1)式 S 矩阵的逆.

2. 设在分束器的一侧输入一个双光子态 $\left|\psi_{\text{in}}\right\rangle=a^\dagger(\omega_1)a^\dagger(\omega_2)\left|0\right\rangle$，另一侧为真空态，试用上节的方法计算分束器输出端的双光子符合计数概率. 讨论频率简并和非简并是否有区别，思考其原因.

3. 接上题，试用本节的方法推导分束器输出端的量子态表式. 当在分束器的一侧输入两个完全简并光子时，它们是否可能被分束器分开，与 Hong-Ou-Mandel 实验比较并思考两者异同的物理原因.

参 考 文 献

Bohr N. (1935). Phys. Rev. **48**, 696—702.

“Can quantum-mechanical description of physical reality be considered complete?”

Campos R. A., Saleh B. E. A., and Teich M. C. (1989). Phys. Rev. A **40**, p. 1371.
"Quantum-mechanical lossless beamsplitter: SU(2) symmetry and photon statistics"

Dirac P. A. M. (1930). The Principles of Quantum Mechanics, Clarendon, Oxford University Press, p. 15; 在 1958 年的第 4 版中(p. 9),第二句话改为"Interference between two different photons never occurs."

Einstein A., Podolsky B., and Rosen N. (1935). Phys. Rev. **47**, 777—780.
"Can quantum-mechanical description of physical reality be considered complete?"

Grangier P. (2002). Nature **419**, p. 577. "Single photons stick together"

Hanbury-Brown R. and Twiss R. Q. (1956). Nature **177**, p. 27. "Correlation between photons in two coherent beams of light"; **178**, p. 1447.

Hong C. K., Ou Z. Y. and Mandel L. (1987). Phys. Rev. Lett. **59**, p. 2044. "Measurement of subpicosecond time intervals between two photons by interference"

Klyshko D. N. (1988). Photons and Nonlinear Optics, Gordon and Breach Science Publishers, New York.

Larchuk T. S. et al. (1990). Phys. Rev. Lett. **70**, p. 1603.
"Interfering entangled photons of different colors"

Mandel L. (1999). Rev. Mod. Phys. **71**, S274.
"Quantum effects in one-photon and two-photon interference"

Ou Z. Y. and Mandel L. (1988). Phys. Rev. Lett. **61**, p. 54.
"Observation of spatial quantum beating with separated photodetectors"

Paul H. (1986). Rev. Mod. Phys. **58**, p. 209. "Interference between independent photons"

Rarity J. G. and Tapster P. R. (1990). Phys. Rev. A **41**, p. 5139.
"Two color photons and nonlicality in fourth-order interference"

Santori C., Fattal D., Vuckovic J., Solomon G. S. and Yamamoto Y. (2002). Nature **419**, p. 594. "Indistinguishable photons from a single-photon device"

Shih Y. H. (2007). Frontiers of Physics in China **2**, p. 125. "The physics of $2 \neq 1 + 1$"

Steinberg A. M., Kwiat P. G., and Chiao R. Y. (1993). Phys. Rev. Lett. **71**, 708.
"Measurement of the single-photon tunneling time"

Strekalov D. V., Pittman T. B. and Shih Y. H. (1998). Phys. Rev. A **57**, p. 567.
"What we can learn about single photons in a two-photon interference experiment"

Taylor G. I. (1909). Proceedings of the Cambridge Philosophical Society **15**, p. 114.
"Interference fringes with feeble light"

Wang Kaige (2006). J. Phys. B **39**, p. R293.
"Quantum theory of two-photon wavepacket interference in a beamsplitter"

第七章　电磁感生透明和光量子信息的存储

光是最佳的信息载体,一方面自然是由于光速是自然界的极限速度,另一方面光易获得、易操纵和不易受到外界干扰.但光信息不容易被存储,目前光信息的存储是通过光电转换的方法,对电信号进行处理存储.这种方法对经典信息是可行的,但对存储光量子信息不可行.因为光电转换实际上是对光信号进行一种测量,根据量子力学基本原理,任何测量将改变甚至破坏量子态.因此当光作为量子信息载体时,必须解决光量子信息的存储问题.本章将讨论电磁感生透明现象及与之有关的光量子信息的存储.

在本章中我们将讨论多能级原子与多光场的相互作用系统,与两能级系统不同的是在多能级系统中有可能存在两组原子能级跃迁之间的干涉效应,它将产生两能级原子不可能发生的物理现象.

7.1　电磁感生透明

我们首先讨论一个有趣的物理效应——电磁感生透明(Electromagnetically Induced Transparency,简记为 EIT)(Harris,1990,1997; Boller,1991).EIT 模型如图 7.1-1 所示,设介质中的原子有三个能级 $|a\rangle$、$|b\rangle$ 和 $|c\rangle$ 构成 Λ 型.采用拉比频率表示光场振幅,单色信号光 $\Omega_S e^{-i\phi_S}$ 和控制光 $\Omega_C e^{-i\phi_C}$ 分别同原子能级跃迁 $|a\rangle-|b\rangle$ 和 $|a\rangle-|c\rangle$ 发生共振跃迁,$|c\rangle-|b\rangle$ 是禁戒跃迁.在 EIT 模型中,当每一束光单独存在时,由于强烈的共振吸收,光不能通过介质.而当两束光同时存在时,情况发生戏剧性地变化,介质可能对其中一束光变得完全透明.这是由于两个光

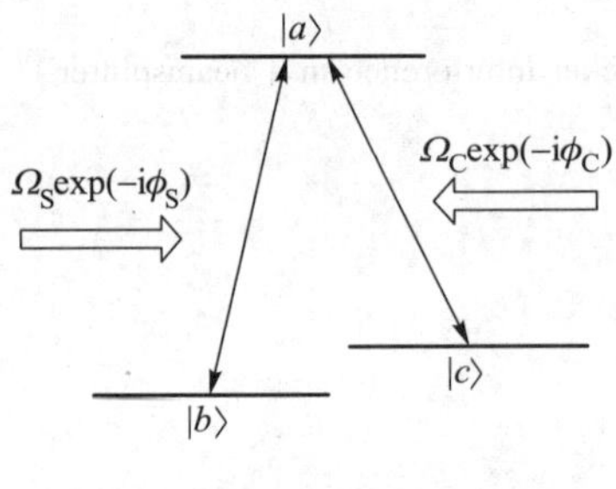

图 7.1 - 1　EIT 模型示意图

场同 Λ 型原子组成的相互作用系统中发生了某种量子干涉.

EIT 系统的哈密顿量可表示为(参见卷Ⅰ的3.1节和卷Ⅲ的4.3节)

$$H_0 = \hbar\omega_a |a\rangle\langle a| + \hbar\omega_b |b\rangle\langle b| + \hbar\omega_c |c\rangle\langle c|, \tag{7.1.1}$$

$$H_\mathrm{I} = -\frac{\hbar}{2}(\Omega_\mathrm{S}\mathrm{e}^{-\mathrm{i}(\phi_\mathrm{S}+\omega_\mathrm{S}t)} |a\rangle\langle b| + \Omega_\mathrm{C}\mathrm{e}^{-\mathrm{i}(\phi_\mathrm{C}+\omega_\mathrm{C}t)} |a\rangle\langle c| + \mathrm{h.c.}), \tag{7.1.2}$$

其中 $\hbar\omega_j(j=a,b,c)$ 表示原子能级的能量.$\Omega_{\mathrm{S,C}}$表示这两束光与对应共振能级的拉比频率,$\phi_{\mathrm{S,C}}$表示入射光束的相位.根据卷Ⅰ(3.4.5b)式,拉比频率同电场振幅成正比.例如对信号光,$\wp_{ab}$ 是原子能级 $|a\rangle - |b\rangle$ 的电偶极跃迁矩阵元,$E_\mathrm{S} = |E_\mathrm{S}|\exp(\mathrm{i}\phi_\mathrm{S})$是信号光电场振幅,则有

$$\Omega_\mathrm{S}\mathrm{e}^{-\mathrm{i}\phi_\mathrm{S}} = \wp_{ab}E_\mathrm{S}/\hbar. \tag{7.1.3}$$

在完全共振的情况下,信号光频率 $\omega_\mathrm{S} = \omega_a - \omega_b \equiv \omega_{ab}$, 控制场频率 $\omega_\mathrm{C} = \omega_a - \omega_c \equiv \omega_{ac}$.

在相互作用绘景中的相互作用哈密顿量为

$$V_\mathrm{I} = -\frac{\hbar}{2}(\Omega_\mathrm{S}\mathrm{e}^{-\mathrm{i}\phi_\mathrm{S}} |a\rangle\langle b| + \Omega_\mathrm{C}\mathrm{e}^{-\mathrm{i}\phi_\mathrm{C}} |a\rangle\langle c| + \mathrm{h.c.}). \tag{7.1.4}$$

由量子力学不难求出,V_I有三个本征态:

$$|D\rangle = \frac{\Omega_\mathrm{C}\mathrm{e}^{-\mathrm{i}\phi_\mathrm{C}} |b\rangle - \Omega_\mathrm{S}\mathrm{e}^{-\mathrm{i}\phi_\mathrm{S}} |c\rangle}{\sqrt{\Omega_\mathrm{S}^2 + \Omega_\mathrm{C}^2}}, \tag{7.1.5}$$

$$|ND\rangle_\pm = \frac{1}{\sqrt{2}}\left(|a\rangle \pm \frac{\Omega_\mathrm{S}\mathrm{e}^{\mathrm{i}\phi_\mathrm{S}} |b\rangle + \Omega_\mathrm{C}\mathrm{e}^{\mathrm{i}\phi_\mathrm{C}} |c\rangle}{\sqrt{\Omega_\mathrm{S}^2 + \Omega_\mathrm{C}^2}}\right), \tag{7.1.6}$$

其中 $|D\rangle$ 对应的本征值为0, $|ND\rangle_\pm$ 对应的本征值为 $\mp(\hbar/2)\sqrt{\Omega_\mathrm{S}^2 + \Omega_\mathrm{C}^2}$. 这些定态表示,如果EIT系统初始时刻处在某定态,将一直保持在该定态.但在 $|ND\rangle_\pm$ 态中,激发态 $|a\rangle$ 布居占50%,因此很难将系统准备到这样的态.即使准备到该态,由于激发态的衰变(在上述模型中没有考虑在内),它也很难长时间维持. $|D\rangle$ 称为暗态(dark state),它对我们的主题至关重要.暗态的特征一是它由两个低能级态相干叠加组成,不含激发态 $|a\rangle$; 二是对应的本征值为零.暗态的物理现象又称为相干布居俘获(Coherent Population Trapping,简称CPT),早期将CPT限定为$\Omega_\mathrm{C} \approx \Omega_\mathrm{S}$ 的情况,两个低能级为超精细或塞曼子能级,因此两个低能级布居大体相等(Marangos,1998).

在EIT应用中,控制光强远大于信号光 $\Omega_\mathrm{C} \gg \Omega_\mathrm{S}$,由(7.1.5)式,这时暗态 $|D\rangle$ 与态 $|b\rangle$ 相接近,因此系统很容易被准备在暗态.尽管存在两个光的共振吸收相互作用,整个系统保持在暗态这一定态,激发态 $|a\rangle$ 不会出现任何布居.将相互作用哈密顿量(7.1.2)式或(7.1.4)式作用于暗态(7.1.5)式,可以看出,H_I 中第一项作用于 $|D\rangle$ 态中第一项得到 $|a\rangle$ 态的概率幅,与 H_I 中第二项作用于 $|D\rangle$ 态中第二项得到 $|a\rangle$ 态的概率幅正好反相,形成量子相消干涉,这是信号光变

透明的物理缘由.

介质的光学性质由宏观极化描述,下面我们计算介质的极化率.对于实际原子系统,必须考虑原子衰变,在薛定谔绘景中原子密度算符ρ遵从运动方程

$$\frac{d\rho}{dt}=-\frac{i}{\hbar}[H_0+H_I,\rho]+\Lambda\rho, \tag{7.1.7}$$

其中$\Lambda\rho$表示原子能级的衰变,在半经典理论中可以唯象地引入衰变因子.将(7.1.1)式和(7.1.2)式代入后得到

$$\dot{\rho}_{aa}=-(\gamma_{bb}+\gamma_{cc})\rho_{aa}+\left[\frac{i}{2}\left(\frac{\wp_{ab}E_S}{\hbar}e^{-i\omega_S t}\rho_{ba}+\Omega_C e^{-i(\phi_C+\omega_C t)}\rho_{ca}\right)+c.c.\right], \tag{7.1.8a}$$

$$\dot{\rho}_{bb}=\gamma_{bb}\rho_{aa}+\left(-\frac{i}{2}\frac{\wp_{ab}E_S}{\hbar}e^{-i\omega_S t}\rho_{ba}+c.c.\right), \tag{7.1.8b}$$

$$\dot{\rho}_{cc}=\gamma_{cc}\rho_{aa}+\left(-\frac{i}{2}\Omega_C e^{-i(\phi_C+\omega_C t)}\rho_{ca}+c.c.\right), \tag{7.1.8c}$$

$$\dot{\rho}_{ab}=-(i\omega_{ab}+\gamma_{ab})\rho_{ab}-\frac{i}{2}\left[\frac{\wp_{ab}E_S}{\hbar}e^{-i\omega_S t}(\rho_{aa}-\rho_{bb})-\Omega_C e^{-i(\phi_C+\omega_C t)}\rho_{cb}\right], \tag{7.1.8d}$$

$$\dot{\rho}_{ac}=-(i\omega_{ac}+\gamma_{ac})\rho_{ac}+\frac{i}{2}\left[\frac{\wp_{ab}E_S}{\hbar}e^{-i\omega_S t}\rho_{bc}-\Omega_C e^{-i(\phi_C+\omega_C t)}(\rho_{aa}-\rho_{cc})\right], \tag{7.1.8e}$$

$$\dot{\rho}_{cb}=-i\omega_{cb}\rho_{cb}-\frac{i}{2}\left[\frac{\wp_{ab}E_S}{\hbar}e^{-i\omega_S t}\rho_{ca}-\Omega_C e^{i(\phi_C+\omega_C t)}\rho_{ab}\right]. \tag{7.1.8f}$$

在上式中信号场用E_S表示. γ_{bb}和γ_{cc}分别表示由于自发衰变布居从能级$|a\rangle$到能级$|b\rangle$和$|c\rangle$转移的横向弛豫率(transverse relaxation), γ_{ab}和γ_{ac}表示纵向弛豫率(longitudinal relaxation).我们忽略两个低能级的衰变,该三能级构成封闭系统,即$\rho_{aa}+\rho_{bb}+\rho_{cc}=1$.

为了得到上述方程静态解的解析形式,一个常用的方法是所谓速率方程近似(参见卷Ⅰ的3.8节).从原子密度矩阵方程可以看出,布居对角元的变化率远小于非对角元的变化率,因此可以将对角元方程和非对角元方程之间退耦合,即在非对角元方程中将布居看成常量.设初态原子布居完全在$|b\rangle$态,$\rho_{bb}(0)=1$和$\rho_{aa}(0)=\rho_{cc}(0)=0$. 基于上面的讨论,当$\Omega_C\gg\Omega_S$时,原子可以近似维持这一布居.同时,在此条件下,(7.1.8f)式中第二项远小于第三项.经这些考虑后,(7.1.8d)和(7.1.8f)组成自洽方程.假定控制场与原子共振,而信号场存在失谐.令$\rho_{ab}=\tilde{\rho}_{ab}e^{-i\omega_S t}$和$\rho_{cb}=\tilde{\rho}_{cb}e^{-i(\omega_S-\omega_{ac})t}$, (7.1.8d)和(7.1.8f)式成为

$$\dot{\tilde{\rho}}_{ab}=-(i\Delta+\gamma_{ab})\tilde{\rho}_{ab}-(i/2)[(\wp_{ab}E_S/\hbar)(\rho_{aa}-\rho_{bb})-\Omega_C e^{-i\phi_C}\tilde{\rho}_{cb}], \tag{7.1.9a}$$

$$\dot{\tilde{\rho}}_{cb}=-i\Delta\tilde{\rho}_{cb}+(i/2)\Omega_C e^{i\phi_C}\tilde{\rho}_{ab}, \tag{7.1.9b}$$

其中失谐$\Delta=\omega_{ab}-\omega_S$.由于原子态处在$|b\rangle$态, $\dot{\tilde{\rho}}_{ab}=\dot{\tilde{\rho}}_{cb}=0$时的静态解为

$$\tilde{\rho}_{ab}=\frac{\wp_{ab}E_{\mathrm{S}}}{2\hbar}\frac{\Delta}{\Delta^2-\Omega_{\mathrm{C}}^2/4-\mathrm{i}\Delta\gamma_{ab}}. \tag{7.1.10}$$

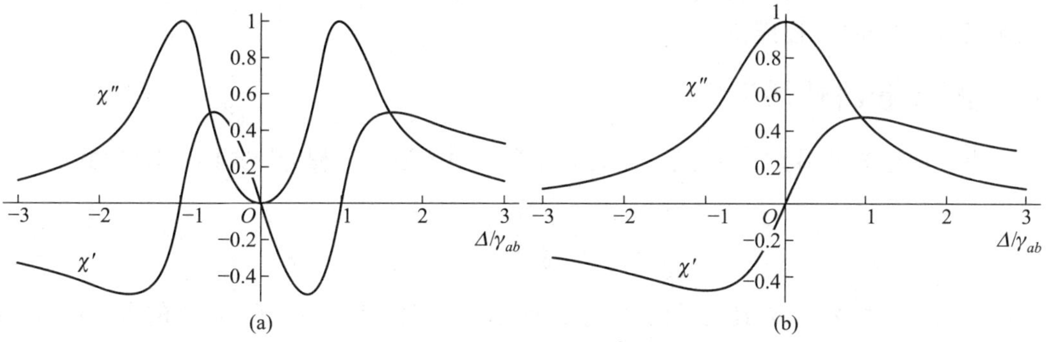

图 7.1-2　(a) EIT 模型中(令 $\Omega_{\mathrm{C}}=2\gamma_{ab}$)对应于信号光的介质极化率的实部和虚部随失谐的变化.(b)两能级原子介质的极化率的实部和虚部随失谐的变化

根据卷Ⅰ(3.7.38)式，$\wp_{ab}\rho_{ab}$ 表示原子电偶极矩.设在体积 V 中有 N 个原子,介质的宏观极化为 $P=(N/V)\ \wp_{ab}\rho_{ab}$. 线性极化率$\chi$ 定义为 $P^{(+)}=\varepsilon_0\chi\left(\frac{1}{2}E^{(+)}\right)$(参见卷Ⅰ的 3.3 节),因此有

$$\chi\equiv\chi'+\mathrm{i}\chi''=\frac{N}{V}\frac{\wp_{ab}^2}{\varepsilon_0\hbar}\cdot\frac{\Delta(\Delta^2-\Omega_{\mathrm{C}}^2/4)+\mathrm{i}\Delta^2\gamma_{ab}}{(\Delta^2-\Omega_{\mathrm{C}}^2/4)^2+\Delta^2\gamma_{ab}^2}. \tag{7.1.11}$$

如果令 $\Omega_{\mathrm{C}}=0$,(7.1.11)式回到两能级原子极化率的结果

$$\chi\equiv\chi'+\mathrm{i}\chi''=\frac{N}{V}\frac{\wp_{ab}^2}{\varepsilon_0\hbar}\cdot\frac{\Delta+\mathrm{i}\gamma_{ab}}{\Delta^2+\gamma_{ab}^2}. \tag{7.1.12}$$

在 EIT 模型中,极化率随信号光失谐 Δ/γ_{ab} 的曲线如图 7.1-2a 所示,其中极化率的单位为 $N\wp_{ab}^2/(\varepsilon_0\hbar V)$. 当信号光与原子共振时,极化率的实部和虚部均为零,前者表示介质的折射率为 1,后者表示介质不存在任何吸收,这说明介质对信号光已完全透明.与图 7.1-2b 相比较,两能级原子的极化率在共振时出现明显的吸收峰.因此 Λ 型三能级原子中出现的量子干涉根本性地改变了介质的宏观光学性质.

练　　习

1. 试推导相互作用哈密顿量(7.1.4)式并求出其本征态(7.1.5)式和(7.1.6)式及对应的本征值.
2. 试由(7.1.1)式和(7.1.2)式推导原子密度矩阵运动方程(7.1.8)式.
3. 证明(7.1.12)式与两能级原子极化率公式卷Ⅰ(3.3.16)式相一致.

7.2　冷原子介质 EIT 系统的运动方程

在上一节的讨论中,采用的是单个原子处理方法,介质宏观效应可以由单个原子的性质(乘上总原子数)来表示.这种方法要求光场的波长远大于介质的尺度,使得所有原子都处在相同的场作用下,或者仅考虑单模场并且其相位无关紧要的情况.如果信号场是光脉冲,当它进入介质并在介质中传播时,介质已不能简单地用单原子模型来描述.光同介质相互作用由波动方程和集合原子布洛赫(Bloch)方程描述.

1. 电磁场包络传播方程

设一束线偏振光波沿 z 方向传播,在无损耗介质中的波动方程为[卷Ⅰ(1.1.11)式]

$$\frac{\partial^2 E}{\partial z^2}-\frac{1}{c^2}\frac{\partial^2 E}{\partial t^2}=\mu_0\frac{\partial^2 P}{\partial t^2}, \tag{7.2.1}$$

其中 c 是真空中的光速,μ_0为真空导磁率.由于平面波不能传递任何信息,通常的数字信号由脉冲加载在平面波上来传递,对应的电场和介质极化可以表示为

$$E(z,t)=(1/2)\mathscr{A}(z,t)\exp[-\mathrm{i}(\omega_S t-k_S z)]+\mathrm{c.c.}, \tag{7.2.2a}$$

$$P(z,t)=(1/2)\mathscr{P}_{ba}(z,t)\exp[-\mathrm{i}(\omega_S t-k_S z)]+\mathrm{c.c.}, \tag{7.2.2b}$$

$\mathscr{A}(z,t)$和$\mathscr{P}_{ba}(z,t)$分别描述信号光和极化的缓变包络,$k_S=\omega_S/c$ 为信号光的中心波矢,ω_S为中心频率.如果对信号光采用量子描述,则 $\mathscr{A}(z,t)=\mathscr{E}_0 a(z,t)$,$a(z,t)$ 为场湮没算符,$\mathscr{E}_0=\sqrt{2\hbar\omega_S/(\varepsilon_0 V)}$ 为每个光子的电场[注1],其中 ε_0为真空介电常量,V 是介质的体积.将(7.2.2)式代入波动方程(7.2.1)式,并忽略场的二阶导数,极化的一阶和二阶导数,得到缓变包络信号传播方程

$$c\frac{\partial a}{\partial z}+\frac{\partial a}{\partial t}=\mathrm{i}\frac{\omega_S}{2\varepsilon_0\mathscr{E}_0}\mathscr{P}_{ba}. \tag{7.2.3}$$

这种方法称为缓变包络近似,在卷Ⅰ3.7 节激光理论中已用过.

介质极化为单位体积内的原子电偶极矩 $P(z,t)=\frac{1}{\Delta V(z)}\sum_{\Delta V(z)}-eD$,$e$ 是电子电荷量,D 是原子中电子的总位矢在电场偏振方向的投影.原子模型如上一节所描述的 EIT 系统,当光场与原子能级 $|b\rangle$ 和 $|a\rangle$ 近共振时,在原子矩阵表示中非零矩阵元只有 $\wp_{ba}=\langle b|-eD|a\rangle$[注2] 和它对应的复共轭 $\wp_{ab}=\wp_{ba}^*$,根据(4.3.7)式电偶极矩算符$-eD$ 可表示为 $\wp_{ba}|b\rangle\langle a|+\mathrm{h.c.}$,它在相互作用表象中需要如(4.3.40)式那样增加频率振荡因子.因此介质极化算符 $P(z,t)$ 可表示为

$$P(z,t)=\frac{1}{\Delta V(z)}\sum_{\Delta V(z)}\wp_{ba}|b_j\rangle\langle a_j|\exp[-\mathrm{i}\omega_{ba}t]+\mathrm{h.c.}, \tag{7.2.4}$$

上式中求和是对在 z 处小体积 $\Delta V(z)$ 内所有原子进行.比较(7.2.4)式和(7.2.2b)式后得到

[注1] 由于(7.2.2)式与(1.2.33)式相比较前面增加了 1/2 因子,造成这里定义的 $\mathscr{E}_0$ 与(1.2.32)式定义的差别.读者可据此了解在文献中出现不同定义的缘由.

[注2] 这里定义的 $\wp_{ba}$与卷Ⅰ(3.1.9)式的定义相差一个负号.

$$\mathscr{P}_{ba}(z,t)=\frac{2}{\Delta V(z)}\sum_{\Delta V(z)}\wp_{ba}\left|b_j\right\rangle\left\langle a_j\right|\exp[\mathrm{i}(\omega_{\mathrm{S}}-\omega_{ab})t-\mathrm{i}k_{\mathrm{S}}z]. \tag{7.2.5}$$

根据上式我们引入集合原子算符

$$\sigma_{ba}(z,t)\equiv\frac{1}{\Delta N(z)}\sum_{\Delta V(z)}\left|b_j\right\rangle\left\langle a_j\right|\exp[-\mathrm{i}k_{\mathrm{S}}z], \tag{7.2.6}$$

$\Delta N(z)$为在位置 z 附近 $\Delta V(z)$的小体积内的原子数.该定义可以看成用一个在 z 的原子来代表其周围的所有原子.如图 7.2-1 原子处在辐射场的环境中,我们在集合原子算符中引入了场的空间相位因子,赋予了原子算符的空间相干性.这一点对于理解原子介质存储辐射场的相干信息至关重要.

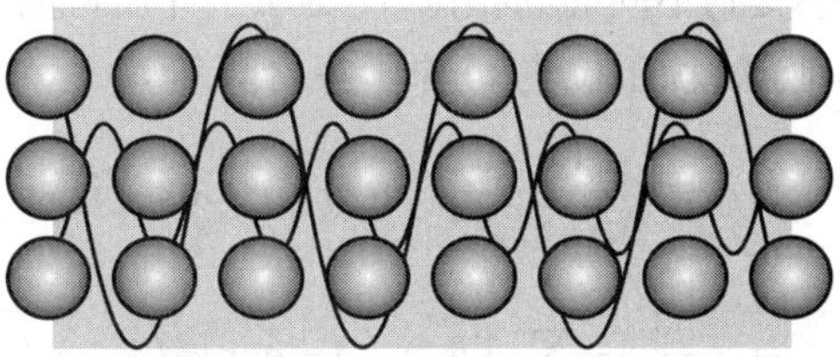

图 7.2-1 原子感受辐射场空间相位示意图.注意实际的辐射场的波长应远比图中所示大

在共振时 $\omega_{\mathrm{S}}=\omega_{ab}$,极化缓变包络用集合原子算符表示为

$$\mathscr{P}_{ba}(z,t)=2\wp_{ba}n(z)\sigma_{ba}(z,t), \tag{7.2.7}$$

$n(z)=\Delta N/\Delta V$ 为原子密度.设原子介质均匀 $n(z)=N/V$,N 为体积 V 内的总原子数.信号包络传播方程为

$$c\frac{\partial a}{\partial z}+\frac{\partial a}{\partial t}=\frac{\mathrm{i}}{2}gN\sigma_{ba}, \tag{7.2.8}$$

其中 $g=\wp_{ba}\mathscr{E}_0/\hbar$.

2. 集合原子算符——信号场运动方程

场算符 $a(z,t)$可以按平面波模式展开 $a(z,t)=\sum_q a_q\mathrm{e}^{\mathrm{i}(qz-\nu_q t)}$,由于它是缓变量,$q$ 表示不同的模式波矢对中心波矢的偏离,$\nu_q=cq$ 为模式 q 的频率对中心频率 ω_{S}的偏离,即频率失谐.在 EIT 模型中由于控制场较强,可以考虑为经典平面波,用 Ω_{C}表示其场强并假定它的初相位 ϕ_{C}为零.我们仍考虑两个光场与对应的原子跃迁完全共振,现在对信号场来说,是指它的中心频率 ω_{S}与原子能级共振.

集合原子 EIT 系统与信号场的自由哈密顿量为

$$H_0=\hbar\sum_q\omega_{\mathrm{S}}a_q^{\dagger}a_q+\hbar\sum_{j=1}^{N}(\omega_a\left|a_j\right\rangle\left\langle a_j\right|+\omega_b\left|b_j\right\rangle\left\langle b_j\right|+\omega_c\left|c_j\right\rangle\left\langle c_j\right|), \tag{7.2.9}$$

参照(4.3.9)式的方法,在相互作用绘景中的相互作用哈密顿量为[注]

$$V_{\mathrm{I}} = \hbar \sum_{q} \nu_{q} a_{q}^{\dagger} a_{q} - \frac{\hbar}{2} \sum_{j=1}^{N} \left(g \sum_{q} a_{q} \left| a_{j} \right\rangle \left\langle b_{j} \right| \mathrm{e}^{\mathrm{i}(k_{\mathrm{S}}+q)z_{j}} + \Omega_{\mathrm{C}} \left| a_{j} \right\rangle \left\langle c_{j} \right| \mathrm{e}^{\mathrm{i}k_{\mathrm{C}}z_{j}} + \mathrm{h.c.} \right). \quad (7.2.10)$$

尽管 V_{I} 已是相互作用绘景中的算符,但在场的中心频率与原子能级满足共振条件下它仍不显含时间.注意通常的做法是,在自由哈密顿量 H_0 中只包括中心频率的光场,将光场失谐部分的能量 $\hbar \sum_{q} \nu_{q} a_{q}^{\dagger} a_{q}$ 放在相互作用哈密顿量中,这样可以使得运动方程中不含迅变量.

在上述哈密顿量描述中,要求原子介质处在很低的温度下,例如接近玻色-爱因斯坦凝聚(Bose-Einstein Condensate,BEC)的临界温度.在冷原子条件下,原子的热运动几乎停止,或者原子的热运动范围远小于信号光的波长.这样可以忽略热运动,使位于 z_j 的第 j 个原子将始终处在该位置电场的相位中.不同位置的原子感受到不同的场相位,使得原子介质可能记录场的相干信息.

类似(7.2.6)式,定义本地(依赖于位置 z)原子集合算符

$$\sigma_{ac}(z,t) \equiv \frac{1}{\Delta N(z)} \sum_{\Delta V(z)} \left| a_j \right\rangle \left\langle c_j \right| \exp[\mathrm{i} k_{\mathrm{C}} z_j], \quad (7.2.11\mathrm{a})$$

$$\sigma_{bc}(z,t) \equiv \frac{1}{\Delta N(z)} \sum_{\Delta V(z)} \left| b_j \right\rangle \left\langle c_j \right| \exp[\mathrm{i}(k_{\mathrm{C}} - k_{\mathrm{S}}) z_j], \quad (7.2.11\mathrm{b})$$

$$\sigma_{mm}(z,t) \equiv \frac{1}{\Delta N(z)} \sum_{\Delta V(z)} \left| m_j \right\rangle \left\langle m_j \right|, \quad (m = a,b,c). \quad (7.2.11\mathrm{c})$$

在(7.2.6)和(7.2.11a)式中,引入不同的场的相位反映了原子算符与对应场的相互作用.而在(7.2.11b)式的定义中,相位因子 $\exp[\mathrm{i}(k_{\mathrm{C}} - k_{\mathrm{S}})z_j]$ 反映了 $\left| c \right\rangle - \left| b \right\rangle$ 跃迁是同两个场的拉曼(Raman)相互作用.对角原子算符是厄密的,非对角原子算符是非厄密的,满足 $\sigma_{mn} = \sigma_{nm}^{\dagger} (m \neq n)$.实际上 σ_{mn} 和 σ_{nm} 描写一对原子上升和下降算符.

不同于上节中描述原子量子态的原子密度算符,这里定义的集合原子算符代表力学量,它们遵从海森伯-朗之万方程(参见5.6节):

$$\frac{\mathrm{d}\sigma_{mn}}{\mathrm{d}t} = \frac{\mathrm{i}}{\hbar}[V_{\mathrm{I}}, \sigma_{mn}] + \Lambda \sigma_{mn}. \quad (7.2.12)$$

场算符的对易关系为

$$[a_q, a_{q'}] = [a_q^{\dagger}, a_{q'}^{\dagger}] = 0, \quad [a_q, a_{q'}^{\dagger}] = \delta_{qq'}. \quad (7.2.13)$$

原子算符满足的对易关系可总结为

$$[\sigma_{mk}, \sigma_{kn}] = \sigma_{mn}, \ [\sigma_{kn}, \sigma_{mk}] = -\sigma_{mn}, \quad (m \neq n), \quad (7.2.14\mathrm{a})$$

$$[\sigma_{mn}, \sigma_{nm}] = \sigma_{mm} - \sigma_{nn}, \quad (7.2.14\mathrm{b})$$

$$[\sigma_{ml}, \sigma_{kn}] = 0, \quad (m \neq n, l \neq k). \quad (7.2.14\mathrm{c})$$

场算符和原子算符之间相互对易.利用这些对易关系,由(7.2.10)式和(7.2.12)式可以得到集合

[注] 当场的定义如(7.2.2)式时,(7.2.10)式第二项的系数出现(1/2)因子.

原子算符的布洛赫(Bloch)方程

$$\dot{\sigma}_{ba}=-\gamma_{\perp}\sigma_{ba}+(-\mathrm{i}/2)[ga(\sigma_{aa}-\sigma_{bb})-\Omega_{\mathrm{C}}\sigma_{bc}],\tag{7.2.15a}$$

$$\dot{\sigma}_{bc}=(-\mathrm{i}/2)(ga\sigma_{ac}-\Omega_{\mathrm{C}}\sigma_{ba}),\tag{7.2.15b}$$

$$\dot{\sigma}_{ac}=-\gamma_{\perp}\sigma_{ac}+(-\mathrm{i}/2)[ga^{\dagger}\sigma_{bc}+\Omega_{\mathrm{C}}(\sigma_{cc}-\sigma_{aa})],\tag{7.2.15c}$$

$$\dot{\sigma}_{bb}=\gamma'\sigma_{aa}+(-\mathrm{i}/2)g(a\sigma_{ab}-a^{\dagger}\sigma_{ba}),\tag{7.2.15d}$$

$$\dot{\sigma}_{cc}=\gamma'\sigma_{aa}+(-\mathrm{i}/2)\Omega_{\mathrm{C}}(\sigma_{ac}-\sigma_{ca}),\tag{7.2.15e}$$

$$\dot{\sigma}_{aa}=-(2\gamma'+\gamma)\sigma_{aa}+(-\mathrm{i}/2)[g(a^{\dagger}\sigma_{ba}-a\sigma_{ab})+\Omega_{\mathrm{C}}(\sigma_{ca}-\sigma_{ac})],\tag{7.2.15f}$$

其中 $a=a(z,t)$ 和 $\sigma_{mn}=\sigma_{mn}(z,t)$. 为了减少模型中的参数,我们假设 g 为实数,且两个纵向弛豫率有 $\gamma_{bb}=\gamma_{cc}=\gamma'$和两个横向弛豫率有 $\gamma_{ab}=\gamma_{ac}=\gamma_{\perp}$. γ 描述上能级对其他能级的衰变率,只有当 $\gamma=0$ 时,原子系统是封闭的.

对本地集合原子算符定义傅里叶变换

$$\tilde{\sigma}_{ba}(q)=\frac{1}{L}\int_{L}\sigma_{ba}(z)\exp[-\mathrm{i}qz]\mathrm{d}z,\tag{7.2.16}$$

L 是介质的长度.将积分转换为求和 $(1/L)\int_{L}\mathrm{d}z\rightarrow(1/N)\sum_{j}$,上式可以用求和表示

$$\tilde{\sigma}_{ba}(q)=\frac{1}{N}\sum_{j=1}^{N}\left|b_{j}\right\rangle\left\langle a_{j}\right|\exp[-\mathrm{i}(k_{\mathrm{S}}+q)z_{j}].\tag{7.2.17}$$

同样有

$$\tilde{\sigma}_{ca}(q)=\frac{1}{N}\sum_{j=1}^{N}\left|c_{j}\right\rangle\left\langle a_{j}\right|\exp[-\mathrm{i}(k_{\mathrm{C}}+q)z_{j}].\tag{7.2.18}$$

相互作用哈密顿量(7.2.10)式可以表示为

$$V_{\mathrm{I}}=\hbar\sum_{q}\nu_{q}a_{q}^{\dagger}a_{q}-\frac{\hbar}{2}\Big(gN\sum_{q}a_{q}\,\tilde{\sigma}_{ab}(q)+N\Omega_{\mathrm{C}}\,\tilde{\sigma}_{ac}(0)+\mathrm{h.c.}\Big).\tag{7.2.19}$$

由海森伯运动方程 $(\partial/\partial t)a_{q}=(\mathrm{i}/\hbar)[V_{\mathrm{I}},a_{q}]$, 可以得到信号场 q 模的方程

$$(\partial/\partial t)a_{q}=-\mathrm{i}\nu_{q}a_{q}+(\mathrm{i}/2)gN\,\tilde{\sigma}_{ba}(q).\tag{7.2.20}$$

利用 $\nu_{q}=cq$ 并对上式作傅里叶变换后,可得到相同的传播方程(7.2.8)式.值得思考的是得到(7.2.20)式完全基于量子海森伯方程,并没有涉及经典波动方程和缓变包络近似.

3. 新的量子场及其传播方程

根据量子理论,当两个子系统的相互作用发生后,它们的物理量将发生关联,有时采用新的物理量更能反映联合系统的特性.为此 Fleischhauer 和 Lukin 等采用场算符和原子算符的线性叠

加定义新的量子场算符(Fleischhauer,2000; Lukin,2000,2001,2003)

$$\Psi = a\cos\theta - \sigma_{bc}\sqrt{N}\sin\theta, \tag{7.2.21}$$

$$\Phi = a\sin\theta + \sigma_{bc}\sqrt{N}\cos\theta, \tag{7.2.22}$$

其中 θ 表示控制场参数,

$$\cos\theta = \frac{\Omega_C}{\sqrt{\Omega_C^2 + g^2N}}, \quad \sin\theta = \frac{g\sqrt{N}}{\sqrt{\Omega_C^2 + g^2N}}. \tag{7.2.23}$$

通过绝热地(无限缓慢)调节控制场,可以改变 Ψ 和 Φ 中场和原子算符所占的比重.当控制场在高水平时 $\Omega_C \gg g\sqrt{N}$, Ψ 代表信号场,反之,Ψ 代表原子极化 σ_{bc}(或称为原子自旋).我们将看到 Ψ 在本模型中的重要地位,而 Φ 并不重要.

利用传播方程(7.2.8)式、定义(7.2.21)式和(7.2.22)式,可以得到

$$\frac{\partial\Psi}{\partial t} + c\cos^2\theta\cdot\frac{\partial\Psi}{\partial z} = -\Phi\frac{\mathrm{d}\theta}{\mathrm{d}t} - c\sin\theta\cos\theta\cdot\frac{\partial\Phi}{\partial z} - \sqrt{N}\sin\theta\cdot\frac{\partial\sigma_{bc}}{\partial t} + \frac{\mathrm{i}}{2}gN\cos\theta\cdot\sigma_{ba}. \tag{7.2.24}$$

当控制场远大于信号场时,由(7.2.15b)式

$$(\partial/\partial t)\sigma_{bc} \approx (\mathrm{i}/2)\Omega_C\sigma_{ba}. \tag{7.2.25}$$

(7.2.24)式右边最后两项可以相互消去.由于原子布居主要集中在基态,$\sigma_{bb}\approx 1$ 和 $\sigma_{aa}\approx 0$,由(7.2.15a)式和(7.2.25)式

$$\sigma_{bc} = -\frac{ga}{\Omega_C} - 2\mathrm{i}\frac{1}{\Omega_C}\left(\frac{\partial}{\partial t} + \gamma_\perp\right)\sigma_{ba} = -\frac{ga}{\Omega_C} - \frac{4}{\Omega_C^2}\left(\frac{\partial}{\partial t} + \gamma_\perp\right)\frac{\partial}{\partial t}\sigma_{bc} \approx -\frac{ga}{\Omega_C}, \tag{7.2.26}$$

上式只保留了静态项.根据上式和定义(7.2.22)式,$\Phi\approx 0$.最后得到新量子场的传播方程

$$\frac{\partial\Psi}{\partial t} + c\cos^2\theta\cdot\frac{\partial\Psi}{\partial z} = 0. \tag{7.2.27}$$

信号场包络传播方程(7.2.8)式在真空中形式为

$$\frac{\partial a}{\partial t} + c\cdot\frac{\partial a}{\partial z} = 0. \tag{7.2.28}$$

与量子场 Ψ 的传播方程相比较,可定义信号传播的群速度

$$v_g \equiv c\cos^2\theta = c\cdot\frac{\Omega_C^2}{g^2N + \Omega_C^2}, \tag{7.2.29}$$

传播方程的形式解为

$$\Psi(z,t) = \Psi(z - \int_0^t v_g(\tau)\,d\tau, t = 0). \tag{7.2.30}$$

这表明 Ψ 波在介质中传播时与信号波 a 在真空中传播相似，均保持包络形状不变. Ψ 波的传播群速度依赖于控制场的强度. 当控制场很强时，群速接近真空中的光速，而当控制场很弱时，群速可以远低于真空中的光速.

练　　习

1. 试用缓变包络近似由波动方程(7.2.1)式和(7.2.2)式推导传播方程(7.2.3)式.

2. 参照(4.3.9)式的方法，构造相互作用哈密顿量(7.2.10)式.

3. 证明集合原子算符对易关系(7.2.14)式.

4. 推导集合原子算符的布洛赫方程(7.2.15)式.

5. 利用传播方程(7.2.8)式、定义(7.2.21)式和(7.2.22)式推导(7.2.24)式.

7.3　光脉冲信号存储的实验报道和理论模拟

在本节中首先简要介绍光脉冲存储的实验报道(Liu,2001)，然后利用上一节的理论公式作数值模拟，并与实验结果比较.

1. 实验报道

实验中的原子系统使用与钠原子 D1 线有关的三个能级，它们形成Λ结构，如图 7.3-1(a)所示. 钠原子气由大约 11×10^6 个原子组成，冷却到接近玻色-爱因斯坦凝聚(BEC)的临界温度 0.9 μK. 在此温度下原子气云的尺寸缩为长 339 μm 宽 55 μm 的大小，原子密度约为在 1 μm^3 中

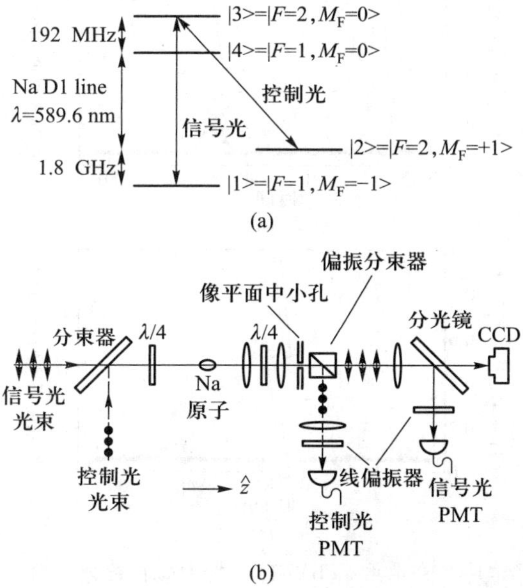

图 7.3-1　(a)钠原子能级图；(b)实验装置示意图(Liu,2001)

有 11 个原子.实验装置如图 7.3-1(b)所示,信号光(Probe)和控制光(Coupling)是一对正交的线偏振光.经分束器混合后,再通过 1/4 波片成为一对正交的圆偏振光,入射到钠原子气中.出射光束再经 1/4 波片还原为一对线偏振光,经偏振分束器分离后,由光电倍增管探测.

实验结果如图 7.3-2 所示.图中虚线和实线分别表示照射原子气的控制场强度和信号光脉冲强度.作为比较,点线为没有通过原子气的参考脉冲.注意图中控制光(右侧坐标)和信号光(左侧坐标)的标度不同,控制光强度约为自由信号光脉冲峰值强度的三倍多.信号光脉冲中包含27 000个光子,远小于介质中原子的总数.在后面的理论描述中将看到,这一关系十分重要.在图7.3-2(a)中,控制场维持在较高的水平,信号脉冲透明地通过介质但比参考脉冲延迟了 11.8 μs.信号光脉冲在自由空间中的长度为 3.4 km,箭头指示的时间 6.3 μs 是信号脉冲的后沿进入介质而前沿刚从介质中出来的时刻,因此 3.4 km 长的脉冲整个被压缩在 339 μm 长的介质中,如同一长列车魔术般地驶入薄丝帷中.在图 7.3-2(b)和(c)中,先加高水平控制场,当信号脉冲完全进入介质时(6.3 μs),控制场转变到十分低的水平并维持一段时间[图 7.3-2(b)为44.3 μs,(c)为839.3 μs],当控制场再回复到高水平时,信号脉冲从原子介质中浮现出来.这表明通过操纵控制

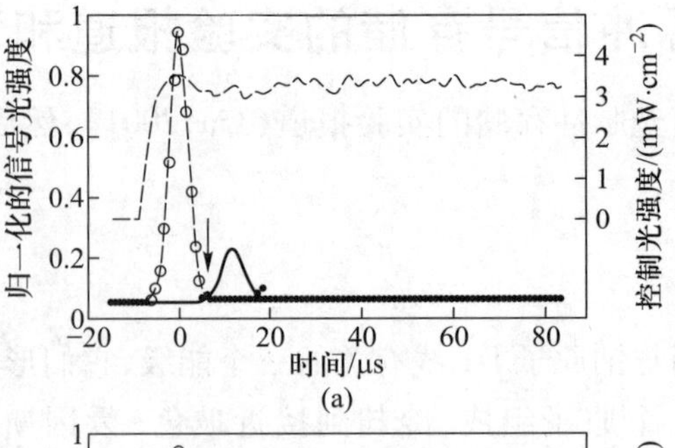

图 7.3-2　实验数据:(a)控制场维持在高水平;(b)和(c)控制场由高水平降为低水平,经过不同的时间延迟后,回复到高水平(Liu,2001)

场,可以使信号脉冲较长时间滞留(存储)在介质中.

2. 数值模拟

我们在理论模拟中数值求解集合原子方程(7.2.15)式和传播方程(7.2.8)式(Wang, 2003).这意味着对方程中所有的算符取期望值.方程中含有场算符和原子算符乘积项,求解中运

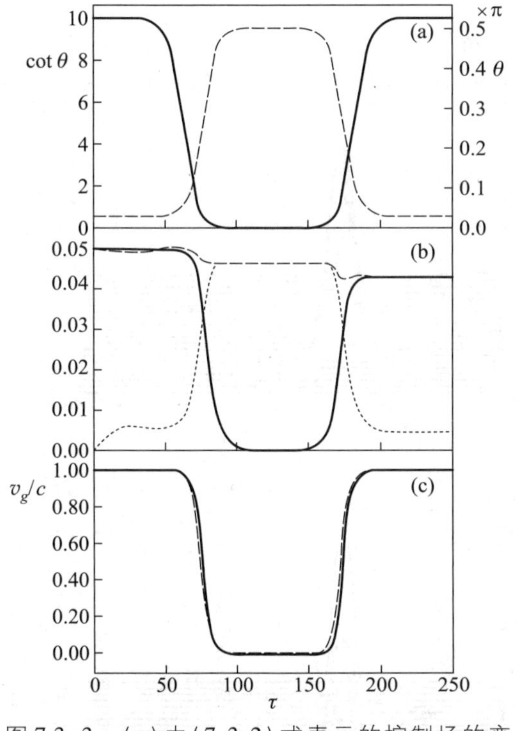

图 7.3-3 (a)由(7.3.2)式表示的控制场的变化,实线为 $\cot\theta(\tau)$,点线为 $\theta(\tau)$;(b)信号脉冲的峰值振幅的时间演化,实线、点线和虚线分别表示 $|\bar{a}_{\rm p}|$, $|\sigma_{bc}^{(p)}|$ 和 $|\overline{\Psi}_{\rm p}|$ 的峰值;(c)实线为脉冲峰值的移动速度,虚线为 $\cos^2\theta(\tau)$.数值模拟中的参数为 $\beta=10$, $\bar{a}_0=0.05$, $\bar{g}=2.0$, $\bar{\gamma}_\perp=1.0$ 和 $\bar{\gamma}=0$(Wang, 2003)

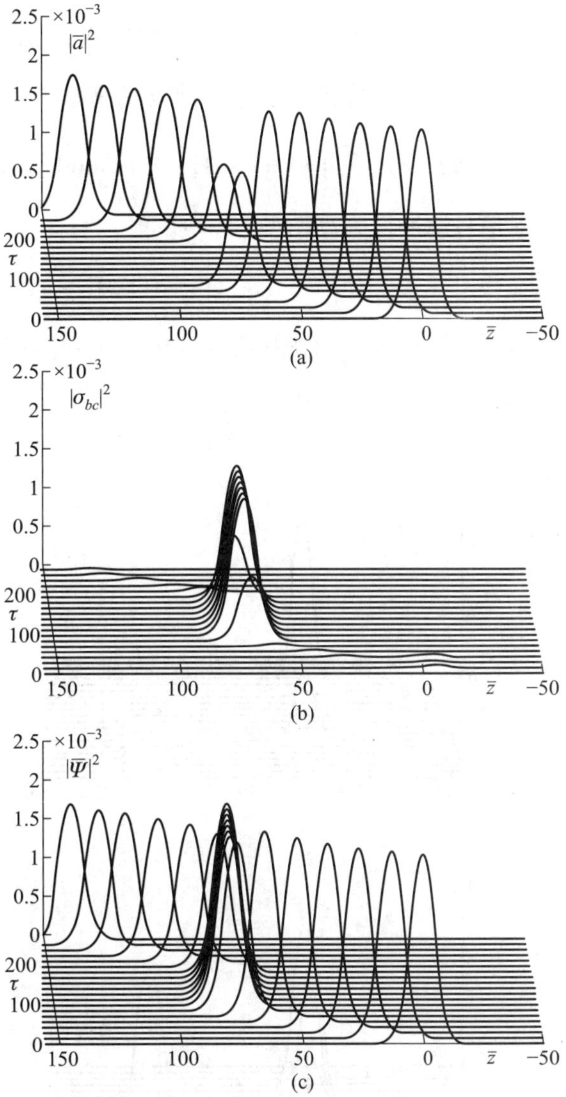

图 7.3-4 (a)信号场脉冲强度 $|\bar{a}(\bar{z},\tau)|^2$,(b)原子跃迁 $|\sigma_{bc}(\bar{z},\tau)|^2$ 和(c)新量子场 $|\overline{\Psi}(\bar{z},\tau)|^2$ 的三维演化(Wang, 2003)

用退关联近似,不考虑信号场和原子的量子关联,即 $\langle a\sigma \rangle \approx \langle a \rangle \langle \sigma \rangle$. 实际上这就是将信号场看做经典场的半经典近似. $\langle \sigma_{mm} \rangle (m=a,b,c)$ 表示各能级的布居, $\langle \sigma_{mn} \rangle$ 表示对应原子能级跃迁的原子极化,下面我们忽略$\langle\ \rangle$号.为了方便数值模拟,定义无量纲变量

$$\tau = \gamma' t,\quad \bar{z} = \gamma' z/c,\quad \bar{g} = g\sqrt{N}/\gamma',\quad \bar{\gamma} = \gamma/\gamma',\quad \bar{\gamma}_{\perp} = \gamma_{\perp}/\gamma', \tag{7.3.1a}$$

$$\bar{a} = a/\sqrt{N},\quad \bar{\Psi} = \Psi/\sqrt{N},\quad \bar{\Omega}_{C}(\tau) = \cot\theta(\tau) = \Omega_{C}(\tau)/(g\sqrt{N}). \tag{7.3.1b}$$

控制场由高水平降为低水平再回复到高水平的变化,可以由下述函数描述:

$$\bar{\Omega}_{C}(\tau) = \cot\theta(\tau) = \beta\{1 - 0.5\tanh[0.1(\tau - 65)] + 0.5\tanh[0.1(\tau - 185)]\}. \tag{7.3.2}$$

入射信号脉冲设为高斯型,

$$\bar{a}(\bar{z},0) = \bar{a}_0 \exp[-(\bar{z}/10)^2], \tag{7.3.3}$$

初始原子算符全部处在基态 $\sigma_{bb}(0)=1, \sigma_{aa}(0)=\sigma_{cc}(0)=\sigma_{ab}(0)=\sigma_{bc}(0)=\sigma_{ac}(0)=0.$

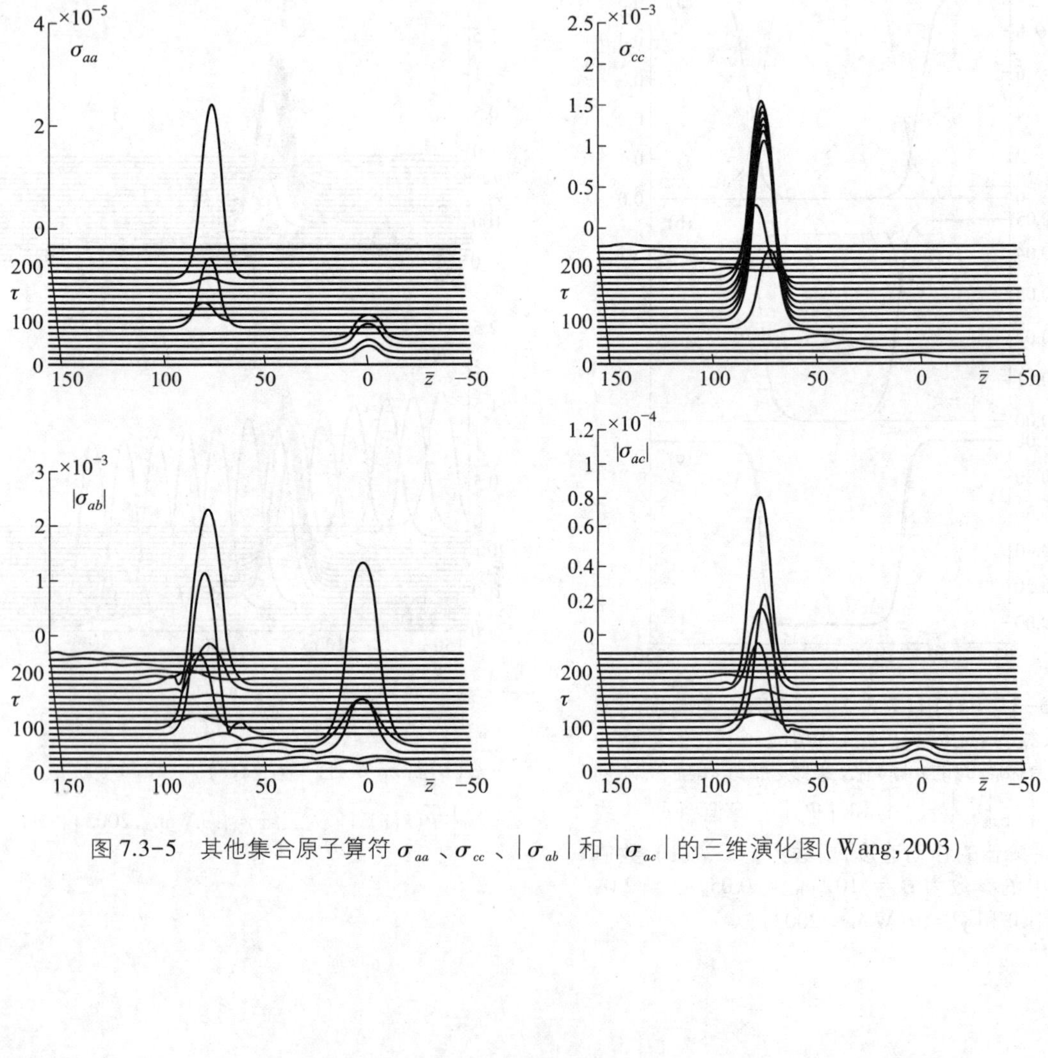

图 7.3-5　其他集合原子算符 σ_{aa}、σ_{cc}、$|\sigma_{ab}|$ 和 $|\sigma_{ac}|$ 的三维演化图(Wang,2003)

图 7.3-3—图 7.3-5 是数值模拟得到的一组数据.由图可以看出,当控制场由强变弱时,信号脉冲逐渐消失,同时原子相干极化 σ_{bc} 增长,记录光信号.当控制场回复到高水平时,信号脉冲再由原子介质转移到光场中.在整个演化过程中,Ψ 保持信号的形状不变.在图 7.3-3(c)中,脉冲的群速由真空中的光速迅速减慢,直至完全静止.实际上光群速趋于零时,信号完全从光场转移到介质中,信号光的强度也趋于零.因此在这个模型中并不存在静止的强度不为零的光脉冲.数值解显示的群速变化同理论公式(7.2.29)式符合得很好[图 7.3-3(c)中的实线与虚线重合].图 7.3-3(b)表示,读出的信号光的幅度略低于写入时的幅度,信号损失发生在控制场变化的过程中.如果联系如图 7.3-5 所示的原子在上能级的布居 σ_{aa},不难理解这一现象.实际上只有在信号光进入介质的初始阶段和控制场改变的过程中,上能级出现布居,而上能级的非相干衰变,使得 EIT 过程中相干信号发生损耗. 图 7.3-5 还表示,在整个过程中绝大部分布居处在能级 $|b\rangle$, 即 $\sigma_{bb}\approx 1$,并且有 $\sigma_{aa}\ll\sigma_{cc}$.此外,原子在 $|c\rangle$ 能级的布居 σ_{cc}几乎等同于 $|\sigma_{bc}|^2$.

需要指出的是,光脉冲存储过程并不是信号光场的能量或动量转移到原子介质中.假如能级 $|c\rangle$ 等于或低于能级 $|b\rangle$,存储同样可以发生.因此半经典近似的理论模拟表示,集合原子记录了信号场的相干信息.在下面的全量子理论中,我们将看到信号场的量子态转移到集合原子中.

7.4 光场量子态存储

在辐射场和原子相互作用中,通过原子吸收和辐射光子,可以写入和读出光子态.如果用若干个独立的原子作为存储体,由于单个原子对光子的吸收截面很小,存储效率十分低.一个解决的方案是采用高品质腔量子电动力学过程(cavity quantum electrodymanics,简称 cavity QED),这样可以增大原子对光子的吸收截面.但要使光子和原子发生强耦合和控制单个原子进入微腔,技术上比较困难.

光子同集合原子介质相互作用很强,介质可以接近百分之百吸收光子.但通常的两能级原子方案伴随着强的耗散过程,引起退相干.在 EIT 集合原子系统中,由于存在相消量子干涉过程,光子态可以存储在长寿命的原子自旋相干中.本节将在理论上描述光量子态存储的基本原理.

1. 满足玻色对易关系的集合原子算符

在光信号存储中,只涉及 EIT 系统组成暗态的两个能级 $|b\rangle$ 和 $|c\rangle$,它们之间为禁戒跃迁.为方便起见,我们称 $|b\rangle$ 为基态,$|c\rangle$ 为激发态.我们已经指出,在 EIT 模型中并不要求能级 $|b\rangle$ 低于能级 $|c\rangle$.在数值模拟中可以看到,当控制场远大于信号场时,绝大部分原子布居在 $|b\rangle$ 态.设在无信号场时,原子全部布居在 $|b\rangle$ 态.集合原子欲存储 n 个信号光子,就有 n 个原子布居在 $|c\rangle$ 态.当 n 远小于介质中的原子总数 N 时,整个原子系统的完备性关系可近似为

$$N=\sum_{j=1}^{N}\left(|b_j\rangle\langle b_j|+|c_j\rangle\langle c_j|\right)\cong\sum_{j=1}^{N}|b_j\rangle\langle b_j|,\qquad(N\gg n).\qquad(7.4.1)$$

设原子冷却到接近 BEC 临界温度,使原子的质量中心热运动的范围远小于光场的波长.我们定义含有光波矢的集合原子下降和上升算符

$$\sigma_k = \frac{1}{\sqrt{N}}\sum_{j=1}^{N} \left| b_j \right\rangle \left\langle c_j \right| \exp(-\mathrm{i}kz_j), \tag{7.4.2a}$$

$$\sigma_k^{\dagger} = \frac{1}{\sqrt{N}}\sum_{j=1}^{N} \left| c_j \right\rangle \left\langle b_j \right| \exp(\mathrm{i}kz_j), \tag{7.4.2b}$$

求和是对所有原子进行的.该定义与(7.2.11)式本地集合原子算符的傅里叶变换(7.2.17)和(7.2.18)式类似,依赖于与之相互作用的电磁场的波矢 k.注意两者相差 $\sqrt{N}$ 因子,我们摘取字母上的记号~,以示区别.在具有 Λ 结构的三能级原子 EIT 模型中,$\left| b \right\rangle - \left| c \right\rangle$ 跃迁同信号和控制场产生拉曼共振作用,因此(7.4.2)式中的 k 应被两个场的波矢差 $k_S - k_C$ 取代.如果 $\left| b \right\rangle - \left| c \right\rangle$ 跃迁同两个场的双光子级联共振作用,k 应被两个场的波矢和 $k_S + k_C$ 取代.据考证,上述定义早在半个多世纪前由狄克在研究集合原子的超辐射问题中提出(Dicke,1954).由于当时没有冷原子的概念,狄克假设原子(或分子)质量很大,可以忽略其质量中心的运动.

集合原子下降和上升算符应满足费米子对易关系(参见 4.3 节),不过在一定条件下,它们近似满足玻色子对易关系.不难证明

$$[\sigma_k, \sigma_{k'}] = [\sigma_k^{\dagger}, \sigma_{k'}^{\dagger}] = 0, \tag{7.4.3a}$$

$$\begin{aligned}[\sigma_k, \sigma_{k'}^{\dagger}] &= \frac{1}{N}\sum_{j=1}^{N}\left(\left| b_j \right\rangle \left\langle b_j \right| - \left| c_j \right\rangle \left\langle c_j \right| \right) \exp[\mathrm{i}(k'-k)z_j] \\ &\cong \frac{1}{N}\sum_{j=1}^{N} \exp[\mathrm{i}(k'-k)z_j], \quad (N \gg n).\end{aligned} \tag{7.4.3b}$$

利用求和与积分转换

$$\frac{1}{N}\sum_{j=1}^{N}\exp(\mathrm{i}kz_j) = \int_0^L \frac{\mathrm{d}z}{L}\exp(\mathrm{i}kz) = \frac{\exp(\mathrm{i}kL)-1}{\mathrm{i}kL} = \begin{cases}1 & k=0\\ 0 & kL \gg 1,\end{cases} \tag{7.4.4}$$

当 $(k'-k)L \gg 1$ 时,(7.4.3b)式为

$$[\sigma_k, \sigma_{k'}^{\dagger}] \approx \delta_{kk'}. \tag{7.4.5}$$

条件 $(k'-k)L \gg 1$ 用波长表示为 $\lambda - \lambda' \gg \lambda\lambda'/(2\pi L)$.

设模式的波长间隔 $\Delta\lambda = \lambda - \lambda' \ll \lambda, \lambda'$,我们总结冷原子介质作为光量子态存储体的条件为

$$N \gg n, \tag{7.4.6a}$$

$$\lambda, L \gg d, \tag{7.4.6b}$$

$$\Delta\lambda/\lambda \gg \lambda/L, \tag{7.4.6c}$$

其中 d 为原子的平均间距,L 为介质的长度.低激发条件(7.4.6a)式在主流文献中已提到

(Fleischhauer,2000; Lukin,2000,2001,2003),后两个条件涉及集合原子包含和区分场相干信息的能力(Wang,2002).

2. 原子存储态

现在考虑介质存储光子态的集合原子态的形式.设所有的原子处在没有被激发的基态 $|\mathrm{b}\rangle$,它犹如电磁场的真空态,记作

$$\left|C^0\right\rangle \equiv \left|b_1 b_2 \cdots b_N\right\rangle. \tag{7.4.7}$$

由上升算符的定义(7.4.2b)式可以看出,$|c_j\rangle\langle b_j|$ 是将第 j 个原子激发.当上升算符作用于真空态 $|C^0\rangle$ 时,产生一个原子激发,

$$\sigma_k^\dagger \left|C^0\right\rangle \equiv \frac{1}{\sqrt{N}}\sum_{i=1}^{N}\left|b_1\cdots c_i\cdots b_N\right\rangle \exp(\mathrm{i}kz_i) \equiv \left|C_k^1\right\rangle. \tag{7.4.8}$$

注意被激发的原子是非定域的,它可能是集合中任何一个原子,而每个原子具有相等的概率被激发,这恰好等同于光子的非定域性.此外,每个可能的激发原子带有本地的相位因子,这使集合原子能记录场的相干信息.类似地,

$$\begin{aligned}(\sigma_k^\dagger)^n\left|C^0\right\rangle &= \frac{1}{\sqrt{N^n}}\Big(\sum_{j=1}^{N}\left|c_j\right\rangle\left\langle b_j\right|\exp(\mathrm{i}kz_j)\Big)^n\left|b_1 b_2\cdots b_N\right\rangle \\ &= \frac{1}{\sqrt{N^n}}\sum_{\{i_n\}}{}'\left|c_{i_1}\cdots c_{i_n}\right\rangle\left\langle b_{i_1}\cdots b_{i_n}\middle| b_1 b_2\cdots b_N\right\rangle\exp[\mathrm{i}k(z_{i_1}+\cdots+z_{i_n})] \\ &= \frac{1}{\sqrt{N^n}}\sum_{\{i_n\}}{}'\left|b_1\cdots c_{i_1}\cdots c_{i_n}\cdots b_N\right\rangle\exp[\mathrm{i}k(z_{i_1}+\cdots+z_{i_n})].\end{aligned} \tag{7.4.9}$$

集合原子中有 n 个原子被激发,它们是全体原子中任意 n 个原子的组合,每个组合具有相同的概率,再对所有组合 $\{i_n\}$ 求和.带撇的求和号 Σ' 表示在每一组合中,每个原子不可能重复激发,因为 $(|c_j\rangle\langle b_j|)^2|b_j\rangle = 0$. 注意到在每一组激发原子的序号 $(i_1, i_2, \cdots, i_n)$ 中,任意交换次序代表同一个态,例如 $(i_1=1, i_2=2, i_3, \cdots, i_n)$ 与 $(i_1=2, i_2=1, i_3, \cdots, i_n)$ 代表同一个态.一组 n 个原子共有 $n!$ 个相同的态,它们在态叠加中应合并,因此有

$$(\sigma_k^\dagger)^n\left|C^0\right\rangle = \frac{n!}{\sqrt{N^n}}\sum_{\{i_n\}}{}''\left|b_1\cdots c_{i_1}\cdots c_{i_n}\cdots b_N\right\rangle\exp[\mathrm{i}k(z_{i_1}+\cdots+z_{i_n})], \tag{7.4.10}$$

其中

$$\sum_{\{i_n\}}{}'' \equiv \underbrace{\sum_{i_1=1}^{N-n+1}\sum_{i_2=2}^{N-n+2}\cdots\sum_{i_{n-1}=n-1}^{N-1}\sum_{i_n=n}^{N}}_{\{i_1<i_2<\cdots<i_{n-1}<i_n\}}. \tag{7.4.11}$$

在(7.4.10)式右边的求和中,是 N 个原子取 n 个的组合,共有 $\binom{N}{n} = \dfrac{N!}{n!\,(N-n)!}$ 项.将

(7.4.10)式右边重新作归一化后定义为具有激发数 n 的集合原子态,

$$\left|C_k^n\right\rangle=\sqrt{\frac{n!\,(N-n)!}{N!}}\sum_{\{i_n\}}{}''\left|b_1\cdots c_{i_1}\cdots c_{i_n}\cdots b_N\right\rangle\exp[ik(z_{i_1}+\cdots+z_{i_n})].\quad(7.4.12)$$

容易证明不同激发之间的正交关系

$$\left\langle C_k^n\middle|C_k^m\right\rangle=\delta_{nm}.\quad(7.4.13)$$

由定义(7.4.12)式,(7.4.10)式可表示为

$$(\sigma_k^\dagger)^n\left|C^0\right\rangle=\sqrt{\frac{N!}{N^n(N-n)!}}\sqrt{n!}\left|C_k^n\right\rangle.\quad(7.4.14)$$

不难证明

$$\sigma_k^\dagger\left|C_k^n\right\rangle=\sqrt{1-\frac{n}{N}}\sqrt{n+1}\left|C_k^{n+1}\right\rangle,\quad(7.4.15)$$

$$\sigma_k\left|C_k^n\right\rangle=\sqrt{1-\frac{n-1}{N}}\sqrt{n}\left|C_k^{n-1}\right\rangle,\quad(7.4.16)$$

$$\sigma_k\left|C^0\right\rangle=0,\quad(7.4.17)$$

$$\sigma_k^\dagger\sigma_k\left|C_k^n\right\rangle=\left(1-\frac{n-1}{N}\right)n\left|C_k^n\right\rangle,\quad(7.4.18)$$

$$\sigma_k\sigma_k^\dagger\left|C_k^n\right\rangle=\left(1-\frac{n}{N}\right)(n+1)\left|C_k^n\right\rangle.\quad(7.4.19)$$

集合原子态是布居算符的本征态

$$\sum_{j=1}^{N}\left|b_j\right\rangle\left\langle b_j\middle|C_k^n\right\rangle=(N-n)\left|C_k^n\right\rangle,\quad(7.4.20)$$

$$\sum_{j=1}^{N}\left|c_j\right\rangle\left\langle c_j\middle|C_k^n\right\rangle=n\left|C_k^n\right\rangle.\quad(7.4.21)$$

到目前为止,(7.4.8)—(7.4.21)式是精确的.

考虑低激发条件 $n\ll N$ 后,上述公式可以近似为

$$(\sigma_k^\dagger)^n\left|C^0\right\rangle\cong\sqrt{n!}\left|C_k^n\right\rangle,\quad(7.4.22)$$

$$\sigma_k^\dagger\left|C_k^n\right\rangle\cong\sqrt{n+1}\left|C_k^{n+1}\right\rangle,\quad(7.4.23)$$

$$\sigma_k\left|C_k^n\right\rangle\cong\sqrt{n}\left|C_k^{n-1}\right\rangle,\quad(7.4.24)$$

$$\sigma_k^\dagger\sigma_k\left|C_k^n\right\rangle\cong n\left|C_k^n\right\rangle,\quad(7.4.25)$$

$$\sigma_k\sigma_k^\dagger\left|C_k^n\right\rangle\cong(n+1)\left|C_k^n\right\rangle,\quad(7.4.26)$$

由对易关系(7.4.5)式,

$$[\sigma_k,(\sigma_k^\dagger)^n] \cong n(\sigma_k^\dagger)^{n-1}. \tag{7.4.27}$$

这些关系表明在弱激发时,集合原子上升下降算符与集合原子态的关系,如同电磁场产生湮没算符与粒子数态的关系近似等同.这是冷原子介质能够存储光场量子态的物理基础,这类集合原子态也可以称为原子存储态(atomic storage state).

上面关于单模原子存储态的讨论可以推广到多模情况,在低激发条件下多模原子存储态完全等价于多模粒子数态.例如有 s 个模式,每个模式有不同的激发,多模原子存储态为

$$\left|C_{k_1}^{m_1}\cdots C_{k_s}^{m_s}\right\rangle = \frac{1}{\sqrt{m_1!\ \cdots m_s!}}(\sigma_{k_1}^\dagger)^{m_1}\cdots(\sigma_{k_s}^\dagger)^{m_s}\left|C^0\right\rangle, \tag{7.4.28}$$

详细讨论可参见文献(Wang,2002).

3. 与狄克态的类比

1954 年狄克(R.H.Dicke)在研究集合原子的超辐射(super radiation)问题时提出了狄克态(Dicke state),它与上面讨论的原子存储态十分类似.实际上集合原子态是具有最大合作数 $l=N/2$ 的狄克态,在一些文献中称集合原子态为类狄克态(Dicke-like state).

狄克在他的文章中(Dicke,1954)用集合原子算符(7.4.2)式定义了角动量算符

$$R_{k1} = (\sqrt{N}/2)(\sigma_k^\dagger + \sigma_k), \tag{7.4.29}$$

$$R_{k2} = (-\mathrm{i}\sqrt{N}/2)(\sigma_k^\dagger - \sigma_k), \tag{7.4.30}$$

$$R_3 = (N/2)(\sigma_k^\dagger\sigma_k - \sigma_k\sigma_k^\dagger), \tag{7.4.31}$$

$$R^2 = R_{k1}^2 + R_{k2}^2 + R_3^2 = (N/2)(\sigma_k^\dagger\sigma_k + \sigma_k\sigma_k^\dagger) + (N^2/4)(\sigma_k^\dagger\sigma_k - \sigma_k\sigma_k^\dagger)^2. \tag{7.4.32}$$

狄克态 $\left|l,m\right\rangle$ 是角动量算符 R_3 和 R^2 的共同本征态

$$R_3\left|l,m\right\rangle = m\left|l,m\right\rangle, \tag{7.4.33}$$

$$R^2\left|l,m\right\rangle = l(l+1)\left|l,m\right\rangle. \tag{7.4.34}$$

磁量子数 m 表示原子布居差的一半 $m=(1/2)[n-(N-n)]=(1/2)(2n-N)$.轨道量子数 l 也称为原子合作数,它取值范围为 $\left|m\right| \leqslant l \leqslant \frac{1}{2}N$. 注意 m 和 l 量子数可以取整数和半整数.

将角动量算符 R_3 和 R^2 作用于原子存储态 $\left|C_k^n\right\rangle$ 后得到

$$R_3\left|C_k^n\right\rangle = (n - \frac{1}{2}N)\left|C_k^n\right\rangle, \tag{7.4.35}$$

$$R^2\left|C_k^n\right\rangle = \frac{1}{2}N(\frac{1}{2}N + 1)\left|C_k^n\right\rangle. \tag{7.4.36}$$

比较(7.4.35)式与(7.4.33)式、(7.4.36)式与(7.4.34)式可见，$\left|C_k^n\right\rangle=\left|l=\frac{1}{2}N,m=\frac{1}{2}(2n-N)\right\rangle$是最大合作数($l=N/2$)的狄克态.狄克态理论对于任意多个原子都成立,当$N\gg1$时,狄克态空间中属于最大合作数的狄克态中的低能态部分可用作原子存储态,参见狄克态能级图7.4-1.

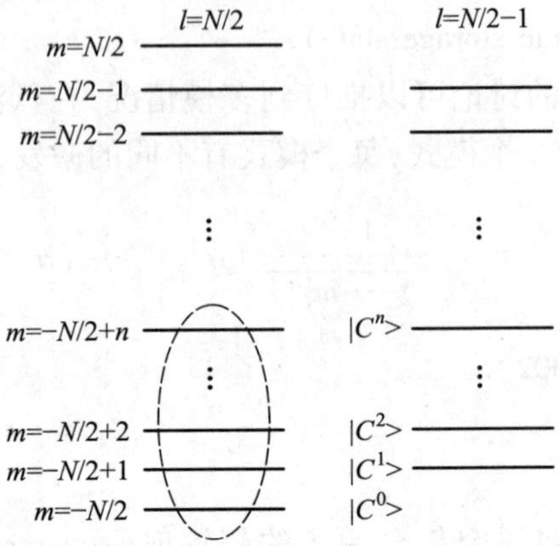

图7.4-1 狄克态能级图.左边第一组为最大合作数$l=N/2$的狄克态,在虚线所圈的范围内的低激发态,对应于原子存储态

4. 暗态和极化子

在位矢空间定义的新量子场算符$\Psi(z,t)$ (7.2.21)式中,经过傅里叶变换后在波矢空间可表示为

$$\psi_q=a_q\cos\theta-\sigma_q\sin\theta. \tag{7.4.37}$$

为了使(7.4.37)式比(7.2.21)式有更对称的形式,σ_q定义为

$$\begin{aligned}\sigma_q&\equiv\sqrt{N}\int_L\sigma_{bc}(z)\exp(-\mathrm{i}qz)\frac{\mathrm{d}z}{L}\\&=\frac{1}{\sqrt{N}}\sum_{j=1}^{N}\left|b_j\right\rangle\left\langle c_j\right|\exp[-\mathrm{i}(k_{\mathrm{S}}+q-k_{\mathrm{C}})z_j],\end{aligned} \tag{7.4.38}$$

其中$\sigma_{bc}(z)$已由(7.2.11b)式定义.在低激发近似下($N\gg n$)有

$$[\psi_q,\psi_{q'}^{\dagger}]=\cos^2\theta[a_q,a_{q'}^{\dagger}]+\sin^2\theta[\sigma_q,\sigma_{q'}^{\dagger}]\approx\delta_{qq'}. \tag{7.4.39}$$

暗态定义为辐射场态和集合原子态的组合

$$\left|D_q^n\right\rangle=\frac{1}{\sqrt{n!}}(\psi_q^{\dagger})^n\left|0\right\rangle\left|C^0\right\rangle=\frac{1}{\sqrt{n!}}(\psi_q^{\dagger})^n\left|D^0\right\rangle, \tag{7.4.40}$$

其中$\left|0\right\rangle$是辐射场的真空态,最低阶的暗态为$\left|D^0\right\rangle=\left|0\right\rangle\left|C^0\right\rangle$.由(7.4.14)式和(7.2.23)式

$$\left|D_q^n\right\rangle=\sum_{m=0}^{n}(-1)^m\sqrt{\frac{n!}{m!\,(n-m)!}}\sqrt{\frac{N!}{N^m(N-m)!}}\cos^{n-m}\theta\sin^m\theta\left|n-m\right\rangle\left|C_q^m\right\rangle$$
$$=\sum_{m=0}^{n}\sqrt{\frac{n!}{m!\,(n-m)!}}\sqrt{\frac{N!}{N^m(N-m)!}}\frac{\Omega_{\mathrm{C}}^{n-m}(-g\sqrt{N})^m}{(\Omega_{\mathrm{C}}^2+g^2N)^{n/2}}\left|n-m\right\rangle\left|C_q^m\right\rangle. \tag{7.4.41}$$

在暗态激发的准粒子称为极化子(polariton),极化子是固态物理中熟知的概念,描述辐射场和物质联合系统的正则模.早在20世纪50年代,极化子概念由苏联科学家Tolpygo和我国科学家黄昆独立地提出(Tolpygo,1950;Huang,1951;Born,1954).容易看出不同激发的极化子态是正交的,但(7.4.41)式并不满足归一化.在存储问题中要求低激发条件,(7.4.41)式近似为

$$\left|D_q^n\right\rangle\approx\sum_{m=0}^{n}(-1)^m\sqrt{\frac{n!}{m!\,(n-m)!}}\cos^{n-m}\theta\sin^m\theta\left|n-m\right\rangle\left|C_q^m\right\rangle$$
$$=\sum_{m=0}^{n}\sqrt{\frac{n!}{m!\,(n-m)!}}\frac{\Omega_{\mathrm{C}}^{n-m}(-g\sqrt{N})^m}{(\Omega_{\mathrm{C}}^2+g^2N)^{n/2}}\left|n-m\right\rangle\left|C_q^m\right\rangle. \tag{7.4.42}$$

因此有

$$\left\langle D_q^n\middle|D_q^m\right\rangle=\delta_{nm}. \tag{7.4.43}$$

n个极化子的暗态$\left|D_q^n\right\rangle$中包含$n+1$个子态的相干叠加,每个子态中光子和原子激发的分配不同,θ值将影响这些子态所占的比重.在极端情况下,$\theta=0$和$\pi/2$

$$\left|D_q^n\right\rangle=\left|n\right\rangle\left|C^0\right\rangle,\quad(\theta=0\text{或}\Omega\gg g\sqrt{N}), \tag{7.4.44a}$$

$$\left|D_q^n\right\rangle=(-1)^n\left|0\right\rangle\left|C_q^n\right\rangle,\quad(\theta=\pi/2\text{或}\Omega\ll g\sqrt{N}), \tag{7.4.44b}$$

前者准粒子全部在辐射场中,后者在集合原子激发中.

新量子场算符与暗态的关系为

$$\psi_q^\dagger\left|D_q^n\right\rangle=\frac{1}{\sqrt{n!}}(\psi_q^\dagger)^{n+1}\left|D^0\right\rangle=\sqrt{n+1}\left|D_q^{n+1}\right\rangle, \tag{7.4.45}$$

$$\psi_q\left|D^0\right\rangle=0, \tag{7.4.46}$$

$$\psi_q\left|D_q^n\right\rangle=\sqrt{n}\left|D_q^{n-1}\right\rangle. \tag{7.4.47}$$

多模暗态为

$$\left|D_{k_1}^{m_1}\cdots D_{k_s}^{m_s}\right\rangle=\frac{1}{\sqrt{m_1!\cdots m_s!}}(\psi_{k_1}^\dagger)^{m_1}\cdots(\psi_{k_s}^\dagger)^{m_s}\left|D^0\right\rangle. \tag{7.4.48}$$

5. 光场量子态的存储

在 EIT 系统中,当信号场所有模式和控制场都与原子跃迁共振时,(7.2.19)式相互作用哈密顿量为

$$V_{\mathrm{I}} = -\frac{\hbar}{2}\left(gN\sum_{q} a_{q}\,\tilde{\sigma}_{ab}(q) + N\Omega_{\mathrm{C}}\,\tilde{\sigma}_{ac}(0) + \mathrm{h.c.}\right). \tag{7.4.49}$$

可以证明(Wang,2002),由(7.4.42)式定义的所有暗态是上述 EIT 系统相互作用哈密顿量的本征态,并具有零本征值,

$$V_{\mathrm{I}}\left| D_{q}^{n}\right\rangle = 0. \tag{7.4.50}$$

设一个任意光场量子态由 s 个共振模组成

$$\left|\varphi_{f}\right\rangle = \sum_{\{q_s\}}\alpha(q_1\cdots q_s)\left|n_1\cdots n_s\right\rangle, \tag{7.4.51}$$

所有冷原子在初始时布居在基态,联合系统的初态为

$$\left|\varphi_{a\text{-}f}(0)\right\rangle = \left|\varphi_{f}\right\rangle\left|C^{0}\right\rangle = \sum_{\{q_s\}}\alpha(q_1\cdots q_s)\left|n_1\cdots n_s\right\rangle\left|C^{0}\right\rangle. \tag{7.4.52}$$

在开始时,控制场保持在高水平,由(7.4.44a)式,上式等价于

$$\left|\varphi_{a\text{-}f}(0)\right\rangle = \sum_{\{q_s\}}\alpha(q_1\cdots q_s)\left|D_{q_1}^{n_1}\cdots D_{q_s}^{n_s}\right\rangle_{\theta=0}. \tag{7.4.53}$$

由于所有共振模暗态是 EIT 系统的定态,并具有共同的零本征值,因此上述联合态也是系统的定态.控制场的绝热变化,不会使联合态发生时间演化.为了存储光场量子态,可以绝热地减小控制场,当在 t_1 时刻控制场下降到很低水平时

$$\begin{aligned}\left|\varphi_{a\text{-}f}(t_1)\right\rangle &= \sum_{\{q_s\}}\alpha(q_1\cdots q_s)\left|D_{q_1}^{n_1}\cdots D_{q_s}^{n_s}\right\rangle_{\theta=\pi/2}\\ &= \sum_{\{q_s\}}(-1)^{n_1+\cdots+n_s}\alpha(q_1\cdots q_s)\left|0\right\rangle\left|C_{q_1}^{n_1}\cdots C_{q_s}^{n_s}\right\rangle,\end{aligned} \tag{7.4.54}$$

其中用到(7.4.44b)式.将它与(7.4.52)式比较可见,光场量子态完全转移到冷原子介质中.(7.4.54)式表示,每转移一个光子到原子激发引入 π 相位差.若要取出光场量子态,只要在以后的时刻将控制场回复到高水平,联合系统恢复到(7.4.52)式表示的状态.

练　　习

1. 试推导对易关系(7.4.3b)式.

2. 证明(7.4.15)—(7.4.19)式.(前两式的推导可以练习集合原子算符和量子态运算的基本数学方法).

3. 证明(7.4.35)式和(7.4.36)式.

4. 由(7.4.14)式和(7.2.23)式推导(7.4.41)式.

5. 证明(7. 4. 45)式和(7. 4. 46)式.

6. 试计算 $a_q \left| D_q^n \right\rangle$ 和 $\sigma_q \left| D_q^n \right\rangle$，由此推导(7. 4. 47)式.(分别考虑是否需要低激发条件.)

7. 证明(7. 4. 50)式.(参阅文献 Wang,2002 附录 C.)

参 考 文 献

Boller K. J., Imamoglu A., and Harris S. E. (1991). Phys. Rev. Lett. **66**, 2593.

Born M. and Huang K. (1954). Dynamical Theory of Crystal Lattices, Oxford University Press, New York, reprinted in 1985.

Dicke R. H. (1954). Phys. Rev. **93**, 99—110.

Fleischhauer M., and Lukin M. D. (2000). Phys. Rev. Lett. **84**, 5094.

Harris S. E. (1997). Phys. Today **50**, 36. "Electromagnetically Induced Transparency"

Harris S. E., Field J. E., and Imamoglu A. (1990). Phys. Rev. Lett. **64**, 1107.

Huang K. (1951). Proc. R. Soc. London Ser. A **208**, 352.

Liu C., Dutton Z., Behroozi C. H., and Hau L. V. (2001). Nature **409**, 490.

Lukin M. D. (2003). Rev. Mod. Phys. **75**, 457.

Lukin M. D. and Imamoglu A. (2001). Nature **413**, 273.

Lukin M. D., Yelin S. F., and Fleischhauer M. (2000). Phys. Rev. Lett. **84**, 4232.

Marangos J. P. (1998). J. Mod. Opt. **45**, 471.

Tolpygo K. B. (1950). Zh. Eksp. Teor. Fiz. **20**, 497 (in Russian).

Wang K. G., Peng F. L., and Yang G. J. (2003). Journal of Optics B: Quantum & Semiclassical Optics **5**, 44.

Wang K. G. and Zhu S. Y, (2002). Eur. Phys. J. D. **20**, 281—292.

第八章　光学线性放大器的量子理论

传统的光学信号增强的方法是通过光电转换，然后对电信号放大后再转换为光信号.在处理电信号的电子线路中，不可避免地会引入热噪声，从而大大降低输入信号的信噪比.而在光频范围内，热噪声可以忽略不计，因而能避免热噪声引起的信噪比退化.本章将讨论不通过光电转换和其他转换的光学信号增强方法的理论分析.

8.1　量子不可克隆定理

激光的产生是最典型的光信号增强过程，它依赖于光的受激辐射效应.但激光器中的光信号增强主要发生在非线性区，从一开始的指数增长到最终的饱和过程.原子的受激辐射过程是一个入射光子遇到一个处在激发态的原子时，入射光子没有被原子吸收，同时产生一个相同的光子，它与入射光子不可区分，也就是说入射光子被复制了.

1982 年 Wootters 和 Zurek 指出一个单量子不能被克隆(Wootters，1982).他们假设有一个光子放大装置可以将一个偏振光子转换成同偏振的两个光子，如果对于两个正交的偏振方向都成立

$$|A_0\rangle|\mathrm{H}\rangle \to |A_\mathrm{H}\rangle|\mathrm{HH}\rangle, \tag{8.1.1a}$$

$$|A_0\rangle|\mathrm{V}\rangle \to |A_\mathrm{V}\rangle|\mathrm{VV}\rangle, \tag{8.1.1b}$$

其中 $|A_0\rangle$ 是装置的初态，$|A_\mathrm{H}\rangle$ 和 $|A_\mathrm{V}\rangle$ 是末态，H 和 V 分别表示一个水平偏振和垂直偏振的光子.对于一个任意偏振的光子 $\alpha|\mathrm{H}\rangle+\beta|\mathrm{V}\rangle$ 则有

$$|A_0\rangle(\alpha|\mathrm{H}\rangle+\beta|\mathrm{V}\rangle)\to\alpha|A_\mathrm{H}\rangle|\mathrm{HH}\rangle+\beta|A_\mathrm{V}\rangle|\mathrm{VV}\rangle. \tag{8.1.2}$$

无论 $|A_\mathrm{H}\rangle$ 和 $|A_\mathrm{V}\rangle$ 是否相等，上述结果不包含任意偏振光子被克隆的结果 $(\alpha|\mathrm{H}\rangle+\beta|\mathrm{V}\rangle)^2$.由此他们得出结论：不存在一个装置可以放大任意偏振态.但不排除装置仍有可能放大两个特殊方向的偏振态.注意在上述证明过程中只用到了量子力学变换的线性特征.

量子不可克隆定理(quantum no-cloning theorem)的完整表述是：不可能复制一个任意未知量子态.定理的普遍证明如下.设 A 系统有一个量子态 $|\phi\rangle_\mathrm{A}$，为了复制它在 B 系统中相同的态空

间准备一个初态 $|e\rangle_B$（例如它可以是空白的态），它必须与 $|\phi\rangle_A$ 无任何联系. A 和 B 联合系统的态为 $|\phi\rangle_A|e\rangle_B$.

假设存在一个幺正变换 U 可以完成复制，它对态空间中所有可能的态 $|\phi\rangle_A$ 有

$$U|\phi\rangle_A|e\rangle_B=|\phi\rangle_A|\phi\rangle_B. \tag{8.1.3}$$

现在任意选两个态 $|\phi\rangle_A$ 和 $|\psi\rangle_A$ 作下列运算

$$\langle e|_B\langle\phi|_A|\psi\rangle_A|e\rangle_B=\langle e|_B\langle\phi|_A U^\dagger U|\psi\rangle_A|e\rangle_B=\langle\phi|_B\langle\phi|_A|\psi\rangle_A|\psi\rangle_B. \tag{8.1.4}$$

容易看出上式两端可分别化简为

$$\langle\phi|\psi\rangle=\langle\phi|\psi\rangle^2, \tag{8.1.5}$$

由此得出 $\langle\phi|\psi\rangle=0$ 和 $\langle\phi|\psi\rangle=1$，即 $|\phi\rangle$ 与 $|\psi\rangle$ 正交或恒等. 两个任意态不可能满足此条件，因此证明了将任意态克隆的算符 U 不可能存在.

上述证明不排除正交态有可能被克隆，与前面对偏振光子克隆的讨论一致. 此外在本证明中只用到了克隆算符幺正性条件，没有涉及线性性质. 量子态不可克隆定理指对一个未知量子态不可能完成理想复制，但仍有可能产生非理想的复制.

8.2 光学非相敏线性放大器

光子的受激辐射过程可以克隆光子，该过程总是伴随着自发辐射，因此属于非理想克隆，它不违反量子不可克隆定理. 在光通信等实际应用中，传输的是经典信号，无需考虑量子态的克隆问题. 能够使光场增强的介质称为有源介质（active medium），有源介质来自于布居反转的原子，也可以是多波相互作用的参量过程. 不过有源介质中存在线性响应过程是在某一有限范围内的近似. 在光学线性放大器的量子理论中（Caves，1982），放大器分为两类：非相敏放大器（phase insensitive amplifier，简称 PIA）和相敏放大器（phase sensitive amplifier，简称 PSA）. 在非相敏放大器中，输入场的相位变化不会影响输出场的强度，而在相敏放大器中输出强度对输入场的相位敏感. 本节先讨论非相敏线性放大器.

1. 经典线性放大器

我们先考虑经典线性放大器. 设 a 和 b 分别是某一模式（例如给定频率）的输入和输出电场，线性放大器可表示为

$$b=\mu a+f, \tag{8.2.1}$$

其中 μ 是电场振幅放大率，f 是放大器引入的噪声. 虽然任何放大装置都会产生附加噪声，但在经典理论的框架内，它不是必然存在的，我们假设理想经典放大器 $f\to 0$. 光场信号的观察量是强度 I

$=|a|^2$,对应的信号涨落为$\langle \Delta^2 I\rangle=\langle I^2\rangle-\langle I\rangle^2$,信噪比(signal to noise ratio,简称SNR)定义为

$$SNR=\langle I\rangle^2/\langle \Delta^2 I\rangle. \tag{8.2.2}$$

噪声指数(noise figure)定义为输入与输出信噪比之比(Friis,1944)

$$NF=\frac{SNR(a)}{SNR(b)}=\frac{\langle \Delta^2 I(b)\rangle}{|\mu|^4\langle \Delta^2 I(a)\rangle}. \tag{8.2.3}$$

容易证明理想经典放大器由于没有额外的噪声引入,在信号被放大的同时噪声等比例地放大,输入和输出信噪比相等,$NF=1$.对于非理想的经典放大器$f\neq 0$,输出场的涨落有额外的增加使得$NF>1$.

2. 相位保持放大器

一种最常见量子非相敏线性放大器是相位保持放大器(phase-preserving amplifier).受激辐射微波放大器(maser)(Takahasi,1965)和直流超导量子干涉仪(dc SQUID)(Clarke,1980)属于相位保持放大器.

在放大器的量子描述中可采用力学量算符的方式,即使对于没有经典噪声的理想放大器,表式$b=\mu a$不成立,因为$[b,b^\dagger]=\mu^*\mu[a,a^\dagger]=\mu^*\mu\neq 1$.为了使输出场$b$满足场算符对易关系,在线性关系中需引入真空场算符$a_{\mathrm{v}}^\dagger$

$$b=\mu a+\nu a_{\mathrm{v}}^\dagger, \tag{8.2.4}$$

其中系数μ和ν满足

$$\mu^*\mu-\nu^*\nu=1. \tag{8.2.5}$$

真空算符$a_{\mathrm{v}}^\dagger$只作用于真空态,它与输入输出场算符均对易.例如对于激发态原子,受激辐射和自发辐射同时发生,受激辐射克隆入射光子,自发辐射是激发态原子受真空涨落的作用辐射光子,它与入射光子没有联系.

作为比较,线性衰变装置的量子描述为

$$b=\mu a+\nu a_{\mathrm{v}}, \tag{8.2.6}$$

其中系数μ和ν满足

$$\mu^*\mu+\nu^*\nu=1. \tag{8.2.7}$$

我们在3.4节的光学分束器的量子理论中曾提到,当分束器只有一个入射光束时,就必须认为另一入射端为真空场,输出场才能满足玻色场算符的对易关系.对于放大器,(8.2.5)式要求放大器强度增益系数$|\mu|^2>1$,而衰变器的(8.2.7)式要求强度衰变系数$|\mu|^2<1$.

3. 正交分量量子噪声的噪声指数

我们在2.2节中介绍了光场的两个正交分量a_1和a_2及其涨落之积满足不确定关系(2.2.5)

式，这些涨落是光场的量子噪声. 现定义两个正交分量涨落之和来代表光场态的量子噪声(Caves，1982)

$$|\Delta a|^2 \equiv \frac{1}{2}\langle aa^\dagger + a^\dagger a\rangle - \langle a^\dagger\rangle\langle a\rangle = \langle(\Delta a_1)^2\rangle + \langle(\Delta a_2)^2\rangle, \quad (8.2.8)$$

其中 $\Delta a_i = a_i - \langle a_i\rangle$，$(i=1,2)$. 在海森伯表象中，$|\Delta a|^2$ 和 $|\Delta b|^2$ 分别为放大器(8.2.4)式输入场和输出场的量子噪声.

对任意非厄米算符 A，有 $\langle A^\dagger A\rangle \geqslant 0$. 这可以由在 $A^\dagger$ 和 A 之间插入任意完备集来证明. 利用此关系

$$\begin{aligned} 0 \leqslant \langle(a^\dagger - \langle a^\dagger\rangle)(a - \langle a\rangle)\rangle &= \langle a^\dagger a\rangle - \langle a^\dagger\rangle\langle a\rangle \\ &= \frac{1}{2}\langle a^\dagger a + aa^\dagger\rangle - \frac{1}{2} - \langle a^\dagger\rangle\langle a\rangle, \end{aligned} \quad (8.2.9)$$

从而有

$$|\Delta a|^2 = \langle(\Delta a_1)^2\rangle + \langle(\Delta a_2)^2\rangle \geqslant \frac{1}{2}. \quad (8.2.10)$$

这说明光场量子态的最小量子噪声是 1/2. 当光场处在真空态或相干态时，$\langle(\Delta a_1)^2\rangle = \langle(\Delta a_2)^2\rangle = 1/4$，它们不仅是最小不确定态，而且是具有最小量子噪声的态.

由(8.2.4)式可计算输出场粒子数算符

$$b^\dagger b = |\mu|^2 a^\dagger a + |\nu|^2 a_v a_v^\dagger + \mu^* \nu a^\dagger a_v^\dagger + \mu\nu^* a a_v. \quad (8.2.11)$$

由于真空场算符只作用于真空态，容易得到任意态的期望值

$$\langle b^\dagger b\rangle = |\mu|^2\langle a^\dagger a\rangle + |\nu|^2, \quad (8.2.12)$$

其中 $|\mu|^2$ 为光子数的增益系数. 输出强度只依赖于输入场强度，与其相位无关，这是非相敏放大器的主要特征.

涉及正交分量量子噪声的输入和输出场的信噪比定义为

$$SNR(a) = \langle a^\dagger a\rangle / |\Delta a|^2, \quad SNR(b) = \langle b^\dagger b\rangle / |\Delta b|^2, \quad (8.2.13)$$

线性放大器的噪声指数为

$$NF = \frac{SNR(a)}{SNR(b)} = \frac{|\Delta b|^2}{|\mu|^2 |\Delta a|^2}, \quad (8.2.14)$$

其中考虑到在输出信号中忽略自发辐射部分，即有 $\langle b^\dagger b\rangle \approx |\mu|^2\langle a^\dagger a\rangle$. 输出场量子噪声可计算为

$$
\begin{aligned}
|\Delta b|^2 &= \langle b^\dagger b\rangle - \langle b^\dagger\rangle\langle b\rangle + \frac{1}{2} \\
&= |\mu|^2(\langle a^\dagger a\rangle - \langle a^\dagger\rangle\langle a\rangle) + |\nu|^2 + \frac{1}{2} \\
&= |\mu|^2\left(\langle a^\dagger a\rangle - \langle a^\dagger\rangle\langle a\rangle + \frac{1}{2}\right) + \frac{1}{2}|\nu|^2 \\
&= |\mu|^2|\Delta a|^2 + \frac{1}{2}(|\mu|^2 - 1).
\end{aligned} \tag{8.2.15}
$$

第一部分是输入量子噪声的放大,第二部分是真空场引入的额外量子噪声.将上式代入(8.2.14)式可得到

$$
NF = 1 + \frac{1}{2|\Delta a|^2}\left(1 - \frac{1}{|\mu|^2}\right). \tag{8.2.16}
$$

考虑输入场有最小量子噪声 $|\Delta a|^2 = 1/2$,且放大增益系数 $|\mu|^2 \gg 1$,则 $NF \approx 2$.换算成分贝单位 dB 得 $10\log(2) \approx 3$ 分贝,因此非相敏线性放大器在高增益时将引入 3 分贝的量子噪声(Caves, 1982).我们下面将指出,用正交分量量子噪声定义信噪比和噪声指数存在局限性.

4. 光子数涨落的噪声指数

常用的光场信号是测量强度或光子数,相干态的光子数涨落是散粒噪声,它本质上是量子噪声.强度信号的信噪比和噪声指数由(8.2.2)式和(8.2.3)式定义,在量子理论中可以用量子算符来计算.例如输出场粒子数平方为

$$
\langle b^\dagger b b^\dagger b\rangle = |\mu|^4\langle a^\dagger a a^\dagger a\rangle + 3|\mu\nu|^2\langle a^\dagger a\rangle + |\nu|^2(|\mu|^2 + |\nu|^2). \tag{8.2.17}
$$

输出场粒子数涨落

$$
\begin{aligned}
\langle \Delta^2(b^\dagger b)\rangle &\equiv \langle b^\dagger b b^\dagger b\rangle - \langle b^\dagger b\rangle^2 \\
&= |\mu|^4\langle\Delta^2(a^\dagger a)\rangle + |\mu\nu|^2\langle a^\dagger a\rangle + |\mu\nu|^2 \\
&= |\mu|^4\langle\Delta^2(a^\dagger a)\rangle + |\mu\nu|^2(\langle a^\dagger a\rangle + 1).
\end{aligned} \tag{8.2.18}
$$

输出场涨落的第一部分是输入场涨落增长 $|\mu|^4$ 倍.第二部分为非相敏放大器引入的额外量子涨落 $|\mu\nu|^2(\langle a^\dagger a\rangle + 1)$,前一项 $|\mu\nu|^2\langle a^\dagger a\rangle$ 源于受激辐射,后一项 $|\mu\nu|^2$ 源于自发辐射.

根据噪声指数(8.2.3)式

$$
NF = \frac{\langle\Delta^2(b^\dagger b)\rangle}{|\mu|^4\langle\Delta^2(a^\dagger a)\rangle} = 1 + \frac{|\nu|^2(\langle a^\dagger a\rangle + 1)}{|\mu|^2\langle\Delta^2(a^\dagger a)\rangle}. \tag{8.2.19}
$$

设输入场是相干态,它携带的真空涨落 $\langle\Delta^2(a^\dagger a)\rangle = \langle a^\dagger a\rangle = |\alpha|^2$ 为平均光子数,噪声指数为

$$NF = 1 + \frac{|\nu|^2(|\alpha|^2 + 1)}{|\mu|^2|\alpha|^2}. \tag{8.2.20}$$

当平均光子数远大于 1 时，$|\alpha|^2 \gg 1$，可忽略自发辐射噪声部分，噪声指数与输入场强度无关

$$NF = 1 + |\nu|^2/|\mu|^2 = 1 + (1 - 1/|\mu|^2). \tag{8.2.21}$$

该结果与(8.2.16)式相似.

如果输入信号是具有经典涨落的热光场，$\langle \Delta^2(a^\dagger a) \rangle = \langle a^\dagger a \rangle^2 + \langle a^\dagger a \rangle$，当经典涨落部分远大于量子涨落时，$\langle a^\dagger a \rangle^2 \gg \langle a^\dagger a \rangle$，放大器中额外的量子涨落可忽略，就回到经典线性放大器情况，信号和噪声等比例放大.

5. 相位共轭放大器

另一种非相敏放大器是相位共轭放大器(phase-conjugating amplifier)，其输出场与输入场的相位共轭.相位共轭放大器可发生在光学四波混频非线性过程中.相位共轭放大器的表式为

$$b = \nu a^\dagger + \mu a_v, \tag{8.2.22}$$

其中 a_v 为真空场算符，系数 μ 和 ν 仍满足(8.2.7)式.与相位保持放大器不同的是，相位共轭放大器的强度增益系数 $|\nu|^2$ 既可以大于 1 也可以小于 1.同样可计算

$$b^\dagger b = |\nu|^2 a a^\dagger + |\mu|^2 a_v^\dagger a_v + \mu^* \nu a^\dagger a_v^\dagger + \mu\nu^* a a_v, \tag{8.2.23}$$

$$\langle b^\dagger b \rangle = |\nu|^2 \langle a^\dagger a \rangle + |\nu|^2, \tag{8.2.24}$$

$$|\Delta b|^2 = |\nu|^2 |\Delta a|^2 + \frac{1}{2}(|\nu|^2 + 1). \tag{8.2.25}$$

当采用(8.2.14)式定义的噪声指数时

$$NF = \frac{|\Delta b|^2}{|\nu|^2 |\Delta a|^2} = 1 + \frac{1}{2|\Delta a|^2}\left(1 + \frac{1}{|\nu|^2}\right). \tag{8.2.26}$$

与相位保持放大器类似，当放大增益系数 $|\nu|^2 \gg 1$ 时将引入 3 分贝的量子噪声.

考虑输出场光子数涨落

$$\begin{aligned}\langle b^\dagger b b^\dagger b \rangle = {} & |\nu|^4 \langle a^\dagger a a^\dagger a \rangle + |\nu|^2(|\mu|^2 + 2|\nu|^2)\langle a^\dagger a \rangle + \\ & |\nu|^2(|\mu|^2 + |\nu|^2),\end{aligned} \tag{8.2.27}$$

$$\langle \Delta^2(b^\dagger b) \rangle = |\nu|^4 \langle \Delta^2(a^\dagger a) \rangle + |\mu\nu|^2(\langle a^\dagger a \rangle + 1). \tag{8.2.28}$$

与(8.2.18)式比较,相位共轭放大器与相位保持放大器引入了相同的粒子数涨落.相位共轭放大器的光子数涨落噪声指数为

$$NF = \frac{\langle \Delta^2(b^\dagger b) \rangle}{|\nu|^4 \langle \Delta^2(a^\dagger a) \rangle} = 1 + \frac{|\mu|^2(\langle a^\dagger a \rangle + 1)}{|\nu|^2 \langle \Delta^2(a^\dagger a) \rangle}, \tag{8.2.29}$$

与相位保持放大器的结果(8.2.19)式相一致.

上述的讨论表明,非相敏线性放大器,包括相位共轭放大器与相位保持放大器,都将引入额外的量子噪声,它既存在于正交分量的涨落中,也存在于光子数涨落中.

练　习

1. 试证明理想经典放大器的输入和输出信噪比相等.

2. 证明相位保持放大器和相位共轭放大器当(8.2.4)式成立时,线性衰变器当(8.2.6)式成立时,输出场满足$[b, b^\dagger] = 1$.

3. 证明(8.2.8)式中后一个等式 $\frac{1}{2}\langle aa^\dagger + a^\dagger a \rangle - \langle a^\dagger \rangle \langle a \rangle = \langle (\Delta a_1)^2 \rangle + \langle (\Delta a_2)^2 \rangle$.

4. 试推导(8.2.17)式和(8.2.18)式.

5. 试推导相位共轭放大器的正交分量涨落(8.2.25)式和噪声指数(8.2.26)式.

6. 试推导相位共轭放大器的光子数涨落(8.2.28)式和噪声指数(8.2.29)式.

8.3　光学相敏线性放大器

当放大器的输出强度不仅与输入场的强度有关,还依赖于输入场的相位,称为光学相敏放大器.一些非线性光学相互作用过程,例如光学参量放大,可以成为相敏放大器.理想的简并光学相敏线性放大器可表示为

$$b = \mu a + \nu a^\dagger, \tag{8.3.1}$$

其中系数μ和ν仍满足(8.2.5)式.在相敏放大器中无需引入真空场算符,因此可以回避真空场量子涨落.

1. 相敏放大器的无噪声放大

光学相敏线性放大器的输出场粒子数算符为

$$b^\dagger b = |\mu|^2 a^\dagger a + |\nu|^2 aa^\dagger + \mu^* \nu (a^\dagger)^2 + \mu\nu^* a^2. \tag{8.3.2}$$

在一般情况下,输出场强度不仅依赖于输入场强度(右边前两项),而且与输入场相位有关(右边后两项).为了得到简单的解析结果,我们假设输入场是相干态$|\alpha\rangle$,其中$\alpha = |\alpha| \exp(\mathrm{i}\phi)$,输出场强度可表为

$$\begin{aligned}\langle b^\dagger b\rangle &= (|\mu|^2+|\nu|^2)|\alpha|^2+\mu^*\nu(\alpha^*)^2+\mu\nu^*\alpha^2+|\nu|^2 \\ &= |w|^2|\alpha|^2+|\nu|^2,\end{aligned} \tag{8.3.3}$$

其中 w 定义为

$$w=\mu e^{i\phi}+\nu e^{-i\phi}. \tag{8.3.4}$$

当输入场为相干态 $|\alpha\rangle$ 时，$\langle\alpha|b|\alpha\rangle=w|\alpha|$，因此 w 表示电场振幅复增益系数.由(8.3.3)式，$|w|^2$ 表示相敏放大器的强度增益

$$\begin{aligned}|w|^2 &= |\mu|^2+|\nu|^2+\mu\nu^*e^{i2\phi}+\mu^*\nu e^{-i2\phi} \\ &= |\mu|^2+|\nu|^2+2|\mu\nu|\cos\Theta,\end{aligned} \tag{8.3.5}$$

其中 Θ 定义为

$$\Theta\equiv\theta_\mu-\theta_\nu+2\phi, \tag{8.3.6}$$

θ_μ 和 θ_ν 分别是 μ 和 ν 的辐角.显然放大增益与输入场的相位 ϕ 密切相关.当 $\Theta=0$ 时放大器达到最大增益 $|w|^2_{\max}=(|\mu|+|\nu|)^2$，而当 $\Theta=\pi$ 时放大器增益最小 $|w|^2_{\min}=(|\mu|-|\nu|)^2$.

输出场的正交分量涨落为

$$\begin{aligned}|\Delta b|^2 &= (|\mu|^2+|\nu|^2)(\langle a^\dagger a\rangle-\langle a^\dagger\rangle\langle a\rangle)+|\nu|^2+\frac{1}{2}+ \\ &\quad \mu^*\nu[\langle(a^\dagger)^2\rangle-\langle a^\dagger\rangle^2]+\mu\nu^*(\langle a^2\rangle-\langle a\rangle^2) \\ &= (|\mu|^2+|\nu|^2)|\Delta a|^2+\mu^*\nu\langle\Delta^2a^\dagger\rangle+\mu\nu^*\langle\Delta^2 a\rangle.\end{aligned} \tag{8.3.7}$$

第一项为输入场正交分量涨落 $|\Delta a|^2$ 线性放大($|\mu|^2+|\nu|^2$)倍，第二和第三项依赖于输入信号量子涨落的相位.当输入场是相干态时，$\langle\Delta^2a^\dagger\rangle=\langle\Delta^2a\rangle=0$，则(8.3.7)式简化为

$$|\Delta b|^2=(|\mu|^2+|\nu|^2)|\Delta a|^2=\frac{1}{2}(|\mu|^2+|\nu|^2). \tag{8.3.8}$$

如果我们沿用上节(8.2.14)式的方法来定义相敏放大器的噪声指数，容易得到

$$NF=\frac{SNR(a)}{SNR(b)}=\frac{|\Delta b|^2}{|w|^2|\Delta a|^2}=\frac{|\mu|^2+|\nu|^2}{|\mu|^2+|\nu|^2+2|\mu\nu|\cos\Theta}, \tag{8.3.9}$$

当 $\Theta=\pi/2$ 时放大器增益 $|w|^2=|\mu|^2+|\nu|^2$，$NF=1$，实现了无噪声放大(noiseless amplification).而当 $\Theta=0$ 放大器达到最大增益时，$NF<1$，表示经放大后可以提高信噪比，这是物理上不合理的结果.究其原因是由于噪声指数的原始定义(8.2.14)式(Caves,1982)是基于信噪比定义(8.2.13)式.在此定义中，“信号”是光子数，而“噪声”是两个正交分量涨落之和，两者并

不对应.实际上在信噪比定义中光子数信号应与光子数涨落的噪声对应.为此我们采用光子数涨落噪声指数(8.2.19)式.

由(8.3.2)式可计算

$$
\begin{aligned}
b^{\dagger}bb^{\dagger}b = & \left[(\mu^{*})^{2}\nu^{2}(a^{\dagger})^{4} + 2(|\mu|^{2} + |\nu|^{2})\mu^{*}\nu(a^{\dagger})^{3}a + \text{h.c.}\right] + \\
& (|\mu|^{4} + 4|\mu\nu|^{2} + |\nu|^{4})(a^{\dagger})^{2}a^{2} + \\
& \left[2(|\mu|^{2} + 2|\nu|^{2})\mu^{*}\nu(a^{\dagger})^{2} + \text{h.c.}\right] + \\
& (|\mu|^{4} + 8|\mu\nu|^{2} + 3|\nu|^{4})a^{\dagger}a + |\nu|^{2}(|\nu|^{2} + 2|\mu|^{2}).
\end{aligned} \tag{8.3.10}
$$

输出场的强度涨落为

$$
\begin{aligned}
\langle \Delta^{2}(b^{\dagger}b)\rangle = & \Big\{(\mu^{*})^{2}\nu^{2}\left[\langle (a^{\dagger})^{4}\rangle - \langle (a^{\dagger})^{2}\rangle^{2}\right] + 2(|\mu|^{2} + |\nu|^{2})\cdot \\
& \mu^{*}\nu\left[\langle (a^{\dagger})^{3}a\rangle - \langle (a^{\dagger})^{2}\rangle\langle a^{\dagger}a\rangle\right] + \text{h.c.}\Big\} + \\
& (|\mu|^{4} + 2|\mu\nu|^{2} + |\nu|^{4})\left[\langle (a^{\dagger})^{2}a^{2}\rangle - \langle a^{\dagger}a\rangle^{2}\right] + \\
& 2|\mu\nu|^{2}\left[\langle (a^{\dagger})^{2}a^{2}\rangle - \langle (a^{\dagger})^{2}\rangle\langle a^{2}\rangle\right] + \\
& \left[2(|\mu|^{2} + |\nu|^{2})\mu^{*}\nu\langle (a^{\dagger})^{2}\rangle + \text{h.c.}\right] + \\
& (|\mu|^{4} + 6|\mu\nu|^{2} + |\nu|^{4})\langle a^{\dagger}a\rangle + 2|\mu\nu|^{2}.
\end{aligned} \tag{8.3.11}
$$

在输入相干态 $|\alpha\rangle$ 时输出场的涨落可简化为(参见练习 2)

$$
\begin{aligned}
\langle \Delta^{2}(b^{\dagger}b)\rangle = & 2(|\mu|^{2} + |\nu|^{2})\left[\mu\nu^{*}\alpha^{2} + \mu^{*}\nu(\alpha^{*})^{2}\right] + \\
& (|\mu|^{4} + 6|\mu\nu|^{2} + |\nu|^{4})|\alpha|^{2} + 2|\mu\nu|^{2} \\
= & (|\mu|^{2} + |\nu|^{2})|w|^{2}|\alpha|^{2} + (w^{2}\mu^{*}\nu^{*} + \text{c.c.})|\alpha|^{2} + 2|\mu\nu|^{2} \\
= & \left[2(|\mu|^{2} + |\nu|^{2})|w|^{2} - 1\right]|\alpha|^{2} + 2|\mu\nu|^{2}.
\end{aligned} \tag{8.3.12}
$$

输出场信噪比为

$$
SNR(b) = \frac{\langle b^{\dagger}b\rangle^{2}}{\langle \Delta^{2}(b^{\dagger}b)\rangle} = \frac{(|w|^{2}|\alpha|^{2} + |\nu|^{2})^{2}}{\left[2(|\mu|^{2} + |\nu|^{2})|w|^{2} - 1\right]|\alpha|^{2} + 2|\mu\nu|^{2}}. \tag{8.3.13}
$$

输入相干场的信噪比为 $SNR(a) = |\alpha|^{2}$,相敏放大器的噪声指数为

$$
\begin{aligned}
NF = \frac{SNR(a)}{SNR(b)} = & \frac{|\alpha|^{2}}{(|w|^{2}|\alpha|^{2} + |\nu|^{2})^{2}}\cdot \\
& \left\{\left[2(|\mu|^{2} + |\nu|^{2})|w|^{2} - 1\right]|\alpha|^{2} + 2|\mu\nu|^{2}\right\}.
\end{aligned} \tag{8.3.14}
$$

当输入场平均光子数较大时,可忽略自发辐射噪声部分,噪声指数简化为

$$
\begin{aligned}
NF &= \frac{2(|\mu|^2+|\nu|^2)|w|^2-1}{|w|^4} = 1+\frac{[2(|\mu|^2+|\nu|^2)-|w|^2]|w|^2-1}{|w|^4} \\
&= 1+\frac{(|\mu|^2+|\nu|^2-|w|^2)|w|^2+(|\mu|^2+|\nu|^2)|w|^2-1}{|w|^4} \\
&= 1+\frac{-(\mu\nu^*\mathrm{e}^{\mathrm{i}2\phi}+\mu^*\nu\mathrm{e}^{-\mathrm{i}2\phi})|w|^2+w^2\mu^*\nu^*+(w^*)^2\mu\nu}{|w|^4} \qquad (8.3.15) \\
&= 1+\frac{2|\mu\nu|^2-\mu^2(\nu^*)^2\mathrm{e}^{\mathrm{i}4\phi}-(\mu^*)^2\nu^2\mathrm{e}^{-\mathrm{i}4\phi}}{|w|^4} \\
&= 1+\frac{2|\mu\nu|^2}{|w|^4}(1-\cos 2\Theta),
\end{aligned}
$$

其中 Θ 已由(8.3.6)式定义.当 $\Theta=0$ 和 π 时,$NF=1$,这说明适当地选择输入场的相位,相敏放大器可以实现无噪声放大.当 $\Theta=0$ 时,放大器同时实现最大增益,而当 $\Theta=\pi$ 时,我们将看到放大器的增益小于一.

2. 相敏放大器与挤压变换的关系

简并光学相敏线性放大器(8.3.1)式与本卷 2.10 节的挤压变换(2.10.3)式十分相似.设 $\mu=|\mu|\exp(\mathrm{i}\theta_\mu)=\cosh r\exp(\mathrm{i}\theta_\mu)$,由(8.2.5)式则有 $\nu=|\nu|\exp(\mathrm{i}\theta_\nu)=\sinh r\exp(\mathrm{i}\theta_\nu)$,(8.3.1)式为

$$
b=\mathrm{e}^{\mathrm{i}\theta_\mu}[a\cosh r+a^\dagger\mathrm{e}^{\mathrm{i}(\theta_\nu-\theta_\mu)}\sinh r], \qquad (8.3.16)
$$

它与方括弧中的挤压变换(2.10.3)式仅相差一相移.从强度观察的角度,该相移不起作用,或者适当地选择观察光场的相位,使得 $\theta_\mu=0$,它将应用在下面的讨论中.因此相敏放大就是一个挤压变换过程.

我们将(2.10.2)式改写为等价形式

$$
b=S(\zeta)aS^\dagger(\zeta)=S^\dagger(-\zeta)aS(-\zeta), \qquad (8.3.17)
$$

其中$(-\zeta)=-r\exp(\mathrm{i}\theta_\nu)=r\exp[\mathrm{i}(\theta_\nu+\pi)]$.这样在薛定谔表象中经相敏放大后,态的变换为

$$
|\psi\rangle=S(-\zeta)|\psi_0\rangle. \qquad (8.3.18)
$$

根据(2.10.5)式,当输入态是相干态 $|\alpha\rangle$ 时,经上述相敏放大变换后的终态为双光子相干态 $|-\zeta,\alpha\rangle_{\mathrm{C}}$,由(2.10.9)式最大挤压时的幅角 $\theta=(\theta_\nu+\pi)/2$,它与输入相干态的参数无关.

终态的电场振幅期望值由(2.10.24)式计算

$$
\begin{aligned}
{}_{\mathrm{c}}\langle -\zeta,\alpha | a | -\zeta,\alpha\rangle_{\mathrm{c}} &= \alpha\cosh r - \alpha^{*}\mathrm{e}^{\mathrm{i}(\theta_\nu+\pi)}\sinh r = \alpha\cosh r + \alpha^{*}\mathrm{e}^{\mathrm{i}\theta_\nu}\sinh r \\
&= |\alpha| [\mathrm{e}^{\mathrm{i}\phi}\cosh r + \mathrm{e}^{\mathrm{i}(\theta_\nu-\phi)}\sinh r],
\end{aligned}
\tag{8.3.19}
$$

其中 ϕ 为 α 的幅角.方括弧中的表式即为(8.3.4)式定义的电场振幅复增益系数 w,上式等价于 $\langle\alpha | b | \alpha\rangle = w|\alpha|$.我们讨论发生无噪声放大的两种情况.由(8.3.6)式,当 $\Theta=0$ 时,$\phi=\theta_\nu/2$,上式为

$$
\begin{aligned}
{}_{\mathrm{c}}\langle -\zeta,\alpha | a | -\zeta,\alpha\rangle_{\mathrm{c}} &= (\cosh r+\sinh r)|\alpha|\mathrm{e}^{\mathrm{i}(\theta_\nu/2)} \\
&= (\cosh r+\sinh r)\alpha = \mathrm{e}^{r}\alpha,
\end{aligned}
\tag{8.3.20}
$$

放大时保持输入电场的幅角将振幅放大 e^r 倍.当 $\Theta=\pi$ 时,$\phi=(\theta_\nu+\pi)/2$,(8.3.19)式为

$$
\begin{aligned}
{}_{\mathrm{c}}\langle -\zeta,\alpha | a | -\zeta,\alpha\rangle_{\mathrm{c}} &= |\alpha| [\mathrm{e}^{\mathrm{i}(\theta_\nu+\pi)/2}\cosh r + \mathrm{e}^{\mathrm{i}(\theta_\nu-\pi)/2}\sinh r] \\
&= (\cosh r-\sinh r)|\alpha|\mathrm{e}^{\mathrm{i}(\theta_\nu+\pi)/2} = \mathrm{e}^{-r}\alpha,
\end{aligned}
\tag{8.3.21}
$$

它保持输入电场的幅角将振幅减小 e^r 倍.

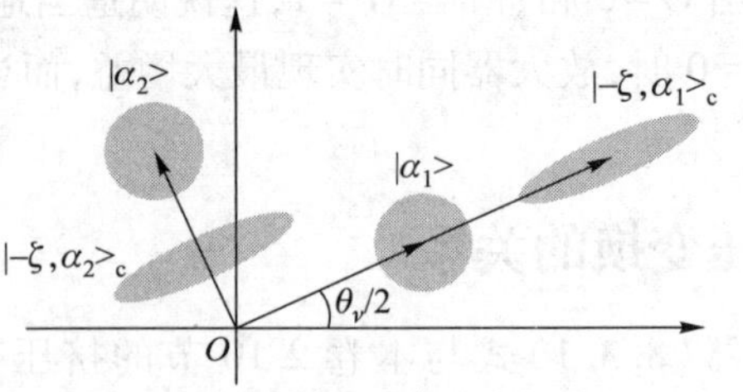

图 8.3-1　相敏放大器在无噪声放大条件下两个相干态经放大后成为对应的双光子相干态.图中 $(-\zeta)=r\exp[\mathrm{i}\cdot(\theta_\nu+\pi)]$,$\alpha_1=|\alpha|\exp(\mathrm{i}\theta_\nu/2)$,$\alpha_2=|\alpha|\exp[\mathrm{i}(\theta_\nu+\pi)/2]$

根据这些关系我们可以画出相敏放大器在无噪声放大条件下两个相干态在放大器作用后成为两个双光子相干态的示意图.在图 8.3-1 中相干态 $|\alpha_1\rangle$ 的幅角 $\phi_1=\theta_\nu/2$,相干态 $|\alpha_2\rangle$ 的幅角 $\phi_2=(\theta_\nu+\pi)/2$,两个双光子相干态的最大挤压时的幅角相同 $\theta=(\theta_\nu+\pi)/2$,即挤压参数$(-\zeta)$的幅角$(\theta_\nu+\pi)$的一半.

练　习

1. 试推导(8.3.7)式.

2. 试推导(8.3.10)式和(8.3.11)式.

3. 在(8.3.12)式和(8.3.15)式的推导中用到 $(|\mu|^2+|\nu|^2)|w|^2-1=w^2\mu^*\nu^*+(w^*)^2\mu\nu$,试证明之.然后完成这两式的推导.

8.4 双模挤压态和非简并光学相敏线性放大器

在2.10节中我们已经讨论了双光子相干态，它是一种挤压态，整个讨论只涉及电磁场的一个模式.在本节中我们将讨论涉及两个模式的挤压态.

1. 双模挤压相干态

定义一个双模挤压算符(two-mode squeeze operator)

$$S_t(\zeta) = e^{\zeta^* a_s a_i - \zeta a_s^\dagger a_i^\dagger}, \quad \zeta = re^{i\varphi}, \tag{8.4.1}$$

其中 a_s 和 a_i 是两个不同模式的场湮没算符.按照参量下转换过程产生的两个模式的习惯称呼，前者为信号模(signal mode)，后者为闲置模(idler mode).这些模式是指如1.2节所描述的电磁场简正模表示中的那些模式，例如它们有不同的频率、不同的传播方向或不同的偏振方向等，两个场模算符之间总是相互对易的.在量子系统中，两个模式之间可能存在量子关联效应，这时描述两个场模的量子态不能表示为每个场模态矢的直积形式.

双模挤压算符也满足幺正变换条件 $S_t^\dagger(\zeta) = S_t(-\zeta) = S_t^{-1}(\zeta)$. 现用双模挤压算符对两个场模算符作幺正变换，得到两个赝场模算符

$$b_s \equiv S_t(\zeta) a_s S_t^\dagger(\zeta), \tag{8.4.2a}$$

$$b_i \equiv S_t(\zeta) a_i S_t^\dagger(\zeta). \tag{8.4.2b}$$

容易证明 $[b_s, b_s^\dagger] = [b_i, b_i^\dagger] = 1$，而这两个模算符之间可对易.同样利用算符展开定理(2.3.5)式，可以得到 b_s 和 b_i 的展开式

$$b_s = a_s \cosh r + a_i^\dagger e^{i\varphi} \sinh r, \tag{8.4.3a}$$

$$b_i = a_i \cosh r + a_s^\dagger e^{i\varphi} \sinh r. \tag{8.4.3b}$$

由此解出

$$a_s = b_s \cosh r - b_i^\dagger e^{i\varphi} \sinh r, \tag{8.4.4a}$$

$$a_i = b_i \cosh r - b_s^\dagger e^{i\varphi} \sinh r. \tag{8.4.4b}$$

双模挤压相干态(two-mode squeezed coherent state)定义为双模挤压算符作用于双模相干态 $|\alpha_s, \alpha_i\rangle$ 后得到的态

$$|\zeta, \alpha_s, \alpha_i\rangle_c \equiv S_t(\zeta) |\alpha_s, \alpha_i\rangle. \tag{8.4.5}$$

根据挤压算符的幺正变换性质，容易证明双模挤压相干态是对应赝湮没算符的本征态

$$\begin{aligned} b_s |\zeta, \alpha_s, \alpha_i\rangle_c &= S_t(\zeta) a_s S_t^\dagger(\zeta) S_t(\zeta) |\alpha_s, \alpha_i\rangle \\ &= \alpha_s S_t(\zeta) |\alpha_s, \alpha_i\rangle = \alpha_s |\zeta, \alpha_s, \alpha_i\rangle_c, \end{aligned} \tag{8.4.6a}$$

$$b_i \left|\zeta,\alpha_s,\alpha_i\right\rangle_c = S_t(\zeta)a_i S_t^\dagger(\zeta)S_t(\zeta)\left|\alpha_s,\alpha_i\right\rangle = \alpha_i S_t(\zeta)\left|\alpha_s,\alpha_i\right\rangle = \alpha_i\left|\zeta,\alpha_s,\alpha_i\right\rangle_c, \tag{8.4.6b}$$

本征值与对应的相干态相同.同样当双模挤压算符作用于真空态时得到双模挤压真空态

$$\left|\zeta,0,0\right\rangle \equiv S_t(\zeta)\left|0,0\right\rangle. \tag{8.4.7}$$

2. 双模挤压相干态的挤压性质

我们先计算两个场模算符在双光子挤压相干态的期望值

$$\begin{aligned}{}_c\left\langle\zeta,\alpha_s,\alpha_i\right|a_s\left|\zeta,\alpha_s,\alpha_i\right\rangle_c &= {}_c\left\langle\zeta,\alpha_s,\alpha_i\right|b_s\cosh r - b_i^\dagger e^{i\varphi}\sinh r\left|\zeta,\alpha_s,\alpha_i\right\rangle_c \\ &= \alpha_s\cosh r - \alpha_i^* e^{i\varphi}\sinh r \equiv \bar{\alpha}_s,\end{aligned} \tag{8.4.8a}$$

$$\begin{aligned}{}_c\left\langle\zeta,\alpha_s,\alpha_i\right|a_i\left|\zeta,\alpha_s,\alpha_i\right\rangle_c &= {}_c\left\langle\zeta,\alpha_s,\alpha_i\right|b_i\cosh r - b_s^\dagger e^{i\varphi}\sinh r\left|\zeta,\alpha_s,\alpha_i\right\rangle_c \\ &= \alpha_i\cosh r - \alpha_s^* e^{i\varphi}\sinh r \equiv \bar{\alpha}_i,\end{aligned} \tag{8.4.8b}$$

$$\begin{aligned}{}_c\left\langle\zeta,\alpha_s,\alpha_i\right|a_s^2\left|\zeta,\alpha_s,\alpha_i\right\rangle_c &= {}_c\left\langle\zeta,\alpha_s,\alpha_i\right|(b_s\cosh r - b_i^\dagger e^{i\varphi}\sinh r)^2\left|\zeta,\alpha_s,\alpha_i\right\rangle_c \\ &= {}_c\left\langle\zeta,\alpha_s,\alpha_i\right|b_s^2\cosh^2 r + (b_i^\dagger)^2 e^{i2\varphi}\sinh^2 r - \\ &\quad 2b_s b_i^\dagger e^{i\varphi}\cosh r\sinh r\left|\zeta,\alpha_s,\alpha_i\right\rangle_c = \bar{\alpha}_s^2,\end{aligned} \tag{8.4.9a}$$

$${}_c\left\langle\zeta,\alpha_s,\alpha_i\right|a_i^2\left|\zeta,\alpha_s,\alpha_i\right\rangle_c = \bar{\alpha}_i^2. \tag{8.4.9b}$$

两个模的光子数期望值为

$$\begin{aligned}{}_c\left\langle\zeta,\alpha_s,\alpha_i\right|a_s^\dagger a_s\left|\zeta,\alpha_s,\alpha_i\right\rangle_c &= {}_c\left\langle\zeta,\alpha_s,\alpha_i\right|(b_s^\dagger\cosh r - b_i e^{-i\varphi}\sinh r)\cdot \\ &\quad (b_s\cosh r - b_i^\dagger e^{i\varphi}\sinh r)\left|\zeta,\alpha_s,\alpha_i\right\rangle_c \\ &= \left|\bar{\alpha}_s\right|^2 + \sinh^2 r,\end{aligned} \tag{8.4.10a}$$

$${}_c\left\langle\zeta,\alpha_s,\alpha_i\right|a_i^\dagger a_i\left|\zeta,\alpha_s,\alpha_i\right\rangle_c = \left|\bar{\alpha}_i\right|^2 + \sinh^2 r. \tag{8.4.10b}$$

利用上面的计算结果容易得到每个模在任意幅角 θ 的正交分量的方差

$$\begin{aligned}{}_c\left\langle\zeta,\alpha_s,\alpha_i\right|\Delta^2 x_s(\theta)\left|\zeta,\alpha_s,\alpha_i\right\rangle_c &= \frac{1}{4}\Big[\left\langle\Delta^2 a_s\right\rangle e^{-2i\theta} + \left\langle\Delta^2 a_s^\dagger\right\rangle e^{2i\theta} + \\ &\quad 2(\left\langle a_s^\dagger a_s\right\rangle - \left\langle a_s^\dagger\right\rangle\left\langle a_s\right\rangle) + 1\Big] \\ &= \frac{1}{4} + \frac{1}{2}\sinh^2 r,\end{aligned} \tag{8.4.11a}$$

$${}_c\left\langle\zeta,\alpha_s,\alpha_i\right|\Delta^2 x_i(\theta)\left|\zeta,\alpha_s,\alpha_i\right\rangle_c = \frac{1}{4} + \frac{1}{2}\sinh^2 r. \tag{8.4.11b}$$

与双光子相干态完全不同,该结果表明两个场模在双模挤压相干态下不存在任何挤压效应.我们在下面将证明在双模挤压相干态下的挤压效应将有完全不同的表现方式.

我们将两个场模重新组合为

$$a_e = \frac{1}{\sqrt{2}}(a_s + a_i), \tag{8.4.12a}$$

$$a_o = \frac{1}{i\sqrt{2}}(a_s - a_i), \tag{8.4.12b}$$

a_e 称为偶模(even mode), a_o 称为奇模(odd mode),名称的来由将在后面解释.显然上述变换属于坐标旋转,它是幺正变换,变换后的模式满足 $[a_e, a_e^\dagger] = [a_o, a_o^\dagger] = 1$ 和 $[a_e, a_o^\dagger] = [a_e, a_o] = 0$. 逆变换为

$$a_s = \frac{1}{\sqrt{2}}(a_e + ia_o), \tag{8.4.13a}$$

$$a_i = \frac{1}{\sqrt{2}}(a_e - ia_o). \tag{8.4.13b}$$

现在来考虑偶模和奇模的挤压效应.由(8.4.12)式可得到下列关系

$$\begin{aligned}\langle \Delta^2 a_e \rangle &= \langle a_e^2 \rangle - \langle a_e \rangle^2 \\ &= \frac{1}{2}[\langle \Delta^2 a_s \rangle + \langle \Delta^2 a_i \rangle + 2(\langle a_s a_i \rangle - \langle a_s \rangle \langle a_i \rangle)] \\ &= \langle a_s a_i \rangle - \langle a_s \rangle \langle a_i \rangle,\end{aligned} \tag{8.4.14}$$

$$\begin{aligned}\langle a_e^\dagger a_e \rangle - \langle a_e^\dagger \rangle \langle a_e \rangle = &\frac{1}{2}(\langle a_s^\dagger a_s \rangle - \langle a_s^\dagger \rangle \langle a_s \rangle) + \\ &\frac{1}{2}(\langle a_i^\dagger a_i \rangle - \langle a_i^\dagger \rangle \langle a_i \rangle).\end{aligned} \tag{8.4.15}$$

对双模挤压相干态有

$$\begin{aligned}{}_c\langle \zeta, \alpha_s, \alpha_i | a_s a_i | \zeta, \alpha_s, \alpha_i \rangle_c &= {}_c\langle \zeta, \alpha_s, \alpha_i | (b_s \cosh r - b_i^\dagger e^{i\varphi} \sinh r) \cdot \\ &\quad (b_i \cosh r - b_s^\dagger e^{i\varphi} \sinh r) | \zeta, \alpha_s, \alpha_i \rangle_c \\ &= \alpha_s \alpha_i \cosh^2 r + \alpha_i^* \alpha_s^* e^{2i\varphi} \sinh^2 r - \\ &\quad (|\alpha_s|^2 + |\alpha_i|^2 + 1) e^{i\varphi} \cosh r \sinh r \\ &= \bar{\alpha}_s \bar{\alpha}_i - e^{i\varphi} \cosh r \sinh r,\end{aligned} \tag{8.4.16}$$

从而有

$$\langle \Delta^2 a_e \rangle = \langle a_s a_i \rangle - \langle a_s \rangle \langle a_i \rangle = - e^{i\varphi} \cosh r \sinh r. \tag{8.4.17}$$

上式表明处在双模挤压相干态 $\left|\zeta,\alpha_s,\alpha_i\right\rangle_c$ 时两个场模存在量子关联，而在挤压算符作用前的双模相干态 $\left|\alpha_s,\alpha_i\right\rangle$ 并不存在关联.

由(8.4.8)式和(8.4.10)式，对双模挤压相干态有

$$\left\langle a_e^\dagger a_e\right\rangle-\left\langle a_e^\dagger\right\rangle\left\langle a_e\right\rangle=\sinh^2 r. \tag{8.4.18}$$

由此可计算偶模在任意幅角 θ 的正交分量的方差

$$\begin{aligned}
&{}_c\left\langle\zeta,\alpha_s,\alpha_i\right|\Delta^2 x_e(\theta)\left|\zeta,\alpha_s,\alpha_i\right\rangle_c\\
&=\frac{1}{4}\left[\left\langle\Delta^2 a_e\right\rangle e^{-2i\theta}+\left\langle\Delta^2 a_e^\dagger\right\rangle e^{2i\theta}+2\left(\left\langle a_e^\dagger a_e\right\rangle-\left\langle a_e^\dagger\right\rangle\left\langle a_e\right\rangle\right)+1\right]\\
&=\frac{1}{4}\left[-\left(e^{i(\varphi-2\theta)}+e^{-i(\varphi-2\theta)}\right)\cosh r\sinh r+2\sinh^2 r+1\right]\\
&=\frac{1}{4}\left[\cosh^2 r+\sinh^2 r-2\cosh r\sinh r\cos\left(2\theta-\varphi\right)\right].
\end{aligned} \tag{8.4.19}$$

如同(2.10.9)式，偶模有与双光子相干态完全相同的挤压效应.上述计算过程应用于奇模得到相同的挤压效应

$$\begin{aligned}
&{}_c\left\langle\zeta,\alpha_s,\alpha_i\right|\Delta^2 x_o(\theta)\left|\zeta,\alpha_s,\alpha_i\right\rangle_c\\
&=\frac{1}{4}\left[\cosh^2 r+\sinh^2 r-2\cosh r\sinh r\cos\left(2\theta-\varphi\right)\right].
\end{aligned} \tag{8.4.20}$$

我们看到在多模情况下，双模挤压操作并没有使每个场模获得挤压效应，而是形成模式之间的量子关联.量子涨落的减弱发生在两个模式的耦合中，当信号模被测量到某确定值时，闲置模取对应值的涨落将减小.这种量子关联又称为 EPR 关联(参见 6.2 节).

上述结果有一个十分简单的解释，由(8.4.13)式

$$a_s a_i=\frac{1}{2}\left(a_e^2+a_o^2\right), \tag{8.4.21}$$

双模挤压算符可以因子分解为两个单模(偶模和奇模)挤压算符之积

$$S_t(\zeta)=e^{\zeta^* a_s a_i-\zeta a_s^\dagger a_i^\dagger}=e^{\frac{1}{2}\left[\zeta^* a_e^2+\zeta\left(a_e^\dagger\right)^2\right]}e^{\frac{1}{2}\left[\zeta^* a_o^2+\zeta\left(a_o^\dagger\right)^2\right]}, \tag{8.4.22}$$

在推导中用到了偶模和奇模算符可以对易.由此可见在双模挤压算符作用下，偶模和奇模可以独立地执行相同的挤压作用.对两个赝场模算符 b_s 和 b_i 作类似的组合，并利用(8.4.3)式可得到

$$b_e=\frac{1}{\sqrt{2}}\left(b_s+b_i\right)=a_e\cosh r+a_e^\dagger e^{i\varphi}\sinh r, \tag{8.4.23a}$$

$$b_o=\frac{1}{i\sqrt{2}}\left(b_s-b_i\right)=a_o\cosh r+a_o^\dagger e^{i\varphi}\sinh r, \tag{8.4.23b}$$

在双模挤压算符的变换下,偶模和奇模独立地遵从相同的线性变换.

3. 标准双模挤压态

在多模式情况,同样有两种方式产生挤压态:先挤压真空态后平移与先平移真空态后挤压.参照单模平移算符(2.4.2)式,双模平移算符定义为

$$D(\alpha_s,\alpha_i)=D(\alpha_s)D(\alpha_i)=e^{\alpha_s a_s^\dagger-\alpha_s^* a_s}e^{\alpha_i a_i^\dagger-\alpha_i^* a_i}. \tag{8.4.24}$$

标准双模挤压态(standard two-mode squeezed state)定义为[注]

$$\left|\alpha_s,\alpha_i,\zeta\right\rangle_S\equiv D(\alpha_s,\alpha_i)S_t(\zeta)\left|0,0\right\rangle=D(\alpha_s,\alpha_i)\left|\zeta,0,0\right\rangle. \tag{8.4.25}$$

下面求两种挤压态的对应关系.对双模平移算符作幺正变换

$$\begin{aligned}
S_t(\zeta)D(\alpha_s,\alpha_i)S_t^\dagger(\zeta)&=S_t(\zeta)e^{\alpha_s a_s^\dagger-\alpha_s^* a_s}e^{\alpha_i a_i^\dagger-\alpha_i^* a_i}S_t^\dagger(\zeta)=e^{\alpha_s b_s^\dagger-\alpha_s^* b_s}e^{\alpha_i b_i^\dagger-\alpha_i^* b_i}\\
&=e^{\alpha_s[\cosh r a_s^\dagger+\sinh r\exp(-i\varphi)a_i]-\alpha_s^*[\cosh r a_s+\sinh r\exp(i\varphi)a_i^\dagger]}e^{\alpha_i[\cosh r a_i^\dagger+\sinh r\exp(-i\varphi)a_s]-\alpha_i^*[\cosh r a_i+\sinh r\exp(i\varphi)a_s^\dagger]}\\
&=e^{\bar{\alpha}_s a_s^\dagger-\bar{\alpha}_s^* a_s}e^{\bar{\alpha}_i a_i^\dagger-\bar{\alpha}_i^* a_i}=D(\bar{\alpha}_s,\bar{\alpha}_i),
\end{aligned} \tag{8.4.26}$$

其中 $\bar{\alpha}_s$ 和 $\bar{\alpha}_i$ 已由(8.4.8)式定义.由此可得双模挤压相干态与标准双模挤压态的关系

$$S_t(\zeta)D(\alpha_s,\alpha_i)=D(\bar{\alpha}_s,\bar{\alpha}_i)S_t(\zeta), \tag{8.4.27}$$

$$\left|\zeta,\alpha_s,\alpha_i\right\rangle_c=\left|\bar{\alpha}_s,\bar{\alpha}_i,\zeta\right\rangle_s. \tag{8.4.28}$$

在(8.4.27)式右边分别用 α_s 和 α_i 替换 $\bar{\alpha}_s$ 和 $\bar{\alpha}_i$,左边分别用 $\tilde{\alpha}_s$ 和 $\tilde{\alpha}_i$ 替换 α_s 和 α_i 后得到

$$S_t(\zeta)D(\tilde{\alpha}_s,\tilde{\alpha}_i)=D(\alpha_s,\alpha_i)S_t(\zeta), \tag{8.4.29}$$

$$\left|\zeta,\tilde{\alpha}_s,\tilde{\alpha}_i\right\rangle_c=\left|\alpha_s,\alpha_i,\zeta\right\rangle_s. \tag{8.4.30}$$

上述替换使(8.4.8)式成为

$$\alpha_s=\tilde{\alpha}_s\cosh r-\tilde{\alpha}_i^* e^{i\varphi}\sinh r, \tag{8.4.31a}$$

$$\alpha_i=\tilde{\alpha}_i\cosh r-\tilde{\alpha}_s^* e^{i\varphi}\sinh r. \tag{8.4.31b}$$

可以解出

$$\tilde{\alpha}_s=\alpha_s\cosh r+\alpha_i^* e^{i\varphi}\sinh r, \tag{8.4.32a}$$

$$\tilde{\alpha}_i=\alpha_i\cosh r+\alpha_s^* e^{i\varphi}\sinh r. \tag{8.4.32b}$$

利用这些关系我们可以求出在标准双模挤压态时各场模算符的期望值

[注] 与单模情况类似,双模挤压态的两种形式没有统一的命名和记号,这里沿用2.10节单模挤压态的表达方式.

$$
\begin{aligned}
{}_{\rm s}\langle \alpha_{\rm s},\alpha_{\rm i},\zeta | a_{\rm s} | \alpha_{\rm s},\alpha_{\rm i},\zeta \rangle_{\rm s} &= {}_{\rm c}\langle \zeta,\tilde{\alpha}_{\rm s},\tilde{\alpha}_{\rm i} | b_{\rm s}\cosh r - b_{\rm i}^{\dagger}{\rm e}^{{\rm i}\varphi}\sinh r | \zeta,\tilde{\alpha}_{\rm s},\tilde{\alpha}_{\rm i} \rangle_{\rm c} \\
&= \tilde{\alpha}_{\rm s}\cosh r - \tilde{\alpha}_{\rm i}^{*}{\rm e}^{{\rm i}\varphi}\sinh r \equiv \alpha_{\rm s},
\end{aligned} \tag{8.4.33}
$$

$$
\begin{aligned}
{}_{\rm s}\langle \alpha_{\rm s},\alpha_{\rm i},\zeta | a_{\rm s}^{\dagger}a_{\rm s} | \alpha_{\rm s},\alpha_{\rm i},\zeta \rangle_{\rm s} &= {}_{\rm c}\langle \zeta,\tilde{\alpha}_{\rm s},\tilde{\alpha}_{\rm i} | (b_{\rm s}^{\dagger}\cosh r - b_{\rm i}{\rm e}^{-{\rm i}\varphi}\sinh r)\cdot \\
&\quad (b_{\rm s}\cosh r - b_{\rm i}^{\dagger}{\rm e}^{{\rm i}\varphi}\sinh r) | \zeta,\tilde{\alpha}_{\rm s},\tilde{\alpha}_{\rm i} \rangle_{\rm c} \\
&= |\tilde{\alpha}_{\rm s}|^{2}\cosh^{2}r + |\tilde{\alpha}_{\rm i}|^{2}\sinh^{2}r + \sinh^{2}r - \\
&\quad (\tilde{\alpha}_{\rm s}\tilde{\alpha}_{\rm i}{\rm e}^{-{\rm i}\varphi} + \tilde{\alpha}_{\rm s}^{*}\tilde{\alpha}_{\rm i}^{*}{\rm e}^{{\rm i}\varphi})\cosh r\sinh r \\
&= |\alpha_{\rm s}|^{2} + \sinh^{2}r.
\end{aligned} \tag{8.4.34}
$$

同理可证

$$
{}_{\rm s}\langle \alpha_{\rm s},\alpha_{\rm i},\zeta | a_{\rm i} | \alpha_{\rm s},\alpha_{\rm i},\zeta \rangle_{\rm s} = \alpha_{\rm i}, \tag{8.4.35}
$$

$$
{}_{\rm s}\langle \alpha_{\rm s},\alpha_{\rm i},\zeta | a_{\rm i}^{\dagger}a_{\rm i} | \alpha_{\rm s},\alpha_{\rm i},\zeta \rangle_{\rm s} = |\alpha_{\rm i}|^{2} + \sinh^{2}r. \tag{8.4.36}
$$

4. 非简并光学相敏线性放大器

在上节中我们看到简并相敏放大器与双光子挤压效应的联系.同样,非简并相敏放大器与双模挤压效应密切相关.要实现这些效应,前者采用简并光学参量下转换过程,后者采用非简并光学参量下转换过程,它们的哈密顿量已分别由(4.7.13)式和(4.7.12)式表示.在非简并参量下转换哈密顿量(4.7.12)式中的相互作用部分为

$$
H = \frac{1}{2}{\rm i}\hbar g(a_{\rm s}^{\dagger}a_{\rm i}^{\dagger}{\rm e}^{-{\rm i}\omega_{\rm p}t} - a_{\rm s}a_{\rm i}{\rm e}^{{\rm i}\omega_{\rm p}t}), \tag{8.4.37}
$$

其中泵浦场是频率为 $\omega_{\rm p}$ 的经典场,$a_{\rm s}$ 和 $a_{\rm i}$ 是下转换产生的信号模和闲置模湮没算符.

在6.2节中我们提到在自发参量下转换过程中,一个泵浦光子转换为一对纠缠的信号和闲置光子,泵浦光子(p)与信号光子(s)和闲置光子(i)要满足动量守恒和能量守恒(6.2.9)式.在光学参量下转换的波矢关系的图8.4-1中,设波矢 $\boldsymbol{k}=(\boldsymbol{p},k_z)$,$\boldsymbol{p}$ 为横向波矢,k_z 为纵向波矢,则信号模和闲置模的横向波矢和频率满足

$$
\boldsymbol{p}_{\rm s} = -\boldsymbol{p}_{\rm i} = \boldsymbol{p}, \quad \omega_{\rm s} = \frac{1}{2}\omega_{\rm p} + \Omega, \quad \omega_{\rm i} = \frac{1}{2}\omega_{\rm p} - \Omega. \tag{8.4.38}
$$

根据这些关系,将信号模记为 $a_{\rm s}\to a(\boldsymbol{p},\Omega)$,闲置模为 $a_{\rm i}\to a(-\boldsymbol{p},-\Omega)$,非简并光学相敏放大器的表示可写为

$$
b(\boldsymbol{p},\Omega) = \mu(\boldsymbol{p},\Omega)a(\boldsymbol{p},\Omega) + \nu(\boldsymbol{p},\Omega)a^{\dagger}(-\boldsymbol{p},-\Omega). \tag{8.4.39a}
$$

$$
b(-\boldsymbol{p},-\Omega) = \mu(-\boldsymbol{p},-\Omega)a(-\boldsymbol{p},-\Omega) + \nu(-\boldsymbol{p},-\Omega)a^{\dagger}(\boldsymbol{p},\Omega). \tag{8.4.39b}
$$

由变换的幺正性可以得到

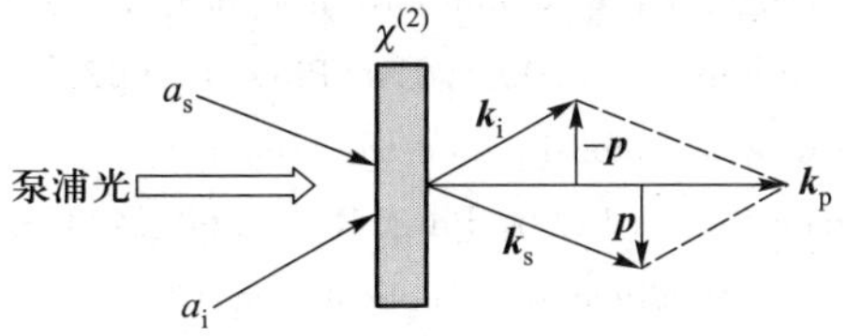

图 8.4-1 非简并光学参量下转换过程泵浦光与信号光和闲置光的波矢关系示意图

$$\left|\mu(\boldsymbol{p},\Omega)\right|^2-\left|\nu(\boldsymbol{p},\Omega)\right|^2=1, \tag{8.4.40a}$$

$$\left|\mu(-\boldsymbol{p},-\Omega)\right|^2-\left|\nu(-\boldsymbol{p},-\Omega)\right|^2=1, \tag{8.4.40b}$$

$$\mu(\boldsymbol{p},\Omega)\nu(-\boldsymbol{p},-\Omega)=\mu(-\boldsymbol{p},-\Omega)\nu(\boldsymbol{p},\Omega), \tag{8.4.40c}$$

后一关系是由于放大后的信号模 $b(\boldsymbol{p},\Omega)$ 与闲置模 $b(-\boldsymbol{p},-\Omega)$ 对易.与简并相敏放大器类似,(8.4.39)式与(8.4.3)式相差一相位因子.

信号模和闲置模的特殊空间波矢关系在运用(8.4.12)式构成偶模和奇模时,成为名副其实的满足偶和奇对称的空间模(Petsas,2003).关于非简并相敏线性放大器中的空间挤压效应和量子噪声问题最早由 Kolobov 和 Sokolov 提出(Kolobov,1989),有关无噪声放大的研究可参考文献(Kolobov,1995;Sokolov,1999;Cao,2002;Wang,2003).

练　习

1. 试证明 $[b_s,b_s^\dagger]=[b_i,b_i^\dagger]=1$ 和 $[b_s,b_i^\dagger]=[b_s,b_i]=0$.

2. 利用算符展开定理(2.3.5)式推导(8.4.3)式.

3. 试推导(8.4.10)式.

4. 证明 $[a_e,a_e^\dagger]=[a_o,a_o^\dagger]=1$ 和 $[a_e,a_o^\dagger]=[a_e,a_o]=0$.

5. 试推导(8.4.20)式.

6. 试推导(8.4.35)式和(8.4.36)式.

7. 试推导(8.4.40)式.

参考文献

Cao D. Z., Gong Y. F., Zhang L., and Wang K. G. (2002). Proceeding of SPIE **4929**, 190—197. "Optical image amplification in phase-sensitive parametric amplifier"

Caves C. M. (1982). Phys. Rev. D **26**, 1817. "Quantum limits on noise in linear amplifier"

Clarke J. (1980). IEEE Trans. Electron Device **ED-27**, 1896.

Friis H. T. (1944). Proc. IRE **32**, 419.

Kolobov M. I. and Lugiato L. A. (1995). Phys. Rev. A **52**, 4930—4940. "Noiseless amplification of optical images"

Kolobov M. I. and Sokolov I. V. (1989). Zh. Eksp. Teor. Fiz. **96**, 1945—1957.

"Spatial behavior of squzeed states of light and quantum noise in optical images"
Petsas K. I., Gatti A., Lugiato L. A., and Fabre C. (2003). Eur. Phys. J. D **22**, 501—512.
"Multimode squeezed states produced by a confocal parametric oscillator"
Sokolov I. V., Kolobov M. I., and Lugiato L. A. (1999). Phys. Rev. A **60**, 2420—2430.
"Quantum fluctuations in traveling-wave amplification of optical images"
Takahasi H. (1965). Adv.Commun. Syst. **1**, 227.
Wang K. G., Yang G. J., Gatti A., and Lugiato L. A. (2003). J Opt. B: Quantum Semiclass. Opt. **5**, S535—S544.
"Controlling the signal-to-noise ratio in optical parametric image amplification"
Wootters W. K. and Zurek W. H. (1982). Nature **299**, 802. "A single quantum cannot be cloned"

第九章　光学系统中的量子非破坏测量

量子测量将导致对被测量子系统波函数的严重干扰和破坏,长期以来量子测量问题与量子理论的研究以及对量子力学的各种理解和争论密切相关.本章介绍光量子信号的基本测量方法,和实现对某些光信号的量子非破坏测量(quantum non-demolition measurement).

9.1　量子测量的基本概念和光信号的测量方法

1. 量子测量中的直接测量和间接测量

量子测量可区分为直接测量(direct measurement)和间接测量(indirect measurement)最早由冯·诺依曼提出(von Neumann,1932).设量子系统为S,处在量子态 $|\psi_{\mathrm{S}}\rangle$,可观察量为$A$.直接测量将湮没或改变它的量子态.通常测量装置是一个经典的宏观系统,测量使量子波函数被宏观系统稀释和损耗.例如在光学系统中,测量装置是光电倍增管,探测材料是由大量的原子分子组成的宏观介质.在测量相互作用中光子被吸收并激发出电脉冲,其过程是从量子水平转换到人类可感知的宏观水平.

间接测量安排另一个量子系统M处在量子态 $|\psi_{\mathrm{M}}\rangle$,它与S发生相互作用,M系统的可观察量为$B$.间接测量的第一步是建立耦合系统的态

$$|\psi_{\mathrm{S}}\rangle \otimes |\psi_{\mathrm{M}}\rangle \rightarrow |\psi_{\mathrm{S+M}}\rangle. \tag{9.1.1}$$

测量的第二步是将S和M分离,然后对M中的B执行直接测量.显然测量不会使S系统的波函数发生塌缩,由对M测量获得的信息来推断S系统的信息.直接测量和间接测量方法如示意图9.1-1.量子非破坏测量采用了间接测量方法(Poizat,1994).

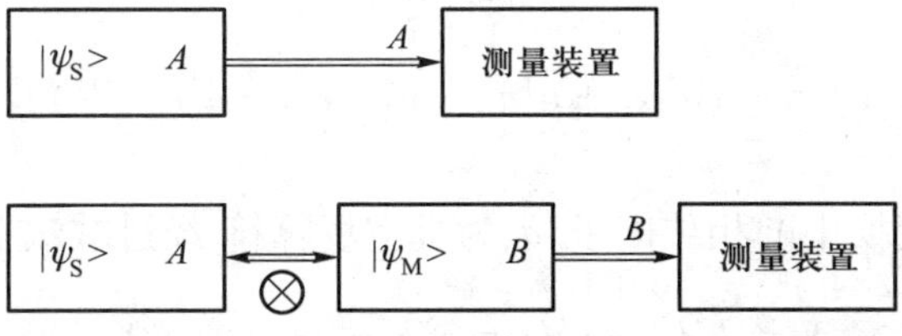

图9.1-1　直接测量(上图)和间接测量(下图)示意图

2. 平衡探测法

对光信号的直接测量法是用光子探测器测量信号中的光子数或光强.实际上任何精巧设计的测量方案最终要通过对光子的直接测量完成.对光子数的测量可以获得光场涨落的有关信息，但不能区分所观察的涨落是来自于经典涨落还是量子涨落,平衡探测法(balanced detection)可以测量光场的纯量子涨落.

平衡探测法由一个50/50平衡分束器(即透射率和反射率相等)和两个光电探测器组成,如图9.1-2所示.设 a_1 是待测的信号光束,入射到平衡分束器的一个输入端,分束器的另一端没有光入射.信号光通过平衡分束器后被分为强度相等的两束光,分别被两个光电探测器测量,然后对测量结果作减法.由于信号光中的经典涨落被分束后仍保持完全的关联,即经典涨落完全同步地调制,在减法器被完全消去.而信号光中的量子涨落被分束后不能保持关联,在通过减法器后被保留下来.由此我们可以测量出原信号光中的量子涨落.

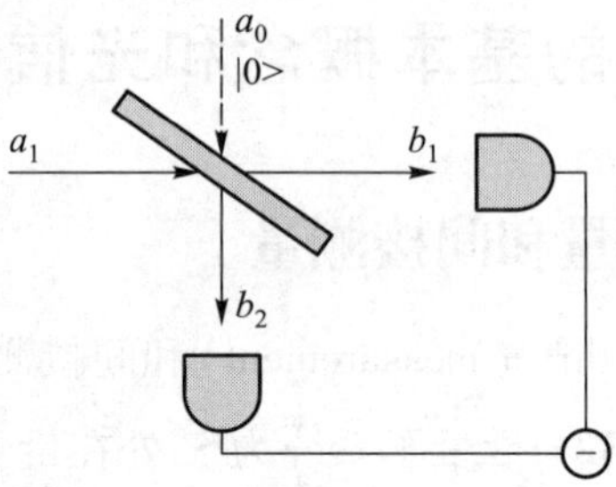

图9.1-2 平衡探测法示意图.a_1 是待测信号光,平衡分束器的另一输入端没有光入射,为真空态 $|0\rangle$.b_1 和 b_2 为输出场算符

为什么平衡分束器不能“平衡地”分配量子涨落呢？当一个光量子通过分束器时,它不可能一分为二.同样,稀疏的散粒光子也不可能完全相等地分配.只有当光子数量足够多时,相等分配的概率大大提高.因此经典涨落可以在减法器中被消去.

平衡探测法的物理效应可以用分束器的理论来证明.在(3.4.21)式和(3.4.22)式中令 $\cos^2\theta = \sin^2\theta = 1/2$,得到两个输出端的粒子数算符为

$$b_1^\dagger b_1 = \frac{1}{2}(a_1^\dagger a_1 + a_0^\dagger a_0 + a_1^\dagger a_0 \mathrm{e}^{\mathrm{i}\varphi} + a_0^\dagger a_1 \mathrm{e}^{-\mathrm{i}\varphi}), \tag{9.1.2}$$

$$b_2^\dagger b_2 = \frac{1}{2}(a_1^\dagger a_1 + a_0^\dagger a_0 - a_1^\dagger a_0 \mathrm{e}^{\mathrm{i}\varphi} - a_0^\dagger a_1 \mathrm{e}^{-\mathrm{i}\varphi}), \tag{9.1.3}$$

其中 $\varphi=\phi_\rho-\phi_\tau$ 为分束器变换中的相位因子,a_0 为真空场算符.经过减法器后的光子数差为

$$N \equiv b_1^\dagger b_1 - b_2^\dagger b_2 = a_1^\dagger a_0 \mathrm{e}^{\mathrm{i}\varphi} + a_0^\dagger a_1 \mathrm{e}^{-\mathrm{i}\varphi}. \tag{9.1.4}$$

利用真空场关系(3.4.23)式,容易证明

$$\langle N \rangle = 0, \quad \langle N^2 \rangle = \langle a_1^\dagger a_1 \rangle, \quad \langle \Delta^2 N \rangle \equiv \langle N^2 \rangle - \langle N \rangle^2 = \langle a_1^\dagger a_1 \rangle. \tag{9.1.5}$$

上式表示分束器两输出光束平均保持平衡,但存在涨落,涨落大小正比于输入信号光的平均光子数.平衡探测法可用于测量相干态和有经典对应的任意实际光场的量子涨落.实际的光场通常是相位随机的混合态,有经典对应的光场的P表示是正定的函数,可能存在经典涨落.我们在2.9节中已经表明,这样的光场的粒子数涨落可分为经典涨落和量子涨落两部分,其量子涨落的大小就等于平均光子数.

3. 零拍探测法

我们在2.10节和8.4节中讨论了光场挤压态和挤压效应,实验上观察挤压效应需要测量光场正交分量及其涨落,可用零拍探测法(homodyne detection)来解决.

零拍探测法如图9.1-3所示,其主要光学器件是右下角的分束器BS.设待测信号光场用a_1表示,入射到分束器的一端.在分束器的另一端,入射另一与信号光频率相同处于相干态$|\alpha\rangle$的强光场,称为本地振荡光场(本振场),用a_L表示,满足$a_L|\alpha\rangle = \alpha|\alpha\rangle$.由于两束光属于不同的场模,它们的场算符$a_1$和$a_L$可以对易.相同的频率的两束光在通过分束器叠加后不会产生拍频,因此称为零拍测量.在(3.4.21)式中用a_L替代a_0,分束器一个输出端光子数的期望值

$$\langle b_1^\dagger b_1 \rangle = \langle a_1^\dagger a_1 \rangle \cos^2\theta + |\alpha|^2 \sin^2\theta + 2|\alpha|\cos\theta\sin\theta \langle x(\varphi+\psi) \rangle, \tag{9.1.6}$$

其中$\alpha = |\alpha|\exp(\mathrm{i}\psi)$,$\varphi$在上面已定义.待测信号场正交分量由(2.2.15)式定义,

$$x(\varphi+\psi) = (1/2)\{a_1\exp[-\mathrm{i}(\varphi+\psi)] + a_1^\dagger\exp[\mathrm{i}(\varphi+\psi)]\}. \tag{9.1.7}$$

在上面的定义中,本振场相干态的相位ψ相对于信号场a_1必须固定不变.为此在实际应用中,信号场和本振场通常来自于同一光源,如图9.1-3所示.

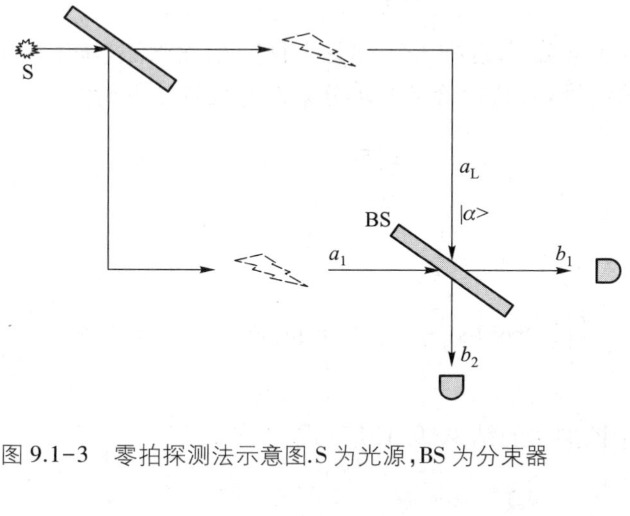

图9.1-3 零拍探测法示意图.S为光源,BS为分束器

当本振场足够强时,(9.1.6)式中的第一项可以忽略.此外通过改变本征场的相位 ψ,(9.1.6)式中的前二项可以被减去

$$\langle b_1^\dagger b_1 \rangle_{\psi_1} - \langle b_1^\dagger b_1 \rangle_{\psi_2} = 2|\alpha|\cos\theta\sin\theta[\langle x(\phi+\psi_1)\rangle - \langle x(\phi+\psi_2)\rangle]. \tag{9.1.8}$$

由此测量分束器输出场光强可以反映出输入信号场正交分量的变化.

输出场的光子数涨落为

$$\begin{aligned}\langle \Delta^2 n_1 \rangle \equiv{}& \langle b_1^\dagger b_1 b_1^\dagger b_1 \rangle - \langle b_1^\dagger b_1 \rangle^2 \\ ={}& [\langle a_1^\dagger a_1 a_1^\dagger a_1 \rangle - \langle a_1^\dagger a_1 \rangle^2]\cos^4\theta + |\alpha|^2\sin^4\theta + \\ & [(\langle (a_1^\dagger)^2 \rangle - \langle a_1^\dagger \rangle^2)\alpha^2 e^{2i\varphi} + \text{c.c.}]\cos^2\theta\sin^2\theta + \\ & \left[\left(\langle a_1^\dagger a_1 a_1^\dagger \rangle + \langle a_1^\dagger a_1^\dagger a_1 \rangle - 2\langle a_1^\dagger a_1 \rangle\langle a_1^\dagger \rangle\right)\alpha e^{i\varphi} + \text{c.c.}\right]\cos^3\theta\sin\theta + \\ & [\langle a_1^\dagger \rangle \alpha e^{i\varphi} + \text{c.c.}]\cos\theta\sin^3\theta + \\ & [(2\langle a_1^\dagger a_1 \rangle + 1 - 2\langle a_1^\dagger \rangle\langle a_1 \rangle)|\alpha|^2 + \langle a_1^\dagger a_1 \rangle]\cos^2\theta\sin^2\theta.\end{aligned} \tag{9.1.9}$$

由于本征场强度远大于信号场,在上式中忽略 α 的零次和一次项后得到

$$\langle \Delta^2 n_1 \rangle \approx |\alpha|^2\sin^2\theta[\sin^2\theta + 4\cos^2\theta\langle \Delta^2 x(\varphi+\psi)\rangle]. \tag{9.1.10}$$

当分束器的透射率接近1时($\theta\to 0$),分束器输出场的光子数涨落正比于信号场正交分量的涨落

$$\langle \Delta^2 n_1 \rangle \propto \langle \Delta x^2(\varphi+\psi) \rangle. \tag{9.1.11}$$

如果 BS 采用一个 50/50 分束器,两个输出端的光子数差为

$$\begin{aligned}\langle b_1^\dagger b_1 - b_2^\dagger b_2 \rangle &= |\alpha|\langle a_1\exp[-i(\varphi+\psi)] + a_1^\dagger\exp[i(\varphi+\psi)]\rangle \\ &= 2|\alpha|\langle x(\varphi+\psi)\rangle,\end{aligned} \tag{9.1.12}$$

它直接反映了信号场的正交分量.这种方法称为平衡零拍探测法(balanced homodyne detection),适用于测量十分微弱的信号场,其代价是要求分束器有很好的平衡性.

练　　习

1. 试推导(9.1.6)式.

2. 试推导(9.1.9)式.

3. 证明 $\langle \Delta^2 x(\theta) \rangle = \frac{1}{4}\{[(\langle (a^\dagger)^2 \rangle - \langle a^\dagger \rangle^2)\exp(2i\theta) + \text{c.c.}] + 2\langle a^\dagger a \rangle - 2\langle a^\dagger \rangle\langle a \rangle + 1\}$,并推导(9.1.10)式.

4. 试推导平衡零拍探测法的结果(9.1.12)式.

9.2 量子光场的相位算符

上节介绍了光场正交分量的测量方法.在光场的量子描述中,一对正交分量是不可对易的共轭量.在电磁场的经典描述中,电场的振幅和相位是一对确定的可观察量.在电磁场的量子描述中,是否也存在这样一对可观察量呢,尤其是量子相位可观察量?然而遗憾的是在理论上遇到相当的困难.

1. 狄拉克的相位算符

在量子力学建立的初期,狄拉克的研究最早涉及力学量的相位问题(Dirac,1927).仿照经典力学中的相位,狄拉克构建相位算符(phase operator)为

$$a=\sqrt{aa^{\dagger}}\,e^{i\phi}=\sqrt{n+1}\,e^{i\phi}, \tag{9.2.1}$$

相位算符定义为

$$e^{i\phi}\equiv(n+1)^{-(1/2)}a, \tag{9.2.2}$$

其中 $n=a^{\dagger}a$ 是粒子数算符.上式的共轭表示为

$$(e^{i\phi})^{\dagger}=a^{\dagger}(n+1)^{-(1/2)}. \tag{9.2.3}$$

容易看出

$$e^{i\phi}(e^{i\phi})^{\dagger}=(n+1)^{-(1/2)}aa^{\dagger}(n+1)^{-(1/2)}=I, \tag{9.2.4}$$

$$(e^{i\phi})^{\dagger}e^{i\phi}=a^{\dagger}(n+1)^{-(1/2)}(n+1)^{-(1/2)}a=a^{\dagger}(n+1)^{-1}a\neq I, \tag{9.2.5}$$

其中 I 为单位算符.上式表明 $e^{i\phi}$ 不是幺正算符,即

$$(e^{i\phi})^{\dagger}\neq(e^{i\phi})^{-1}=e^{-i\phi}. \tag{9.2.6}$$

由指数函数的定义不难证明 $e^{i\phi}$ 是幺正算符的充要条件是 ϕ 为厄米算符,因此狄拉克定义的相位算符不是可观察量.

相位算符在粒子数态集合中的表示为

$$\begin{aligned}
e^{i\phi}&=\sum_{n,m}|n\rangle\langle n|(n+1)^{-(1/2)}a|m\rangle\langle m|\\
&=\sum_{n,m}\sqrt{m}\,|n\rangle\langle n|(n+1)^{-(1/2)}|m-1\rangle\langle m|\\
&=\sum_{n,m}\sqrt{m}\,m^{-(1/2)}|n\rangle\langle n|m-1\rangle\langle m|\\
&=\sum_{n,m}\delta_{n,m-1}|n\rangle\langle m|=\sum_{n}|n\rangle\langle n+1|.
\end{aligned} \tag{9.2.7}$$

利用此表示我们可以验证(9.2.4)式和(9.2.5)式:

$$e^{i\phi}(e^{i\phi})^{\dagger}=\sum_{n,m}|n\rangle\langle n+1|m+1\rangle\langle m|=\sum_{n}|n\rangle\langle n|=I, \tag{9.2.8}$$

$$\begin{aligned}(e^{i\phi})^{\dagger}e^{i\phi}&=\sum_{n,m}|n+1\rangle\langle n|m\rangle\langle m+1|\\&=\sum_{n}|n+1\rangle\langle n+1|=I-|0\rangle\langle 0|.\end{aligned} \tag{9.2.9}$$

由此得到

$$[e^{i\phi},(e^{i\phi})^{\dagger}]=|0\rangle\langle 0|. \tag{9.2.10}$$

相位算符的本征态为

$$|e^{i\phi}\rangle=\sum_{n}e^{in\phi}|n\rangle,\quad -\pi\leqslant\phi\leqslant\pi, \tag{9.2.11}$$

本征值为 $e^{i\phi}$.与相干态类似,作为非厄米算符的本征态,相位本征态之间不正交.相位本征态的完备性关系为

$$\frac{1}{2\pi}\int_{-\pi}^{\pi}d\phi\,|e^{i\phi}\rangle\langle e^{i\phi}|=1. \tag{9.2.12}$$

目前并不清楚非厄米的相位算符是否能同物理上的可观测量对应.

2. Louisell 和 Susskind-Glogower 的相位算符

为了解决相位算符的非厄米性问题,Louisell 和 Susskind-Glogower 改进了狄拉克的定义(Louisell,1963; Susskind,1964).他们用狄拉克的指数相位算符定义三角相位算符:

$$C\equiv\frac{1}{2}[e^{i\phi}+(e^{i\phi})^{\dagger}], \tag{9.2.13}$$

$$S\equiv\frac{1}{2i}[e^{i\phi}-(e^{i\phi})^{\dagger}], \tag{9.2.14}$$

$$e^{i\phi}=C+iS, \tag{9.2.15}$$

$$(e^{i\phi})^{\dagger}=C-iS. \tag{9.2.16}$$

尽管 $e^{i\phi}$ 和 ϕ 不是厄米算符,容易看出 C 和 S 是厄米算符.利用(9.2.2)式和(9.2.3)式

$$a=(n+1)^{1/2}(C+iS), \tag{9.2.17}$$

$$a^{\dagger}=(C-iS)(n+1)^{1/2}. \tag{9.2.18}$$

由 $[a,n]=a$,即 $[(n+1)^{1/2}(C+iS),n]=(n+1)^{1/2}(C+iS)$,得到

$$[C+iS,n]=C+iS. \tag{9.2.19}$$

同理由 $[a^{\dagger},n]=-a^{\dagger}$ 得到

$$[C-\mathrm{i}S,n]=-(C-\mathrm{i}S). \tag{9.2.20}$$

上面两式可解得对易关系

$$[C,n]=\mathrm{i}S, \tag{9.2.21}$$

$$[S,n]=-\mathrm{i}C. \tag{9.2.22}$$

因此粒子数和相位的不确定关系为

$$\langle\Delta^2 n\rangle\langle\Delta^2 C\rangle\geqslant\frac{1}{4}\left|\langle S\rangle\right|^2, \tag{9.2.23}$$

$$\langle\Delta^2 n\rangle\langle\Delta^2 S\rangle\geqslant\frac{1}{4}\left|\langle C\rangle\right|^2. \tag{9.2.24}$$

由于狄拉克相位算符的非厄米性,无法给出粒子数和相位的不确定关系.三角相位算符改进了此缺陷.

尽管如此,三角相位算符仍然存在某些困难.利用定义(9.2.13)式和(9.2.14)式计算对易关系发现

$$[C,S]=\frac{\mathrm{i}}{2}[\mathrm{e}^{\mathrm{i}\phi},(\mathrm{e}^{\mathrm{i}\phi})^{\dagger}]=\frac{\mathrm{i}}{2}\left|0\right\rangle\left\langle0\right|. \tag{9.2.25}$$

尽管 C 和 S 都是厄米算符,但它们之间不对易,两个三角相位算符不能同时被确定.这表明它们并不来自于同一相位角的余弦和正弦表示,我们无法由 C 和 S 的反三角函数得到相同的相位.实际上由定义(9.2.13)式和(9.2.14)式可以看出,C 和 S 都依赖于 ϕ 和 $\phi^{\dagger}$.因此量子相位 ϕ 的非厄米性是引起所有这些问题的根源.

尽管每个场模的相位和粒子数不能同时精确地确定,但考虑两个场模的相位差时,它可以与两个场模粒子数之和同时精确地确定.通过计算对易关系

$$[\mathrm{e}^{\mathrm{i}\phi_1}(\mathrm{e}^{\mathrm{i}\phi_2})^{\dagger},n_1+n_2]=[(C_1+\mathrm{i}S_1)(C_2-\mathrm{i}S_2),n_1+n_2]=0 \tag{9.2.26}$$

可以证实.

3. 基于相位态投影的相位算符

上面两种定义都不是相位算符的直接定义,而且存在着非厄米性或不对易问题.Pegg 和 Barnett(P-B)采用相位态投影定义厄米相位算符(Pegg,1988).相位态(9.2.11)式是定义在无穷维希尔伯特空间的非正交态.P-B 在 $s+1$ 维子空间中定义相位态:

$$\left|\theta_m\right\rangle=\frac{1}{\sqrt{s+1}}\sum_{n=0}^{s}\mathrm{e}^{\mathrm{i}n\theta_m}\left|n\right\rangle, \tag{9.2.27}$$

其中本征值

$$\theta_m=\theta_0+\frac{2m\pi}{s+1},\quad(m=0,1,\cdots,s). \tag{9.2.28}$$

对于不同相位本征值的相位态有

$$\begin{aligned}\langle \theta_m \mid \theta_{m'} \rangle &= \frac{1}{s+1}\sum_{n=0}^{s} \mathrm{e}^{\mathrm{i}2\pi n(m'-m)/(s+1)} \\ &= \frac{1}{s+1}\cdot\frac{1-\mathrm{e}^{\mathrm{i}2\pi n(m'-m)}}{1-\mathrm{e}^{\mathrm{i}2\pi n(m'-m)/(s+1)}} = 0,\ (m \neq m').\end{aligned} \tag{9.2.29}$$

当 $m = m'$ 时，$\langle \theta_m \mid \theta_m \rangle = \frac{1}{s+1}\sum_{n=0}^{s} 1 = 1$. 因此该相位态满足正交性 $\langle \theta_m \mid \theta_{m'} \rangle = \delta_{mm'}$.

由上述相位态构成厄米相位算符

$$\phi \equiv \sum_{m=0}^{s} \theta_m \mid \theta_m \rangle \langle \theta_m \mid . \tag{9.2.30}$$

显然 $\mid \theta_m \rangle$ 是相位算符 ϕ 的具有本征值 θ_m 的本征态.P-B 的方法是将无穷维连续变量相位态简约为有限维分离变量相位态,在实际使用的最后阶段要求取极限 $s \to \infty$.

练　　习

1. 由指数函数的定义证明 $\mathrm{e}^{\mathrm{i}\phi}$ 是幺正算符的充要条件是 ϕ 为厄米算符.

2. 证明(9.2.11)式是相位算符的本征态,本征值为 $\mathrm{e}^{\mathrm{i}\phi}$.

3. 证明不同本征值的相位算符本征态之间不正交.

4. 证明相位本征态的完备性关系(9.2.12)式.

5. 证明对易关系(9.2.25)式.

6. 证明对易关系(9.2.26)式.

9.3 量子测量的标准量子极限

量子系统的测量有许多方面明显不同于经典系统的测量.在经典测量中原则上可以实现精确测量,而在大多数量子系统中存在测量的量子极限,称为标准量子极限(standard quantum limit,简称 SQL).例如激光强度测量中的散粒噪声就是一种标准量子极限.在本节中介绍两种简单量子系统的标准量子极限.

在经典系统中,测量本身不会退化后续测量的可预言性,而量子系统则可能不同.我们考虑测量一个自由运动粒子的位置,设在 $t=0$ 时刻第一次测量粒子的位置,对于处在一般的量子态,存在测量不确定性 $\langle \Delta^2 x(0) \rangle$.由自由粒子的演化方程

$$x(t) = x(0) + \frac{p(0)}{m}t \tag{9.3.1}$$

可以看出,$t=0$ 时刻第一次测量粒子位置 $x(0)$ 的不确定性,将会增加后续测量位置的不确定性.另一方面,虽然自由运动粒子的动量是守恒量,对动量的测量不存在不确定问题,但是由量子力学不确定关系,对位置测量的不确定会产生对粒子动量的扰动

$$\langle \Delta^2 p(0) \rangle \geqslant \frac{\hbar^2}{4\langle \Delta^2 x(0) \rangle}, \tag{9.3.2}$$

它也将增加到后续位置测量的不确定度中.因此对于量子系统而言,第一次测量产生的不确定度将可能增加后续测量的误差,对在 t 时刻测量位置时的增加量为

$$\langle \Delta^2 x(t) \rangle_{\text{add}} = \langle \Delta^2 x(0) \rangle + \langle \Delta^2 p(0) \rangle \frac{t^2}{m^2} + \langle \Delta x(0)\Delta p(0) + \Delta p(0)\Delta x(0) \rangle \frac{t}{m}. \tag{9.3.3}$$

假如粒子态不存在位置和动量之间的量子关联,并考虑(9.3.2)式,增加的误差量至少有

$$\langle \Delta^2 x(t) \rangle_{\text{add}} = \langle \Delta^2 x(0) \rangle + \frac{\hbar^2 t^2}{4m^2 \langle \Delta^2 x(0) \rangle}. \tag{9.3.4}$$

上式取极小值的条件是

$$\frac{\mathrm{d}\langle \Delta^2 x(t) \rangle_{\text{add}}}{\mathrm{d}\langle \Delta^2 x(0) \rangle} = 1 - \frac{\hbar^2 t^2}{4m^2 \langle \Delta^2 x(0) \rangle^2} = 0. \tag{9.3.5}$$

即有

$$\langle \Delta^2 x(0) \rangle = \frac{\hbar t}{2m}. \tag{9.3.6}$$

将它代入(9.3.4)式后得到第一次测量粒子位置的操作对后续的 t 时刻观察位置增加的最小误差为

$$\langle \Delta^2 x(t) \rangle_{\min} = \frac{\hbar t}{m}. \tag{9.3.7}$$

因此我们将它定义为自由粒子的标准量子极限

$$\Delta x_{SQL} = \sqrt{\frac{\hbar t}{m}}, \tag{9.3.8}$$

它是自由粒子在经过 t 时间间隔后作二次测量的最小误差.

第二个例子是量子简谐振子模型,它用于描述单模电磁场(参见 1.2 节).电场的正交分量可观察量由(2.2.14)式表示

$$E(t) = 2\mathscr{E}[a_1 \cos(\omega t) + a_2 \sin(\omega t)]. \tag{9.3.9}$$

测量 $E(t)$ 的不确定性依赖于两个正交分量 a_1 和 a_2 的不确定性.我们在 2.2 节已证明,当振子处于相干态时 a_1 和 a_2 满足最小不确定性且有相等的不确定度,此时在任何时刻测量电场有相同的误差.因此简谐振子在相干态时电场正交分量的不确定度是标准量子极限(Braginsky, 1992).

标准量子极限设置了对量子系统测量的某种限制,尽管如此,仍有可能设计出某些测量方案绕过或回避标准量子极限.例如对自由粒子建立一个位置和动量有负关联的态,就可以使前次测

量的附加涨落小于标准量子极限.此外如果选择自由粒子的动量为测量目标,就可以回避标准量子极限.对于简谐振子如果制备在挤压态时,就可以在某些时刻测量正交分量时获得高于标准量子极限精度.

练　　习

1. 试推导(9.3.3)式.

9.4　量子非破坏测量的一般概念

量子非破坏测量问题的提出源于引力波(gravitational wave)的探测(Braginsky,1977; Unruh,1979; Caves,1980).引力波的探测器是一个质量很大的探测棒,例如质量 $m=10$ t.在引力波作用下使探测棒产生的位移约为 10^{-19}cm,引力波的周期设为 10^{-3} s,根据(9.3.8)式可以计算出在此周期下探测棒的标准量子极限为 $\Delta x_{SQL}\sim 5\times 10^{-19}$ cm,这使得后续测量没有意义.

对量子非破坏测量中的力学量的基本要求是:它可以被重复测量给出可预言的值.即测量本身不会退化后续测量的可预言性,在足够长的测量序列中输出是可预见的.根据此要求,在相互作用表象中当一个可观察量 $A(t)$ 满足条件

$$[A(t),A(t')]=0, \tag{9.4.1}$$

$A(t)$ 称为量子非破坏测量变量(QND 变量).显然该条件保证了在两个不同时刻测量时不会由于量子不确定性关系的缘故影响后续测量的精度.对于上一节中自由粒子的例子,容易看出 $[x(0),x(t)]=\mathrm{i}\hbar t/m$,因此自由粒子的位置不是 QND 变量.而动量满足(9.4.1)式,是 QND 变量.

由于直接测量将湮没或改变被测系统的量子态,量子非破坏测量需要采用间接测量方法.设待测物理量 A 属于待测量子系统 S,在间接测量中,安排测量系统 M 与待测系统 S 相互作用.通过对测量系统 M 的变量 B 的直接测量来获得 A 的信息.S 与 M 相互作用系统的哈密顿量为

$$H=H_S+H_M+H_I, \tag{9.4.2}$$

变量 A 和 B 的运动方程为

$$\mathrm{i}\hbar(\partial/\partial t)A=[A,H_S+H_I], \tag{9.4.3a}$$

$$\mathrm{i}\hbar(\partial/\partial t)B=[B,H_M+H_I]. \tag{9.4.3b}$$

要实现待测量 A 的量子非破坏测量需要满足下列条件

(ⅰ)系统 S 中的待测量 A 参与同测量系统 M 相互作用:

$$\partial H_I/\partial A\neq 0. \tag{9.4.4}$$

(ⅱ)测量系统 M 中的变量 B 将成为待测量 A 的量度,因此 B 不能是运动常量,即有 $(\partial/\partial t)B\neq 0$. 由(9.4.3b)可得出

$$[B,H_I] \neq 0. \tag{9.4.5}$$

(iii)系统 S 与测量系统 M 相互作用对于待测量 A 没有影响

$$[A,H_I] = 0, \tag{9.4.6}$$

此效应又称为后作用回避(back action evasion).

(iv)设 $A^{(C)}$ 是与 A 不对易的共轭可观察量,为了使对 A 的测量不受到对应共轭量的不确定性的影响而变得不可预言,要求在系统 S 的哈密顿量中不包含 $A^{(C)}$

$$\partial H_S / \partial A^{(C)} = 0. \tag{9.4.7}$$

9.5 光子数的量子非破坏测量

1. 在光克尔介质中的光子数 QND 测量

作为量子非破坏测量在光学测量中的例子,我们介绍一个光子数的量子非破坏测量方案,在此方案中利用了光克尔效应(Kerr effect)(Imoto,1985).某些光学介质在强光照射下其折射率会发生变化,增加的折射率与光强(光子数)成正比,这样的介质称为光克尔介质.方案设计信号光和探测光同时通过克尔介质.信号光较强,通过介质时使介质折射率发生改变.探测光相对较弱不会影响折射率,通过介质时感受到折射率的变化从而改变了相移.通过测量探测光相移的变化从而获得信号光的光子数.

实验方案如图 9.5-1 所示.信号光 a_s 由镜面 M_1 入射,通过光克尔介质后由镜面 M_2 后出射.入射探测光 a_{p0} 由分束器 BS_1 进入后分为两束,探测光 a_p 和参考光 a_r.探测光 a_p 通过光克尔介质,参考光不通过介质,两者分别进入分束器 BS_2 后出射.BS_2 是一个 50/50 平衡分束器,对输出光作平衡零拍探测.信号光与探测光有不同的频率 ω_s 和 ω_p,因此可将两镜面 M_1 和 M_2 设计为对信号频率光完全透射对探测频率光完全反射.

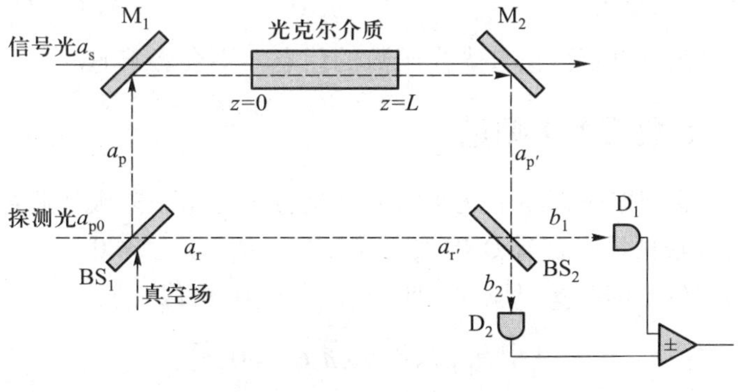

图 9.5-1 利用光克尔介质实现光子数的量子非破坏测量方案示意图

信号光与探测光在光克尔介质中的哈密顿量为

$$H = H_S + H_M + H_I, \tag{9.5.1}$$

$$H_S = \hbar\omega_s a_s^\dagger a_s, \tag{9.5.2}$$

$$H_M = \hbar\omega_p a_p^\dagger a_p, \tag{9.5.3}$$

$$H_I = \hbar\chi a_s^\dagger a_s a_p^\dagger a_p, \tag{9.5.4}$$

其中χ为描述克尔效应的三阶非线性极化率.本模型中的 QND 可观测量是信号光光子数 $n_s = a_s^\dagger a_s$，在与探测光的相互作用中通过直接测量探测光来获得 n_s.在相互作用表象中,探测光场的运动方程为

$$i\hbar(\partial/\partial t)a_p = [a_p, H_I] = \hbar\chi n_s a_p. \tag{9.5.5}$$

对于平面行波 $\exp[i\omega(t-z/v)]$的传播形式,时间和空间微分满足$(\partial/\partial t) = -v(\partial/\partial z)$,其中$v$是光传播相速度.(9.5.5)式等价于

$$(\partial/\partial z)a_p = i(\chi/v)n_s a_p, \tag{9.5.6}$$

探测光在介质中的解为

$$a_p(L) = a_p(0)e^{i(\chi/v)n_s L}. \tag{9.5.7}$$

上式说明当探测光通过克尔介质后,它的相位中已含有信号光光子数.

采用(9.2.14)式的相位算符描述探测光的相位

$$S \equiv \frac{1}{2i}[e^{i\phi} - (e^{i\phi})^\dagger] = \frac{1}{2i}\left[\frac{1}{\sqrt{n_p + 1}}a_p - a_p^\dagger\frac{1}{\sqrt{n_p + 1}}\right], \tag{9.5.8}$$

其中 $n_p = a_p^\dagger a_p$ 是探测光光子数.由(9.5.7)式容易看出 $n_p(L) = n_p(0)$.因此探测光在 $z = L$ 处的相位

$$S(L) = \frac{1}{2i}\left[\frac{1}{\sqrt{n_p(0) + 1}}a_p(0)e^{i(\chi/v)n_s L} - [e^{i(\chi/v)n_s L}]^\dagger a_p^\dagger(0)\frac{1}{\sqrt{n_p(0) + 1}}\right]. \tag{9.5.9}$$

通过测量探测光的相位就可以获得信号光光子数的信息而不会影响它.

2. 判断是否光子数 QND 测量

我们采用上节介绍的判据来判断上述实验方案是否满足量子非破坏测量.

(ⅰ)在相互作用哈密顿量中含有 QND 变量 n_s,即 $\partial H_I/\partial n_s \neq 0$.

(ⅱ)探测光中的相位不能是运动常量,即 $[S, H_I] \neq 0$. 可以证明

$$[S, H_I] = -i\hbar\chi n_s C \neq 0, \tag{9.5.10}$$

其中 C 由(9.2.13)式定义.

(ⅲ)在相互作用中对于待测量 n_s 没有影响.容易看出$[n_s, H_I] = 0$.

(ⅳ)在信号光的哈密顿量 H_S中不包含与 n_s 对应的共轭量.

因此在光克尔介质中光子数 QND 测量成立.

3. 测量探测光的相位

探测光的相位可以通过干涉仪方法来测量.在图 9.5-1 中设探测光入射分束器 BS_1 的透射率为 T,两束出射光为

$$a_p = i\sqrt{1-T}a_{p0} + \sqrt{T}a_0, \tag{9.5.11}$$

$$a_r = \sqrt{T}a_{p0} + i\sqrt{1-T}a_0, \tag{9.5.12}$$

其中 a_0 为真空场.由(9.5.7)式 a_p 光通过克尔介质获得相移 $\phi=(\chi/v)n_sL$,除 ϕ 外 a_p 光和 a_r 光有各自的自由传播相移.在干涉仪中安置一个相位调节器件,使两束光通过相位调节后产生相位差为 $\phi+\pi/2$.因此入射到平衡分束器 BS_2 的两束 $a_{p'}$ 光和 $a_{r'}$ 光满足

$$a_{r'} = a_r e^{i\phi_r}, \quad a_{p'} = a_p e^{i(\phi+\pi/2+\phi_r)}. \tag{9.5.13}$$

通过平衡分束器 BS_2 的两束抵达探测器 D_1 和 D_2 的出射光分别为

$$b_1 = \frac{1}{\sqrt{2}}(ia_{p'} + a_{r'}), \tag{9.5.14}$$

$$b_2 = \frac{1}{\sqrt{2}}(a_{p'} + ia_{r'}). \tag{9.5.15}$$

抵达两个探测器光子数之差为

$$\begin{aligned} b_1^\dagger b_1 - b_2^\dagger b_2 &= i(a_{r'}^\dagger a_{p'} - a_{p'}^\dagger a_{r'}) = -i\sqrt{T(1-T)}\,a_{p0}^\dagger a_{p0}[e^{i\phi} - (e^{i\phi})^\dagger] \\ &= 2\sqrt{T(1-T)}\,a_{p0}^\dagger a_{p0}S, \end{aligned} \tag{9.5.16}$$

由测得的相位可推算出信号光光子数值.

练 习

1. 试证明(9.5.10)式.

2. 试推导(9.5.16)式.

9.6 光学系统量子非破坏测量判据

由引力波探测问题提出的量子非破坏测量概念在量子光学中获得了迅速的发展.1992 年 Holland 等人提出用三个量子关联系数来量化是否实现了光信号的量子非破坏测量(Holland, 1990; Poizat, 1994),其显著优点是计算方便,且能给出定量估计.这种方法只关心测量引起信号的退化程度而不问对量子态的干扰.

如图 9.6-1 所示,量子非破坏测量采用间接测量方式,由信号光的 x 正交分量和探测光的 y 正交分量在一个量子系统中发生相互作用.我们希望从对探测光输出的测量获得信号光的信息,

同时信号光输出保持与输入相同的量子特征没有发生退化.在一个量子光学相互作用系统中,信号光和探测光分别用湮没算符 a 和 b 表示,它们的振幅和相位正交分量分别为

$$X_a = \frac{1}{2}(a + a^\dagger), \quad X_p = \frac{1}{2i}(a - a^\dagger), \tag{9.6.1}$$

$$Y_a = \frac{1}{2}(b + b^\dagger), \quad Y_p = \frac{1}{2i}(b - b^\dagger). \tag{9.6.2}$$

图 9.6-1 光学系统量子非破坏测量示意图

如图 9.6-1 所示两个光场发生的 QND 耦合中,设信号光场振幅分量 X_a 为待测信号分量 x,探测光场相位分量 Y_p 为测量分量 y.我们先考虑一种理想情况,这两个分量的输入和输出满足

$$X_a^{out} = X_a^{in}, \tag{9.6.3a}$$

$$Y_p^{out} = GX_a^{in}, \tag{9.6.3b}$$

其中 G 称为 QND 增益.显然在理想情况下信号光振幅分量完全没有受到相互作用的干扰,同时输出探测光的相位分量能够完整地记录输入信号光振幅分量.

在实际的光学系统中 QND 耦合通过非线性介质实现,不可能有上述理想的关系,因此可称为非理想量子非破坏测量(nonideal quantum non-demolition measurement).为了评价实际系统 QND 耦合的表现,Holland 等人提出下列量子关联系数作为定量判据.

(ⅰ)是否好的测量系统

输出探测光与输入信号光的量子关联系数定义为

$$C^2(X_a^{in}, Y_p^{out}) \equiv \frac{\left|\langle X_a^{in} Y_p^{out} \rangle_s - \langle X_a^{in} \rangle \langle Y_p^{out} \rangle\right|^2}{\langle \Delta^2 X_a^{in} \rangle \langle \Delta^2 Y_p^{out} \rangle}, \tag{9.6.4}$$

其中$\langle XY \rangle_s \equiv (\langle XY \rangle + \langle YX \rangle)/2$,$\langle \Delta^2 X \rangle$为 X 的方差.对于满足(9.6.3)式的理想 QND 测量 $C^2(X_a^{in}, Y_p^{out}) = 1$.

(ⅱ)是否退化待测信号

输出与输入信号光的量子关联系数定义为

$$C^2(X_a^{in}, X_a^{out}) \equiv \frac{\left|\langle X_a^{in} X_a^{out} \rangle_s - \langle X_a^{in} \rangle \langle X_a^{out} \rangle\right|^2}{\langle \Delta^2 X_a^{in} \rangle \langle \Delta^2 X_a^{out} \rangle}, \tag{9.6.5}$$

对于信号完全不退化的理想 QND 测量方案 $C^2(X_a^{in}, X_a^{out}) = 1$.

(ⅲ)是否好的量子态准备

我们在 9.4 节中曾提到,量子非破坏测量中要求对信号可以重复测量给出可预言的值.在理想情况下,测量将量子态准备到待测量的本振态,使后续测量给出确定的值.为此定义条件方差 $V_c(X_a^{out}\mid Y_p^{out})$ 为在给定输出探测信号 Y_p^{out} 条件下获得输出待测信号 X_a^{out} 的方差,它可以评估量子态准备的好坏.理想 QND 测量要求 $V_c(X_a^{out}\mid Y_p^{out})=0$,在给定探测信号 Y_p^{out} 条件下待测信号 X_a^{out} 也完全确定.

如果两个变量 X_a^{out} 和 Y_p^{out} 的概率满足高斯统计分布,则有(Holland, 1990)

$$V_c(X_a^{out}\mid Y_p^{out})=\langle\Delta^2X_a^{out}\rangle[1-C^2(X_a^{out},Y_p^{out})],\tag{9.6.6}$$

其中

$$C^2(X_a^{out},Y_p^{out})\equiv\frac{|\langle X_a^{out}Y_p^{out}\rangle_s-\langle X_a^{out}\rangle\langle Y_p^{out}\rangle|^2}{\langle\Delta^2X_a^{out}\rangle\langle\Delta^2Y_p^{out}\rangle}.\tag{9.6.7}$$

因此当 $C^2(X_a^{out},Y_p^{out})=1$ 时获得理想的量子态准备.在实际非线性光学系统中讨论这些 QND 判据可参见文献(Yang,1997a,1997b,1997c; Sinatra,1998; Wang,1999; Wang,2001).

参考文献

Braginsky V. B. and Khalili F. Y. (1992). Quantum measurement, Cambridge University Press.

Braginsky V. B., Vorontsov Yu. I. and Khalili F. Y. (1977). Zh. Exsp. Teor. Fiz. **73**, 1340 (Sov. Phys. JETP. **46**, 705 (1977)).

Caves C. M., Thorne K. S., Drever R. W. P., Sandberg, V. D., and Zimmermann M. (1980). Rev. Mod. Phys. **52**, 341.

Dirac P. A. M. (1927). Proc. Roy. Soc. (London) A **114**, 243.

Holland M. J., Collett, M. J., Walls D. F., and Levenson M. D. (1990). Phys. Rev. A **42**, 2995. "Nonideal quantum nondemolition measurements"

Imoto N., Haus H. A., and Yamamoto Y. (1985). Phys. Rev. A **32**, 2287. "Quantum nondemolition measurement of the photon number via the optical Kerr effect"

Louisell W. H. (1963). Phys. Lett. **7**, 60.

von Neumann J. (1932). Die Mathematischen Grundlagen der Quantenmechanik (Berlin).

Pegg, D. T. and Barnett S. M. (1988). Europhys. Lett. **6**, 483.

Poizat J. Ph., Roch J. F., and Grangier P. (1994). Ann. Phys. Fr. **19**, 265—297. "Characterization of quantum non-demolition measurements in optics"

Sinatra A., Roch J. F., Vigneron K., Grelu Ph., Poizat J. -Ph., Wang Kaige, and Grangier P. (1998). Phys. Rev. A **57**, 2980—2995. "Quantum-nondemolition measurements using cold trapped atoms: Comparison between theory and experiment"

Susskind L. and Glogower I. (1964). Physics **1**, 49.

Unruh W. G. (1979). Phys. Rev. D **19**, 2888. "Quantum nondemolition and gravity-wave detection"

Wang Kaige, Maniscalco S., Napoli A., and Messina A. (2001). Phys. Rev. A **63**, 043419. "Quantum State Manipulation via Quantum Nondemolition Measurement in Two Dimensional Trapped Ion"

Wang Kaige and Yang Guojian (1999). Commun. Theor. Phys. **31**, 347—354. "Formulation of optical quantum nondemolition criteria in linearized systems"

Yang Guojian and Wang Kaige (1997a). Opt. Commun. **137**, 151—157. "Quantum non-demolition measurement and squeezing in an effective two-level atomic system"

Yang Guojian and Wang Kaige (1997b). J. Opt. Soc. Am. B **14**, 1550—1555. "Quantum non-demolition measurement via a two-photon transition in the presence of Stark shift"

Yang Guojian and Wang Kaige (1997c). Commun. Theor. Phys. **28**, 271—276. "Quantum non-demolition measurement in two-photon optical bistability"

第十章 量子成像

量子光学和量子信息学科在最近二三十年中的迅速发展，开拓了某些新的研究方向，量子成像(quantum imaging)是其中最吸引眼球的方向之一(Kolobov,2007; Gatti,2008). 按信息论的语言，量子成像是光信号在量子水平的并行信息处理.

光学像是指光束照射目标后在垂直于光束传播方向的截面上形成含有目标信息的光场空间分布，例如目标物体的衍射斑图、干涉条纹或物体自身的像等. 在经典光学中干涉和衍射效应通常由相干光场来实现，其形成的强度分布斑图可获得目标的信息. 在量子光学的发展过程中曾考虑过如下一些问题: 对于十分微弱光信号的观察最终受限于电磁场的量子噪声，如何能减小光场空间分布中的量子噪声? 在微弱光像信号放大过程中如何回避量子噪声而保持信噪比? 前一问题可以通过量子噪声的空间挤压效应来解决(参见第二章第 10 节)，后一问题称为光学像的无噪声光放大，可以在光参量相敏放大过程中实现(参见第九章). 此外，经典光像的分辨率受瑞利衍射极限的限制，研究表明特殊的量子态光场有可能绕过瑞利衍射极限实现超分辨量子像. 这些研究属于量子像的范畴(Kolobov,2007; Gatti,2008).

自 20 世纪 80 年代以来，对非线性晶体的自发参量下转换过程产生的双光子纠缠态的理论和实验研究中，发现这些量子态具有很强的空间关联性质，用光子的语言称为两个光子之间纠缠或关联. 尽管每个光子表现为空间非相干性，不可能单独完成任何干涉衍射效应，但通过两个光电探测器的双光子符合计数测量可以实现干涉衍射或再现目标的空间像，称为“鬼”干涉、“鬼”成像和亚波长干涉等(Klyshko,1988; Belinskii,1994; Pittman,1995; Strekalov,1995; Boto,2000; Fonseca,1999; D'Angelo,2001; Song,2011). 这些奇特的物理效应更新了我们对光现象传统观念的认识，也为开拓新的光信息技术提供了可能. 由于光源具有量子纠缠特征，人们自然将两个光子的超距联系归诸于量子纠缠态的非定域性(nonlocality).

我们在卷Ⅱ第四章中已详细论述了最近十多年以来发现的新研究成果，鬼成像、鬼干涉和亚波长干涉也可以用非相干的热光源通过两个空间位置的强度关联来实现. 实际上强度关联的方法早在 20 世纪 50 年代由 Hanbury-Brown 和 Twiss(HBT)提出，用以替代迈克耳孙干涉仪测量星体的角尺寸(Hanbury,1956). 热光的新现象极大地丰富了历史上 HBT 实验揭示的物理内涵. 热光与量子纠缠态在空间关联方面的相似性引发了关于热光关联现象是属于经典效应还是量子效应的争论. 由于热光强度关联成像与量子纠缠态的双光子成像的规律都是基于光场的空间关联，完全有别于用强度观察的经典光学规律，为此它们也归属于量子成像范畴(Gatti,2008).

10.1　EPR 双光子纠缠态及其 biphoton 相干性

我们在 6.2 节中已说明,当用频率为 ω_p 的强激光束照射某些非线性晶体时,在合适条件下会产生两个低频光束,称为信号光和闲置光,频率分别表示为 ω_s 和 ω_i(哪一束称为信号或闲置并无关系). 自发参量下转换过程可以看成一个泵浦光子转换为一对光子——信号光子和闲置光子——的二阶非线性相互作用过程. 在泵浦光为平面波的理想模型条件下,自发参量下转换过程产生的双光子纠缠态可以表示为

$$\left|\psi\right\rangle = \iint \mathrm{d}\boldsymbol{k}_s \mathrm{d}\boldsymbol{k}_i \delta(\omega_s + \omega_i - \omega_p)\delta(\boldsymbol{k}_s + \boldsymbol{k}_i - \boldsymbol{k}_p) a_s^\dagger(\boldsymbol{k}_s) a_i^\dagger(\boldsymbol{k}_i) \left|0\right\rangle, \tag{10.1.1}$$

其中 $a_s^\dagger$ 和 $a_i^\dagger$ 分别为信号光子和闲置光子产生算符,$\boldsymbol{k}_j$ 为光子波矢. 泵浦光子(p)与信号光子(s)和闲置光子(i)要满足动量守恒和能量守恒关系(6.2.9)式. 上述量子态与 1935 年爱因斯坦、博多尔斯基和罗森(Einstein-Podolsky-Rosen)为了论证量子力学理论存在不完备性提出的两粒子空间纠缠态十分相似,称为 EPR 态(Einstein,1935). 这也是目前量子光学实验中最常用的量子纠缠光源.

在量子成像的实验中,通常用滤色片选择特定的频率,用光阑选择特定中心波矢的信号光和闲置光 $\boldsymbol{k}_{s0}$ 和 $\boldsymbol{k}_{i0}$,它们满足(6.2.9)式. 光阑具有一定的孔径大小,通过光阑任意一对下转换光子的波矢 $\boldsymbol{k}_s$ 和 $\boldsymbol{k}_i$ 也满足(6.2.9)式. 设 $\boldsymbol{p}_s$ 和 $\boldsymbol{p}_i$ 分别定义在对应的中心波矢 $\boldsymbol{k}_{s0}$ 和 $\boldsymbol{k}_{i0}$ 的坐标系中

$$\boldsymbol{k}_s = \boldsymbol{k}_{s0} + \boldsymbol{p}_s, \quad \boldsymbol{k}_i = \boldsymbol{k}_{i0} + \boldsymbol{p}_i, \tag{10.1.2}$$

因此信号光对中心波矢的横向波矢偏离 $\boldsymbol{p}_s$ 必然对应闲置光相应的横向波矢偏离 $\boldsymbol{p}_i = -\boldsymbol{p}_s$,如图 10.1-1 所示. 根据(10.1.1)式,双光子纠缠态可以用横向波矢表示为

$$\left|\psi\right\rangle = \iint \mathrm{d}\boldsymbol{p}_s \mathrm{d}\boldsymbol{p}_i \delta(\boldsymbol{p}_s + \boldsymbol{p}_i) a_s^\dagger(\boldsymbol{p}_s) a_i^\dagger(\boldsymbol{p}_i) \left|0\right\rangle. \tag{10.1.3}$$

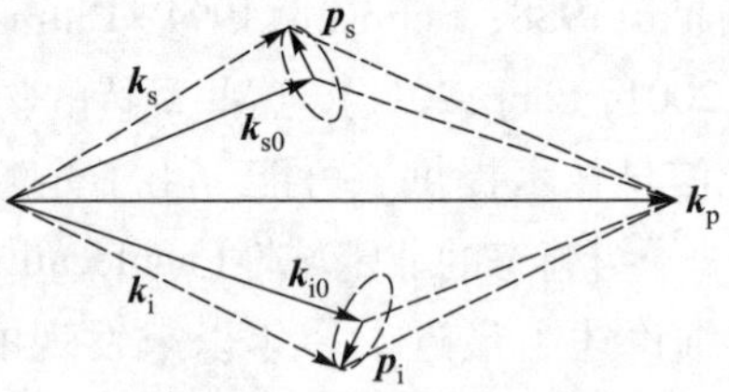

图 10.1-1　在自发参量下转换产生的一对纠缠光子的波矢关系

在(10.1.3)式表示的双光子纠缠态中,如果经过测量获知其中一个光子的横向动量,那么我们可以确定地预言另一个光子的横向动量,因此可称为 EPR 态. 在两个下转换光子的中心波矢空间分离的情况下,即使它们的偏振和频率都简并,两个光子也可以识别. 这为理论计算带来方便,

如果对(10.1.3)式作傅里叶变换,就得到该量子态在位矢空间的表示

$$|\psi\rangle=\iint \mathrm{d}\boldsymbol{x}_{\mathrm{s}}\mathrm{d}\boldsymbol{x}_{\mathrm{i}}\delta(\boldsymbol{x}_{\mathrm{s}}-\boldsymbol{x}_{\mathrm{i}})a_{\mathrm{s}}^{\dagger}(\boldsymbol{x}_{\mathrm{s}})a_{\mathrm{i}}^{\dagger}(\boldsymbol{x}_{\mathrm{i}})|0\rangle, \tag{10.1.4}$$

其中$\boldsymbol{x}_{\mathrm{s}}$和$\boldsymbol{x}_{i}$分别表示信号光场和闲置光场横截面上的位矢.

双光子态的一般形式为

$$\begin{aligned}|\psi\rangle&=\iint \mathrm{d}\boldsymbol{p}_{\mathrm{s}}\mathrm{d}\boldsymbol{p}_{\mathrm{i}}\ \widetilde{C}(\boldsymbol{p}_{\mathrm{s}},\boldsymbol{p}_{\mathrm{i}})a_{\mathrm{s}}^{\dagger}(\boldsymbol{p}_{\mathrm{s}})a_{\mathrm{i}}^{\dagger}(\boldsymbol{p}_{\mathrm{i}})|0\rangle\\&=\iint \mathrm{d}\boldsymbol{x}_{\mathrm{s}}\mathrm{d}\boldsymbol{x}_{\mathrm{i}}C(\boldsymbol{x}_{\mathrm{s}},\boldsymbol{x}_{\mathrm{i}})a_{\mathrm{s}}^{\dagger}(\boldsymbol{x}_{\mathrm{s}})a_{\mathrm{i}}^{\dagger}(\boldsymbol{x}_{\mathrm{i}})|0\rangle,\end{aligned} \tag{10.1.5}$$

其中波函数 $C(\boldsymbol{x}_{\mathrm{s}},\boldsymbol{x}_{\mathrm{i}})$ 与$\widetilde{C}(\boldsymbol{p}_{\mathrm{s}},\boldsymbol{p}_{\mathrm{i}})$互为傅里叶变换. 当波函数可以因式分解为$\widetilde{C}(\boldsymbol{p}_{\mathrm{s}},\boldsymbol{p}_{\mathrm{i}})=\widetilde{D}_{\mathrm{s}}(\boldsymbol{p}_{\mathrm{s}})\widetilde{D}_{i}(\boldsymbol{p}_{\mathrm{i}})$, 或等价地 $C(\boldsymbol{x}_{\mathrm{s}},\boldsymbol{x}_{\mathrm{i}})=D_{\mathrm{s}}(\boldsymbol{x}_{\mathrm{s}})D_{\mathrm{i}}(\boldsymbol{x}_{\mathrm{i}})$, 双光子态可分解为两个单光子态的直积

$$|\psi\rangle=|\phi_{\mathrm{s}}\rangle|\phi_{\mathrm{i}}\rangle, \tag{10.1.6a}$$

$$|\phi_j\rangle=\int \mathrm{d}\boldsymbol{p}_j\ \widetilde{D}_j(\boldsymbol{p}_j)a_j^{\dagger}(\boldsymbol{p}_j)|0\rangle=\int \mathrm{d}\boldsymbol{x}_jD_j(\boldsymbol{x}_j)a_j^{\dagger}(\boldsymbol{x}_j)|0\rangle,\quad (j=\mathrm{s},\mathrm{i}), \tag{10.1.6b}$$

这时双光子态由两个独立的单光子纯态组成.

在一维表示中,波函数的一般形式为

$$C(x_{\mathrm{s}},x_{\mathrm{i}})=\sqrt{\frac{2}{\pi\sigma_{+}\sigma_{-}}}\exp\left[-\frac{(x_{\mathrm{s}}+x_{\mathrm{i}})^2}{2\sigma_{+}^2}-\frac{(x_{\mathrm{s}}-x_{\mathrm{i}})^2}{2\sigma_{-}^2}\right]. \tag{10.1.7}$$

经傅里叶变换后在波矢空间的表示为

$$\widetilde{C}(p_{\mathrm{s}},p_{\mathrm{i}})=\sqrt{\frac{\sigma_{+}\sigma_{-}}{2\pi}}\exp\left[-\frac{(p_{\mathrm{s}}+p_{\mathrm{i}})^2\sigma_{+}^2}{8}-\frac{(p_{\mathrm{s}}-p_{\mathrm{i}})^2\sigma_{-}^2}{8}\right]. \tag{10.1.8}$$

当 $\sigma_-=\sigma_+=\sigma$ 时,两个光子相互独立不存在纠缠. $\sigma_-<\sigma_+$和 $\sigma_->\sigma_+$分别表示 x_{s}与 x_{i}和 x_{s}与$-x_{\mathrm{i}}$之间的纠缠,而前者表示自发参量下转换产生的纠缠态.(10.1.3)式和(10.1.4)式表示的 EPR 态是最大程度的纠缠态. 图 10.1-2 表示在双光子态的相空间中三种不同参数条件下的双光子波函数概率分布等高线示意图. 在无纠缠情况下,当 s 光子取确定位置值时,i 光子取值有最大的不确定度. 随两个参数相差越大纠缠越强,当 s 光子取确定值时,i 光子取值有最小的不确定度.

我们在 6.1 和 6.3 节中已分别讨论了单光子态和双光子态的一阶和二阶关联函数,并定义了纠缠双光子态的 biphoton 相干性(biphoton coherence). 现在我们限于单光子和双光子纯态,对第 6 章讨论的内容作一小结:

(ⅰ)单光子波包满足一阶完全相干性[(6.1.13)式].

(ⅱ)双光子波包的二阶关联函数可分解为双光子振幅之积[见(6.3.5a)式]

$$\begin{aligned}&\left\langle \psi \middle| E_{\mathrm{s}}^{(-)}(\boldsymbol{p}_1)E_{\mathrm{i}}^{(-)}(\boldsymbol{p}_2)E_{\mathrm{i}}^{(+)}(\boldsymbol{p}'_2)E_{\mathrm{s}}^{(+)}(\boldsymbol{p}'_1) \middle| \psi \right\rangle \\ &= \left\langle \psi \middle| E_{\mathrm{s}}^{(-)}(\boldsymbol{p}_1)E_{\mathrm{i}}^{(-)}(\boldsymbol{p}_2) \middle| 0 \right\rangle \left\langle 0 \middle| E_{\mathrm{i}}^{(+)}(\boldsymbol{p}'_2)E_{\mathrm{s}}^{(+)}(\boldsymbol{p}'_1) \middle| \psi \right\rangle \\ &= \tilde{C}^*(\boldsymbol{p}_1,\boldsymbol{p}_2)\,\tilde{C}(\boldsymbol{p}'_1,\boldsymbol{p}'_2).\end{aligned} \tag{10.1.9}$$

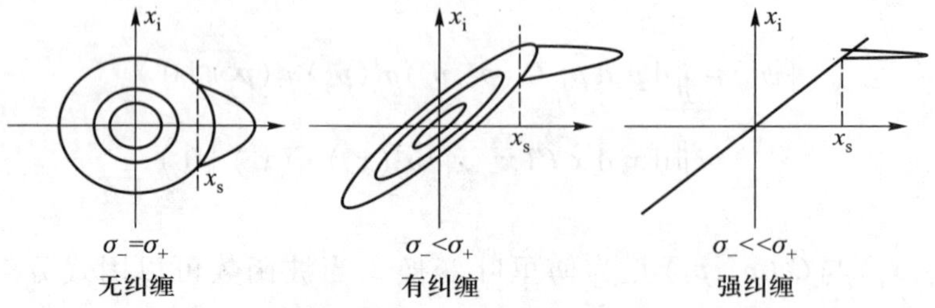

图 10.1-2　在双光子态的位矢相空间中波函数 $\left|C(x_s,x_i)\right|^2$ 的等高线投影示意图. 三种不同参数条件表示不同的纠缠状态,当 s 光子在确定位置被探测时,i 光子有不同的取值分布

(ⅲ)非纠缠的双光子态的二阶关联函数可以分解为每个单光子振幅之积[见(6.3.5b)式].

(ⅳ)纠缠的双光子态中每个光子的场是一阶非相干场,在此条件下(10.1.9)式表示纠缠双光子态的 biphoton 相干性.

练　习

1. 试由(10.1.7)式经傅里叶变换推导(10.1.8)式.

10.2　卡尔-波普的思想实验及纠缠光子的鬼成像和鬼衍射实验

1. 卡尔-波普的思想实验和 Klyshko 的理论方案

1934 年著名哲学家卡尔-波普(Karl Popper)对 EPR 态提出了一个有趣的思想实验,用于验证 EPR 态的非定域性(Popper,1934). 波普的思想实验如图 10.2-1 所示. 从双光子纠缠源发出的一对光子满足动量守恒,当其中一个光子通过左边的单缝时,该光子的位置被确定,因此通过单缝的光子的动量完全不确定. 根据量子力学理论对 EPR 态的非定域性理解,实验将会观察到另一个光子通过虚拟的单缝,并且在远场其动量也完全不确定. 波普不相信会发生这个结果,提出思想实验来说明该结果不可能发生. 对波普的思想实验如同 EPR 问题一样也存在许多争论,但该实验中预示的虚拟单缝是量子鬼成像的雏形.

20 世纪 80 年代,苏联学者 Klyshko(Давид Николаевич Клышко,1929—2000)在理论上研究了自发参量下转换过程中产生的光子对的空间纠缠行为(Klyshko,1988). 1994 年他和 Belinskii 提出了利用纠缠双光子态实现成像、衍射和全息的理论方案(Belinskii,1994). 1995 年 Pittman 等

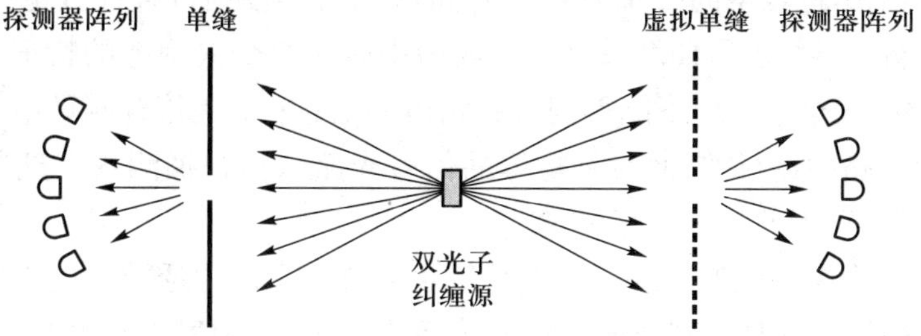

图 10.2-1 卡尔-波普的思想实验

和 Strekalov 等分别在实验上实现了 Klyshko 的前两个方案,称为鬼成像和鬼干涉(Pittman,1995;Strekalov,1995). 双光子量子全息方案的实验观察直到 2011 年才报道(Song,2011).

2. 鬼成像实验

Pittman 等的双光子纠缠源鬼成像实验装置如图 10.2-2 所示. 一激光束泵浦 β-BBO 晶体[注]实现 II 型参量下转换过程,产生的信号光和闲置光被一偏振分束器分开,其中信号光经过成像透镜照射一透光物体[见图 10.2-2(a)]后被固定的探测器 D_1 收集. 收集透镜收集通过物体各部位的所有光子全部被 D_1 记录,这种方法称为桶测量. 闲置光经过一定距离的自由传播,

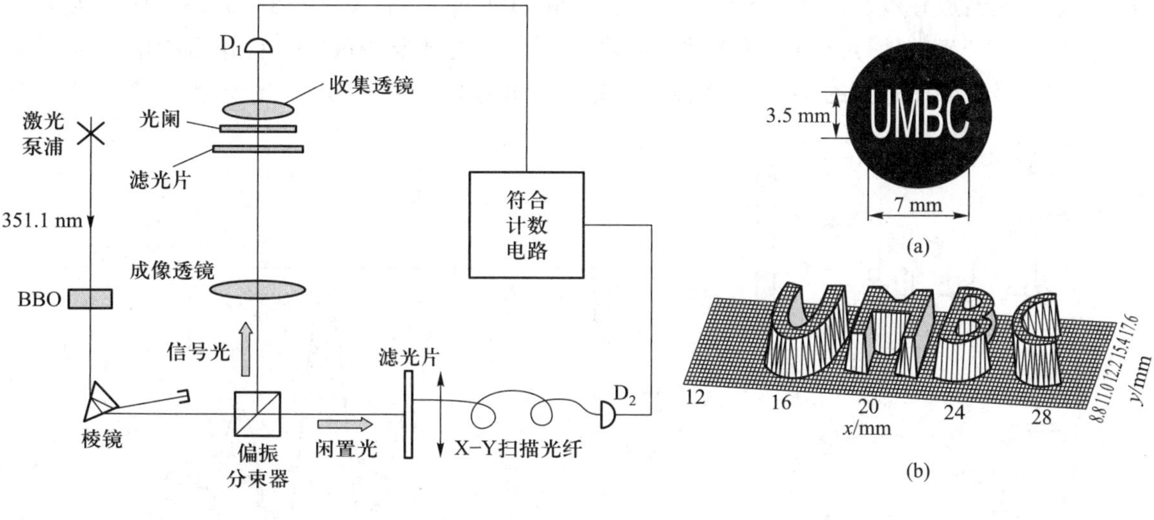

图 10.2-2 纠缠双光子源的鬼成像实验.(a)是最接近收集透镜的光阑透射物体(UMBC),(b)是实验结果(Pittman,1995)

[注] β-BBO 晶体全称是 β 相偏硼酸钡晶体(β-BaB_2O_4).

在探测平面由探测器 D_2 逐点空间扫描测量．两路探测器连接到符合计数电路进行符合测量后得到了物体的空间分布像［见图 10.2-2(b)］．实验中有两个令人困惑的特征：一是对任何单路光强度的测量（即单光子测量）均不能得到有关物体的信息；二是符合测量中的空间分辨部分是在没有物体的参考光路中进行的，而对有物体的信号光路只执行桶测量．这些性质难以由传统的光学成像理论来理解，因此称为“鬼”成像．

双光子纠缠态鬼成像实验如同经典成像系统也需要一个成像透镜．设物体到成像透镜的距离 z_3 为物距，信号光从 BBO 晶体到成像透镜的传播距离为 z_2，闲置光从 BBO 晶体到扫描光纤的距离为 z_1，则鬼成像的物像关系满足几何光学中的高斯成像公式

$$\frac{1}{z_3}+\frac{1}{z_2+z_1}=\frac{1}{f}, \tag{10.2.1}$$

其中 f 为透镜的焦距．该公式可以理解为：在纠缠双光子问题中可将信号光路相对于晶体作镜面对折，使相互关联的信号光和闲置光处在同一直线上，从而使 z_2+z_1 成为鬼成像的像距．

3. 鬼干涉（鬼衍射）实验

1994 年 Ribeiro 等最早利用自发参量下转换产生的纠缠双光子观察到双缝干涉条纹（Ribeiro, 1994），不过在他们的实验中空间扫描探测器放在双缝一侧的信号光端，因而不能体现双光子量子像的非定域性．1995 年 Strekalov 等报道的鬼干涉实验和上述鬼成像的装置相似，但空间扫描探测器放在没有双缝的闲置光端（Strekalov, 1995）．实验装置如图 10.2-3 所示，自发参量下转换过程产生的信号光和闲置光被分束器分开，在信号光路中放置一双缝，而闲置光束自由传播．在信号光和闲置光的光路中，探测器单独测量光束的强度分布（单光子测量）都观察不到

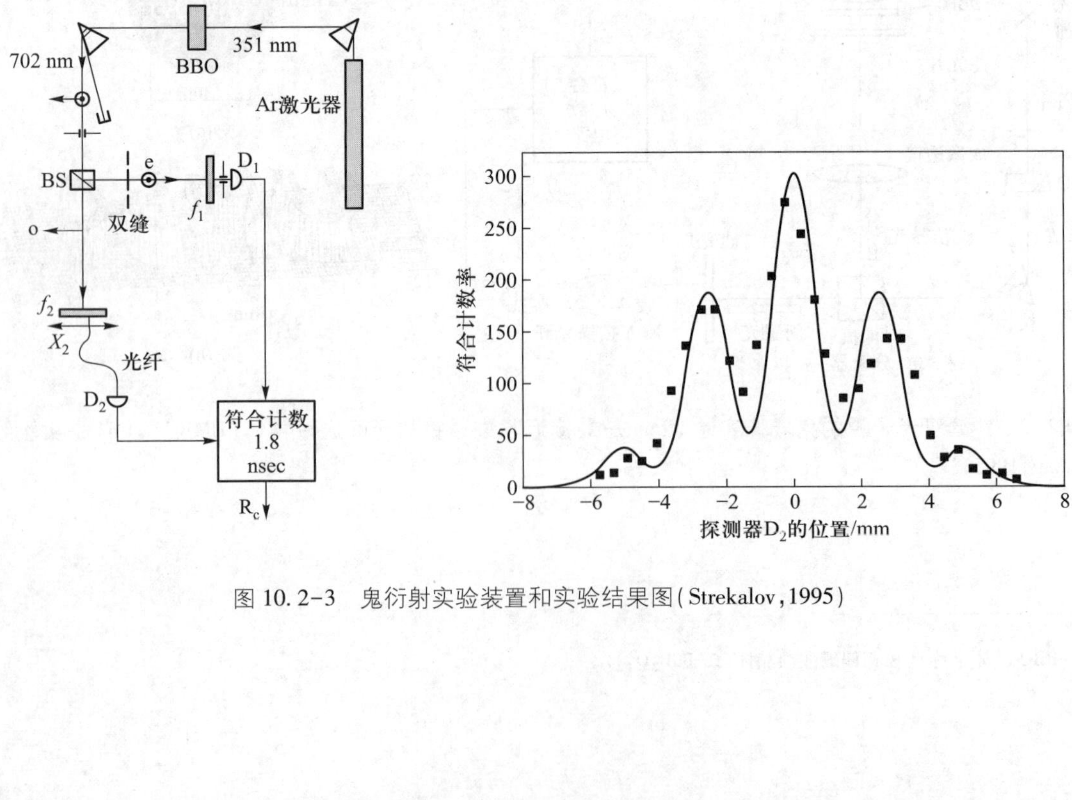

图 10.2-3 鬼衍射实验装置和实验结果图（Strekalov, 1995）

干涉条纹．在实验中信号光路(包含有双缝)中的探测器 D_1 的位置固定不动，而对闲置光路(不包含双缝)的探测器 D_2 进行空间分辨扫描，在两个探测器符合测量中获得如图 10.2-3 右图所示的干涉条纹．

Strekalov 等用一个简化的实验示意图 10.2-4 来解释鬼衍射．由于下转换产生的纠缠光子对存在空间关联，将信号光路经晶体对折后与参考光路构成联合系统，当将固定的探测器 D_1 视为点光源时，成为经典光学中典型的点光源双缝干涉．

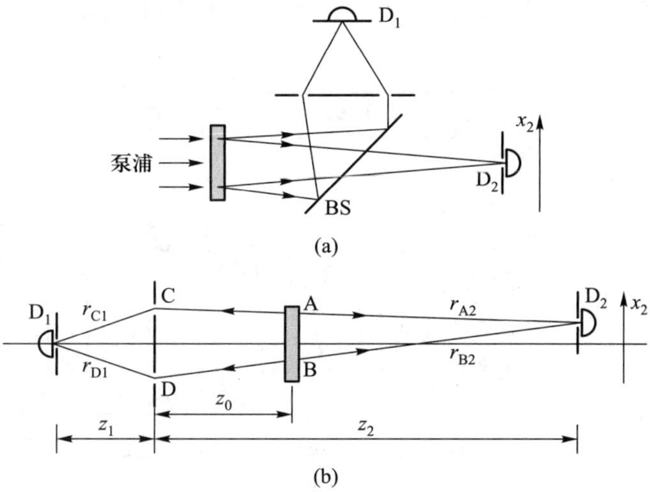

图 10.2-4 简化的纠缠双光子的鬼干涉实验示意图(Strekalov,1995)

10.3 纠缠双光子的鬼成像和鬼衍射实验的理论解释

根据卷Ⅱ(4.3.6)式，电场包络 $E_0(x_0)$ 经过光学系统的衍射可以用脉冲响应函数 $h(x,x_0)$ 表示

$$E(x)=\int h(x,x_0)E_0(x_0)\mathrm{d}x_0. \tag{10.3.1}$$

如图 10.3-1a 所示，当电场包络级联地经过两个光学系统时，容易推算出

$$E(x)=\int h_2(x,x')h_1(x',x_0)E_0(x_0)\mathrm{d}x'\mathrm{d}x_0. \tag{10.3.2}$$

对量子化的光场运用海森伯绘景，电场算符正频分量的演化也遵从上述公式．将其运用到如图 10.3-1b 所示的自发参量下转换过程产生的双光子波包中，信号光和闲置光分别通过各自的光学系统 h_s 和 h_i 后的双光子波包成为

$$
\begin{aligned}
&\left\langle 0 \left| E_{\mathrm{s}}^{(+)}(x_{\mathrm{s}}) E_{\mathrm{i}}^{(+)}(x_{\mathrm{i}}) \right| \psi \right\rangle \\
&= \int h_{\mathrm{i}}(x_{\mathrm{i}}, x_{\mathrm{i}0}) h_{\mathrm{s}}(x_{\mathrm{s}}, x_{\mathrm{s}0}) \left\langle 0 \left| E_{\mathrm{s}0}^{(+)}(x_{\mathrm{s}0}) E_{\mathrm{i}0}^{(+)}(x_{\mathrm{i}0}) \right| \psi \right\rangle \mathrm{d}x_{\mathrm{s}0} \mathrm{d}x_{\mathrm{i}0},
\end{aligned} \tag{10.3.3}
$$

其中 $\left|\psi\right\rangle$ 是下转换产生的双光子纠缠态．根据(10.1.9)式，双光子符合计数率可表示为双光子波包的模的二次方

$$
\left\langle E_{\mathrm{i}}^{(-)}(x_{\mathrm{i}}) E_{\mathrm{s}}^{(-)}(x_{\mathrm{s}}) E_{\mathrm{s}}^{(+)}(x_{\mathrm{s}}) E_{\mathrm{i}}^{(+)}(x_{\mathrm{i}}) \right\rangle = \left| \left\langle 0 \left| E_{\mathrm{s}}^{(+)}(x_{\mathrm{s}}) E_{\mathrm{i}}^{(+)}(x_{\mathrm{i}}) \right| \psi \right\rangle \right|^2. \tag{10.3.4}
$$

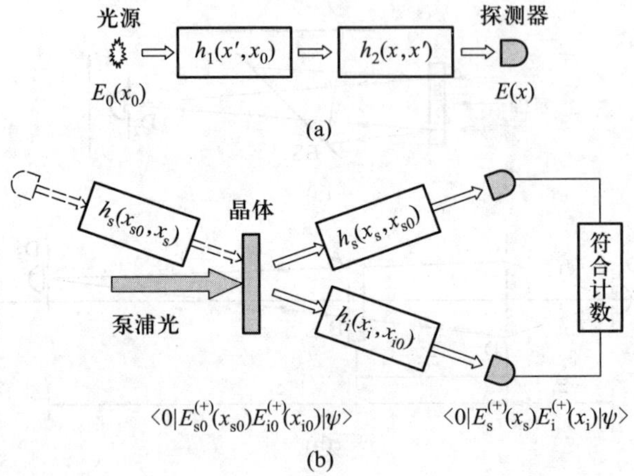

图 10.3-1 (a)光场通过两个级联的光学系统；(b)双光子波包分别通过两个光学系统后作符合计数测量，它等价于两个级联的光学系统

对满足(10.1.4)式的理想纠缠态，初态双光子波包为

$$
\left\langle 0 \left| E_{\mathrm{s}0}^{(+)}(x_{\mathrm{s}0}) E_{\mathrm{i}0}^{(+)}(x_{\mathrm{i}0}) \right| \psi \right\rangle \propto \delta(x_{\mathrm{s}0} - x_{\mathrm{i}0}), \tag{10.3.5}
$$

代入(10.3.3)式后得到

$$
\left\langle 0 \left| E_{\mathrm{s}}^{(+)}(x_{\mathrm{s}}) E_{\mathrm{i}}^{(+)}(x_{\mathrm{i}}) \right| \psi \right\rangle \propto \int h_{\mathrm{i}}(x_{\mathrm{i}}, x_{\mathrm{s}0}) h_{\mathrm{s}}(x_{\mathrm{s}}, x_{\mathrm{s}0}) \mathrm{d}x_{\mathrm{s}0}. \tag{10.3.6}
$$

如图 10.3-1b 所示，设想将信号光相对于晶体作镜像对称，使信号光与闲置光处在同一直线上，并考虑其传播方向反向(即以探测器作为光源指向晶体)．这样(10.3.6)式中信号光的脉冲响应函数两个坐标交换次序，$h_{\mathrm{s}}(x_{\mathrm{s}}, x_{\mathrm{s}0}) \to h_{\mathrm{s}}(x_{\mathrm{s}0}, x_{\mathrm{s}})$，记为等价双光子波包

$$
\left\langle 0 \left| E_{\mathrm{s}}^{(+)}(x_{\mathrm{s}}) E_{\mathrm{i}}^{(+)}(x_{\mathrm{i}}) \right| \psi \right\rangle_{\text{等价}} \propto \int h_{\mathrm{i}}(x_{\mathrm{i}}, x_{\mathrm{s}0}) h_{\mathrm{s}}(x_{\mathrm{s}0}, x_{\mathrm{s}}) \mathrm{d}x_{\mathrm{s}0}, \tag{10.3.7}
$$

它与(10.3.2)式相似，说明了图 10.3-1 的(a)与(b)图两个光学系统可以等价．

在进一步的讨论中，我们考虑在纠缠双光子态量子像中三种光源等价光学系统．

(ⅰ)点光源

点光源照射物体的场满足空间相干性,理想点光源可以表示为 $E_0(x_0)=E_0\delta(x_0-x_s)$,代入(10.3.2)式后得到

$$E(x)=E_0\int h_2(x,x')h_1(x',x_s)\,dx', \tag{10.3.8}$$

它与(10.3.7)式形式相同. 因此在双光子鬼衍射的符合测量中,固定一个点探测器的位置而扫描另一个点探测器,可以实现如同点光源照射物体的相干衍射,这在理论上解释了图 10.2-4 表达的两个模型的等价性.

(ⅱ)面扩展热光源(空间非相干源)

面扩展热光源是空间非相干光源,当它照射物体时不能实现相干衍射,但可以用透镜成像. 设面热光源满足空间完全非相干性,

$$\langle E_0^*(x_0')E_0(x_0)\rangle=I_0\delta(x_0'-x_0). \tag{10.3.9}$$

由(10.3.2)式,经过图 10.3-1a 级联系统后在观察端的平均强度分布为

$$\begin{aligned}\langle E^*(x)E(x)\rangle&=\int h_2^*(x,x'')h_1^*(x'',x_0')h_2(x,x')h_1(x',x_0)\langle E_0^*(x_0')E_0(x_0)\rangle\,dx''dx'_0dx'dx_0\\&=I_0\int h_2^*(x,x'')h_1^*(x'',x_0)h_2(x,x')h_1(x',x_0)\,dx''dx'dx_0.\end{aligned} \tag{10.3.10}$$

在图 10.3-1b 中,双光子符合计数中对其中一个光子(例如信号光)实行桶测量,符合计数率为

$$\begin{aligned}R(x_i)&=\int\langle E_i^{(-)}(x_i)E_s^{(-)}(x_s)E_s^{(+)}(x_s)E_i^{(+)}(x_i)\rangle\,dx_s\\&=\int\left|\langle 0|E_s^{(+)}(x_s)E_i^{(+)}(x_i)|\psi\rangle\right|^2dx_s.\end{aligned} \tag{10.3.11}$$

将(10.3.7)式代入后得到

$$R(x_i)\propto\int h_i^*(x_i,x'_{s0})h_s^*(x'_{s0},x_s)h_i(x_i,x_{s0})h_s(x_{s0},x_s)\,dx'_{s0}dx_{s0}dx_s, \tag{10.3.12}$$

它与(10.3.10)式等价. 因此在纠缠双光子的符合计数中运用桶测量方法等价于在传统光学中使用一个空间非相干源照射光学系统,纠缠将两个非定域光子级联在一起,这就可以理解鬼成像的薄透镜成像公式(10.2.1)式.

(ⅲ)平面波相干光源

平面波相干光源可表示为 $E_0(x_0)=E_0$,在观察端的电场(10.3.2)式成为

$$E(x)=E_0\int h_2(x,x')h_1(x',x_0)\,dx'dx_0. \tag{10.3.13}$$

为了在双光子量子像问题中建立等价平面波相干源,对其中某个光子(例如信号光)采用如图 10.3-2 所示的相干探测装置,它由透镜和放在透镜焦点上的探测器组成. 很明显,探测器只接收平行光束,从而在反演中等价于发射平面波. 从透镜前表面到后焦面的脉冲响应函数为

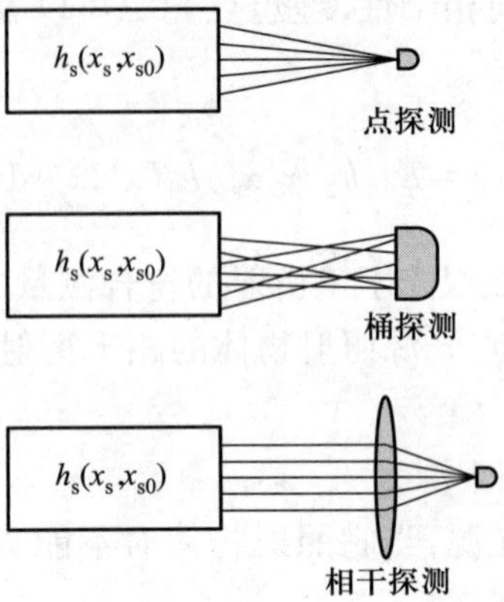

图 10.3-2　点探测、桶探测和相干探测装置示意图，分别对应于传统光学中的点光源、空间非相干光源和平面波相干光源

$$h_f(x_s',x_s) \propto \exp\left[\mathrm{i}(k/2f)(x_s'^2 - 2x_sx_s')\right], \tag{10.3.14}$$

其中 k 是波矢，f 是透镜焦距. 闲置光与在透镜后焦面的信号光组成的双光子波包可进一步计算为

$$\left\langle 0\left|E_s^{(+)}(x_s')E_i^{(+)}(x_i)\right|\psi\right\rangle_{\text{coh}} = \int h_f(x_s',x_s)\left\langle 0\left|E_s^{(+)}(x_s)E_i^{(+)}(x_i)\right|\psi\right\rangle \mathrm{d}x_s. \tag{10.3.15}$$

当探测器在焦点处，令 $x_s'=0$，再结合(10.3.6)式得到

$$\left\langle 0\left|E_s^{(+)}(0)E_i^{(+)}(x_i)\right|\psi\right\rangle_{\text{coh}} = \int h_i(x_i,x_{s0})h_s(x_s,x_{s0})\,\mathrm{d}x_{s0}\mathrm{d}x_s. \tag{10.3.16}$$

设想信号光反向传播，在(10.3.16)式中运用 $h_s(x_s,x_{s0}) \to h_s(x_{s0},x_s)$ 后与(10.3.13)式等价.

10.4　纠缠双光子态的亚波长干涉和量子光刻

1. 双光子干涉仪

在上面描述的双光子量子成像方案中，两个纠缠的光子在空间上是分离传播的，并表现出明显的非定域性. 本节介绍纠缠光子对沿同一光轴传播时的量子成像.

根据量子力学，一个质量为 m 的微观粒子的德布罗意波长为 $h/(mv)$. 当两个相同质量的粒子黏在一起时，德布罗意波长 $h/(2mv)$ 成为单个粒子的二分之一. 1995 年 Jacobson 等对光子提出了类似的多光子德布罗意波的概念(Jacobson, 1995)[注]：对于光波长为 λ 的 N 个光子的集合，其德布罗意波长为 λ/N. 2000 年 Boto 等人在理论上提出了一个用双光子纠缠态的干涉方案

[注] 多光子德布罗意波的概念仅是一家之言，没有得到普遍的认同.

(Boto,2000),在不改变光波波长的情况下,把光学系统的瑞利衍射分辨极限提高一倍,他们称之为量子干涉光刻术,简称为量子光刻(quantum lithography).

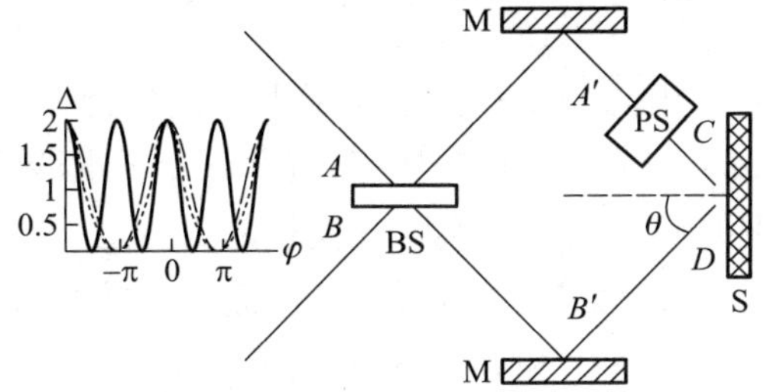

图 10.4-1 双光子干涉仪示意图.图中 BS 为分束器,M 为平面镜,PS 为相移器,S 为双光子刻录介质

Boto 等提出的双光子干涉仪(two-photon interferometer)方案如图 10.4-1 所示.设在分束器 BS 的输入端 A 和 B 的场分别用算符 a 和 b 表示,由 3.4 节,经过 50/50 无损耗分束器的输出场可以用一幺正变换计算.考虑到相移器 PS 的作用是对通过它的光场产生相移 ϕ,在 C 和 D 的场可分别表示为

$$c=\frac{1}{\sqrt{2}}\mathrm{e}^{\mathrm{i}\phi}(a-\mathrm{i}b),\qquad d=\frac{1}{\sqrt{2}}(-\mathrm{i}a+b). \tag{10.4.1}$$

在刻录介质 S 处的叠加场

$$e=\frac{1}{\sqrt{2}}(c+d)=\frac{1}{2}[(\mathrm{e}^{\mathrm{i}\phi}-\mathrm{i})a+(1-\mathrm{i}\mathrm{e}^{\mathrm{i}\phi})b], \tag{10.4.2}$$

对应的粒子数算符为

$$e^{\dagger}e=\frac{1}{2}[(1-\sin\phi)a^{\dagger}a+(1+\sin\phi)b^{\dagger}b+\cos\phi(a^{\dagger}b+b^{\dagger}a)]. \tag{10.4.3}$$

假如在分束器 BS 的输入端只入射一个光子,例如在 A 端,量子态为 $|\psi_{\mathrm{I}}\rangle=|1\rangle_A|0\rangle_B$.在刻录介质 S 处的单光子光强为

$$\langle\psi_{\mathrm{I}}|e^{\dagger}e|\psi_{\mathrm{I}}\rangle=\frac{1}{2}(1-\sin\phi), \tag{10.4.4}$$

发生依赖于相移的一阶干涉.当分束器的 A 和 B 端各入射一个相同的光子,量子态为双光子态 $|\psi_{\mathrm{II}}\rangle=|1\rangle_A|1\rangle_B$.在刻录介质 S 处测量单光子光强得到

$$\langle\psi_{\mathrm{II}}|e^{\dagger}e|\psi_{\mathrm{II}}\rangle=1, \tag{10.4.5}$$

这时一阶干涉不存在.

定义双光子强度 $\langle e^{\dagger 2}e^{2}\rangle$ 为介质同时吸收两个光子产生一个光电子的强度,双光子刻录介

质刻蚀反应正比于双光子强度．对双光子态 $\left|\psi_{\mathrm{II}}\right\rangle$，刻录介质 S 处的双光子强度可计算为

$$\left\langle\psi_{\mathrm{II}}\left|e^{\dagger 2} e^{2}\right| \psi_{\mathrm{II}}\right\rangle=\frac{1}{2}(1+\cos 2 \phi). \tag{10.4.6}$$

与(10.4.4)式比较容易看出，对于同一相移器双光子干涉比单光子干涉相移增加一倍．相移与光场的横向坐标 x 的关系为 $\phi=2\pi x/\lambda$，则在记录介质上双光子干涉条纹的间隔是单光子的二分之一．换言之，双光子干涉中的等效波长是实际光波长的二分之一，称为亚波长干涉效应．

在本模型中双光子亚波长干涉效应的物理缘由是双光子纠缠态，虽然输入分束器的是两个独立光子的量子态，经过分束器后在 A' 和 B' 的量子态成为双光子纠缠态．按照 6.6 节的方法可以计算出

$$\left|\psi_{\mathrm{E}}\right\rangle=\frac{1}{\sqrt{2}}\left(|2\rangle_{A'}|0\rangle_{B'}+|0\rangle_{A'}|2\rangle_{B'}\right), \tag{10.4.7}$$

它表示在 A' 处的双光子波包与 B' 处的双光子波包的相干叠加．现在重新设 A' 处的场模算符为 a，B' 处的场模算符为 b，它们之间的相位差为 ϕ，叠加场为

$$e=\frac{1}{\sqrt{2}}\left(\mathrm{e}^{\mathrm{i} \phi} a+b\right). \tag{10.4.8}$$

双光子纠缠态(10.4.7)式可表为

$$\left|\psi_{\mathrm{E}}\right\rangle=\frac{1}{2}\left[\left(a^{\dagger}\right)^{2}+\left(b^{\dagger}\right)^{2}\right]|0\rangle. \tag{10.4.9}$$

对于上述纠缠态，当对(10.4.8)式叠加场作单光子测量和双光子测量时可分别得到与(10.4.5)式和(10.4.6)式相同的结果．这些结果体现了纠缠双光子态的 biphoton 相干性．

2. 双光子双缝干涉

1999 年巴西 Fonseca 等人首次报道了利用自发参量下转换产生的纠缠双光子态作为光源，观察到亚波长双缝干涉效应(Fonseca，1999)．两年后美国 D'Angelo 等也报道了类似的实验结果(D'Angelo，2001)，他们的实验装置如图 10.4-2a 所示．由激光泵浦 BBO 晶体产生的双光子对通过双缝，在观察平面上实施双光子强度测量．由于实验中采用Ⅱ型参量下转换过程，产生一对偏振正交的纠缠光子．双光子强度测量是通过偏振分束器将双光子分离后，再由符合计数完成的.实验结果如图 10.4-2b 所示，所测得的双光子干涉条纹的分布范围和条纹间距均为同波长普通相干光双缝干涉条纹图的一半，相当于波长减少一半的干涉条纹，称为亚波长干涉(subwavelength interference)．

在纠缠双光子态的双缝干涉的原理图 10.4-3 中，设在双缝 A 和 B 处的电场算符分别为 a_{Aj} 和 a_{Bj}，其中 j=H，V 表示垂直和水平偏振模．在观察平面上用两个探测器 DH 和 DV 分别测量 H 光子和 V 光子，它们的场可以表示为

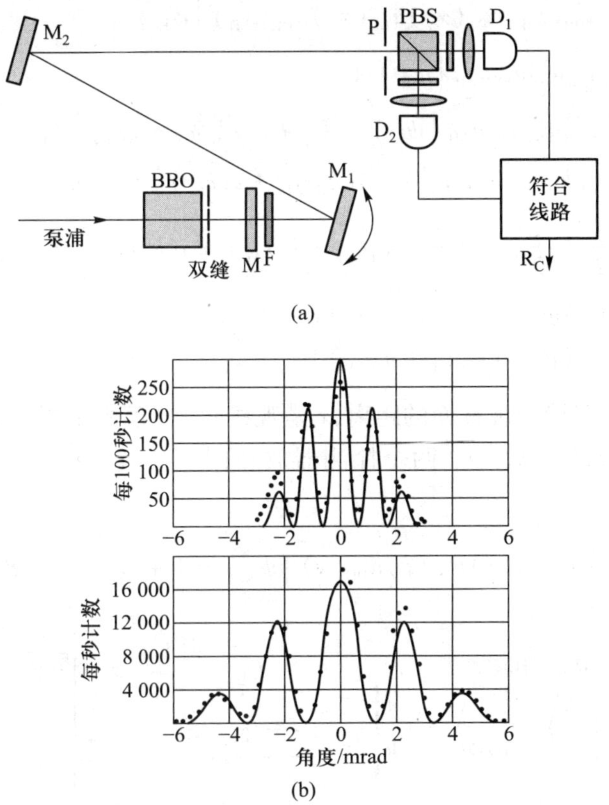

图 10.4-2　(a)纠缠双光子态的亚波长双缝干涉实验示意图(D'Angelo,2001);(b)亚波长干涉实验结果．上图为亚波长干涉条纹,下图为相干光干涉条纹(D'Angelo,2001)

$$a_{Dj}=a_{Aj}\exp(\mathrm{i}k_j r_{Aj})+a_{Bj}\exp(\mathrm{i}k_j r_{Bj}),\quad (j=\mathrm{H},\mathrm{V}).\tag{10.4.10}$$

其中 k_j是偏振模 j 的波矢,$r_{Aj}(r_{Bj})$是 $A(B)$缝到 j 模光子探测器的距离．观察平面上 H 光子和 V 光子的符合计数率可表示为

$$\langle\psi_{\mathrm{E}}|a_{\mathrm{DH}}^{\dagger}(x_{\mathrm{H}})a_{\mathrm{DV}}^{\dagger}(x_{\mathrm{V}})a_{\mathrm{DV}}(x_{\mathrm{V}})a_{\mathrm{DH}}(x_{\mathrm{H}})|\psi_{\mathrm{E}}\rangle,\tag{10.4.11}$$

$|\psi_{\mathrm{E}}\rangle$是在双缝处的量子态．在实验中双缝紧贴晶体,在晶体中一个泵浦光子转化产生的光子对总是通过同一个缝,因此有

$$|\psi_{\mathrm{E}}\rangle=\frac{1}{\sqrt{2}}[a_{A\mathrm{H}}^{\dagger}a_{A\mathrm{V}}^{\dagger}+a_{B\mathrm{H}}^{\dagger}a_{B\mathrm{V}}^{\dagger}]\,|0\rangle.\tag{10.4.12}$$

利用(10.4.10)式和(10.4.12)式可以得到

$$
\begin{aligned}
&\left\langle \psi_{\mathrm{E}} \left| a_{\mathrm{DH}}^{\dagger}(x_{\mathrm{H}}) a_{\mathrm{DV}}^{\dagger}(x_{\mathrm{V}}) a_{\mathrm{DV}}(x_{\mathrm{V}}) a_{\mathrm{DH}}(x_{\mathrm{H}}) \right| \psi_{\mathrm{E}} \right\rangle \\
&= \left\langle \psi_{\mathrm{E}} \left| a_{A\mathrm{H}}^{\dagger} a_{A\mathrm{V}}^{\dagger} a_{A\mathrm{V}} a_{A\mathrm{H}} \right| \psi_{\mathrm{E}} \right\rangle + \\
&\quad \left\langle \psi_{\mathrm{E}} \left| a_{B\mathrm{H}}^{\dagger} a_{B\mathrm{V}}^{\dagger} a_{B\mathrm{V}} a_{B\mathrm{H}} \right| \psi_{\mathrm{E}} \right\rangle + \left\{ \left\langle \psi_{\mathrm{E}} \left| a_{A\mathrm{H}}^{\dagger} a_{A\mathrm{V}}^{\dagger} a_{B\mathrm{H}} a_{B\mathrm{V}} \right| \psi_{\mathrm{E}} \right\rangle \cdot \right. \\
&\quad \left. \exp\left[-\mathrm{i}(k_{\mathrm{H}} r_{A\mathrm{H}} + k_{\mathrm{V}} r_{A\mathrm{V}}) + \mathrm{i}(k_{\mathrm{H}} r_{B\mathrm{H}} + k_{\mathrm{V}} r_{B\mathrm{V}}) \right] + \mathrm{c.\,c.} \right\} \qquad (10.4.13) \\
&= \frac{1}{2} + \frac{1}{2} + \frac{1}{2} \left\{ \exp\left[-\mathrm{i}(k_{\mathrm{H}} r_{A\mathrm{H}} + k_{\mathrm{V}} r_{A\mathrm{V}}) + \mathrm{i}(k_{\mathrm{H}} r_{B\mathrm{H}} + k_{\mathrm{V}} r_{B\mathrm{V}}) \right] + \mathrm{c.\,c.} \right\} \\
&= 1 + \cos\left[k_{\mathrm{H}}(r_{B\mathrm{H}} - r_{A\mathrm{H}}) + k_{\mathrm{V}}(r_{B\mathrm{V}} - r_{A\mathrm{V}}) \right] \\
&= 1 + \cos\left[(d/z)(k_{\mathrm{H}} x_{\mathrm{H}} + k_{\mathrm{V}} x_{\mathrm{V}}) \right],
\end{aligned}
$$

其中 d 是双缝间隔，z 是双缝到观察面的距离，x_j 是观察面上 j 模光子探测器的位置．在实验中两个偏振模有相同的波长，$k_{\mathrm{H}} = k_{\mathrm{V}} = k$．两个探测器放在同一位置，$x_{\mathrm{H}} = x_{\mathrm{V}} = x$，因此有亚波长干涉条纹

$$
\left\langle \psi_{\mathrm{E}} \left| a_{\mathrm{DH}}^{\dagger}(x) a_{\mathrm{DV}}^{\dagger}(x) a_{\mathrm{DV}}(x) a_{\mathrm{DH}}(x) \right| \psi_{\mathrm{E}} \right\rangle = 1 + \cos\left[2 \times (d/z) kx \right]. \qquad (10.4.14)
$$

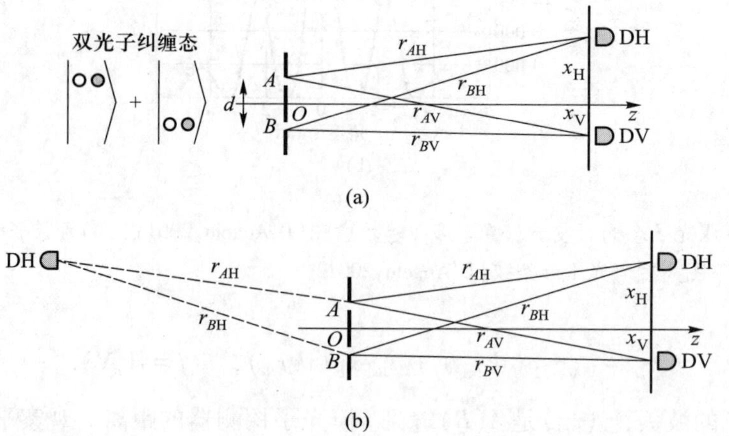

图 10.4-3　纠缠双光子态的亚波长双缝干涉原理图(a)和等价模型图(b)

在(10.4.13)式中的干涉项可分解为两个双光子波包之积：

$$
\begin{aligned}
&\left\langle \psi_{\mathrm{E}} \left| a_{A\mathrm{H}}^{\dagger} a_{A\mathrm{V}}^{\dagger} a_{B\mathrm{H}} a_{B\mathrm{V}} \right| \psi_{\mathrm{E}} \right\rangle \exp\left[-\mathrm{i}(k_{\mathrm{H}} r_{A\mathrm{H}} + k_{\mathrm{V}} r_{A\mathrm{V}}) + \mathrm{i}(k_{\mathrm{H}} r_{B\mathrm{H}} + k_{\mathrm{V}} r_{B\mathrm{V}}) \right] \\
&= \left\langle \psi_{\mathrm{E}} \left| a_{A\mathrm{H}}^{\dagger} a_{A\mathrm{V}}^{\dagger} \right| 0 \right\rangle \exp\left[-\mathrm{i}(k_{\mathrm{H}} r_{A\mathrm{H}} + k_{\mathrm{V}} r_{A\mathrm{V}}) \right] \times \qquad (10.4.15) \\
&\quad \left\langle 0 \left| a_{B\mathrm{H}} a_{B\mathrm{V}} \right| \psi_{\mathrm{E}} \right\rangle \exp\left[\mathrm{i}(k_{\mathrm{H}} r_{B\mathrm{H}} + k_{\mathrm{V}} r_{B\mathrm{V}}) \right],
\end{aligned}
$$

根据上式可以建立双光子双缝干涉的等价模型，如图 10.4-3(b)所示．在等价模型中我们可以将一个探测器想象为单光子源，发射出的单光子通过双缝后抵达另一个探测器，该单光子等价模型可以得到与(10.4.13)式相同的干涉公式．

练　习

1. 试推导(10.4.4)式、(10.4.5)式和(10.4.6)式. 思考为什么在分束器两端同时输入单光子时一阶干涉现象消失.

2. 当分束器两输入端各输入一个光子时,按照6.6节的方法计算输出纠缠态(10.4.7)式.

3. 利用(10.4.8)式和(10.4.9)式计算出 $\left\langle \psi_E \middle| e^{\dagger 2} e^2 \middle| \psi_E \right\rangle = \frac{1}{2}(1+\cos 2\phi)$ 和 $\left\langle \psi_E \middle| e^{\dagger} e \middle| \psi_E \right\rangle = 1$.

4. 由(10.4.10)式—(10.4.12)式推导(10.4.13)式.

5. 根据等价模型推导其干涉公式与(10.4.13)式结果相同.

10.5 双光子 Talbot 自成像效应, 亚波长效应的基本特征

经典 Talbot 效应(Talbot effect)首次发现于1836年(Talbot,1836),当相干光照射一个光栅后,在一定的距离可以观察到光栅的自成像. Talbot 长度(Talbot length)定义为 $z_T = 2d^2/\lambda$,其中 d 是光栅的周期,λ 是光波长,自成像的距离是 Talbot 长度的整数倍. Talbot 自成像效应是近场衍射效应,由于它涉及周期结构的观察,在近代物理学的许多方面有重要的应用. 2011年 Song 等人实验研究了双光子 Talbot 效应(Song,2011),对双光子亚波长干涉的基本特征提出了新的认识.

双光子 Talbot 效应实验装置与双缝干涉实验类似,用一个振幅型光栅替代双缝,在近场观察光栅的衍射斑图. 图10.5-1上图为实验装置示意图,下图为实验结果,其中下图左边为双光子 Talbot 像,作为比较右边为单光子经典 Talbot 像. 下图(a)—(c)中的衍射距离分别为(1/2)、1和2倍 Talbot 长度. 在相同的衍射距离时,比较双光子 Talbot 像与经典(单光子)Talbot 像,(a)图的周期减小一半,而(b)和(c)图周期相同. 这一结果表明,关于双光子双缝干涉中条纹间隔减半的亚波长特征不能普遍成立.

我们对上述双光子亚波长干涉效应的新特征作理论解释. 由于下转换的两个光子经历了相同的衍射,并且对两个下转换光同步空间扫描,由(10.3.6)式可得到

$$\left\langle 0 \middle| E_s^{(+)}(x) E_i^{(+)}(x) \middle| \psi \right\rangle \propto \int h^2(x, x_0)\, dx_0, \tag{10.5.1}$$

其中脉冲响应函数

$$h(x, x_0) \propto T(x_0) \exp\left[\frac{i\pi}{\lambda z}(x - x_0)^2\right]. \tag{10.5.2}$$

$T(x)$ 是被衍射物体的透射函数,对于双缝和振幅光栅这样的透射率为0和1的函数满足 $T^2(x) = T(x)$. 将(10.5.2)式代入(10.5.1)式得到

$$\left\langle 0 \left| E_s^{(+)}(x) E_i^{(+)}(x) \right| \psi \right\rangle \propto \int T(x_0) \exp\left[\frac{\mathrm{i}\pi}{\lambda z/2}(x - x_0)^2\right] \mathrm{d}x_0. \tag{10.5.3}$$

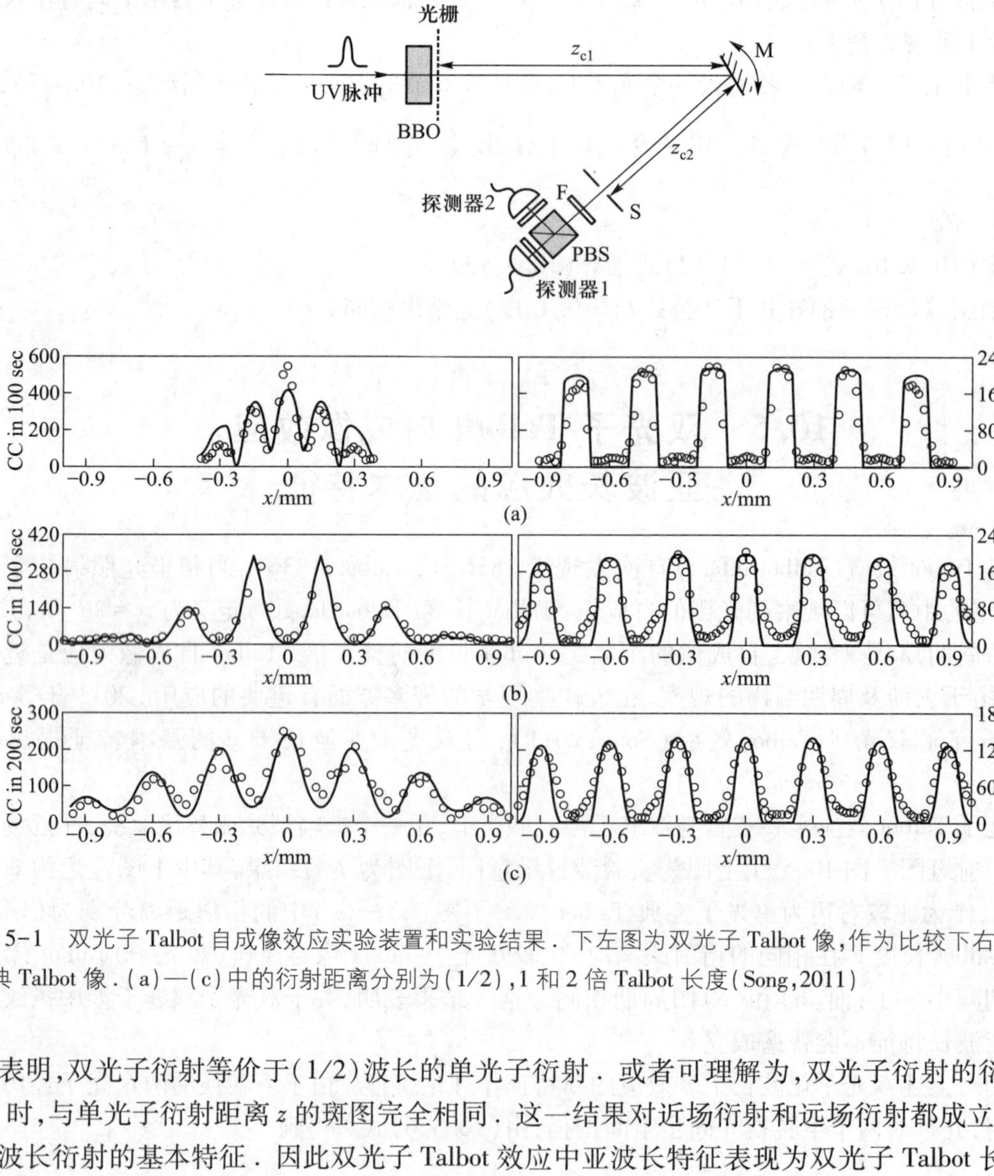

图 10.5-1　双光子 Talbot 自成像效应实验装置和实验结果．下左图为双光子 Talbot 像，作为比较下右图为单光子经典 Talbot 像．(a)—(c) 中的衍射距离分别为 (1/2)，1 和 2 倍 Talbot 长度 (Song，2011)

上式表明，双光子衍射等价于 (1/2) 波长的单光子衍射．或者可理解为，双光子衍射的衍射距离为 $2z$ 时，与单光子衍射距离 z 的斑图完全相同．这一结果对近场衍射和远场衍射都成立，是双光子亚波长衍射的基本特征．因此双光子 Talbot 效应中亚波长特征表现为双光子 Talbot 长度是经典 Talbot 长度的两倍，即 $Z_T = 2z_T = 2d^2/(\lambda/2)$，其中 λ 是下转换光子的波长．在图 10.5-1 下图 (a)—(c) 左边的双光子 Talbot 像，可对应于单光子 Talbot 效应在 (1/4)、(1/2) 和 1 倍 Talbot 长度的像，例如左边双光子 (b) 和 (c) 图分别与右边单光子 (a) 和 (b) 图对应．

远场条件要求 $z \gg 2\pi d^2/\lambda$，其中 d 表示被衍射物体的尺寸．在远场极限下，发生夫琅禾费衍射．(10.5.3) 式近似为

$$\left\langle 0 \left| E_{s}^{(+)}(x) E_{i}^{(+)}(x) \right| \psi \right\rangle \propto \exp\left[\frac{\mathrm{i}\pi}{\lambda z/2}x^{2}\right] \int T(x_{0}) \exp\left[-\frac{\mathrm{i}\pi}{\lambda z/2}2xx_{0}\right] \mathrm{d}x_{0}. \quad (10.5.4)$$

上式积分号前的相位因子在取双光子强度时消失．因此对于相同波长的光在远场衍射时，双光子纠缠源在 $2z$ 处的衍射图与普通相干光在 z 处的衍射图完全相同．如果在相同的衍射距离 z 观察，双光子纠缠源的衍射图比普通相干光的衍射图压缩了(1/2)，如图 10.5-2 所示．

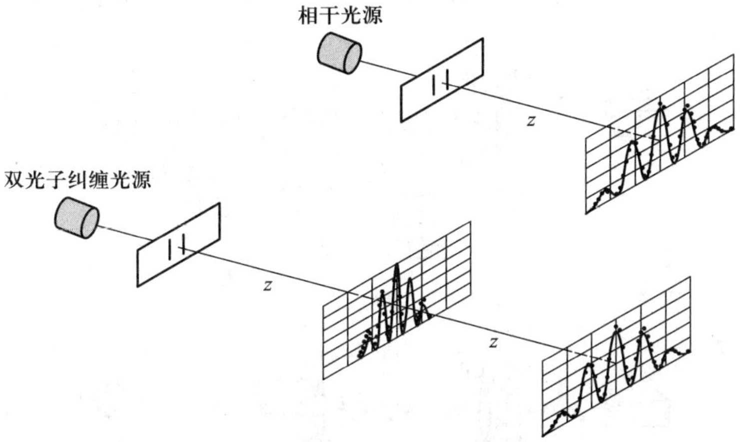

图 10.5-2　在远场条件下，双光子纠缠光源与普通相干光源的双缝干涉条纹的比较示意图

双光子远场衍射用于量子光刻存在局限性．以双缝物体为例，在远场形成的条纹间隔 $D = z\lambda/(2d)$，d 为双缝间距．当远场条件满足时，$z \gg 2\pi d^{2}/\lambda$，从而有 $D \gg d$，远场的条纹间隔已经远大于双缝间隔．因此双光子远场衍射不能形成超越物体细节的斑图，不适用于量子光刻．

10.6　双光子超分辨成像和量子全息成像

1. 双光子艾里斑

为了避免远场条件时双光子衍射斑图的上述局限，可使用透镜实现夫琅和费衍射而不需要远场条件的限制．实验和理论证明在此方案下的双光子艾里斑满足亚波长分辨的基本特征(Xu，2015)．

双光子艾里斑实验方案如图 10.6-1(a)所示，由激光脉冲泵浦 BBO 晶体产生偏振正交的纠缠双光子对，一个半径为 a 的圆孔 CA 紧贴晶体，纠缠光子对通过透镜后被符合计数探测系统测量．符合计数探测系统由一针孔(Pinhole)、偏振分束器(PBS)、两个单光子探测器(D_1，D_2)和符合计数装置(C. C.)组成．圆孔和探测平面分别位于透镜的前后焦平面上，满足夫琅和费衍射条件．

焦距为 f 的凸透镜从前焦面到后焦面的脉冲响应函数为

$$h_f(\boldsymbol{r},\boldsymbol{r}_0)=\frac{1}{\mathrm{i}\lambda f}\exp\left(\frac{\mathrm{i}4\pi f}{\lambda}\right)\exp\left(-\frac{\mathrm{i}2\pi}{\lambda f}\boldsymbol{r}\cdot\boldsymbol{r}_0\right),\tag{10.6.1}$$

其中 λ 为光波长，$\boldsymbol{r}$ 和 $\boldsymbol{r}_0$ 为两焦面上的径向位矢．对于理想双光子纠缠态，双光子振幅(10.3.6)式的二维形式为

$$\left\langle 0\left|E_{\mathrm{s}}^{(+)}(\boldsymbol{r}_{\mathrm{s}})E_{\mathrm{i}}^{(+)}(\boldsymbol{r}_{\mathrm{i}})\right|\psi\right\rangle\propto\int h_{\mathrm{i}}(\boldsymbol{r}_{\mathrm{i}},\boldsymbol{r}_0)h_{\mathrm{s}}(\boldsymbol{r}_{\mathrm{s}},\boldsymbol{r}_0)\,\mathrm{d}\,\boldsymbol{r}_0.\tag{10.6.2}$$

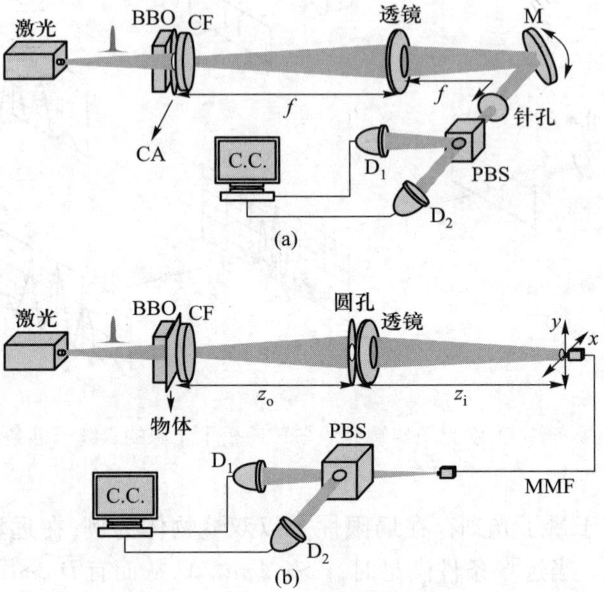

图 10.6-1　超分辨量子成像实验方案图．(a) 双光子艾里斑方案；(b) 亚瑞利量子成像方案．图中 CA 是圆孔径，CF 是滤光片，M 是反射镜，PBS 是偏振分束器，D_1 和 D_2 是单光子探测器，MMF 是多模光纤，C. C. 是符合计数装置(Xu，2015)

设 $P(\boldsymbol{r}_0)$ 是圆孔透射函数，满足 $P^2=P$. 在透镜后焦面上的双光子符合计数率正比于

$$\begin{aligned}R(\boldsymbol{r}_{\mathrm{s}},\boldsymbol{r}_{\mathrm{i}})&\propto\left|\left\langle 0\left|E_{\mathrm{s}}^{(+)}(\boldsymbol{r}_{\mathrm{s}})E_{\mathrm{i}}^{(+)}(\boldsymbol{r}_{\mathrm{i}})\right|\psi\right\rangle\right|^2\\&\propto\left|\int P(\boldsymbol{r}_0)\exp\left[-\frac{\mathrm{i}2\pi}{\lambda f}(\boldsymbol{r}_{\mathrm{s}}+\boldsymbol{r}_{\mathrm{i}})\cdot\boldsymbol{r}_0\right]\mathrm{d}\,\boldsymbol{r}_0\right|^2\\&=\left|\tilde{P}\left[\frac{2\pi}{\lambda f}(\boldsymbol{r}_{\mathrm{s}}+\boldsymbol{r}_{\mathrm{i}})\right]\right|^2,\end{aligned}\tag{10.6.3}$$

其中 $\tilde{P}$ 是函数 P 的傅里叶变换．当在同一位置测量双光子时有 $\boldsymbol{r}_{\mathrm{s}}=\boldsymbol{r}_{\mathrm{i}}=\boldsymbol{r}$，即 $\boldsymbol{r}_{\mathrm{s}}+\boldsymbol{r}_{\mathrm{i}}=2\boldsymbol{r}$. 与单光子衍射相比较，等价于亚波长光子的衍射．

在实验中 $P(\boldsymbol{r})$ 是半径为 a 的圆孔函数，代入(10.6.3)式后得到

$$\frac{R(r)}{R(0)}=\left|\frac{2\mathrm{J}_1\left(\dfrac{2\pi}{\lambda f}2ar\right)}{\dfrac{2\pi}{\lambda f}2ar}\right|^2\equiv \mathrm{somb}^2\left(\frac{2\pi}{\lambda f}2ar\right),\tag{10.6.4}$$

其中 $r=|\boldsymbol{r}|$, $R(r)=R(\boldsymbol{r},\boldsymbol{r})$. J_1 是一阶贝塞尔函数, $\mathrm{somb}(x)\equiv 2\mathrm{J}_1(x)/x$ 称为宽帽边函数(sombrero function). 上式表示的图形称为艾里斑(Airy disk),是圆形光源在远场极限的衍射图,或平行光通过圆形透镜时的会聚斑图. 但(10.6.4)式表示的双光子艾里斑比经典光学(单光子)艾里斑缩小了一半,实验结果和理论模拟参见图 10.6-2.

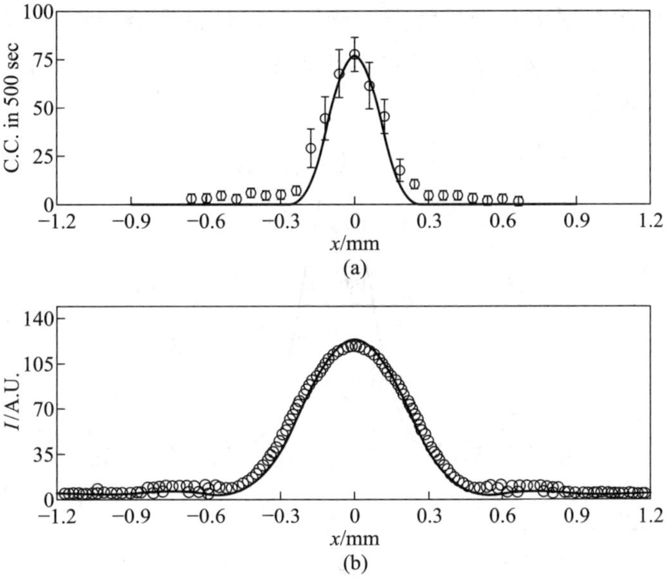

图 10.6-2　(a)双光子艾里斑和(b)单光子艾里斑的实验结果,圆圈为实验数据,实线为理论模拟(Xu,2015)

2. 亚瑞利量子成像(sub-Rayleigh quantum imaging)

图 10.6-1(b)是双光子量子成像的实验方案,由纠缠双光子源照射物体,通过透镜后在成像面上作双光子测量. 理想透镜成像是点到点的对应,有无穷小的分辨率. 实际的透镜成像系统存在一个有限的孔径,称为受限成像系统. 设透镜上孔径的半径为 A,从物平面到像平面的脉冲响应函数为(参见本章末附录 A)

$$h(\boldsymbol{r},\boldsymbol{r}_o)\propto \exp[\mathrm{i}k(z_o+z_i)]\exp\left[\frac{\mathrm{i}k}{2}\left(\frac{|\boldsymbol{r}_o|^2}{z_o}+\frac{|\boldsymbol{r}|^2}{z_i}\right)\right]\cdot \mathrm{somb}\left[kA\left(\frac{|\boldsymbol{r}_o|}{z_o}+\frac{|\boldsymbol{r}|}{z_i}\right)\right],\tag{10.6.5}$$

其中 k 是波矢, z_o 和 z_i 是物距和像距,满足透镜成像公式. $\boldsymbol{r}_o$ 和 $\boldsymbol{r}$ 为物平面和像平面上的径向矢量.

在受限成像系统中,宽帽边函数取代了理想成像系统中的 δ 函数.

设物体透射函数为 $T(\boldsymbol{r}_o)$,在成像面上作强度测量的经典成像公式为

$$I(\boldsymbol{r}) \propto \left| \int T(\boldsymbol{r}_o) h(\boldsymbol{r},\boldsymbol{r}_o) \mathrm{d}\,\boldsymbol{r}_o \right|^2. \tag{10.6.6}$$

如果在成像面上作双光子符合测量,由(10.3.4)式和(10.3.6)式可得到符合计数率为

$$R(\boldsymbol{r}) \propto \left| \int T^2(\boldsymbol{r}_o) h^2(\boldsymbol{r},\boldsymbol{r}_o) \mathrm{d}\,\boldsymbol{r}_o \right|^2. \tag{10.6.7}$$

假设物体在坐标原点有一点光源,$T(\boldsymbol{r}_o) \propto \delta(\boldsymbol{r}_o)$,由(10.6.6)式,经典成像系统观察到艾里斑 $\mathrm{somb}^2(kA\boldsymbol{r}/z_i)$. 瑞利成像判据定义为最大强度到第一暗环的距离,即 $0.61\lambda z_i/A$. 对于双光子态照射的点源,由(10.6.7)式,双光子符合成像系统观察到超级艾里斑 $\mathrm{somb}^4(kA\boldsymbol{r}/z_i)$. 艾里斑和超级艾里斑如图 10.6-3 所示.

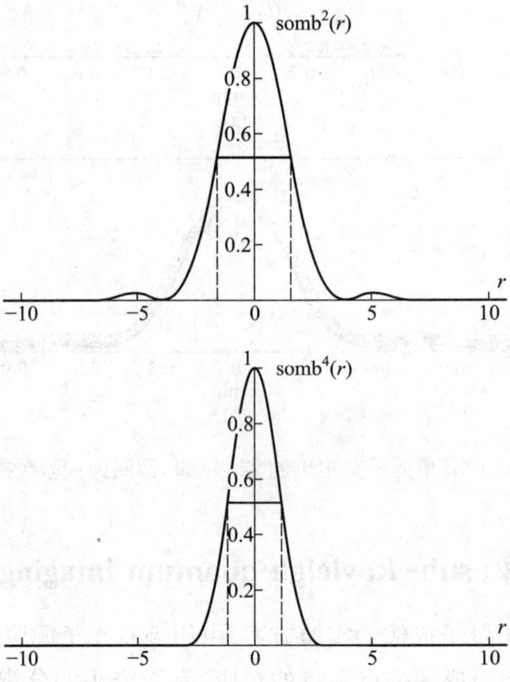

图 10.6-3 艾里斑(上图)和超级艾里斑(下图)比较

超级艾里斑与前面讨论的双光子艾里斑明显不同,双光子艾里斑仅是坐标减小一半的变换,因此所有暗点位置都减小一半. 超级艾里斑的暗点位置没有发生变化,但亮斑区域明显缩小. 比较超级艾里斑与普通艾里斑的半极大全宽,后者是前者的 1.39 倍. 因此双光子量子成像能够超越瑞利判据实现超分辨像,称为亚瑞利量子成像(sub-Rayleigh quantum imaging),Xu 等人的实验结果也证明了此结论(Xu,2015).

3. 量子全息

早在 1994 年 Belinskii 和 Klyshko 就双光子纠缠态的光学现象提出了三个理论方案,双光子衍射、双光子成像和双光子全息．前两个方案不久就被实验证实,分别称为鬼成像和鬼干涉(Pittman,1995; Strekalov,1995).2001 年 Abouraddy 等利用了纠缠光子对之间的神秘超距作用提出了非定域量子全息(quantum holography)的理论方案(Abouraddy,2001a)．如图 10.6-4 所示,信号光子用于照射物体并被一个桶探测器记录(它没有任何空间分辨信息),另一个闲置光子并没有通过物体,作空间位置扫描．文章作者认为通过两个光子的符合计数测量可以获得物体的全息像．

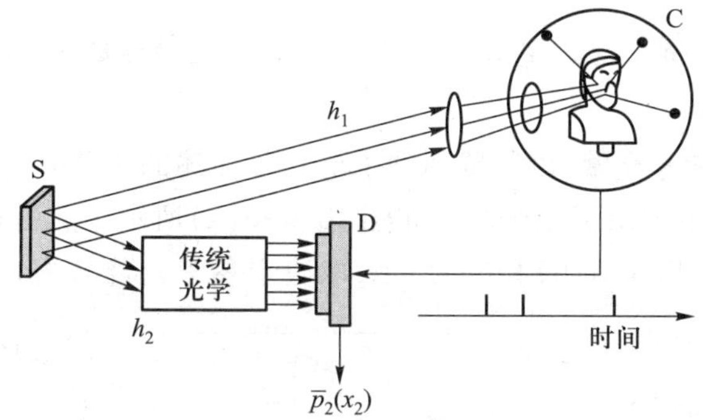

图 10.6-4　非定域量子全息方案示意图(Abouraddy,2001a)

在经典全息术中光在空间上被分为两部分,一部分去照射物体称为物光,另一部分自由传播的光称为参考光,两部分光相干叠加后形成物体全息斑图．在双光子全息中,照射物体的信号光被分为两束,物光和参考光,它们分别与闲置光构成两个双光子波包．因此量子全息是两个双光子波包的空间干涉的记录．

在 10.3 节中已表明,双光子符合成像中的桶测量方案对应于单光子成像中使用一个空间非相干光源．在全息记录中物光和参考光的干涉需要空间相干光源,这是 Abouraddy 等人的量子全息方案的局限性,因而他们的理论方案难以在实验上实现．

2013 年 Song 等人首次报道了量子全息成像实验(Song,2013)．实验采用了点测量方案以避免桶测量方案的局限性．实验装置如图 10.6-5 所示,由紫外飞秒脉冲光泵浦 BBO 晶体的自发参量下转换过程产生双光子纠缠态,其中一个光子(信号光子)通过一个全息干涉仪,待测物体置于干涉仪的一臂为物光臂,干涉仪的另一臂为参考光臂．信号光子通过干涉仪后被固定的点探测器 D_1 记录．纠缠光子对中的另一个闲置光子自由传播被探测器 D_2 记录．在两个探测器的符合计数中,探测器 D_2 作空间扫描．为了获得全息记录,需要作很长时间的符合测量,实验的困难在于在长时间的测量中,需要保持干涉仪两臂的光程差的涨落远小于一个波长．为此实验中采用一维周期物体(振幅光栅),仅记录其一维全息成像图．

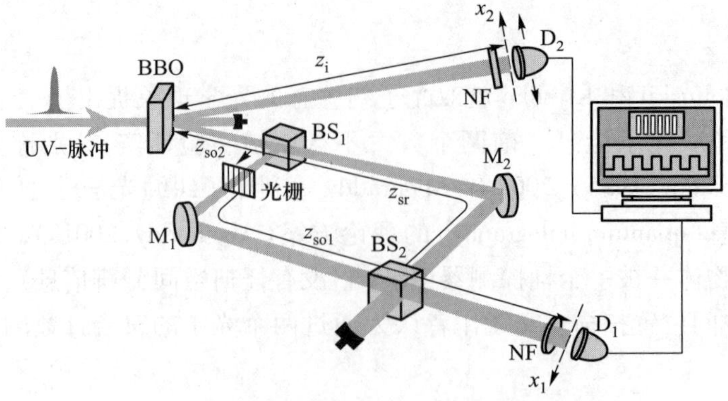

图 10.6-5　双光子纠缠源的量子全息成像实验装置图(Song,2013)

在实验中首先关闭参考光臂,该装置回到了上一节描述的 Talbot 自成像效应．当自成像条件满足时,双光子符合计数记录了光栅的像如图 10.6-6(a)所示．然后打开参考光臂,实验观察到两个不同的结果,如图 10.6-6(b)和(c)所示,取决于参考光臂与物光臂的光场是同相或是反

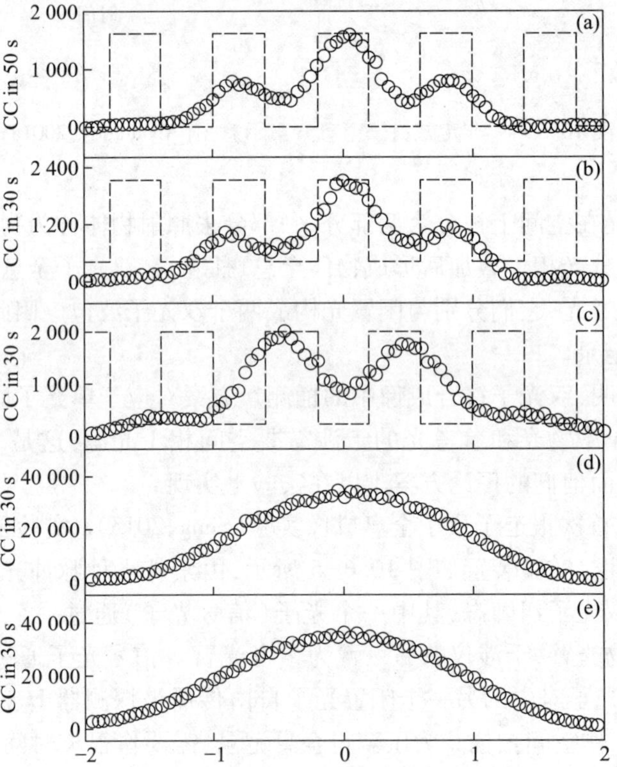

图 10.6-6　双光子纠缠源的量子全息成像实验结果(Song,2013)

相．这一性质反映了全息干涉的波前重构效应．如果探测器 D_1 采用桶测量，图 10.6-6(d) 和 (e) 的结果表示不能记录全息干涉信息．

10.7 有关量子纠缠和热光关联成像问题的物理理解

1. EPR 不等式

2002 年经典关联成像现象的发现（Bennink,2002）以及它同纠缠双光子态在非定域成像方面诸多的相似性引起了新的思考和争论，在此之前学术界普遍认为非定域关联成像需要量子纠缠双光子源（Abouraddy,2001b）．尔后的理论和实验都证明了量子纠缠源不是关联成像的唯一光源．卷Ⅱ(4.3.12)式热光空间关联公式可以由经典统计光学理论得到，而在热光关联成像实验中使用的光源是赝热光源或真热光源，它们属于经典统计光学理论描述的热光源．在现代物理学发展史上，同一物理现象总是经典效应发现在前，对应的量子效应发现在后，关联成像给出了一个例外．

量子纠缠源与热光源相比较在实现关联成像方面是否存在某些本质性的或标志性的差异？2004 年 Bennink 等为了鉴别量子纠缠和经典关联，提出了一个有关位置 x_j 关联和动量 p_j 关联的不等式（Bennink,2004）

$$\Delta(x_1 - x_2)\Delta(p_1 + p_2) \geqslant 1. \tag{10.7.1}$$

经典光源（例如两个独立的光子）必须满足该不等式，只有量子纠缠源才可能违反它．例如对于 EPR 态有

$$\Delta(x_1 - x_2)\Delta(p_1 + p_2) \ll 1, \tag{10.7.2}$$

称为 EPR 不等式（EPR inequality）．它表示量子纠缠态中两粒子的空间关联：在近场当一个粒子的位置确定后另一个粒子的位置也就被确定；而在远场当一个粒子的动量确定后，另一个粒子的动量也相应地被确定（Einstein,1935）．

为了得到 EPR 不等式，我们考虑双光子波包在位置(x)空间和动量(p)空间的关系：

$$\begin{aligned}&\left\langle 0 \left| E_1^{(+)}(p_1)E_2^{(+)}(p_2) \right| \psi \right\rangle \\ &= \frac{1}{2\pi}\int \left\langle 0 \left| E_1^{(+)}(x_1)E_2^{(+)}(x_2) \right| \psi \right\rangle \exp[-\mathrm{i}(p_1x_1 + p_2x_2)]\,\mathrm{d}x_1\mathrm{d}x_2.\end{aligned} \tag{10.7.3}$$

即为

$$\tilde{C}(p_1,p_2) = \frac{1}{2\pi}\int C(x_1,x_2)\exp[-\mathrm{i}(p_1x_1 + p_2x_2)]\,\mathrm{d}x_1\mathrm{d}x_2. \tag{10.7.4}$$

双光子纠缠态在位置空间的一般形式如(10.1.7)式．为了计算方便，引入规范坐标变换

$$\begin{pmatrix} x_+ \\ x_- \end{pmatrix} = \frac{1}{\sqrt{2}} \begin{pmatrix} 1 & 1 \\ 1 & -1 \end{pmatrix} \begin{pmatrix} x_1 \\ x_2 \end{pmatrix}, \quad \begin{pmatrix} p_+ \\ p_- \end{pmatrix} = \frac{1}{\sqrt{2}} \begin{pmatrix} 1 & 1 \\ 1 & -1 \end{pmatrix} \begin{pmatrix} p_1 \\ p_2 \end{pmatrix}. \tag{10.7.5}$$

(10.1.7)式 $C(x_1,x_2)$ 的等价形式为

$$C(x_+,x_-) = \sqrt{\frac{2}{\pi\sigma_+\sigma_-}} \exp\left[-\frac{x_+^2}{\sigma_+^2} - \frac{x_-^2}{\sigma_-^2}\right]. \tag{10.7.6}$$

傅里叶变换(10.7.4)式的等价形式为

$$\tilde{C}(p_+,p_-) = \frac{1}{2\pi}\int C(x_+,x_-)\exp[-\mathrm{i}(p_+x_+ + p_-x_-)]\mathrm{d}x_+\mathrm{d}x_-. \tag{10.7.7}$$

将(10.7.6)式代入(10.7.7)式得到

$$\tilde{C}(p_+,p_-) = \sqrt{\frac{\sigma_+\sigma_-}{2\pi}} \exp\left[-\frac{p_+^2\sigma_+^2}{4} - \frac{p_-^2\sigma_-^2}{4}\right], \tag{10.7.8}$$

上式与(10.1.8)式 $\tilde{C}(q_s,q_i)$ 等价.

由这些公式容易计算位置和动量关联

$$\begin{aligned}\langle (x_1-x_2)^2\rangle &= \int (x_1-x_2)^2 \left|C(x_1,x_2)\right|^2 \mathrm{d}x_1\mathrm{d}x_2 \\ &= \int 2x_-^2 \left|C(x_+,x_-)\right|^2 \mathrm{d}x_+\mathrm{d}x_- = \sigma_-^2/2,\end{aligned} \tag{10.7.9}$$

$$\begin{aligned}\langle (p_1+p_2)^2\rangle &= \int (p_1+p_2)^2 \left|\tilde{C}(p_1,p_2)\right|^2 \mathrm{d}p_1\mathrm{d}p_2 \\ &= \int 2p_+^2 \left|\tilde{C}(p_+,p_-)\right|^2 \mathrm{d}p_+\mathrm{d}p_- = 2/\sigma_+^2.\end{aligned} \tag{10.7.10}$$

因而有

$$\Delta(x_1-x_2)\Delta(p_1+p_2) = \sigma_-/\sigma_+, \tag{10.7.11}$$

其中 $\Delta x \equiv \sqrt{\langle x^2\rangle - \langle x\rangle^2}$ 为均方差. 对于自发参量下转换产生的双光子纠缠态,$\sigma_- \ll \sigma_+$,EPR 不等式(10.7.2)成立. 而对于两个独立单光子态,$\sigma_- = \sigma_+ = \sigma$,满足(10.7.1)不等式.

2. 热光近场和远场空间关联的类 EPR 不等式

纠缠双光子态满足的 EPR 不等式表明两个光子在近场存在位置关联同时在远场存在动量关联. 根据此特性 2004 年 D'Angelo 等人实验报道了采用量子纠缠源可以同时实现鬼成像和鬼衍射,从而可以区分量子纠缠和经典关联在关联成像中的本质差异(D'Angelo,2004). 然而如卷Ⅱ4.5节所述,实验表明用赝热光源也可以如同量子纠缠源一样同时实现鬼成像和鬼衍射(Ferri,2005; 汪凯戈,2008). 那么又该如何解释 EPR 不等式之说呢?

最近的理论和实验研究表明,热光在近场的位置关联和远场的动量关联也有一个不等式

(Li,2014),但它与量子纠缠源的 EPR 不等式有不同的形式

$$\Delta(x_1 - x_2)\Delta(p_1 - p_2) \ll 1. \tag{10.7.12}$$

设热光的近场位置关联由一阶关联函数 $G(x_1,x_2)=\langle E^*(x_1)E(x_2)\rangle$ 描述,远场的横向波矢关联函数为

$$\begin{aligned}\tilde{G}(p_1,p_2) &= \langle E^*(p_1)E(p_2)\rangle \\ &= \frac{1}{\sqrt{2\pi}}\int\langle E^*(x_1)E(x_2)\rangle\exp(\mathrm{i}p_1x_1 - \mathrm{i}p_2x_2)\,\mathrm{d}x_1\mathrm{d}x_2 \\ &= \frac{1}{\sqrt{2\pi}}\int G(x_1,x_2)\exp(\mathrm{i}p_1x_1 - \mathrm{i}p_2x_2)\,\mathrm{d}x_1\mathrm{d}x_2.\end{aligned} \tag{10.7.13}$$

上式与(10.7.3)式的差别在于两个关联的光场共轭积和直积的区别.由规范变换(10.7.5)式,上式等价为

$$\tilde{G}(p_+,p_-) = \frac{1}{\sqrt{2\pi}}\int G(x_+,x_-)\exp(\mathrm{i}p_-x_+ + \mathrm{i}p_+x_-)\,\mathrm{d}x_+\mathrm{d}x_-. \tag{10.7.14}$$

在双光子模型的(10.7.7)式中,p_+与 x_+、p_-与 x_-构成一对共轭变量.而在上式热光模型中,p_-与 x_+、p_+与 x_-构成一对共轭变量.在热光的共轭变量之间要满足(10.7.1)不等式,而在非共轭变量之间并不需要此类约束.

设热光的近场一阶关联函数如卷Ⅱ的(4.3.4)式

$$G(x_1,x_2) = I_0\exp\left[-\frac{x_1^2+x_2^2}{4\sigma_0^2} - \frac{(x_1-x_2)^2}{2\xi_0^2}\right], \tag{10.7.15}$$

用规范变量(10.7.5)式表示为

$$G(x_+,x_-) = I_0\exp\left[-\frac{x_+^2}{\sigma_+^2} - \frac{x_-^2}{\sigma_-^2}\right], \tag{10.7.16}$$

其中

$$\sigma_+ = 2\sigma_0,\quad \sigma_- = \frac{2\sigma_0\xi_0}{\sqrt{4\sigma_0^2+\xi_0^2}}. \tag{10.7.17}$$

将(10.7.16)式代入(10.7.14)式得到

$$\tilde{G}(p_+,p_-) = \frac{1}{2}I_0\sigma_+\sigma_-\exp\left[-\frac{1}{4}(p_-^2\sigma_+^2 + p_+^2\sigma_-^2)\right]. \tag{10.7.18}$$

热光关联的特征参数是用横向相干长度表示,相干长度可用卷Ⅱ(4.3.5)式计算.考虑在光束中心处的关联,设($x_1=0,x_2=x$)和($p_1=0,p_2=p$),近场位置和远场波矢关联函数分别表示为

$$G(0,x) = \langle E^*(0)E(x)\rangle = I_0\exp\left[-\frac{1}{2}(1/\sigma_+^2 + 1/\sigma_-^2)x^2\right], \tag{10.7.19}$$

$$\tilde{G}(0,p)=\langle E^*(0)E(p)\rangle=\frac{1}{2}I_0\sigma_+\sigma_-\exp\left[-\frac{1}{8}(\sigma_+^2+\sigma_-^2)p^2\right]. \tag{10.7.20}$$

由此可计算出它们的相干长度分别为

$$\Delta x=\frac{\sigma_+\sigma_-}{\sqrt{2(\sigma_+^2+\sigma_-^2)}}, \tag{10.7.21}$$

$$\Delta p=\sqrt{\frac{2}{\sigma_+^2+\sigma_-^2}}, \tag{10.7.22}$$

它们之积

$$\Delta x\cdot\Delta p=\frac{\sigma_+\sigma_-}{\sigma_+^2+\sigma_-^2}. \tag{10.7.23}$$

对于热光关联效应要求 $\xi_0\ll\sigma_0$，即有 $\sigma_-\ll\sigma_+$ 和 $\sigma_-\approx\xi_0$，最后得到

$$\Delta x\cdot\Delta p\approx\frac{\sigma_-}{\sigma_+}\approx\frac{\xi_0}{2\sigma_0}\ll 1. \tag{10.7.24}$$

远场横向动量与远场位置 x' 的关系为 $p=(k/z)x'$，其中 k 是纵向波矢，z 是传播距离．通过测量热光的近场和远场的 HBT 效应可以获得横向相干长度，实验已证明了上述不等式（Li，2014）．

练　习

1. 由（10.7.6）式和（10.7.7）式试推导（10.7.8）式．

2. 由（10.7.16）式和（10.7.18）式试推导光束中心处的关联函数（10.7.19）式和（10.7.20）式．再用卷Ⅱ（4.3.5）式计算它们的相干长度．

附　录　A

波数为 k 的近轴光场自由传播距离 z 的二维脉冲响应函数为

$$H(\boldsymbol{r},\boldsymbol{r}_0,z)=\frac{k}{\mathrm{i}2\pi z}\exp(\mathrm{i}kz)\exp\left(\frac{\mathrm{i}k}{2z}\left|\boldsymbol{r}-\boldsymbol{r}_0\right|^2\right), \tag{10.A.1}$$

其中 $\boldsymbol{r}_0$ 和 $\boldsymbol{r}$ 分别为源场和终场的横向位矢［试比较一维形式卷Ⅱ（4.3.8）式］．焦距为 f 的薄透镜的前后表面的相移为

$$h_f(\boldsymbol{r}_2,\boldsymbol{r}_1)=\exp\left(-\frac{\mathrm{i}k}{2f}\left|\boldsymbol{r}_1\right|^2\right)\delta(\boldsymbol{r}_2-\boldsymbol{r}_1), \tag{10.A.2}$$

其中 $\boldsymbol{r}_1$ 和 $\boldsymbol{r}_2$ 分别为透镜前后表面的横向位矢．设在透镜表面紧贴一半径为 A 的圆形孔径光阑，孔径透射函数用 $P(\boldsymbol{r})$ 表示．根据脉冲响应函数的级联公式，从光阑经透镜到成像平面的脉冲响应函数为

$$h_i(\boldsymbol{r}_i,\boldsymbol{r}_1)=\frac{k}{\mathrm{i}2\pi z_i}\exp(\mathrm{i}kz_i)\int P(\boldsymbol{r}_1)\exp\left(-\frac{\mathrm{i}k}{2f}\left|\boldsymbol{r}_1\right|^2\right)\delta(\boldsymbol{r}_2-\boldsymbol{r}_1)\exp\left(\frac{\mathrm{i}k}{2z_i}\left|\boldsymbol{r}_i-\boldsymbol{r}_2\right|^2\right)\mathrm{d}^2\boldsymbol{r}_2$$
$$=\frac{k}{\mathrm{i}2\pi z_i}\exp(\mathrm{i}kz_i)P(\boldsymbol{r}_1)\exp\left(-\frac{\mathrm{i}k}{2f}\left|\boldsymbol{r}_1\right|^2\right)\exp\left(\frac{\mathrm{i}k}{2z_i}\left|\boldsymbol{r}_i-\boldsymbol{r}_1\right|^2\right), \tag{10. A. 3}$$

其中 z_i 是成像面到透镜的距离．设源场到透镜的距离为 z_o，则从源场到成像面的脉冲响应函数为

$$h(\boldsymbol{r}_i,\boldsymbol{r}_o)=\int h_i(\boldsymbol{r}_i,\boldsymbol{r}_1)H(\boldsymbol{r}_1,\boldsymbol{r}_o,z_o)\mathrm{d}^2\boldsymbol{r}_1$$
$$=\frac{-k^2}{(2\pi)^2z_oz_i}\exp[\mathrm{i}k(z_o+z_i)]\int P(\boldsymbol{r}_1)\exp\left(-\frac{\mathrm{i}k}{2f}\left|\boldsymbol{r}_1\right|^2\right)\cdot$$
$$\exp\left(\frac{\mathrm{i}k}{2z_i}\left|\boldsymbol{r}_i-\boldsymbol{r}_1\right|^2\right)\exp\left(\frac{\mathrm{i}k}{2z_o}\left|\boldsymbol{r}_o-\boldsymbol{r}_1\right|^2\right)\mathrm{d}^2\boldsymbol{r}_1$$
$$=\frac{-k^2\exp[\mathrm{i}k(z_o+z_i)]}{(2\pi)^2z_oz_i}\exp\left[\frac{\mathrm{i}k}{2}\left(\frac{\left|\boldsymbol{r}_o\right|^2}{z_o}+\frac{\left|\boldsymbol{r}_i\right|^2}{z_i}\right)\right]\cdot \tag{10. A. 4}$$
$$\int P(\boldsymbol{r}_1)\exp\left[\frac{\mathrm{i}k}{2}\left(\frac{1}{z_o}+\frac{1}{z_i}-\frac{1}{f}\right)\left|\boldsymbol{r}_1\right|^2\right]\cdot$$
$$\exp\left[-\mathrm{i}k\,\boldsymbol{r}_1\cdot\left(\frac{\boldsymbol{r}_o}{z_o}+\frac{\boldsymbol{r}_i}{z_i}\right)\right]\mathrm{d}^2\boldsymbol{r}_1.$$

当满足成像公式时

$$\frac{1}{z_o}+\frac{1}{z_i}=\frac{1}{f}, \tag{10. A. 5}$$

积分为

$$\int P(\boldsymbol{r}_1)\exp\left[-\mathrm{i}k\,\boldsymbol{r}_1\cdot\left(\frac{\boldsymbol{r}_o}{z_o}+\frac{\boldsymbol{r}_i}{z_i}\right)\right]\mathrm{d}^2\boldsymbol{r}_1=\pi A^2\frac{2\mathrm{J}_1\left[kA\left(\frac{\left|\boldsymbol{r}_o\right|}{z_o}+\frac{\left|\boldsymbol{r}_i\right|}{z_i}\right)\right]}{kA\left(\frac{\left|\boldsymbol{r}_o\right|}{z_o}+\frac{\left|\boldsymbol{r}_i\right|}{z_i}\right)}$$
$$=\pi A^2\mathrm{somb}\left[kA\left(\frac{\left|\boldsymbol{r}_o\right|}{z_o}+\frac{\left|\boldsymbol{r}_i\right|}{z_i}\right)\right], \tag{10. A. 6}$$

其中宽帽边函数定义为

$$\mathrm{somb}(x)=2\mathrm{J}_1(x)/x, \tag{10. A. 7}$$

J_1 是一阶贝塞尔函数．最后得到受限成像系统的脉冲响应函数为

$$h(\boldsymbol{r}_i,\boldsymbol{r}_o)=\frac{-k^2A^2\exp[\mathrm{i}k(z_o+z_i)]}{4\pi z_oz_i}\exp\left[\frac{\mathrm{i}k}{2}\left(\frac{\left|\boldsymbol{r}_o\right|^2}{z_o}+\frac{\left|\boldsymbol{r}_i\right|^2}{z_i}\right)\right]\cdot \tag{10. A. 8}$$
$$\mathrm{somb}\left[kA\left(\frac{\left|\boldsymbol{r}_o\right|}{z_o}+\frac{\left|\boldsymbol{r}_i\right|}{z_i}\right)\right].$$

参考文献

Abouraddy A. F., Saleh B. E. A., Sergienko A. V., and Teich M. C. (2001a). Opt. Express **9**, 498.

Abouraddy A. F., Saleh B. E. A., Sergienko A. V., and Teich M. C. (2001b). Phys. Rev. Lett. **87**, 123602.

BelinskiiA. V. and Klyshko D. N. (1994). Sov. Phys. JETP **78**, 259.

Bennink R. S., Bentley S. J., Boyd R. W., and Howell J. C. (2004). Phys. Rev. Lett. **92**, 033601.

Boto A. N., Kok P., Abrams D. S., Braunstein S. L., Williams C. P., and Dowling J. P. (2000). Phys. Rev. Lett. **85**, 2733.

D'Angelo M., Chekhova M. V., and Shih Y. (2001). Phys. Rev. Lett. **87**, 013602.

D'Angelo M., Kim Y-H., Kulik S. P., and Shih Y. (2004). Phys. Rev. Lett. **92**, 233601.

Einstein A., Podolsky B., and Rosen N. (1935). Phys. Rev. **47**, 777.

Ferri F., Magatti D., Gatti A., Bache M., Brambilla E., and Lugiato L. A. (2005). Phys. Rev. Lett. **94**, 183602.

Fonseca E. J. S., Monken C. H., and Pádua S. (1999). Phys. Rev. Lett. **82**, 2868.

Gatti A, Brambilla E, and Lugiato L A. (2008). Progress in Optics, **51**, 251. "Quantum Imaging"

Hanbury-Brown R. and Twiss R. (1956). Nature **177**: 27; **178**, 1447.

Jacobson J., Björk G., Chuang I., and Yamamoto Y. (1995). Phys. Rev. Lett. **74**, 4835.

Klyshko D. N. (1988). Sov. Phys. JETP **67**, 1131; Photons and Nonlinear Optics, Gordon and Breach Science Publishers, New York.

Kolobov M. I. ed. (2007). Quantum Imaging, (Springer, New York).

Li H. G., Xu D. Q., Zhang D. J., Zhao J. J., Wang H. B., Xiong J., and Wang K. G. (2014). Optics Communications **326**, 155—159.

Pittman T. B., Shih Y. H., Strecalov D. V., and Sergienko A. V. (1995). Phys. Rev. A **52**, R3429.

Popper K. R. (1934). Naturwissenshaften **22**, 807.

Ribeiro P. H. S., Pádua S., Machado da Silva J. C., and Barbosa G. A. (1994). Phys. Rev. A **49**, 4176.

Song X. B., Wang H. B., Xiong J., Wang K. G., Zhang X. D., Luo K. H., and Wu L. A. (2011). Phys. Rev. Lett. **107**, 033902.

Song X. B., Xu D. Q., Wang H. B., Xiong J., Zhang X. D., Cao D. Zh., and Wang K. G. (2013). Appl. Phys. Lett. **103**, 131111.

Strekalov D. V., Sergienko A. V., Klyshko D. N., and Shih Y. H. (1995). Phys. Rev. Lett. **74**, 3600.

Talbot H. F. (1836). Philos. Mag. **9**, 401.

Xu D. Q., Song X. B., Li H. G., Zhang D. J., Wang H. B., Xiong J., and Wang K. G. (2015). Appl. Phys. Lett. **106**, 171104.

Zhang S. H., Gao L., Xiong J., Feng L. J., Cao D. Zh., and Wang K. G. (2009). Phys. Rev. Lett. **102**, 073904.

汪凯戈(2011). 量子力学新进展(第五辑),龙桂鲁等主编.北京:清华大学出版社.第 5 章,p184.

汪凯戈,曹德忠,熊俊(2008). 物理 第 37 卷,第 4 期,223—232.

英汉名词索引

A

B

C

G

O

P

Q

R

S

T